表面工程技术工艺方法800种

关 成 蔡 珣 潘继民 编著

机 械 工 业 出 版 社

本书系统地介绍了800多种表面工程技术工艺方法。其主要内容包括：表面预处理、氧化处理、磷化处理、铬酸盐处理及钝化处理、着色和染色处理、电镀单金属、电镀合金、特种电镀、电刷镀和非金属刷镀、化学镀、热浸镀、涂装、热喷涂、堆焊、化学热处理、表面热处理、物理气相沉积、化学气相沉积、高能束表面改性技术、防锈封存、其他表面工程技术等。本书既包含了生产实践中广泛应用的成熟工艺方法，又兼顾了近年来发展的新工艺方法。本书内容覆盖面广，内容简明扼要，具有系统性、实用性、新颖性。

本书可供从事表面工程技术工作的工程技术人员、工人使用，也可供相关专业在校师生和研究人员参考。

图书在版编目（CIP）数据

表面工程技术工艺方法800种/关成，蔡珣，潘继民编著. —北京：机械工业出版社，2016.9（2021.8重印）

ISBN 978-7-111-54447-0

Ⅰ.①表… Ⅱ.①关…②蔡…③潘… Ⅲ.①金属表面处理 Ⅳ.①TG17

中国版本图书馆CIP数据核字（2016）第179804号

机械工业出版社（北京市百万庄大街22号 邮政编码100037）
策划编辑：陈保华 责任编辑：陈保华
责任印制：张 博 责任校对：刘秀丽 段凤敏
涿州市般润文化传播有限公司印刷
2021年8月第1版·第4次印刷
169mm×239mm·35.25印张·656千字
标准书号：ISBN 978-7-111-54447-0
定价：99.00元

前　言

表面工程是指通过多种技术处理，改变零部件表面的化学成分、组织结构、应力状态、颜色、使用功能及使用寿命的系统工程。

从使用的角度分析，多数零部件往往是通过产生与表面有关的摩擦、磨损、腐蚀等现象而导致最后失效或破坏的。因此，材料的表面改性、零部件的表面处理集防腐、装饰、表面强化于一体，不仅具有重要的研究价值，而且在工程上具有极其重要的实用价值。表面工程技术广泛应用于机械、轻工、仪器仪表、冶金、化工、交通运输、能源、环保、航空航天、兵器等国民经济各个行业，以及微电子、计算机、通信、光、电、声、磁等各个领域。为了适应表面工程技术飞速发展的需要，我们编写了这本系统介绍各种表面工程技术工艺方法的实用书籍。

本书在参阅大量国内外文献资料的基础上，结合作者多年来在表面工程科研和教学工作中所积累的理论与实践经验，并吸收了国内外同行许多宝贵经验，以条块形式介绍了 819 种表面工程技术工艺方法。其中，表面预处理 32 种，氧化处理 43 种，磷化处理 18 种，铬酸盐处理及钝化处理 18 种，着色和染色处理 29 种，电镀单金属 74 种，电镀合金 79 种，特种电镀 20 种，电刷镀和非金属刷镀 24 种，化学镀 124 种，热浸镀 16 种，涂装 42 种，热喷涂 22 种，堆焊 17 种，化学热处理 128 种，表面热处理 15 种，物理气相沉积 26 种，化学气相沉积 12 种，高能束表面改性技术 19 种，防锈封存 31 种，其他表面工程技术 30 种。这 819 种表面工程技术工艺方法既包含了生产实践中广泛应用的成熟工艺方法，又兼顾了近年来发展的新工艺方法。

本书由关成、蔡珣、潘继民编著，李孔斋对全书进行了认真审阅。

在本书编写过程中，参考了国内外同行的大量文献资料，谨向有关人员表示衷心的感谢！

由于编者水平有限，错误和纰漏之处在所难免，敬请广大读者批评指正。

编者

目　录

第1章　表面预处理

表面预处理是表面处理中不可缺少的工序，是保证防护层质量的重要一环。表面预处理又称表面调整及净化。通常指表面加工前，对材料及其制品进行的机械处理、化学处理或电化学处理，使表面呈净化、粗化或钝化状，以便进行后续表面处理的过程。

表面预处理技术包括化学(碱、溶剂、表面活性剂清洗、脱脂等)处理、物理(超声波、冲击、真空)处理和机械(擦光、抛光、磨光)处理等技术。它们可以单独应用，也可组合应用。

1.1　碱液清洗

1.1.1　普通碱液清洗

普通碱液清洗工艺见表1-1。

1.1.2　电解碱液清洗

电解碱液清洗工艺见表1-2。

1.2　溶剂清洗

1.2.1　擦洗

用棉纱或旧布蘸溶剂擦除工件表面油污。该方法简单，不需要专用设备，操作方便；但劳动强度大、劳动保护差，脱脂效果不好，只适用于生产条件较差、脱脂要求不高的场合。

1.2.2　浸洗

将工件沉浸于有机溶剂中脱脂。该方法设备简单,操作方便,室温下施工,适合于中小型工件的脱脂清洗。为了去干净工件表面油污,可将工件依次浸入两个或三个以上的有机溶剂槽中,并用毛刷刷洗。最后一个槽中应盛有不断更换的完全洁净的溶剂。为了加快脱脂速度和提高清洗效果,还可采用溶剂超声波清洗法。

表1-1　普通碱液清洗工艺

	工艺号	1	2	3	4	5	6	7	8	9	10	11
组分浓度/(g/L)	NaOH	50~100	—	25~30	—	8~12	—	1~10	—	1~2	—	15
	Na_3PO_4	10~35	—	25~30	30~35	40~60	40~50	—	15~30	5~8	30	—
	Na_2CO_3	10~40	—	—	30~35	—	40~50	20~30	15~30	—	30	22.5
	Na_2SiO_3	10~30	30~40	5~10	—	25~30	20~30	20~30	10~20	3~4	—	—
	OP-乳化剂	—	2~4	—	—	—	—	—	—	—	—	—
	613 乳化剂	—	—	—	15~20	—	—	—	—	—	—	—
	表面活性剂	—	—	—	—	—	—	适量	—	余水	—	—
	润湿剂	—	—	—	—	—	—	—	—	—	0.7	0.7
工艺条件	温度/°C	90	70~80	≈80	60~90	60~70	70~80	50~60	60~80		80~100	80~100
	时间/min	3~15	5~10	10~20	10~15	3~15	3~5	除净为止	除净为止			
适用范围		钢铁材料		铜及铜合金		铝及铝合金		锌及锌合金		钢铁材料封存	镁及镁合金	

表 1-2 电解碱液清洗工艺

项目		基体							
		钢铁		铜及铜合金		锌及锌合金		铝及铝合金	镁及镁合金
		工艺号							
		1	2	3	4①	5	6②	7	8
组分浓度/(g/L)	NaOH	10~30	40~60	10~15	—	—	0~5	10	—
	Na_2CO_3	—	60	20~30	20~40	5~10	0~20	—	25~30
	Na_3PO_4	—	15~30	50~70	20~40	10~20	20~30	—	20~25
	Na_2SiO_3	30~50	3~5	10~15	3~5	5~10	—	40	—
	40%的直链烷基磺酸钠	—	—	—	—	—	—	5	—
	$Na_5P_3O_{10}$(三聚磷酸钠)	—	—	—	—	—	—	40	—
工艺条件	温度/℃	80	70~80	70~90	70~80	40~50	40~70		80~90
	电流密度/(A/dm^2)	10	2~5	3~8	2~5	5~7	5~10		1~5
	阴极脱脂时间/min	1		5~8					
	阳极脱脂时间/min	0.2~0.5	5~10	0.3~0.5					

① 铝、镁、锌合金也适用。

② 铝合金也适用，溶液中应加适量缓蚀剂和较多的表面活性剂。

1.2.3 超声波清洗

超声波是指频率高于16kHz的高频声波，常用频率范围为16~24kHz。当它照射到液体上时，瞬间交替产生正、负压力并反复进行。当产生负压时，溶液中生成真空空穴，溶剂的蒸汽或溶解于溶剂（液）中的气体进入其中形成气泡，气泡形成的下一瞬间，由于正压力的压缩作用，气泡被破坏而分散，这种形成空穴的现象称气蚀，而气泡破裂的一瞬间所产生的冲击波，形成冲刷工件表面油污的冲击力。气泡破裂时，瞬间的温度极高，压力极大。超声波的脱脂作用，主要是利用冲击波对油污层的冲刷破坏，以及由于气蚀引起的激烈的局部搅拌。同时，超声波反射引起的声压对液体也有搅拌作用。此外，超声波在液体中还具有加速溶解和乳化作用等。因此，对于那些采用常规清洗法难以达到清洗要求，以及几何形状比较复杂的零件的清洗，超声波清洗效果会更好。

1.2.4 蒸汽清洗

溶剂蒸汽清洗可归纳为四种类型：单一蒸汽清洗、喷淋蒸汽清洗、热溶剂蒸汽清洗、沸腾溶剂+热溶剂蒸汽清洗，如图1-1所示。

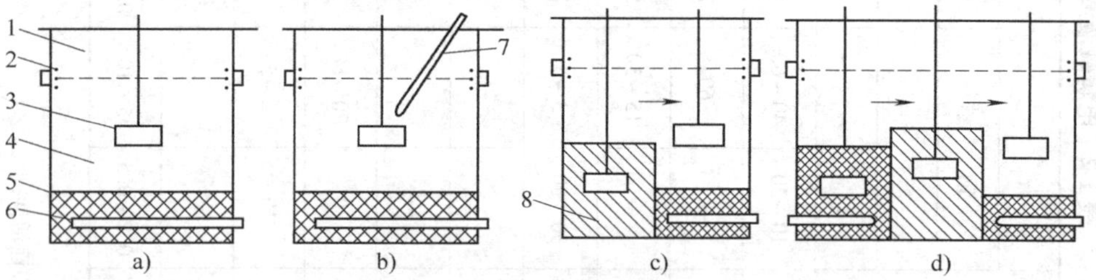

图1-1 蒸汽清洗示意图

a）单一蒸汽清洗 b）喷淋蒸汽清洗 c）热溶剂蒸汽清洗

d）沸腾溶剂+热溶剂蒸汽清洗

1—自由区 2—冷凝管 3—工件 4—蒸汽区 5—沸腾溶剂

6—加热管 7—喷淋管 8—热溶剂

1）单一蒸汽清洗如图1-1a所示，工件单纯在蒸汽区经受蒸汽冷凝作用清洗。该方法适用于清洗形状简单、重、断面厚的工件和黏附力较小的油污。

2）喷淋蒸汽清洗如图1-1b所示，工件在蒸汽区中受溶剂喷淋后，停留至蒸汽在其表面不再冷凝为止。该方法适用于清洗形状较复杂，如带沟槽和不通孔的工件，能清洗黏附力较强的油污。

3）热溶剂蒸汽清洗如图1-1c所示，工件通过蒸汽区进入热溶剂中浸洗后，升至蒸汽区停留至蒸汽在其表面不再冷凝为止。该方法适用于清洗形状复杂、断面薄的工件的表面灰尘、油污等。

4）沸腾溶剂 + 热溶剂蒸汽清洗如图 1-1d 所示，工件进入沸腾溶剂中，被强烈的沸腾作用刷脱脂污和铁屑等，转入热溶液中除去残留物和降温，再升至蒸汽区中，以蒸汽冷凝做最终清洗。该方法适用于大批量、形状复杂或易重叠的工件，能除去黏附牢的重油污。

1.3　表面活性剂清洗

将表面活性剂加入水中，即使浓度很低，也能显著降低水的表面张力，并具有渗透、润湿、发泡、乳化和去污等特殊作用。常用的表面活性剂及其复配的清洗剂见表 1-3 和表 1-4。

表 1-3　常用的表面活性剂

名　称	商品名称或商品牌号	类型	主要用途
脂肪醇聚氧乙烯醚	664 净洗剂	N	乳化、润湿、分散
烷基酚聚氧乙烯醚	OP-10	N	乳化、增溶、分散
失水山梨醇单油酸酯	司木-80	N	乳化、助溶
聚氧乙烯失水山梨醇油酸酯	吐温-80	N	乳化、润湿、分散
聚氧乙烯聚丙烯醚	消泡剂 7010	N	消泡
十二烷基磺酸钠	—	A	乳化、发泡
十二烷基二乙醇胺	清洗剂 6501	N	乳化、润湿
三乙醇胺油酸皂	清洗剂 664、741	C	乳化、防锈
月桂醇聚氧乙烯醚	平平加 O-20	N	乳化、分散、洗涤

注：N 为非离子型；A 为阴离子型；C 为阳离子型。

表 1-4　表面活性剂复配清洗剂

<table>
<tr><th>序号</th><th>药品名称</th><th>质量分数(%)</th><th>备　注</th></tr>
<tr><td rowspan="4">1</td><td>烷基苯磺酸铵盐</td><td>38</td><td rowspan="4">将清洗剂喷洒或涂刷在工件表面，泡一段时间，再用强烈的水束冲洗干净</td></tr>
<tr><td>椰子醇聚氧乙烯(8)醚</td><td>9</td></tr>
<tr><td>焦磷酸钠</td><td>2.5</td></tr>
<tr><td>水</td><td>余量</td></tr>
</table>

（续）

序号	药品名称	质量分数(%)	备注
2	聚氧乙烯脂肪醇醚	10.8	使用浓度为20~30g/L，温度为70~75°C。浸洗
	聚氧乙烯辛烷基酚醚	5.4	
	十二烷基酸二乙醇酰胺	10.8	
	三乙醇胺油酸皂	55	
	水	余量	
3	聚氧乙烯脂肪醇醚	10	使用浓度为30~50g/L，温度为75~80°C。浸洗
	聚氧乙烯烷基酚醚	15	
	十二烷基酸二乙醇酰胺	12	
	三乙醇胺油酸皂	43	
	水	余量	
4	单乙醇胺	1~1.5	将50~60°C的清洗剂喷洒或浸泡工件，再用热水冲洗
	烷基苯磺酸钠	0.01~0.05	
	石油溶剂	0.5~1.0	
	水	余量	
5	PA30-SL低温高效复合脱脂剂（由多种表面活性剂和一种弱碱组成）	3~3.5	在40~47°C下使用，适于喷洗
	水	余量	
6	PA30-IA常温高效复合除油剂：A组分（由表调剂、无机添加剂组成）	1.5	在常温至70°C下使用，适于浸洗
	B组分（由表面活性剂组成）	3.5	
	水	余量	

1.4 化学除锈

1.4.1 钢铁化学除锈

钢铁化学除锈工艺见表1-5。

1.4.2 不锈钢和耐热钢化学除锈

热处理后的不锈钢和耐热钢，表面常附有一层致密的氧化皮，为有效去除氧化皮，除锈工序为：松动氧化皮→浸蚀→清除浸蚀残渣。松动氧化皮工艺见表1-6，浸蚀工艺见表1-7，清除浸蚀残渣工艺见表1-8。

表1-5 钢铁化学除锈工艺

类型		一般碳钢、低合金钢件	经热处理后有厚氧化皮的钢件	有氧化皮的低碳钢件	有黑皮的钢铁件		铸铁	合金钢		光亮侵蚀
								预浸	侵蚀	
组分浓度/(g/L)	硫酸(H_2SO_4, $d=1.84$)	100～220	200mL/L	120～150	—	200～250	75%(质量分数)	230	—	600～800
	盐酸(HCl, $d=1.19$)	100～200	480mL/L	—	150～200	—		270	450	5～15
	硝酸(HNO_3, $d=1.41$)	—	—	—	—	—	—	—	50	400～600
	氢氟酸(HF, 40%)	—	—	—	—	—	25%(质量分数)	—	—	—
	六次甲基四胺	—	—	—	1～3	—	—	—	—	—
	硫脲	—	—	—	—	2～3	—	—	—	—
	若丁	0～0.5	—	0.3～0.5	—	—	—	—	—	—
	磺化煤焦油	—	—	—	—	—	—	10mL/L	10mL/L	—
工艺条件	温度/℃	40～60	室温	50～75	30～40	30～50	室温	50～60	30～50	≤50
	时间/min	5～20	≤60	≤60	至氧化皮除尽			1	0.1	3～10s

表1-6　不锈钢和耐热钢松动氧化皮工艺

工艺号		1	2	3
组分浓度/(g/L)	硝酸(HNO_3, $d=1.41$)	100~150	—	—
	氢氧化钠(NaOH)	—	600~800	600~800
	硝酸钠($NaNO_3$)	—	250~350	—
工艺条件	温度/℃	室温	100~140	140~150
	阳极电流密度/(A/dm^2)			5~10
	时间/min	30~60	30~60	8~12

表1-7　不锈钢和耐热钢浸蚀工艺

工艺号		1	2	3	4	5	6
组分浓度/(g/L)	硫酸(H_2SO_4, $d=1.84$)	—	40~60	250~300	—	80~100	—
	盐酸(HCl, $d=1.18$)	300~500	130~150	120~150	—	—	60
	硝酸(HNO_3, $d=1.41$)	—	—	—	250~300	60~90	130~150
	氢氟酸(HF,37%)	—	—	—	50~60	20~50	2~5
	缓蚀剂	适量	适量	—	—	适量	适量
工艺条件	温度/℃						
	时间/min	20~40	30~40	30~60	20~50	20~40	20~40
适用范围		对基体腐蚀缓慢,常用于预侵蚀		侵蚀效率高	对氧化皮有很强的溶解能力,对基体腐蚀小	用于精密零件的侵蚀	用于氧化皮较厚的不锈钢和耐热钢的侵蚀
		适用于马氏体不锈钢			适用于奥氏体不锈钢		

表1-8　不锈钢和耐热钢清除浸蚀残渣工艺

工艺号		1	2	3	4
组分浓度/(g/L)	硝酸(HNO_3, $d=1.41$)	40~60	—	—	—
	双氧水(H_2O_2,30%)	15~25	—	—	—
	氢氧化钠(NaOH)	—	—	—	50~100
	铬酐(CrO_2)	—	100~150	70~100	—
	硫酸(H_2SO_4, $d=1.84$)	—	40~60	20~40	—
	氯化钠(NaCl)	—	4~6	1~2	—
工艺条件	温度/℃	室温	室温	室温	70~90
	阳极电流密度/(A/dm^2)				2~5
	时间/min	0.5~1	5~10	2~10	5~15

1.4.3　铜及铜合金化学除锈

铜及铜合金化学除锈工艺见表1-9。

表1-9　铜及铜合金化学除锈工艺

工艺号		1	2	3	4	5	6
组分浓度/(g/L)	硫酸(H_2SO_4)	1体积份	700~850	600~800	—	10~20	100
	盐酸(HCl)	0.02体积份	2~3	—	—	—	—
	硝酸(HNO_3)	1体积份	100~150	300~400	10%~15%①	—	—
	磷酸(H_3PO_4)	—	—	—	50%~60%①	—	—
	铬酐(CrO_3)	—	—	—	—	100~200	—
	醋酸(HAC)	—	—	—	25%~40%①	—	—
	氯化钠(NaCl)	—	—	3~5	—	—	—
	重铬酸钾($K_2Cr_2O_7$)	—	—	—	—	—	50
温度/℃		30	≤45	≤45	20~60	40~50	40~50
适用范围		一般铜合金	铜、黄铜	铜、黄铜、低锡青铜、磷青铜等	铜、黄铜、铜-锌-镍合金	铜、铍青铜	薄壁铜材及合金

① 质量分数。

1.4.4　铝及铝合金化学除锈

铝及铝合金化学除锈工艺见表1-10。

表1-10　铝及铝合金化学除锈工艺

工艺号		纯铝或含铜量高的铝合金件			含镁量高的铝合金	5	6	7
		1	2	3	4			
质量分数(%)	硫酸(H_2SO_4)	—	—	—	—	350g/L	—	—
	硝酸(HNO_3)	50	10~30	15	—	—	400~800g/L	75
	氢氟酸(HF)	—	1~3	—	—	—	—	25
	铬酐(CrO_3)	—	—	—	—	65g/L	—	—
	氢氧化钠(NaOH)	—	—	—	50~200g/L	—	—	—
	水(H_2O)	—	89~63	—	—	—	—	—
工艺条件	温度/℃		室温	80~90	60~80	60~70	室温	室温
	时间/min		0.1~0.3	2~3	0.1~2	0.5~2	3~5	0.1~0.5

注：1. 工艺3侵蚀后再用50%硫酸浸5~10s。

2. 工艺4用于铝及含铜、镍、锰、硅等合金零件的侵蚀，但由于使用这些配方易过腐蚀，精度要求高的零件应采用配方5，用此配方侵蚀不会减少零件的尺寸。

3. 含铜、硅、镍、锰的铝合金零件经侵蚀后，用工艺6出光。

4. 硅的质量分数<10%的铝合金采用工艺6出光。硅的质量分数>10%的铝合金最好采用质量分数为50%的HNO_3和50%的HF混合溶液出光。

1.4.5　镁及镁合金化学除锈

镁及镁合金化学除锈工艺见表1-11。

表1-11 镁及镁合金化学除锈工艺

工艺号		1	2	3	4	5	6	7	8	9
组分浓度/(g/L)	铬酐(CrO_3)	150~250	—	80~100	—	—	120	180	180	60
	硝酸(HNO_3,65%)	—	15~30mL/L	—	—	—	110mL/L	—	—	90mL/L
	硝酸钠($NaNO_3$)	—	—	5~8	—	—	—	—	—	—
	硝酸铁[$Fe(NO_3)_3 \cdot 9H_2O$]	—	—	—	—	—	—	—	40	—
	氟化钾(KF)	—	—	—	—	—	—	—	3.5	—
	氢氟酸(HF,40%)	—	—	—	—	80~120mL/L	—	—	—	—
	氢氧化钠(NaOH)	—	—	—	350~400	—	—	—	—	—
工艺条件	温度/℃	室温	室温	40~50	70~80	室温	室温	16~93	16~38	室温
	时间/min	8~12	1~2	2~15	1~15	数秒	0.5~2	2~10	0.5~3	0.3~1
适用范围		一般镁及镁合金侵蚀或去除旧氧化膜	铸造毛坯	消除变形镁合金表面润滑剂的燃烧残渣	去除旧氧化膜	含硅的镁合金	含铝高的镁合金	适用于精密零件	适用于一般零件	一般镁合金化学镀镍前的侵蚀

注：1. 工艺4除去旧氧化膜后，还需用质量分数为5%~15%的铬酐溶液中和。

2. 侵蚀后的零件，应迅速进行氧化处理或镀前浸金属处理，否则极易发生腐蚀。

3. 在工艺2溶液中侵蚀时，反应极为激烈，必须严格控制溶液的浓度、温度和侵蚀时间；硝酸含量不得超过30mL/L，否则容易引起零件尺寸超差和起火。

4. 侵蚀用挂具、盛具，最好用镁合金或铝镁合金制造，并用绝缘材料隔离挂具与零件以免电化学腐蚀。

1.4.6　锌、镉及其合金化学除锈

锌、镉及其合金化学除锈工艺见表1-12。

表1-12　锌、镉及其合金化学除锈工艺

工艺号		一般侵蚀		光亮侵蚀					
		1	2	3	4	5	6	7	8
组分浓度/(g/L)	硫酸(H_2SO_4)	50~100	—	2~4	—	2~4mL/L	—	—	—
	硝酸(HNO_3)	—	—	—	10~20	60~100mL/L	—	—	—
	铬酐(CrO_3)	—	—	100~150	—	200~250	240~600	200~300	250
	盐酸(HCl,37%)	—	—	—	—	—	94mL/L	—	100mL/L
	硫酸钠(Na_2SO_4)	—	—	—	—	—	—	15~30	—
	氢氧化钠(NaOH)	—	50~100	—	—	—	—	—	—
工艺条件	温度/℃	室温	60~70	室温	室温	室温	室温		室温
	时间/min	<1	<1	0.5~1	<1	0.5~1			0.2~0.5
适用范围		锌、镉	锌	锌、镉	锌、镉	锌、镉	锌	锌	锌、镉

注：1. 工艺6零件浸渍1min并清洗，若表面有不鲜明的黄铜色泽，可在质量分数为10%~20%的铬酐溶液中，于室温下浸渍1min去除。

2. 工艺7侵蚀后的黄膜在纯碱或8g/L的硫酸溶液中去除。

1.4.7　脱脂除锈二合一

脱脂除锈二合一工艺见表1-13。

表1-13　脱脂除锈二合一工艺

工艺号		1	2	3	4	5
质量分数(%)	H_2SO_4	13~20	16~23	15~17	18~28	46~59
	HCl	—	—	—	30~42	—
	硫脲	0.1	1~1.5	—	—	—
	6501-AS	2.9	—	—	—	—
	OP-10	0.3	—	0.01~0.2	—	—
	海鸥洗涤剂	—	4.8~6.5	—	—	—
	MC洗涤剂	—	—	1~6	—	—
	PA51-L	—	—	—	4~5	—
	PA51-M	—	—	—	—	4~5
	水	余量	余量	余量	余量	余量
工艺条件	温度/°C	65~70	70~90	60~70	常温	45~60
	时间/min	8	10~20	4~6	10~30	7~9

1.5　表面机械整平

1.5.1　喷砂

喷砂是用磨料喷射零件表面，达到进行清理或修饰加工的目的。喷砂所用的磨料有钢砂、氧化铝、石英砂、碳化硅等，使用最多的是石英砂。所用磨料的尺寸及使用的压缩空气压力依据工件材料选择，见表1-14。

表1-14　喷砂所用砂粒尺寸及压缩空气压力

砂子直径/mm	压缩空气压力/MPa	适用范围
1.5～2.0	≈0.3	铸钢件和大型铸铁件
1.0～1.5	≈0.3	中小型铸铁件
0.7～1.0	≈0.3	有色金属
0.7～0.8	≈0.3	清理氧化皮
2.5～3.5	0.3～0.5	厚度在3mm以上的大型零件
1.0～2.0	0.2～0.4	中等铸件和厚度3mm以下的零件
0.5～1.0	0.15～0.25	小型薄壁黄铜零件
<0.5	0.10～0.15	厚度在1mm以下的板材，铝制零件等

1.5.2　磨光

磨光是用磨光轮或磨光带对工件表面进行加工，去掉工件表面的毛刺、氧化皮、锈蚀等表面缺陷，提高工件的平整度。常用的精整磨料有刚玉、石灰岩屑、大理石屑、氧化铝、碳化硅、砂、铁粉及锌丸、木质球、坚果壳、玉米芯、锯木、碎皮革及碎毛毡等。磨料的粒度见表1-15。

表1-15　磨料的粒度

分类	粒度/mm(目)	用途
粗磨	1.60～0.90 (12～20)	磨削量大，除去厚的旧镀层、严重的锈蚀等
	0.800～0.450 (24～40)	磨削量大，除氧化皮、锈蚀、毛刺、磨光很粗表面
中磨	0.355～0.180 (50～80)	磨削量中等，磨去粗磨后的磨痕
	0.154～0.100 (100～150)	磨削量较小，为精磨做准备
精磨	0.080～0.063 (180～240)	磨削量小，可得到比较平滑的表面
	0.056～0.040 (280～360)	磨削量很小，为镜面抛光做准备

选择适宜的磨料与工件的体积比，这对表面磨光质量和生产率有很重要的作用。比值过低表面磨光质量不好，比值过高生产率低。表1-16为磨光时的磨料

与工件的体积比，由表中查出材料、形状等各种因素的单个比值，然后相加，即得到所要求的磨料与工件的体积比。例如铜合金工件，形状复杂，要达到抛光表面，进行功能电镀，起装饰作用，单个质量为150g，从而查表1-16得：2+3+3+2+1+2=13，即磨料与工件的体积比为13。

表1-16　磨料与工件的体积比选择

因素	磨料与工件的体积比		
	1	2	3
材料	钢、铁	铜、锌	铝
形状	简单	较复杂	复杂
光饰要求	去刀痕、毛刺	去氧化皮、倒角	抛光
工件使用要求	装饰	结构件	受力件
工件电镀的种类	防护性	功能性	装饰性
单个工件质量/g	30~120	30~240	>240

1.5.3　滚光

滚光是将工件放入盛有磨料和滚光溶液的滚筒中，借助滚筒的旋转，使工件与磨料、工件与工件相互摩擦达到清理工件表面的目的。滚光可以除去工件表面的油污和氧化皮，使工件表面光泽。滚光可以全部或部分代替磨光、抛光，但只适用于大批量表面质量要求不高的工件。

滚光常用的磨料有铁屑、石英砂、铁砂、皮革碎块、浮石、陶瓷片等。磨料尺寸一般应小于或等于工件的孔直径的1/3。

滚光时，如工件表面有大量的油污和锈蚀，应先进行脱脂和浸蚀。当油污较少时，可加入碳酸钠、肥皂、皂荚粉等少量碱性物质或乳化剂一起进行滚光。工件表面有锈时可加入稀硫酸或稀盐酸，常用酸性滚光液的组成和工艺条件见表1-17。当工件在酸性介质中滚光结束后，应立即将酸性液冲洗干净。

表1-17　酸性滚光液的组成及工艺条件

类型		钢铁零件		铜及铜合金	锌及锌合金
组分浓度/(g/L)	硫酸	15~25mL/L	20~40mL/L	5~10mL/L	0.5~1mL/L
	皂荚粉	3~10	—	2~3	2~5
	六次甲基四胺	—	2~4	—	—
	OP乳化剂	—	2~4	—	—
工艺条件	滚筒转速/(r/min)	40~65	40~65	40~65	30~40
	时间/h	1~3	1~1.5	2~3	2~3

1.5.4　刷光

刷光是使用刷光轮对工件表面进行加工的过程。刷光主要用于清除工件表面的氧化皮、锈蚀、残余油污、侵蚀残渣和毛刺，也用于在工件表面产生有一定规律的、细密的丝纹，起装饰作用。刷光轮常用金属丝、动物毛、天然或人造纤维制成。金属丝形状有直丝和波纹丝，波纹丝比直丝弹性大、使用寿命长。金属刷光丝的选择见表1-18。刷光轮直径为130～150mm时，转速一般为1500～1800r/min。刷光基体金属时采用质量分数为3%～5%的碳酸钠或磷酸三钠稀溶液、肥皂水、石灰水等刷光液。

表1-18 金属刷光丝的选择

工件材料	刷光轮金属丝材料	金属丝直径/mm
铸铁、钢、青铜	钢	0.05～0.4
镍、铜	钢	0.15～0.25
锌、锡、铜、黄铜镀层	黄铜、铜	0.15～0.2
银和银镀层	黄　铜	0.1～0.15
金和金镀层	黄　铜	0.07～0.1

1.5.5 机械抛光

机械抛光通常在电镀后进行，也可用于电镀前对基体表面进行预加工。机械抛光是用涂有抛光膏的抛光轮对工件表面进行加工，降低制品的表面粗糙度值，使制品获得装饰性外观。

机械抛光分为粗抛、中抛与精抛几类。粗抛是用硬轮对经过或未经过磨光的表面进行抛光，有一定的磨削作用，能除去粗的磨痕。中抛是用较硬的抛光轮对经过粗抛的表面做进一步的加工，能除去粗抛留下的划痕，产生中等光亮的表面。精抛是用软轮抛光获得镜面光亮的表面，磨削作用很小。

机械抛光时，抛光轮上应涂抛光膏或抛光液，抛光膏的类型与用途见表1-19。抛光时的线速度比磨光时大些，抛光轮的线速度与转速见表1-20。

表1-19 抛光膏的类型与用途

类　型	特　点	用　途
白抛光膏	用氧化钙、少量氧化镁及黏结剂制成，粒度小而不锐利，长期存放易风化变质	抛光较软的金属（铝、铜等）和塑料，也用于精抛
红抛光膏	用氧化铁、氧化铝和黏结剂制成，硬度中等	抛光一般钢铁零件，对铝、铜零件做粗抛
绿抛光膏	用氧化铬、氧化铝和黏结剂制成，硬而锐利，磨削能力强	抛光硬质合金钢、镀铬层、不锈钢

表1-20 抛光轮的线速度与转速

材料类型	抛光轮线速度/(m/s)	抛光轮直径/mm			
		300	350	400	500
		抛光轮转速/(r/min)			
复杂形状钢件	20～25	1592	1364	1194	955
简单形状钢件、铸铁、镍、铬	30～35	2228	1910	1671	1337
铜及铜合金、银	20～30	1910	1637	1432	1146
锌、铅、锡、铝及铝合金	18～25	1592	1364	1194	955

1.6　表面电抛光整平

1.6.1　钢铁电抛光

钢铁电抛光工艺见表1-21。

表1-21　钢铁电抛光工艺

类　型		碳钢、低合金钢、不锈钢	碳钢、合金钢、铸铁	不含铬的钢	碳钢、含锰、镍的模具钢
质量分数(%)	磷酸(H_2PO_4,85%)	65~80	66~70	58	60~62
	硫酸(H_2SO_4,98%)	15~20	—	31	18~22
	铬酐(CrO_3)	5~6	12~14	—	—
	葡萄糖($C_6H_{12}O_6$)	—	—	2	—
	草酸($H_2C_2O_4\cdot 2H_2O$)	—	—	—	10~15
	硫脲[$CS(NH_2)_2$]	—	—	—	8~12
	乙二胺四乙酸二钠($EDTANa_2\cdot 2H_2O$)	—	—	—	1
	水(H_2O)	15~24	16~22	9	0~3
工艺条件	溶液密度/(g/cm^3)	1.70~1.74	1.70~1.74		1.6~1.7
	温度/℃	60~90	55~65	60~70	室温
	电流密度/(A/dm^2)	20~60	20~50	2.7~6.5	10~25
	电压/V		10~20	7~8.5	
	时间/min	1~5	4~5	10	10~30

注：用铅做阴极。

1.6.2　不锈钢电抛光

不锈钢电抛光工艺见表1-22。

表1-22　不锈钢电抛光工艺

工　艺　号		1	2	3	4
质量分数(%)	磷酸(H_3PO_4,85%)	50~60	40~45	11	560mL/L
	硫酸(H_2SO_4,98%)	20~30	34~37	36	400mL/L
	铬酐(CrO_3)	—	3~4	10	50g/L
	甘油($C_3H_8O_3$)	—	—	25	—
	明胶	—	—	—	7~8g/L
	水(H_2O)	15~20	17~20	18	—
工艺条件	溶液密度/(g/cm^3)	1.64~1.75	1.65	>1.46	1.76~1.82
	温度/℃	50~60	70~80	40~80	55~65
	电流密度/(A/dm^2)	20~100	40~70	10~30	20~50
	电压/V	6~8			10~20
	时间/min	10	5~15	3~10	4~5

（续）

工艺号	1	2	3	4
适用范围	适用于奥氏体不锈钢	适用于马氏体不锈钢，也可用于镍、铝	适用于不锈钢，溶液寿命长	适用于不锈钢，溶液寿命较长，抛光质量较好

1.6.3 铜及铜合金电抛光

铜及铜合金电抛光工艺见表1-23。

表1-23 铜及铜合金电抛光工艺

工艺号		1	2	3	4	5	6
体积分数（%）	磷酸（H_3PO_4，85%）	70	76.5	42	67	47	35
	硫酸（H_2SO_4，98%）	—	—	—	10	20	—
	乳酸（$C_3H_6O_3$，88%）	—	1.5	—	—	—	—
	铬酐（CrO_3）	—	—	60g/L	—	—	—
	乙醇（C_2H_5OH）	—	—	—	—	—	62
	水（H_2O）	30	22	20	30	40	—
工艺条件	密度/（g/cm^3）	1.55～1.60		1.60～1.62			
	温度/℃	20～40	18～30	20～40	20	20	20
	电流密度/（A/dm^2）	8～25	15～50	30～50	10	10	2～7
	电压/V				2.0～2.2	2.0～2.2	2～5
	时间/min	20～50	5～8	1～3	15	15	10～15
适用范围		纯铜、黄铜、铝青铜、锡青铜、磷青铜以及质量分数低于3%的铍、铁硅或钴的青铜	纯铜及多种铜合金	纯铜、黄铜	纯铜、锡的质量分数低于6%的铜合金	锡的质量分数大于6%的铜合金	铅的质量分数达3%的铜合金

1.6.4 铝及铝合金碱性溶液电抛光

铝及铝合金碱性溶液电抛光工艺见表1-24。

表1-24 铝及铝合金碱性溶液电抛光工艺

工艺号		1	2	3
组分浓度/（g/L）	$Na_3PO_4 \cdot 12H_2O$	130～150	—	—
	碳酸钠	350～380	—	—
	NaOH	3～5	12	12
	EDTA	—	10	25～40
工艺条件	pH值	11～12		
	电压 U/V	12～25	正向15，负向10，电流换向频率1Hz	7

（续）

工艺号		1	2	3
工艺条件	阳极电流密度/(A/dm^2)	8～12		20
	温度/℃	94～98	40	45～50
	时间/min	6～10		
适用范围		纯铝和LT66等		工业纯铝

注：1. 工艺1以不锈钢板或普通钢板作为阳极。溶液须搅拌或阳极移动。

2. 工艺2、3抛光后，零件表面反射率达到约90%，铝材损耗为0.01～0.02g/cm^2。

1.6.5　铝及铝合金磷酸基溶液电抛光

铝及铝合金磷酸基溶液电抛光工艺见表1-25。

表1-25　铝及铝合金磷酸基溶液电抛光工艺

工艺号		1	2	3	4	5	6	7	8①
质量分数(%)	磷酸(H_3PO_4,85%)	86～88	60	60～70	43	36	400mL	600mL	75
	硫酸(H_2SO_4,98%)	—	—	30～50	43	36	60mL	400mL	7
	铬酐(CrO_3)	14～12	20	6～8	3	4	—	—	—
	乙二醇($C_2H_6O_2$)	—	—	—	—	—	400mL	—	—
	甘油($C_3H_8O_3$)	—	—	—	—	—	—	10mL	15
	氢氟酸(HF,40%)	—	—	—	—	—	—	—	3
	水(H_2O)	达到密度值	20	4～7	11	24	140mL	—	—
工艺条件	密度/(g/cm^3)	1.70～1.72		1.65～1.70					
	温度/℃	70～80	60～65	60～80	70～80	70～90	85～95	70～80	室温
	电流密度/(A/dm^2)	15～20	40	15～75	30～50	20～40	15～25	20～30	≥8
	电压/V	12～15			12～15	12～15			12～15
	时间/min	1～3	3	5～10	2～5	2～5	5～7	3～5	5～10
适用范围		适于纯Al、Al-Mg、Al-Mg-Si合金	适于化学成分(质量分数)为Cu3%、Mg1.5%、Ni1%、Fe1%的合金	适于纯Al、Al-Mg、Al-Mn、Al-Cu合金	适于纯Al、Al-Cu合金	适于纯Al、Al-Mg、Al-Mn合金	适于纯Al及多种铝合金	适于纯Al及多种铝合金	适于含Si的铝压铸件

① 抛光后先在质量分数为5%的NaOH溶液中，于室温下浸5min后再水洗，以防光亮度降低。

1.6.6　钛及钛合金电抛光

钛及钛合金电抛光工艺见表1-26。

表 1-26　钛及钛合金电抛光工艺

	工艺号	1	2	3	4	5	6	7	8	9
质量分数(%)	磷酸(H_3PO_4,85%)	75~80	60~80	—	—	—	—	—	70~80g/L	—
	氢氟酸(HF,48%)	15~20	10~15	10~18	20~25	6	20~30	100mL/L	170~200g/L	50~55g/L
	硫酸(H_2SO_4,98%)	—	—	80~85	40~50	—	50~65	—	—	950~960g/L
	铬酐(CrO_3)	—	—	—	—	—	—	400g/L	450~500g/L	—
	甲醇(CH_3OH)	—	5~30	—	—	—	—	—	—	—
	氟化氢铵(NH_4HF_2)	—	—	—	—	—	—	—	—	185~190g/L
	氨基磺酸(HNH_2SO_3)	—	—	—	—	—	—	—	—	65~70g/L
	氟钛酸钾(K_2TiF_6)	—	—	—	—	—	—	—	—	18~20g/L
	乙二醇($C_2H_6O_2$)	—	—	—	22~28	88	—	—	—	—
	乙醇胺(C_2H_7NO)	—	—	—	1~2	—	—	—	—	—
	硝酸(HNO_3)	—	—	—	—	—	7~16	—	—	—
	草酸钛钾	—	—	—	—	—	—	—	2.5~5	—
工艺条件	温度/℃	15~20	15~20	15~20	40~65	25~40	20~40	15~20	10~60	25~50
	电流密度/(A/dm²)	50~100	50~100	50~100	100~140	8~10	80~100	20~50	20~60	40~60
	电压/V	6	8~17	5~6	8~13		8~15	3~7		8~10
	时间/min				2~3	数分钟	0.5~1	数分钟	3~5	数分钟

注：1. 工艺2溶液不加水，而用甲醇代之，以降低对基材的浸蚀。

2. 工艺1、3、4溶液成分含量为体积分数。

1.6.7　镍及镍合金电抛光

镍及镍合金电抛光工艺见表1-27。

表 1-27　镍及镍合金电抛光工艺

	工艺号	1	2	3	4
组分浓度/(g/L)	磷酸(H_3PO_4)	150mL/L	—	—	750mL/L
	铬酐(CrO_3)	250	72~75	60	900
	硫酸(H_2SO_4)	105mL/L	2~3mL/L	—	—
	甘油($C_3H_8O_3$)	—	2~3	—	—
	柠檬酸($C_6H_5O_7 \cdot H_2O$)	—	—	40mL/L	—
	柠檬酸铵[$(NH_4)_2HC_6H_5O_7$]	—	—	—	60
	水(H_2O)	余量	18~25mL/L	30mL/L	20mL/L

(续)

工艺号		1	2	3	4
工艺条件	溶液密度/(g/dm^3)		1.62~1.65	1.60~1.62	
	温度/℃	10~30	20~30	35~40	20~25
	时间/min	1~2	1~3	1~3	1~2
	阳极电流密度/(A/dm^2)	30~40	30~40	30~40	15~20

注：1. 工艺1、工艺2适合于镍镀层和镍基体的抛光。

2. 工艺3适合于镍基体的抛光。

3. 工艺4适合于镍和镍铁合金的抛光。

1.6.8 通用电解液电抛光

通用电解液电抛光工艺见表1-28。该方法适用于多种金属同时进行电抛光，但抛光质量与专用电解液相比较差。

表1-28 通用电解液电抛光工艺

工艺号	电解液成分和含量	温度/℃	电流密度/(A/dm^2)	电压/V	时间/min	说明
1	磷酸(H_3PO_4) 328g/L 铬酐(CrO_3) 372g/L 硫酸(H_2SO_4) 25g/L 硼酸(H_3BO_3) 8.3g/L 氢氟酸(HF) 33g/L 柠檬酸($C_6H_8O_7 \cdot H_2O$) 12g/L 邻苯二甲酸酐($C_8H_4O_3$) 4.3g/L	94	5~70		数分钟	不同金属的电流密度与抛光时间为 金属 电流密度/(A/dm^2) 抛光时间/min 钢 17~40 2~4 铁 10~15 3.0~3.5 轻合金 12~40 2 青铜 18~24 2.0~2.5 铜 5~15 1.5 铅 30~70 6 锌 20~24 2.0~2.5 锡 7~9 1.5~3.0
2	磷酸(H_3PO_4,98%) 86%~88%① 铬酐(CrO_3) 12%~14%①	30~100	2~100		数分钟	可抛光钢铁、铜、黄铜、青铜、镍、铝、硬铝
3	乙醇 144mL 三氯化铝($AlCl_3$) 10g 氯化锌($ZnCl_2$) 45g 丁醇($C_4H_{10}O$) 16mL 水 32mL	20	5~30	15~25		可用下列任一方法对铝及铝合金、钴、镍、锡、钛、锌电抛光 1)抛光1min后热水洗，如此反复数次 2)上下迅速移动阳极，持续3~6min
4	硝酸(HNO_3,65%) 100mL 甲酸(CH_3OH) 200mL	20	100~200	40~50	0.5~1	可抛光铝、铜及铜合金、钢铁、镍及镍合金、锌、镉。使用时应冷却，溶液有爆炸危险。若有浸蚀现象，可降低电流密度

① 质量分数。

1.7 表面化学抛光整平

1.7.1 钢铁化学抛光

钢铁化学抛光工艺见表1-29。

表1-29 钢铁化学抛光工艺

工艺号		1	2	3	4	5
组分浓度/(g/L)	硝酸(HNO_3,65%)	130~140	—	—	—	100mL/L
	硫酸(H_2SO_4,98%)	100~110	—	0.5	0~10体积份	300mL/L
	磷酸(H_3PO_4,85%)	—	—	—	—	600mL/L
	缩合磷酸(含P_2O_5,72%~75%)	—	—	—	90~100体积份	—
	盐酸(HCl,37%)	50~60	—	—	—	—
	过氧化氢(H_2O_2,30%)	—	70~80	230	—	—
	氟化氢铵(NH_4HF_2)	—	20	50	—	—
	尿素[$CO(NH_2)_2$]	—	20	20	—	—
	苯甲酸(C_6H_5COOH)	—	1~1.5	—	—	—
	铬酐(CrO_3)	—	—	—	—	5~10
	酸性橙黄染料	5~10	—	—	—	—
	OP-10乳化剂	2	0.05	0.2	—	—
工艺条件	pH值		1.1	2		
	温度/℃	70~75	15~30	15~40	180~250	120~140
	时间/min	2~5	0.5~2	0.5~2	数秒至数分	<10
适用范围		铁素体钢	低碳钢、中碳钢		高碳钢	低碳钢、中碳钢、合金钢

1.7.2 不锈钢化学抛光

不锈钢化学抛光工艺见表1-30。

表1-30 不锈钢化学抛光工艺

工艺号		1	2	3	4	5	6
组分浓度/(g/L)	硫酸(H_2SO_4,98%)	100~110	—	—	—	260~270	—
	硝酸(HNO_3,65%)	60~65	45~55mL/L	132	65	70~80	—
	盐酸(HCl,37%)	40~50	45~55mL/L	60	—	30~40	—
	磷酸(H_3PO_4,85%)	—	150mL/L	—	250	—	—
	草酸($H_2C_2O_4 \cdot 2H_2O$)	—	—	—	—	—	180~200
	氢氟酸(HF,40%)	—	—	25	—	—	—
	聚乙二醇(M>6000)	—	35	—	40	—	—
	酸性橙黄染料	5~10	—	—	—	5~10	—

（续）

工艺号		1	2	3	4	5	6
组分浓度/(g/L)	OP-10乳化剂	2~3mL/L	—	—	—	2~3mL/L	5~10mL/L
	磺基水杨酸（$C_7H_6O_6S \cdot 2H_2O$）	—	3.5	—	—	—	—
	烟酸（$C_6H_5O_2N$）	—	3.5~4	—	—	—	—
	六次甲基四胺（$C_6H_{12}N_4$）	—	—	2	—	—	—
	三乙醇胺（$C_6H_{15}NO_3$）	—	—	—	10	—	—
	苯并咪唑（$C_{10}H_6N_2$）	—	—	—	3	—	—
	聚丙烯酰胺	—	—	—	—	2~10	—
	乙醇（C_2H_5OH）	—	—	—	—	—	6~10
	硫脲[$CS(NH_2)_2$]	—	—	—	—	—	10~15
工艺条件	温度/℃	70~85	90~95	<40	80~90	55~65	50~60
	时间/min	2~5	1~3	3~10	3~5	5~6	3~5
适用范围		奥氏体不锈钢		较粗糙的奥氏体不锈钢零件	表面粗糙度较低的奥氏体不锈钢零件	低含碳量铬不锈钢	抛光效果好

1.7.3 铜及铜合金化学抛光

铜及铜合金化学抛光工艺见表1-31。

表1-31 铜及铜合金化学抛光工艺

工艺号		1	2	3	4
组分浓度/(g/L)	硫酸（H_2SO_4,98%）	260~280mL/L	—	—	—
	硝酸（HNO_3,65%）	40~50mL/L	10	6~8	6%~30%（质量分数）
	磷酸（H_3PO_4,85%）	—	54	40~50	70%~94%（质量分数）
	冰醋酸（HAC）	—	30	35~45	—
	铬酐（CrO_3）	180~200	—	—	—
	盐酸（HCl）	3mL/L	—	—	—
工艺条件	温度/℃	20~40	55~65	40~60	25~45
	时间/min	0.5~3	3~5	3~10	1~2

注：工艺1适用于精密部件；工艺2适用于铜及黄铜部件；工艺3适用于铜及黄铜部件，当温度降至20℃时，可用于抛光白铜部件；工艺4适用于铜铁组合体。

1.7.4 铝及铝合金磷酸基溶液化学抛光

铝及铝合金磷酸基溶液化学抛光工艺见表1-32。

表1-32 铝及铝合金磷酸基溶液化学抛光工艺

工艺号		1	2	3	4	5	6	7
组分浓度/(g/L)	磷酸(H_3PO_4,85%)	800	805	850	700	750	500	440
	硫酸(H_2SO_4,98%)	100	—	—	—	—	400	60
	硝酸(HNO_3,65%)	60	35	50	100	70	100	48
	冰乙酸(CH_3COOH)	—	—	100	—	—	—	—
	氢氟酸(HF,38%)	—	—	—	—	40	—	—
	柠檬酸($C_6H_8O_7 \cdot H_2O$)	—	—	—	200	—	—	—
	硫酸铜($CuSO_4 \cdot 5H_2O$)	—	—	—	—	—	—	0.2
	硫酸铵[$(NH_4)_2SO_4$]	—	—	—	—	—	—	44
	尿素[$CO(NH_2)_2$]	30	—	—	—	—	—	31
工艺条件	温度/℃	90~110	≈80	80~100	80~90	80~90	100~115	100~120
	时间/min	1~2	0.5~5	2~5	3~5	0.5	数分钟	2~3
适用范围		纯铝,锌的质量分数小于8%、铜的质量分数小于4%的铝锰锌合金和铝铜镁合金					铝的质量分数大于99.5%的纯铝,抛光能力差	

1.7.5 铝及铝合金非磷酸基溶液化学抛光

铝及铝合金非磷酸基溶液化学抛光工艺见表1-33。

表1-33 铝及铝合金非磷酸基溶液化学抛光工艺

工艺号		1		2		3		4	
组分浓度/(g/L)		氢氧化钠	280	氢氧化钠	500	硝酸	130	硝酸	25~50
		硝酸钠	230	硝酸钠	300	氟化氢钠	160	氟化氢铵	60
		亚硝酸钠	170	氟化钾	30	硝酸铅	0.5	铬酐	6
		磷酸钠	110	磷酸钠	20			乙二醇	6
		硝酸铜	0.15	—		—		—	
工艺条件	温度/℃	130~140		110~120		45~65		93~98	
	时间/min	0.5~2.0		0.5~1.0		15~30s		4~5	

第2章　氧 化 处 理

2.1　化学氧化处理

氧化处理是在可控条件下人为生成特定氧化膜的表面转化过程。它分化学氧化和电化学氧化两种方法，常用于钢铁和铝、铜、镁等有色金属的处理。由于化学氧化技术不用电源，设备简单，工艺稳定，操作方便，而且成本低，生产率高，收效快，故其应用越来越广。

2.1.1　钢铁碱性化学氧化（发蓝）

钢铁件的表面在大气环境生成的氧化膜一般为 Fe_2O_3 和少量的 FeO，即锈层。通过氧化处理可形成以磁性氧化物 Fe_3O_4 为主要成分的氧化膜，厚度为 0.6 ~ 1.5μm，再经皂化、填充或封闭处理，可提高耐蚀性和润滑性。

按化学处理液的酸碱性，钢铁化学氧化处理分为碱性和酸性两类；按所获得的膜层颜色，则分为发蓝和发黑两种工艺。

碱性氧化法又称发蓝，通常在强碱溶液里添加氧化剂，且在较高溶液温度条件下进行，其工艺见表 2-1。

表 2-1　钢铁碱性化学氧化（发蓝）工艺

工艺号		一步法		两步法			
		1	2	3		4	
				首槽	末槽	首槽	末槽
组分浓度/(g/L)	氢氧化钠（NaOH）	550 ~ 650	600 ~ 700	500 ~ 600	700 ~ 800	550 ~ 650	700 ~ 800
	亚硝酸钠（$NaNO_2$）	150 ~ 200	200 ~ 250	100 ~ 150	150 ~ 200	—	—
	重铬酸钾（$K_2Cr_2O_7$）	—	25 ~ 32	—	—	—	—
	硝酸钠（$NaNO_3$）	—	—	—	—	100 ~ 150	150 ~ 200
工艺条件	温度/°C	135 ~ 145	130 ~ 135	135 ~ 140	145 ~ 152	130 ~ 135	140 ~ 150
	时间/min	15 ~ 60	15	10 ~ 20	45 ~ 60	15 ~ 20	30 ~ 60

2.1.2　钢铁酸性化学氧化（常温发黑）

与碱性高温氧化相比，酸性氧化能在常温下操作，具有节电、节能、高效、操作简便、成本较低、环境污染小等优点，但槽液寿命短、不太稳定，膜层附着力较差。钢铁表面经酸性化学氧化处理后可得到均匀的黑色或蓝黑色外观，故又称常温发黑。

钢铁常温发黑工艺见表2-2。

表2-2 钢铁常温发黑工艺

工艺号		1	2	3
组分浓度/(g/L)	硫酸铜($CuSO_4 \cdot 5H_2O$)	2	4	2~2.5
	二氧化硒(SeO_2)	4	4	2.5~3.0
	磷酸二氢钾(KH_2PO_4)	3	—	—
	磷酸二氧锌[$Zn(H_2PO_4)_2$]	—	2	—
	氯化镍($NiCl_2 \cdot 6H_2O$)	2	—	—
	柠檬酸钾($K_3C_6H_5O_7 \cdot 2H_2O$)	2	—	—
	酒石酸钾钠($KNaC_4H_4O_6$)	2	—	—
	硫酸镍($NiSO_4 \cdot 7H_2O$)	—	1	—
	DPE-Ⅱ添加剂	—	1~2mL/L	—
	对苯二酚	—	—	1~1.2
	硼酸(H_3BO_3)	—	4	—
	硝酸(HNO_3)	—	—	1.5~2mL/L
	氯化钠(NaCl)	—	—	0.8~1
工艺条件	pH值	2~2.5	2.5~3.5	1~2
	温度/°C	常温	常温	常温
	时间/min	3~5	2~4	8~10

2.1.3 钢铁无碱化学氧化

钢铁无碱化学氧化工艺见表2-3。

表2-3 钢铁无碱化学氧化工艺

工艺号		1	2
组分浓度/(g/L)	磷酸(H_3PO_4)	3~10	10~18
	三氧化锰(MnO_3)	11~14	—
	硝酸钙[$Ca(NO_3)_2$]	80~100	—
	硝酸钡[$Ba(NO_3)_2$]	—	70~100
	二氧化锰(MnO_2)	—	10~20
	磷酸锰铁盐(马日夫盐)	—	30~40
工艺条件	温度/°C	100	90~100
	时间/min	40~45	40~50

（续）

工艺号	1	2
备注	能获得黑色氧化膜，其主要成分是磷酸钙和铁的氧化物，其耐蚀性和强度超过碱性氧化膜	膜呈深黑色、深灰色或红黑色，无光泽或微光泽，膜层致密细致，防护性能较好

2.1.4 不锈钢酸性化学氧化

不锈钢酸性化学氧化工艺见表2-4。

表2-4 不锈钢酸性化学氧化工艺

工艺号		1	2	3	4	5
组分浓度/(g/L)	硫酸(H_2SO_4)	530~560	270~300	300~350mL/L	250~300mL/L	600~650mL/L
	铬酐(CrO_3)	230~260	480~500	—	200~250	—
	重铬酸钾($K_2Cr_2O_7$)	—	—	300~500	—	—
	偏钒酸钠($NaVO_3$)	—	—	—	—	130~150
	钼酸铵[$(NH_4)_6$-$Mo_7O_{24}\cdot 4H_2O$]	—	45~55	—	—	—
工艺条件	溶液温度/℃	70~80	70~80	95~110	95~100	80~90
	处理时间/min	7~10	5~9	10~70	2~10	5~10
膜层颜色		蓝→金黄	蓝→金黄	黑色	蓝→青色	金黄

2.1.5 不锈钢碱性化学氧化

不锈钢碱性化学氧化工艺见表2-5。

表2-5 不锈钢碱性化学氧化工艺

工艺号		1	2	3	4
组分浓度/(g/L)	氢氧化钠(NaOH)	13~15	350~400	700~800	450~550
	硝酸钠($NaNO_3$)	1~4	14~16	20~40	350~450
	磷酸钠(Na_3PO_4)	2~4	—	—	—
	氧化铅(PbO)	0.5~1.5	—	—	—
	高锰酸钾($KMnO_4$)	—	45~55	100	—
	氯化钠(NaCl)	—	20~30	—	—
	亚硫酸钠(Na_2SO_3)	—	30~40	70	—
	氯酸钾($KClO_3$)	—	—	50	—
	重铬酸钠($Na_2Cr_2O_7$)	—	—	—	200~300
	水(H_2O)	—	500	—	—

（续）

工艺号		1	2	3	4
工艺条件	溶液温度/℃	105～110	115～125	120	120～140
	处理时间/min	17～25	15～25	15～25	10～30
膜层颜色		蓝色→青色	黄色→蓝色	金色→黑色	蓝色→黑色

2.1.6 不锈钢草酸盐化学氧化

不锈钢草酸盐化学氧化工艺见表2-6。

表2-6 不锈钢草酸盐化学氧化工艺条件

工艺号		1	2
组分浓度/(g/L)	草酸($H_2C_2O_4$)	45～55	45～55
	氯化钠(NaCl)	20～30	15～25
	钼酸铵[$(NH_4)_6Mo_7O_{24}\cdot 4H_2O$]	25～35	25～35
	亚硫酸钠(Na_2SO_3)	2～4	—
	氟化钠(NaF)	10	10
	硫代硫酸钠($Na_2S_2O_3$)	—	2～4
工艺条件	溶液温度/℃	60～70	45～55
	处理时间/min	5～10	4～5
适用范围		不锈钢和镍铬钢	不锈钢和镍铬钢

2.1.7 铝及铝合金碱性化学氧化

铝及铝合金表面暴露在大气中很容易生成一层厚度为0.01～0.02μm的氧化膜，有一定耐蚀性。但它疏松多孔、不均匀，使铝表面失去原有光泽。用化学氧化方法可获得厚度0.5～4μm的氧化膜，有良好的吸附作用，常作为油漆或其他涂层的底层。

铝及铝合金的化学氧化处理，按溶液性质分为碱性和酸性两大类。其碱性化学氧化工艺见表2-7。

表2-7 铝及铝合金碱性氧化工艺

工艺号		1	2	3
组分浓度/(g/L)	碳酸钠($NaCO_3$)	40～60	60	40～50
	铬酸钠($Na_2CrO_4\cdot 4H_2O$)	10～20	20	10～20
	氢氧化钠(NaOH)	2～3	—	—
	磷酸三钠(Na_3PO_4)	—	2	—
	硅酸钠(Na_2SiO_3)	—	—	0.6～1.0

（续）

工艺号		1	2	3
工艺条件	温度/°C	80~100	100	
	时间/min	5~10	8~10	
备注		氧化膜钝化后呈金黄色，厚度为0.5~1μm，膜层较软，耐蚀性较差，适合于纯铝、铝镁、铝锰合金	钝化后呈金黄色，多孔，宜于做油漆底层，适用于纯铝、铝镁、铝硅、铝锰合金	氧化膜无色，硬度及耐蚀性略高，孔隙率及吸附性略低，封闭后可单独做防护层，适用于含重金属铝合金

2.1.8　铝及铝合金酸性化学氧化

铝及铝合金酸性化学氧化工艺见表2-8。

表2-8　铝及铝合金酸性氧化工艺

工艺号		1	2	3	4	5	6	7
组分浓度/(g/L)	磷酸（H_3PO_4，$d=1.7$）	50~60mL/L	45	22	—	—	—	—
	铬酐（CrO_3）	20~25	6	2~4	4	3.5~4.0	1~2	5~10
	氟化氢铵（NH_4HF_2）	3~7.5	—	—	—	—	—	—
	磷酸氢二铵[$(NH_4)_2HPO_4$]	2~2.5	—	—	—	—	—	—
	硼酸（H_3BO_3）	0.6~1.2	—	2	—	—	—	1~2
	氟化钠（NaF）	—	3	5	1	0.8	0.1~1	0.5~1.5
	铁氰化钾[$K_3Fe(CN)_6$]	—	—	—	0.5	—	—	2~5
	重铬酸（$Na_2Cr_2O_7\cdot 2H_2O$）	—	—	—	—	—	3~3.5	—
	硝酸（HNO_3，$d=1.42$）	—	—	—	—	—	—	2~5mL/L
	重铬酸钾（$K_2Cr_2O_7$）	—	—	—	—	—	2~4	—
工艺条件	温度/℃	30~40	15~35	室温	20~40	室温	50~60	室温
	时间/min	2~8	10~15	15~60s	20~60s	3	10~15	0.5~5

（续）

工艺号	1	2	3	4	5	6	7
备注	膜呈无色带红绿的灰蓝色。膜致密，厚度为0.5～3μm，硬度较高，耐蚀性较好，需经封闭处理。适合于各种铝及铝合金	膜层较薄，韧性较高，耐蚀性较高，适用于氧化后需变形的铝及铝合金	膜无色透明，厚度为0.3～0.5μm，导电性好。用于变形的铝制电气零件	膜为彩虹色，膜厚，导电性好，适合于有一定导电性的零件	膜厚约为0.5μm，无色至深棕色，耐蚀性好，适合于有一定导电性的零件	膜为棕黄至彩虹色，耐蚀性较好，适用于铝合金焊接件的局部氧化	膜为金黄色的彩虹色至淡黄色，耐蚀性良好，但耐磨性较差。适用于复杂和大件的局部氧化

2.1.9　铝合金压铸件化学氧化

铝合金压铸件化学氧化工艺见表2-9。

表2-9　铝合金压铸件化学氧化工艺

工艺号		1	2	3
组分浓度/(g/L)	铬酐(CrO_3)	2.5～3.5	20～25	—
	重铬酸钾($K_2Cr_2O_7$)	3.0～4.0	—	—
	氟化钠(NaF)	0.6～0.8	—	—
	磷酸(H_3PO_4)	—	50～60mL/L	—
	氟化氢铵[$(NH_4)_2HF_2$]	—	3.0～3.5	—
	硼酸(H_3BO_3)	—	1.0～1.2	—
	碳酸钠(Na_2CO_3)	—	—	45～55
	铬酸钠(Na_2CrO_4)	—	—	10～20
	氢氧化钠(NaOH)	—	—	20～30
工艺条件	溶液温度/℃	30～35	30～40	80～100
	处理时间/min	2～5	3～6	10～20
适用范围		铝镁、铝硅	各种铝合金	铝镁、铝锰

2.1.10　镁合金磷酸盐化学氧化

镁合金化学氧化可获得0.5～3μm的膜层，膜薄而软，通常不单独使用，一般用作装饰或中间防护及涂装底层。镁合金磷酸盐化学氧化工艺见表2-10。

表2-10 镁合金磷酸盐化学氧化工艺

工 艺 号		1	2	3
组分浓度/(g/L)	磷酸二氢钾(KH_2PO_4)	13~14	—	—
	磷酸氢二钾(K_2HPO_4)	25~30	—	—
	氟氢酸钠($NaHF_2$)	3~5	—	—
	磷酸钠(Na_3PO_4)	—	100	—
	高锰酸钾($KMnO_4$)	—	10~50	—
	磷酸(H_3PO_4, $d=1.75$)	—	—	3~6mL/L
	磷酸二氢钡[$Ba(H_2PO_4)_2$]	—	—	40~70
	氟化钠(NaF)	—	—	1~2
工艺条件	溶液温度/℃	50~60	20~60	90~98
	处理时间/min	20~50	3~10	10~30

注：工艺1溶液的pH值应控制在5~7，于温度50~60℃下浸渍20~50min，然后取出水洗干净，放进干燥箱中烘干。

工艺2溶液的pH值应控制在3.0~3.5，于温度20~60℃下浸渍3~10min，然后取出水洗干净，放进去离子水中浸渍，然后干燥。

工艺3所得的膜层耐蚀性好，又称磷化膜，膜呈深灰色，一般用作涂装的底层。

2.1.11 镁合金铬酸盐化学氧化

镁合金铬酸盐化学氧化工艺见表2-11。

表2-11 镁合金铬酸盐化学氧化工艺

工 艺 号		1	2	3	4	5	6
组分浓度/(g/L)	重铬酸钾($K_2Cr_2O_7$)	140~160	25~35	110~170	30~60	30~50	40~55
	硫酸铵[$(NH_4)_2SO_4$]	2~4	30~35	—	25~45	—	—
	铬酐(CrO_3)	1~3	—	1~2	—	—	—
	醋酸(CH_3COOH, 60%)	10~20mL/L	—	—	—	5~8mL/L	—
	邻苯二钾酸氢钾($C_8H_5O_4K$)	—	15~20	—	—	—	—
	硫酸镁($MgSO_4$)	—	—	40~75	10~20	—	—
	硫酸锰($MnSO_4$)	—	—	40~75	7~10	—	—
	硫酸铝钾[$KAl(SO_4)_2 \cdot 12H_2O$]	—	—	—	—	8~12	—
	硝酸(HNO_3, $d=1.42$)	—	—	—	—	—	90~100
工艺条件	温度/℃	18~32	18~32	20~30	80~100	80~100	80~100
	时间/min	18	15	30	30	20	20

2.1.12 铜及铜合金碱性化学氧化

铜及铜合金经化学氧化处理后，在表面生成一层厚度为0.5～2μm的氧化膜。膜的组成随着氧化工艺不同而有所变化，主要是氧化铜（褐、黑色）、氧化亚铜（从黑色或棕色向紫、红、橙、黄色转变）、硫化铜（褐、烟灰、黑色）或它们混合物。膜层保护性能不高，性脆不耐磨，不能承受弯曲和冲击，经涂油或涂透明漆能提高其防护性能。

铜及铜合金化学氧化工艺见表2-12。

表2-12 铜及铜合金碱性化学氧化的工艺

工艺号		1	2	3	4	5
组分浓度/(g/L)	氢氧化钠(NaOH)	150～200	60～200	45～55	110～120	40～60
	过硫酸钾($K_2S_2O_8$)	—	—	5～15	30～40	10～15
	高锰酸钾($KMnO_4$)	30～50	—	—	—	—
	亚氯酸钠($NaClO_2$)	—	20～150	—	—	—
	钼酸铵[$(NH_4)_2MoO_4$]	—	—	—	—	18～25
工艺条件	溶液温度/℃	80～沸腾	90～100	60～65	55～65	55～70
	处理时间/min	3～15	3～15	5～20	2～5	3～9
膜层颜色		红褐、黑褐	红棕、黑	褐、蓝、黑	褐、蓝、黑	深黑

2.1.13 铜及铜合金硫代硫酸盐化学氧化

铜及铜合金硫代硫酸盐化学氧化工艺见表2-13。

表2-13 铜及铜合金硫代硫酸盐化学氧化工艺

工艺号		1	2	3	4	5	
						A	B
组分浓度/(g/L)	硫代硫酸钠($Na_2S_2O_3$)	45～55	40～50	120～160	50～60	—	50
	醋酸铅[$Pb(CH_3COO)_2$]	—	—	30～40	20～30	—	12～25
	醋酸(CH_3COOH,36%)	—	—	—	30mL/L	—	—
	硝酸铁[$Fe(NO_3)_3$]	—	7～8	—	—	—	—
	硫酸铜($CuSO_4$)	—	—	—	—	50	—
	硫酸镍铵[$NiSO_4 \cdot (NH_4)_2SO_4$]	45～55	—	—	—	—	—
工艺条件	溶液温度/℃	60～70	70	55～65	45～60	82	100
	处理时间/min	3～9	3～9		2～6	数分	数分
膜层颜色		灰、黑、绿	铁绿色	粉红、紫、蓝	蓝色	按A、B顺次浸渍得褐色	

2.1.14 铜及铜合金硫化物化学氧化

铜及铜合金硫化物化学氧化工艺见表2-14。

表2-14 铜及铜合金硫化物化学氧化工艺

工艺号		1	2	3	4	5	6	7	8
组分浓度/(g/L)	硫化钾(K_2S)	10~50	3.7	4~6	5~10	5~7	—	—	—
	硫化铵[$(NH_4)_2S$]	—	1.8		—	—	5~15	—	—
	硫化锑(Sb_2S_3)	—	1.8	—	—	—	—	12~13	—
	硫化钡(BaS)	—	—	—	—	—	—	—	4
	氯化铵(NH_4Cl)	—	—	—	1~3	—	—	—	—
	氯化钠(NaCl)	—	—	—	—	2~4	—	—	—
	硫酸铵[$(NH_4)_2SO_4$]	—	—	15~25	—	—	—	—	—
	碳酸铵[$(NH_4)_2CO_3$]	—	—	—	—	—	—	—	2
	氢氧化铵(NH_4OH)	—	4	—	—	—	—	—	—
	氢氧化钠(NaOH)	—	—	—	—	—	—	50	—
工艺条件	溶液温度/℃	25~80	20~30	20~30	30~40	20~40	20~30	50	20~30
	处理时间/min	3~9	3~10		0.5~3		2~9	10~20	

注：工艺2中所得的硫化膜经反复擦拭得青铜色，擦的次数越多，颜色越深。

2.1.15 铜及铜合金硒盐和砷盐化学氧化

铜的硒化物和砷化物均为褐黑色，因此在对铜及铜合金进行转化膜处理时，均可得到褐黑色的硒化物或砷化物膜层。铜及铜合金硒盐和砷盐化学氧化工艺见表2-15。

表2-15 铜及铜合金硒盐和砷盐化学氧化工艺

工艺号		1	2
组分浓度/(g/L)	二氧化硒(SeO_2)	10	125
	亚砷酸(H_3AsO_3)	—	—
	硫酸铜($CuSO_4 \cdot 5H_2O$)	10	62
	硝酸(HNO_3)	3~5	—
工艺条件	溶液温度/℃	20~40	20~30
	处理时间/min	0.5~2.0	根据需要定

注：工艺1的溶液处理时，在铜上形成杨梅红—宝蓝—黑色膜层，在黄铜上形成褐—蓝黑色膜层。如处理时间过长，膜层会有黑灰。

工艺2的处理液配好后，应放置24h后方可使用。

2.1.16 铜及铜合金氯酸钾化学氧化

氯酸钾属于强氧化剂，在较高温度下会分解并析出初生态的氧，有很强的氧化性，将铜和铜合金氧化，并生成带有颜色的膜层，这是以铜的氧化物为主的化学转化膜。颜色主要为褐色或深褐色。铜及铜合金氯酸钾化学氧化工艺见表2-16。

表2-16 铜及铜合金氯酸钾化学氧化工艺

工艺号		1	2	3	4
组分浓度/(g/L)	氯酸钾($KClO_3$)	50~60	5~15	30~40	20~30
	碳酸铜($CuCO_3$)	100~125	—	—	—
	硫酸铜($CuSO_4 \cdot 5H_2O$)	—	35~45	150	20~30
	硫酸镍($NiSO_4 \cdot 7H_2O$)	—	—	25~30	—
	硫酸镍铵[$NiSO_4 \cdot (NH_4)_2SO_4 \cdot 6H_2O$]	—	—	—	20~30
工艺条件	溶液温度/℃	50	80	90~100	80~100
	处理时间/min	3~9	数十分	3~9	2~4
膜层颜色		褐色	褐色	褐色	褐色

2.1.17 铜及铜合金碱式碳酸铜化学氧化

碱式碳酸铜溶液中加进氨水，铜便与溶液中的铜氨络合物起反应生成氧化铜，而黄铜中的锌则被络合溶解，当然也有部分的铜与氨形成铜氨络合物。这种方法适用于黄铜，转化膜层的色泽为深黑色且比较光亮，而纯铜的表面只能获得呈褐—铁灰色的膜层。但所得的膜层在干燥之前很容易擦去，因此需要在转化膜处理后再放进25g/L氢氧化钠的溶液中做固化处理。由于溶液中的氨水很易挥发，在使用过程中应注意及时补充。

处理用的挂具要用铝、钢或黄铜制作，不能用纯铜，以免溶液的性能恶化。铜及铜合金碱式碳酸铜化学氧化工艺见表2-17。

表2-17 铜及铜合金碱式碳酸铜化学氧化工艺

工艺号		1	2	3	4
组分浓度/(g/L)	碱式碳酸铜[$CuCO_3 \cdot Cu(OH)_2 \cdot H_2O$]	40~60	70~100	—	80~120
	氨水(NH_4OH,28%)	200~250mL/L	140~180mL/L	250mL/L	500~100mL/L
	钼酸铵[$(NH_4)_6Mo_7O_{24} \cdot 4H_2O$]	—	15~30	—	—
	碳酸铜($CuCO_3$)	—	—	200~300	—
	碳酸钠(Na_2CO_3)	—	—	180~220	—

（续）

工艺号		1	2	3	4
工艺条件	溶液温度/℃	20~30	25~35	30~40	20~30
	处理时间/min	5~15	8~15	2~10	8~15

注：工艺3处理溶液即使是处理黄铜，其表面也只是得到古旧的深绿色膜层。

2.1.18 锌化学氧化

锌化学氧化工艺见表2-18。

表2-18 锌化学氧化工艺

工艺号		1	2	3	4	5
组分浓度/(g/L)	硫酸铜($CuSO_4 \cdot 5H_2O$)	1~3	55~65	45~55	—	—
	硫氰化钠(NaCNS)	100	—	—	100	—
	硫酸镍铵[$NiSO_4 \cdot (NH_4)_2SO_4 \cdot 6H_2O$]	—	—	—	200	5~15
	硫化镍(NiS)	90~110	—	—	—	—
	氯化铵(NH_4Cl)	—	—	—	4~6	—
	铬酐(CrO_3)	—	—	—	—	5~8
	硝酸银($AgNO_3$)	—	—	—	—	0.5~1.5
	酒石酸($H_2C_4H_4O_6$)	—	75~85	—	—	—
	酒石酸氢钾($KHC_4H_4O_6$)	—	—	45~55	—	—
	碳酸钠(Na_2CO_3)	—	—	140~160	—	—
	氨水(NH_4OH)	—	50~70	—	—	—
工艺条件	溶液温度/℃	20~30	20~30	20~30	20~30	20~30
	处理时间/s	pH值≈5~5.5		1~2min	pH值≈5~5.5	10~60

注：工艺2用毛刷涂刷在锌表面上，待铜析出后干燥，然后抛光得到红铜色。

工艺4溶液pH值控制在5~5.5，如加入少量Ca^{2+}可以使膜的色泽变得鲜艳。

2.1.19 锌合金化学氧化

锌合金化学氧化工艺见表2-19。

表2-19 锌合金化学氧化工艺

工艺号		1	2	3	4	5
组分浓度/(g/L)	盐酸(HCl,37%)	150mL/L	50mL/L	—	—	—
	重铬酸钾($K_2Cr_2O_7$)	90~110	—	80~100	—	—
	硫酸(H_2SO_4)	15mL/L	—	—	—	5mL/L
	铬酐(CrO_3)	—	100~140	—	—	—

（续）

工 艺 号		1	2	3	4	5
组分浓度/(g/L)	磷酸(H_3PO_4,85%)	—	10mL/L	10mL/L	—	—
	硫酸铜($CuSO_4 \cdot 5H_2O$)	—	—	—	150~170	2~3
	氯酸钾($KClO_3$)	—	—	—	70~90	—
	硝酸(HNO_3)	—	—	—	—	13mL/L
工艺条件	溶液温度/℃	30~50	30~35	30~40	20~30	20~30
	处理时间/min	30~60s	3~10s	3~9	3~10	10s
膜层颜色		草绿	草绿	草绿	黑色	黑色
适用范围		Cu-Mg-Al-Zn	铜-镁-铝-锌合金	铜-镁-铝-锌合金	铜-镁-铝-锌合金	锰-锌合金

2.1.20　镉化学氧化

镉和锌一样很少单独作为结构材料或制造基体的材料，主要是用作钢铁等易腐蚀生锈的结构材料的保护镀层。因此，锌、镉的转化膜处理，实际上是镀镉膜层的化学转化膜处理。镉化学氧化工艺见表2-20。

表2-20　镉化学氧化工艺

工 艺 号		1	2	3	4	5
组分浓度/(g/L)	高锰酸钾($KMnO_4$)	2~3	150~170	—	—	—
	硫酸亚铁($FeSO_4 \cdot 7H_2O$)	—	5~10	—	—	—
	硝酸镉[$Cd(NO_3)_2 \cdot 4H_2O$]	—	60~250	—	—	—
	硝酸铜[$Cu(NO_3)_2 \cdot 3H_2O$]	25~35	—	35~40	—	—
	氯酸钾($KClO_3$)	—	—	50~70	—	—
	重铬酸钾($K_2Cr_2O_7$)	—	—	—	6~6.5	—
	硝酸(HNO_3,65%)	—	—	—	3~3.5	—
	钼酸铵[$(NH_4)_6Mo_7O_{24} \cdot 4H_2O$]	—	—	—	—	13~17
	硝酸钾(KNO_3)	—	—	—	—	7~8
	硼酸(H_3BO_3)	—	—	—	—	7~8
工艺条件	溶液温度/℃	60~80	50~70	60~80	60~70	
	处理时间/min	3~10	5~10	2~3	2~10	
膜层颜色		黑色	褐色	黑色	褐色	

注：工艺2可以用硝酸来保持溶液的酸性。

工艺4，工件刚出现褐色就进行擦刷，然后再浸渍，这样可以加深色泽。

2.1.21　银化学氧化

银的化学氧化处理主要用在工艺美术品颜色的需要方面，多为用硫化物处理使其生成棕黑色的硫化银光泽，以便达到仿古银器的装饰用。银化学氧化工艺见表2-21。

表2-21 银化学氧化工艺

工艺号		1	2	3	4	5	6①	7	8②		9②		10	11
									A	B	A	B		
组分浓度/(g/L)	硫化钾(K_2S)	2	5	—	1.5	—	7.5~10	—	25	—	—	—	—	—
	氯化铵(NH_4Cl)	6	—	5	—	—	—	—	38	—	—	—	—	—
	碳酸铵[$(NH_4)_2CO_3$]	—	10	—	—	—	—	—	—	—	—	—	—	—
	多硫化铵[$(NH_4)_2S_x$]	—	—	3	—	—	—	—	—	—	—	—	—	—
	硫化钡(BaS)	—	—	—	—	5	—	—	—	2	—	—	—	—
	三氯化铁($FeCl_3 \cdot 6H_2O$)	—	—	—	—	—	—	—	—	—	200	—	—	—
	氢氧化钠(NaOH)	—	—	—	—	—	—	—	—	—	—	20	—	—
	硝酸铜[$Cu(NO_3)_2 \cdot 3H_2O$]	—	—	—	—	—	—	20	—	—	—	—	—	—
	氯化汞($HgCl_2$)	—	—	—	—	—	—	30	—	—	—	—	—	—
	硫酸锌($ZnSO_4 \cdot 7H_2O$)	—	—	—	—	—	—	30	—	—	—	—	—	硫酸铜 0.45
	盐酸(HCl)(37%)	—	—	—	—	—	—	—	—	—	—	—	300	—
	碘(I_2)	—	—	—	—	—	—	—	—	—	—	—	100	—
	乙酸铜[$Cu(C_2H_3O_2)_2 \cdot H_2O$]	—	—	—	—	—	—	—	—	—	—	—	—	0.7
工艺条件	温度/℃	60~80	80	70~80	80	室温	80	室温	室温	室温	室温	室温	室温	90~100
	时间/min	至所需色调		2~10	至所需色调		至所需色调		各2~3s		5s	15s	至所需色调	
膜层颜色		蓝黑色		蓝黑色	蓝黑色	黄褐色	灰-黑色	灰色	古旧银色		棕灰-黑色		灰绿色	绿蓝色

① 加入氨水膜层颜色加深。

② A、B液交替浸渍。

2.1.22　镍及铍化学氧化

镍及铍化学氧化工艺见表 2-22。

表 2-22　镍及铍化学氧化工艺

工艺号		1	2	3	4
组分浓度/(g/L)	过硫酸铵[$(NH_4)_2S_2O_8$]	239	—	—	—
	硫酸钠(Na_2SO_4)	120	—	—	—
	硫酸铁[$Fe_2(SO_4)_3$]	11	—	—	—
	硫氰化铵(NH_4CNS)	7.5	—	—	—
	硫化钡(BaS)	—	4~6	—	—
	硫化钾(K_2S)	—	—	10~15	—
	氯化铵(NH_4Cl)	—	—	1~2	—
	硫酸钾(K_2SO_4)	—	—	—	14~16
	氢氧化钠(NaOH)	—	—	—	22~23
工艺条件	溶液温度/℃	20~30	65~75	38~40	78~80
	处理时间/min	1~2	到黑色为止	10~15s	至所需颜色
膜层色泽		黑色	黑色	黑色	多种色泽
适用金属材料		镍	镍	铍	铍

2.1.23　锡化学氧化

锡化学氧化工艺见表 2-23。

表 2-23　锡化学氧化工艺

工艺号		1	2	3	4	5
组分浓度/(g/L)	醋酸(CH_3COOH,36%)	35~45	—	—	—	—
	醋酸铜[$Cu(CH_3COOH)_2 \cdot H_2O$]	8~12	—	—	—	—
	硫酸铜($CuSO_4 \cdot 5H_2O$)	—	62~63	—	70~80	2~4
	硫酸亚铁($FeSO_4 \cdot 7H_2O$)	—	62~63	—	—	—
	硫酸(H_2SO_4,98%)	—	—	100mL/L	—	—
	硝酸(HNO_3)	—	—	8~10mL/L	—	5%(体积分数)
	亚砷酸(H_3AsO_3)	—	—	—	140~160	—
	氯化铵(NH_4Cl)	—	—	—	14~16	—
工艺条件	溶液温度/℃	30~40	20~25	20~30	20~30	30~50
	处理时间/min	显色为止	3~10	2~10	显色为止	黑色为止
膜层颜色		青铜色	褐色	黑色	黑色	

2.2　阳极氧化处理

阳极氧化是最常用的表面处理方法。阳极氧化是将金属置于适当的电解液中，并作为阳极，在外加电流的作用下，使其表面生成厚为 10~200μm 的氧化膜。由阳极氧化法获得的膜层比化学氧化膜硬，耐蚀性、耐热性、绝缘性及吸附能力更好，因而应用范围更广。

氧化工艺方法很多，其阳极氧化处理液有硫酸型、铬酸型、草酸型及混合酸型等。氧化膜是一种具有蜂窝状结构的多孔膜，比表面积非常高，其表面具有极高的化学活性。为了提高阳极氧化膜的耐蚀性和耐磨性，在阳极氧化后常对膜层做封闭和填充处理。常用的有水合封闭、重铬酸盐封闭、水解金属盐封闭、双重封闭、低温封闭和有机物封闭法等。

2.2.1 不锈钢阳极氧化

不锈钢阳极氧化工艺见表2-24。

表2-24 不锈钢阳极氧化工艺

工艺号		1	2	3
组分浓度/(g/L)	重铬酸钠($Na_2Cr_2O_7 \cdot 2H_2O$)	60	20~40	—
	硫酸(H_2SO_4)	300~450	—	25%(体积分数)
	硫酸锰($MnSO_4$)	—	10~20	—
	硫酸铵[$(NH_4)_2SO_4$]	—	20~50	—
	铬酐(CrO_3)	—	—	60~250
	硼酸(H_3BO_3)	—	10~20	—
工艺条件	溶液pH值		3~4	
	溶液温度/℃	70~90	25~35	70~90
	阳极电流密度/(A/dm²)	0.05~0.1	0.15~0.3	0.03~0.10
	处理时间/min	10~40	10~20	20~30
膜层颜色		黑色	黑色	多种色泽

2.2.2 铝及铝合金硫酸阳极氧化

硫酸阳极氧化工艺具有溶液成分简单、稳定性高、操作维护容易、生产成本低等优点。硫酸阳极氧化工艺所获的氧化膜无色透明，有很强的化学吸附活性，易于染色，并且也有良好的耐磨性和耐蚀性。铝及铝合金的硫酸阳极氧化工艺见表2-25。

表2-25 铝及铝合金硫酸阳极氧化工艺

工艺类型		直流氧化	交流氧化
组分浓度/(g/L)	硫酸(H_2SO_4)	150~220	130~150
	铝离子(Al^{3+})	<20	
工艺条件	温度/°C	13~26	15~25
	电压/V	12~22	18~28
	电流密度/(A/dm²)	0.8~2.5	1.5~2.5
	氧化时间/min	20~60	40~50
	阴极材料	铅板或纯铝板	
	阴阳极面积之比	1~1.5	
	搅拌条件	压缩空气搅拌	

2.2.3 铝及铝合金草酸阳极氧化

草酸阳极氧化膜的耐蚀性和耐磨性比硫酸阳极氧化膜均有所提高，其装饰性也优于硫酸阳极氧化膜，且孔隙率低，绝缘性能好，富有弹性。但其成本高，需配备强制冷却装置，电解液的稳定性也不如前者。

铝及铝合金草酸阳极氧化工艺见表2-26。

表2-26 铝及铝合金草酸阳极氧化工艺

工艺号		1	2	3	4	5
组分浓度/(g/L)	草酸($C_2H_2O_4 \cdot 2H_2O$)	50～70	30～50	40～50	80～85	30～40
	铬酐(CrO_3)	—	—	1	—	—
	甲酸(CH_2O_2)	—	—	—	55～60	—
工艺条件	温度/°C	25～32	15～18	20～30	12～18	20～30
	电流密度/(A/dm²)	1～2	2～2.5	1.5～4.5	4～4.5	直流0.5～1 交流1～2
	电压/V	40～60	100～120	40～60	40～50	直流25～30 交流80～120
	氧化时间/min	30～40	90～150	30～40	12～35	20～60
	电源形式	直流	直流	直流或交流	直流或交流	交直流叠加
适用范围		淡金黄色膜，用于表面装饰	电气绝缘	一般应用	淡黄色至黄棕色装饰性快速阳极氧化	日用品表面装饰

注：氧化时工件应带电入槽，并阶梯式升压。阴极采用石墨板，阴阳极面积比为1:(5～10)。要用压缩空气不断搅拌强制冷却的方法控制好溶液温度。

2.2.4 铝及铝合金铬酸阳极氧化

铬酸阳极氧化膜通常只有2～5μm，膜层质软，弹性好，基本上不降低基体材料的疲劳强度，且能保持工件原有精度和表面粗糙度，氧化膜外观呈不透明的灰白色或深灰色，孔隙率很低，故常不须封闭而直接使用。它可做涂装的底层，广泛应用于橡胶粘接件。

铝及铝合金铬酸阳极氧化工艺见表2-27。

表2-27 铝及铝合金铬酸阳极氧化工艺

工艺号		1	2	3	4
铬酐(CrO_3)质量浓度/(g/L)		50～60	30～35	50～55	95～100
工艺条件	pH值	<0.8	0.65～0.8	<0.8	<0.8
	温度/°C	35±2	40±2	39±2	37±2
	电流密度/(A/dm²)	1.5～2.5	0.2～0.6	0.3～0.7	0.3～0.5
	电压/V	40～50	40	40	40
	氧化时间/min	60	60	60	35

（续）

工艺号		1	2	3	4
铬酐(CrO_3)质量浓度/(g/L)		50~60	30~35	50~55	95~100
工艺条件	阴极材料	铅板或石墨	铅板或石墨	铅板或石墨	铅板或石墨
	电源	直流	直流	直流	直流
适用范围		通用型	尺寸公差小或抛光的零件	机加工件、钣金件	焊接件或做涂装底层

2.2.5 铝及铝合金磷酸阳极氧化

磷酸阳极氧化膜很薄，一般仅为3μm，孔隙率低，但孔径较大（30~40μm），故有很好的黏附性，是涂装和电镀的良好底层，也用于铝合金粘接表面的预处理。此外，对含铜量高的铝合金特别适合进行磷酸阳极氧化。铝及铝合金磷酸阳极氧化工艺见表2-28。

表2-28 铝及铝合金磷酸阳极氧化工艺

工艺号		1	2	3
组分浓度/(g/L)	磷酸(H_3PO_4)	200	250~350	100~140
	草酸($C_2H_2O_4 \cdot 2H_2O$)	5	—	—
	十二烷基硫酸钠($NaC_{12}H_{25}SO_4$)	0.1	—	—
工艺条件	温度/°C	20~25	30~60	10~15
	电流密度/(A/dm²)	2	1~2	
	电压/V	25	30~60	10~15
	氧化时间/min	18~20	10	18~22
	阴极材料	铅板	铅板	铅板
	电源	直流	直流	直流
适用范围		电镀底层	电镀底层	粘接表面处理

2.2.6 铝及铝合金硬质阳极氧化

硬质阳极氧化是一种厚膜阳极氧化，氧化膜最大厚度可达250~300μm，且膜层硬度很高。由于膜层存在大量孔隙，可吸附各种润滑剂，有利于进一步提高减摩性能。此外，硬质阳极氧化膜还具有较高的耐蚀性、绝热及电绝缘性能。

铝及铝合金硬质阳极氧化工艺的主要特点是低温、高电流密度和强烈搅拌，其工艺见表2-29。

表2-29 铝及铝合金硬质阳极氧化工艺

工艺号		1	2	3	4	5
组分浓度/(g/L)	硫酸(H_2SO_4)	120~300	200	5~12	—	—
	苹果酸($C_4H_6O_5$)	—	—	30~50	—	—
	磺基水杨酸($C_7H_6O_6 \cdot 2H_2O$)	—	—	90~150	—	—
	草酸($C_2H_2O_4 \cdot 2H_2O$)	—	20	—	40~50	—

（续）

工艺号		1	2	3	4	5
组分浓度/(g/L)	丙二酸($C_3H_4O_4$)	—	—	—	30~40	—
	硫酸锰($MnSO_4 \cdot 5H_2O$)	—	—	—	3~4	—
	丙三醇	—	50	—	—	—
	蒽	—	—	—	—	10~15
	乳酸	—	—	—	—	25~35
	柠檬酸	—	—	—	—	35~45
工艺条件	温度/°C	5~15	10~15	变形铝 15~20 铸铝 15~30	10~15	5~35
	电流密度/(A/dm²)	1.5~3	2~2.5	变形铝 5~6 铸铝 5~10	2.5~3	1.5~2.5
	电压/V	0~120	0~27	变形铝 30~100 铸铝 30~100	0~100	0~120
	氧化时间/min	30~120	30~50		60~100	30~80
	阴极材料	铅板				
	电源	直流				
	搅拌条件	压缩空气强烈搅拌				

2.2.7 铝及铝合金瓷质阳极氧化

在阳极氧化电解液中加入某些物质，使其在形成氧化膜的同时被吸附在膜层中，从而获得光滑且有光泽、均匀的不透明类似瓷釉和搪瓷色泽的氧化膜，故称瓷质阳极氧化或仿釉阳极氧化。瓷质阳极氧化膜致密，有较高的硬度、耐磨性、良好的绝热性和电绝缘性，但也须封闭。膜厚为6~25μm，有良好的装饰效果，能染成各种颜色，色泽美观，可用于各种仪表、电子仪器零件表面的防护和日用品、食品用具的表面装饰。

瓷质阳极氧化溶液主要分为两类：一类是以Ti、Zr等稀有金属盐为基础的溶液；另一类是以铬酐和硼酸为基础的混合酸溶液。

铝及铝合金瓷质阳极氧化工艺见表2-30。

表2-30　铝及铝合金瓷质阳极氧化工艺

工艺号		1	2	3
组分浓度/(g/L)	草酸钛钾[$TiO(KC_2H_4)_2 \cdot 2H_2O$]	35~45	—	—
	柠檬酸($C_6H_8O_7 \cdot 2H_2O$)	1~1.5	—	—
	草酸($C_2H_2O_4 \cdot 2H_2O$)	2~5	—	5~12
	硼酸(H_3BO_3)	—	30~35	35~40
	铬酐(CrO_3)	8~10	1~3	5~7
工艺条件	温度/°C	24~28	38~45	45~55
	电流密度/(A/dm²)	开始 2~3 终止 0.6~1.2	开始 2~3 终止 0.1~0.6	0.5~1
	电压/V	90~110	40~80	25~40
	氧化时间/min	30~40	40~60	40~50

（续）

工艺号		1	2	3
工艺条件	阴极材料	碳棒或纯铝板	铅板、不锈钢板或纯铝板	铅板或不锈钢板
	电源	直流	直流	直流
膜厚/μm		10～16	11～15	10～16
颜色		灰白色	灰色	乳白色
适用范围		有耐磨要求的高精度零件	制作装饰表面	制作装饰表面

2.2.8 铜及铜合金的阳极氧化

铜及铜合金在氢氧化钠溶液中阳极氧化处理可得到以氧化铜为主的黑色氧化膜。膜层很薄，几乎不影响工件原尺寸精度，其耐蚀性一般，若经浸油或涂透明清漆处理，防护性能可进一步提高。该工艺广泛应用于光学仪器、仪表、电子元件、日用五金和工艺品的表面防护和装饰。铜及铜合金阳极氧化工艺见表2-31。

表2-31 铜及铜合金阳极氧化工艺

工艺号		1	2	3
组分浓度/(g/L)	氢氧化钠(NaOH)	150～200	150～200	400
	钼酸铵[$(NH_4)_6Mo_7O_{24}\cdot 4H_2O$]或钼酸钠($Na_2MoO_4\cdot 2H_2O$)	5～15	5～15	—
	重铬酸钾($K_2Cr_2O_7$)	—	—	50
工艺条件	温度/°C	80～90	60～70	60
	阳极电流密度/(A/dm²)	2～3	2～3	3～5
	氧化时间/min	10～30	10～30	15
	阴极材料	不锈钢		
适用范围		铜	黄铜	青铜

2.2.9 国内镁合金阳极氧化

阳极氧化是镁合金防护处理的重要方法之一，可在镁合金表面形成10～50μm厚的氧化膜，硬度与铝上的阳极氧化膜相当。镁合金阳极氧化膜质脆而多孔，经封闭处理后可做防护-装饰性膜层使用，但更多的是作为涂漆的底层。

镁合金阳极氧化分酸性溶液和碱性溶液阳极氧化，其工艺见表2-32。

表2-32 镁合金阳极氧化工艺

工艺类型		酸性电解液	碱性电解液	
			1	2
组分浓度/(g/L)	氟化氢铵(NH_4HF_2)	200～250	—	—
	铬酐(CrO_3)	35～45	—	—
	氢氧化钠(NaOH)	8～12	—	—
	磷酸(H_3PO_4,85%)	55～65mL/L	—	—

（续）

工艺类型		酸性电解液	碱性电解液	
			1	2
组分浓度/(g/L)	锰酸铝钾	—	20~50	—
	磷酸三钠($Na_3PO_4 \cdot 12H_2O$)	—	40~60	—
	氟化钾(KF)	—	80~120	—
	氢氧化铝[$Al(OH)_3$]	—	40~60	—
	氢氧化钾(KOH)	—	140~180	—
	氢氧化钠(NaOH)	—	—	140~160
	水玻璃	—	—	15~18mL/L
	酚(C_6H_5OH)	—	—	3~5
工艺条件	温度/°C	70~80	<40	60~80
	电流密度/(A/dm²)	1~3	1~5	0.5~1
	电压/V	50~95	30~85	4~6
	氧化时间/min	15~30	15~60	20~30
	电源	交流电	交流电	直流电
膜厚/μm		10~40	20~50	7~15
膜层特点		薄膜为稻黄色;厚膜为深绿色,粗糙多孔	薄膜为浅绿色;厚膜为深棕色至棕黑色,膜层粗糙多孔,耐磨性较好	灰色或绿色,取决于镁合金成分;适用于镁铸锭的防护处理

2.2.10 日本工业用镁合金阳极氧化

日本工业用镁合金阳极氧化工艺见表2-33。

表2-33 日本工业用镁合金阳极氧化工艺

工艺号	标准溶液成分及含量	工艺条件	方法的特点
1	硫酸铵30g/L 重铬酸钠30g/L 氨水(28%)2.5mL/L	溶液温度50~60℃ 电流密度0.2~1.0A/dm² 电解时间15~30min 水洗、干燥	适合所有的镁合金零件,并具有良好的防护性能,也适合做涂装的底层
2	A溶液:氢氧化钠240g/L 乙二醇或二甘醇85mL/L 草酸钠2.5g/L	溶液温度75~80℃ 电流密度1~2A/dm² 电解时间15~30min	膜的电绝缘性能好,其耐蚀性和耐磨性也好
	B溶液:重铬酸钠50g/L 酸性氟化钠50g/L	溶液温度18~23℃ 浸渍中和后充分水洗、热水洗、干燥	

（续）

工艺号	标准溶液成分及含量	工艺条件	方法的特点
3	氢氧化钾 10g/L 氟化钾 35g/L 磷酸钠 35g/L 氢氧化铝 35g/L 过锰酸钾或锰酸钾 20g/L	A型：溶液温度 18~23℃ 电流密度 1.9~2.1A/dm^2 电压 50~85V 浸渍 8~60min B型：溶液温度 60~65℃ 电流密度 4A/dm^2 电压 5~10V 浸渍 15~20min	用作涂装底层时，在酸性氟化铵 80g/L，重铬酸钠 20g/L 的溶液中，在 20~30℃下浸渍 1min 中和，后水洗干净并干燥 膜层致密，硬度好，耐磨性及耐蚀性优良，适合所有镁合金
4	酸性氟化铵 240g/L 重铬酸钠 100g/L 磷酸 90mL/L	溶液温度 70~80℃ 电流密度 0.5~5A/dm^2 电压 60~100V 浸渍时间 4~90min 氧化后水洗、干燥	膜层硬而且致密，耐磨性及耐蚀性好，适合所有的镁合金零件防护及做涂装底膜

2.2.11 国际工业用镁合金阳极氧化

国际工业用镁合金阳极氧化工艺见表 2-34。

表 2-34 国际工业用镁合金阳极氧化工艺

方法名称	溶液成分及含量	工艺条件	膜层颜色
Dow17 法	氟化氢铵（NH_4HF_2）225~450g/L 重铬酸钠（$Na_2Cr_2O_7 \cdot 2H_2O$）50~125g/L 磷酸（H_3PO_4，85%）50~110mL/L	溶液温度 70~80℃ 电流密度 0.5~5.0A/dm^2 电压 65~100V 时间 5~25min	膜厚 6~30μm 暗绿色复合膜
Cr-22 法	铬酐（CrO_3）25g/L 氢氟酸（HF，50%）25mL/L 磷酸（H_3PO_4，85%）50g/L 氨水（NH_4OH，30%）160~180mL/L	溶液温度 75~95℃ 电流密度 16mA/cm^2 交流电压 350V	无光泽的深绿色膜
HAE 法	氟化钾（KF）35g/L 磷酸钠（Na_3PO_4）35g/L 氢氧化铝[$Al(OH)_3$]35g/L 氢氧化钾（KOH）165g/L 高锰酸钾（$KMnO_4$）20g/L	溶液温度≤20℃ 电流密度 1.5~2.5A/dm^2 交流电压： 薄膜 65~70V，7~10min 厚膜 80~90V，60~90min	膜厚 5~40μm，棕黄色的氧化膜

（续）

方法名称	溶液成分及含量	工艺条件	膜层颜色
Sharman 法	重铬酸钾（$K_2Cr_2O_7$）25g/L 硫酸铵[（NH_4）$_2SO_4$]25g/L	溶液 pH5.5，温度 23～25℃ 电流密度 0.8～2.4A/cm^2 电压密度 1.2～3.6mV/cm^2 处理时间 50～60min	黑色膜
Manodyz 法	氢氧化钾（KOH）250～300g/L 硅酸钠（Na_2SiO_3）25～45g/L 苯酚（C_6H_5OH）2～5g/L	溶液温度 77～93℃ 电流密度 20～32mA/cm^2 电压 4～8V	无光泽的白色软膜
Flussal 法	氟化铵（NH_4F）450g/L 磷酸氢铵[（NH_4）$_2HPO_4$]25g/L	溶液温度 20～25℃ 电流密度 48～100mA/cm^2 电压 190V（交流较好）	无光泽的白色硬膜

2.2.12　锌和镉的阳极氧化

锌和镉的阳极氧化工艺见表 2-35。

表 2-35　锌和镉的阳极氧化工艺

工艺号		1	2	3	4
组分浓度/（g/L）	氢氧化钠（NaOH）	20	—	—	25
	重铬酸钾（$K_2Cr_2O_7$）	—	60	150～250	—
	硼酸（H_3BO_3）	—	—	20～40	—
	硫酸（H_2SO_4）	—	—	4～7mL/L	—
	碳酸钠（Na_2CO_3）	—	—	—	50
工艺条件	温度/°C	40～45	15～20	15～30	15～25
	电流密度/（A/dm^2）	6～12	5	0.1～0.2	5
	氧化时间/min	7～8	10		1～2
	阴极	铅板			
	阴阳极面积比	2:1			
膜层颜色		黑色		绿色	白色
适用范围		锌及锌合金	锌及锌合金	钢上的镀锌层	镉

2.2.13　钛及钛合金阳极氧化

钛及钛合金质轻而强度高，可用作各种电器的外壳及国防工业、航空航天工业上的各种零部件，可以做得很薄、很轻，而且耐磨性、耐蚀性好。作为植入人体的生物工程材料又能抗生物液的腐蚀，做得比不锈钢轻，而不易生锈。钛的标准电极电位低，很容易在表面生成一层耐蚀的氧化膜保护钛的基体，但自然生成的氧化膜很薄，很容易在加工或运输过程中破损。为了提高钛合金膜层的耐磨性、耐蚀性，可以在其表面进行阳极氧化处理以便生成一层比自然膜更厚、更硬，耐磨性、耐蚀性更好的膜层，延长钛合金零件的使用寿命。

钛及钛合金阳极氧化工艺流程为：钛及钛合金零件→表面抛光→溶剂脱脂→清洗→化学脱脂→热水洗→冷水洗→浸蚀→水洗→活化→阳极氧化→水洗→热水封闭→水洗→吹干（或干燥）→检验→成品。

钛及钛合金阳极氧化工艺见表2-36。

表2-36 钛及钛合金阳极氧化工艺

工艺号		1	2
组分浓度/(g/L)	磷酸(H_3PO_4, $d=1.74$)	50~200mL/L	—
	有机酸	20~100mL/L	—
	重铬酸钾($K_2Cr_2O_7$)	—	20~30g/L
	硫酸锰($MnSO_4$)	—	15~20g/L
	硫酸铵[$(NH_4)_2SO_4$]	—	20~30g/L
工艺条件	溶液pH值	1~2	3.5~4.5
	溶液温度/℃	20~30	15~28
	阳极电流密度/(A/dm²)		0.05~1.0
	槽电压/V	根据需要而定	3~5
	阴极材料	不锈钢	不锈钢
	阴阳极面积比	10:1	5:1
	处理时间/min	15~20	15~30
膜层颜色		本色→浅棕色→深棕色→褐色→深褐色→黑色	黑色

2.2.14 铬阳极氧化

铬主要是作为电镀层镀在其他金属基体的表面，因此，铬的阳极氧化基本上是铬镀层的阳极氧化。铬的外观亮白，微泛蓝光，可以抛光至镜面光亮，在大气中能保持光泽而不锈蚀、不变色。铬的阳极氧化膜大多数呈现不同的颜色，因此，铬的阳极氧化主要是电解着色。铬经阳极氧化后，既提高了耐磨性、耐蚀性，又能得到装饰的外观，可谓是一举两得。

铬阳极氧化工艺见表2-37。

表2-37 铬阳极氧化工艺

工艺号		1	2	3	4	5
组分浓度/(g/L)	铬酐(CrO_3)	250~400	200~300	15~17	30~90	110~450
	硝酸钠($NaNO_3$)	—	7~12	—	—	—
	硼酸(H_3BO_3)	—	20~25	—	—	—
	氟硅酸(H_2SiF_6, 30%)	—	0.1mL/L	—	—	—
	醋酸(CH_3COOH, 36%)	5~10mL/L	—	—	—	—
	一氯醋酸($CH_2ClCOOH$)	—	—	—	—	75~265
	磷酸(H_3PO_4)	—	—	5~50	—	—
	硫酸(H_2SO_4)	—	—	0.1~0.3	0.3~0.9	—

（续）

工艺号		1	2	3	4	5
工艺条件	溶液温度/℃	<20	18~35	10~15	50~60	15~38
	电流密度/(A/dm²)	80~100	35~60	10~60	20~30	5~60
	处理时间/min	5~10	15~20	5~20	3~20	5~15
膜层颜色		黑色	黑色	金色	彩虹色	蓝灰色

2.2.15 镍阳极氧化

镍在空气中或碱液中的化学稳定性好，不易变色，但是与氧接触后也很容易生成一层透明的氧化膜，这层膜易在酸液中溶解。镍在稀硝酸、醋酸及煤气中遭受腐蚀。由于镍在地球中的藏量少、产量不高，镍金属的强度不高，所以镍很少用作主体金属，而是做各种金属的镀层起防护或装饰作用。由于镍表面生成的氧化膜很薄，耐磨性及耐蚀性不够，因此有时也需要在镀镍层表面上实施阳极氧化处理，以便取得更好的防护或装饰性膜层。

镍阳极氧化工艺见表2-38。

表2-38 镍阳极氧化工艺

工艺号		1	2
组分浓度/(g/L)	亚砷酸(H_3AsO_3)	30~35	—
	氢氧化钠(NaOH)	70~80	—
	氰化钠(NaCN)	1.5~2.5	—
	硫酸锌($ZnSO_4 \cdot 7H_2O$)	—	75~80
	硫酸镍铵[$NiSO_4 \cdot (NH_4)_2SO_4$]	—	60~65
	硫氰酸钠(NaSCN)	—	150~160
工艺条件	溶液温度/℃	20~30	20~30
	槽电压/V	3~4	2~4
	处理时间/min	3~6	3~5
膜层颜色		灰色	黑色

2.2.16 镀镍层表面阳极氧化

镀镍层表面阳极氧化工艺见表2-39。

表2-39 镀镍层表面阳极氧化工艺

工艺号		1	2
组分浓度/(g/L)	亚砷酸(H_3AsO_3)	30~35	—
	氢氧化钠(NaOH)	70~80	—
	氰化钠(NaCN)	1.5~2.5	—
	硫酸锌($ZnSO_4 \cdot 7H_2O$)	—	75~80
	硫酸镍铵[$NiSO_4 \cdot (NH_4)_2SO_4$]	—	60~65
	硫氰酸钠(NaSCN)	—	150~160
工艺条件	溶液温度/℃	20~30	20~30
	槽电压/V	3~4	2~4
	处理时间/min	3~6	3~5
膜层颜色		灰色	黑色

2.2.17 锡阳极氧化

锡阳极氧化工艺见表2-40。

表2-40 锡阳极氧化工艺

工艺号		1	2
组分浓度/(g/L)	磷酸(H_3PO_4, $d=1.74$)	15~25mL/L	15~25mL/L
	磷酸钠(Na_3PO_4)	100	—
	磷酸二氢钠(NaH_2PO_4)	—	200
工艺条件	溶液温度/℃	65~90	80~90
	电流密度/(A/dm^2)	3~5	2V(电压)
	处理时间/min	20~35	30~60
膜层颜色		黑色	黑色

2.3 微弧氧化处理

微弧氧化工艺是在阳极氧化基础上建立起来的一种新型的金属表面处理技术。其原理是将Al、Mg、Ti等金属及其合金置于电解质水溶液中，通过脉冲电参数和电解液的匹配调整，在强电场的作用下在材料表面出现微区弧光放电现象，在热化学、等离子体化学和电化学共同作用下，在金属表面原位生长出一层陶瓷层，以起到改善材料表面的耐磨性、耐蚀性、耐热冲击性及绝缘性的作用。

微弧氧化突破了传统的法拉第区域进行阳极氧化的框架，将阳极氧化的电压由几十伏提高到几百伏，由小电流发展成大电流，由直流发展到交流，导致基体表面出现电晕、辉光、微弧放电、火花斑等现象，从而能对氧化层进行微等离子体的高温高压处理，使非晶结构的氧化层发生相和结构上变化。微弧氧化工艺以其技术简单、效率高、无污染、处理工件能力强等特点，而具有广阔的应用前景。

2.3.1 铝及铝合金微弧氧化

铝及铝合金的微弧氧化膜具有有别于其他阳极氧化法的特殊结构和特性，氧化膜层除γ-Al_2O_3外，还含有高温转变相α-Al_2O_3（刚玉），使膜层硬度更高，耐磨性更好；陶瓷层厚度易于控制，最大厚度可达200~300μm，提高了微弧氧化的可操作性；此外，它操作简单，处理效率高，一般硬质阳极氧化获得50μm左右的膜层需要1~2h，而微弧氧化只需10~30min。

铝及铝合金的微弧氧化电解液由最初的酸性溶液而发展成现在广泛采用的碱性溶液，目前主要有氢氧化钠体系、硅酸盐体系、铝酸盐体系和磷酸盐体系四种。有时根据不同用途可向溶液中加入添加剂。微弧氧化膜层的性能主要受电解液的成分、酸碱度、极化形式和条件、氧化时间、电流密度，以及溶液的温度等工艺参数的影响。铝及铝合金微弧氧化工艺见表2-41。

表2-41 铝及铝合金微弧氧化工艺

工艺号		1	2	3
组分浓度/(g/L)	氢氧化钠(NaOH)	5	—	—
	氢氧化钾(KOH)	—	2~3	—
	四硼酸钠($Na_2B_4O_7 \cdot 10H_2O$)	—	—	13
	磷酸钠($Na_3PO_4 \cdot 12H_2O$)	—	—	25
	钨酸钠($Na_2WO_4 \cdot 2H_2O$)	—	—	2
	硅酸钠(Na_2SiO_3)	—	2~20	—
工艺条件	电压/V			500~600
	电流密度/(A/dm^2)		12~25	正20~200 负10~60
	脉冲频率/Hz			425~1000
	氧化时间/min	60	25~120	10~40
	氧化膜厚度/μm	30	85~120	15~100

2.3.2 镁及镁合金微弧氧化

镁及镁合金的微弧氧化工艺与铝合金的相似，膜层也分疏松层、致密层和界面层，只不过致密层主要由立方结构的MgO相构成，疏松层则由立方结构MgO和尖晶石型$MgAl_2O_4$及少量非晶相所组成。镁及镁合金微弧氧化工艺见表2-42。

表2-42 镁及镁合金微弧氧化工艺

工艺号		1	2
组分浓度/(g/L)	NaOH	5~20	—
	$NaAlO_2$	5~20	10
	H_2O_2	5~20	—
工艺条件	电流密度/(A/dm^2)	0.1~0.3	
	氧化时间/min	10~120	120
	氧化膜厚度/μm	8~16	100

2.3.3 钛及钛合金微弧氧化

钛及钛合金微弧氧化的电解液主要为磷酸盐、硅酸盐和铝酸盐体系。钛及钛合金微弧氧化膜也由疏松层（外层）和致密层（内层）组成。内层主要由金红石型TiO_2相和少量锐钛矿型TiO_2所组成，外层则由Al_2TiO_5、少量的金红石型TiO_2及非晶SiO_2相组成。钛及钛合金微弧氧化工艺见表2-43。

表2-43 钛及钛合金微弧氧化工艺

工艺号		1	2	3
组分浓度/(g/L)	Na_2SO_4	5	3	—
	$NaAlO_2$	3	3	—
	H_2O_2	1.5	—	—
	$Na_2B_4O_7$	—	2	—
	$2Al_2O_3 \cdot B_2O_3 \cdot 5H_2O$	—	0.25	—
	$Na_3PO_4 \cdot 12H_2O$	—	—	10~60
工艺条件	阳极电压/V	350~450	350~450	120~450
	电流密度/(A/dm²)	45~80	50~80	—
	氧化时间/min	30~300	30~300	10~100
	氧化膜厚度/μm	30~150	30~150	~50

第3章 磷化处理

将钢铁、铝、锌及镀锌钢板等在某些以酸式磷酸盐为主，同时含有多种复合添加剂的溶液中进行化学处理，在固体材料或零件的表面上生成一层有一定厚度以磷酸盐为主要成分，难溶于水的覆盖膜，这种化学处理工艺过程称为磷化。

磷酸盐转化膜外观呈灰色或黑色，是由一系列大小不同的晶体所组成，在晶体的连结点上形成细小裂纹的多孔结构。经过填充、浸油或涂漆处理后，在大气条件下具有较好的耐蚀性。由于膜层有微孔，具有良好的吸附能力而被广泛用作涂料的底层，使涂料能牢固地黏附在金属表面，又具有双重的防护效果。同时膜层又有良好的润滑性能，被用作零件冷镦、冷挤时的润滑层，可以减少摩擦，减少甚至避免表面拉伤，或产生裂纹，并能延长模具的使用寿命。此外，膜层还有较高的电绝缘性能，可用于硅钢片的电绝缘层及其他的各种加工用途。因此，目前磷酸盐转化膜处理已广泛应用于汽车、轮船、机械制造、航空航天及各种家用电器等产品的处理上。

磷化过程及工艺的开发研究仍然十分活跃，主要集中在磷化机理、磷化添加剂、磷化配方和工艺条件，以及多功能磷化、环保型磷化工艺等方面的研究。

磷化膜的种类及性能见表3-1。

表3-1 磷化膜的种类及性能

分类	磷化液主要成分	磷化膜主要组成	膜层外观	耐蚀性/h	单位面积上膜的质量/(g/m^2)
锌系	$Zn(H_2PO_4)_2$	磷酸锌 [$Zn_3(PO_4)_2 \cdot 4H_2O$] 磷酸锌铁 [$Zn_2Fe(PO_4)_2 \cdot 4H_2O$]	浅灰→深灰结晶状	2	1~60
锌钙系	$Zn(H_2PO_4)_2$ 和 $Ca(H_2PO_4)_2$	磷酸锌钙 [$Zn_2Ca(PO_4)_2 \cdot 2H_2O$] 磷酸锌铁 [$Zn_2Fe(PO_4)_2 \cdot 4H_2O$]	浅灰→深灰	2	1~15
锰系	$Mn(H_2PO_4)_2$ 和 $Fe(H_2PO_4)_2$	磷酸锰铁 [$Mn_2Fe(PO_4)_2 \cdot 4H_2O$]	灰→深灰结晶状	1.5	1~60
锰锌系	$Mn(H_2PO_4)_2$ 和 $Zn(H_2PO_4)_2$	磷酸锌、锰、铁混合物	灰→深灰结晶状	2	1~60
铁系	$Fe(H_2PO_4)_2$	磷酸铁 [$Fe_3(PO_4)_2 \cdot 8H_2O$]	深灰结晶状	1.5	5~10

注：膜层耐蚀性时间（h）是指未进行后处理的磷化膜按规定进行中性盐雾试验，出现腐蚀产物的最短时间。

3.1 钢铁磷化

3.1.1 高温磷化

所谓高温磷化是指在80～99℃的条件下进行磷化处理，处理时间为10～15min。高温磷化得到的膜厚达10～30g/m²，膜层耐蚀性好，结合力好，硬度较高，耐热性能也比较好，而且磷化速度快，所需时间短。缺点是溶液在高温下操作，挥发量大，成分易变化，磷化膜容易夹有沉积物，结晶也粗细不均，而且溶液及能源消耗大，生产成本高，应用已日渐减少。

高温磷化工艺见表3-2。

表3-2 高温磷化工艺

工艺号		1	2	3	4	5
组分浓度/(g/L)	磷酸二氢锰铁盐(马日夫盐)	30～35	30～40	25～30	—	—
	磷酸二氢锌[$Zn(H_2PO_4)_2 \cdot 2H_2O$]	—	—	—	28～36	30～40
	硝酸锌[$Zn(NO_3)_2 \cdot 6H_2O$]	55～65	—	—	42～56	55～65
	硝酸锰[$Mn(NO_3)_2 \cdot 6H_2O$]	—	15～25	—	—	—
	碳酸锰($MnCO_3$)	—	—	—	9.5～13.5	—
	硝酸(HNO_3)	—	—	2～5	—	—
工艺条件	游离酸度/点	5～8	3.5～5.0	2～4	5～6	6～9
	总酸度/点	40～60	35～50	28～35	60～80	40～58
	溶液温度/°C	90～98	94～98	97～99	92～98	90～95
	处理时间/min	15～20	15～20	25～30	10～15	8～15

注：表中的磷化溶液酸度的点数，是指用0.1mol/L NaOH溶液滴定10mL磷化溶液所消耗的NaOH的体积（mL）。当用酚酞做指示剂时，所需0.1mol/L NaOH溶液的体积（mL）称为磷化溶液总酸度的点数；当用甲基橙做指示剂时，所需的NaOH溶液体积（mL）则为磷化溶液游离酸度的点数。以下相同。

3.1.2 中温磷化

中温磷化一般是在50～75℃的温度范围内操作，处理时间为10～20min，膜厚为1～7g/m²。中温磷化膜的耐蚀性接近高温磷化膜，溶液比较稳定，磷化速度也较快，生产率较高，所以应用得比较多。缺点是溶液成分较复杂。

中温磷化工艺见表3-3。

表3-3　中温磷化工艺

工艺号		1	2	3	4	5
组分浓度/(g/L)	磷酸二氢锰铁盐(马日夫盐)	30～35	30～40	30～40	40	—
	磷酸二氢锌[$Zn(H_2PO_4)_2 \cdot 2H_2O$]	—	—	—	—	30～40
	硝酸锌[$Zn(NO_3)_2 \cdot 6H_2O$]	80～100	70～100	80～100	120	55～65
	硝酸锰[$Mn(NO_3)_2 \cdot 6H_2O$]	—	25～40	—	50	—
	亚硝酸钠($NaNO_2$)	—	—	1～2	—	—
	乙二胺四乙酸($C_{10}H_{16}O_8N_2$)	—	—	—	1～2	—
工艺条件	游离酸度/点	5～7	5～8	4～7	3～7	6～9
	总酸度/点	50～80	60～100	60～80	90～120	40～58
	溶液温度/℃	50～70	60～70	50～70	55～65	90～95
	处理时间/min	10～15	7～15	10～15	20	8～15

注：表中4号工艺可获得较厚的磷化膜，磷化后不需要做钝化处理。

3.1.3　低温磷化

低温磷化一般是在35～50℃的温度范围内操作，处理时间为5～25min。低温磷化膜的厚度及性能介于中温磷化与常温磷化之间，能量消耗比前两种方法少，使用也较方便，目前也得到较多的应用。

低温磷化工艺见表3-4。

表3-4　低温磷化工艺

工艺号		1	2	3	4	5	6
组分浓度/(g/L)	氧化锌(ZnO)	5.0	6.77	6.71	6.77	6.77	3.6
	磷酸(H_3PO_4,85%)	11.36mL/L	10.36mL/L	10.36mL/L	10.36mL/L	10.36mL/L	9.25mL/L
	硝酸(HNO_3,66%)	—	7.0	7.0	7.0	7.0	2.07
	磷酸二氢锰[$Mn(H_2PO_4) \cdot 2H_2O$]	—	—	—	—	3.16	—
	硝酸镍[$Ni(NO_3)_2 \cdot 6H_2O$]	—	—	—	—	1.14	0.05
	硫酸锌($ZnSO_4$)	—	—	—	—	—	1.0
	硼氟酸钠($NaBF_4$)	—	0.3	0.3	0.3	0.3	0.1～0.15
	酒石酸	—	0.3	0.3	0.3	0.3	0.1～0.15
	碳酸钠(Na_2CO_3)	—	4.0	4.0	4.0	4.0	—
	硝基苯酚	—	0.5～1.0	—	—	—	—
	氯酸钠($NaClO_3$)	—	5	3	3	3	—
	硝基磺酸(盐)	—	—	—	0.5～1.0	0.5～1.0	—
	亚硝酸钠($NaNO_2$)	1.5～2.0	—	—	0.1～0.2	—	0.1～0.25
工艺条件	游离酸度/点	2.0～3.0	0.7～1.0				0.4～0.9
	总酸度/点	24～30	22～27				12～18
	温度/℃	25～30	35～45				15～50
	磷化时间/min	20～30	2～5				3～10

3.1.4 常温磷化

常温磷化一般是在15~35℃的温度范围内操作，处理时间比较长，一般为20~60min，膜厚为0.5~7g/m²。其优点是溶液温度在室温下，不需要加热设备加热，节约能源，溶液较稳定。但处理时间长，要添加氧化剂、促进剂等物质；而且膜层的耐蚀性不如前面几种磷化膜，耐热性也较差，生产率相对较低。

常温磷化工艺见表3-5。

表3-5 常温磷化工艺

工艺号		1	2	3	4
组分浓度/(g/L)	磷酸二氢铁锰盐(马日夫盐)	40~65	30~40	—	—
	磷酸二氢锌[$Zn(H_2PO_4)_2 \cdot 2H_2O$]	—	—	50~70	60~70
	硝酸锌[$Zn(NO_3)_2 \cdot 6H_2O$]	50~100	140~160	80~100	60~80
	氟化钠(NaF)	3~4.5	3~5	—	3~4.5
	氧化锌(ZnO)	4~8	—	—	4~8
	亚硝酸钠($NaNO_2$)	—	—	0.3~1.0	—
工艺条件	游离酸度/点	3~4	3.5~5	4~6	3~4
	总酸度/点	50~90	85~100	75~95	70~90
	溶液温度/℃	20~30	20~35	15~35	20~30
	处理时间/min	30~45	40~60	20~40	30~50

3.1.5 常温轻铁系磷化

常温轻铁系磷化工艺见表3-6。

表3-6 常温轻铁系磷化工艺

工艺号		1	2	3	4
组分浓度/(g/L)	磷酸二氢钠(NaH_2PO_4)	10	—	—	—
	磷酸(H_3PO_4)(85%)	10	—	—	—
	草酸钠(NaC_2O_4)	4	—	—	—
	草酸($H_2C_2O_4$)	5	—	—	—
	氯酸钠($NaClO_3$)	5	—	—	—
	BH-64	—	50mL/L	—	—
	GP-5	—	—	100mL/L	—
	PI577	—	—	—	50mL/L
工艺条件	游离酸/点	3~5		5~7	
	总酸度/点	10~20		15~20	
	pH值			2.0~2.5	2.5~3.5
	温度/℃	>20	5~40	10~35	15~40
	时间/min	>5	2~15	5~15	6~25

注：BH-64为广州市二轻研究所工艺；GP-5为湖南大学工艺；PI577为武汉材料保护研究所工艺。

3.1.6 二合一磷化

二合一磷化就是用一种两功能处理液及工艺条件，能对钢铁件同时达到除锈及磷化或磷化及钝化的目的，不必先除锈再磷化，而是将除锈和磷化在同一种处理液内同时进行。这种方法是基于钢铁工件是新加工的工件，油锈污物很少，基本已无油，只有少量的新锈、浮锈的情况下，才能取得好的效果。由于磷化处理液中的磷酸就具有除锈功能，而铁锈中的铁既可作为磷化膜内的成分，也可以作为磷酸铁沉渣分离。因此二合一磷化工艺，许多工厂都根据本厂的条件配制溶液及制定工艺操作规程。也有商品的二合一磷化剂或浓缩液出售，可按商品说明书使用。

3.1.7　三合一磷化

三合一磷化是在二合一磷化基础上增加一个功能，即在同一磷化槽液中综合进行脱脂、除锈、磷化，或除锈、磷化、钝化三个工序。采用同一磷化槽进行多个工序的处理工艺，可以简化工序操作，减少设备的设置，节约投资成本，减少作业区的面积，也大大缩短了操作时间，提高了劳动生产率，改善了劳动条件及减少了污水的处理量，同时也更有利于生产的机械化、自动化程度的提高。三合一磷化工艺所获得的膜层均匀、细致，有一定的抗大气腐蚀性能，一般用作大型设备外壳的涂漆底层，或用作电泳涂装的底层，更有利于形成连续操作的自动生产线。

3.1.8　四合一磷化

四合一磷化就是指脱脂、除锈、磷化和钝化四个主要工序综合在一个槽中完成。这样综合可以简化工序，减少设备，缩短工时，提高生产率，对于大型机械和管道，可采用喷刷处理更为方便。四合一磷化膜大都是纯铁盐型的，故乌黑亮泽，结晶致密，膜重为4～5g/m^2，一般只用作涂装的底层。20世纪80年代中期以来，开发的新型四合一磷化与其工艺有着本质的不同。其处理液由磷酸、促进剂、成膜剂、络合剂和表面活性剂组成，酸度很高，因而可除重油和重锈，实用性好。四合一磷化工艺见表3-7。

表3-7　四合一磷化工艺

品　牌	含量/(mL/L)	工艺条件				备　注
		总酸度/点	游离酸/点	温度/℃	时间/min	
PP-1磷化剂	300	—	—	常温	3～15	
YP-1磷化剂	500	600～700	300～350	常温	3～15	膜重2～6g/m^2,重油锈浸或刷
XH-9磷化粉	50g/L	—	—	0～40	10～20	
GP-4磷化剂	250	250	120	常温	5～25	轻度油、锈件浸渍
	330	350	160	30～40	10～15	含油、重锈件浸渍
	500	500	250	30～40	10～15	多油、重锈或氧化皮零件的浸渍或刷涂

注：PP-1为武汉材料保护研究所产品；YP-1为湖南新化材料保护应用公司产品；XH-9为成都祥和磷化公司产品；GP-4为湖南大学产品。

3.1.9 黑色磷化

黑色磷化膜结晶细致，色泽均匀，外观呈黑灰色。黑色磷化膜既不影响零件的精度，又能减少仪器内壁的漫反射，因而主要用于精密钢铸件的防护与装饰。黑色磷化工艺见表3-8。

表3-8 黑色磷化工艺

工艺规范		1	2
组分浓度/(g/L)	马日夫盐[$xFe(H_2PO_4)_2 \cdot yZn(H_2PO_4)_2$]	2.5~35	55
	磷酸(H_3PO_4)	1~3mL/L	13.6mL/L
	硝酸钙[$Ca(NO_3)_2$]	30~50	—
	硝酸钡[$Ba(NO_3)_2$]	—	0.57
	硝酸锌[$Zn(NO_3)_2 \cdot 6H_2O$]	15~25	2.5
	亚硝酸钠($NaNO_2$)	8~12	—
	氧化钙(CaO)	—	6~7
工艺条件	游离酸/点	1~3	4.5~7.5
	总酸度/点	24~26	58~84
	温度/℃	85~95	96~98
	时间/min	30	视具体情况而定

注：1. 工艺1，工件在磷化前需在硫化钠（5~10g/L）溶液中室温下浸泡5~20s，不水洗即磷化。

2. 工艺2，需进行2~3次磷化，第一次磷化待工件表面停止冒气泡后取出，用冷水冲洗，然后在15%的H_2SO_4溶液中室温浸渍1min，水洗后再进行第二次磷化（溶液与工艺规范不变），依次进行第三次磷化。

3.1.10 浸渍磷化

浸渍磷化就是将工件浸泡在磷化处理液中，经过一段时间后，表面即生成有一定厚度的磷化膜层。此施工方法适用于各种温度的磷化工艺，也可以处理各种形状的工件，所得的磷化膜比较均匀。浸渍法的基本设备简单，仅需磷化槽及加热设备，施工操作容易，化学磷化、电化学磷化及超声波磷化都要采用此法。

3.1.11 喷淋磷化

喷淋磷化是将磷化液直接喷在工件的表面上，使其产生磷化反应，生成一定厚度的磷化膜。此法适用于化学磷化的中、低温磷化工艺，处理表面形状简单、尺寸较大的平面，例如汽车的壳体、电冰箱、文件柜等箱体的壳体，可作为涂装底层，也可应用于冷变形加工。此法处理时间短，成膜速度快，生产率高，所获得的磷化膜结晶致密、均匀，膜层较薄，耐蚀性好。

3.1.12 浸喷组合磷化

浸喷组合磷化就是工件先用浸渍磷化处理然后再进行喷淋磷化处理。此法综合了两种方法的优点来弥补两种方法的不足，使磷化膜更为均匀、致密、完整，保证了膜层的质量。

3.1.13　刷涂磷化

刷涂磷化就是用毛刷将磷化液刷涂在需磷化的工件表面，经化学反应生成磷化膜。此法可用在上述方法无法实施的场合，可以在常温下操作，磷化处理后工件自然干燥。膜层的耐蚀性好。

3.2　有色金属磷化

3.2.1　铝及铝合金磷化

铝及铝合金磷化有两种方法：一种是在钢铁磷化液中加入适量的氟化物进行磷化处理，但其膜层的耐蚀性远远低于阳极氧化或铬酸盐处理得到的膜层，一般不用于防护目的，只作为冷变形加工的前处理；另一种是铬酸盐-磷酸盐转化膜，又称阿洛丁法，得到的膜层附着力较强，常用于涂漆底层，以提高其结合力和防护性。铝及铝合金磷化工艺见表 3-9。

表 3-9　铝及铝合金磷化工艺

工艺号		1	2	3	4	5
组分浓度/(g/L)	铬酐(CrO_3)	12	7	10	3.6	6.8
	磷酸(H_3PO_4)	67	58	64	12	24
	氟化钠(NaF)	4～5	3～5	5	3.1	5
工艺条件	温度/°C	50	25～50	25～50	25～50	25～50
	浸液时间/min	2	10	1.5～5	1.5～5	1.5～5

3.2.2　锌及锌合金磷化

锌及锌合金进行磷化处理和其他金属磷化处理的作用一样，主要是提高其防护性能和对涂装层的黏结力，以作为涂漆的底层。由于锌很少作为工件整体原材料，所以锌及锌合金磷化处理通常是应用于热浸镀锌板、电镀锌工件以及一些锌合金的压铸件上。对这种金属最适宜采用慢的磷化处理方法，而且溶液内要有较高的亚铁含量。当采用磷酸二氢锌作为溶液的基本成分时，其中亚铁含量要比锌含量高出 30%～50%（质量分数）。若采用磷酸二氢锰盐的溶液时，则亚铁含量要比锰含量高一倍。磷化溶液可在与钢铁磷化处理液相似的配方中加入某些物质（如铁、锰或镍等阳离子），其作用主要是调节晶核生成与生长的过程，改善膜层的均匀度及晶粒的粗细。

钢铁的镀锌件磷化最好在室温下，用含有加速剂的磷酸锌型溶液进行处理，在此条件下，锌的溶解较缓慢，不会损害到镀锌层，但不能与其他的钢铁件一起同槽处理。

锌铝合金件的磷化处理比较困难，因为铝离子的存在会使磷化成膜的过程中止。为了避免铝对磷化过程的影响，可选用锌的室温磷化液，以便尽量减少铝的溶解量，也可以在溶液中加进适量的氟化钠或氟硅酸钠，使铝从溶液中沉淀下来。此外，也可以在磷化前先将锌铝合金件在60%（质量分数）的氢氧化钠溶液中浸渍一下，使表面上的铝先选择性溶解，然后再在室温的磷化液中处理。

锌及锌合金磷化工艺见表3-10。锌及锌合金工件在磷化前要先进行活化表面。活化可采用磷酸盐溶液浸渍一下，或在表面喷涂不溶性的磷酸锌浆料，使表面增加活性点，提高表面的活性，促进晶粒的形成。

表3-10 锌及锌合金磷化工艺

工艺号		1	2	3	4
组分浓度/(g/L)	磷酸锰铁盐(马日夫盐)	25~35	30~40	60~65	—
	磷酸二氢锌[$Zn(H_2PO_4)_2 \cdot 2H_2O$]	—	—	—	35~45
	氧化锌(ZnO)	—	—	12~15	—
	硝酸锌[$Zn(NO_3)_2 \cdot 6H_2O$]	55~65	75~100	45~55	—
	硝酸锰[$Mn(NO_3)_2 \cdot 6H_2O$]	—	30~40	—	—
	磷酸(H_3PO_4,85%)	—	—	—	20~30
	亚硝酸钠($NaNO_2$)	1.5~2.5	—	—	—
	氟化钠(NaF)	—	—	7~9	—
工艺条件	游离酸度/点	0.5~1.4	6~9		12~15
	总酸度/点	38~48	80~100		60~75
	溶液pH值			3~3.2	
	溶液温度/℃	18~25	50~70	20~30	85~95
	处理时间/min	20~30	15~20	22~30	10~15
适用范围(材料种类)		锌	锌合金		

3.2.3 镉磷化

镉磷化主要是镀镉层的磷化。其磷化处理的工艺与锌的磷化处理基本相同。镉磷化工艺见表3-11。

表3-11 镉磷化工艺

工艺号		1	2	3
组分浓度/(g/L)	磷酸锰铁(马日夫盐)	55~65	30	—
	磷酸(H_3PO_4,85%)	—	—	20~30
	氧化锌(ZnO)	—	—	20~25
	硝酸(HNO_3)	—	—	20~30
	硝酸锌[$Zn(NO_3)_2 \cdot 6H_2O$]	45~55	60	—
	亚硝酸钠($NaNO_2$)	—	2~3	1.5~2.5
	氟化钠(NaF)	5~8	—	—

（续）

工艺号		1	2	3
工艺条件	游离酸度/点		0.5~1.4	2~5
	总酸度/点		38~48	50~60
	溶液pH值			2.4~2.5
	溶液温度/℃	20~30	18~25	28~35
	处理时间/min	10~20	20~30	25~30

3.2.4 镁及镁合金磷化

镁合金通过铬酸盐处理可以得到具有良好耐蚀性的氧化膜。而镁合金磷化处理后所得的磷化膜，其性能比不上铬酸盐膜，因此以前很少使用。近年来，世界对环境保护日益重视，铬酸盐的使用已受到各种限制，所以有越来越多的产品采用磷化处理代替铬酸盐氧化处理。

镁合金磷化液成分主要以磷酸锰为主，而磷化膜的成分取决于磷化液的组成，用含氟化钠磷化液所得到的膜主要由磷酸锰等组成，而用氟硼酸钠溶液所生成的膜，则主要由磷酸镁等组成。

镁及镁合金磷化工艺见表3-12。

表3-12　镁及镁合金磷化工艺

工艺号		1	2	3
组分浓度/(g/L)	磷酸二氢锰[$Mn(H_2PO_4)_2$]	25~35	—	—
	磷酸(H_3PO_4, $d=1.75$)	—	3~6mL/L	12~18
	磷酸二氢钡[$Ba(H_2PO_4)_2$]	—	45~70	—
	硝酸锌[$Zn(NO_3)_2 \cdot 6H_2O$]	—	—	20~25
	氟硼酸钠($NaBF_4$)	—	—	13~17
	氟化钠(NaF)	0.3~0.5	1~2	—
工艺条件	溶液温度/℃	95~98	90~98	75~85
	处理时间/min	20~30	15~30	0.5~1.0

3.2.5 钛及钛合金磷化

钛及钛合金的化学转化膜处理一般用得较多的是磷化处理。钛合金的磷化膜大多数是用作涂漆的底层，可增强钛合金表面与有机涂料之间的结合力，而一般的氧化膜和涂层的结合力很差。此外，磷化膜具有很好的润滑作用，用于钛合金工件的冲压成形和拉拔加工，可取得很好的润滑及耐磨效果。钛合金磷化膜用作专门的防护层时，磷化处理后要进行封闭处理，一般是将磷化后的工件浸在全损耗系统用油或肥皂液内达到封闭的目的。

钛及钛合金磷化工艺见表3-13。

表3-13 钛及钛合金磷化工艺

工艺号		1	2
组分浓度/(g/L)	磷酸钠($Na_3PO_4 \cdot 12H_2O$)	35~50	45~55
	醋酸(CH_3COOH,36%)	50~70	—
	氟化钠(NaF)	25~40	—
	氟化钾(KF)	—	18~23
	氢氟酸(HF,50%)	—	24~28mol/L
工艺条件	溶液温度/℃	20~30	20~30
	处理时间/min	2~9	2~3

第 4 章　铬酸盐处理及钝化处理

4.1　铬酸盐处理

铬酸盐处理是使金属表面转化成铬酸盐膜的方法。铬酸盐膜与基体结合力强，结构比较紧密，具有良好的化学稳定性，耐蚀性好，对基体金属有较好的保护作用，并且它的色泽丰富。铬酸盐处理常用作锌、镉镀层的后处理，也用作铝、铜、锡、镁及其合金的表面防护。

4.1.1　锌和镉的铬酸盐处理

锌和镉的电镀层、热浸锌镀层以及锌合金压铸件多数要进行铬酸盐处理，以提高其耐蚀性。锌和镉的铬酸盐处理液主要由六价铬化合物和活化剂组成，其工艺见表 4-1。

表 4-1　锌和镉的铬酸盐处理工艺

工艺号		1	2	3	4	5	6	
							第一槽	第二槽
组分浓度/(g/L)	重铬酸钠($Na_2Cr_2O_7 \cdot 2H_2O$)	—	—	—	—	50	—	—
	铬酐(CrO_3)	200	5	200	30	—	—	20
	硫酸(H_2SO_4, $d=1.84$)	—	0.3mL/L	10mL/L	5mL/L	5mL/L	—	—
	硝酸(HNO_3, $d=1.42$)	16mL/L	3mL/L	30mL/L	5mL/L	—	—	—
	磷酸(H_3PO_4)	—	—	—	10mL/L	—	—	—
	盐酸(HCl, $d=1.4$)	—	—	—	5mL/L	—	—	—
	冰醋酸	—	5mL/L	—	—	—	—	—
	甲酸($HCOOH$)	—	—	—	—	23mL/L	—	—
	硝酸锌[$Zn(NO_3)_2 \cdot 6H_2O$]	—	—	—	—	20	—	—
	干酪素	—	—	—	—	—	100	—
	氨水($NH_3 \cdot H_2O$, $d=0.9$)	—	—	—	—	—	50mL/L	—
	重铬酸钾($K_2Cr_2O_7$)	—	—	—	—	—	2	—
工艺条件	pH 值		0.8~1.3		0.5~2.0			
	温度/°C	室温	室温	室温	10~80	22	室温	室温
	时间/s	16	3~7	5~15	15~20	20		

4.1.2　镁合金铬酸盐处理

铬酸盐处理是镁合金最简便和应用广泛的腐蚀防护方法，但处理前必须进行表面清洗和浸蚀，以除去表面上的油污、氧化物。镁合金铬酸盐处理工艺见表 4-2。

表 4-2　镁合金铬酸盐处理工艺

工艺号		1 第1次	1 第2次	2 第1次	2 第2次	3	4	5
组分浓度/(g/L)	重铬酸钠($Na_2Cr_2O_7 \cdot 2H_2O$)	200	200	—	100	15	150	—
	重铬酸钾($K_2Cr_2O_7$)	—	—	—	—	—	—	30
	重铬酸铵[$(NH_4)_2Cr_2O_7$]	—	—	—	—	15	—	—
	硝酸(HNO_3, $d=1.42$)	180mL/L	180mL/L	—	—	—	—	—
	氟化铵(NH_4F)	—	16	—	—	—	—	—
	氢氟酸(HF)	—	—	20%(体积分数)	—	—	—	—
	硫酸铵[$(NH_4)_2SO_4$]	—	—	—	—	30	—	30
	硫酸锰($MnSO_4 \cdot H_2O$)	—	—	—	—	10	60	—
	硫酸镁($MgSO_4 \cdot 7H_2O$)	—	—	—	—	—	60	—
	苯二甲酸氢钾	—	—	—	—	—	—	15
工艺条件	pH 值				4.2~5.6			
	温度/°C	18~32	18~32	20~30	100	沸腾	80~100	85~100
	时间/min	0.5~2	0.5~2	0.5~5	30	30	10~20	15~30

4.1.3　铜及铜合金铬酸盐处理

铜及铜合金铬酸盐处理不仅提高耐蚀性，而且还可以使其表面抛光。注意：预处理对铬酸盐钝化膜的质量影响很大。另外，铬酸盐处理所得到的湿膜是松散的，易碰损和抹去，因此洗涤过的工件宜在 50℃热水中浸 1 min，然后用不超过 60℃的热风吹干。

铜及铜合金铬酸盐处理工艺见表 4-3。

表 4-3　铜及铜合金铬酸盐处理工艺

工艺号		1	2	3	4	5
组分浓度/(g/L)	重铬酸钾($K_2Cr_2O_7$)	10	—	—	—	—
	硝酸(HNO_3)	—	20mL/L	35mL/L	20mL/L	93mL/L
	硫酸(H_2SO_4)	—	80mL/L	65mL/L	—	—
	盐酸(HCl)	—	1mL/L	1mL/L	—	—
	铬酐(CrO_3)	—	20~100	10~20	—	—
	重铬酸钠($Na_2Cr_2O_7 \cdot 2H_2O$)	—	—	—	150	150
	氯化铬($CrCl_3$)	—	—	—	4	—
	十二烷基硫酸盐	—	—	—	1	—
	冰醋酸	—	—	—	—	150
	氯化钠(NaCl)	—	—	—	—	52.4
工艺条件	温度/°C	25	18~25	18~25	18~25	10~20
	时间/s	10~20	10~20	10~20	8~20	10~15

4.1.4 铝及铝合金铬酸盐处理

铝及铝合金铬酸盐处理得到转化膜的组成为铬的复杂化合物，其处理工艺见表4-4。

表4-4 铝及铝合金铬酸盐处理工艺

工艺号		1	2	3	4	5	6
组分浓度/(g/L)	铬酐(CrO_3)	3.5~4	—	—	—	—	—
	重铬酸钠($Na_2Cr_2O_7 \cdot 2H_2O$)	3.0~3.5	—	200	—	—	—
	氟化钠(NaF)	0.8	—	—	—	—	—
	重铬酸铵[$(NH_4)_2Cr_2O_7$]	—	10~350	—	—	—	—
	氢氟酸(HF)	—	0.25~11	1~2	—	—	—
	氟硅酸钠(Na_2SiF_6)	—	—	3~5	—	—	—
	碳酸钠(Na_2CO_3)	—	—	—	20	20	56.3
	重铬酸钾($K_2Cr_2O_7$)	—	—	—	10	—	—
	铬酸钠(Na_2CrO_4)	—	—	—	—	5~6	16.9
	次氯酸钠(NaClO)	—	—	—	—	5	—
	硅酸钠(Na_2SiO_3)	—	—	—	—	—	0.08~1.2
工艺条件	pH值	1.2~1.8	<3				10~11
	温度/°C	30~35	30	18~25	65	90~100	95
	时间/min	2~5	1~5	8~10	20	15	8~10

4.2 钝化处理

钝化处理是指通过成膜、沉淀或局部吸附作用，使金属表面的局部活性点失去化学活性而呈现钝态。钝化处理的目的在于降低表面活性点的数目，而不一定生成稳定的完整的膜层。但在许多场合下，钝化处理也往往是成膜过程，可以将钝化处理看作表面化学转化的一个特殊形式。上一节的铬酸盐处理实际上就是一种重要的钝化手段。

4.2.1 钢铁铬酸盐钝化

钢铁铬酸盐钝化工艺见表4-5。

表4-5 钢铁铬酸盐钝化工艺

工艺号		1	2	3	4
组分浓度/(g/L)	铬酐(CrO_3)	3~5	—	—	1~3
	重铬酸钾($K_2Cr_2O_7$)	—	15~30	50~80	—
	磷酸(H_3PO_4)	3~5	—	—	0.5~1.5
	硝酸(HNO_3)	—	20%(质量分数)	—	—
工艺条件	溶液温度/℃	80~100	50~55	70~90	60~70
	处理时间/min	2~5	18~20	5~10	0.5~1.0
应用情况		防锈用	防锈用	氧化后钝化	

4.2.2 合金钢草酸盐钝化

合金钢不易与草酸溶液产生反应。这是因为在合金钢表面上有一层很薄的铬和镍氧化层，这膜层在只含草酸盐的溶液中不溶解，但是在加进某些加速剂和活化剂的草酸盐溶液中，这种钢表面就可生成并得到草酸盐膜。加速剂主要有四价硫化物，如亚硫酸钠、硫代硫酸钠、连四硫酸钠等。加速剂的含量要控制在一定的限度范围内，含量太高，溶液对合金钢表面的腐蚀强烈，导致不能成膜，一般情况下其质量分数约为0.1%，质量分数为0.01%~1.5%的草酸钛或草酸钠和质量分数为1%~4%的钼酸盐也用作加速剂。

活化剂主要是一些氯化物和溴化物，也有用其他的化合物，如氟化物、氟硅酸盐、氟硼酸盐等替代，卤化物的含量相当高，其离子质量分数高达20%。但是如果溶液中铁离子的质量分数保持在1.5%~6.0%的范围内，又有质量分数为1.5%~3.0%的硫氰酸盐共存的情况下，氯化物的质量分数可降至2%。草酸盐溶液中的加速剂和活化剂可使合金钢表面去钝化并转变为活化，致使钢表面形成草酸盐膜。

合金钢的草酸盐钝化工艺流程为：合金钢工件→熔盐处理→流动水洗→硫酸氯化钠液浸洗→流动水洗→碱性脱脂→加压水冲洗→流动水洗→硝酸氢氟酸液出光→硝酸液钝化→流动水洗→草酸盐钝化→流动水洗→浸润滑脂乳液→热空气干燥。

合金钢草酸盐钝化工艺见表4-6。

表4-6 合金钢草酸盐钝化工艺

工艺号		1	2
组分浓度/(g/L)	草酸($H_2C_2O_4$)	45~55	18~22
	氰化钠(NaCN)	18~22	—
	氟化钠(NaF)	8~12	—
	硫代硫酸钠($Na_2S_2O_3$)	2~4	—
	钼酸铵[$(NH_4)_2MoO_4$]	25~35	—
	磷酸二氢钠(NaH_2PO_4)	—	8~12
	氯化钠(NaCl)	—	120~130
	草酸铵[$(NH_4)_2C_2O_4$]	—	4~6
工艺条件	pH值		1.6~1.7
	溶液温度/℃	45~55	30~40
	处理时间/min	5~10	3~10

4.2.3 不锈钢硝酸钝化

不锈钢在硝酸中有很好的耐蚀性，特别是在稀硝酸中非常耐蚀，虽然稀硝酸的氧化性差些，但是由于不锈钢含有许多易钝化元素，所以比碳钢更容易钝化。根据不锈钢在硝酸中能发生钝化，生成耐蚀钝化膜的性能，大多数不同类型的不锈钢都可采用硝酸溶液钝化。不锈钢工件只要经过酸洗去除旧膜后，即可进行钝化处理。经钝化后的不锈钢表面保持其原来色泽，一般为银白色或灰白色。

不锈钢硝酸钝化工艺见表4-7。

表4-7 不锈钢硝酸钝化工艺

工艺号		1	2	3	4
质量分数(%)	硝酸(HNO_3)	20~25	25~45	20~25	45~55
	重铬酸钠($Na_2Cr_2O_7 \cdot 2H_2O$)	2~3	—	—	—
	纯水(H_2O)	余量	余量	余量	余量
工艺条件	溶液温度/°C	49~54	21~32	49~60	49~54
	处理时间/min	>20	>30	>20	>30
适用的不锈钢类型		适用于高碳高铬不锈钢、高硫高硒不锈钢和沉淀硬化不锈钢	适用于奥氏体不锈钢和高铬不锈钢	适用于奥氏体不锈钢和高铬不锈钢	适用于高碳高铬不锈钢和沉淀硬化不锈钢

4.2.4 铜及铜合金铬酸盐钝化

铜及铜合金经钝化处理后，可在其表面形成一层薄而有一定防护和装饰性的钝化膜，可防止表面因硫化物作用而发暗。重铬酸盐、铬酸钝化前需要进行浸蚀和出光，钝化后需及时清洗，用压缩空气吹干，在70~80℃下烘干，使膜层老化，以提高其防护性和结合力。

铜及铜合金铬酸盐钝化工艺见表4-8。

表4-8 铜及铜合金铬酸盐钝化工艺

工艺类别		重铬酸盐钝化		铬酸钝化		钛盐钝化	苯并三氮唑钝化
组分浓度/(g/L)	重铬酸钠($Na_2Cr_2O_7 \cdot 2H_2O$)	100~150	—	—	—	—	—
	重铬酸钾($K_2Cr_2O_7$)	—	150	—	—	—	—
	铬酐(CrO_3)	—	—	80~100	90~150	—	—
	硫酸氧钛($TiOSO_4$)	—	—	—	—	5~10	—
	苯并三氮唑($C_6H_6N_3$)	—	—	—	—	—	0.05%~0.15%(质量分数)
	硫酸(H_2SO_4, $d=1.84$)	5~10	10mL/L	35~50	20~30	20~30mL/L	—
	氯化钠(NaCl)	4~7	—	1~3	—	—	—
	过氧化氢(H_2O_2, 30%)	—	—	—	—	40~60mL/L	—
	硝酸(HNO_3, $d=1.42$)	—	—	—	—	10~30mL/L	—

（续）

工艺类别		重铬酸盐钝化		铬酸钝化		钛盐钝化	苯并三氮唑钝化
工艺条件	温度/°C	室温	室温	室温	室温	室温	50～60
	时间/min	3～8	2～8	15～30	2～5	20	2～3

4.2.5　铜及铜合金电化学钝化

铜及铜合金电化学钝化工艺见表4-9。

表4-9　铜及铜合金电化学钝化工艺

工　艺　号		1	2	3
组分浓度/(g/L)	氢氧化钠(NaOH)	150～200	350～400	—
	钼酸铵[$(NH_4)_6Mo_7O_{24}\cdot 4H_2O$]	5～15	45～50	—
	重铬酸钠($Na_2Cr_2O_7\cdot 2H_2O$)	—	—	70～80
	冰醋酸(CH_3COOH)	—	—	用于调整pH值
工艺条件	溶液pH值			2.5～3.0
	溶液温度/℃	60～70	55～60	20～30
	电流密度/(A/dm^2)	2～3	3～5	0.3～2.0
	处理时间/min	10～30	10～15	3～10
适用范围		铜、黄铜	青铜	铜合金

注：配方3在配制溶液时先溶解重铬酸钠并搅拌均匀，然后再缓慢地加入冰醋酸使溶液的pH达到2.5～3.0的范围即可。用铅板做辅助电极。

4.2.6　铝及铝合金钝化

铝及铝合金在大气环境中有很好的耐蚀性。这是因为铝在有氧的条件下易生成氧化膜，这层膜随着放置时间的延长而加厚，另外也和大气的湿度有关，湿度越大膜层也越厚。根据合金成分和湿度不同，膜厚在5～200nm的范围内。这种自然生成的膜很薄，容易划破并造成腐蚀，另外也影响它的外观，所以为了提高铝及铝合金的耐蚀性，必须进行表面处理。表面处理的方法有化学氧化法及阳极氧化法，而不采用直接钝化的方法。铝及铝合金在化学氧化或阳极氧化处理后，为了使所得到的膜层更致密，耐蚀性、耐磨性和耐污性更高，再进行钝化处理。

铝及铝合金钝化工艺见表4-10。

表4-10　铝及铝合金钝化工艺

溶液成分及工艺条件		1	2
组分浓度/(g/L)	铬酸钾(K_2CrO_4)	45～55	—
	重铬酸钾($K_2Cr_2O_7$)	—	40～70
工艺条件	溶液温度/℃	75～85	85～95
	处理时间/min	18～22	13～20

4.2.7　锌及锌合金铬酸盐钝化

锌及锌合金的钝化处理常用作电镀锌及锌合金的后处理，以提高其耐蚀性、涂装或装饰性能。锌及锌合金铬酸盐钝化工艺见表4-11。

表4-11　锌及锌合金铬酸盐钝化工艺

工艺号		1	2	3	4
组分浓度/(g/L)	重铬酸钠($Na_2Cr_2O_7$)	180~200	—	—	—
	铬酐(CrO_3)	—	15~30	150~250	50~75
	硫酸(H_2SO_4, $d=1.84$)	8~10	—	5~25	5~10
	硝酸(HNO_3, $d=1.4$)	—	—	0~10	—
	醋酸(HAc, $d=1.045$)	—	70~125	0~5	—
	磷酸(H_3PO_4)	—	—	—	添加10~30变草色
	硫酸铜($CuSO_4 \cdot 5H_2O$)	—	30~50	—	—
	甲酸钠($HCOONa \cdot 2H_2O$)	—	20~30	—	—
工艺条件	溶液温度/℃	20~30	20~30	20~30	20~30
	处理时间/s	5~15	2~3min	10~30	20~60
膜层颜色		彩虹色	黑色		

4.2.8　锌及锌合金低铬酸彩虹色钝化

锌及锌合金低铬酸彩虹色钝化工艺流程为：工件→镀锌→清洗→出光（或低铬白钝化）→清洗→低铬彩虹钝化→清洗→浸热水（>60℃）→干燥。

低铬酸彩虹钝化的膜层主要是在钝化液中形成的，因此不需要在空气中放置。钝化工件的面积较大时要搅动钝化液，增加溶液的流动性，这样才能保证钝化膜的均匀性。

锌及锌合金低铬酸彩虹色钝化工艺见表4-12。

表4-12　锌及锌合金低铬酸彩虹色钝化工艺

工艺号		1	2	3	4
组分浓度/(g/L)	铬酐(CrO_3)	4~6	5	5	3~5
	硝酸(HNO_3)	5~8mL/L	3mL/L	3mL/L	—
	硫酸(H_2SO_4)	0.5~1mL/L	0.4mL/L	0.3mL/L	—
	硫酸锌($ZnSO_4$)	—	—	—	1~2
	高锰酸钾($KMnO_4$)	1.0	0.1	—	—
	醋酸(HAc)	—	—	5mol/L	—
工艺条件	溶液pH值	1.0~1.6	0.8~1.3	0.8~1.3	1~2
	溶液温度/℃	15~30	20~30	20~30	20~30
	处理时间/s	10~45	5~8	5~8	10~12

4.2.9　锌及锌合金一次性铬酸白色钝化

镀锌产品及锌合金零件要求钝化显白色外观时，一般有两种处理方法：一种是在铬酸白色钝化溶液中一次性钝化处理而成；另一种是先用铬酸彩色钝化一次，后再经漂白处理而成。

锌及锌合金一次性铬酸白色钝化工艺流程为：工件→光亮镀锌→清洗两次→出光（用质量分数为2%～3%的硝酸）→清洗→白色钝化→清洗两次→90℃以上热水烫→甩干→干燥→产品。

锌及锌合金一次性铬酸白色钝化工艺见表4-13。

表4-13 锌及锌合金的一次性铬酸白色钝化工艺

工艺号			1	2	3	4
组分浓度/(g/L)	铬酐(CrO_3)		1～2	14～16	4～6	2～5
	硝酸(HNO_3)		10～20	—	0.5～1.0mL/L	0.5mL/L
	硫酸(H_2SO_4)		30～40	—	—	—
	氢氟酸(HF)		2～4mL/L	—	—	—
	碳酸钡($BaCO_3$)		—	0.5	1.0	1～2
	氯化铬($CrCl_3$)		微量	—	—	—
	醋酸镍[$Ni(CH_3COO)_2$]		—	—	1～3	—
工艺条件	溶液温度/℃		20～30	20～30	20～30	20～30
	处理时间/s	溶液中	2～3	15～30	3～8	14～16
		空气中	15～20		5～10	

4.2.10 锌及锌合金二次性白色钝化

所谓二次性白色钝化，就是先用任何一种彩色钝化的溶液进行钝化，然后再在漂白溶液中浸渍漂白。锌及锌合金的二次性白色钝化工艺见表4-14。

二次性白色钝化的工艺流程为：工件→光亮镀锌→清洗→出光→清洗→彩（虹）色钝化→清洗三次→漂白处理→清洗二次→浸热水封闭（温度85～100℃）→干燥→产品。

表4-14 锌及锌合金的二次性白色钝化工艺

工艺号		1	2	3
组分浓度/(g/L)	氢氧化钠(NaOH)	10～20	30～50	50～70
	硫化钠(Na_2S)	20～30	—	—
	硫酸钠(Na_2SO_4)	—	5～10	—
工艺条件	溶液温度/℃	20～30	20～30	30～60
	处理时间/s	变白即止	变白即止	变白即止

说明：漂白处理后经二次清洗放在温度为85～100℃、加0.2g/L铬酐的热水中进行封闭处理，可提高镀锌层的耐蚀性。因为白钝化膜很薄，耐蚀性很差，经上述封闭处理的白钝化膜耐盐雾试验可以达到48h，而不经封闭处理的零件耐盐雾试验2h也通不过。

4.2.11 锌及锌合金黑色钝化

镀锌层黑色钝化工艺流程为：工件→碱性锌酸盐镀锌→流动冷水洗→出光

(3%硝酸) →流动冷水洗→黑色钝化→流动冷水洗→封闭→吹干→干燥。

锌及锌合金黑色钝化工艺见表4-15。

表4-15 锌及锌合金黑色钝化工艺

工艺号		1	2	3	4
组分浓度/(g/L)	铬酐(CrO_3)	6~10	15~30	15~30	—
	醋酸(CH_3COOH)	40~50	70~120mL/L	70~125	—
	硫酸铜($CuSO_4$)	—	30~50	30~50	—
	甲酸钠(HCOONa)	—	65~75	20~30	—
	硫酸(H_2SO_4)	0.5~1.0mL/L	—	—	—
	硝酸银($AgNO_3$)	0.3~0.5	—	—	—
	钼酸铵[$(NH_4)_2MoO_4$]	—	—	—	80~100
	氨水(NH_4OH)	—	—	—	30~80mL/L
工艺条件	溶液pH值	1.0~1.8	2.0~3.0		
	溶液温度/℃	20~30	20~30	20~30	50~80
	处理时间/s	120~180	溶液中2~3 空气中14~16	2~3min	10min

4.2.12 锌及锌合金无铬钝化

锌及锌合金无铬钝化工艺见表4-16。

表4-16 锌及锌合金无铬钝化工艺

工艺号		1	2	3	4
组分浓度/(g/L)	硅酸钠(Na_2SiO_3)	35~45	—	35~45	—
	硫酸(H_2SO_4)	3~8mL/L	—	2~5	—
	硝酸(HNO_3)	2mL/L	4~8mL/L	4.5~5.5	8~15mL/L
	磷酸(H_3PO_4)	2mL/L	8~12mL/L	—	—
	过氧化氢(H_2O_2)	40mL/L	50~80mL/L	35~45	50~80mL/L
	硫脲(H_2NCSNH_2)	6~8	—	—	—
	硫酸氧钛($TiOSO_4$)	—	3~6	—	2~5
	柠檬酸($C_6H_8O_7$)	—	3(单宁酸)	—	5~10
	六偏磷酸钠	—	6~15	—	—
	植酸($C_6H_{18}O_{24}P_6$)	—	—	4~6	—
工艺条件	溶液pH值	3.0	1.0~1.5	2~3	0.5~1.0
	溶液温度/℃	25~35	20~30	20~30	20~30
	钝化时间/s	90	溶液中15 空气中10	20~60	溶液中8~15 空气中5~10
膜层颜色		白色	彩色		白色

4.2.13 银及银镀层电化学钝化

银及镀银层的电化学钝化可以在化学钝化后再进行，也可以在光亮镀银后直接进行。具体做法是将银或镀银工件做阴极，用不锈钢辅助电极做阳极，通过电解处理，使银表面生成更为紧密的钝化膜。这种钝化膜的耐蚀性好并能保持其外观色泽，又不会改变零件的焊接性能，是一种功能性与装饰性均好的钝化方法。

银及银镀层电化学钝化工艺见表 4-17。

表 4-17　银及银镀层电化学钝化工艺

工艺号		1	2	3	4	5
组分浓度/(g/L)	重铬酸钾($K_2Cr_2O_7$)	25～35	8～10	45～65	—	—
	铬酸钾(K_2CrO_4)	—	—	—	6～8	—
	铬酐(CrO_3)	—	—	—	—	40
	碳酸钾(K_2CO_3)	—	6～10	—	8～10	—
	碳酸铵[$(NH_4)_2CO_3$]	—	—	—	—	60
	硝酸钾(KNO_3)	—	—	10～15	—	—
	氢氧化铝[$Al(OH)_3$]	0.5～0.8	—	—	—	—
	明胶	2～3	—	—	—	—
工艺条件	溶液 pH 值		10～11	7～8	11～12	8～9
	溶液温度/℃	20～30	20～30	10～35	20～30	20～30
	阴极电流密度/(A/dm^2)	0.1	0.5～1.0	2.0～3.5	2～5	3.5～4.0
	处理时间/min	3～10	10～50	1～3	3～5	5～10
	阳极材料	不锈钢	不锈钢	不锈钢	石墨、不锈钢	不锈钢

4.2.14　银及银镀层有机化合物钝化

银或镀银层在含硫、氮活性基团的直链或杂环化合物钝化液中，与有机物作用生成一层很薄的银络合物保护膜。这层薄膜起到隔离银与腐蚀介质不发生接触和反应的作用，并达到了防止银表面变色的目的。试验结果表明，络合物保护膜的抗潮湿性和抗硫性能要比铬酸盐钝化膜好，但是抗大气环境，例如日照辐射等的性能则比铬酸盐膜差。这种络合物钝化膜适用于室内环境。

银及银镀层有机化合物钝化工艺见表 4-18。

表 4-18　银及银镀层有机化合物钝化工艺

工艺号		1	2	3	4
组分浓度/(g/L)	苯并三氮唑(BTA)	2～4	0.1～0.15	2～3	—
	苯并四氮唑	—	0.1～0.15	—	—
	磺胺噻唑硫代甘醇酸	—	—	—	1～2
	1-苯基-5-硫基四氮唑	0.4～0.6	—	—	—
	碘化钾	1～3	—	1～3	2
工艺条件	溶液 pH 值	5～6		5～6	5～6
	溶液温度/℃	20～30	90～100	20～30	20～30
	处理时间/min	2～5	0.5～1.0	2～5	2～5

第5章　着色和染色处理

金属的着色和染色是指在特定的溶液中，用化学或电化学的方法使金属表面产生与原来不同的色调，并保持金属光泽的工艺。着色和染色处理主要用于金属制品的装饰，如建材、五金、日用品等，以改善外观，提高耐蚀性。

金属着色工艺有化学法、置换法、热处理法和电解法之分。金属的着色可以在基体金属表面进行，也可在表面镀上适当镀层后再进行。通过着色工艺在金属表面形成了带颜色的膜层。膜的颜色是因为光通过薄膜折射、反射以及产生光的干涉而形成。因此，根据膜的厚度变化，表面的色彩随之变化；当膜厚不均匀时会产生彩虹色或花斑的杂色。此外，有的膜本身就有颜色，这时就呈现膜层组成物的颜色。

金属的染色工艺是用染料而显色。通过染色工艺，使染料与金属离子共沉积形成复合镀层或在金属表面形成能吸附染料的膜层，使金属表面呈现染料的色彩。

金属染色工艺应用范围较窄，只适用于铝、锌、镍等几种金属。

5.1　铝及铝合金着色和染色

5.1.1　有机染料染色

有机染料染色牢度好，上色速度快，颜色种类多，色彩较鲜艳，操作简便，可得到均匀、再现性好、色调范围宽广的各种颜色，但其耐光保色性较差。常用有机染料染色工艺见表5-1。

表5-1　常用有机染料染色工艺

色别	染料名称	质量浓度/(g/L)	温度/℃	时间/min	pH值
黑色	酸性毛元ATT	10	室温	10~15	4.5~5.5
	乙酸	0.8~1.2mL/L			
	水	至1L			
	酸性粒子元NBL	12~16	60~70	10~15	5~5.5
	乙酸	1.2mL/L			
	水	至1L			
	酸性蓝黑10B	10	室温	5~10	4~5.5
	乙酸	1mL/L			
	水	至1L			

（续）

色别	染料名称	质量浓度/(g/L)	温度/℃	时间/min	pH值
黑色	苯胺黑	5~10	60~70	10~20	
	水	至1L			
红色	直接雪利桃红 G	2~5	60~70	5~10	4.5~5.5
	水	至1L			
	直接耐晒桃红 G	2~5	60~70	5~10	4.5~5.5
	水	至1L			
	酸性大红 GR	5	室温	2~10	4.5~5.5
	乙酸	1mL/L			
	水	至1L			
	酸性紫红 B	4~6	15~40	15~30	4.5~5.5
	乙酸	1mL/L			
	水	至1L			
	活性橙红	2~5	70~80	2~15	
	水	至1L			
	茜素红 S	5~10	60~70	10~20	4.5~5.5
	乙酸	1mL/L			
	水	至1L			
蓝色	直接耐晒蓝	3~5	15~30	15~20	4.5~5.5
	水	至1L			
	直接耐晒翠蓝	3~5	60~70	1~3	4.5~5.5
	水	至1L			
	JB 湖蓝	3~5	室温	1~3	5~5.5
	水	至1L			
	活性橙蓝	5	室温	1~5	4.5~5.5
	水	至1L			
	酸性蓝	2~5	60~70	2~15	4.5~5.5
	乙酸	0.5mL/L			
	水	至1L			
金黄色	苯素黄 R(或 GG)	0.3	70~80	1~3	4.5~5.5
	茜素红 S	0.5			
	乙酸	1mL/L			
	水	至1L			
	活性艳橙	0.5	70~80	5~15	4~5
	水	至1L			
	活性嫩黄 X-6G	1~2	25~35	2~5	
	水	至1L			
	铅黄 GLW	2~5	室温	2~5	5~5.5
	水	至1L			
	溶蒽素金黄-IGK①	0.035	室温	1~3	4.5~5.5
	溶蒽素橘黄-IRK	0.1			
	水	至1L			
绿色	酸性绿	5	70~80	15~20	—
	乙酸	1mL/L			
	水	至1L			

（续）

色别	染料名称	质量浓度/(g/L)	温度/℃	时间/min	pH值
绿色	直接耐晒翠绿	3~5	15~25	15~20	—
	水	至1L			
	酸性墨绿	2~5	70~80	5~15	—
	乙酸	1mL/L			
	水	至1L			

① 此液染色后一定要在显色液中进行显色处理，显色液配方有两种：一种为高锰酸钾4~7g/L，硫酸20g/L，室温；另一种为亚硝酸钠10g/L，硫酸20g/L，室温。

5.1.2 无机染料染色

无机染料色泽鲜艳度较差，难以染成较深色泽，但耐晒，保色性能较好，在建材方面有一定应用。无机染料染色工艺见表5-2。染色过程：阳极氧化后的工件经彻底清洗，先在溶液Ⅰ中浸渍，清洗后放入溶液Ⅱ中浸渍。若颜色欠深，清洗后可进行重复处理。染色后清洗干净，用热水封闭或在60~80℃温度下烘干，再进行喷漆或浸蜡处理。

表5-2　无机盐浸渍着色工艺

颜色	溶液Ⅰ				溶液Ⅱ				显色的生成物
	无机盐	质量浓度/(g/L)	温度/℃	时间/min	无机盐	质量浓度/(g/L)	温度/℃	时间/min	
红棕色	硫酸铜	10~100	60~70	10~20	铁氰化钾	10~15	60~70	10~20	铁氰化铜
金色	草酸铁铵	15	55	10~15	—	—	—	—	三氧化二铁
橙黄色	硝酸银	50~100	60~70	5~10	重铬酸钾	5~10	60~70	10~15	重铬酸铅
黄色	醋酸铅	100~200	60~70	10~15	重铬酸钾	50~100	60~70	10~15	重铬酸银
青铜色	醋酸钴	50	50	2	高锰酸钾	25	50	2	氧化钴
蓝色	亚铁氰化钾	10~50	60~70	5~10	氯化铁	10~100	60~70	10~20	普鲁士蓝
黑色	醋酸钴	50~100	60~70	10~15	硫化钠	50~100	60~70	20~30	硫化钴
白色	硝酸钡	10~50	60~70	10~15	硫酸钠	10~50	60~70	30~35	硫酸钡

5.1.3 消色法着色

消色法着色是将已染色尚未进行封闭处理的铝件进行不均匀的退色处理：向铝件上喷洒消色液或蘸上消色液在表面做无规则、快速地揩划，如染过黑色的铝件的表面与消色液接触的部位即呈现灰黑、灰白直至白色，多次重复染色、消色处理，即可得到云彩状图案。

（1）工艺流程　按黑、黄、绿三色染色，其处理工艺流程为：机械抛光→脱脂→清洗→阳极氧化→清洗→中和→染黑色→清洗→退色→清洗→染黄色→清洗→退色→清洗→染绿色→清洗→封闭→机械光亮→成品。

（2）工艺　染色工艺见表5-1，消色工艺见表5-3。

表5-3 消色工艺

工艺号		1	2	3	4	5	6
组分浓度/(g/L)	铬酐(CrO_3)	250~300	200~500	—	—	—	—
	草酸($H_2C_2O_4$)	—	—	100~400	—	—	—
	硫酸镁($MgSO_4$)	—	—	—	300	—	—
	高锰酸钾($KMnO_4$)	—	—	—	—	100~500	—
	冰醋酸(CH_3COOH)	—	1~2m/L	—	3~5m/L	—	—
	次氯酸钠(NaClO)	—	—	—	—	—	50~200
时间/s						5~10	10~20

（3）操作注意事项

1）阳极氧化采用硫酸阳极氧化或三酸瓷质阳极氧化，要求氧化膜较厚，孔隙率较高。

2）染色液浓度稍高一些，先染深色后染浅色。染色温度为40~50℃，过高会导致局部氧化膜封闭，造成染不上色的现象。

3）染色后经过清洗立即退色，退色后立即浸水清洗，停止退色。

5.1.4 套色染色

套色染色即在一次阳极氧化膜上获得两种或两种以上的彩色图案，一般采用漆膜掩盖法。

（1）工艺流程　硫酸阳极氧化→清洗→第→次染色（一般是浅色）→流动冷水清洗→干燥（50~60℃）→下挂具→印字或印花（丝印或胶印）→干燥→退色→流水冲洗→中和→第二次染色→流水冲洗→揩漆（用汽油）→干燥→封闭。

（2）工艺　套色染色工艺见表5-4。

表5-4 套色染色工艺

工艺号	成分	质量浓度/(g/L)	退色时间/min
1	磷酸三钠(Na_3PO_4)	50	5~10
2	次氯酸钠(NaClO)	10	5~10
3	硝酸(HNO_3)	300mL/L	5~10

（3）操作注意事项

1）第一次染色后，使用丝印法或胶印法，用透明醇酸清漆、石墨做印浆印上所需的图案。在进行退色处理时，图案上的清漆就成为防染隔离层，保护下面图案的色彩，再染色清洗后，就得到双色图案花样。

2）阳极氧化后的零件放置不得超过2h（冬天可延长至6h）。

3）不能用手摸，应戴手套操作。

5.1.5 色浆印色

色浆印色是把色浆丝印在铝阳极氧化膜上染色。这种方法可印饰多种色彩，不需消色和涂漆，大大降低了原料消耗，降低了生产成本。色浆配方见表 5-5。

表 5-5　色浆配方

成　分	质量分数（%）	成　分	质量分数（%）
浆基 A（羧甲基纤维素 30g/L）	50	色基	30
浆基 B（海藻酸钠 40g/L）	15	山梨醇	4
六偏磷酸钠	0.6	甲醛	0.4

5.1.6　自然发色

自然发色是指某些特定成分（含硅、铬、锰等）的铝合金，在进行阳极氧化的同时，得到有颜色的氧化膜的方法。自然发色工艺见表 5-6。

表 5-6　自然发色工艺

工艺号	配方		工艺条件				
	成　分	质量浓度 /(g/L)	电流密度(DC) /(A/dm^2)	电压/V	温度/℃	厚度/μm	颜色
1	磺基水杨酸	62～68	1.3～3.2	35～65	15～35	18～25	青铜色
	硫酸	5.6～6					
	铝离子	1.5～1.9					
2	磺基水杨酸	15%（质量分数）	2～3	45～70	20	20～30	青铜色
	硫　酸	0.5%（质量分数）					
3	磺基钛酸	60～70	2～4	40～70	20	20～30	青铜色 茶色
	硫　酸	2.5					
4	草　酸	5	5.2	20～35	20～22	15～25	红棕色
	草酸铁	5～80					
	硫　酸	0.5～4.5					
5	磺基水杨酸	5%（质量分数）	1.3～3	30～70	20	20～30	青铜色
	马来酸	1%（质量分数）					
	硫　酸	0.5					
6	酚磺酸	90	2.5	40～60	20～30	20～30	琥珀色
	硫　酸	6					
7	钼酸铵	20	1～10	40～80	15～35	保持峰值电压至所需色泽	金黄色 褐　色 黑　色
	硫　酸	5					
8	酒石酸	50～300	1～3	—	15～50	20	青铜色
	草　酸	5～30					
	硫　酸	0.7～2					

5.1.7　交流电解着色

将经过阳极氧化处理之后的铝件，再次浸在含有重金属盐的溶液中进行电解处理，使金属离子被还原沉积在氧化膜孔隙的底部而着色的方法。根据所用的盐类不同而得到不同的色调。交流电解着色方法很多，其工艺见表 5-7。

表5-7　交流电解着色法工艺条件

工艺号	配方 成分	配方 质量浓度/(g/L)	电压、电流密度	pH值	时间/min	温度/℃	颜色
1	硫酸镍	25	10~17V 0.2~0.4A/dm^2	4.4	2~15	20	青铜色→黑色
	硫酸镁	20					
	硫酸铵	15					
	硼　酸	25					
2	硫酸亚锡	5~10	10~25V 0.1~0.4A/dm^2		1~5	室温	古铜色
	硫酸镍	30~80					
	硫酸铜	1~3					
	硼　酸	5~50					
	EDTA	5~20					
3	硫酸亚锡	10	8~16V	1~1.5	2.5	20	浅黄→深古铜
	硫　酸	10~15					
	稳定剂	适量					
4	硫酸钴	25	17V	4~4.5	13	20	黑色
	硫酸铵	15					
	硼　酸	25					
5	硝酸银	0.5	10V	1	3	20	金绿色
	硫　酸	5					
6	硫酸亚锡	15	4~6V 0.1~1.5A/dm^2	1.3	1~8	20	红褐色→黑色
	硫酸铜	7.5					
	硫　酸	10					
	柠檬酸	6					
7	亚硒酸钠	0.5	8V	2	3	20	浅黄色
	硫　酸	10					
8	硫酸镍	50	8~15V	4.2	1~15	20	青铜色→黑色
	硫酸钴	50					
	硼　酸	40					
	磺基水杨酸	10					
9	盐酸金	1.5	10~12V 0.5A/dm^2	4.5	1~5	20	粉红色→淡紫色
	甘氨酸	15					
10	硫酸铜	35	10V	1~1.3	5~20	20	赤紫色
	硫酸镁	20					
	硫　酸	5					
11	硫酸亚锡	20	6~9V	1~2	5~10	20	青铜色
	硫　酸	10					
	硼　酸	10					
12	硫酸镍铵	40	15V	4~4.5	5	室温	青铜色
	硼　酸	25					
13	草酸铵	20	20V	5.5~5.7	1	20	褐色
	草酸钠	20					
	醋酸钴	4					

5.1.8 铝直接化学着色

铝直接化学着色工艺见表5-8。

表5-8 铝直接化学着色工艺

颜色	工艺号	配方		温度/℃	时间/min	备注
		成分	质量浓度/(g/L)			
黑色	1	钼酸铵[$(NH_4)_2MoO_4$]	15	82		也适于铝合金
		氯化铵(NH_4Cl)	30			
		硼酸(H_3BO_3)	8			
		硝酸钾(KNO_3)	8			
	2	高锰酸钾($KMnO_4$)	5~10	80~90	5~15	
		硝酸(HNO_3, $d=1.42$)	2~4mL/L			
		硝酸铜[$Cu(NO_3)_2 \cdot 3H_2O$]	20~25			
	3	铬酐(CrO_3)	10	70~80	20~30	
		碳酸钾(K_2CO_3)	25			
		硫酸铜($CuSO_4 \cdot 5H_2O$)	25			
		铬酸钠(Na_2CrO_4)	25			
蓝色	4	氯化铁($FeCl_3$)	5	66		
		铁氰化钾[$K_3Fe(CN)_6$]	5			
红色	5	亚硒酸(H_2SeO_3)	10~30	50~60	10~20	红色为析出的硒
		碳酸钠(Na_2CO_3)	10~30			
灰色	6	碳酸钾(K_2CO_3)	25	80~100	30~50	若加入少量明矾，膜生成较快
		碳酸钠(Na_2CO_3)	25			
		铬酸钾(K_2CrO_4)	10			
	7	氟化锌(ZnF_2)	6	60~70	10~20	因析出锌而呈灰色
		钼酸钠(Na_2MoO_4)	4			

5.1.9 铝合金直接化学着色

铝合金直接化学着色工艺见表5-9。

表5-9 铝合金直接化学着色工艺

色调	配方及工艺条件		备注
白—白褐色	碳酸钠(Na_2CO_3) 重铬酸钠($Na_2Cr_2O_7 \cdot 2H_2O$) 温度 时间	0.5~2.6g/L 0.1~1.0g/L 80~100℃ 10~20min	适用合金：Al-Si, Al-Mg, Al-Zn, Al-Ni, Al-Cu-Si, Al-Cu-Mg
随合金不同呈不同颜色	碳酸钠(Na_2CO_3) 铬酸钠(Na_2CrO_4) 温度 时间	46g/L 14g/L 90~95℃ 20~25min	此法称M.B.V法，合金着色色调如下 Al-Mn：黄褐色 Al-Mn-Mg-Si：灰绿色 Al-Si：常绿黄褐色 M.B.V法2min，在4g/L的$KMnO_4$溶液中染色

（续）

色 调	配方及工艺条件		备 注
随合金不同呈不同颜色	碳酸钠(Na_2CO_3) 铬酸钠(Na_2CrO_4) 温度 时间	46g/L 14g/L 90～95℃ 20～25min	Al-Mn:红褐色 Al-Mn-Mg-Si:暗褐色 Al-Si:红铜色 M. B. V 法 10min，在 4g/L 的 $KMnO_4$ 溶液中染色 Al-Mn:红褐色 Al-Mn-Mg-Si:暗黄褐色 Al-Si:暗黄褐色 M. B. V 法 80min，在硝酸铜 25g/L，高锰酸钾 10g/L，硝酸(65%) 0.4mL/L，80℃的溶液中浸 2min，Al-Mn，Al-Si，Al-Mn-Mg-Si:浓黑色
黄色等	硝酸钾(KNO_3) 硫酸镍($NiSO_4 \cdot 7H_2O$) 氟硅酸钠(Na_2SiF_6) 10%钼酸钠溶液(Na_2MoO_4) 水(H_2O) 温度	25g 10g 5g 1mL 4L 60～70℃	可着黄色、青铜色、黄褐色、红色等

5.1.10 铝合金木纹着色

铝合金型材（6063A）可通过电化学处理得到木纹图样，耐磨性、耐蚀性较好，广泛用于建筑、家具、柜台、汽车等。工艺流程为：预处理→水洗→形成壁垒型膜→清洗→形成木纹→清洗→阳极氧化→清洗→着色→水封闭。铝合金木纹着色工艺见表5-10。

表5-10 铝合金木纹着色工艺

工序	配方		电流密度/(A/dm^2)	温度/℃	时间/min	阴极	备 注
	成 分	质量浓度/(g/L)					
形成壁垒型膜	磷酸钠(Na_3PO_4)	23～27	2～2.5	20～25	<5	不锈钢	电源采用硅整流器，两极间距300mm，时间小于5min，否则氧化膜会破裂
	磷酸(H_3PO_4)	6～9					
形成木纹	磷酸钠(Na_3PO_4)	23～27	3～3.5	20～25	<40	铝板	木纹形状可通过改变吊具、工具来得到。电解时间越长木纹痕迹越深，但不能超过40min，否则会露出基体
	磷酸(H_3PO_4)	6～9					
	硝酸钠($NaNO_3$)	3～5					
阳极氧化	硫酸(H_2SO_4)	150～190	2～2.5		<10	铅板	超过10min氧化膜不耐蚀

（续）

工序	配方		电流密度/(A/dm²)	温度/℃	时间/min	阴极	备注
	成分	质量浓度/(g/L)					
着色	草酸铵 [$(NH_4)_2C_2O_4$]	23～27		45～50	2～15		色系为淡黄色、黄色、棕黄色、深棕色及纯铜色

5.1.11 国外铝及铝合金一步电解着色

一步电解着色是指一些合金在特定的电解液中进行阳极氧化处理，得到着色氧化膜的方法。这些电解液是以磺基水杨酸、马来酸或草酸等为主的有机酸。在以草酸为主的电解液中添加硫酸、铬酸等可形成黄色至红色的氧化膜；在以磺基水杨酸、氨基磺酸为主的电解液中添加无机酸等，可生成青铜至黑色以及橄榄色的氧化膜。

一步电解着色法着色范围较窄，操作工艺严格而复杂（要用离子交换方法净化电解液），膜层厚度受基材及工艺条件影响，成本高，因此，应用受到一定的限制。

国外铝及铝合金一步电解着色工艺见表5-11。

表5-11 国外铝及铝合金一步电解着色工艺

着色方法	配方		电流密度/(A/dm²)	电压/V	温度/℃	膜厚/μm	颜色
	成分	质量浓度/(g/L)					
雷诺法	硫酸	0.5～45	5.2	20～35	20～22	15～25	红棕色
	草酸	5～饱和					
	草酸铁	5～80					
尼古考拉法	硫酸或草酸	10%①	2.5～5	—	>10	50～130	褐色
	添加二羧酸	10%①					
斯米顿法	酚磺酸	90	2.5	40～60	20～30	20～30	琥珀色
	硫酸	6					
卡尔考拉法	磺基水杨酸	62～68	1.3～3.2	35～65	15～35	18～25	青铜色
	硫酸	5.6～6					
	铝离子	1.5～1.9					
	磺基水杨酸	15%①	2～3	45～70	20	20～30	青铜色
	硫酸	0.5%①					
D-300法	磺基钛酸	60～70	2～4	40～70	20	20～30	青铜色
	硫酸	2.5					
弗罗克赛尔法	磺基水杨酸	5%①	1.3～3.0	30～70	20	20～30	青铜色
	马来酸	1%①					
	硫酸	0.5%①					
	钼酸铵	20	1～10	40～80	15～35	保持峰值电压至所需色泽	金黄色 褐色 黑色
	硫酸	5					

① 质量分数。

5.1.12　国内铝及铝合金一步电解着色

国内铝及铝合金一步电解着色工艺见表 5-12。

表 5-12　国内铝及铝合金一步电解着色工艺

工艺号	配方		电流密度/(A/dm²)	温度/℃	时间/min	膜层颜色	备注
	成分	质量浓度/(g/L)					
1	草酸($H_2C_2O_4 \cdot 2H_2O$)	0.5%~10%①	4~5 直流	15±1	5~30	黄-红	
	硫酸(H_2SO_4)	0.05%~1%①					
2	甲酚磺酸	0.5%~40%①	30~65(V) 2~2.5		20~40	蓝-黑	
	磺基水杨酸	0.5%~5%①					
	硫酸(H_2SO_4)	0.05%~3%①					
3	氨基磺酸(H_2NSO_2OH)	1~100	1~2	18~22		橄榄	
	硫酸(H_2SO_4)	0.1~10					
4	苯磺酸	0.5%~2.5%①	0.5~10			金	
	铬酸(H_2CrO_4)	0.5%~15%①					
	硫酸(H_2SO_4)	0.2%~10%①					
5	硫酸铜($CuSO_4 \cdot 5H_2O$)	10	0.15~0.4 直流			浅红-黑	用氨水调 pH 值为 8.2
	柠檬酸($C_6H_8O_7 \cdot H_2O$)	15					
6	草酸($H_2C_2O_4 \cdot 2H_2O$)	1%①	2 直流	20	60	黄	
	硝酸铁[$Fe(NO_3)_3$]	0.05%①					
7	硫酸镍($NiSO_4 \cdot 7H_2O$)	90~100	0.7~1.5	20~35		琥珀-黑	
	硼酸(H_3BO_3)	45~55					
	硫酸铵[$(NH_4)_2SO_4$]	25~35					

① 质量分数。

5.2　铜及铜合金着色

5.2.1　铜化学着色

铜化学着色工艺见表 5-13。

表 5-13　铜化学着色工艺

颜色	工艺号	配方		温度/℃	时间/min	备注
		成分	质量浓度/(g/L)			
黑色或蓝色	1	硫化钾(K_2S)	10~50	<80	数分	用加入适量 Na_2CO_3 的水溶解 K_2S，使溶液呈微碱性，调节浓度和温度，控制铜层呈黑色的速度。若过快，黑色膜发脆，且结合不好

（续）

颜色	工艺号	配方 成分	配方 质量浓度/(g/L)	温度/℃	时间/min	备注
黑色或蓝色	2	氢氧化钠(NaOH)	50～100	100	5～10	
		次氯酸钠(NaClO)	5～饱和			
	3	亚硫酸钠(Na_2SO_3)	124	95～100	1～3	
		醋酸铅[$Pb(CH_3COO)_2 \cdot 3H_2O$]	38			
蓝黑色	4	硫代硫酸钠($Na_2S_2O_3 \cdot 5H_2O$)	160	60	至所需颜色	浸渍颜色变化过程：红→紫红→紫→蓝→蓝黑→灰黑
		醋酸铅[$Pb(CH_3COO)_2 \cdot 3H_2O$]	40			
蓝色	5	硫酸铜($CuSO_4 \cdot 5H_2O$)	130	室温		浸渍后放置一定的时间
		氯化铵(NH_4Cl)	13			
		氨水(NH_4OH,28%)	30mL/L			
		醋酸(CH_3COOH,30%)	10mL/L			
	6	氯酸钾($KClO_3$)	100	室温	数分	
		硝酸铵(NH_4NO_3)	100			
		硝酸铜[$Cu(NO_3)_2 \cdot 3H_2O$]	1			
褐色	7	硫酸铜($CuSO_4 \cdot 5H_2O$)	6	95～100	5～15	
		醋酸铜[$Cu(CH_3(COO)_2 \cdot H_2O)$]	4			
		明矾[$AlK(SO_4)_2 \cdot 2H_2O$]	1			
	8	硫酸铜($CuSO_4 \cdot 5H_2O$)	30	80	数十分	
		氯酸钾($KClO_3$)	10			
古青铜色	9	硫化钾(K_2S)	10～50	室温～70		工件放入溶液中，至铜层呈紫红色取出冲洗，用干刷刷后即呈巧克力似的古青铜色
古铜色	10	碱式碳酸铜[$CuCO_3 \cdot Cu(OH)_2 \cdot H_2O$]	40～120	15～25	5～15	让铜件在溶液中先形成一层棕褐色或灰黑色的膜，然后用软填料擦光或滚光，使零件凸出部分膜层薄一些或露出铜的本色，而凹穴部分相对厚些，这样在一个制品上呈现深浅不同的色调，就得到了类似古铜的色泽
		氨水(NH_4OH,28%)	200mL/L			
	11	氢氧化钠(NaOH)	45～55	60～65	10～15	
		过硫酸钾($K_2S_2O_8$)	5～15			
金黄色	12	硫化钡(BaS)	0.25	室温		
		硫化钠(Na_2S)	0.6			
		硫化钾(K_2S)	0.75			
	13	硫化钾(K_2S)	3	室温		

（续）

颜色	工艺号	配方 成分	配方 质量浓度/(g/L)	温度/℃	时间/min	备注
绿色	14	盐酸(HCl,$d=1.19$)	330mL/L	100	10~12	
		醋酸铜[$Cu(CH_3COO)_2\cdot H_2O$]	400			
		碳酸铜($CuCO_3$)	130			
		亚砷酸(H_3AsO_3)	65			
		氯化铵(NH_4Cl)	400			
	15	氯化钙($CaCl_2$)	32	100	数分	
		硝酸铜[$Cu(NO_3)_2\cdot 3H_2O$]	32			
		氯化铵(NH_4Cl)	32			
红色	16	亚硫酸钠(Na_2SO_3)	100	160	数分	表面氧化铜很快剥落，底层成为红色
		氯化铵(NH_4Cl)	30			
	17	硫酸铜($CuSO_4\cdot 5H_2O$)	25	50	5~10	
		氯化钠($NaCl$)	200			
仿金色	18	硫代硫酸钠($Na_2S_2O_3$)	120	60~70	数秒	如时间过长，颜色将会由金黄转为浅红，紫色，蓝色至暗灰色
		醋酸铅[$Pb(CH_3COO)_2$]	40			

5.2.2 铜合金化学着色

铜合金化学着色工艺见表5-14。

表5-14　铜合金化学着色工艺

颜色	工艺号	配方 成分	配方 质量浓度/(g/L)	温度/℃	时间/min	备注
黑色	1	硫酸铜($CuSO_4\cdot 5H_2O$)	25	80~90	数分	若加16g/L的氢氧化钾，可在室温下着色
		氨水(NH_4OH,28%)	少量			
	2	碳酸铜($CuCO_3$)	400	80	数分	
		氨水(NH_4OH,28%)	350mL/L			
	3	亚砷酸(H_3AsO_3)	125	室温		溶液配制后放置24h再用
		硫酸铜($CuSO_4\cdot 5H_2O$)	62			
橄榄绿	4	硫酸镍铵[$NiSO_4\cdot(NH_4)_2SO_4\cdot 6H_2O$]	50	60~70	2~3	硫代硫酸钠要经常补充
		硫代硫酸钠($Na_2S_2O_3\cdot 5H_2O$)	50			
古绿色	5	氯化钙($CaCl_2$)	125	40		涂布后放置
		氯化铵(NH_4Cl)	125			
	6	氯化铵(NH_4Cl)	12.5	100	数分	
		硫酸铜($CuSO_4\cdot 5H_2O$)	75			
灰绿色	7	硫化锑(Sb_2S_3)	12.5	70	数分	
		氢氧化钠($NaOH$)	35			
		氨水(NH_4OH,28%)	2.5			

（续）

颜色	工艺号	配方 成分	质量浓度/(g/L)	温度/℃	时间/min	备注
褐色	8	硫化钡（BaS）	12.5	50	数分	
淡绿褐色	9	硫化钾（K_2S）	12.5	82	数分	
红色	10	硝酸铁[$Fe(NO_3)_3 \cdot 9H_2O$]	2	75	数分	
		亚硫酸钠（Na_2SO_3）	2			
巧克力色	11	硫酸铜（$CuSO_4 \cdot 5H_2O$）	25	100	数分	
		硫酸镍铵[$NiSO_4 \cdot (NH_4)SO_4 \cdot 6H_2O$]	25			
		氯酸钾（$KClO_3$）	25			
蓝色	12	亚硫酸钠（Na_2SO_3）	6.25	75	数分	
		硝酸铁[$Fe(NO_3)_3 \cdot 9H_2O$]	50			
	13	氢氧化钠（NaOH）	25	60~75	数分	
		碳酸铜（$CuCO_3$）	50			

5.2.3 铜及铜合金电解着色

铜及铜合金电解着色工艺见表 5-15。

表 5-15 铜及铜合金电解着色工艺

方法	配方 成分	质量浓度/(g/L)	电压/V	电流密度/(A/dm²)	对极	温度/℃	时间/min	备注
阳极电解氧化法	氢氧化钠（NaOH）	100~120	2~6	0.5	钢	铜 80~90 黄铜 60~70	20~30	
阴极电解还原法	三氧化二砷（As_2O_3）	119	2.2~4	0.32~2.2	钢	20~40		铜阴极颜色随时间延长依次得到紫红，淡黄，金黄，橙黄，粉红，草绿等色
	氢氧化钠（NaOH）	119						
	氰化钠（NaCN）	3.7						
	硫酸铜（$CuSO_4 \cdot 5H_2O$）	30~60	0.05~0.35		钢	室温		
	氢氧化钠（NaOH）	80~120						
	柠檬酸钠（$Na_3C_6H_5O_7 \cdot 2H_2O$）	60~120						
	乳酸（$C_3H_6O_3$）	80~140 mL/L						

5.3 镍及镍合金着色和染色

5.3.1 镍及镍合金着色

镍及镍合金着色工艺见表 5-16。

表 5-16　镍及镍合金着色工艺

颜色	配方 成分	配方 质量浓度/(g/L)	电压/V	电流密度/(A/dm²)	温度/℃	时间/min	pH 值	备注
黑色	硫酸镍铵[$NiSO_4\cdot(NH_4)_2SO_4\cdot6H_2O$]	62.5	2~4	0.5	室温	3~5		3~5min 为黑色膜，若电镀时间长，得普通镍色调
	硫酸锌($ZnSO_4\cdot7H_2O$)	78						
	硫氰酸钠(NaCNS)	156						
灰色	亚砷酸(H_3AsO_3)	32	3~4		室温	5		
	氢氧化钠(NaOH)	75						
	氰化钠(NaCN)	2						
蓝黑色	硫酸镍($NiSO_4\cdot7H_2O$)	25g						先用 100mL 盐酸溶解亚砷酸，然后依次加入其他药品，采用阴极电解
	硫酸铜($CuSO_4\cdot5H_2O$)	6g						
	盐酸(HCl，$d=1.19$)	2000mL						
	亚砷酸(H_3AsO_3)	200g						
褐色	加热法				500~600	25~45s		在全损耗系统用油中急冷
彩色	氯化镍($NiCl_2\cdot6H_2O$)	75~80		0.1~0.2	20~25	3~5	5~6	彩色膜的色泽随时间的变化为：黄→橙→红→棕红→褐蓝→灰黑
	氯化锌($ZnCl_2$)	30~35						
	氯化铵(NH_4Cl)	30~35						
	硫氰酸铵(NH_4CNS)	13~15						
古铜色	硫酸镍($NiSO_4\cdot7H_2O$)	80		0.1	35	60	5.5	采用滚镀，镀后在木屑中滚动，摩擦中增着色效果，干燥后需涂罩光漆
	硫酸镍铵[$NiSO_4\cdot(NH_4)_2SO_4\cdot6H_2O$]	40						
	硫酸锌($ZnSO_4\cdot7H_2O$)	40						
	硫氰酸钾(KCNS)	20						

5.3.2　电泳法镍层染色

电泳法镍层染色工艺见表 5-17。

表 5-17　电泳法镍层染色工艺

成分	电压/V	时间/min	阳极	涂后处理
无色环氧系阳离子型涂饰液(不挥发成分 10%)	100	1	不锈钢	200℃，25min

5.3.3　光亮镍染色

通过光亮镍染色，可得到染料分子与亮镍共析的复合镀层。其表面呈现荧光染料粒子（2.5~5.5μm）的颜色，在紫外线的照射下粒子能发出强烈的荧光。

光亮镍染色工艺流程为：镀底层→清洗→镀“荧光染料—亮镍”的复合镀层→清洗→镀薄亮镍→清洗→烘干。镀薄层亮镍是为了加固复合镀层。光亮镍染色工艺见表5-18。

表5-18 光亮镍染色工艺

工艺号	配方：成分	配方：质量浓度/(g/L)	电流密度/(A/dm^2)	温度/℃	备注
1	硫酸镍($NiSO_4 \cdot 7H_2O$)	210	2~3	45~55	用机械搅拌；用不锈钢旋转阳极；采用三聚氰胺树脂系荧光染料，常用柠檬黄、橙黄及桃红等颜色
	氯化镍($NiCl_2 \cdot 6H_2O$)	48			
	硼酸(H_3BO_3)	31			
	萘二磺酸	6			
2	丁炔二醇	0.086			
	十二烷基硫酸钠	0.1~0.2			
	表面活性剂	少量			
	荧光染料	250			

5.4 锌及锌合金着色和染色

锌及锌合金的着色方法有铬酸盐法（即钝化）、硫化物法和置换法。此外，锌合金还可用间接方法着色。

镀锌层进行铬酸盐钝化处理后，在锌层表面生成一层稳定性高，组织致密的钝化膜。钝化膜主要成分是三价铬化合物，一般呈绿色，其次是六价铬化合物，一般呈黄色或橙色，两者一起形成彩虹色。随钝化膜厚度减薄，膜的色彩变化为红褐色→玫瑰红色→金黄色→橄榄绿色→绿色→紫红色→浅黄色→青白色。钝化工艺有彩色钝化、白色钝化、黑色钝化及五酸草绿色钝化。

5.4.1 锌着色

锌着色工艺见表5-19。

表5-19 锌着色工艺

颜色	工艺号	配方：成分	配方：质量浓度/(g/L)	温度/℃	时间/min	备注
黑色	1	铬酐(CrO_3)	5~8	室温	0~60s	因有硝酸银，配制溶液要用蒸馏水。镀锌件要用3%硝酸浸亮后，经清洗再着色
		硫酸镍铵[$NiSO_4 \cdot (NH_4)SO_4 \cdot 6H_2O$]	10			
		硝酸银($AgNO_3$)	0.5~1.5			
	2	钼酸铵[$(NH_4)_2MoO_4$]	30	30~40	10~20	要经常补充氨水
		氨水(NH_4OH,28%)	47mL/L			
	3	硫酸(H_2SO_4, $d=1.84$)	168			先在稀盐酸中浸渍，再浸入着色液。生成带红色的黑膜
		氯酸钾($KClO_3$)	80			

（续）

颜色	工艺号	配方：成分	配方：质量浓度/(g/L)	温度/℃	时间/min	备注
黑色	4	硫酸铜($CuSO_4 \cdot 5H_2O$)	45	室温		
		氯化钾(KCl)	45			
	5	硝酸锰[$Mn(NO_3)_2$]	5			必须反复浸渍
红色	6	酒石酸铜($CuC_4H_4O_6$)	150	40		
		氢氧化钠(NaOH)	200			
	7	硫酸铜($CuSO_4 \cdot 5H_2O$)	60			用毛刷涂覆，铜析出后干燥，然后抛光得到铜的红色
		酒石酸($C_4H_6O_6$)	80			
		氨水(NH_4OH, 28%)	60			
深红色	8	硫酸铜($CuSO_4 \cdot 5H_2O$)	50			
		重酒石酸钾($KHC_4H_4O_6$)	50			
		碳酸钠(Na_2CO_3)	150			
钢盔绿色	9	铬酐(CrO_3)	50	室温	10s	适用于氯化钾镀锌层。经硝酸浸亮后在此液中着色
		氯化钠(NaCl)	30			
		硫酸铜($CuSO_4 \cdot 5H_2O$)	30			

5.4.2 锌合金着色

锌合金着色工艺见表5-20。

表5-20　锌合金着色工艺

颜色	工艺号	配方：成分	配方：质量浓度/(g/L)	温度/℃	时间/min	备注
黑色	1	硫酸铜($CuSO_4 \cdot 5H_2O$)	160	室温	数分	适用于Cu-Mg-Al-Zn合金
		氯酸钾($KClO_3$)	80			
	2	铬酐(CrO_3)	150	20~25	数分	
		硫酸铜($CuSO_4 \cdot 5H_2O$)	5			
	3	铬酐(CrO_3)	150	室温	10s	适用于Mg-Zn合金，用于光学仪器、枪械
		硫酸(H_2SO_4, $d=1.84$)	5mL/L			
		硫酸铜($CuSO_4 \cdot 5H_2O$)	2~3			
		硝酸(HNO_3, $d=1.42$)	13mL/L			
草绿色	4	重铬酸钾($K_2Cr_2O_7$)	100	30~50	数十秒	适用于Cu-Mg-Al-Zn合金
		硫酸(H_2SO_4, $d=1.84$)	15mL/L			
		盐酸(HCl, $d=1.19$)	150mL/L			
	5	铬酐(CrO_3)	120	30~35	数秒	
		盐酸(HCl, $d=1.19$)	50mL/L			
		磷酸(H_3PO_4, $d=1.7$)	10mL/L			
灰色	6	硫酸铜($CuSO_4 \cdot 5H_2O$)	20	20~25	数分	适用于Cu-Mg-Al-Zr合金
		氯化铵(NH_4Cl)	30			
		氨水(NH_4OH, 28%)	50mL/L			

（续）

颜色	工艺号	配方		温度/℃	时间/min	备注
		成分	质量浓度/(g/L)			
仿古铜色①	7	硫化钾(K_2S)	5~15	40~60	10~15s	先配制K_2S备用液，使用时取一定量溶液，按比例加入NH_4Cl，搅拌均匀即可着色
		氯化钠(NaCl)或氯化铵(NH_4Cl)	3			
	8	多硫化钾(K_2S_x)	20~25	50	30s	溶液稳定性好
		氯化铵(NH_4Cl)	50			
仿古青铜色	9	碱式碳酸铜[$CuCO_3 \cdot Cu(OH)_2 \cdot H_2O$]	4	室温	2~15s	先用一定量氨水溶解一定量的碱式碳酸铜作备用液，放置24h以上，使用时取计量的备用液用水稀释至规定体积，搅拌均匀即可使用
		氨水(NH_4OH,28%)	15mL/L			
	10	碱式碳酸铜[$CuCO_3 \cdot Cu(OH)_2 \cdot H_2O$]	60~120	室温	5~15s	
		氨水(NH_4OH,28%)	150~300mL/L			

① 为锌合金间接着色方法。工艺过程是经滚光、脱脂、酸洗活化后的锌合金零件先预镀铜（氰化镀铜）或仿金处理（Cu60%，Zn40%）作为底层，然后着色，着色时边晃动，边观察。

5.4.3 镀锌层染色

锌镀层经过化学处理以后，产生了强烈的物理吸附或化学反应，能被溶液中的有机染料染色。其染色工艺流程一般为：钝化→清洗→漂白→清洗→染色→清洗→干燥→上漆→烘干。镀锌层的钝化、漂白、染色工艺条件见表5-21。清洗用流动冷水，干燥时温度不宜太高，用热风吹或烘干上漆。选用无油氨基烘漆，温度与时间依据漆料而定。经染色后锌镀层有良好装饰性能和耐蚀性，有广泛的应用。

表5-21　镀锌层的钝化、漂白、染色工艺

工序	配方		温度/℃	时间/s	pH值
	成分	质量浓度/(g/L)			
钝化	铬酐(CrO_3)	200~250	10~30	15~30	
	硫酸(H_2SO_4, $d=1.84$)	10~15mL/L			
	硝酸(HNO_3, $d=1.42$)	15~30mL/L			
漂白	氢氧化钠(NaOH)	10~30	10~40	至漂白	
染色	染料	淡色0.5~2 深色5~10	15~80	一般3~30 最长达180	3.5~7

5.5　不锈钢着色

不锈钢经过各种氧化处理在表面形成的氧化膜对光产生干涉，由于呈现出各种不同的干涉色彩而着色。因此，氧化膜的成分改变或厚度改变都会引起色调的变化。不锈钢着色分着黑色和着彩色两大类，着黑色主要用于光学仪器的消光处理。

5.5.1　化学氧化着色

不锈钢化学氧化着色工艺见表5-22。

5.5.2　电化学着色

在酸性或碱性的电解质水溶液中，以不锈钢工件为阳极，铅板等为阴极进行电解着色，在工件表面形成不同厚度的氧化膜而显示不同的色彩。不锈钢电化学着色工艺见表5-23。

表5-22　不锈钢化学氧化着色工艺

颜色	工艺号	配方 成分	配方 质量浓度/(g/L)	温度/℃	时间/min	备注
黑色	1	重铬酸钾($K_2Cr_2O_7$)	300~350	镍铬不锈钢 95~102 铬不锈钢 100~110	5~15	一般零件氧化后为蓝色,深蓝色,藏青色,经抛光处理的零件为黑色,零件经除油清洗后,在钝态下直接浸入此液着色
		硫酸(H_2SO_4, $d=1.84$)	300~350 mL/L			
	2	铬酐(CrO_3)	200~250	95~100	2~10	
		硫酸(H_2SO_4, $d=1.84$)	250~300 mL/L			
	3	草酸($H_2C_2O_4$)	10%(质量分数)	室温		工件以草酸着色后,冲洗干净并烘干,用1%硫代硫酸钠浸渍即呈黑色
彩色	4	铬酐(CrO_3)	200~400(250最佳)	70~90	依要求颜色而定	随着色时间延长得不同色调,如80~90℃,处理15~17min为深蓝色,18min为金色,20~25min为紫红色为主的彩虹干涉色,>25min为绿色
		硫酸(H_2SO_4)	350~700(490最佳)			
仿金色	5	偏钒酸钠($NaVO_3$)	130~150	80~90	5~10	每100mL溶液,可着色4.5dm^2,限制铁和镍离子,提高着色温度,可缩短着色时间
		硫酸(H_2SO_4)	1100~1200			
	6	铬酐(CrO_3)	550	70	12~15	加入20g/L以下的$MnSO_4$,可加快反应速度
		硫酸(H_2SO_4, $d=1.84$)	70mL/L			

表5-23　不锈钢电化学着色工艺

颜色	工艺号	配方：成分	配方：质量浓度/(g/L)	电流密度/(A/dm^2)	温度/℃	时间/min	备注
彩色	1	铬酐(CrO_3)	100～450	阴极1～3	75～95	1～15	随时间延长，依次得到青、黄、橙、紫、蓝色
		硫酸(H_2SO_4)	200～700				
	2	氢氧化钠(NaOH)	200～350	阴极1～3	80～95	1～20	
		水(H_2O)	800～950				
黑色	3	重铬酸钾($K_2Cr_2O_7$)	20～40	电压2～4V 阳极0.15～0.3	≤30	10～20	阴极材料为不锈钢板，阴阳极面积比为(3～5):1，pH值为3～4
		硫酸锰($MnSO_4$)	10～20				
		硫酸铵[$(NH_4)_2SO_4$]	20～50				
		硼酸(H_3BO_3)	10～20				

5.6　其他金属着色和染色

5.6.1　铬着色

铬着色工艺见表5-24。

表5-24　铬着色工艺

颜色	工艺号	配方：成分	配方：质量浓度/(g/L)	温度/℃	时间/min	电流密度/(A/dm^2)	备注
黑色	1	铬酐(CrO_3)	250～300	18～35	15～20	35～60	溶液中不能有硫酸根；着色后涂油。黑色膜层耐蚀性、耐磨性好，广泛用于精密仪器仪表
		硝酸钠($NaNO_3$)	7～11				
		硼酸(H_3BO_3)	20～25				
		硅氟酸(H_2SiF_6,30%)	0.1mL/L				
	2	铬酐(CrO_3)	270			4～6	
		硫酸钡($BaSO_4$)	50				
		醋酸(CH_3COOH)	175				
		硒酸钠(Na_2SeO_4)	6				
		三价铬(Cr^{3+})	6				
	3	铬酐(CrO_3)	250～400	20～30	10～60	7～13	
		硼酸铵[$(NH_4)_3BO_3$]	10～30				
		氢氧化钡[$Ba(OH)_2$]	2.5～3				
	4	氰化钠(NaCN)	100g	400～550	20～30		比镀黑铬层耐蚀性差
		碳酸钠(Na_2CO_3)	50g				
		硫(S)	10g				
金色	5	铬酐(CrO_3)	15～75	10～15		5～60	
		硫酸(H_2SO_4)	0.1～0.3				
		磷酸(H_3PO_4)	5～50				
蓝灰色	6	铬酐(CrO_3)	110～450	15～38		5～60	
		一氯醋酸($CH_2ClCOOH$)	75～265				

（续）

颜色	工艺号	配方		温度/℃	时间/min	电流密度/(A/dm²)	备　注
		成分	质量浓度/(g/L)				
彩虹色	7	铬酐(CrO_3)	30~90	50~60		20~30	镀层有彩虹色，结合力好。此法系镀铬与形成彩色钝化膜同时进行。若先镀铬后在此槽中形成钝化膜，则电流密度为10~20A/dm²
		硫酸(H_2SO_4, $d=1.84$)	0.3~0.9				
褐色	8	氮气流或空气		650	2~5		氮气流中加热比空气加热所得膜层结合力和色调要好。温度不同，色调也不同，成膜后要涂油，用于工艺美术品

5.6.2 银及银合金着色

银及银合金着色范围较窄，主要方法是在表面形成硫化物，多用在工艺美术装饰上。银及银合金着色工艺见表5-25。

表5-25　银及银合金着色工艺

颜色	工艺号	配方		温度/℃	时间/min	备　注
		成　分	质量浓度/(g/L)			
黄褐色	1	硫化钡(BaS)	5	室温	至所需的色调	
绿蓝色	1	醋酸铜[$Cu(CH_3COO)_2 \cdot H_2O$]	15g	90~100	至所需的色调	
		硫酸铜($CuSO_4 \cdot 5H_2O$)	1.3g			
		醋酸(CH_3COOH, 36%)	1.2mL			
		水(H_2O)	4.5L			
	2	醋酸铜[$Cu(CH_3COO)_2 \cdot H_2O$]	3g	90~100	至所需的色调	
		硫酸铜($CuSO_4 \cdot 5H_2O$)	2g			
		水(H_2O)	4.5L			
绿—灰绿色	3	盐酸(HCl, $d=1.19$)	300mL/L	室温	至所需的色调	
		碘(I_2)	100			
淡灰色—深灰色	4	硝酸铜[$Cu(NO_3)_2 \cdot 3H_2O$]	10	室温	至所需的色调	
		氯化铜($CuCl_2$)	10			
		硫酸锌($ZnSO_4 \cdot 7H_2O$)	30			
		氯化汞($HgCl_2$)	15			
		氯酸钾($KClO_3$)	25			
	5	硝酸铜[$Cu(NO_3)_2 \cdot 3H_2O$]	20	室温	至所需的色调	
		氯化汞($HgCl_2$)	30			
		硫酸锌($ZnSO_4 \cdot 7H_2O$)	30			

（续）

颜色	工艺号	配方 成分	配方 质量浓度/(g/L)	温度/℃	时间/min	备注
蓝黑色	6	硫化钠(Na_2S)	25～30	室温	10～14	电流密度为 0.08～0.1A/dm^2，阳极为不锈钢，黑化后涂油，用于波导管镀银的后处理
		亚硫酸钠(Na_2SO_3)	35～40			
		丙酮(C_3H_6O)	3～5mL/L			
	7	硫化钾(K_2S)	1.5	80	至所需的色调	
	8	硫化钾(K_2S)	2	60～80	至所需的色调	
		氯化铵(NH_4Cl)	6			
	9	硫化钾(K_2S)	5	80	至所需的色调	浸渍时要摇动，必要时取出摩擦
		碳酸铵[$(NH_4)_2CO_3$]	10			
黑色	10	硫化钾碱	15	室温	由着色要求而定	硫化钾碱可用 1 质量份硫黄与 2 质量份钾碱共溶 10～20min 制得
		氯化铵(NH_4Cl)	40			
	11	硝酸铵(NH_4NO_3)	30～50			配制时，先将硝酸铵与硫酸混合，再加入硝酸银搅拌至完全溶解 硝酸银量决定着色时电流密度大小，含量 10g/L，电流密度为 0.8A/dm^2；含量 25g/L，电流密度为 1.7A/dm^2
		硝酸银($AgNO_3$)	10～25			
		硫酸(H_2SO_4)	5～10mL/L			
古代银	12	A 液　硫化钾(K_2S)	25	室温	A 中 2～3s B 中 2～3s	按 A、B 次序浸渍，若是电镀银层，要有一定的厚度
		A 液　氯化铵(NH_4Cl)	38			
		B 液　硫化钡(BaS)	2			
	13	硫代硫酸钠($Na_2S_2O_3$)	5%～6%①	85～95	至所需的色调	

① 质量分数。

5.6.3 铍合金着色

铍合金着色工艺见表 5-26。

表5-26　铍合金着色工艺

颜色	配方 成分	配方 质量浓度/(g/L)	温度/℃	时间/min	备注
红色、灰绿色、褐色、蓝黑色	硫酸钾(K_2SO_4)	15	70～80	至所需的色调	工件在温水中洗净，用刷子涂抹至所要求的颜色，然后彻底干燥，并涂上清漆
	氢氧化钠(NaOH)	22.5			
灰黑色	盐酸(HCl)	2268g	82	至上色为止	用此液将表面润湿，抹去后就成为鲜明的灰黑色
	砷(As)	113g			
黑色	硫化钾(K_2S)	10～15	38～40	10～15s	
	氯化铵(NH_4Cl)	1～2			

5.6.4　镉着色

镀镉后经钝化处理可着彩色，其工艺同镀锌后钝化。镉着色工艺见表5-27。

表5-27　镉着色工艺

颜色	工艺号	配方 成分	配方 质量浓度/(g/L)	温度/℃	时间/min	备注
黑色	1	硝酸铜[$Cu(NO_3)_2 \cdot 3H_2O$]	30	60～80	数分	
		高锰酸钾($KMnO_4$)	2.5			
	2	氯酸钾($KClO_3$)	6	60～80	2～3	
		氯化铜($CuCl_2$)	7			
	3	醋酸铅[$Pb(CH_3COO)_2 \cdot 3H_2O$]	1.5	60～90	3～5	
		硫代硫酸钠($Na_2S_2O_3 \cdot 5H_2O$)	72			
	4	氯酸钾($KClO_3$)	19	60～90	2～3	也可加入氯化钠(NaCl)19g/L
		硫酸铜($CuSO_4 \cdot 5H_2O$)	124			
褐色	5	高锰酸钾($KMnO_4$)	160	50～70	5～10	以硝酸保持酸度
		硝酸镉[$Cd(NO_3)_2$]	60～250			
		硫酸亚铁($FeSO_4 \cdot 7H_2O$)	5～10			
	6	重铬酸钾(K_2CrO_7)	6.2	60～70	2～10	刚开始出现褐色就进行擦刷，然后再次浸渍，使褐色加深
		硝酸(HNO_3, $d=1.42$)	3.1			

5.6.5　锡着色

锡着色有间接法和直接法两种。直接法是指在锡的表面着色；间接法是在锡的表面先镀上易着色的其他金属镀层，如铜、黄铜、锌、镉等再着色，也可以镀黑镍和彩色镍。锡着色工艺见表5-28。

表 5-28　锡着色工艺

颜色	工艺号	配方		温度/℃	时间	电压/V	备注
黑色	1	氧化亚砷(As_2O_3)	567g	室温			使用时用水稀释成1:1的溶液
		硫酸铜($CuSO_4 \cdot 5H_2O$)	280g				
		氯化铵(NH_4Cl)	57g				
		盐酸(HCl, $d=1.19$)	3.8L				
	2	硝酸(HNO_3, $d=1.42$)	5%(体积分数)		至表面发暗		用于锡基合金,产生古铜色表面
		硫酸铜($CuSO_4 \cdot 5H_2O$)	3g/L				
	3	硝酸(HNO_3, $d=1.42$)	9mL/L	室温	数十分		可得到无光泽优雅黑色
		硫酸(H_2SO_4, $d=1.84$)	100mL/L				
	4	磷酸二氢钠(NaH_2PO_4)	200g/L	90	数十分	2	零件为阳极
		磷酸(H_3PO_4, $d=1.7$)	20mL/L				
	5	磷酸钠(Na_3PO_4)	100g/L	60～90		电流密度为4A/dm²	零件为阳极可得硬而易于抛光的黑色
		磷酸(H_3PO_4, $d=1.7$)	20mL/L				
	6	金属锑(Sb)	40～50g	<20			使用时用水稀释。涂布几秒钟后擦去,用干净布擦拭几次,干后涂油或树脂
		亚砷酸(H_3AsO_3)	17～20g				
		硫酸(H_2SO_4, $d=1.84$)	6～7mL				
		硝酸(HNO_3, $d=1.42$)	1～1.5mL				
		盐酸(HCl, $d=1.19$)	500～600mL				
		硫黄粉(S)	50～60g				
青铜色	7	硫酸铜($CuSO_4 \cdot 5H_2O$)	50g/L				溶液涂覆在零件表面。干燥后抛光,着色后涂油
		硫酸亚铁($FeSO_4 \cdot 7H_2O$)	50g/L				
褐色	8	硫酸铜($CuSO_4 \cdot 5H_2O$)	62.5g/L	70	数分		着色后涂油
		硫酸亚铁($FeSO_4 \cdot 7H_2O$)	62.5g/L				

5.6.6　钛及钛合金着色

钛及钛合金经阳极氧化处理，随电压和时间变化可以得到各种颜色的膜层。膜层颜色与不锈钢着色一样是由光的干涉形成的。

钛及钛合金的着色膜强度较高，化学稳定性较好，有较高装饰和实用价值。

钛及钛合金阳极氧化法着色工艺见表5-29。钛及钛合金阳极氧化着黑色时间与颜色的关系见表 5-30，着彩色电压与颜色的关系见表 5-31。

表 5-29　钛及钛合金阳极氧化法着色工艺

<table>
<tr><th rowspan="2">颜色</th><th colspan="2">配　方</th><th rowspan="2">温度/℃</th><th rowspan="2">时间/min</th><th rowspan="2">pH 值</th><th rowspan="2">电流密度/(A/dm²)</th><th rowspan="2">电压/V</th><th rowspan="2">阴极与阳极面积比</th><th rowspan="2">阴极材料</th></tr>
<tr><th>成　分</th><th>质量浓度/(g/L)</th></tr>
<tr><td rowspan="3">黑色</td><td>重铬酸钾($K_2Cr_2O_7$)</td><td>20~30</td><td rowspan="3">15~28</td><td rowspan="3">15~30</td><td rowspan="3">3.5~4.5(用硼酸调整)</td><td rowspan="3">0.05~1</td><td rowspan="3">初始 3
终止 5</td><td rowspan="3">(3~5):1</td><td rowspan="3">不锈钢</td></tr>
<tr><td>硫酸锰($MnSO_4 \cdot 5H_2O$)</td><td>15~20</td></tr>
<tr><td>硫酸铵[$(NH_4)_2SO_4$]</td><td>20~30</td></tr>
<tr><td rowspan="2">彩色</td><td>磷酸(H_3PO_4, d = 1.74)</td><td>50~200</td><td rowspan="2">室温</td><td rowspan="2">20</td><td rowspan="2">1~2</td><td rowspan="2"></td><td rowspan="2">由色调而定</td><td rowspan="2">10:1</td><td rowspan="2">不锈钢</td></tr>
<tr><td>有机酸</td><td>20~100</td></tr>
</table>

表 5-30　钛及钛合金阳极氧化着黑色时间与颜色的关系

时间①/min	2~5	5~8	8~10	12~15 后
颜色	浅棕	深棕或褐色	深褐至浅黑	黑至深黑

① 时间自通电开始计算。

表 5-31　钛及钛合金阳极氧化着彩色电压与颜色关系

电压/V	5	10	20	25	30	40	60	80
颜色	灰黄	土黄	紫	蓝	青	淡青	金黄	玫瑰红

第6章　电镀单金属

6.1　电镀锌

6.1.1　碱性锌酸盐镀锌

氧化锌和氢氧化钠是碱性锌酸盐镀液的主要成分。当镀液中没有良好的添加剂时，镀出来的是黑色疏松的海绵状镀层。添加剂可改善镀层外观和特性，故选用合适的添加剂是控制镀层质量的关键。碱性锌酸盐镀锌工艺见表6-1。

表6-1　碱性锌酸盐镀锌工艺

工艺号		1	2	3	4	5	6
组分浓度/(g/L)	氧化锌(ZnO)	12~20	10~15	10~12	10~15	12	7~15
	氢氧化钠($NaOH$)	100~160	100~130	100~120	100~150	120	75~120
	碳酸钠(Na_2CO_3)	—	—	—	—	20	15~30
	DE添加剂③	4~5mL/L	—	—	—	—	—
	DPE-Ⅱ添加剂③	—	4~6mL/L	—	—	—	—
	三乙醇胺 $N(CHC_2H_2OH)_3$	—	12~30mL/L	—	—	—	—
	混合光亮剂①	0.1~0.5mL/L	—	—	—	—	—
	香豆素($C_9H_6O_2$)	0.4~0.6	—	—	—	—	—
	DE-81添加剂②	—	—	3~5mL/L	—	—	—
	ZBD-81光亮剂②	—	—	2~5mL/L	—	—	—
	BW-901⑤	—	—	—	4~6mL/L	—	—
	CKZ-840⑥	—	—	—	—	6~7mL/L	—
	OCA99⑦	—	—	—	—	—	10mL/L
工艺条件	温度/℃	10~45	10~40	5~45	10~40	15~45	24~35
	阴极电流密度/(A/dm^2)	0.5~4	0.5~3	0.5~6	1~5	2~6	挂镀2~8 滚镀0.5~2

（续）

工艺号		7	8	9⑨	10	11	12
组分浓度/(g/L)	氧化锌(ZnO)	10～12	6～9	10～15	10～12	10～13	8～14
	氢氧化钠(NaOH)	100～120	100～120	100～150	100～120	100～130	110～125
	DE添加剂③	—	—	5～6mL/L 或DPE-Ⅲ	4～6 mL/L	4～6mL/L 或DPE-Ⅲ	—
	DPE-Ⅱ添加剂③	4～6mL/L	4～5mL/L	—	—	—	—
	ZB-80③	2～4mL/L	—	—	—	—	—
	KR-7④	—	1～1.5 mL/L	1～1.5 mL/L	—	—	—
	FL-型光亮剂④	—	0.2～0.3 mL/L	—	—	—	—
	WA⑧	—	—	—	4～6mL/L	—	—
	HEDP(60%～65%电镀级)	—	—	—	—	—	10～30 mL/L
	FO-39添加剂	—	—	—	—	—	2～6mL/L
	W906⑤	—	—	—	—	4～6mL/L	—
工艺条件	温度/℃	10～40	10～35	10～45	10～42	10～45	5～40
	阴极电流密度/(A/dm²)	0.5～4	0.5～4	1～5	1～3.5	0.5～5	1～2 (阴极移动)

① 混合光亮剂为三乙醇胺、乙醇胺和茴香醛的混合物，其体积比为0.9∶1∶0.4，或质量比为1∶1∶0.45。

② DE-81添加剂及ZBD-81光亮剂，由广州电器科学研究所研制。

③ ZB-80、DE、DPE-Ⅱ均由浙江黄岩荧光化学工厂生产。

④ KR-7、FL-型光亮剂，由河南开封市电镀化工厂生产，KR-7可与DPE-Ⅱ或DE配合使用。

⑤ BW-901添加剂、W906，由辽宁省本溪市合成化工厂生产。

⑥ CKZ840生产厂同②。

⑦ OCA99，美国VDylite公司产品，洁锌剂1#或其他含硫试剂不能与OCA99混用。

⑧ WA，武汉长江化工厂产品。

⑨ 工艺9中，阴极与阳极面积比为1∶(1.5～2)。

6.1.2 酸性氯化物镀锌

酸性氯化物镀锌工艺见表6-2。

其中光亮剂分为两种载体（聚醇、聚胺、脂肪醇、聚乙二醇醚和含氮化合物）和主光亮剂（脂肪族、芳香族和杂环羰基化合物）。载体起润湿剂的作用，以溶解主光亮剂。

表 6-2　酸性氯化物镀锌工艺

工艺类型		全铵 NH_4Cl	低铵		无铵
			KCl	NaCl	KCl
组分浓度/(g/L)	Zn	15~30	15~30	15~30	22~38
	NH_4Cl	120~180	30~45	30~45	—
	KCl	—	120~150	—	185~225
	NaCl	—	—	120	—
	H_3BO_3	—	—	—	22~38
	载体光亮剂(体积分数)	4%	4%	4%	4%
	主光亮剂(质量分数)	0.25%	0.25%	0.25%	0.25%
工艺条件	pH值	4~5	4.5~6	4.5~6	5~6
	电流密度/(A/dm²)	2~3	1~3	2~4	2~4
	温度/℃	10~30	10~46	10~35	10~45

6.1.3 铵盐镀锌

铵盐镀锌镀液电流效率高，沉积速度快，得到的镀层结晶细致、光亮。铵盐镀锌有几种不同类型，氯化铵-氨三乙酸镀液均镀能力和深镀能力较好；氯化铵-柠檬酸镀液次之；氯化铵镀液较差。氯化铵镀液只适用于电镀几何形状较为简单的工件，氯化铵-柠檬酸和氯化铵-氨三乙酸镀液可适用于几何形状复杂的工件。铵盐镀锌镀液的缺点是对钢铁设备腐蚀严重，废水处理也较氯化钾和氯化钠困难。

氯化铵和氯化锌是铵盐镀锌镀液中的主要成分，氯化锌提供镀液中的 Zn^{2+}，氯化铵既是导电盐，又是配位剂和阳极去极化剂。铵盐镀锌工艺见表6-3。

表 6-3　铵盐镀锌工艺

工艺号		氯化铵镀液			氯化铵-柠檬酸镀液			氯化铵-氨三乙酸镀液	
		1	2	3	4	5	6	7	8
组分浓度/(g/L)	氯化锌($ZnCl_2$)	30~35	15~35	30~50	30~40	40~50	40~50	30~45	18~20
	氧化锌(ZnO)	—	—	—	—	—	—	—	18~20
	氯化铵(NH_4Cl)	220~280	200~220	220~280	220~250	240~270	220~270	250~280	220~270
	硼酸(H_3BO_3)	25~30	—	—	—	—	—	—	—
	醋酸(CH_3COOH)	—	—	100 mL/L	—	—	—	—	—
	柠檬酸($C_6H_8O_7 \cdot H_2O$)	—	—	—	20~30	20~30	—	—	—
	氨三乙酸[$N(CH_2COOH)_3$]	—	—	—	—	—	30~40	10~30	30~40
	聚乙二醇(相对分子质量6000以上)	1~2	—	1~2	1~2	1~2	1~1.5	1~1.5	1~1.5
	硫脲[$(NH_2)_2CS$]	1~2	—	1~2	1~2	1~2	1~1.5	1~1.5	1~2
	海鸥洗涤剂	0.5~1	—	—	—	—	0.2~0.4	0.2~0.4	0.2~0.4

（续）

工　艺　号		氯化铵镀液			氯化铵-柠檬酸镀液			氯化铵-氨三乙酸镀液	
		1	2	3	4	5	6	7	8
组分浓度/(g/L)	平平加	—	5~8	—	—	—	—	—	—
	六次甲基四胺[$(CH_2)_6N_4$]	—	5~10	—	—	—	—	—	—
	苄叉丙酮($C_{10}H_{10}O$)	—	0.2~0.5	—	—	—	—	—	—
工艺条件	pH值	5.6~6.0	6~7	4~5	5~6	5~6	5.8~6.2	5.4~6.2	5.8~6.2
	温度/℃	10~35	15~35	10~35	10~35	10~35	10~35	10~30	15~35
	阴极电流密度/(A/dm^2)	1~1.5	1~4		1~2.5	0.5~0.8	0.8~1.5	0.5~0.8	1~1.5

注：1. 工艺1、4、6、8适用于挂镀；工艺2、5、7适用于滚镀。

2. 为防止铵盐镀锌层钝化膜变色，可在各镀液中加入0.5g/L的醋酸钴。

3. 滚镀锌溶液氯化锌含量可以高一些，以60~80g/L为宜。

6.1.4　硫酸盐镀锌

硫酸盐镀锌液成分简单，性能稳定，电流效率高，允许使用较高电流密度，沉积速度快。但是镀液分散能力差，镀层结晶较粗。因此，硫酸盐镀锌只适用于外形简单零件和型材。

硫酸盐镀锌工艺见表6-4。

表6-4　硫酸盐镀锌工艺

工　艺　号		1	2	3
组分浓度/(g/L)	硫酸锌($ZnSO_4\cdot 7H_2O$)	200	250~300	200~300
	硫酸铝[$Al_2(SO_4)_3\cdot 18H_2O$]	20	1~2	30
	明矾[$KAl(SO_4)_2\cdot 12H_2O$]	45~50	—	—
	硫酸钠($Na_2SO_4\cdot 10H_2O$)	50 160	250	50~100
	2，6或2，7萘二磺酸钠[$C_{10}H_6(SO_3Na)_2$]	—	2~3	—
	糊精($C_6H_{10}O_5$)	8~10	—	—
	硼酸(H_3BO_3)	—	20~25	—
	葡萄糖($C_6H_{12}O_6$)	—	2~3	—
工艺条件	温度/℃	室温	室温	室温
	阴极电流密度/(A/dm^2)	不搅拌1~2	1~2	1~2
	pH值	3.8~4.4	4.5~5.5	3.8~4.4
	适用范围	滚镀	线材、带材	铸件

6.1.5　氰化物镀锌

氰化物镀锌镀液具有良好的分散能力和覆盖能力，镀层结晶光滑，操作简单，适用范围广，在生产中被长期采用。但是氰化物镀锌的电流效率仅为70%

~75%，不宜镀铸铁件，且镀液中含有剧毒的氰化物，在电镀过程中逸出的气体对工人健康危害较大，其废水在排放前必须严格处理。

氰化物镀锌根据含氰量分为高氰、中氰、低氰三种类型。

氰化物镀锌工艺见表 6-5。

表 6-5 氰化物镀锌工艺

工艺类型		高氰	中氰	低氰	
组分浓度/(g/L)	氰化钠(NaCN)	80~100	40~45	10~13	7.5
	氧化锌(ZnO)	35~45	20~25	9~10	9.5
	氢氧化钠(NaOH)	70~90	70~80	75~80	75
	硫化钠(Na_2S)	0.5~2	—	—	—
	甘油($C_3H_8O_3$)	3~5	—	—	—
	S2-860①	—	5~7mL/L	—	5
	HT 光亮剂②	—	—	0.5~1mL/L	Zn-AP
工艺条件	温度/℃				4
	pH 值	10~35	10~35	15~32	20~43
	阴极电流密度/(A/dm²)	1~3	1~3	1~4	0.5~5

① 江苏省江都市邰伯高蓬化工厂产品。

② 浙江黄岩荧光化学厂产品。

6.1.6 氯化物镀锌

氯化物镀锌镀液不含氯化铵，对设备腐蚀明显减轻，废水处理容易，而且氯化物镀锌液的覆盖能力强，镀层色泽光亮，但该镀液分散能力低于铵盐镀液。

氯化物镀锌工艺见表 6-6。

表 6-6 氯化物镀锌工艺

工艺号		钾盐			钠盐		
		1	2(滚)	3	4	5(滚)	6
组分浓度/(g/L)	氯化锌($ZnCl_2$)	50~100	30~40	60~70	70~100	30~40	60~70
	氯化钾(KCl)	150~250	200~230	200~230	—	—	—
	氯化钠(NaCl)	—	—	—	180~230	200~230	200~230
	硼酸(H_3BO_3)	20~30	25~30	25~30	20~30	25~30	25~30
	W 添加剂①/(mL/L)	—	—	—	10~20	—	—
	101 添加剂②/(mL/L)	15~25	—	—	—	—	—
	CZ-87A 剂③/(mL/L)	—	15~20	15~20	—	15~20	15~20
工艺条件	pH 值	4.5~6	5~5.6	5~5.6	5.2~5.8	5~5.6	5~5.6
	温度/℃	10~30	10~60	10~45	10~35	10~60	10~45
	阴极电流密度/(A/dm²)	1~4	0.5~3	1~4	1~2	0.5~3	1~4
	吊镀阴极移动/(次/min)			12			12
	滚镀转速/(r/min)		6			6	

①② 江苏无锡市甘露化工厂产品。

③ 江苏无锡钱桥助剂厂产品。

6.1.7　无铵氯化物镀锌

无铵氯化物镀锌工艺见表 6-7。

表 6-7　无铵氯化物镀锌工艺

工艺号		1	2	3	4	5	6	7
组分浓度/(g/L)	氯化锌($ZnCl_2$)	60~80	55~75	70~100	50~100	50~70	50~70	70~80
	氯化钠(NaCl)	—	—	—	—	180~220	—	180~220
	氯化钾(KCl)	180~220	210~240	180~220	150~250	—	150~220	—
	硼(H_3BO_3)	25~35	25~30	20~25	20~30	30	30	20~30
	ZB-85①	15~20	—	—	—	—	—	—
	CT2A②	—	12~18 mL/L	—	—	—	—	—
	BZ-11②	—	—	15~20 mL/L	—	—	—	—
	101②	—	—	—	15~25 mL/L	—	—	—
	YDZ-1②	—	—	—	—	18mL/L	—	—
	W②	—	—	—	—	—	—	18~22 mL/L
	ZC-1 或 ZC-2②	—	—	—	—	—	18mL/L	—
工艺条件	pH 值	4.5~5.5	5.4~6.2	5~6	4.5~6.0	5	4.5~5.5	5.2~5.8
	温度/℃	10~30	5~50	室温	室温	室温	10~40	10~35
	阴极电流密度/(A/dm^2)	0.5~3.0	0.5~2	1~4	0.8~2	0.8~2	0.8~3	1~2

①　武汉材料保护研究所产品，适用于高碳钢、铸铁镀锌。

②　四川拖拉机厂产品。

6.2　电镀镉

6.2.1　氰化物镀镉

氰化物镀镉层具有结晶细致、分散力和覆盖力好的优点。含有添加剂时，可获得光亮镀层，其孔隙少，耐蚀性高，但产生氢脆的倾向性大，主要用于抗拉强度较低的钢的防护。采用不含添加剂氰化物镀镉镀液，在较高的电流密度下，可获得疏松多孔的“松孔”镀镉层，有利于氢的逸出，容易除氢；在含有硝酸盐的氰化镀镉镀液中电镀镉可减少氢向钢基体中的渗入。因此，这两种工艺多用于抗拉强度较高的钢的防护。

6.2.2　无氰镀镉

无氰镀镉工艺有 HEDP 镀镉、焦磷酸盐镀镉、三乙醇胺镀镉等。常用无氰镀镉工艺见表6-8。

表6-8　常用无氰镀镉工艺

工艺类型		三乙醇胺镀镉	HEDP镀镉	焦磷酸盐镀镉	DPE镀镉
组分浓度/(g/L)	$CdSO_4 \cdot \frac{8}{3}H_2O$	35	—	20	—
	$CdCl_2 \cdot \frac{5}{2}H_2O$	—	20~30	—	—
	$Cd(CH_3COO)_2$	—	—	—	50
	$(NH_4)_2SO_4$	5	—	—	—
	CH_3COONH_4	—	—	—	40
	三乙醇胺	170	—	—	—
	氨三乙酸	30	—	—	70
	$NiSO_4 \cdot 7H_2O$	0.25~0.5	—	—	0.5~1
	$K_4P_2O_7 \cdot 3H_2O$	—	—	200	—
	乙二胺四乙酸	—	—	40	—
	乙二胺四乙酸二钠	—	—	—	30
	HEDP-DPE	—	—	—	4mL/L
	HEDP	—	110~135mL/L	—	—
	氰化胡椒醛	—	—	—	0.5~1
	平平加	0.025	—	—	—
工艺条件	pH值	8.2~9	13~14	8.5~10.5	9.5~10
	温度/℃	室温	室温	50~60	室温
	电流密度/(A/dm²)	0.6~1	0.5~2	0.5~1.5	2~3

无氰镀镉对阳极的要求高，一般使用电解铜板，也可用镉球。使用时，阳极加套可防止阳极上挂灰而污染槽液。工作完后及时取出，并经常刷除阳极表面黑灰。阳极面积最好比阴极面积大，面积之比为1.5~2。

6.2.3　硫酸盐镀镉

硫酸盐镀镉也称酸性镀镉。其优点是电解液成分简单，配制方便，成本较低，电流效率可达100%。缺点是阴极极化小，分散能力与覆盖能力较低，只适用于形状简单的零件，以及板材、带材和线材。

硫酸盐镀镉工艺见表6-9。

表6-9　硫酸盐镀镉工艺

工　艺　号		1	2	3
组分浓度/(g/L)	硫酸镉($CdSO_4 \cdot 8/3H_2O$)	60~65	40~50	40~60
	硫酸铵[$(NH_4)_2SO_4$]	30~35	—	—
	硫酸铝[$Al_2(SO_4)_3$]	25~30	—	—
	硫酸钠($Na_2SO_4 \cdot 10H_2O$)	—	—	30~50
	硫酸(H_2SO_4)	—	45~60	40~60

（续）

工艺号		1	2	3
组分浓度/(g/L)	β-萘二磺酸[$C_{10}H_6(SO_3H)_2$]	—	3~5	—
	苯酚	—	—	2~3
	明胶	0.5~0.7	3~5	4~6
	OP乳化剂	—	6~10	—
工艺条件	温度/℃	15~25	10~40	10~40
	阴极电流密度/(A/dm^2)	0.5~1	1~3	1~3

6.2.4 光亮镀镉

光亮镀镉工艺见表6-10。

表6-10 光亮镀镉工艺

工艺号		1	2	3
组分浓度/(g/L)	氧化镉(CdO)	25~40	30~40	30~40
	氰化钠(NaCN)	120~140	140~160	100~140
	氢氧化钠(NaOH)	10~15	15~25	—
	十水合硫酸钠($Na_2SO_4 \cdot 10H_2O$)	30~50	30~50	40~60
	七水合硫酸镍($NiSO_4 \cdot 7H_2O$)	1~1.5	1~1.5	1~1.5
	糊精	8~10	—	—
	亚硫酸盐纸浆液	—	8~12	—
	磺化蓖麻油	—	—	4~10
工艺条件	温度/℃	室温	15~40	20~40
	阴极电流密度/(A/dm^2)	1~2.5	1~2.5	1~2.5
	阳极	镉板	镉板	镉板

注：工艺1可以不加硫酸钠，或用硫酸铵代替，含量为30~40g/L；工艺2允许碳酸盐为15~60g/L，但不允许超过80g/L；工艺3也可用于滚镀，滚筒转速为6~12r/min。

6.2.5 松孔镀镉及低氢脆镀镉-钛

松孔镀镉及低氢脆镀镉-钛工艺见表6-11。

表6-11 松孔镀镉及低氢脆镀镉-钛工艺

工艺号		1(松孔镀镉)	2(低氢脆镀镉-钛)
组分浓度/(g/L)	氧化镉(CdO)	22~40	21~26
	氰化钠(NaCN)	90~150	98~127
	氢氧化钠(NaOH)	—	15~19
	氢氧化钠(游离)(NaOH)	7~25	—
	碳酸钠(Na_2CO_3)	<60	<60
	氰化钠/氧化镉	3/1~6/1	—
	氰化钠/镉	—	4/1~5/1
	Ti	—	0.055~0.1

（续）

工　艺　号		1（松孔镀镉）	2（低氢脆镀镉-钛）
工艺条件	pH 值	>12	
	温度/℃	20 ~ 30	
	阴极电流密度/(A/dm^2)	6	冲镀 3 ~ 10（10 ~ 70℃） 电镀 1.5 ~ 3.5（15 ~ 80℃）

6.2.6　氨羧络合剂镀镉

氨羧络合剂镀镉工艺见表 6-12。

表 6-12　氨羧络合剂镀镉工艺

工　艺　号		1	2	3	4	5
组分浓度/(g/L)	氯化镉（$CdCl_2 \cdot 5/2H_2O$）	40 ~ 45	—	—	40 ~ 45	30 ~ 35
	硫酸镉（$CdSO_4 \cdot 8/3H_2O$）	—	30 ~ 40	45 ~ 55	—	—
	氯化铵（NH_4Cl）	80 ~ 160	110 ~ 150	180 ~ 240	80 ~ 100	100 ~ 120
	氨三乙酸[$N(CH_2COOH)_3$]	100 ~ 160	50 ~ 80	50 ~ 70	70 ~ 90	110 ~ 130
	乙二胺四乙酸[$(NCH_2)_2(CH_2COOH)_4$]	—	—	20 ~ 25	15 ~ 20	35 ~ 40
	醋酸铵（CH_3COONH_4）	—	—	—	—	20
	柠檬酸（$H_3C_6H_5O_7$）	—	—	—	10 ~ 15	—
	烟酸（$C_5H_4N \cdot COOH$）	—	—	—	3	—
	硫酸镍（$NiSO_4 \cdot 7H_2O$）	—	0.3 ~ 0.5	0.04 ~ 0.4	—	—
	硫脲（NH_2CSNH_2）	—	1.0 ~ 1.5	—	—	—
	异烟酸（$C_6H_5O_2N$）	—	—	—	1	—
	桃胶	—	0.5 ~ 1.0	—	—	—
	固色粉	0.5 ~ 1.0	—	0.8 ~ 1.2	—	—
	十二烷基硫酸钠（$C_{12}H_{25}SO_4Na$）	—	0.3 ~ 0.5	0.04 ~ 0.06	0.03 ~ 0.3	—
工艺条件	pH 值	7.5 ~ 8.5	5.5 ~ 6.5	6.7 ~ 7.0	6.2 ~ 6.8	6.4 ~ 6.8
	温度 / ℃	室温	10 ~ 35	15 ~ 30	室温	室温
	电流密度/(A/dm^2)	0.3 ~ 1.2	0.5 ~ 2.0	0.5 ~ 2.0	0.5 ~ 1.2	0.5 ~ 2.0

注：工艺 5 为无氰松孔镀镉，可用于强度较高的钢的防护。

6.3　电镀锡

6.3.1　硫酸盐镀锡

硫酸盐镀锡具有电流效率高、沉积速度快、可以在室温下工作、原料易得、成本低廉且节约电能等优点，是最重要的镀锡工艺之一。但硫酸盐镀锡镀液本身没有脱脂能力，镀前处理要求严格。与其他酸性镀液相比，硫酸盐镀锡镀液均镀能力较好，可镀复杂工件，一般不需要辅助阳极。普通硫酸盐镀锡工艺见表 6-13。

表 6-13 普通硫酸镀锡工艺

工艺号		1	2	3	4	5	6	7	8
组分浓度/(g/L)	$SnSO_4$	45~55	20~30	60~100	30~40	45~55	40~50	35~48	60~100
	H_2SO_4 (ρ = 1.84g/mL)	60~80 mL/L	40~60 mL/L	40~70 mL/L	60~109 mL/L	60~100 mL/L	50~70 mL/L	60~100 mL/L	40~70 mL/L
	酚磺酸或甲酚磺酸	40~60 mL/L	—	30~60 mL/L	20~40 mL/L	80~100 mL/L	—	80~100 mL/L	—
	苯酚或甲酚	—	20~30 mL/L	—	—	—	5~7 mL/L	6~10 mL/L	—
	β-萘酚	0.3~1.0	—	0.65~1.5	0.1~0.5	0.8~1	0.8~1	0.5~1	0.5~1.5
	天然樟脑	—	—	—	—	—	—	0.2~0.6	—
	甲醛溶液(40%)	—	—	—	—	—	—	0.5~1	—
	硫酸钠	—	—	—	—	—	20~30	—	—
	明胶	1~3	1~2	1~3	1~3	2~3	2~3	2~3	1~3
工艺条件	温度/℃	15~30	15~30	20~30	10~25	15~30	15~30	15~30	20~30
	电流密度/(A/dm^2)	0.3~0.8	1~2	1~4	0.1~0.5	0.5~1.5	0.5~1.5	0.5~2	1~4
	阴极移动	需要						1~3	需要

注：工艺 1、2 为一般吊镀；工艺 3 为快速电镀；工艺 4 为滚镀。

6.3.2 氟硼酸盐镀锡

氟硼酸亚锡溶解度大，可采用的电流密度范围宽，沉积速度较快。与锡酸盐镀锡相比，沉积速度快 2~3 倍，而电能的消耗却只有 10%。镀层细致、洁白而有光泽，镀液的分散能力比硫酸盐镀锡好。但是氟硼酸盐镀锡的成本比较高，如果没有现成的氟硼酸亚锡，配制镀液比较麻烦。氟硼酸盐镀锡工艺见表 6-14。

表 6-14 氟硼酸盐镀锡工艺

工艺类型			普通镀锡	光亮镀锡
组分浓度/(g/L)	氟硼酸亚锡[$Sn(BF_4)_2$]		100(100~400)	50(40~60)
	二价锡(Sn^{2+})		80(40~160)	20(15~25)
	游离氟硼酸(HBF_4)		100(50~250)	100(80~140)
	明胶		6(2~10)	
	2-萘酚		1(0.5~1)	—
	甲醛(HCHO)(37%)		—	5mL/L(3~8mL/L)
	胺-醛系光亮剂		—	26mL/L(15~30mL/L)
	OP-15		—	10(8~15)
工艺条件	温度/℃		20(15~40)	17(10~25)
	阴极电流密度/(A/dm^2)	挂镀	3.0(2.5~12.5)	2(1~10)
		滚镀	1.0	1(0.5~5)
	搅拌下的电流密度/(A/dm^2)	20℃搅拌	25	
		40℃搅拌	45	
	阴极移动/(m/min)		适宜	1.5(1~2)

注：括号内数字为适用范围。

6.3.3 锡酸盐镀锡

锡酸盐镀锡工艺见表 6-15。

表6-15　锡酸盐镀锡工艺

工艺号		1	2	3	4	5	6	7
组分浓度/(g/L)	$Na_2SnO_3 \cdot 3H_2O$	95~110	20~40	—	—	75~90	60~70	—
	NaOH	7.5~11.5	10~20	—	—	8~12	10~15	—
	过氧化氢	—	—	—	—	适量	适量	适量
	K_2SnO_3	—	—	95~110	195~220	—	—	190~200
	KOH	—	—	13~19	15~30	—	—	25
	醋酸钠或醋酸钾	0~20	0~20	0~20	0~20	—	—	—
工艺条件	温度/℃	60~85	70~85	65~80	70~80	70~90	80~90	90
	阴极电流密度/(A/dm^2)	0.3~3	0.2~0.6	3~10	10~20	1~1.5	150~200A/桶	6~10
	阳极电流密度/(A/dm^2)	2~4	2~4	2~4	2~4	3~4	3~4	3~4
	电压 U/V	4~8	4~12	4~6	4~6			
	锡阳极纯度(%)	>99	>99	>99	>99			
备注		适用快速电镀			适用快速电镀			

注：工艺2适用滚镀及复杂零件、小零件镀锡，挂镀时可相应提高锡酸钠含量；工艺3适用挂镀，滚镀时可相应提高游离碱含量。

6.3.4　碱性镀锡

碱性镀锡镀液由锡酸盐与氢氧化物组成，分为钾盐与钠盐镀液。钾盐镀液导电性好，有较高的沉积速度，但价格较钠盐镀液的高。在碱性镀锡中，锡是以四价的锡酸根 SnO_3^{2-} 阴离子形式存在于镀液中。锡酸盐碱性镀液有较好的分散能力和覆盖能力。镀层与基体有较好的结合强度，缺点是阴极电流效率只有60%，沉积速度较慢。

碱性镀锡工艺见表6-16。

表6-16　碱性镀锡工艺

工艺号		1	2	3	4
组分浓度/(g/L)	锡酸钠(Na_2SnO_3)	75~90	60~70	—	100
	锡酸钾(K_2SnO_3)	—	—	190~200	—
	金属锡	—	—	—	45
	醋酸钠(CH_3COONa)或醋酸钾(CH_3COOK)	—	—	—	0~15
	氢氧化钠(NaOH)	8~12	10~15	—	—
	氢氧化钾(KOH)	—	—	25	—
	过氧化氢(H_2O_2)	适量	—	适量	适量
工艺条件	温度/℃	70~90	80~90	90	60~80
	阴极电流密度/(A/dm^2)	1~1.5	150~200A/筒	6~10	0.5~3
	阳极电流密度/(A/dm^2)	3~4	3~4	3~4	0.5~3
	阳极电流效率(%)	60~75	60~65	80	60~70

6.3.5　晶纹镀锡

在酸性或碱性镀锡镀液中镀1~3μm锡，并在280~350℃加热，加热至锡层熔化，取出缓冷，即发现晶纹。稍加侵蚀之后，再用 0.2 ~ 0.3A/dm^2 的电流密度镀 5 ~ 10min 的锡。经仔细清洗，干燥后再上清漆，可作为日用品的装饰镀层。

6.3.6 线材连续电镀锡

由于线材产品必须连续生产并要保持数万米质量的一致性，故其设备及工艺与普通电镀有很大的区别。螺旋式线材电镀设备是目前应用最广泛的一种。其连续镀锡工艺流程为：装机→拉线→电解脱脂→水洗→酸活化→线材连续镀锡→水洗→热水洗→抛光→收线。由于该电镀工艺线材走速很快，很容易将空气卷入电解液中，同时在工作中电解液从子槽到母槽的剧烈循环造成镀液间的撞击，以上两者都会导致泡沫过多，加速电解液的浑浊、老化。另外，由于线材走速很快，需要电镀添加剂能在很高电流密度下保持镀层厚度，故其对电镀添加剂的要求较高。线材连续电镀锡工艺见表 6-17。

表 6-17 线材连续电镀锡工艺

镀液组分与工艺条件	数 值	镀液组分与工艺条件	数 值
甲基磺酸	70 ~ 180mL/L	亚光纯锡电镀添加剂	10 ~ 15mL/L
锡	60 ~ 100g/L	温度	40 ~ 50℃
甲磺酸亚锡	50 ~ 90mL/L	搅拌	强烈、均匀
消泡剂	1 ~ 2mL/L	电流密度	10 ~ 100A/dm^2

6.3.7 多层印制板生产中的电镀锡

多层印制板生产中的电镀锡工艺流程：上板→酸性去油→扫描水洗→二级逆流水洗→微蚀→扫描水洗→二级逆流水洗→镀铜预浸→镀铜→扫描水洗→镀锡预浸→镀锡→二级逆流水洗→下板。其工艺见表 6-18。

表 6-18 多层印制板生产中的电镀锡工艺

镀液组分与工艺条件	数 值	镀液组分与工艺条件	数 值
Sn^{2+}	20 ~ 30mL/L(24mL/L)	酸锡添加剂 STH	30 ~ 80mL/L(40mL/L)
H_2SO_4(质量分数为 98%)	160 ~ 185mL/L(175mL/L)	酸锡添加剂 B	15 ~ 25mL/L(20mL/L)
		操作温度	18 ~ 25℃(22℃)
酸锡添加剂 A	30 ~ 60mL/L(40mL/L)	阴极电流密度	1.3 ~ 2.0A/dm^2(1.7A/dm^2)

注：括号内数字为最佳数值。

6.4 电镀铜

6.4.1 氰化物镀铜

氰化物镀铜工艺见表 6-19。

表6-19 氰化物镀铜工艺

	工艺号	1	2	3	4	5	6	7	8	9	10
组分浓度/(g/L)	CuCN	8~35	30~50	35~45	30~35	20~25	20~30	30~50	50~70	120	60
	NaCN(总)	12~54	40~65	50~72	45~55	30~35	6~8 游离	40~60	65~92	135	94
	酒石酸钾钠	—	30~60	30~40	25~30	10~15	—	30~60	10~20	—	—
	硫氰酸钠(或钾)	—	—	18~20	10~15	5~8	—	—	10~20	—	—
	NaOH	2~10	10~20	8~12	15~20	5~8	—	10~20	15~20	30	42
	硫酸锰	—	—	—	—	—	—	—	0.08~0.12	—	—
	Na_2CO_3	—	—	—	—	—	—	20~30	—	15	15
工艺条件	温度/℃	18~50	50~60	50~65	55~60	45~55	40	50~60	55~65	76~82	
	阴极电流密度/(A/dm^2)	0.2~2	1~3	0.5~2	1~1.5	0.6~1	0.5~0.8	50~60	1.5~3	3~6	

注:工艺1用于吊镀顶镀;工艺2用于一般镀铜;工艺3用于一般镀铜或滚镀铜,当其NaOH为8~12g/L时,电流密度为0.5~1.5A/dm^2,此时加入醋酸铅0.015~0.03g/L,可用于光亮滚镀镍;工艺4是周期换向镀铜;工艺5用于滚镀顶镀;工艺6用于锌压铸件;工艺7用于普通镀铜;工艺8用于光亮镀铜;工艺9、10用于厚层电镀。

6.4.2 硫酸盐镀铜

硫酸盐镀铜镀液的成分简单、稳定，工作时不产生有害气体。采用合适的光亮剂可得到镜面全光的亮镀层，整平性能好。一般电镀用的高铜低酸镀液均镀能力较差。在钢铁基体和锌压铸件上用硫酸盐镀液镀铜要预镀，否则得不到良好的镀层。硫酸盐镀铜工艺见表6-20。

表6-20 硫酸盐镀铜工艺

工艺号		1	2	3	4	5	6	7
组分浓度/(g/L)	$CuSO_4 \cdot 5H_2O$	150~200	150~220	80~120	175~250	175~250	200~250	150~220
	葡萄糖	—	—	—	—	—	30~40	—
	H_2SO_4	60~30	50~70	180~200	60~70	45~70	50~70	50~70
	125光亮剂	—	—	—	0.2~0.8 mL/L	—	—	—
	一氯醋酸	—	—	—	1.0~1.5	—	—	—
	酚磺酸	—	—	—	—	1.0~1.5	—	—
	N添加剂	0.0003~0.0008	—	0.0005~0.0008	—	—	—	0.0002~0.0007
	M添加剂	0.0005~0.001	—	0.0006~0.001	—	—	—	0.0003~0.001
	四氢噻唑硫酮	—	0.0005~0.001	—	—	—	—	—
	聚二硫二丙烷磺酸钠	0.016~0.02	0.01~0.02	0.016~0.02	—	—	—	0.01~0.02
	聚乙二醇(M_r=6000)	0.05~0.1	0.03~0.05	0.05~0.08	—	—	—	0.05~0.1
	十二烷基硫酸钠	0.05~0.1	0.05~0.2	—	—	—	—	0.05~0.1
	氯离子	0.02~0.08mg/L	0.02~0.08mg/L	0.02~0.08mg/L	—	—	—	0.01~0.08mg/L
工艺条件	温度/℃	10~40	10~25	10~40	10~40	20~30	20~30	10~30
	电流密度/(A/dm^2)	2~4	2~3	2~4	4~8	1~2	1~3	2~4
	阳极	w(P)=0.1%~0.3%的铜板				电镀铜		

注：工艺1为宽温度全光亮镀铜；工艺2为常温度全光亮镀铜；工艺3为高分散能力光亮镀铜；工艺5是普通硫酸盐镀铜；工艺7的十二烷基硫酸钠也可改为0.01~0.02g/L AEO乳化剂。

6.4.3 焦磷酸盐镀铜

焦磷酸盐镀铜是目前应用较广的工艺。其镀液较稳定，分散能力及深镀能力好，镀层结晶细致均匀，易控制，电流效率高，无毒，对操作工人的健康和环境的影响较小，多用于印制电路板通孔和锌合金压铸件的加厚镀铜。钢铁工件在焦磷酸镀铜前，必须预先镀氰化铜。焦磷酸盐镀铜还有一些不足，例如成本高，镀液中正磷酸盐积累过量后电流密度上限值和电流效率大大降低，以及镀液黏度高等，这些都限制了其使用范围。焦磷酸盐镀铜工艺见表6-21。

表6-21　焦磷酸盐镀铜工艺

工艺号		1①	2②	3	4	5③	6	7
组分浓度/(g/L)	焦磷酸铜($Cu_2P_2O_7$)	70	60~100	60~70	60~70	—	70~90	50~60
	焦磷酸钾($K_4P_2O_7\cdot 3H_2O$)	420	230~350	280~320	280~320	350	300~380	350~400
	氨水($NH_3\cdot H_2O$)(25%)	3mL/L	2~5mL/L		2~3mL/L	—		2~3mL/L
	柠檬酸铵[$(NH_4)_2HC_6H_5O_7$]	—	—	20~25	—	—	10~15	—
	柠檬酸钾($K_3C_6H_5O_7\cdot H_2O$)	—	—	—	—	—	10~15	—
	氨三乙酸[$N(CH_2COOH)_3$]	—	—	—	15~20	—	—	—
	硝酸钾(KNO_3)	—	—	—	15~20	—	—	—
	硝酸铵(NH_4NO_3)	—	—	—	—	20	—	—
	酒石酸钾钠($KNaC_4H_4O_6\cdot 4H_2O$)	—	—	—	10~20	—	—	—
	硫酸铜($CuSO_4\cdot 5H_2O$)	—	—	—	—	90	—	—
	二氧化硒(SeO_2)	—	—	—	—	—	0.008~0.02	0.008~0.02
	2-巯基苯骈咪唑	—	—	—	—	—	0.002~0.004	—
	2-巯基苯骈噻唑	—	—	—	—	—	—	0.002~0.04
	光亮剂	适量	—	—	—	适量	—	—
	PC-Ⅰ	—	2.5mL/L	—	—	—	—	—
	PC-Ⅱ	—	0.4~1.2mL/L	—	—	—	—	—
工艺条件	pH值	8.2~8.8	8.5~9.2	8.2~8.8	8.2~8.8		8.0~8.8	8.4~8.8
	温度/℃	50~60	55~65	30~50	30~40		30~50	30~40
	电流密度/(A/dm^2)	1~8	1~5	1~1.5	0.6~1.2		1~3	0.5~1
	搅拌	空气	空气	阴极移动	阴极移动		阴极移动	滚镀

①　用于印制电路板电镀，光亮剂为M&T公司的PC-1 0.25%~0.50%(体积分数)或2.5-二硫基-1~3、4塞唑0.5~1g/L。

②　PC-Ⅰ、PC-Ⅱ为上海轻工业专科学校产品，PC-Ⅰ只在配槽或大处理后加。

③　可添加10mg/L肉桂酸或丙二酸或萘二磺酸。

6.4.4　焦磷酸盐半光亮镀铜

焦磷酸盐半光亮镀铜工艺见表6-22。

6.4.5　柠檬酸盐镀铜

柠檬酸盐镀铜成分简单，可在钢铁工件上直接电镀，得到的镀层孔隙率较低，均镀能力和深镀能力都比较好，且是光亮镀层。柠檬酸盐镀铜工艺见表6-23。

表 6-22 焦磷酸盐半光亮镀铜工艺

工 艺 号		1	2	3	4	5
组分浓度/(g/L)	焦磷酸铜	—	50~60	65~70	45~75	25~33
	Cu^{2+}	25	—	25	—	—
	焦磷酸钾($K_4P_2O_7 \cdot 3H_2O$)	—	280~320	280~300	420~550	15~35
	焦磷酸钾(总量)($K_4P_2O_7 \cdot 3H_2O$)	370	—	—	—	—
	柠檬酸铵	20~25	—	—	—	—
	氨三乙酸	—	30~40	30~40	—	80~100
	磷酸氢二钠	—	50~60	50~60	—	—
	聚乙二醇(M_r=6000)	—	—	—	—	0.5
	草酸($H_2C_2O_4 \cdot 2H_2O$)	—	—	—	20~30	—
工艺条件	pH值	8.6~8.8	8.0~9.0	8.5~9.0	8.2~8.8	9.0~10.0
	温度/℃	40~50	室温	30~45	室温	
	电流密度/(A/dm^2)	1.0~1.5	0.8~2.5	1.5~2.5	0.5~1.2	0.3~0.8
	镀层厚度(镀覆150h)/mm	>2.5				
	搅拌方式	空气搅拌或阴极移动				

注：工艺1~4对钢铁件均须先预镀铜或镀薄镍层，而工艺5有些单位用于预镀铜或直接镀铜。

表 6-23 柠檬酸盐镀铜工艺

工 艺 号		1	2	3
组分浓度/(g/L)	氟硼酸铜[$Cu(BF_4)_2$]	224	336	448
	铜(Cu)	120	90	60
	氟硼酸(HBF_4)	15	22.5	30
	硼酸(H_3BO_3)	15	22.5	30
工艺条件	pH值	1.2~1.7	0.5~0.7	0.2~0.6
	温度/℃	27~49	27~49	27~49
	波美度(°Be)(27℃)	21~22	29~31	27.5~39
	电流密度/(A/dm^2)	直至5	直至15	直至40
	槽电压/V	3~8	3~12	3~12

注：1. 工艺3适于线材电镀和电铸，工艺1适于小零件电镀，工艺2是通用配方。

2. 生产中常用波美度表示溶液的浓度，由波美度可知溶液的密度及溶质的质量分数。

6.4.6 羟基亚乙基二膦酸(HEDP)镀铜

羟基亚乙基二膦酸(HEDP)镀铜镀液成分简单，可在钢铁工件上直接电镀，均镀能力好，但其污水处理困难。羟基亚乙基二膦酸(HEDP)镀铜工艺见表6-24。

表 6-24 HEDP镀铜工艺

工 艺 号		1	2	3
组分浓度/(g/L)	硫酸铜($CuSO_4 \cdot 5H_2O$)	40~60	—	10~20
	铜(Cu)	—	8~12	—
	HEDP[羟基乙叉磷二酸($C_2H_8P_2O_7$)]	180~250	80~130	50~60
	酒石酸钾($K_2C_4H_4O_6$)	5~10	6~12	—
	碳酸钾(K_2CO_3)	—	40~60	—
	硝酸钾(KNO_3)	—	—	15
	过氧化氢(H_2O_2)(30%)	—	2~4	—

（续）

工艺号			1	2	3
工艺条件	温度/℃		20～40	30～50	室温
	pH值		8.5～9.5	9～10	8～9
	阴极电流密度/(A/dm²)	静止	0.5～1	1～1.5	1.5～2.0
		搅拌	0.8～2		2.5～3.0

6.4.7 有机铵镀铜

有机铵镀铜工艺见表6-25。

表6-25 有机铵镀铜工艺

工艺号		1	2	3
组分浓度/(g/L)	硫酸铜($CuSO_4 \cdot 5H_2O$)	80～100	80～100	125～200
	乙二胺[$(NH_2CH_2)_2$]	120～250	80～110	—
	二乙烯三胺($NH_2C_2H_4NHC_2H_4NH_2$)	—	—	100～160mL/L
	酒石酸钾钠($KNaC_4H_4O_6 \cdot 4H_2O$)	15～20	—	—
	硫酸钠(Na_2SO_4)	—	50～60	—
	硫酸铵[$(NH_4)_2SO_4$]	—	50～60	20
	氨水或三乙醇胺	—	—	30
工艺条件	pH值			8.0～9.5
	温度/℃	室温	室温	50～60
	电流密度/(A/dm²)	1～2	0.5～1.5	2～6

6.4.8 氟硼酸盐镀铜

氟硼酸盐镀铜镀层的韧性好，沉积速度快，镀液易于维护，但其镀液的腐蚀性强，价格昂贵。氟硼酸盐镀铜工艺见表6-26。

表6-26 氟硼酸盐镀铜工艺

镀液组分及工艺条件	数值	镀液组分及工艺条件	数值
氟硼酸铜[$Cu(BF_4)_2$]	224g/L	温度	27～49℃
铜(Cu)	120g/L	密度(27℃)	1.17～1.18g/cm³
氟硼酸(HBF_4)	15g/L	电流密度	0～5A/dm²
硼酸(H_3BO_3)	15g/L	槽电压	3～8V
pH值	1.2～1.7		

6.5 电镀铬

6.5.1 普通镀铬

采用硫酸根为催化剂的铬酸镀液作为普通镀铬镀液，其电流效率为8%～13%。镀液对设备的腐蚀性较小，镀层光亮，抛光性能也比较好，硬度为600～900HV。与复合镀铬相比，深镀能力较差，但受铁杂质的影响较小，镀液容易维护，因而应用最广。普通镀铬工艺见表6-27。

表6-27　普通镀铬工艺

工艺号			低浓度溶液						中浓度溶液		高浓度溶液
			1	2	3	4	5	6	标准	7	8
组分浓度/(g/L)	CrO_3		100~150	80~120	80~120	45~55	30~50	90~100	250	150~180	320~360
	H_2SO_4(ρ=1.84g/mL)		1~1.5	0.45~0.65	0.8~1.2	0.23~0.35	0.5~1.5	0.5~0.8	2.5	1.5~1.8	3.2~3.6
	KBF_4		—	0.6~0.9	—	0.35~0.45	—	—	—	—	—
	H_2SiF_4		—	—	1~1.5	—	—	1.2~2	—	—	—
	3价铬		2~5	—	—	—	0.5~1.5	—	2~5	—	2~6
工艺条件	温度/℃		45~55			55±2	55±1	55±2	45~55		45~55
	阴极电流密度/(A/dm²)		20~40			44~60	50~60	30~60	15~30		
	装饰铬	电流密度/(A/dm²)		30~40	30~40				48~53		15~35
		温度/℃		55±2	55±2				15~30		48~56
	锻面铬	电流密度/(A/dm²)							30~45	30~45	30~45
		温度/℃							58~62	58~62	58~62
	硬铬	电流密度/(A/dm²)		40~60	40~60				50~60	30~45	
		温度/℃		55±2	55±2				55~60	55~60	
	乳白铬	电流密度/(A/dm²)							25~30	25~30	
		温度/℃							70~72	74~79	

6.5.2 电镀硬铬

电镀硬铬在工业上用途很广，硬铬镀层的厚度为5～1000μm。电镀硬铬工艺见表6-28。

表6-28　电镀硬铬工艺

工艺号			1	2	3	4①	5	6	7
组分浓度/(g/L)	铬酐(CrO_3)		150～180	230～270	250	225～275	250～300	180～250	350～400
	硫酸(H_2SO_4)		1.5～1.8	2.3～2.7	1.25	2.5～4.0	—	1.8～2.5	1.5～2
	氟硅酸(H_2SiF_6)		—	—	4～6	—	—	—	—
	氟硅酸钾(K_2SiF_6)		—	—	—	—	20	—	—
	硫酸锶($SrSO_4$)		—	—	—	—	6～8	—	—
	硼酸(H_3BO_3)		—	—	—	—	—	—	—
	氧化镁(MgO)		—	—	—	—	—	8～10	—
	氢氧化钠(NaOH)		—	—	—	—	—	4～5	52
	柠檬酸钠($Na_3C_6H_5O_7 \cdot 2H_2O$)		—	—	—	—	—	—	3～5
	氟化钠(NaF)		—	—	—	—	—	—	2～4
	糖		—	—	—	—	—	—	0.5～2
工艺条件	耐磨铬	温度/℃	55～60	55～60	50～60	55～60	55～62	55～60	20～45
		电流密度/(A/dm^2)	30～45	50～60	50～80	30～75	40～80	40～80	30～60
	乳白铬	温度/℃	74～79	70～72				70～72	
		电流密度/(A/dm^2)	25～30	25～30				25～30	

① 工艺4是Autotech公司开发的HEEF-25，其出售的开缸液HEEF-25G和补充液HEEF-25R均含有特殊的不含氟的添加剂。

选择电镀硬铬的工艺条件原则如下：

（1）温度和电流密度　镀铬镀液的温度与电流密度在极大程度上影响了镀铬层的光亮度、硬度、裂纹、电流效率和深镀能力，因此，要获得满意的镀铬层必须选择合适的温度和电流密度。当镀液温度高于65℃，阴极电流密度为15～25A/dm^2时，可获得乳白色、无裂纹、硬度低的镀层；当镀液温度低于33℃，阴极电流密度高达40A/dm^2时，可获得灰色无光、硬度高、脆性大、有网纹、边缘处出现树枝状的镀层；当镀液温度在45～60℃，阴极电流密度为15～50A/dm^2时，得到的镀层光亮，硬度高，有网纹，质量好。

（2）电流密度与电流效率　镀铬镀液的阴极电流效率随温度的提高而增加，这就要求在电镀时尽可能地采用较高的电流密度，以不烧焦为上限。粗糙镀层和树枝状的镀层虽然具有高的电流效率，但实用性差，要有高的阴极电流效率，必须依靠加添加剂，加宽光亮电流密度范围。

（3）挂具　镀硬铬电流密度大，挂具通过的电流也大，所以必须有足够大的截面积以保证电流畅通。另外，镀硬铬液的深镀能力和分散能力较差，要镀取均匀厚度的硬铬镀层，阳极与阴极间尽可能等距离。如圆柱体表面镀硬铬，阳极板要拧成圆形。对那些专镀轴类的硬铬槽，把镀铬槽也设计成圆柱体形；对形状较复杂的挂具，则要制作仿形阳极与之相适应。为了不使镀件边缘处和尖角部位镀层烧焦，有时可在这些部位加辅助阴极。

(4)电源　镀铬采用平滑的直流电源可得到质量好的镀层，但直流发电机组因耗能多，噪声大，在电镀行业中已逐渐被硅整流器取代。

6.5.3　松孔镀铬

获取松孔镀铬层的方法见表 6-29。

表 6-29　获取松孔镀铬层的方法

机械法	点状松孔镀铬	沟状松孔镀铬	屏蔽松孔镀铬
1)基体表面通过喷砂、雕刻等变粗糙 2)镀硬铬 3)磨、镗或抛光去 25μm	1)镀硬铬：$CrO_3$250g/L，$H_2SO_4$2.5g/L；50℃，46～54A/dm²，2～3h；镀层厚度＞100μm 2)阳极浸蚀 3)磨、镗或抛光除去浸蚀时形成的疏松的残渣。镀层去除量为 25～50μm	1)镀硬铬：$CrO_3$250g/L，$H_2SO_4$2.2g/L；60℃，46～62A/dm²；镀层厚度＞100～250μm 2)阳极浸蚀 3)磨、镗或抛光去 25μm 左右	1)镀硬铬 2)精加工 3)通过塑料屏蔽的孔在精加工后的铬层表面浸蚀出点坑

6.5.4　镀黑铬

黑铬镀层是无定形的金属铬和铬的氧化物结晶，镀层较疏松，其氧化物主要以 Cr_2O_3形式存在。黑铬镀层具有硬度高、耐磨性及耐热性好的特点，可用在武器、光学仪器、照相机、天线杆等轻工业产品和太阳能集热器上。

黑铬镀层是用不含硫酸根的浓铬酸镀液加少量添加剂镀出的，镀层中金属铬的质量分数为 75%，其余为铬的氧化物。配制镀黑铬镀液必须用蒸馏水，可用碳酸钡将硫酸根全部沉淀。

钢铁件镀黑铬前先镀铜或镍，黄铜件则要先镀镍。为了保证工件和挂具接触良好，镀黑铬的挂具用几次后要退去镀层。工件掉入槽中要及时打捞，以防金属杂质积累。

镀黑铬工艺见表 6-30。

镀黑铬镀时注意以下事项：

1)黑铬镀液中若含有 Cl^-，会使镀层黑度下降、发花、易烧焦。由于自来水中含有 Cl^-，所以黑铬镀液必须要用蒸馏水或去离子水配制。镀液中少量的 Cl^-可与硝酸银反应生成沉淀而除去。

表6-30　镀黑铬工艺

工艺号		1	2	3	4	5	6
组分浓度/(g/L)	铬酐(CrO_3)	300~320	200	280~320	200~250	200~300	250~300
	硝酸钠($NaNO_3$)	8~11	—	—	4	3.5~4.5	7~11
	硼酸(H_3BO_3)	—	—	—	—	—	20~25
	氟硅酸(H_2SiF_6)	0.1mL/L	—	—	—	1mL/L	0.1~0.2mL/L
	硝酸银($AgNO_3$)	—	—	—	1	—	—
	偏钒酸铵	—	20	—	—	—	—
	醋酸	—	6.5mL/L	—	—	—	—
	BC-1	—	—	12~15	—	—	—
	BL	—	—	—	40mL/L	—	—
	BC	—	—	—	—	40~50mL/L	—
工艺条件	pH值						3~4
	温度/℃	<35	<40	15~35	<40	<40	18~35
	电流密度/(A/dm²)	15~30	100	25~35	20~30	20~30	35~50
	时间/min	20	15	20~30	10	10	15~20

注：BC-1是上海永生助剂厂产品；BL是广州电器科学研究所产品；BC是上海轻工业研究所产品。

2)黑铬镀液中若有少量SO_4^{2-}存在，会使镀层发灰并出现彩色。一般镀液中都要加碳酸钡，将硫酸根彻底除去。

3)硝酸盐可提高镀层黑度，但含量过高会使镀液分散能力降低。

4)氟硅酸能提高镀液分散能力和镀层黑度，但含量过高会使镀层产生脆性，甚至脱落。

5)最佳温度为25~30℃，温度不宜过高，温度过高会使镀层结晶疏松，黑度降低。

6.5.5　三价铬电镀

传统镀铬技术一直采用六价铬(铬酐)作为主要的电镀原料，六价铬镀层呈白色，硬度高，具有很好的装饰效果，耐磨性、耐蚀性好，而且工艺简单，维护方便。但是六价铬的毒性比较大，废物不能像氰化物一样在自然界中降解，它在生物和人体内积累，能够造成长期的危害，是一种毒性极强的致癌物质，也是严重的腐蚀介质和重污染环境物质；而且存在镀液的阴极电流效率低，工作电流密度高，电化当量低等问题。为了取代严重污染的六价铬电镀，人们进行了许多尝试，包括低浓度镀铬、代铬锌镀层和三价铬电镀等，其中以三价铬电镀最为活跃和最有希望。三价铬镀铬的优点是毒性小，只有六价铬毒性的百分之一，污水处理简单，镀液可在室温下工作，深镀能力好。但是三价铬镀层略带黄色，内应力较大，镀层的最大厚度为3μm，不能用于镀硬铬，且镀液的稳定性尚未完全解决，目前在工业上的应用还有待进一步研究和拓宽。

三价铬镀液是以可溶性的三价铬盐为主盐，如 CrO_3、$CrCl_3$、$Cr_2(SO_4)_3$ 等，加入络合剂、缓冲剂、润湿剂等添加剂组成。三价铬电镀工艺见表 6-31。

表 6-31　三价铬电镀工艺

工艺号		1	2	3
组分浓度/(g/L)	Cr^{3+}(以 $Cr_2(SO_4)_3$ 或 $CrCl_3$ 形式加入)	0.38～0.45	—	—
	甲酸根(以 HCOONa 或 $HCOONH_4$ 形式加入)	0.55～0.65	—	—
	乙酸根(以乙酸或乙酸钠形式加入)	0.15～0.25	—	—
	氯化铵(NH_4Cl)	1.5～2.5	—	26
	氯化钾(KCl)	1.0～1.2	—	—
	硼酸(H_3BO_3)	0.6～0.8	0.5	2
	Br^-	0.1～0.2	—	—
	十二烷基硫酸钠	0.05～0.2	—	—
	光亮剂 721-1	0.5～1.5mL/L	—	—
	硫酸铬[$Cr_2(SO_4)_3$]	—	0.4～0.5	—
	硫酸钠(Na_2SO_4)	—	0.75～1	—
	氟化钠(NaF)	—	0.2	—
	甘油	—	1～2	—
	氯化铬($CrCl_3$)	—	—	213
	氯化钠(NaCl)	—	—	36
	二甲替甲酰胺	—	—	400
工艺条件	pH 值	1.5～4	1.9～2.2	1.1～1.3
	温度/℃	10～25	25～30	25
	电流密度/(A/dm^2)	8～12	7～8	10～15
	阳极	石墨		石墨
	搅拌	需要		

6.5.6　防护装饰性镀铬

防护装饰性镀铬的目的是提高金属制品在大气中的耐蚀性，并改善其外表，保持光泽、美观，也可用于非金属材料，如塑料制品等。

防护装饰性镀铬的特点是：①所需的镀铬层很薄，厚度仅 0.25～0.35μm；②需 Cu-Ni 或其他 Cu 合金中间镀层，才能使镀层呈现阴极镀层的性质，达到防腐之效果；③镀层平滑、光亮、美观。

目前，防护装饰性镀铬按其镀液成分则分为普通镀铬、复合镀铬、自动调节镀铬、滚镀铬等；按其镀液中铬酐的浓度可分为低浓度镀铬（150～180g/L 的 CrO_3）、标准镀铬（250g/L 的 CrO_3）和高浓度镀格（300～350g/L 的 CrO_3）；而按其用途分为一般防护装饰性镀铬和高耐蚀性防护装饰性镀铬。防护装饰性镀铬工艺见表 6-32。

表6-32　防护装饰性镀铬工艺

工艺类型		普通镀铬溶液			铬酸-氟化物-硫酸镀铬液			四铬酸盐镀铬液	快速镀铬
		低浓度	中等浓度	高浓度	复合镀铬	自动调节镀铬	滚镀铬		
组分浓度/(g/L)	铬酐(CrO_3)	150~180	250~280	300~350	250	250~300	300~350	350~400	180~250
	硫酸(H_2SO_4)	1.5~1.8	2.5~2.8	3.0~3.5	1.5	—	0.3~0.6	—	1.8~2.5
	氟硅酸(H_2SiF_6)	—	—	—	5	—	3~4	—	—
	氟硅酸钾(K_2SiF_6)	—	—	—	—	20	—	—	—
	硫酸锶($SrSO_4$)	—	—	—	—	6~8	—	—	—
	氢氧化钠(NaOH)	—	—	—	—	—	—	50	—
	氧化铬(Cr_2O_3)	—	—	—	—	—	—	6	—
	硼酸(H_3BO_3)	—	—	—	—	—	—	—	8~10
	氧化镁(MgO)	—	—	—	—	—	—	—	4~5
工艺条件	温度/℃	55~60	48~53	48~55	45~55	50~60	35	20~45	55~60
	电流密度/(A/dm^2)	30~50	15~30	15~35	25~40	25~40		20~90	30~45
镀液用途		防护装饰性铬、耐磨铬	防护装饰性铬、耐磨铬	防护装饰性铬	防护装饰性铬、耐磨铬	防护装饰性铬、耐磨铬	小零件镀铬	防护装饰性铬	

6.6　电镀镍

6.6.1　镀无光镍

镀无光镍又称镀缎面镍，是镀取漫反射的镍层。镀无光镍常用两种方法：一是在刷光或喷砂的表面上镀整平作用小的光亮镍；二是采用消光酸洗处理表面后再镀镍。消光酸洗处理表面是可用1mL浓硫酸、4mL水和1g重铬酸钾配成的镀液，处理黄铜、纯铜、青铜和镀银表面，处理时间在10~120min。经硫酸(浓硫酸与水的体积比是1:10)清洗之后镀镍。镀镍最多用0.5A/dm^2的电流密度镀30min，否则会因镍层过厚而影响处理过的基体表面效果。

6.6.2　悬浮法镀无光镍

用悬浮固体的沉积，与镍封相似，将细小的、不导电的硫酸钡、硫酸锶、二氧化钛、氧化铝等作为固体悬浮物粒子分散在半光亮或全光亮镀镍镀液里。悬浮法镀无光镍工艺见表6-33。镀镍层厚度应大于2μm。

表6-33　悬浮法镀无光镍工艺

镀液组分与工艺条件		镀液组分与工艺条件	
硫酸镍($NiSO_4 \cdot 7H_2O$)	280～320g/L	十二烷基硫酸钠($C_{12}H_{25}SO_4Na$)	0.1～0.5g/L
氯化钠(NaCl)	12～16g/L		
硼酸(H_3BO_3)	35～45g/L	pH值	4～5
初级光亮剂	2～4g/L	温度	50～60℃
次级光亮剂	0.2～0.4g/L	阴极电流密度	1～4A/dm^2
氧化铝(Al_2O_3)(0.01～0.5μm)	100～140g/L	时间	10min

6.6.3　乳化液沉积法镀无光镍

乳化液沉积法镀无光镍镀液采用两种添加剂：一种是D100镀镍光亮剂；另一种是M30添加剂，在25℃以下易溶，温度升高时变为直径5～60μm的乳状液滴，从而产生无光镍效果。D100不足时，外观为暗镍；D100过多时，无光效果差。M30不足时无光效果差，镀层硬而粗糙。每小时将1/8～1/4镀液冷却到25℃以下，连续过滤，重新加热之后回槽，可稳定乳化效果。镀槽结构如图6-1所示。

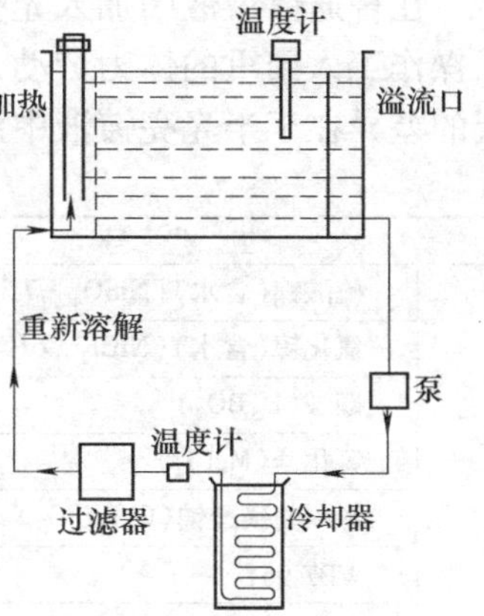

图6-1　镀槽结构

6.6.4　用乳化液镀无光镍

用乳化液镀无光镍的工艺见表6-34。

表6-34　用乳化液镀无光镍的工艺

镀液组分与工艺条件		镀液组分与工艺条件	
硫酸镍($NiSO_4 \cdot 7H_2O$)	220～290g/L	温度	50～60℃
氯化镍($NiCl_2 \cdot 6H_2O$)	40～55g/L	pH值	4.0～5.0
硼酸(H_3BO_3)	33～40g/L	阴极电流密度	1.5～8A/dm^2
VeLous M30	2～4mL/L	阳极电流密度	<4A/dm^2
VeLous D100	8～50mL/L	阴极移动	2～6m/min
浊点	22～28℃		

6.6.5　低光泽添加剂镀无光镍

低光泽添加剂镀无光镍工艺见表6-35。

表6-35　低光泽添加剂镀无光镍工艺

镀液组分与工艺条件		镀液组分与工艺条件	
硫酸镍($NiSO_4 \cdot 7H_2O$)	280～350g/L	硼酸(H_3BO_3)	35～40g/L
氯化钠(NaCl)	12～15g/L	ST-1	3～4mL/L

（续）

镀液组分与工艺条件		镀液组分与工艺条件	
ST-2	0.4～0.6mL/L	电流密度	3～5A/dm^2
pH值	4.4～5.1	搅拌	阴极移动
温度	50～60℃	电镀时间	10～20min

注：ST-1、ST-2为上海日用五金工业研究所产品。

6.6.6 光亮镀镍

在普通镀镍液中加入光亮剂，不仅可以得到光亮或半光亮镀镍层，而且减轻了操作工人繁重的体力劳动，有利于进行自动化、连续化生产。光亮与半光亮镀层的差异在于半光亮镀液中添加的光亮剂不含硫。光亮镀镍工艺见表6-36。

表6-36 光亮镀镍工艺

工艺号		1	2	3	4	5
组分浓度/(g/L)	硫酸镍(含水)($NiSO_4 \cdot 7H_2O$)	280	220	150	250	280～350
	氯化镍(含水)($NiCl_2 \cdot 6H_2O$)	40	40	—	40	45～60
	硼酸(H_3BO_3)	36	30	30	30	38～45
	氯化镁($MgCl_2$)	—	—	—	—	35～40
	烯丙基磺酸钠($C_3H_5SO_3Na$)	—	—	—	适量	—
	WDZ-961	—	—	—	2	—
	氯化钠(NaCl)	—	—	10	—	—
	柠檬酸钠($Na_3C_6H_5O_7 \cdot 2H_2O$)	—	—	120	—	—
	1，4-丁炔二醇	0.48	—	—	—	—
	糖精	1	—	1	—	—
	十二烷基硫酸钠($C_{12}H_{25}SO_4Na$)	—	0.05	—	—	0.05～0.1
	亮镍1号	—	—	—	—	3～5mL/L
	柔软剂s	—	—	—	—	3～6mL/L
	苯磺酰胺($C_6H_5COSO_2NH$)	—	2	—	—	—
	光亮剂	—	2mL/L	4mL/L	—	—
	润湿剂	—	—	适量	—	—
工艺条件	pH值	4	4.5～5.5	6.8～7.5		4.2～4.8
	温度/℃	50	50～60	35～45	20	35～50
	电流密度/(A/dm^2)	3～6	2	1～1.5	2	1

注：1. WDZ-961是武汉大学研制的，其目的是为了消除有机杂质对镀镍溶液整平性能的影响。

2. 采用工艺5须带电入槽，并采用3～4A/dm^{2}的冲击电流，时间为1～3min，然后降至正常值。

6.6.7 半光亮镀镍

半光亮镀镍工艺见表6-37。

表6-37 半光亮镀镍工艺

工艺号		1	2	3
组分浓度/(g/L)	硫酸镍($NiSO_4 \cdot 7H_2O$)	300	300	300
	氯化镍($NiCl_2 \cdot 6H_2O$)	50	35~50	—
	硼酸(H_3BO_3)	45	40	42
	氯化钠(NaCl)	—	—	18
	1，4-丁炔二醇	—	—	0.25
	乙酸	—	—	2
	E-130A①	2mL/L	—	—
	开缸剂25287②	—	10	—
	十二烷基磺酸钠($C_{12}H_{23}SO_3Na$)	0.1	—	—
工艺条件	pH值	3.5	3.8~4.2	4.2
	温度/℃	54	50~55	48
	电流密度/(A/dm^2)	2~2.5	1.5	2
	搅拌方式	—	机械或空气搅拌	—

① E-130A半光亮镍添加剂是上海市轻工业研究所研制的。
② 开缸剂25287为市售的半光亮镍添加剂。

6.6.8 多层镀镍

为进一步提高镍镀层的防护性能，常采用多层镀镍。

根据半光亮镍镀层电位较正，耐蚀性较高，作为底镀层，亮镍镀层电位较负，耐蚀性较低的特点，可将半光亮镀层作为底镀层，在其上再镀光亮镍，组合成双层镍。此时，相对于半光亮镍镀层，光亮镍镀层是一个阳极性镀层。在腐蚀过程中，无硫的半光亮镍层为阴极，故不受腐蚀，腐蚀在光亮镍层横向发展，不穿过半光亮镍层达到基体，从而保护了基体，明显地提高了体系的耐蚀性。通常在双层镍体系中，半光亮镍镀层的厚度约占2/3，光亮镍镀层的厚度占1/3，双层镍之间的电位相差120~160mV。如电位差过低，将失去电化学保护作用。

电镀三层镍体系则是上述双层镍体系之间增加了一层硫的质量分数为0.15%的极薄镍镀层(0.7~1μm)。由于该镀层中硫含量高，其电位就更负，所以当光亮镍镀层存在孔隙时，这层高硫镍镀层就成为阳极，保护了半光亮镍镀层与光亮镍镀层都不受腐蚀。常用高硫镍镀层的电镀工艺见表6-38。

表6-38 常用高硫镍镀层的电镀工艺

工艺号		1	2	3
组分浓度/(g/L)	硫酸镍($NiSO_4 \cdot 7H_2O$)	300~350	300~350	280~320
	氯化镍($NiCl_2 \cdot 6H_2O$)	—	40~60	50~60
	氯化钠(NaCl)	10~12	—	—
	硼酸(H_3BO_3)	35~40	40~45	40~45
	丁炔二醇	0.3~0.5	0.3~0.5	—
	糖精	0.8~1.0	0.8~1.0	—
	苯亚磺酸钠	0.5~1.0	0.5~1.2	—

（续）

工艺号		1	2	3
组分浓度/(g/L)	十二烷基硫酸钠($C_{12}H_{25}SO_4Na$)	0.05~0.15	0.05~0.15	高硫镍剂 8~12mL/L
工艺条件	pH值	2.5~3.0	2~3	4.0~4.8
	温度/℃	45~50	50~55	52~58
	电流密度/(A/dm^2)	3~4	3~5	2~6
	阴极移动/(次/min)	25	25	

电镀双层镍和多层镍时，应特别注意各镍镀层间的良好结合。另外，在镀三层镍时，要严防高硫镍镀液进入半光亮镍槽中。

6.6.9 镀黑镍

黑镍镀层具有很好的消光性能，常用于光学仪器和设备零部件，以及一些铭牌、办公用品、照相机零件、武器以及太阳能集热板等。此外，由于仿古镀层的发展，黑镍镀层有了新的应用。黑镍镀层往往很薄(约2μm)，故它的耐蚀性与耐磨性均差，常镀在暗镍或光亮镍层表面，而且镀完黑镍后还需浸油、上蜡或涂透明保护漆。

电镀黑镍的镀液有硫酸盐和氯化物两类，主要成分是镍盐、锌盐和硫氰酸盐，故严格来说，镀层可以看作镍锌合金。镀黑镍工艺见表6-39。

表6-39 镀黑镍工艺

工艺号		1	2	3	4
组分浓度/(g/L)	硫酸镍($NiSO_4 \cdot 7H_2O$)	70~100	115~125	100~120	—
	氯化镍($NiCl_2 \cdot 6H_2O$)	—	—	—	75
	硫酸锌($ZnSO_4 \cdot 7H_2O$)	40~50	20~25	22~25	—
	氯化锌($ZnCl_2$)	—	—	—	30
	氯化铵(NH_4Cl)	—	—	—	30
	硼酸(H_3BO_3)	25~35	—	20~30	—
	硫酸镍铵[$NiSO_4(NH_4)_2SO_4 \cdot 6H_2O$]	40~60	—	—	—
	硫氰酸钾(KCNS)	—	—	30~35	—
	硫氰酸钠(NaCNS)	—	—	—	15
	氯氰酸铵(NH_4CNS)	25~35	20~25	—	—
	硫酸钠($Na_2SO_4 \cdot 10H_2O$)	—	30~35	20~25	—
工艺条件	pH值	4.5~5.5	5.0~5.8	5.8~6.2	5.0
	温度/℃	30~60	室温	18~30	室温
	电流密度/(A/dm^2)	0.1~0.4	0.1~0.3	0.1~0.15	0.15

6.7 电镀铅

6.7.1 普通镀铅

普通镀铅工艺见表6-40。

表6-40 普通镀铅工艺

工艺类型		氟硼酸盐型	醋酸盐型
组分浓度/(g/L)	碱式碳酸铅	130~140	—
	氢氟酸	240~250	—
	硼酸	100~110	—
	动物胶	0.2	3
	醋酸铅	—	100~300
	醋酸	—	30~40
	邻甲苯胺	—	1
	二硫化碳	—	1
工艺条件	温度/℃	25~40	室温
	电流密度/(A/dm²)	1~2	10

6.7.2 氟硼酸盐镀铅

氟硼酸盐镀铅工艺见表6-41。

表6-41 氟硼酸盐镀铅工艺

工艺号		1	2	3	4
组分浓度/(g/L)	HF(100%)	120	—	—	—
	H_3BO_3	106	13	—	—
	$2PbCO_3 \cdot Pb(OH)_2$	130~150	—	—	—
	$Pb(BF_4)_2$	—	120	200~300	200~300
	HBF_4	—	30	60~120	80~100
	木工胶	0.2	—	—	—
	动物胶	—	0.2	—	—
	桃胶	—	—	3	—
	对苯二酚	—	—	—	5~10
工艺条件	温度/℃	18~30	25~40	室温	室温
	电流密度/(A/dm²)	1~3	1~2	1~3	

注：1. 镀铅阳极必须用纯铅。

2. 工艺2适合于镀25μm以下的薄铅。

6.7.3 酒石酸盐镀铅

酒石酸盐镀铅的镀液稳定，成分简单，对电镀设备无腐蚀，镀液的深镀能力和均镀能力也好，所得镀层结晶细致，无孔隙或孔隙极细小，沉积速度可达100μm/h，厚度可达2mm。同时由于酒石酸盐无毒，改善了劳动条件。但钢铁件镀前必须浸铜或预镀铜。酒石酸盐镀铅工艺见表6-42。

表6-42 酒石酸盐镀铅工艺

工艺号		1	2	3
组分浓度/(g/L)	氧化铅(PbO)	90~120	5~15	93
	酒石酸钾钠($NaKC_4H_4O_6 \cdot 4H_2O$)	180~200	50~200	110
	氢氧化钠(NaOH)	60~80	—	—
	氢氧化钾(KOH)	—	—	55
	EQD-4	3~5mL/L	—	—

（续）

工艺号		1	2	3
组分浓度/(g/L)	胶	—	—	0.5
	$EDTANa_2 \cdot H_2O$	—	20~40	—
工艺条件	温度/℃	20~75	25	30~50
	电流密度/(A/dm^2)	0.5~4	1~2	1

6.7.4　氨基磺酸盐镀铅

氨基磺酸及其铅盐均为易溶固体，运输方便，且镀液性能稳定，氨基磺酸毒性较小。但它的盐水解而生成的硫酸与铅作用会产生硫酸铅沉淀。

氨基磺酸铅镀铅工艺见表6-43。

表6-43　氨基磺酸盐镀铅工艺

工艺号		1	2	3	4
组分浓度/(g/L)	铅(Pb^{2+}以氨基磺酸铅形式加入)	140	54	80	150
	游离氨基磺酸(NH_2SO_3H)	—	50	100	50
	十六烷基三甲基溴化铵($C_{19}H_{42}BrN$)	—	2~15	—	—
	双亚甲基双苯酚[$(CH)_2C(C_6H_5OH)_2$]	—	—	—	0.5
工艺条件	pH值	1.5			
	温度/℃	24~40	24~50	24~50	25~50
	电流密度/(A/dm^2)	0.5~4	0.5~4	0.5~4	3~5

6.8　电镀铁

6.8.1　高温硫酸盐镀铁

高温硫酸盐镀铁工艺见表6-44。

表6-44　高温硫酸盐镀溶铁液组成及工艺条件

工艺号		1	2	3	4
组分浓度/(g/L)	硫酸亚铁($FeSO_4$)	180	300	320~350	—
	硫酸钠(Na_2SO_4)	100	—	—	—
	硫酸钾(K_2SO_4)	—	170	—	—
	硫酸锰($MnSO_4$)	—	2~4	—	—
	草酸(CH_3COOH)	—	2~4	—	—
	硫酸镁($MgSO_4$)	—	—	250~280	150~180
	氯化钠(NaCl)	50	—	—	—
	硫酸(H_2SO_4)	0.5~1	—	0.5~1	2~3
	甘油	—	—	—	30~50
工艺条件	pH值		2.5~3.5		
	温度/℃	85~95	80~90	95~100	80~90
	电流密度/(A/dm^2)	3~10	5~15	10~20	8~10

6.8.2　低温硫酸盐镀铁

低温硫酸盐镀铁工艺见表 6-45。

表 6-45　低温硫酸盐镀铁工艺

工　艺　号		1	2	3	4
组分浓度/(g/L)	硫酸亚铁($FeSO_4$)	200	150 ~ 200	110 ~ 180	180 ~ 200
	硫酸镁($MgSO_4$)	40	—	—	—
	碳酸氢钠($NaHCO_3$)	30	—	—	25 ~ 30
	硫酸铵[$(NH)_2SO_4$]	—	100 ~ 120	—	—
	氯化钠(NaCl)	—	—	40 ~ 50	20 ~ 30
工艺条件	pH 值		5 ~ 5.5		
	温度/℃	20 ~ 25	18 ~ 25	18 ~ 25	18 ~ 25
	电流密度/(A/dm²)	0.3 ~ 0.5	0.1 ~ 0.15	0.1 ~ 0.15	0.1 ~ 0.3

6.8.3　高温氯化物镀铁

高温氯化物镀铁工艺见表 6-46。

表 6-46　高温氯化物镀铁工艺

工　艺　号		1	2	3	4	5
组分浓度/(g/L)	氯化亚铁($FeCl_2 \cdot 4H_2O$)	700 ~ 800	500 ~ 600	400 ~ 500	400 ~ 500	300 ~ 350
	氯化钙($CaCl_2$)	—	—	—	300 ~ 500	—
	氯化铵(NH_4Cl)	—	—	—	—	60 ~ 90
	氯化钠(NaCl)	—	—	50 ~ 100	—	—
	氯化锰($MnCl_2 \cdot 4H_2O$)	—	—	—	—	150 ~ 250
	盐酸(HCl)	—	50	—	—	—
工艺条件	pH 值	3 ~ 4	0.5 ~ 3	2 ~ 3.5	0.2 ~ 0.5	1.5 ~ 2.5
	温度/℃	100 ~ 105	95 ~ 100	90 ~ 95	95 ~ 100	65 ~ 75
	电流密度/(A/dm²)	4 ~ 5			10 ~ 20	8 ~ 12
	搅拌及循环过滤	需要	需要	需要	需要	需要

6.8.4　低温氯化物镀铁

低温氯化物镀铁层硬度高(45 ~ 46HRC)，常用作耐磨层。其电流效率较高，沉积速度较快，但镀液稳定性差，其中二价铁容易氧化成三价铁，影响镀层质量。使用不对称交流电起镀的方法，可以在 30 ~ 50℃ 镀出柔软而结合力较强的镀层。低温氯化物镀铁工艺见表 6-47。

表 6-47　低温氯化物镀铁工艺

工　艺　号		1	2	3
组分浓度/(g/L)	氯化亚铁($FeCl_2 \cdot 4H_2O$)	350 ~ 400	350 ~ 400	315 ~ 400
	氯化钙($CaCl_2$)	—	—	150
	氯化钠(NaCl)	10 ~ 20	20	—

（续）

工 艺 号		1	2	3
组分浓度/(g/L)	氯化锰($MnCl_2 \cdot 4H_2O$)	1～5	10	—
	硼酸(H_3BO_3)	5～8	1～2	—
	碘化钾(KI)	1～5	—	—
工艺条件	pH值	1～2	1～1.5	1～1.5
	温度/℃	30～55	30～50	30～40
	电流密度/(A/dm^2)	15～20	15～30	15～30

注：工艺1需要用不对称交流电起镀。

6.8.5 硫酸亚铁-氯化亚铁镀铁

硫酸亚铁-氯化亚铁镀铁工艺镀液的维护和控制比较困难，但它可得到较厚的硬镀层。硫酸亚铁-氯化亚铁镀铁工艺见表6-48。

表6-48 硫酸亚铁-氯化亚铁镀铁工艺

工 艺 号		1	2	3
组分浓度/(g/L)	硫酸亚铁($FeSO_4 \cdot 7H_2O$)	250	250	248
	氯化亚铁($FeCl_2 \cdot 4H_2O$)	30	42	36
	氯化铵(NH_4Cl)	7	20	20
工艺条件	pH值	4.2～6	3.5～5.5	3.5～5.5
	温度/℃	40	35～43	27～70
	电流密度/(A/dm^2)	5～10	5～10	2～10

6.8.6 氟硼酸镀铁

氟硼酸电镀液可获得细致均匀的铁镀层。该电镀液的分散能力及一次镀层能力比氯化亚铁镀液有所提高，镀层的脆性小，结合强度高，质量稳定。此外，该镀液的抗氧化性能及酸度缓冲性能也有所提高，生产中不再需要通电处理和经常调整酸度。

氟硼酸镀铁工艺见表6-49。

表6-49 氟硼酸镀铁工艺

工 艺 号		1	2	3
组分浓度/(g/L)	氯化亚铁($FeCl_2 \cdot 4H_2O$)	250～300	350～380	—
	氯化锰($MnCl_2 \cdot 4H_2O$)	50～60	—	—
	氟硼酸(HBF_4)	10～20	10～15	—
	氟硼酸亚铁[$Fe(BF_4)_2$]	—	—	280～320
	硼酸(H_3BO_3)	—	—	18～20
	十二烷基硫酸钠	—	0.02～0.04	—
	氟化钠(NaF)	—	2～2.5	—
工艺条件	pH值	2.5～3	3～4	3.2～3.6
	温度/℃	30～50	20～40	40～60
	电流密度/(A/dm^2)	10～15	10～15	5～15

6.9　电镀金

6.9.1　碱性氰化物镀金

氰化物镀金工艺成熟，应用较广，其镀液具有较强的阴极极化作用，分散能力和覆盖能力好，电流效率高(接近于100%)，金属杂质难于共沉积，镀层纯度高，但硬度稍低，孔隙多。镀液中添加镍、钴等金属离子，可大大提高镀层耐磨性。添加少量其他金属化合物(如添加氰化亚铜、银氰化钾或氰化钒钾)，镀层可略带粉红色、浅金黄色或绿色，能满足某些特殊装饰要求。碱性氰化物镀金液主要用于装饰性电镀。由于镀液碱性大，不适于印制线路板的电镀，且镀液配制复杂。

碱性氰化物镀金工艺见表 6-50。

表 6-50　碱性氰化物镀金工艺

工艺号		1	2	3	4	5	6
组分浓度/(g/L)	金(以金氰化钾形式加入)	4~5	3~5	4~12	4	12	15~25
	氰化钾(总量)	15~20	15~25	30	—	90	—
	氰化钾(游离)	—	3~6	—	16	—	8~10
	氢氧化钠	—	—	—	—	—	1
	碳酸钾	15	—	30	10	—	100
	钴氰化钾	—	—	—	12	—	—
	磷酸氢二钾	—	—	30	—	—	—
	银氰化钾	—	—	—	—	0.3	—
	镍氰化钾	—	—	—	—	15	—
	硫代硫酸钠	—	—	—	—	20	—
工艺条件	温度/℃	60~70	60~70	50~65	70	21	55~60
	pH 值	8~9		12			
	电流密度/(A/dm²)	0.05~0.1	0.2~0.3	0.1~0.5	0.2	0.5	2~4
	阳极材料	金、铂	金	金	金		金

注：工艺 1~3 为一般镀金；工艺 4 为镀硬金；工艺 5 为镀亮金，镀层为全光亮，稍带绿色；工艺 6 为加厚镀金。

6.9.2　酸性和中性镀金

酸性和中性镀金液是由金氰化钾、弱有机酸(如柠檬酸)、磷酸盐、螯合剂和光亮剂组成。添加极微量的钴、镍和铜可以增加镀层硬度，提高耐磨性。

酸性和中性镀金工艺见表 6-51。

表 6-51 酸性和中性镀金工艺

工艺号		1	2	3	4	5	6
组分浓度/(g/L)	金[以 $KAu(CN)_2$ 形式加入]	10	30	6~8	1~2	0.8~2.5	1.5
	柠檬酸($H_3C_6H_5O_7$)	—	18~20	—	—	—	—
	柠檬酸钾($K_3C_6H_5O_7$)	—	28~30	—	—	—	—
	柠檬酸铵[$(NH_4)_3C_6H_5O_7$]	100	—	—	—	—	—
	酒石酸锑钾$\left(KSbOC_4H_4O_6 \cdot \frac{1}{2}H_2O\right)$	0.05~0.3	—	—	—	—	—
	硫氰酸钾(KCNS)	70	—	—	—	—	—
	镍氰化钾[$K_2Ni(CN)_4$]	—	—	2~4	—	—	—
	磷酸氢二钾(K_2HPO_4)	—	—	25~30	—	—	—
	CB2G100 开缸剂 B①	—	—	—	600mL/L	—	—
	AUROFLASHZ 装饰金开缸剂 B②	—	—	—	—	600mL/L	—
	N-12 中性水金开缸剂 A③	—	—	—	—	—	60
	开缸剂 B③	—	—	—	—	—	120mL/L
工艺条件	波美度(°Be)				8~12	12	7~12
	pH 值	5.2~5.8	5.2~6.0	6.5~7.5	3.5~4.0	3.5~4.0	7~8
	温度/℃	30~40	60~65		40~60	40~60	55~65
	阴极电流密度/(A/dm²)	0.2~0.5	0.3~0.5	0.2~0.4	0.5~1.2	0.5~1.2	1~2
	阳极材料	金	铂、石墨、不锈钢	不锈钢	不锈钢或铂钛钢	铂钛钢	铂钛钢

① CB2G100B 光亮酸性水金开缸剂为深圳超拔电子化工有限公司产品。

② AUROFLASHZ 装饰金开缸剂 B 为华美电镀技术有限公司产品。

③ N-12 中性水金开缸剂 A、B 为南安电镀技术工程有限公司产品。

6.9.3 亚硫酸盐镀金

亚硫酸盐镀金液不含氰，无毒，对环境损害较小，分散能力和覆盖能力也较好，镀层光亮致密，与镍、铜、银等金属结合牢固，耐酸、抗盐雾性能好。但单独用亚硫酸盐做配位剂时，镀液不够稳定，须引进一些其他辅助配位剂，如柠檬酸盐、酒石酸盐、EDTA 等。此外，还应加入一些含氮的有机添加剂。近年来，随着有机多磷酸在电镀上的广泛应用，在亚硫酸盐镀金镀液中添加有机多磷酸能使镀液稳定，扩大 pH 值范围，从而改善镀层和基体金属的结合力。

亚硫酸盐镀金工艺见表 6-52。

表 6-52 亚硫酸盐镀金工艺

工艺号		1	2	3	4
组分浓度/(g/L)	金(以亚硫酸金形式加入)	10~25	5~10	—	—
	金(以三氯化金形式加入)	—	—	10~25	25~35
	亚硫酸钠	80~140	—	—	120~150
	HEDP	35~65	—	—	—

（续）

工艺号		1	2	3	4
组分浓度/(g/L)	ATMP	60~90	—	—	—
	酒石酸锑钾	0.1~0.5	—	—	—
	亚硫酸钾	—	80~100	—	—
	钴(以乙二胺四乙酸钴形式加入)	—	0.1~0.3	—	—
	磷酸氢二钾	—	10~20	—	—
	亚硫酸铵	—	—	200~250	—
	柠檬酸钾	—	—	100~130	—
	柠檬酸三铵	—	—	—	70~90
	硫酸钴	—	—	—	0.5~1.0
工艺条件	pH 值	10~13	8~10	8~10	6.5~7.5
	温度/℃	25~40	45~55	50~60	室温
	阴极电流密度/(A/dm^2)	0.1~0.4	0.5~1.0	0.08~0.5	0.2~0.3
	阳极	金板或钛上镀铂	金板	金板	金板或铂板
	阴极移动/(次/min)	需要或搅拌	需要	25~30	空气搅拌

6.9.4 柠檬酸盐镀金

柠檬酸盐镀金具有与碱性氰化物镀金及亚硫酸盐镀金不同的特性，在手表装饰及在电子工业印制线路板等方面均有应用。这种镀液主要是在柠檬酸及碱金属盐的缓冲镀液中加入金氰络盐制得。镀液比较稳定，金属离子浓度较低。虽然阴极电流效率较低，但其电流密度较高，所以沉积速度很快。在适当的电流密度下，能获得无孔隙的镀层，从而提高了金镀层的耐蚀性和焊接性。镀液中添加含氮的有机物或金属镍盐，可得到更加致密、光亮的镀层，并提高其硬度和耐磨性。

柠檬酸盐镀金工艺见表 6-53。

表 6-53 柠檬酸盐镀金工艺

工艺号		1	2	3	4	5
组分浓度/(g/L)	氰化金钾	15~25	10~15	8~20	10~12	10~20
	柠檬酸钾	20~40	30~45	100~140	—	—
	磷酸二氢钾	—	6~10	—	—	—
	酒石酸锑钾	—	—	0.8~1.5	—	—
	乙二胺四乙酸钴钾	—	—	2~4	—	1~3
	柠檬酸铵	—	—	—	50~60	—
	氢氧化钾	—	—	—	—	50~60
	乙二胺二乙酸镍	—	2~4	—	—	—
	柠檬酸	8~15 mL/L	20~30 mL/L	—	—	90~120 mL/L
	浓磷酸	—	—	—	—	10~14 mL/L
	环乙烷或环乙烷二胺四乙酸	—	—	—	—	10~15 mL/L

（续）

工　艺　号		1	2	3	4	5
工艺条件	温度/℃	50~60	20~50	12~35	70~80	35~45
	pH 值	4.8~5.8	3.2~4.4	3~4.5	5.4~5.8	3.5~4.5
	电流密度/(A/dm²)	0.05~0.1	2~6	0.5~1	0.2~0.4	0.5~1.5

6.10　电镀银

6.10.1　预镀银

预镀银工艺见表6-54。

表6-54　预镀银工艺

工　艺　号		1	2	3	4	5	6	7
组分浓度/(g/L)	AgCN	1~3	2~3	1~2	3~5	1.5~5	3~8	0.7~1
	CuCN	8~18	—	—	—	—	—	—
	KCN	70~100	65~75	20~30	60~70	75~90	60~80	—
	$Cu_2(OH)_2CO_3$	—	10~15	—	—	—	—	—
	KOH	—	—	15~25	—	—	—	—
	K_2CO_3	—	—	—	5~10	—	—	10~20
	亚铁氰化钾	—	—	—	—	—	—	100~140
工艺条件	温度/℃	18~30	18~30	15~25	18~30	22~30	18~25	25~48
	阴极电流密度/(A/dm²)	1~3	0.3~0.5	0.5~1.5	0.3~0.5	1.5~3	2~6	0.3~0.6
	时间/s		30~60		60~120			180~310
	适用范围		钢铁件		非铁金属件			钢铁、非铁金属件

注：工艺1、2一般适用钢铁零件的预镀；其余一般适用于非铁金属的预镀。预镀银时间一般控制在0.5~2min。

6.10.2　浸银

浸银工艺见表6-55。

表6-55　浸银工艺

工　艺　号		1	2
组分浓度/(g/L)	硝酸银($AgNO_3$)	15~20	—
	银(以亚硫酸银加入)	—	0.5~0.6
	硫脲[$CS(NH_2)_2$]	200~220(饱和状态)	—
	无水亚硫酸钠(Na_2SO_3)	—	100~200
工艺条件	pH 值	4(用盐酸调整)	
	温度/℃	15~30	15~30
	时间/s	60~120	3~10

6.10.3　氰化物镀银

氰化物镀银工艺见表 6-56。

表 6-56　氰化物镀银工艺

工　艺　号		1	2	3
组分浓度/(g/L)	$KAg(CN)_2$	—	74~148	55
	$AgNO_3$	67~94	—	—
	KCN(游离)	100~130(挂) —	90~120(挂) 130~150(滚)	135(挂) 100~200(滚)
	K_2CO_3	—	—	10
	KOH	10	5~10	—
	FB-1 光亮剂	10mL/L	—	—
	FB-2 光亮剂	10mL/L	—	—
	光亮剂 A	—	30mL/L	—
	光亮剂 B	—	15m/L	—
	56 光亮剂	—	—	4mL/L
工艺条件	pH 值	—	—	12
	温度/℃	20~30	20~40(挂) 18~30(滚)	15~25
	阴极电流密度/(A/dm^2)	0.5~2(挂) 0.1~0.5(滚)	0.5~4(挂) 0.5~2(滚)	0.5~1.2

6.10.4　硫代硫酸盐镀银

硫代硫酸盐成分简单，配制简单，电流效率高，均镀能力好，镀层较细致，焊接性好，但镀液不稳定，允许使用的阴极电流密度范围较窄，且镀层中含有少量的硫。硫代硫酸盐镀银工艺见表 6-57。

表 6-57　硫代硫酸盐镀银工艺

工　艺　号		1	2	3
组分浓度/(g/L)	$AgNO_3$	45~50	40~45	50~60
	$(NH_4)_2S_2O_3$	230~260	—	—
	$Na_2S_2O_3 \cdot 5H_2O$	—	200~250	250~350
	焦亚硫酸钾	—	40~45	90~110
	硫酸钾	—	—	20~30
	硼酸	—	—	25~35
	NH_4Ac	20~30	20~30	—
	Na_2SO_3	80~100	—	—
	硫代氨基脲(CH_5N_3S)	0.5~0.8	0.6~0.8	—
工艺条件	pH 值	5.0~6.0	5.0~6.0	4.2~4.8
	温度/℃	15~35	室温	10~40
	阴极电流密度/(A/dm^2)	0.1~0.3	0.1~0.3	
	阴极面积∶阳极面积	1∶(2~3)	1∶2	

注：工艺 1、2 均适用于挂镀。工艺 3 系双向脉冲电镀，直流或脉冲，10min。

6.10.5 亚氨基二磺酸铵(NS)镀银

亚氨基二磺酸铵(NS)镀银镀液易于维护，覆盖能力接近氰化镀银液，深镀、均镀能力好，稳定性强。镀层外观好，结晶细致光亮，焊接性、耐蚀性、抗硫性、结合力等也比较好。但镀液中氨易挥发，pH 值变化大，对 Cu^{2+} 敏感。镀液变蓝色、铁杂质的存在使光亮区缩小，镀层发脆。

亚氨基二磺酸铵(NS)镀银工艺见表 6-58。

表 6-58　亚氨基二磺酸铵镀银(NS)工艺

工 艺 号		1	2
组分浓度/(g/L)	硝酸银($AgNO_3$)	40 ~ 50	30
	NS	140 ~ 180	—
	亚氨基二磺酸铵	—	40 ~ 50
	硫酸铵[$(NH_4)_2SO_4$]	120 ~ 160	80 ~ 100
	柠檬酸铵[$(NH_4)_2HC_6H_5O_7$]	—	2
	光亮剂 A	8 ~ 12	—
	光亮剂 B	4 ~ 6	—
工艺条件	pH 值	8.0 ~ 9.5	8.5 ~ 9
	阴极电流密度/(A/dm^2)	0.2 ~ 2	0.3 ~ 0.5
	温度	室温	室温
	时间/min	5 ~ 15	

6.11 电镀其他金属

6.11.1 电镀铂

铂镀层可用以制作化学分析及电解工业用的电极，还可用于精密测量仪器及高级外科医疗器械、电真空器件等。由于铂镀层具有极高的化学稳定性，因此在许多情况下它能有效地替代铂制品。

电镀铂的缺点是阴极电流效率较低，要镀厚铂层很困难。无论是磷酸盐镀液还是亚硝酸盐镀液，由于镀液温度都较高，蒸发量很大，稳定性较差，而且氨易挥发，操作条件恶劣。这些工艺在功能性镀铂上很少采用。较常用的是以氨基磺酸为配位剂、亚硝酸二氨铂为主盐的镀铂液，其阴极电流效率较高，镀液稳定，镀层具有低应力、无孔隙、无裂纹等特点。

电镀铂工艺见表 6-59。

表 6-59　电镀铂工艺

工艺号		1	2	3
组分浓度/(g/L)	铂(以 H_2PtCl_6 形式)	4~5	—	—
	磷酸氢二铵	45~50	—	—
	磷酸氢二钠	120~240	—	—
	亚硝酸二氨铂	—	17	10~20
	硝酸铵	—	100	—
	亚硝酸钠	—	10	—
	氨水(质量分数为 28%)	—	50	—
	氨基磺酸	—	—	10~100
工艺条件	温度/℃	70~80	95~100	60~80
	pH 值		7.9	<2
	阴极电流密度/(A/dm²)	0.1~0.5	1~3	1~5
	阳极材料	铂	铂	铂

6.11.2　电镀钯

钯镀层呈光亮银灰色，在潮湿空气中具有极高的化学稳定性，可长期保持色泽不变。钯镀层较软，但比金硬，能承受弯曲扩散和摩擦。钯镀层的接触过渡电阻很低，焊接性及耐磨性良好，因此广泛应用于电子工业产品，以提高无线电元件及波导器件在工作中的耐磨性，提高滑动接触元件的接触可靠性。1~2μm 镀钯扩散层就能起到防止银层变色的作用。钯可以直接镀在铜或银的抛光面上，当在其他金属上镀钯时，必须以铜或银作为底层。镀钯镀液主要是二氯化四氨基钯镀液，镀液沉积速度快，且镀层较厚。

电镀钯工艺见表 6-60。

表 6-60　电镀钯工艺

工艺号		1	2
组分浓度/(g/L)	二氯二氨基钯	—	20~40
	二氯化四氨钯	10~20	—
	氯化铵	10~20	20~25
	氨水	20~30	40~60
	游离氨水	2~3	4.5~6.5
工艺条件	pH 值	9	8.9~9.3
	温度/℃	15~35	18~25
	电流密度/(A/dm²)	0.25~0.5	0.25~0.5

6.11.3　电镀铑

铑镀层除用于装饰性镀层外，还广泛用于各种功能性镀层。为了提高电子设备的可靠性，对高频及超高频器件镀银后，再镀上一层薄铑镀层，不仅可以彻底解决银层的变色问题，而且能提高接插元件的耐磨性。

常用镀铑镀液有硫酸型、磷酸型和氨基磺酸型三种。硫酸性镀铑工艺简单，镀液容易维护，阴极电流效率较高，达 40% ~60%，但镀层应力大。磷酸型镀铑工艺所得镀层洁白，光泽性、耐热性好，常用于首饰产品及镀层较薄的光学仪器电镀。当镀铑层厚度较厚时，可采用氨基磺酸型镀铑工艺。

电镀铑工艺见表 6-61。

表 6-61　电镀铑工艺

工艺类型		磷酸型	硫酸型	氨基磺酸型
组分浓度/(g/L)	铑(以硫酸铑形式)	1.5 ~2.5	1 ~4	2 ~4
	氨基磺酸	—	—	20 ~30
	磷酸	16 ~32mL/L	—	—
	硫酸(质量分数为 85%)	—	40 ~80mL/L	—
	硫酸铜	—	—	600
工艺条件	温度/℃	40 ~50	40 ~50	35 ~55
	电流密度/(A/dm^2)	1 ~3	0.5 ~1	0.5 ~1
	阳极材料	铂丝或板	铂丝或板	铂丝或板

6.11.4　电镀铟

铟是一种银白色金属，较柔软，在空气中较稳定，光泽性好，故主要用于反光镜及尖端工业，又因铟镀层对油和润滑油的燃烧产物耐蚀性好，所以也用作内燃机巴氏合金滑动轴承的减摩镀层。电镀铟液组成及工艺条件见表 6-62。

表 6-62　电镀铟液组成及工艺条件

工艺类型		氰化物型	氟硼酸盐型	硫酸盐型
组分浓度/(g/L)	氯化铟	15 ~30	—	—
	硫酸铟	—	—	50 ~70
	氟硼酸钠	—	20 ~25	—
	氢氧化钾	30 ~40	—	—
	氰化钾	140 ~160	—	—
	硫酸钠	—	—	10 ~15
工艺条件	温度/℃	40 ~50	40 ~45	45 ~50
	电流密度/(A/dm^2)	2 ~3	1 ~3	1.5 ~2

6.11.5　电镀铼

铼是一种银白色、塑性良好的金属。铼不溶于盐酸、氢氟酸及硫酸，但溶于硝酸。铼镀层可用于电器工业，主要用作热电偶及高温下的耐蚀层。二氧化铼加热分解即可得到铼镀层。电镀铼工艺见表 6-63。

表 6-63　电镀铼工艺

工　艺　号		1	2
组分浓度/(g/L)	高铼酸钾	1	15
	柠檬酸钾	50	—

（续）

工　艺　号		1	2
组分浓度/(g/L)	氨水	调 pH 值至 9.5	—
	硫酸	—	15 ~ 25mL
工艺条件	温度/℃	70	85 ~ 90
	pH 值		0.9 ~ 1
	电流密度/(A/dm^2)	8	15

6.11.6　电镀钴

电镀钴应用较少，钴和镍性质很相似，因此电镀钴与电镀镍也很相似。电镀钴工艺见表 6-64。

表 6-64　电镀钴工艺

工　艺　号		1	2	3	4
组分浓度/(g/L)	硫酸钴	278	300	40	110
	氯化钠	17	30	—	—
	硼酸	45	30	—	—
	三乙醇胺	—	—	70mL/L	—
工艺条件	温度/℃	40 ~ 50	35 ~ 45	35 ~ 40	40 ~ 50
	电流密度/(A/dm^2)	1 ~ 3	2 ~ 4	2.5 ~ 4	2 ~ 4

6.11.7　电镀钌

钌镀层导电性能良好，是优良的电接触材料，性能与铑镀层相似，但比铑便宜。在 100℃时对包括王水在内的酸均有抵御能力，可用于防止高温腐蚀，在核反应器中用来测定温度，在某些情况下可代替铂镀层。电镀钌工艺条件见表 6-65。

表 6-65　电镀钌工艺

工　艺　号		1	2
组分浓度/(g/L)	钌盐	10	12
	盐酸(HCl)	调节 pH 值到 0.1	调节 pH 值到 1.3
	氯化铵(NH_4Cl)	5	10
	氨基磺酸铵[$NH_4(NH_2SO_2)_2$]	7	—
	甲酸铵	—	10
工艺条件	温度/℃	60 ~ 70	60 ~ 70
	阴极电流密度/(A/dm^2)	0.75 ~ 1.0	0.5 ~ 0.75
	阳极	钛板镀铂	铂板

6.11.8　电镀铱

铱很稳定，是最耐腐蚀的金属之一，铱镀层的抗氧化性在锇与铂之间。镀铱时电流效率低，原镀层有裂纹，很多基体镀铱时要先镀底层。电镀依工艺见表6-66。

表 6-66　电镀铱工艺

工艺号		1	2
组分浓度/(g/L)	铱	5	—
	游离氢溴酸(HBr)	0.1	—
	氯化铱铵	—	6~8
	硫酸(H_2SO_4)	—	0.6~0.8
工艺条件	温度/℃	75	18~25
	阴极电流密度/(A/dm^2)	0.15	0.1
	阴极电流效率(%)	25~30	50

6.11.9　电镀锑

锑镀层呈灰色，孔隙较多，薄和亮时像铬镀层。电镀锑工艺见表6-67。

表 6-67　电镀锑工艺

镀液组分与工艺条件	数　值	镀液组分与工艺条件	数　值
三氧化锑(TrO_3)	50g/L	温度	21~27℃
柠檬酸($C_6H_8O_7$)	184g/L	pH 值	3.5~3.7
柠檬酸钾($K_3C_6H_5O_7 \cdot 2H_2O$)	144g/L	电流密度	0.5~5.4A/dm^2

6.11.10　电镀铋

电镀铋工艺见表6-68。

表 6-68　电镀铋工艺

工艺号		1	2
组分浓度/(g/L)	高氯酸铋	0.137	—
	高氯酸钠	0.137	—
	硝酸钠($NaNO_3$)	—	0.36
	$EDTANa_2$	0.137	0.136
	氯化铋	—	0.136
	氯化钠	—	0.14
工艺条件	温度/℃	室温	室温
	电流密度/(A/dm^2)	0.5~1	0.5~1
	pH 值	3~5	

6.11.11　碱性镀铁

碱性镀铁工艺见表6-69。

表6-69　碱性镀锇工艺

工艺号		1	2
组分浓度/(g/L)	锇(Lr)	1~2	1~10
	氨基磺酸(HSO_3NH_2)	能够使锇溶解	相当于锇含量的5~10倍
	硫酸钾(K_2SO_4)	调节pH值为3.5~14	—
	氢氧化钾(KOH)	—	调节pH值为13~14
	缓冲剂	—	适量
工艺条件	温度/℃	75~80	60~80
	电流密度/(A/dm^2)	1~2	0.4~2
	阳极	铂或钛上镀铂	铂或钛上镀铂

注：锇和硫酸钾溶液共热，到溶液变为黄色，缓冲剂用碱金属硫酸盐、碳酸盐或硼酸盐。溶液电流效率为40%~60%，可得到2~5μm镀层，补亮时也用配好的溶液来添加。

6.11.12　酸性镀锇

酸性镀锇工艺见表6-70。

表6-70　酸性镀锇工艺

工艺号		1	2	3
组分浓度/(g/L)	氯锇酸铵	10	—	—
	氯锇酸铵	—	10	10
	氨基磺酸(HSO_3NH_2)	25	—	—
	氨基磺酸铵[$NH_4(NH_2SO_2)_2$]	10	—	—
	氯化钾(KCl)	—	6~18	15
	硫酸氢钾($KHSO_4$)	—	—	60
工艺条件	温度/℃	70	70	70
	电流密度/(A/dm^2)	2	1	1~4
	阳极	铂或钛上镀铂	铂或钛上镀铂	铂或钛上镀铂
	pH值		0.6~1.8	1.5

注：先用硫酸调节pH值为0.7~1.0，再用KOH调至1.5。

第7章　电镀合金

7.1　电镀铜锡合金

7.1.1　氰化物锡酸盐电镀铜锡合金

电镀铜锡合金镀液的组成以氰化物与锡酸盐为主，镀液稳定性和分散能力好，容易维护，镀层成分与色泽易控制。其缺点是电解液毒性大，工作温度较高，对操作人员危害和环境污染较大。氰化物锡酸盐电镀铜锡合金工艺见表7-1。

表7-1　氰化物锡酸盐电镀铜锡合金工艺

工艺号		低锡青铜		中锡青铜		高锡青铜	
		1	2	3	4	5	6
组分浓度/(g/L)	铜(以 CuCN 形式)	11~21	11~21	11	8	1	2
	锡(以 Na_2SnO_3 形式)	9~13	11~16	7	9	42	46
	氰化钠	35~50	—	45	65	65	27
	氰化钾	—	41~55	—	—	—	—
	氢氧化钠	8~12	8~12	22	26	95	103
	酒石酸钾钠	—	—	—	—	37	37
	十二烷基硫酸钠	0.01~0.03	0.01~0.03	—	—	—	—
	光亮剂 CSNU-Ⅰ	5~6 (mL/L)	5~6 (mL/L)	—	—	—	—
	光亮剂 CSNU-Ⅱ	10~14 (mL/L)	10~14 (mL/L)	—	—	—	—
工艺条件	pH值	12.5~13.5	12.5~13.5	13	13.5	13.5	13.5
	温度/℃	50~60	45~60	55	60	65	65
	电流密度/(A/dm^2)	2~4	2~4	1~2	1~3	3	3
	阳极(Sn的质量分数,%)	8~12	8~12	铜板	铜板	铜板	铜板

7.1.2　焦磷酸锡酸盐电镀铜锡合金

焦磷酸锡酸盐电镀铜锡合金镀液属于低氰型镀液，铜以二价铜离子形式存在，焦磷酸根为主配位剂。该镀液的优点是可通过改变镀液中 Cu^{2+} 和 Sn^{2+} 的含量比，获得各种不同组成的合金镀液，且对环境的污染较小。其缺点是镀液中易产生铜粉，会影响镀层质量。焦磷酸锡酸盐电镀铜锡合金工艺见表7-2。

表 7-2 焦磷酸锡酸盐电镀铜锡合金工艺

工艺号		1	2
组分浓度/(g/L)	焦磷酸铜	3.8~37.6	38~42
	焦磷酸亚锡	30.8~51.4	3.5~5.2
	焦磷酸钠	48~189.7	—
	焦磷酸钾	—	300~320
	草酸铵	20	—
工艺条件	温度/℃	40~60	50~60
	电流密度/(A/dm^2)	1~3	2~4

7.1.3 柠檬酸盐-锡酸盐镀铜锡合金

柠檬酸盐-锡酸盐电镀铜锡合金的镀液组成简单，电流效率高，但锡的质量分数仅为10%，且电流密度范围较窄，对杂质较敏感。为保证镀层的结合强度，电镀前需用柠檬酸化学浸铜处理。

柠檬酸盐-锡酸盐电镀铜锡合金工艺见表7-3。

表 7-3 柠檬酸盐-锡酸盐镀铜锡合金工艺

溶液组分与工艺条件	数 值
柠檬酸($C_6H_8O_7 \cdot H_2O$)	140~180g/L
氢氧化钾(KOH)	100~135g/L
铜(以碱式碳酸铜形式加入)	14~18g/L
锡(锡酸钾形式加入)	18~22g/L
磷酸(H_3PO_4)(ρ=1.7g/cm^3)	5~8mL/L
pH值	9~10
温度	(阴极移动)25~35℃ (静止镀)18~25℃
电流密度	(阴极移动)0.6~1.0A/dm^2 (静止镀)0.4~0.6A/dm^2
阴阳极面积比	1:(2~3)
阳极材料	电解压延铜板

7.2 电镀铜锌合金

铜锌合金镀层耐蚀性较高，外观色泽也较美观，在该镀层上面有时还可进行化学着色，装饰效果丰富，应用较广。铜锌合金镀层的主要用途如下：

1）作为钢铁件上电镀锡、镍、铬等金属时的中间镀层。

2）作为装饰性镀层，常用于室内装饰品、各种家具、首饰和建筑用五金件等。

3）作为功能性镀层，例如在轮胎钢丝上电镀黄铜，可提高金属与橡胶间的黏结强度。

7.2.1 氰化物电镀铜锌合金

氰化物电镀铜锌合金镀液用氰化物同时络合铜离子与锌离子，络合后在镀液中主要以$[Cu(CN)_3]^{2-}$和$[Zn(CN)_4]^{2-}$形式存在。氰化物电镀铜锌合金工艺见表7-4。

表7-4　氰化物电镀铜锌合金工艺

工艺号		白色黄铜		黄色黄铜		高铜黄铜	高速镀液
		1	2	3	4	5	6
组分浓度/(g/L)	氰化亚铜	14~18	16~20	53	27	53.5	75~105
	氰化锌	60~75	35~40	30	9	3.8	—
	氧化锌	—	—	—	—	—	3~9
	氰化钠	83~95	52~60	90	56	66.7	90~135
	游离氰化钠	30~38	5~6.5	7.5	17	4.5	4~19
	碳酸钠	—	35~40	30	30	30	—
	氢氧化钠	60~75	30~37	—	—	—	—
	氢氧化铵	—	—	—	—	1.0~5.0	—
	氢氧化钾	—	—	—	—	—	40~75
	硫化钠	0.4	0.20~0.25	—	—	—	—
	酒石酸钾钠	—	—	45	—	45	—
工艺条件	pH值	13		10.3~10.7	10.3~10.7	10.3	125
	温度/℃	27~40	20~30	43~60	35~50	35~60	75~95
	电流密度/(A/dm^2)	1~4	3~5	0.5~3.5	0.5	0.5~3.2	2.5~15
	阴阳极面积比	3:1		2:1	2:1		

7.2.2 酒石酸盐电镀铜锌合金

酒石酸盐电镀铜锌合金工艺见表7-5。

表7-5　酒石酸盐电镀铜锌合金工艺

镀液组分与工艺条件	数　值	镀液组分与工艺条件	数　值
硫酸铜	30g/L	pH值	12.4
硫酸锌	12g/L	温度/℃	40
酒石酸钾钠	100g/L	阴极电流密度/(A/dm^2)	4
氢氧化钠	50g/L		

7.2.3 焦磷酸盐电镀铜锌合金

焦磷酸盐电镀铜锌合金工艺见表7-6。

表7-6　焦磷酸盐电镀铜锌合金工艺

工　艺　号		1	2
组分浓度/(mol/L)	硫酸铜	0.1	0.1
	硫酸锌	0.1	0.03~0.07
	焦磷酸钾	0.5	1.0

（续）

工艺号		1	2
组分浓度/(mol/L)	N.N.N.N-四-2乙二胺	0.1	—
	组氨酸	—	0.01
工艺条件	pH值	11.0	9.3~9.4
	温度/℃	50	30
	阴极电流密度/(A/dm²)	0.5	0.3~3
	镀层铜的质量分数(%)	70~81	55~90

7.2.4 甘油-锌酸盐电镀铜锌合金

甘油-锌酸盐电镀铜锌合金工艺见表7-7。

表7-7 甘油-锌酸盐电镀铜锌合金工艺

工艺号		1	2
组分浓度/(g/L)	硫酸铜	25	12.5
	硫酸锌	30	30
	甘油	20	12
	氢氧化钠	120	120
工艺条件	温度/℃	20~22	20~22
	阴极电流密度/(A/dm²)	0.2~1.5	0.9~1.4
	阳极电流密度/(A/dm²)	0.5~0.8	0.5~0.8
	镀层中铜的质量分数(%)	55~70	27~33

7.3 电镀锌镍合金

电镀锌合金由锌与其他电势较正的金属共同组成，镀层中以锌为主，其电势略低于铁的电势，对于钢铁件来说是阳极镀层。

在锌镀层中加入一种或几种其他少量金属元素，得到的合金镀层具有良好的防护性和性价比，耐蚀性和热稳定性也更优良，氢脆性较低。锌镍合金镀层(镍的质量分数为10%左右)，与单独的锌镀层相比，具有更高的耐蚀性能，故广泛用来代替有毒的镉镀层。

镍质量分数为10%左右的锌镍合金镀层，常应用于汽车和沿海地区露天设施等领域。该镀层具有良好的耐蚀性和低轻脆性，毒性较低，是代替有毒镉镀层的理想镀层。

7.3.1 酸性体系电镀锌镍合金

酸性体系电镀锌镍合金镀液主要包括氯化物镀液和硫酸盐镀液两种。氯化物电镀锌镍合金工艺可得到镍含量较高的合金镀层，主要优点是电流效率高，沉积速度快，氢脆性小，污水处理比较简单等。其缺点是镀液分散能力不好，对设备腐蚀性也较大。

硫酸盐电镀锌镍合金工艺的优点为镀液组成简单，对设备腐蚀性小，阴极电流效率高，镀液使用、维护和调整比较容易，生产成本低且效率高，适合批量生产。其缺点是镀后还须进行钝化处理，来进一步提高合金镀层的耐蚀性，有时还须进行磷化、涂装处理等。

常用的酸性体系电镀锌镍合金工艺见表7-8。

表7-8 酸性体系电镀锌镍合金工艺

工艺号		氯化物型				硫酸盐型				硫酸盐-氯化物型				
		1	2	3	4	5	6	7	8①	9	10	11①	12①	13
组分浓度/(g/L)	氯化锌	65~70	70~80	75~80	50	—	—	—	—	—	60~80	—	200	80
	氯化镍	120~130	100~120	75~85	50~100	—	—	—	—	10	—	—	70	80
	硫酸锌	—	—	—	—	72	70	150	100	50	—	80	—	200
	硫酸镍	—	—	—	—	70	150	130	200	90	60~80	200	25	—
	氯化铵	200~240	30~40	50~60	—	—	—	—	—	10	—	30	200	—
	氯化钾	—	190~210	200~220	—	—	—	—	—	—	—	—	—	—
	氯化钠	—	—	—	220	—	—	—	—	—	140~160	—	—	—
	硫酸铵	—	—	—	—	30	—	—	20	—	—	—	—	—
	硫酸钠	—	—	—	—	—	60	—	100	—	—	—	—	—
	硼酸	18~25	20~30	25~30	30	—	—	20~40	20	20	—	—	—	30
	乙酸钠	—	20~35	—	—	—	—	50~100	—	—	—	—	—	—
	柠檬酸	—	—	—	—	—	—	100~200	—	—	—	—	—	—
	葡萄糖酸钠	—	—	—	—	—	—	—	—	60	—	—	—	—
	柠檬酸钠	—	—	—	—	—	—	—	—	—	25~35	—	—	—
	十二烷基磺酸钠	2	—	—	—	—	—	—	—	—	—	—	—	—
	聚乙烯醇	—	—	—	—	—	—	—	—	—	—	—	—	5
	水杨酸	—	—	—	—	—	—	—	—	—	—	—	—	0.2
	2-巯基苯三唑	—	—	—	—	—	—	—	—	—	—	—	—	1
	邻甲基水杨酸	—	—	—	—	—	—	—	—	—	—	—	—	0.3
	721-3②添加剂	1~2(mL/L)	—	1~2(mL/L)	—	—	—	—	—	—	—	—	—	—
	SSA-85③添加剂	—	3~5(mL/L)	—	—	—	—	—	—	—	—	—	—	—
工艺条件	pH值	5~5.5	4.5~5	5~6	4.5	2~3	2	1~3	3	2~4	4~6	2.2	4~5	4.5
	温度/℃	20~40	25~40	30~36	40	60	50	35~45	40	20~50	20~40	50	50	25~35

（续）

工艺号		氯化物型				硫酸盐型				硫酸盐-氯化物型				
		1	2	3	4	5	6	7	8①	9	10	11①	12①	13
工艺条件	阴极电流密度/(A/dm²)	1~4	1~4	1~3	3	1~2	30	1~10	10	2~7	2~4	20	20~200	4~8
	阳极	Zn与Ni分控	Zn与Ni分控,Zn与Ni面积比为10:1	Zn与Ni分控,Zn与Ni面积比为10:1		Zn	Zn和Ni	不溶性	Zn和Ni	Zn和Ni	不溶性		Zn和Ni	
	镀层中镍的质量分数(%)	≈13	≈13	7~9										

① 适合电镀钢带或钢板，钢带快速移动。

② 721-3 添加剂，由哈尔滨工业大学生产。

③ SSA-85 添加剂，由武汉材料保护研究研制。

7.3.2 碱性体系电镀锌镍合金

碱性镀液的分散能力好，可得到性能优异的镀层，对设备的腐蚀性小，镀层也比较容易进行钝化处理，生产成本低，应用广泛。碱性体系电镀锌镍合金工艺见表7-9。

表7-9 碱性体系电镀锌镍合金工艺条件

工艺号		1	2	3	4	5	6
组分浓度/(g/L)	氧化锌	8~12	6~8	8~14	10~15	9~11	9
	硫酸镍	10~14	—	8~12	8~16	4~9	Zn与Ni质量比为5:2
	氢氧化钠	100~140	80~100	80~120	80~150	100~130	120
	乙二胺	20 30	—	—	少量	—	—
	三乙醇胺	30~50	—	—	20~60	—	—
	酒石酸钾钠	—	—	—	—	10~30	—
	四乙烯五胺	—	—	—	—	6~12	—
	镍配合物/(mL/L)	ZQ20~40	8~12	NZ-918 4060	—	—	—
	香草醛	—	0.1~0.2 (g/L)	—	—	—	—
	茴香醛	—	—	—	—	0.2~0.4	—
	添加剂	ZQ-1① 8~14	ZN-11② 0.5~1.0	NZ-918③ 8~12	少许	ZN-A5③ 4~6	—
	氨水	—	—	—	15 mL/L	—	—
工艺条件	电流密度/(A/dm²)	1~5	0.5~4	0.5~6	4~10	0.1~0.6	1~5
	温度/℃	15~35	20~40	10~35	室温	15~35	25~30

（续）

工艺号		1	2	3	4	5	6
工艺条件	阳极	锌和铁板	锌和镍板	不锈钢板	不锈钢板	锌和镍板	锌板
	镀层中镍的质量分数(%)	≈13	7～9	8～10	12～14		≈10

① 由哈尔滨工业大学生产。

② 由武汉材料保护研究所生产。

③ 由厦门大学生产。

7.3.3 锌镍合金镀层的彩虹色钝化

彩虹色钝化液的主要成分是铬酐或铬酸盐，具有较高的毒性和强氧化作用，为保护环境，应尽量采用低浓度的镀液。常用钝化液组分与工艺条件见表 7-10。

表 7-10　常用钝化液组分与工艺条件

钝化液组分与工艺条件	铬酐	721-3 促进剂	pH 值	温度	浸液时间
数值	3～15g/L	5～20g/L	0.8～1.8	30～70℃	10～50s

7.3.4 锌镍合金镀层的黑色钝化

锌镍合金镀层的黑色钝化主要有两种类型，一种是以银离子为黑化剂的黑色钝化工艺，另一种是以铜离子为黑化剂的钝化工艺。前者得到的黑色钝化膜比较致密，黑度较高。后者的钝化膜外观质量不如前者，黑度也略差。锌镍合金镀层的黑色钝化工艺见表 7-11。

表 7-11　锌镍合金镀层黑色钝化工艺

工艺号		1	2
组分浓度/(g/L)	铬酐	10～20	30～50
	磷酸	6～12	—
	醋酸	—	40～60
	硫酸根离子(SO_4^{2-})	10～15	5～8
	银离子(Ag^+)	0.3～0.4	0.3～0.4
工艺条件	温度/℃	20～25	20～25
	时间/s	30～40	100～180
	外观色泽	暗深黑色	真黑色
	钝化液寿命	长	短
	耐蚀性(SST 出白锈时间)/h	120～140	10～48

7.3.5 锌镍合金镀层的白色钝化

锌镍合金镀层的白色钝化工艺见表 7-12。

表7-12 锌镍合金镀层的白色钝化工艺

工 艺 号		1	2
组分浓度/(g/L)	铬酐	5	5
	三氯化铬	1	2
	钛离子(Ti^{4+})	1.2	—
	硫酸根离子(SO_4^{2-})	3.9	2~4
	硝酸	—	1(mL/L)
	氟离子(F^-)	2.7	—
工艺条件	温度/℃	50	20~50
	时间/s	10	

7.4 电镀锌钴合金

锌钴合金镀层对钢铁基体来说是阳极镀层，具有良好的耐蚀性，同时又具有电化学保护作用。锌钴合金镀层的耐蚀性随镀层含钴量的增加而提高，但当钴的质量分数超过1%时，其耐蚀性提高相对较慢。因此，从经济效益和维护镀液的角度考虑，通常将镀层中钴的质量分数控制在0.5%~1%。

锌钴合金镀层主要应用于汽车配件上和其他各种标准件和紧固件上等。另外，锌钴合金镀层对二氧化硫、新型甲醇混合燃料均具有良好的耐蚀性，在某些领域可代替不锈钢，从而降低成本。

7.4.1 氯化物电镀锌钴合金

氯化物电镀锌钴合金镀层中钴的质量分数一般控制在1%以内，镀后须进行钝化处理。氯化物电镀锌钴工艺见表7-13。

表7-13 氯化物电镀锌钴合金工艺

工艺号		1	2	3	4	5	6	7	8
组分浓度/(g/L)	氯化锌	100	80~90	70~95	46	78	80~120	110	50~90
	氯化钴	20	5~25	—	10.4	4~16	15~25	40	5~15
	Co添加剂	—	—	10~40	—	—	—	—	—
	氯化钾	190	180~210	200	—	—	180~200	—	180~220
	氯化钠	—	—	—	175	200	—	130	—
	硼酸	25	20~30	20~25	20	20	20~30	10	20~30
	苯甲酸钠	—	—	—	1.75	—	—	2	—
	季戊四醇	—	—	—	—	—	—	16	—
	苄叉丙酮	—	—	—	0.06	—	—	—	—
	OZ①添加剂	16	—	—	—	—	—	—	—
	A②添加剂	—	少量	少量	—	—	—	—	—
	BZ③添加剂	—	—	—	—	—	14~18	—	—
	BZC-1A④配槽光亮剂	—	—	—	—	—	—	—	14~18(mL/L)

（续）

工艺号		1	2	3	4	5	6	7	8
工艺条件	pH值	5	5~6	4.8~5.5	5	5.0~5.5	4.5~5.5	5.2	4.5~6
	温度/℃	25	24~40	20~32	25	20~35	10~35	25	10~40
	电流密度/(A/dm²)	2.5	1~4	2~4	1.6	1~4	1~4	2.2	1~4
	镀层中钴的质量分数(%)	0.7	0.4~0.8	0.4~1.0	>1.0	0.4~0.8			<1.0

① OZ为苯甲基丙酮、苯甲酸钠与表面活性剂的合成物。

② A为苯甲酸钠和苄叉丙酮的混合物。

③ BZ为羟基羧酸盐、苯甲酸钠与一种表面活性剂的合成物。

④ BZC-1A由广州市二轻研究所研制。

7.4.2 碱性锌酸盐电镀锌钴合金

常用碱性锌酸盐镀液中的主盐是硫酸钴、氯化锌和氯化钴，其中硫酸钴的含量对镀层含钴量影响很大，随着硫酸钴含量的增加，镀层含钴量明显增加。碱性锌酸盐电镀锌钴合金工艺见表7-14。

表7-14 碱性锌酸盐电镀锌钴合金工艺

工 艺 号		1	2	3	4	5	6
组分浓度/(g/L)	氧化锌	8~14	10	10	10~20	20~40	8~14
	硫酸钴	1.5~3	3.4	—	—	0.5~5	1.5~3
	氯化钴	—	—	12	—	—	—
	钴添加剂	—	—	—	2~3	—	—
	三乙醇胺	—	—	—	—	6(mL/L)	
	氢氧化钠	80~100	120	120	90~150	160	80~140
	ZC①稳定剂	30~50	—	—	—	—	10~20
	ZCA②添加剂	6~10(mL/L)	—	—	少量	少量	—
	有机合成物③	—	—	100	—	—	—
	铁族金属	—	0.06	—	—	—	—
工艺条件	温度/℃	10~40	10~50	10~40	24~40	20~40	10~40
	电流密度/(A/dm²)	1~4	1~4	1~4	0.5~4	0.5~3	1~4
	阳极	锌、铁混挂	锌、铁混挂		混挂	混挂	
	镀层中钴的质量分数(%)	0.6~0.8	1	16.8	0.7~0.9	1.0以下	0.5~1.0

① ZC羟基酸盐。

② ZCA为环氧氯丙烷的衍生物，哈尔滨工业大学研制。

③ 该有机合成物为1mol二乙三胺与1mol环氧乙烷的反应产物。

7.4.3 硫酸盐电镀锌钴合金

硫酸盐电镀锌钴合金工艺见表7-15。

表7-15 硫酸盐电镀锌钴合金工艺

工艺号		1	2①	3	4
组分浓度/(g/L)	硫酸锌	44	495	100	31
	硫酸钴	4.7	75	50	20
	硫酸铵	50	—	—	—
	硼酸	—	—	30	—
	硫酸钠	—	50	—	—
	醋酸钠	—	9	—	—
	葡萄糖酸钠	—	—	—	60
	氨水(质量分数为25%)	250(mL/L)	—	—	—
	添加剂	少量	适量	适量	适量
工艺条件	pH值	3.0~4.0	4.2	3.5	8.7
	温度/℃	20~30	50	25	30
	电流密度/(A/dm^2)	1.5~3.0	30	5.5	8.5
	镀层中钴的质量分数(%)	<1.0			

① 该工艺使用电流密度较高，可用于电镀钢板和钢带等高速电镀。

7.4.4 电镀装饰性锌钴合金

装饰性锌钴合金镀层中钴的质量分数一般为15%~25%，镀层呈现铬镀层的光泽，可用于代替装饰铬镀层。镀液主要由锌盐、钴盐和配位剂组成，其镀液组成及工艺条件见表7-16。镀液中Zn^{2+}和Co^{2+}相对含量对镀层中含钴量有较大影响。通常控制镀液中Zn^{2+}与Co^{2+}质量比为1左右。钴离子含量过低时，阴极电流效率和镀层含钴量均下降；钴离子含量过高时，镀层发黑。锌离子含量过高时，镀层出现斑点；锌离子含量过低时，电流效率和镀层含锌量下降。为得到含钴量高的合金镀层，可采用弱碱性镀液。

表7-16 镀液组成及工艺条件

镀液组分与工艺条件	硫酸锌	硫酸钴	柠檬酸	pH值	温度	电流密度
数 值	10g/L	20g/L	50g/L	8.0~8.5	25~35℃	15~25A/dm^2

7.5 电镀锌铁合金

电镀锌铁合金镀层对钢铁基体来说是阳极，具有电化学保护作用，除具有较高的耐蚀性外，还具有焊接性、可涂装性好和易加工等优点。铁含量对电镀层的性能有重要影响。当铁的质量分数为0.4%~0.8%时，锌铁合金镀层经黑色钝化生成具有憎水性的钝化膜，具有相当高的耐蚀性；当铁的质量分数为10%~20%时，合金镀层具有较好的抗点腐蚀和抗孔隙腐蚀能力；当铁的质量分数为80%~90%时，合金镀层具有良好的抗蠕变性及可涂装性。

根据其含铁量不同，可分为高铁合金镀层和低铁合金镀层两种。低铁锌铁合金镀层的最大优点是黑色钝化时不用银盐，但其经黑色钝化后的合金镀层耐蚀性很高。另外，合金镀层还有成本较低、镀液容易维护、使用方便、可挂镀也可滚镀等优点，在生产上已逐渐得到应用。高铁合金镀层主要用作汽车钢板的电泳涂装底层。有时为了提高与油漆的结合力，事先应进行磷化处理。高铁锌铁合金镀层经抛光后镀铬或闪镀铜后镀铬，可作为日用五金制品的防护装饰性镀层。锌铁合金镀层还可作为装饰性镀黄铜的底层，以提高其耐蚀性。

7.5.1 酸性体系电镀锌铁合金

常用酸性体系电镀锌铁合金的镀液主要有氯化物型、硫酸盐型和氯化物-硫酸盐型。酸性体系电镀锌铁合金工艺见表 7-17。

表 7-17 酸性体系电镀锌铁合金工艺

镀液类型与工艺号		氯化物型			硫酸盐型				氯化物-硫酸盐型	
		1	2	3	4	5	6	7	8	9
组分浓度/(g/L)	氯化锌	80～100	90～100	265	—	—	—	—	—	90～110
	氯化亚铁	—	—	135	—	—	—	—	—	—
	硫酸锌	—	—	—	200～300	260	115	18	5～40	—
	硫酸亚铁	8～12	9～16	—	200～300	250	170	18	—	2～4
	硫酸铁	—	—	—	—	—	—	—	200～250	—
	氯化钾	210～230	220～240	—	—	—	—	—	10～30	200～220
	硫酸钠	—	—	—	30	30	84	—	—	—
	硫酸铝	—	—	—	—	—	20	—	—	—
	醋酸钠	—	—	15	20	12	—	—	—	—
	草酸铵	—	—	—	—	—	—	68	—	—
	氯化铵	—	—	30	—	—	—	—	—	—
	硫酸铵	—	—	—	—	—	—	—	100～120	—
	柠檬酸	—	—	5	5	—	—	—	5～10	—
	聚乙二醇	1.0～1.5	1.5	—	—	—	—	—	—	—
	硫脲	0.5～1.0	—	—	—	—	—	—	—	—
	抗坏血酸	1.0～1.5	—	—	—	—	—	—	—	1～3
	稳定剂②	—	7～10	—	—	—	—	—	—	—
	添加剂	ZF① 8～10 mL/L	14～18②	0.5	少许③	—	0.5③	—	—	HX-1 15～25 mL/L

（续）

镀液类型与工艺号		氯化物型			硫酸盐型				氯化物-硫酸盐型	
		1	2	3	4	5	6	7	8	9
工艺条件	pH值	3.5~5.5	4~5.2	3.0	3.0	3.0	1.5~2.0	2.0	1~1.5	3.0~4.5
	温度/℃	5~40	15~38	50	40	40	55	50	室温	15~40
	电流密度/(A/dm²)	1.0~2.5	1~5	50	25~150	50	30	1.0~2.0	20~30	1~5
	阳极(Zn与Fe面积比)	10:1	10:1		锌板	锌板	锌板	锌板		
	镀层中铁的质量分数(%)	0.5~1.0	0.4~0.7		20	20	18	14		0.5~0.8

① ZF添加剂是成都市锌镀高锌电镀环保工程研究所产生的。

② 稳定剂由哈尔滨工业大学研制。

③ 主要是萘二磺酸和甲醛的聚合物，还有苯甲酸钠、糖精、异丙基苯磺酸钠等及其混合物。

7.5.2 碱性体系电镀锌铁合金

碱性体系镀液比较稳定，容易维护，对设备腐蚀性小，其最大优点是镀层成分不随电流密度变化而变化。碱性体系电镀锌铁合金工艺见表7-18。

表7-18 碱性体系电镀锌铁合金工艺

工艺号		1	2	4	5	6	7
组分浓度/(g/L)	氧化锌	29.6~30.9	15~20	14~16	10~15	13	18~20
	硫酸亚铁	1.3~6.2	0.5~1.5	1~1.5	—	—	1.2~1.8
	氯化亚铁	—	—	—	—	1~2	—
	氯化铁	—	—	—	0.2~0.5	—	—
	氢氧化钠	100~120	160	140~160	120~180	130	100~130
	三乙醇胺	1.4~6.7	—	—	—	—	—
	配位剂	—	XTL11850	XTL①40~60	—	8~12	10~30
	添加剂	4~6mL/L	XTG4188 mL/L	—	4~6	6~10	—
	光亮剂	—	—	XTT①4~6	3~5	—	WD②6~9
工艺条件	温度/℃	20~25	10~40	15~30	10~40	15~30	5~45
	电流密度/(A/dm²)	3~5	2	1~2.5	1~4	1~3	1~4
	阳极(Zn与Fe面积比)				1:5		
	镀层中铁的质量分数(%)	2~3	0.2~0.7	0.2~0.7	0.2~0.5	0.4~0.8	0.4~0.6

① XTL和XTT是哈尔滨工业大学产品。

② WD是武汉大学产品。

7.5.3 焦磷酸盐电镀锌铁合金

焦磷酸盐镀液电镀锌铁合金，镀层铁的质量分数较高，一般在7%以上。

镀层经抛光后镀铬或光亮镀层闪镀铜后镀铬，可替代氰化镀锌铜合金作为日用五金制品的防护装饰镀层，以减轻环境污染。焦磷酸盐电镀锌铁合金工艺见表7-19。

表7-19 焦磷酸盐电镀锌铁合金工艺

工艺号		1	2	3	4	5
组分浓度/(g/L)	硫酸锌	64.5	—	35~45	—	—
	焦磷酸锌	—	36~42	—	92	18~24
	三氯化铁	5	8~11	11~16	27	12~17
	焦磷酸钾	23.5	250~300	320~400	270	300~400
	磷酸氢二钠	35.5	80~100	60~70	—	60~70
	光亮剂(醛类化合物)	胡椒醛 1~1.5	洋茉莉醛 0.1~0.15	洋茉莉醛 0.007~0.01	—	0.007~0.01
工艺条件	pH值	8.5	9~10.5	10~12	9.5	9.5~12
	温度/℃	50	55~60	42~48	60	40~50
	电流密度/(A/dm²)	1~3	1.5~2.5	1.2~1.4	2.1	1.2~1.5
	阳极(Zn与Fe面积比)		1:(1.5~2)			1:(1.5~2)
	镀层中铁的质量分数(%)	6~7.4	15	24~27	25	25

7.6 电镀锌钛合金

锌钛合金镀层的主要特点是高耐蚀性、低成本、低氢脆性。与镀锌层相比还具有如下优点：

1）锌钛合金的耐蚀性是相同厚度锌镀层的2~3倍，且锌钛合金镀层的工件在200℃下除氢8h后可将氢完全除尽。

2）锌钛合金镀层的耐蚀性随镀层中钛含量的增加而提高，镀层厚度为3μm、钛的质量分数为15%的锌钛合金镀层经1000h的中性盐雾试验，表面仍未出现红锈。

3）锌钛合金镀层耐有机酸及二氧化硫腐蚀性能明显优于锌镀层。

4）锌钛合金镀层与锌合金镀层一样，可进行钝化处理。对于钛的质量分数低于1%的合金镀层，其钝化处理与镀锌钝化液基本相同，可进一步提高耐蚀性。

7.6.1 酸性体系电镀锌钛合金

酸性体系电镀锌钛合金工艺见表7-20。

表 7-20 酸性体系电镀锌钛合金工艺

镀锌类型与工艺号		硫酸盐型			氧化物型
		1	2	3	4
组分浓度/(g/L)	硫酸锌	80~400	80~400	80~400	—
	氯化锌	—	—	—	60~400
	硫酸钛	5~80	5~80	—	—
	氯化铵	—	—	—	50~350
	硫酸铵	20~120	50~350	50~350	—
	酒石酸	20~160	2~160	—	—
	氟化钛钾	稳定剂 2~12	—	5~80	5~80
	氟化钛钠	—	—	5~80	5~80
	SO_4^{2-} 与 F^- 的摩尔比	—	—	1:(5~30)	—
	Cl^- 与 F^- 的摩尔比	—	—	—	1:(5~30)
工艺条件	pH 值	3~4	3.4	3.4	3.0
	温度/°C	70	70	70	70
	电流密度/(A/dm^2)	2~10	2~10	2~10	2~10
	镀层钛的质量分数(%)	1.5~15	1~15	1~15	1~15

7.6.2 碱性体系电镀锌钛合金

在碱性镀锌液中加入钛盐以及稳定钛离子的辅助配位剂或稳定剂，即可得到碱性 Zn-Ti 合金镀液。碱性体系电镀锌钛合金工艺见表 7-21。

表 7-21 碱性体系电镀锌钛合金工艺

镀液类型与工艺号		微氰型	无氰型	
		1	2	3
组分浓度/(g/L)	氧化锌	8~15	8~15	15~20
	氢氧化钠	100~150	100~150	120~150
	钛(以金属钛计)	0.95~1.0	0.65~0.85	1~3
	氰化钠	30	—	—
	配位剂	60~100	60~100	60~100
	光亮剂	3~6mL/L	3~6mL/L	1~2mL/L
	表面活性剂	4~6mL/L	4~6mL/L	4~6mL/L
工艺条件	温度	室温	室温	室温
	电流密度/(A/dm^2)	1~3	1~2	1~3
	镀层中钛的质量分数(%)	0.3~0.9	0.3~0.6	0.1~0.4

7.7 电镀其他锌合金

7.7.1 电镀锌锰合金

锌锰合金镀液一般是以柠檬酸为配位剂的硫酸盐镀液。电镀锌锰合金工艺见

表 7-22。

表 7-22　电镀锌锰合金工艺

镀液组分与工艺条件	硫酸锌	硫酸锰	柠檬酸钠	添加剂	pH 值	温度	电流密度
数　值	50 ~ 100g/L	40 ~ 90g/L	180 ~ 300g/L	0.2 ~ 1.6g/L	5.4 ~ 5.6	40 ~ 60°C	10 ~ 40A/dm²

7.7.2　电镀锌铬合金

锌铬合金镀层是防护性镀层，镀层中铬的质量分数一般在 1% 以下，但耐蚀性却明显优于锌镀层。常用电镀锌铬合金的镀液有氯化物型、硫酸盐型和硫酸盐-氯化物混合型三种。电镀锌铬合金工艺见表 7-23。

表 7-23　电镀锌铬合金镀液组成及工艺条件

镀液类型与工艺号		氯化物型		硫酸盐型		硫酸盐-氯化物型		
		1	2	3	4	5	6	7
组分浓度/(g/L)	氯化锌	180	180	—	—	14	—	—
	氯化铬	40	35	—	—	—	20 ~ 30	215
	硫酸锌	—	—	200	158	180	300	57
	硫酸铬钾	—	—	40	—	—	—	—
	氯化钾	160	165	—	—	—	—	—
	氯化钠	—	—	—	—	—	20	29
	氯化铵	—	—	—	—	—	—	27
	氯化铝	20	22	—	—	—	—	—
	硫酸铝	—	—	16	—	20	—	—
	硫酸铝钾	—	—	12	—	—	—	—
	硫酸钠	—	—	40	60	30	—	—
	硫酸铬	—	—	—	235	20	—	—
	柠檬酸钠	—	—	—	20 ~ 30	—	—	—
	甲酸钠	—	—	—	40 ~ 60	—	—	—
	硼酸	30	25	—	—	12	—	9
	尿素	—	—	—	—	—	30	240
	光亮剂	少许	3	少许	适量	少许	5 ~ 10	38
工艺条件	pH 值	2.8 ~ 3.5	3 ~ 4	2.8 ~ 3.5	0.5 ~ 2	3.5 ~ 4.5	3.4 ~ 3.7	2.5 ~ 3
	温度/°C	室温	15 ~ 35	25 ~ 35	30	20 ~ 35	20 ~ 25	20 ~ 25
	电流密度/(A/dm²)	1 ~ 10	2 ~ 6	1 ~ 4	10 ~ 40	1 ~ 4	4 ~ 7	1 ~ 4
	阳极		锌板		铅		锌	石墨
	镀层中铬的质量分数(%)		0.1		1 ~ 4		5 ~ 9.5	5 ~ 8

7.7.3　电镀锌磷合金

电镀锌磷合金工艺见表 7-24。镀液中磷的质量分数为 1% 左右时得到的合金镀层耐蚀性很高，但该镀液的稳定性不好，若使用不溶性阳极，则亚磷酸容易被氧化为正磷酸；若用锌板做阳极，则镀液中的锌离子增加较快而导致镀液成分发生变化。因此，必须首先保持镀液中锌盐和亚磷酸的比例保持一定。

表 7-24 电镀锌磷合金工艺

工艺号		1	2	3
组分浓度/(g/L)	硫酸锌	50~60	—	120~160
	氯化锌	20~30	—	8~12
	氧化锌	—	25~50	—
	亚磷酸	40~60	8	8~10
	磷酸	—	20	磷酸钠 4~8
	硫酸铝	—	20~25	—
	EDTA 二钠盐	10~20		
	硼酸	—	—	20~25
	柠檬酸铵	120~150	—	—
	酒石酸	—	—	40~75
	甘氨酸	—	—	4~5
	水杨酸	乳化剂 0.05~0.1	—	0.2~0.5
	糊精	—	—	2~4
工艺条件	pH 值	1.0~1.5		2.0
	温度/°C	20~25	20	25~35
	电流密度/(A/dm^2)	1.0~3.0	6~20	7~20
	阳极	纯锌板	铅板	
	镀层中磷的质量分数(%)		0.6~2.5	<1

7.7.4 电镀锌铁磷三元合金

电镀锌铁磷三元合金工艺见表 7-25。合金镀层中含铁质量分数为 0.1% ~30%，含磷质量分数为 0.001% ~1.5%，具有良好的焊接性和耐蚀性，这是由于磷的存在使镀层抗局部腐蚀和点蚀的能力有所改善。

表 7-25 电镀锌铁磷三元合金工艺

镀液组分与工艺条件	数值	镀液组分与工艺条件	数值
锌	10g/L	pH 值	≥13
铁(以氯化铁加入)	0~3.3g/L	温度	27°C
氢氧化钠	130g/L	电流密度	$3A/dm^2$
亚磷酸钠	30g/L	阳极材料	铁板
葡萄糖酸钠	10g/L	镀层成分(质量分数,%)	铁 0~28.5 磷 0.3
辅助添加剂	60g/L		
镀磷光亮剂	6mL/L		

7.7.5 电镀锌镍铁三元合金

常用的电镀锌镍铁三元合金镀液为硫酸盐镀液，其工艺见表 7-26。合金镀层中镍的质量分数一般为 6% ~10%、铁的质量分数一般为 2% ~5%，外观为银白色，具有良好的耐蚀性，易进行抛光。合金镀层相对钢铁是阳极镀层，可用作镀铬的底层。光亮锌镍铁合金可直接套铬。

表 7-26 电镀锌镍铁三元合金工艺

工艺号		1	2	3
组分浓度/(g/L)	硫酸锌	100	53~81	80~90
	硫酸镍	16~20	20~25	10~15
	硫酸亚铁	2~2.5	2.5~5	3~4
	焦磷酸钾	270~300	200~350	300~350
	酒石酸钾钠	15~25	15~25	10~15
	磷酸氢二钠	15~25	15~25	10~15
	1,4-丁炔二醇	0.4~0.6	0.4~0.6	—
	洋茉莉醛	—	—	0.01~0.02
工艺条件	pH值	8.2~8.5	8.5~9.3	8.5~9.0
	温度/°C	38~42	32~36	20~35
	电流密度/(A/dm²)	0.6~0.7	0.5~1	0.8~1.5

7.7.6 电镀锌铁钴三元合金

电镀锌铁钴三元合金主要采用焦磷酸盐镀液，其工艺见表7-27。锌铁钴合金镀层中铁的质量分数一般为7%～9%，与锌镍铁合金镀层相似，外观呈白色，与钢铁基体结合良好。

表 7-27 电镀锌铁钴三元合金工艺

镀液组分与工艺条件	数值	镀液组分与工艺条件	数值
焦磷酸钾	350~400g/L	洋茉莉醛	0.05~0.1g/L
硫酸锌	100~110g/L	pH值	9.0~9.5
硫酸钴	1.0~1.5g/L	温度	35~42°C
硫酸铁	8~12g/L	电流密度	170~200A/dm²
酒石酸钾钠	20g/L		

7.8 电镀镍铁合金

镍铁合金镀液类型主要有硫酸盐型、氯化物型、硫酸盐-氯化物混合型、焦磷酸盐型、氨基磺酸盐型、柠檬酸盐型等。电镀镍铁合金工艺见表7-28。

表 7-28 电镀镍铁合金工艺

工艺号		1	2	3	4	5	6	7
组分浓度/(g/L)	硫酸镍	105	180~200	45~55	200	—	150~220	135
	氯化镍	60	—	100~105	—	—	—	—
	氨基磺酸镍	—	—	—	—	369	—	—
	硫酸亚铁	10	20~25	17.5~20	20	20~25	10~15	13
	氯化钠	—	30~35	—	25	—	20~25	56
	氨基磺酸	—	—	—	—	10~20	—	—
	柠檬酸钠	—	20~25	—	—	—	—	26
	葡萄糖	—	—	—	30	—	—	—
	琥珀酸	—	—	0.2~0.4	—	—	—	—

（续）

	工艺号	1	2	3	4	5	6	7
组分浓度/(g/L)	硼酸	45	40	27.5~30	50	30	40~45	43
	稳定剂	—	—	—	—	—	适量	—
	抗坏血酸	—	—	1.0~1.5	—	—	—	—
	硫酸羟胺	—	—	—	—	2~6	—	—
	苯亚磺酸钠	—	0.3	0.2~0.8	0.3	—	—	0.2
	十二烷基硫酸钠	—	0.05~0.1	0.05~0.1	0.3	0.05~0.1	0.1	—
	糖精	适量	3	2~4	5	—	2~4	4
	糖精钠	—	—	—	—	0.6~1	—	—
	丙酰基磺酸钠	—	—	—	—	—	—	0.2
	791 光亮剂	—	4~6mL/L	—	3.8mL/L	—	—	—
	ABSB 光亮剂	—	—	4~8mL/L	—	—	—	—
	精镍1号	—	—	—	—	—	2~4	—
	快光剂	—	—	—	—	—	1~3	—
工艺条件	pH值	3.3	3.0~3.5	2.5~4.5	3.5	1.0	3.2~4.2	3.2~3.8
	温度/°C	60	60~63	55~65	58~65	45	45~55	60~65
	电流密度/A(/dm^2)	2~10	2.0~2.5	2~10	3~5	25	3	2~5
	阳极(Ni与Fe面积比)	不溶性	4:1	(4~5):1	(6~8):1	不溶性		(8~12):1
	适用范围	挂镀	挂镀	挂镀	滚镀	磁性元件		

7.9 电镀镍钴合金

镀层中钴的质量分数在15%以下时，通常作为装饰性镀层使用。钴的质量分数在30%以下时，镍钴合金外观呈白色，硬度较高，有良好的耐磨性和化学稳定性。钴的质量分数在30%~40%时，镀层硬度较高，但内应力也高。

当镀层中钴的质量分数超过30%时，镀层具有磁性。特别是当钴的质量分数达到80%时，镀层具有良好的磁性能，这种良好磁性能的镀层已广泛用于计算机的磁鼓、磁盘等记忆元件上。另外，若向镀液中加入少许次磷酸钠，还可得到镍钴磷合金，它可增加镀层的磁场强度，但必须控制添加的磷含量，若过高反而会降低磁性能。

7.9.1 电镀装饰性镍钴合金

镍钴合金镀液是在一般光亮镀镍槽中或者一般镀镍槽中添加5~10g/L的硫酸钴或氯化钴配制而成的。为了增加镍镀层的光泽，通常添加钴盐，可得到任何比例的镍钴合金镀层。电镀装饰性镍钴合金工艺见表7-29。

表7-29 电镀装饰性镍钴合金工艺

工艺号		1	2	3	4
组分浓度/(g/L)	硫酸镍	200	—	200	—
	氯化镍	—	260	—	10
	硫酸钴	6	—	20	—
	氯化钴	—	14	—	—
	氯化钠	12	—	15	—
	硫酸钠	25~30	—	—	—
	硼酸	30	15	30	40
	甲酸钠	20	—	—	—
	甲醛	1	—	—	—
	Co^{2+}含量	—	—	—	1.5
	氨基磺酸镍	—	—	—	600
工艺条件	pH值	5~6	3	5.6	4
	温度/°C	25~30	20	20~25	60
	电流密度/(A/dm²)	1~1.2	1.6	1.8~2.5	2
	阳极	镍板	镍板		

7.9.2 电镀磁性镍钴合金

电镀磁性镍钴合金工艺见表7-30。

表7-30 电镀磁性镍钴合金工艺

工艺号		1	2	3	4
组分浓度/(g/L)	硫酸镍	—	150~200	128	—
	氯化镍	—	200~250	—	160
	硫酸钴	120~150	—	115	—
	氯化钴	100~120	—	—	40
	硼酸	15~20	30~40	30	30~40
	氯化钾	6	—	15	—
	对甲苯磺酰胺	—	—	—	1.0~1.2
	十二烷基硫酸钠	—	—	—	0.001~0.005
工艺条件	pH值			4~5	3~3.5
	温度/°C		40~45	50~60	15~25
	电流密度/(A/dm²)	4.7	5	1~2	2
	叠加电流比(交:直)	1:3	2:3		
	阳极			镍板	镍板

7.10 电镀其他镍合金

7.10.1 电镀镍磷合金

镍磷合金镀层随着镀层磷含量的增加而从晶态连续地向非晶态变化。大致情况是：微细晶态（磷的质量分数为3%左右）→微细晶态+非晶态（磷的质量分数为5%左右）→非晶态（磷的质量分数为7%以上）。由于镍磷合金镀层在磷的质量分数超过7%时是非晶态，所以在物理和化学性质上有很多优异性能，如光泽好，硬度高，耐磨性好，耐蚀性强和具有非磁性等。

（1）硬度及耐磨性　镍磷合金镀层的硬度都比较高，一般为500HV以上。镀液的组成及工艺条件对镀层的硬度有很大的影响。有时为了得到更高的镀层硬度，可以对镍磷合金镀层进行热处理，热处理的温度变化对镀层硬度有明显影响。在热处理温度为400℃、时间为1h时，硬度达到最高值，可达到1000 HV以上，相当于硬铬镀层的硬度。由于镀层硬度较高，耐磨性也较好，在400℃以下热处理1h的镍磷合金镀层的耐磨性优于硬铬镀层。又由于它的摩擦因数小，因此可用于代替耐磨硬铬镀层，这样也有利于减少铬对环境的污染。

（2）耐蚀性　镍磷合金镀层在氯化钠、氯化铵、盐酸、硫酸、氢氟酸及一些有机酸中表现出良好的耐蚀性。随着镀层含磷量的增加，耐蚀性提高，当磷的质量分数超过13%时，耐蚀性有所降低。镍磷合金镀层经过热处理后，改变了非晶态结构，虽然硬度提高了，但耐蚀性却有所下降。

电镀镍磷合金镀液的类型有氨基磺酸盐型、次磷酸盐型和亚磷酸型等。氨基磺酸盐镀液成本较高，应用较少。次磷酸盐为强还原剂，稳定性差。亚磷酸型稳定性高，成本较低，但必须在低pH值下电镀，电流效率较低。电镀镍磷合金工艺见表7-31。

表7-31　电镀镍磷合金工艺

工艺号		1	2	3
组分浓度/(g/L)	硫酸镍	240	180	100
	氯化镍	45	10	40
	次磷酸二氢钠	60	—	10~160
	亚磷酸	—	3~20	—
	磷酸	—	10~30	—
	硼酸	35	—	40
	氟化钠	30	—	—
	TK添加剂	—	3	—
	氯化稀土	—	2	—
工艺条件	pH值	2.0~2.8	1.0~2.5	
	温度/°C	65~75	60~70	40~60
	阴极电流密度/(A/dm²)	2~5	3~15	1~2
	镀层中磷的质量分数(%)	12.1	5~13	

7.10.2　电镀镍铬合金

电镀镍铬合金工艺见表7-32。

表7-32 电镀镍铬合金工艺

工艺号		1	2	3	4	5
组分浓度/(g/L)	氯化铬	50~120	100	30	120	—
	硫酸铬	—	—	30	—	196
	氯化镍	10~125	30	—	—	—
	硫酸镍			20	25~100	196
	硫酸	11~115mL/L	40mL/L	30mL/L	—	—
	甲酸钠	—	—	30~60	—	—
	硼酸	25~50	—	35	24~25	25
	羟基乙酸	—	50	—	—	—
	乙醇钠	—	—	5~10	—	—
	柠檬酸钠	—	80	—	50~100	—
	溴化钠	50~100	15	—	—	—
	溴化钾	—	—	—	8~16	—
	氯化铵	—	50	50	60~120	—
	添加剂	—	—	—	10~16	—
	配位剂	—	—	70	—	50
工艺条件	pH值	1~5	2	2.5	2~4	1.3~1.4
	温度/°C	20~60	35	25	10~30	50
	电流密度/(A/dm^2)		3	25	2~10	25~50
	镀层中铬的质量分数(%)			0.1~60	11.1	1~65

7.10.3 电镀镍硫合金

电镀镍硫合金工艺见表7-33。

表7-33 电镀镍硫合金工艺

工艺号		1	2	3
组分浓度/(g/L)	硫氰酸镍	87	—	—
	柠檬酸	126	—	—
	硫酸镍	—	27~54	—
	硫酸铵	—	23~46	—
	氯化铵	50	15	40
	氨水	200mL/L	—	—
	硫代硫酸钠	—	150~200	200
	氯化镍	—	—	47.5
工艺条件	pH值	8	4	4
	温度/°C	30	30	30

7.11 电镀锡镍合金

锡的质量分数为65%和镍的质量分数为35%是锡镍合金最佳的配比，其镀层白色带微红，可以直接镀在钢上。锡镍合金镀层的硬度与镀镍层相似，抗大气腐蚀性、抗海水腐蚀性很好，并能保持光泽，比单纯的镀锡或镍优越，这类合金基本上集中了两种金属各自的优点，作为装饰性镀层十分理想。对于日用五金产品，锡镍合金镀层可以代替镍铬合金镀层，可以用于滚镀。其主要优点如下：

1）随镀层中镍含量的增加，镀层的颜色从青白色经浅粉红色直至变为黑色。一般使用的是镍的质量分数为35%左右的合金镀层，呈略带粉红色的色泽。

2）锡镍合金镀层耐蚀性良好。厚度为12~25μm时，其耐蚀性优于锡、镍层，与同等厚度的双层镍相等。

3）锡镍合金镀层硬度高，硬度达650~700HV，耐磨性好。

4）锡镍合金镀层为非磁性镀层，具有良好的焊接性，适用于电子产品的电镀。

5）锡镍合金镀层内应力小，但略有脆性，所以镀后不宜进行机加工。

6）在300℃以下时，镀层金属结构稳定。

7.11.1 氟化物电镀锡镍合金

氟化物电镀锡镍合金镀液中氟的摩尔分数应为锡的摩尔分数的四倍以上（以mol计）。当氟化物含量过低时，镀层锡含量过高，光亮度降低；当氟化物过高时，镀层锡含量过低，内应力太大。镀液温度和电流密度对镀层成分影响不大，但温度太低时镀层光亮度降低。搅拌可使电流密度升高，而对镀层成分及外观影响不大。由于镀液呈酸性而且温度较高，F^-会以HF的形式挥发，因此要及时予以补充。

氟化物电镀锡镍合金工艺见表7-34。

表7-34 氟化物电镀锡镍合金工艺

工艺号		1	2	3	4
组分浓度/(g/L)	氯化亚锡($SnCl_2 \cdot 2H_2O$)	50	50	50	40~50
	氯化镍($NiCl_2 \cdot 6H_2O$)	300	250	230	250 300
	氟化氢铵(NH_4HF_2)	35	40	33	50~60
	氟化钠(NaF)	28	—	20	—
	氨水(NH_4OH,35%)	—	35	8	—
	盐酸(HCl,36%)	—	—	—	8
工艺条件	pH值	2.5	2.0~2.5	2.5	2.0~2.5
	温度/°C	65	65~75	65	60~70
	电流密度/(A/dm^2)	2.5	2~3	2.7	1.5~3

7.11.2 焦磷酸盐电镀锡镍合金

焦磷酸盐电镀锡镍合金工艺见表7-35。

表 7-35　焦磷酸盐电镀锡镍合金工艺

工艺号		1	2	3	4
组分浓度/(g/L)	氯化亚锡($SnCl_2 \cdot 2H_2O$)	28	25~30	16	—
	焦磷酸亚锡($Sn_2P_2O_7$)	—	—	—	20
	氯化镍($NiCl_2 \cdot 6H_2O$)	30	—	70	15
	硫酸镍($NiSO_4 \cdot 7H_2O$)	—	30~35	—	—
	焦磷酸钾($K_4P_2O_7 \cdot 3H_2O$)	200	180~200	240	200
	柠檬酸($C_6H_8O_7 \cdot H_2O$)	—	15~20	—	—
	柠檬酸铵[$(NH_4)_3C_6H_5O_7$]	—	—	—	20
	氨水(NH_4OH,35%)	5mL/L	—	—	—
	氨基乙酸(NH_2CH_2COOH)	20	—	—	—
	盐酸羟胺($NH_2OH \cdot HCl$)	—	—	7	—
	乙二胺[$(NH_2CH_2)_2$]	—	—	5mL/L	—
	蛋氨酸($NH_2SC_4H_8COOH$)	—	—	—	5
	去极剂①	—	20~30	—	—
	光亮剂①	—	0.3~0.5mL/L	—	—
工艺条件	pH值	7.5~8.5	8.0~8.5	8.5	8.5
	温度/°C	50	45~50	50	50
	电流密度/(A/dm²)	0.5~1.5	0.5~2	0.5~1	2

① 均由北京师范大学研制。

7.11.3　电镀黑色锡镍合金

黑色锡镍合金镀层中镍的质量分数为35%左右，这种镀层通常是在焦磷酸盐电镀锡镍合金的镀液中加入发黑剂形成的。该镀层具有良好的耐蚀性、耐磨性和较高的硬度。电镀黑色锡镍合金工艺见表7-36。

表 7-36　电镀黑色锡镍合金工艺

工艺号		1	2	3	4
组分浓度/(g/L)	氯化亚锡($SnCl_2 \cdot 2H_2O$)	10	15	—	25~30
	硫酸亚锡($SnSO_4$)	—	—	25	—
	氯化镍($NiCl_2 \cdot 6H_2O$)	75	70	—	30~35
	硫酸镍($NiSO_4 \cdot 7H_2O$)	20	—	72	—
	焦磷酸钾($K_4P_2O_7 \cdot 3H_2O$)	250	280	280	180~280
	柠檬酸铵[$(NH_4)_3C_6H_5O_7$]	—	—	25	—
	蛋氨酸($NH_2SC_4H_8COOH$)	5	5	5	—
	α-氨基酸	—	—	—	5~20
	乙二胺[$(NH_2CH_2)_2$]	—	15mL/L	—	5~15mL/L
工艺条件	pH值	8.5	9.5	9.5	7.5~9.5
	温度/°C	50	60	55~65	45~50
	电流密度/(A/dm²)	2	3	0.5~6	0.1~2

7.11.4　电镀枪黑色锡镍合金工艺

电镀枪黑色锡镍合金工艺见表7-37。

表7-37 电镀枪黑色锡镍合金工艺

工艺号		1	2
组分浓度/(g/L)	焦磷酸钾($K_4P_2O_7$)	200~250	—
	枪黑色电镀A盐	20~30	—
	枪黑色电镀B剂	20~40	—
	枪黑色稳定剂	0.2~0.4	—
	氰化钠	—	45~60
	枪黑盐SN-1	—	45~60
工艺条件	pH值	8.5~9.5	
	温度/°C	40~45	68~73
	阴极电流密度/(A/dm²)	0.1~2	
	电压/V		2.5~3.5
	阳极	石墨	不锈钢
	时间/min	1~2	2~3

注：枪黑色电镀A盐、B剂、稳定剂为武汉风帆电镀技术有限公司研制。

7.11.5 其他电镀锡镍合金工艺

其他电镀锡镍合金工艺见表7-38。

表7-38 其他电镀锡镍合金工艺

工艺号		1	2	3	4	5	6
组分浓度/(g/L)	焦磷酸亚锡($Sn_2P_2O_7$)	20	—	—	16	—	—
	氯化亚锡($SnCl_2 \cdot 2H_2O$)	—	10	15	—	—	—
	氯化镍($NiCl_2 \cdot 6H_2O$)	15	75	70	70	—	—
	硫酸镍($NiSO_4 \cdot 6H_2O$)	—	20	—	—	45	150
	焦磷酸钾($K_4P_2O_7$)	200	250	280	240	—	—
	柠檬酸铵[$(NH_4)_3C_6H_5O_7$]	20	—	—	—	—	150
	蛋氨酸	5	5	5	—	—	—
	乙二胺	—	—	15mL/L	5mL/L	—	—
	盐酸羟胺($NH_2OH \cdot HCl$)	—	—	—	7	—	—
	锡酸钠(Na_2SnO_3)	—	—	—	—	40	—
	酒石酸钠($Na_2C_4H_4O_6$)	—	—	—	—	12	—
	EDTA四钠盐	—	—	—	—	75	—
	硫酸亚锡($SnSO_4$)	—	—	—	—	—	40
	氨基磺酸钠(H_2NSO_3Na)	—	—	—	—	—	70
	间苯二酚	—	—	—	—	—	10
工艺条件	pH值	8.5	8.5	9.5	8.5	12	4
	温度/°C	50	50	60	50	70	40
	阴极电流密度/(A/dm²)	2	2	3	0.5~1	1.5	3~4
	阳极	镍板	镍板	镍板	锡板	石墨	镍板
外观		不锈钢色	黑色光亮	黑色光亮		青白色	白色带粉红

7.12 电镀锡钴合金

锡钴合金镀层中锡的质量分数为90% ~95%，钴的质量分数为5% ~10%，外观呈青光银白色，酷似铬，阴极电流效率可高达90%以上。

锡钴合金镀层的电极电势比铁正，属于阴极性镀层，硬度比高锡青铜镀层高，近似于镀镍层，镀层防护性能好，在空气中不易变色，与常用的铁、铜工件和锌基合金镀层有良好的结合力。

锡钴合金镀液主要有焦磷酸盐、锡酸盐、HEDP和氟化物等。电镀锡钴合金工艺见表7-39。应注意的是，用作装饰性的代铬镀层，镀液中必须含有光亮剂才能得到光亮的外观，否则只能形成无光泽的灰白色镀层。

表7-39 电镀锡钴合金工艺

工艺号		1	2	3	4	5
组分浓度/(g/L)	焦磷酸钾($K_4P_2O_7$)	200 ~ 300	—	—	—	150 ~ 200
	氯化亚锡($SnCl_2 \cdot 2H_2O$)	15 ~ 50	—	—	10 ~ 45	—
	锡酸钠($Na_2SnO_3 \cdot 3H_2O$)	—	60	70	—	60 ~ 70
	氯化钴($CoCl_2 \cdot 6H_2O$)	15 ~ 50	—	—	50 ~ 350	6 ~ 10
	醋酸钴[$Co(CH_3COO)_2$]	—	5	6	—	—
	氟化钽(TaF)	—	—	—	0.2 ~ 8	—
	EDTA-4Na	—	—	—	—	10 ~ 15
	酒石酸钾钠($KNaC_4H_4O_6 \cdot 4H_2O$)	—	170	180	—	15 ~ 20
	葡萄糖酸钠	—	—	40	—	—
	柠檬酸铵[$(NH_4)_3C_6H_5O_7$]	—	20	—	—	—
	十二烷基磺酸钠	—	0.02	0.05	—	—
	L-组氨酸盐酸盐	—	—	0.02	—	—
	明胶	—	—	—	—	0.1 ~ 0.2
	1,3丙二酸	2 ~ 4mL/L	—	55 ~ 80mL/L	—	—
	1,2,4三氮唑	0.6 ~ 1.0	—	0.5 ~ 4.5	—	—
	二氟化铵$(NH_4)_2F_2$	—	—	—	35 ~ 75mL/L	—
	氯化铵NH_4Cl	—	—	—	70 ~ 110	—
工艺条件	pH值					10 ~ 11
	温度/°C	8.5 ~ 10.0	6.8	7.5		50 ~ 55

（续）

工艺号		1	2	3	4	5
工艺条件	阴极电流密度/(A/dm^2)	50~60	45	55	55~80	挂镀 1.5~2.0
		0.3~1.0	0.5	0.5	0.5~4.5	滚镀150~170A/桶 滚桶转速 6~10r/min
	阳极	石墨	Pt/Ti	Pt/Ti		锡板
	镀层中Co的质量分数(%)	20~30	42	22	Sn-Co-Ta合金	

7.13 电镀锡锌合金

锡锌合金镀层特点如下：

1）耐蚀性高。中性盐雾试验表明，其耐蚀性比锌镀层高了3~4倍，与镉镀层相当。在工业环境中耐蚀性超过了锌、镉镀层。

2）焊接性好，可在无焊剂的情况下进行钎焊，即使经钝化处理并放置较长时间后，也不影响其钎焊性。

3）具有良好的熔焊特性。一般镀锌钢板在熔焊时，镀层易脱落或黏附在电极上，而镀锡锌合金的钢板无此现象，并且焊接强度较高。

4）锡锌合金镀层韧性好。镀后的工件进行冲击、弯曲、深度拉深加工时，镀层也不会脱落，表明其韧性优良。

5）电镀时不产生锡须。该合金镀层虽然锡含量高，但没有锡镀层中常会产生的锡须现象，使该镀层在电子元器件中应用较广，不会因锡须出现而引起短路故障。

7.13.1 普通电镀锡锌合金

电镀锡锌合金镀液常用的组分是氰化物，也有少数用焦磷酸盐的。氰化物镀锡锌合金所用的原料有氰化锌、游离氰化钠、锡酸钠、氢氧化钠，可得到铜的质量分数为75%~80%的锡锌合金镀层，但是氰化物的剧毒性在环境保护和操作安全方面有较多问题，所以现在已经用酸性镀液替代，即采用硫酸盐型镀锡锌合金工艺。普通电镀锡锌合金工艺见表7-40。

表 7-40　普通电镀锡锌合金工艺

镀液组分与工艺条件	数　值	镀液组分与工艺条件	数　值
硫酸锌	110g/L	pH 值	4.5
硫酸锡	1.5～7g/L	温度	室温
氯化铵	80g/L	电流密度	0.7～3A/dm^2
葡萄糖酸钠	20g/L	阳极材料	纯锌
柠檬酸钠	30g/L	镀层锡的质量分数(%)	10～20
光亮剂	1～15mL/L		

7.13.2　氰化物电镀锌锡合金

电镀锌的质量分数为 20%～25% 的锡锌合金镀层常用氰化物镀液，其工艺见表 7-41。该工艺中使用和镀层成分相同的锡锌合金作为阳极，阳极面积应为阴极面积的 1.5～2 倍。

表 7-41　氰化物电镀锌锡合金工艺

工　艺　号		1	2	3	4	5
组分浓度/(g/L)	锡酸钠($Na_2SnO_3 \cdot 3H_2O$)	50～100	72	—	—	—
	锡酸钾(K_2SnO_3)	—	—	50～100	120	94
	氰化锌[$Zn(CN)_2$]	—	12.5	—	9	15
	氧化锌(ZnO)	3～15	—	3～15	—	—
	氰化钠(NaCN)	—	30	—	—	—
	氰化钾(KCN)	20～60	—	20～60	30	34
	氢氧化钠(NaOH)	—	10	—	—	—
	氢氧化钾(KOH)	3～14	—	4～12	6.8	11
工艺条件	温度/°C	60～75	60～70	60～75	65	65±2
	电流密度/(A/dm^2)	1～3	1～3	1～3	2～3	0.5～1.5

7.13.3　柠檬酸盐电镀锡锌合金

柠檬酸盐电镀锡锌合金工艺见表 7-42。

表 7-42　柠檬酸盐电镀锡锌合金工艺

工　艺　号		1	2	3
组分浓度/(g/L)	硫酸亚锡($SnSO_4$)	30～35	25	20～30
	硫酸锌($ZnSO_4 \cdot 7H_2O$)	32～36	30～50	14～20
	柠檬酸($C_6H_8O_7 \cdot H_2O$)	100～120	—	—
	柠檬酸铵[$(NH_4)_3C_6H_5O_7$]	—	80～90	100～140

(续)

工艺号		1	2	3
组分浓度/(g/L)	硫酰铵[$(NH_4)_2SO_4$]	60~80	60~80	80~100
	三乙醇胺[$N(CHC_2H_2OH)_3$]	—	10	—
	添加剂	6~8mL/L①	SN-1,15~20mL/L②	—
	稳定剂③	—	—	0.03
	光亮剂③ Ⅰ	—	—	0.005~0.01
	光亮剂③ Ⅱ	—	—	0.01~0.02
工艺条件	pH值	5.0~5.5	5~6	5.8~6.5
	温度/°C	20~30	15~25	室温
	电流密度/(A/dm²)	2~3	1.5~3	2~3

① 由哈尔滨工业大学研制。

② 由南京航空航天大学研制。

③ 由上海自动化仪表一厂研制。

7.13.4 焦磷酸盐电镀锡锌合金

焦磷酸盐电镀锡锌合金工艺见表7-43。

表7-43 焦磷酸盐电镀锡锌合金工艺

工艺号		1	2
组分浓度/(g/L)	焦磷酸亚锡($Sn_2P_2O_7$)	21	—
	锡酸钠($Na_2SnO_3 \cdot 3H_2O$)	—	50~70
	焦磷酸锌($Zn_2P_2O_7$)	37	9~12
	焦磷酸钾($K_4P_2O_7 \cdot 3H_2O$)	200	240~280
	磷酸氢二钠(Na_2HPO_4)	—	20
	明胶	1	少量
工艺条件	pH值	9.2	10~11
	温度/°C	60	45~50
	电流密度/(A/dm²)	0.6~1.5	1~2

7.13.5 葡萄糖酸盐电镀锡锌合金

葡萄糖酸盐电镀锡锌合金工艺见表7-44。

表7-44 葡萄糖酸盐电镀锡锌合金工艺

工艺号		1	2	3
组分浓度/(g/L)	磷酸亚锡($SnSO_4$)	27	37	—
	氯化亚锡($SnCl_2 \cdot 2H_2O$)	—	—	40
	硫酸锌($ZnSO_4 \cdot 7H_2O$)	36	22.5	40
	葡萄糖酸钠($NaC_6H_{11}O_7$)	110	110	—

（续）

工艺号		1	2	3
组分浓度/(g/L)	葡萄糖酸($C_6H_{12}O_7$)	—	—	150
	三乙醇胺[$N(CHC_2H_2OH)_3$]	26	75	—
	磷酸钠($Na_3PO_4 \cdot 12H_2O$)	—	—	75
	聚乙二醇烷基胺	3	—	—
	聚乙醇酚醚	—	3	—
	聚环氧乙烷基硬脂酸胺	—	—	5
	胨	0.5	—	—
	蛋白胨	—	0~1	—
	香草醛($C_8H_8O_3$)	0.04	0.04~0.06	0.4
工艺条件	pH值	6	5~6	6
	温度/°C	25	20~30	25
	电流密度/A(/dm^2)	1~2	0.5~4	2

7.14　电镀其他锡合金

7.14.1　电镀锡铋合金

锡铋合金镀层具有低共熔点、高焊接性、不产生晶须、耐蚀性好、镀液分散能力强、无铅和氟污染等特点。一般情况下，锡铋合金中铋的质量分数为0.1%~75%。其中，铋的质量分数为30%~53%时，合金镀层综合性能较好；铋的质量分数为0.2%~2.0%时，合金镀层可有效防止晶须的生成。

电镀锡铋合金工艺见表7-45。

表7-45　电镀锡铋合金工艺

工艺号		1	2	3	4
组分浓度/(g/L)	硫酸亚锡 $SnSO_4$(以 Sn^{2+} 计)	22.5	10	—	50~60
	硫酸铋 $Bi_2(SO_4)_3$(以 Bi^{3+} 计)	7.5	7.5	—	—
	谷氨酸	120	—	—	—
	氯化钠 NaCl	80	—	—	0.3~0.8
	烷基壬酚醚(含15mol环氧乙烷)	5	—	—	—
	丙二酸	—	120	—	—
	醋酸铵 NH_4CH_3COO	—	80	—	—
	胨	—	1	—	—

（续）

工艺号		1	2	3	4
组分浓度/(g/L)	硝酸铋 $Bi(NO_3)_3$	—	—	—	0.5~1.5
	硫酸 H_2SO_4	—	—	—	110~130
	添加剂Ⅰ①	—	—	—	0.5~0.6
	添加剂Ⅱ①	—	—	—	0.5~0.6mL/L
	甲烷磺酸亚锡 $Sn(CH_3SO_3)$	—	—	19.5	—
	甲烷磺酸铋 $Bi(CH_3SO_3)_3$	—	—	130	—
	70%甲烷磺酸(CH_3SO_3H)	—	—	45mL/L	—
	添加剂②	—	—	适量	—
工艺条件	pH值	3.5	6.0		
	温度/°C	25	25	室温	室温
	阴极电流密度/(A/dm^2)	5.0	5.0	0.2~1.9	0.5~1.0
	阳极	Sn-1	Sn-1	高纯铸铋	Sn-1装入尼龙袋
	镀层中Bi的质量分数(%)	36.5	56.2	58	0.2~20

① 河南平原光学电子仪器厂研制。

② 南京无线电八厂研制。

7.14.2 电镀锡银合金

锡银合金镀层在工业生产中应用广泛，并以其优良的焊接性、耐蚀性、光亮的外观和无铅污染等优点成为主要的代锡铅合金镀层。但为了降低生产成本，一般采用低银（Ag的质量分数不大于20%）的锡银合金镀层。

影响镀层中银含量的主要因素包括锡银合金镀液中银含量、镀液pH值和电流密度等。镀液中银含量的增加及镀液pH值的降低都能显著提高镀层中的银含量。

电镀锡银合金工艺见表7-46。

表7-46 电镀锡银合金工艺

工艺号		1	2	3	4	5
组分浓度/(g/L)	硫酸亚锡 $SnSO_4$	43	—	—	—	—
	硫酸银 Ag_2SO_4	1.6	—	—	—	—
	焦磷酸钾 $K_4P_2O_7$	264	—	99	—	—
	碘化钾 KI	249	249	3322	—	—
	三乙醇铵	60	22	—	—	—
	2-氯甲基氯化铵与水杨醛反应物	2.0	—	—	—	—
	氯化银(AgCl)	—	34	—	43	—

（续）

工艺号		1	2	3	4	5
组分浓度/(g/L)	柠檬酸钠($Na_3C_6H_5O_7 \cdot 2H_2O$)	—	0.4	—	—	—
	单乙醇胺与邻香草醛反应物	—	275	—	—	—
	焦磷酸锡($Sn_2P_2O_7$)	—	4	—	—	—
	焦磷酸银($Ag_4P_2O_7$)	—	—	123	—	—
	N-甲基乙醇胺与水杨醛反应物	—	—	30	—	—
	表面活性剂	—	—	30	—	—
	抗坏血酸	—	—	0.1	—	—
	硝酸银($AgNO_3$)(以 Ag^+ 计)	—	—	10	—	—
	硫代苹果酸	—	—	—	10	—
	50% D-葡萄糖酸溶液	—	—	—	45mL/L	—
	甲烷磺酸锡[$Sn(CH_3SO_3)_2$]	—	—	—	80	—
	甲烷磺酸银($AgCH_3SO_3$)	—	—	—	—	30
	甲烷磺酸(CH_3SO_3H)	—	—	—	—	1
	壬酚醚(含 12mL 环氧乙烷)	—	—	—	—	100
工艺条件	pH 值	4.5	4.5	5.0	0.7(用 KOH 与 NH_4OH 质量比为 1:1 来调节)	8
	温度/°C	25	25	25	25	20
	阴极电流密度/(A/dm²)	2.0	2.0	2.0	1.0	2.0

7.14.3　电镀锡铈合金

锡铈合金镀层晶粒细小，具有强的抗氧化性和良好的焊接性。电镀锡铈合金工艺见表 7-47。

表 7-47　电镀锡铈合金工艺

镀液组分与工艺条件	数　值	镀液组分与工艺条件	数　值
硫酸亚锡	25 ~ 40g/L	电流密度	0.5 ~ 3.0A/dm²
硫酸	80 ~ 120mL/L	温度	5 ~ 35/°C
硫酸铈	10 ~ 15g/L	滚筒转速	6 ~ 8r/min
ZF302 开缸剂	35 ~ 42mL/L	镀液过滤	连续型过滤

7.14.4　电镀锡铜、锡锑、锡铟、锡钛合金

电镀锡铜、锡锑、锡铟、锡钛合金工艺见表 7-48。

表 7-48 电镀锡铜、锡锑、锡铟、锡钛合金工艺

工艺类型		锡铜	锡锑	锡铟	锡钛
组分浓度/(g/L)	硫酸亚锡(以锡计)	12.5	—	—	—
	甲烷磺酸锡(以锡计)	—	50	10	—
	甲烷磺酸锡	—	—	—	25
	甲烷磺酸钛	—	—	—	10
	硫酸铜(以铜计)	6	—	—	—
	三氯化锑	—	5	—	—
	三氯化铟(以铟计)	—	—	8	—
	硫酸铵	80	—	—	—
	柠檬酸三铵	100	—	—	—
	酒石酸	—	—	30	—
	游离甲烷磺酸	—	106	100	140
	2-氨基-4-氯苯并噻唑-*N*,*N*-二丙烷硫酸钠	0.25	—	—	—
	5-甲基-2-巯基苯并咪唑-*S*-丙烷磺酸钠	—	0.5	—	—
	5-甲基-2 巯基苯并咪唑-*S*-丁烷磺酸钠	—	—	0.5	—
	聚氧化乙烯(EO20)十二醇	2	—	—	—
	聚氧化乙烯(EO10)双酚 A	—	10	—	—
	聚氧化乙烯(EO5)油醇胺	—	—	5	—
	十二烷基二甲胺乙酸甜菜碱	—	1	—	—
	壬醚(含 10mol 环氧乙烷和 3mol 环氧丙烷)	—	—	—	8
	氨水(30%)	75mL/L	—	—	—
	对苯二酚	—	0.2	—	—
工艺条件	pH 值	6.2		2	
	温度/°C	25	35	30	20

7.14.5 柠檬酸光亮镀铅锡合金

柠檬酸体系镀液性质稳定，对各类杂质敏感性小，维护方便，所得镀层光亮、细致、均匀，焊接性好且不产生环境污染，能满足各种条件的使用要求，抗 SO_2 腐蚀性能优于银镀层。柠檬酸光亮镀铅锡合金工艺见表 7-49。

表 7-49 柠檬酸光亮镀铅锡合金工艺

工 艺 号		1	2	3
组分浓度/(g/L)	氯化亚锡($SnCl_2 \cdot 2H_2O$)	40~50	30~45	61
	醋酸铅[$Pb(CH_3COO)_2$]	2~20	5~25	29
	柠檬酸($H_3C_6H_5O_7$)	60	—	150
	柠檬酸铵($NH_4H_2C_6H_5O_7$)	—	60~90	—
	氢氧化钾(KOH)	40	—	—
	醋酸铵(CH_3COONH_4)	60	60~80	—
	硼酸(H_3BO_3)	—	25~30	—
	氯化钾(KCl)	—	20	—
	EDTA-2Na	—	—	50
	稳定剂	30~50mL/L	25~100mL/L	15mL/L
	BD 光亮剂	15mL/L	—	—
	YDZ-7 光亮剂①	—	16mL/L	—
	YDZ-8 光亮剂①	—	16mL/L	—

（续）

工艺号		1	2	3
工艺条件	pH值	5~6	5	5~6
	温度/°C	10~25	10~30	室温
	阴极电流密度/(A/dm^2)	0.5~2.5	1~2	1~2
	搅拌方式	阴极移动	阴极移动	阴极移动
	阳极成分(Sn/Pb)(质量分数,%)		(80~90)/(10~20)	6/4
	镀层成分(Sn/Pb)(质量分数,%)		(80~95)/(5~20)	7/3

① 上海通信设备厂等单位研制。

7.14.6 电镀锡镍合金

锡镍合金外观酷似不锈钢。锡的质量分数为65%、镍的质量分数为35%的锡镍合金镀层是一种金属间化合物，硬度为700HV，较脆。其耐蚀性和抗变色性能优于单金属的锡和镍镀层，在稀的硝酸、盐酸、硫酸和其他pH值>1.2的酸中都稳定，但在浓的盐酸或硫酸中很快溶解。

锡镍合金镀层属于阴极性镀层，可在钢铁上直接电镀。由于锡镍合金镀液分散性能好，电流效率高，可用于复杂零件的电镀，尤其可用于滚镀，以及电子、电气产品和印制线路板的电镀中。锡镍合金镀层的摩擦因数很小，且表面孔隙较多，可以保持一层油膜在其表面，故常用于需滑动摩擦表面的电镀。但是锡镍合金镀层的内应力大，应特别加以注意，不宜镀得太厚。电镀锡镍合金工艺见表7-50。

表7-50 电镀锡镍合金工艺

镀液类型与工艺号		氟化物型			焦磷酸盐型	
		1	2	3	1	2
组分浓度/(g/L)	氯化亚锡($SnCl_2 \cdot 2H_2O$)	50	50	50	—	16
	焦磷酸锡($Sn_2P_2O_7$)	—	—	—	20	—
	氯化镍($NiCl_2 \cdot 6H_2O$)	250	300	300	24	70
	盐酸羟胺($NH_2OH \cdot HCl$)	—	—	—	—	7
	氟化氢胺(NH_4HF_2)	50	—	35	—	—
	柠檬酸三铵	—	—	—	10	—
	氟化铵(NH_4F)	—	60	—	—	—
	焦磷酸钾	—	—	—	231	240
	氟化钠	—	—	28	—	—
	乙二铵	—	—	—	—	5mL/L
	盐酸(32%)	8mL/L	—	—	—	—
	酚磺酸	—	0.5M	—	—	—
工艺条件	pH值	2.5	4.5	2.5	8.5	8.5
	温度/°C	65	50~70	65	60	50
	阴极电流密度/(A/dm^2)	2.7	0.5~4	2~2.5	0.5~6	0.1~1
	阳极	Ni	Ni	Ni	Ni,Sn	Sn
	镀层中锡的质量分数(%)	65	63	65	67~92	65

7.14.7 电镀锡钴合金

钴的质量分数为10%~20%的锡钴合金，其色泽与铬相似，是一种良好的代铬镀层。锡钴合金镀层的电位比铁正，属于阴极性镀层，在双层镍上镀0.2μm的锡钴合金，其耐蚀性优于在其上镀0.2μm的铬。锡钴合金镀液中的电流效率、分散能力和深镀能力都比镀铬高，因此特别适于滚镀形状复杂的小零件。

电镀锡钴合金工艺见表7-51。

表7-51 电镀锡钴合金工艺

工艺号		1	2	3
组分浓度/(g/L)	氯化钴($CoCl_2 \cdot 6H_2O$)	6~10	15~50	10~16
	氯化亚锡($SnCl_2 \cdot 2H_2O$)	—	15~50	—
	锡酸钠($Na_2SnO_3 \cdot 3H_2O$)	60~70	—	50~70
	焦磷酸钾($K_4P_2O_7 \cdot 3H_2O$)	150~200	190~250	—
	EDTA四钠	6~10	—	—
	EDTA二钠	—	—	6~8
	HEDP(100%,电镀级)	—	—	155~180
	明胶	0.1~0.2	—	—
	Sn^{2+}	0.05~0.10	—	—
	L-蛋氨酸	—	适量	—
工艺条件	pH值	10~11	8.5~10	12.3~13.0
	温度/℃	50~55	50~60	40~60
	阴极电流密度/(A/dm^2)	1.5~2.0	0.5~2.0	0.5~1.5
	阳极	锡板	不锈钢	石墨或不锈钢

7.14.8 电镀锡锌合金

锡是阴极性，而锌为阳极性镀层，锡锌合金兼具了这两种金属的优点。锌的质量分数为25%的锡锌合金镀层经铬酸盐处理后具有很好的耐蚀性，其抗大气腐蚀性能为锌镀层的3倍，比同样厚度的锡镀层和锌镀层都好。该合金镀层焊接性良好，且有优良的抗冲击性和二次加工性，可冲压成形，特别适于铸件电镀。钢铁镀锡锌合金后不发生孔蚀。锌锡合金镀层广泛用于电器和电子零件、海洋机械、汽车、航空机械等。

电镀锡锌合金工艺见表7-52。

表7-52 电镀锡锌合金工艺

镀液类型		氰化镀液		柠檬酸盐液	葡萄糖酸液
		1	2		
组分浓度/(g/L)	磷酸亚锡($SnSO_4$)	—	—	22	37
	锡酸钠($Na_2SnSO_3 \cdot 3H_2O$)	80~88	67	—	—
	硫酸锌($ZnSO_4 \cdot 7H_2O$)	—	—	29	22.5
	氰化锌[$Zn(CN)_2$]	3.2~4.1	10	—	—
	苛性钠(NaOH)	9~12	6	—	—

（续）

镀液类型		氰化镀液		柠檬酸盐液	葡萄糖酸液
		1	2		
组分浓度/(g/L)	氰化钠(NaCN)	27~29	25	—	—
	柠檬酸	—	—	77	—
	葡萄酸钠	—	—	—	110
	三乙醇胺	—	—	—	75
	硫酸铵	—	—	66	—
	3%氨水	—	—	72	—
	蛋白胨	适量	—	—	0~1
	香兰素	—	—	—	0.04~0.06
	钼酸盐	适量	—	—	—
	聚乙二醇酚醚	—	—	—	3
工艺条件	pH值			6~7	5~7
	温度/℃	70	65	25	20~30
	阴极电流密度/(A/dm²)	1.5~1.75	2	1	0.5~4
	阳极中锡的质量分数(%)		80	80	80
	镀层中锡的质量分数(%)		80	80	80

7.15 电镀金合金

镀金在贵金属电镀中应用较广，如首饰、工艺品、金币、钟表、金笔以及电子元件等领域均可使用金镀层做防护和装饰用。由于纯金价格昂贵且纯金镀层硬度较低，耐磨性差，因此实际生产中广泛使用金合金代替纯金镀层。金合金镀层在装饰业领域有着广泛而重要的应用，通过在镀金镀液中加入不同的金属盐，可以得到不同色泽的金合金镀层。

此外，由于金合金镀层具有低接触电阻、高耐磨性和高耐蚀性等优点，在接插件的电镀方面比其他类型的镀层有着明显优势。应用较多的金合金镀层是金的质量分数为99%左右的金钴、金镍、金锑合金。这些金合金的硬度可达130~350HV，比纯金镀层的硬度（70HV）高很多，具有优良的耐磨性，更经久耐用。

7.15.1 电镀金银合金

金银合金用作装饰性镀层时，成本比含铜镀层更高，但耐久性好，在电接触产品中有着广泛应用。电镀金银合金工艺见表7-53。

表7-53 电镀金银合金工艺

类型		常规范围	18K金
组分浓度/(g/L)	金氰化钾[$KAu(CN)_2$]	30~50	4
	银氰化钾[$KAg(CN)_2$]	0.5~1.5	0.8
	氰化钾(KCN游离)	1~20	1

（续）

类型		常规范围	18K 金
工艺条件	pH 值	10~11	10~11
	温度/°C	15~60	15~60
	电流密度/(A/dm^2)	1~5	3~4

7.15.2 电镀金铜合金

金铜合金的颜色可由赤金至金黄，会因铜的存在而泛红光。金铜合金镀液一般为含氰化物成分的镀液，此种镀液有利于金与铜同时络合，但氰化物浓度不宜过高，否则会阻碍铜的析出。提高电流密度能增大铜的沉积速度，有利于镀层内铜含量的增多。电镀金铜合金工艺见表7-54。

表7-54 电镀金铜合金工艺

类型		常规范围	18K 金
组分浓度/(g/L)	金氰化钾[$KAu(CN)_2$]	3~10	7
	氰化亚铜(CuCN)	8~15	7
	氰化钾(KCN 游离)	1~10	1.5
工艺条件	pH 值	7~7.5	7~7.5
	温度/°C	60~80	60~80
	电流密度/(A/dm^2)	0.5~3	0.5~1

7.16 电镀银合金

电镀银合金主要包括电镀银镉、银锡、银锑、银铅、银铜、银镍、银钴、银钯、银铂、银锌合金等。

1）银镉合金镀层具有较高的硬度和较低的电阻。其中镉的质量分数为5%的银镉合金镀层耐海水腐蚀性能是纯银镀层的四倍；镉的质量分数为15%的银镉合金镀层耐硫化物腐蚀性能是纯银镀层的两倍，抗高温氧化退色能力也很好。

2）银锡合金镀层耐蚀性、焊接性好，表面光亮且成本低廉，适用于五金制品及电子元件。

3）银锑合金镀层硬度高，耐磨性好，主要用于电器接插件，也被称为“硬银”。若锑含量过高则镀层会发脆，电性能也会变差，一般将锑的质量分数控制在5%左右。

4）含少量铅的银铅合金镀层具有良好的减磨性和润滑性，常用于轴承镀层生产中。

5）银铜合金耐磨性及耐硫化物腐蚀性都比纯银好，且不存在脆性，主要应用于电触头的电镀。

6）银镍合金镀层属于硬银合金镀层，有较好的力学性能和良好的导电性能。

7）银钴合金硬度比纯银高，类似于银镍合金。

8）银钯合金镀层的硬度是纯银的 1.5 倍，耐磨性是纯银的 5 ~ 10 倍，适合做电触头镀层。

9）银铂合金镀层的性质与银钯合金镀层相似。

10）银锌合金电镀可以得到光亮的银锌合金镀层，银锌合金镀层与基体的结合强度高。

7.16.1　电镀银镉合金

在氰化镀银镀液中，加入氰化镉，即可得到银镉合金，适量的氢氧化钠可以提高分散能力，量过多会导致电流效率降低。电镀银镉合金工艺见表 7-55。

表 7-55　电镀银镉合金工艺

工艺类型		低　镉	中　镉
组分浓度/(g/L)	氰化银(AgCN)	30	15
	氰化镉[$Cd(CN)_2$]	15	30
	氰化钠(NaCN)游离	25	10
	氢氧化钠(NaOH)	15	15
	氢氧化铵(NH_4OH)	2	2
工艺条件	温度/°C	15 ~ 35	15 ~ 35
	电流密度/(A/dm^2)	0.2 ~ 1	0.5 ~ 1.5

7.16.2　电镀银锡合金

电镀银锡合金工艺见表 7-56。

表 7-56　电镀银锡合金工艺

工　艺　号		1	2	3
组分浓度/(g/L)	硝酸银(以银计)	10	40	40
	以五水氯化锡(Ⅳ)(以锡计)	10	10	10
	硫代苹果酸	45	45	90
	葡萄糖酸钾	60	150	—
	柠檬酸钾	—	—	26
	三氧化砷	—	—	0.24
工艺条件	pH 值	1	1.9	3.2
	温度/°C	30	60	60
	电流密度/(A/dm^2)	1	5	1
	镀层中锡的质量分数(%)	45	25	34

7.16.3 电镀银锑合金

电镀银锑合金工艺见表7-57。

表7-57 电镀银锑合金工艺

工艺号		1	2	3
组分浓度/(g/L)	银氰化钾	73	—	—
	硝酸银	—	38~46	46~54
	氰化钾	90	70~80	65~71
	酒石酸锑钾	3	1.17~1.56	1.7~2.5
	酒石酸钾钠	50	—	40~60
	氢氧化钾	4	—	3~5
	碳酸钾	7.5	30~40	25~30
	1,4-丁炔二醇	—	0.5~0.7	—
	2-巯基苯并噻唑	—	0.5~0.7	—
	硫代硫酸钠	—	—	1
工艺条件	温度/°C	12~32	15~25	18~20
	电流密度/(A/dm^2)	0.7	0.8~1.2	0.3~0.5
	镀层中锑的质量分数(%)	1.35~1.55		

7.16.4 电镀银铅合金

电镀银铅合金工艺见表7-58。

表7-58 电镀银铅合金工艺

工艺号		1	2
组分浓度/(g/L)	氰化银	30	120
	碱式醋酸铅	4	—
	酒石酸铅	—	6
	氰化钾	22	205
	酒石酸钾钠	40	100
	氢氧化钾	0.5	10
工艺条件	温度/°C	20~30	35~50
	电流密度/(A/dm^2)	0.4	5~10
	镀层中铅的质量分数(%)	4	8

7.16.5 电镀银铜合金

电镀银铜合金工艺见表7-59。

表7-59 电镀银铜合金工艺

工艺号		1	2
组分浓度/(g/L)	硝酸银	15	12
	硝酸铜	30	—
	碘化亚铜	—	10
	碘化钾	—	100
	奎宁酸钠	—	0.5
	焦磷酸钾	82	500

（续）

工 艺 号		1	2
工艺条件	温度/°C	45	25
	电流密度/(A/dm^2)	1.5	0.3

7.16.6 电镀银镍合金

电镀银镍合金工艺见表 7-60。

表 7-60 电镀银镍合金工艺

镀液组分与工艺条件	数 值	镀液组分与工艺条件	数 值
氰化银($AgCN$)	6.7g/L	温度	20°C
氰化镍[$Ni(CN)_2$]	1.1g/L	电流密度	0.2 ~ 0.8A/dm^2
氰化钠($NaCN$)	11.8g/L	镀层中 Ag 与 Ni 质量比	7.2:4.6

7.16.7 电镀银钴合金

电镀银钴合金工艺见表 7-61。

表 7-61 电镀银钴合金工艺

镀液组分与工艺条件	数 值	镀液组分与工艺条件	数 值
银氰化钾[$KAg(CN)_2$]	30g/L	碳酸钾(K_2CO_3)	30g/L
钴氰化钾[$KCo(CN)_3$]	1g/L	温度	15 ~ 25°C
游离氰化钾(KCN)	20g/L	电流密度	0.8 ~ 1A/dm^2

7.16.8 电镀银钯合金

氯化物镀液镀银钯合金效果较好。电镀银钯合金工艺见表 7-62。

表 7-62 电镀银钯合金工艺

镀液组分与工艺条件	数 值	镀液组分与工艺条件	数 值
银(以 $AgCl$ 形式加入)	3.8g/L	温度	70°C
钯(以 $PdCl_2$ 形式加入)	0.98g/L	电流密度	0.15A/dm^2
盐酸(HCl)	9.7g/L	阳极	石墨
氯化锂($LiCl$)	350 ~ 800g/L		

7.16.9 电镀银铂合金

电镀银铂合金工艺见表 7-63。

表 7-63 电镀银铂合金工艺

镀液组分与工艺条件	数 值	镀液组分与工艺条件	数 值
银(以 $AgCl$ 形式加入)	14g/L	盐酸(HCl)(28%)	400mL/L
铂(以 $HPtCl_4$ 形式加入)	3 ~ 16g/L	温度	75°C
氯化锂($LiCl$)	500g/L	电流密度	0.2A/dm^2

7.16.10 电镀银锌合金

电镀银锌合金工艺见表 7-64。

表7-64 电镀银锌合金工艺

工艺类型		Ag-Zn镀层	Ag-Zu-Au镀层
组分浓度/(g/L)	氰化锌[$Zn(CN)_2$]	100	50
	氰化银(AgCN)	14	6
	氯化金($AuCl_3$)	—	3
	氰化钠(NaCN)	160	80
	氢氧化钠(NaOH)	100	50
工艺条件	温度/°C	20~30	
	电流密度(A/dm^2)	0.3	0.2
	镀层成分(质量分数,%)		Ag75,Au15,Zn10

7.17 电镀铁基合金

铁基合金电镀主要包括铁铬、铁镍、铁钨、铁碳、铁镍铬、铁镍钨合金电镀等。

1）按镀层中铬含量的多少可以将镀层划分为结晶镀层（铬的质量分数小于28%）、混晶镀层（铬的质量分数为28%~30%）、非晶态镀层（铬的质量分数大于30%）。铁铬合金镀层是铁基合金电镀层中耐蚀性最好的合金镀层，其中非晶态铁铬合金镀层耐蚀性又是铁铬合金镀层中最好的。

2）铁镍合金作为镀层可以代替装饰镀铬中的镍层，还可以用于电子工业中的磁性镀层。铁镍合金可以在钢铁件上电镀，能够大大降低成本。

3）铁钨合金镀层耐磨性、耐热性和耐蚀性较好，硬度较低。

4）碳的质量分数为0.35%~0.75%的铁碳合金镀层的硬度和耐蚀性高，与结构钢和铸铁基体结合力高，可用于修复磨损工件。

5）铁镍铬三元合金镀层既美观又耐腐蚀，是一种良好的防护装饰性镀层。

7.17.1 电镀铁铬合金

电镀铁铬合金工艺见表7-65。

表7-65 电镀铁铬合金工艺

工艺号		1	2
组分浓度/(g/L)	氯化亚铁	10~40	10
	三氯化铬	100~300	160
	甘氨酸	150~350	51
	氯化铵	100	21
	硼酸	20	12
	溴化钠	—	20
	氟化钠	—	10
	抗坏血酸	—	5

（续）

工艺号		1	2
工艺条件	pH值	1～3	2
	温度/°C	30	室温
	阳极材料	石墨	石墨
	阴极电流密度/(A/dm^2)	10～40	10
	镀层中铬的质量分数(%)	20～40	22～42

7.17.2 电镀铁磷合金

电镀铁磷合金工艺见表7-66。

表7-66 电镀铁磷合金工艺

镀液组分与工艺条件	数值	镀液组分与工艺条件	数值
氯化亚铁	200g/L	pH值	1～2
磷酸	20mL/L	温度	50°C
		阴极电流密度	3～10A/dm^2
硼酸	20g/L	阳极材料	低碳钢
抗坏血酸	2g/L	镀层中磷的质量分数(%)	10～14

7.17.3 电镀铁钨合金

电镀铁钨合金工艺见表7-67。

表7-67 电镀铁钨合金镀液组成及工艺条件

镀液组分与工艺条件	数值	镀液组分与工艺条件	数值
硫酸亚铁+硫酸铁	3g/L	硫脲(光亮剂)	1g/L
钨酸钠	30g/L	pH值	4～5.5
硼酸	5g/L	温度	20～60°C
柠檬酸	66g/L	阴极电流密度	3～6A/dm^2
酒石酸钾钠	100g/L	阳极材料	钨棒、碳棒
葡萄糖(光亮剂)	1g/L	镀层中钨的质量分数(%)	25～45

7.17.4 电镀铁镍铬合金

电镀铁镍铬合金工艺见表7-68。

表7-68 电镀铁镍铬合金工艺

工艺号		1	2
组分浓度/(g/L)	硫酸亚铁	40	5～20
	硫酸镍	160	8～28
	氯化镍	45	—
	三氯化铬	25	—
	硫酸铬	—	200
	硼酸	45	25
	氯化铵	—	40
	硫酸铵	—	60

（续）

工艺号		1	2
组分浓度/(g/L)	抗坏血酸	10	—
	柠檬酸	30	—
	有机添加剂	20	—
	添加剂	—	46
	光亮剂	2mL/L	12mL/L
	稳定剂	—	10
	糖精	3	—
	十二烷基硫酸钠	0.06	—
工艺条件	pH值	2.0	1.5～3
	温度/°C	30	30～50
	阴极电流密度/(A/dm²)	14	20～40
	阳极	镍板	石墨
	镀层成分(质量分数,%)	铁54,镍40,铬6	铬13～33

7.18 电镀其他合金

7.18.1 电镀铬钼合金

电镀铬钼合金镀液是在通常的镀铬镀液加入钼酸、钼酸铵或三氧化钼，阳极采用铅合金。电镀铬钼合金工艺见表7-69。

表7-69 电镀铬钼合金工艺

工艺号		1	2	3	4	5	6
组分浓度/(g/L)	铬酸酐	250	200～300	200～300	250～300	250	150
	硫酸	2.5	2～3	2～3	2.5～3	1.25	1.5
	钼酸	100	20～30	—	—	—	—
	钼酸铵	—	—	35～100	—	300	—
	钼酸钠	—	—	—	80～100	—	—
	三氧化钼	—	—	—	—	—	50
	氟化钠	—	—	—	10～12	—	—
工艺条件	温度/°C	30～60	40～60	40～60	18～25	40	40
	电流密度/(A/dm²)	30～80	35～50	35～50	5～7	4	15
	镀层中钼的质量分数(%)		0.5～1.5	0.5～1.5	1.4	4	0.22

7.18.2 氰化物镀镉钛合金

氰化物镀镉钛合金工艺见表7-70。

表 7-70　氰化物镀镉钛合金工艺

工艺号		1	2	3
组分浓度/(g/L)	镉(以 CdO 形式加入)	21 ~ 24	21 ~ 26	17 ~ 22
	钛(以过钛酸盐形式加入)	40 ~ 80	50 ~ 90	50 ~ 100
	氰化钠(NaCH)	105 ~ 127	98 ~ 130	81 ~ 106
	氢氧化钠(NaOH)	11 ~ 15	15 ~ 20	14 ~ 16
	碳酸钠(Na_2CO_3)	<50	<50	<30
	NaCH: Cd(质量比)	4:1	(4 ~ 5):1	(4 ~ 5):1
工艺条件	温度/°C	16 ~ 27	15 ~ 30	20 ~ 25
	电流密度/(A/dm^2)	1.6 ~ 3.2	2 ~ 4	1 ~ 4
	镀层中钛的质量分数(%)	0.1 ~ 0.5	0.1 ~ 0.7	0.2 ~ 0.34

7.18.3　无氰电镀镉钛合金

无氰电镀镉钛合金工艺见表 7-71。

表 7-71　无氰电镀镉钛合金工艺

工艺号		1	2	3
组分浓度/(g/L)	氯化镉($CdCl_2 \cdot 5/2H_2O$)	35 ~ 40	35 ~ 40	35 ~ 50
	钛(以 $TiOCl_2$ 形式加入)	3 ~ 5	3 ~ 5	—
	偏钛酸(H_2TiO_3)	—	—	15 ~ 18
	氯化铵(NH_4Cl)	100 ~ 110	110 ~ 120	140 ~ 160
	乙酸铵(NH_3COONH_4)	20 ~ 30	20 ~ 30	20 ~ 40
	氨三乙酸[$N(CH_2COOH)_3$]	110 ~ 130	110 ~ 130	110 ~ 130
	乙二胺四乙酸二钠($Na_2C_{10}H_{14}N_2O_8 \cdot 2H_2O$)	35 ~ 45	35 ~ 40	35 ~ 50
	氯化镍($NiCl_2 \cdot 6H_2O$)	—	1.5 ~ 2.0	—
	硫脲[$(NH_2)_2CS$]	—	1.0 ~ 1.5	—
工艺条件	pH 值	6.4 ~ 7.0	5.8 ~ 6.4	6 ~ 7
	温度/°C	室温	室温	15 ~ 35
	电流密度/(A/dm^3)	3	1 ~ 4	0.5 ~ 3
	镀层中钛的质量分数(%)			0.1 ~ 0.7

7.18.4　电镀钯镍合金

电镀钯镍镀液使用铂或石墨做不溶性阳极，通过补充盐类的方法调整镀液，镀液内的钯含量直接决定镀层内的钯含量，也可以用氨基磺酸盐镀液来得到钯镍合金镀层。电镀钯镍合金工艺见表 7-72。

表 7-72　钯镍合金镀液组成及工艺

类型		常规范围	代金
组分浓度/(g/L)	氯化钯($PdCl_2$)	10 ~ 40	10 ~ 20
	硫酸镍($NiSO_4 \cdot 7H_2O$)	30 ~ 60	30 ~ 45
	氯化铵(NH_4Cl)	60 ~ 120	100 ~ 120
	磷酸氢二钠(Na_2HPO_4)	70 ~ 100	70 ~ 80
	氨水(NH_4OH,25%)	60 ~ 120mL/L	60 ~ 120mL/L

（续）

类　　型		常规范围	代　金
工艺条件	pH 值	6.5～8.5	7.5～8.0
	温度/°C	30～65	15～50
	电流密度/(A/dm^2)	0.2～1.5	0.2～1.0
	阳极	铂或石墨	铂或石墨

7.18.5 电镀钯钴合金

硫酸钯、卤化钯、硝酸钯、乙酸钯、磷酸钯等钯盐和硫酸钴、卤化钴、硝酸钴、亚硝酸钴、乙酸钴、磷酸钴等钴盐可以作为电镀钯钴合金镀液中的主盐，用氨水和硫酸调整镀液 pH 值，用铂或镀铂钛作为阳极材料。电镀钯钴合金工艺见表 7-73。

表 7-73 电镀钯钴合金工艺

工 艺 号		1	2	3	4	5
组分浓度/(mol/L)	硫酸四氨钯	—	0.19	0.38	—	—
	硝酸四氨钯	—	—	—	0.38	0.38
	硫酸钴	—	0.17	—	0.06	—
	硫酸铵	—	0.38	—	—	0.3
	乙酸钴	—	—	0.35	—	0.06
	乙酸铵	—	—	0.2	—	—
	$Pd(NH_3)_2Cl_2$	0.38	—	—	—	—
	氯化钴	0.17	—	—	—	—
	EDTA	—	—	—	0.25	—
	戊二酸	—	0.3	—	—	—
	丙二酸	0.6	—	0.2		—
	乙酸	—	—	—	—	0.4
	氯化铵	0.38	—	—	0.38	—
工艺条件	pH 值	7～9	8～9	7～9	7～9	7～9
	温度/°C	35～65	30～45	45～65	45～65	45～60
	电流密度/(A/dm^2)	0.5～7	0.1～1	0.5～5	3～7	2～6

7.18.6 电镀钯铁合金

主盐浓度、镀液 pH 值和脉冲电镀电流的通断比对钯铁合金镀层组成有较大影响。硫酸亚铁的浓度越高，镀层中铁含量越高。但是，高的镀液 pH 值和长脉冲电镀电流的通断比会降低镀层中的铁含量。电镀钯铁合金工艺见表 7-74。

表 7-74　电镀钯铁合金工艺

工　艺　号		1	2
组分浓度/(g/L)	硫酸亚铁	0.01～0.2	0.01～0.1
	氯化钯	—	0.01～0.1
	硫酸铵	0.3	0.3
	$Pd(NH_3)_2Cl_2$	0.01～0.1	—
	磺基水杨酸	0.02～0.3	0.02～0.2
	磺基水杨酸: 铁(摩尔比)	2:1	—
	氨水	调 pH 值	调 pH 值
工艺条件	pH 值	3～9	3～9
	温度/°C	20～80	60
	电流密度/(A/dm^2)	0.35～35	37.5
	脉冲通断比	1:(20～100)	

7.18.7　电镀铱铂合金

电镀铱铂合金工艺见表 7-75。

表 7-75　电镀铱铂合金工艺

镀液组分与工艺条件	数　值	镀液组分与工艺条件	数　值
Na_3IrBr_6(以铱计)	10g/L	pH 值	5
K_2PtCl_4(以铂计)	0.5～3g/L	温度	85°C
硼酸	40g/L	电流密度	0.5A/dm^2
丙二酸	3.3g/L	镀层中铂的质量分数(%)	20～50
尿素	5.2		

7.19　仿金电镀

仿金电镀就是获得镀层颜色接近真金的镀层的一种方法。常用的仿金镀层以黄铜镀液为基础，通过加入其他金属元素来改变外观色调。仿金电镀成本低，镀层色泽华丽美观，多用作装饰性镀层。

电镀仿金层后，一般通过钝化处理来防止仿金层氧化变色与中和工件表面残留的碱。有时还可以通过涂覆一层透明而且具有一定硬度的有机膜保护钝化膜。在生产中经常应用的仿金镀液有氰化物镀液和焦磷酸盐仿金镀液两种。

7.19.1　焦磷酸盐仿金电镀

焦磷酸盐仿金电镀污染少，但是镀液成分复杂，电镀过程不易控制，不适合用于形状复杂的工件。焦磷酸盐仿金电镀工艺见表 7-76。

表7-76 焦磷酸盐仿金电镀工艺

工艺号		1	2	3	4	5	6
组分浓度/(g/L)	铜离子	—	—	—	—	—	15
	锌离子	—	—	—	—	—	4
	焦磷酸铜	14~16	—	4~5	4~4.5	0.7~1.1	—
	焦磷酸锌	—	—	—	—	28~33	—
	硫酸锌	12~17	10	11.2	—	—	—
	硫酸铜	40~45	25	58.6	36.2	—	—
	氯化亚锡	4~5	—	3.9	2	—	—
	锡酸钠	—	—	—	—	5.7~6.0	—
	氯化钴	—	—	—	—	3.0	—
	焦磷酸钾	270~300	333	310	260	220~250	360
	氨三乙酸	20~30	—	30	—	—	25
	柠檬酸钾	15~20	—	—	5	—	—
	酒石酸钾钠	—	—	20	20~30	31.5	—
	氢氧化钾	15~20	—	—	8~10	—	—
	磷酸氢二铵	20~30	—	—	—	—	—
	磷酸二氢钠	—	—	—	10	—	—
	磷酸氢二钠	—	—	—	—	—	35
	碳酸钠	—	—	—	—	10.6	—
	过氧化氢	—	—	—	—	0.3~0.6mL/L	—
	甘油	—	—	—	—	8~12mL/L	—
	光亮剂Ⅱ	—	1.53	—	—	—	—
工艺条件	pH值	8.5~9	9~10	8.8	8.5~8.8	7.0~9.0	8.7
	温度/°C	20~40	15~25	28~35	35	30~50	35~40
	电流密度/(mA/dm^2)	0.3~2.0	3.3	0.9~1.5	2.0	0.3~0.7	0.75~1.25

7.19.2 氰化仿金电镀

氰化仿金电镀具有镀液稳定、易控制、所得镀层色泽鲜艳等优点，主要缺点是氰化物有剧毒。氰化仿金电镀工艺见表7-77。

表7-77 氰化仿金电镀工艺

工艺号		1	2	3
组分浓度/(g/L)	氰化亚铜	15~18	22~25	25~30
	氰化锌	7~9	8~10	1.8~2.2
	锡酸钠	4~9	—	1.8~2.2
	氢氧化钠	4~6	—	2~25

（续）

工艺号		1	2	3
组分浓度/(g/L)	氰化钠	5~8(游离)	10~12(游离)	40~45
	碳酸钠	8~12	1.5~20	20~25
	酒石酸钾钠	30~35	—	15~25
	柠檬酸钾	15~20	—	—
	氨水	—	0.2~0.5	—
工艺条件	pH值	12	9.5~12	
	温度/°C	20~40	15~25	25~35
	电流密度/(A/dm²)	0.5~1	0.2~0.5	0.4~0.8
	时间/min	0.5~1	0.5~2	1~3

7.19.3 羟基亚乙基二膦酸仿金电镀

羟基亚乙基二膦酸（HEDP）仿金电镀工艺以羟基亚乙基二膦酸作为主配合剂，具有镀液稳定、深镀能力和均镀能力好、镀层色泽均匀、镀液中不含氰化物、操作简单等优点。羟基亚乙基二膦酸仿金电镀工艺见表7-78。

表7-78　羟基亚乙基二磷酸仿金电镀工艺

工艺号		1	2	3
组分浓度/(g/L)	HEDP(羟基亚乙基二膦酸)	80~100mL/L	80~100mL/L	80~100mL/L
	硫酸铜($CuSO_4 \cdot 5H_2O$)	40~50	40~50	40~50
	硫酸锌($ZnSO_4 \cdot 7H_2O$)	15~20	20~28	14~20
	锡酸钠($Na_2SnO_3 \cdot 3H_2O$)	—	—	10~15
	碳酸钠(Na_2CO_3)	—	20~30	20~30
	柠檬酸钾($K_3C_6H_5O_7$)	—	20~30	20~30
	SC添加剂	1.5mL/L	1~2mL/L	1~2mL/L
工艺条件	pH值	11~13	13~13.5	13~13.5
	温度/°C	35~45	室温	室温
	电流密度/(A/dm²)	1.5~2	1.5~3.5	1.5~3.5
	阴阳极面积比	2:1	2:1	2:1

7.19.4 锌铜合金仿金电镀

锌铜合金仿金电镀工艺见表7-79。

表7-79　锌铜合金仿金电镀工艺

镀液组分与工艺条件	数　值	镀液组分与工艺条件	数　值
氰化亚铜	23~27g/L	pH值	10±0.5
氰化锌	8~10g/L	温度	30°C±5°C
氰化钠	54~60g/L	阴极电流密度	0.3~0.5A/dm³
碳酸钠	30g/L	阳极	铜:锌=7:3(质量比)
氨水	0.3~1mL/L	电镀时间	1~2min

第 8 章　特 种 电 镀

8.1　流镀

流镀以机械方式实现待镀工件的装夹、运转和阴极的进给运动，以保证电沉积过程中阴极和阳极的切向相对运动、电解液在沉积表面的流动和阳极沿工件轴向的往复运动。以流镀机为特征的流镀具有如下特点：

1）将传统的电镀工艺以槽镀为基体，改为以镀件为基体，彻底淘汰了庞大的镀槽，省去了大量的镀液，解决了传统电镀工艺中因限制性大而无法解决的问题。

2）流镀机结构简单，操作方便，作业不受环境限制，可将流镀机放在机动车上流动作业，就地施镀，减轻了工人劳动强度，提高了生产率，免除了为建镀槽而专门修建的厂房。

3）流镀工艺以镀件为基体，流镀过程半自动化，节约了大量镀槽费用和其他附属费用，去掉了一些常规电镀辅料，施镀速度快，能耗低，经济效益高。

4）在施镀过程中使用的少量镀液可循环利用，基本没有污染液体排放，不会对环境造成污染。采用封闭式的流镀技术，镀液既不会飞溅泄露腐蚀机器零件，也不会散发对人体有害的气体，符合环保要求。

5）一台流镀机相当于一个电镀车间，在一台流镀机上可实现对不同形状、不同大小镀件的表面镀覆。一次装夹下可依次实现工件待镀表面从脱脂、活化、水洗、预镀到流镀工作层的整个工艺。

镀液流动方式的选择是阳极设计中的首要问题。在流镀中，电解液流动方式有平行流动式和径向流动式两种，如图 8-1 所示。径向流动式采用中空阳极，流镀液进入阳极腔，从阳极板上的开孔直接喷射到流镀面。径向流动式流镀有时称为喷流镀或射流镀，喷孔均布于阳极板上，直径通常为 ϕ1mm 左右，孔数取决于阳极板的材料及面积。径向流动式的优点是流

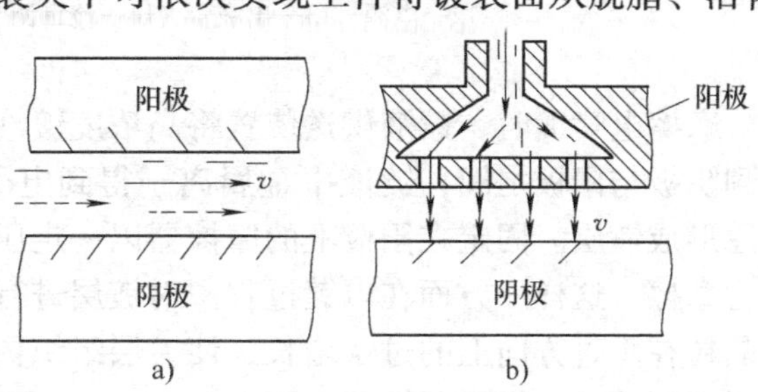

图 8-1　流镀基本方式

a）平行流动式　b）径向流动式

镀面供液状态均匀，容易达到紊流供液状态，但阳极制作复杂。平行流动式一般借助其他方式（例如喷嘴），向流镀面供送流镀液，阳极设计方便，但流速不均。

8.2 摩擦电喷镀

摩擦电喷镀是在综合电镀、电刷镀、流镀等多项技术的基础上发展起来的一种金属电沉积与机械摩擦加工同时进行的表面镀覆新技术，主要用于磨损较严重的工件快速修复尺寸、补救加工超差产品或工件的表面强化等。摩擦电喷镀工作原理如图8-2所示。

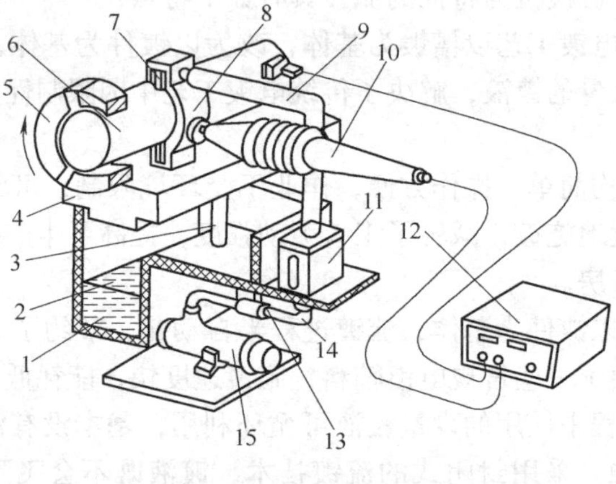

图8-2 摩擦电喷镀工作原理

1—贮液箱 2—过滤网 3—漏管 4—回液盘 5—夹具 6—工件 7—摩擦件 8—阳极 9—输液管 10—镀笔杆 11—流量计 12—电源 13—出液管 14—流量调节阀 15—磁力泵

摩擦电喷镀时，镀液供送装置将高浓度镀液以一定流量、一定压力连续地喷射到阴极与阳极之间，镀液中金属离子得到电子后在阴极（工件）表面上沉积还原形成镀层。固定在阳极上的摩擦器以一定压力在阴极上做相对运动，对镀层进行摩擦。这样一方面在电镀过程中对镀层进行了活化作用，另一方面限制了部分晶粒在垂直方向上的过快增长，使镀层组织更加致密，晶粒更加细化，有效改善了镀层质量，提高了镀层性能。

摩擦电喷镀技术有如下特点：

1）专用的电源体积小，功率大，能满足喷镀过程中大电流密度的要求。工作模式可以调节，可根据实际情况采用直流脉冲工作模式、间歇脉冲工作模式或去极化工作模式。

2）使用专用的高浓度镀液，保证阴极表面始终有充足的金属离子，可降低阴极表面浓差极化，进一步提高沉积速度。

3）采用的镀液供送装置可实现镀液自动循环，流量任意调节。喷镀过程中，镀液始终以一定压力、一定流量喷射到阴极表面。这样既可散发部分电阻热，又可保证阴极表面有充足的金属离子。

4）摩擦器与阳极做成一体，灵巧方便，镀液由阳极连续地喷射到阴极表面，靠阳极或阴极移动实现相对运动，极大地提高了它的应用范围。摩擦电喷镀的阴极与阳极之间有一定的固定间隙，阴极与阳极之间的距离可任意调节，从而尽可能减小镀液电阻，减少发热，降低能耗，提高沉积速度。

5）在喷镀过程中，摩擦器对阴极表面进行机械摩擦，可以去除镀层表面微观凸起，起到机械活化和细化晶粒作用，同时有利于氢气泡的析出。

6）阴极与阳极之间不接触，阳极材料表面不包覆任何材料，镀液可以无阻碍地以一定的流速喷射到阴极与阳极之间，向阴极提供足够的金属离子，大大提高了电流密度。

8.3 脉冲电镀

脉冲电镀是采用脉冲电源，通过控制波形、频率、工作比及平均电流密度等参数，使电沉积过程在很宽的范围内变化，从而获得具有一定特性镀层的电镀技术。

在直流电镀时，镀液中的金属离子在阴极表面附近镀液中逐渐被消耗，造成了该处被镀金属离子与镀液中该离子的浓度出现差别，这种差别随着使用的电流密度增高而加大。当阴极附近液层中该离子的浓度降到零时，就达到了所谓的极限电流密度，传质过程完全受扩散控制。

脉冲电镀时，由于有关断时间的存在，被消耗的金属离子利用这段时间扩散、补充到阴极附近，当下一个导通时间到来时，阴极附近的金属离子浓度得以恢复，所以可以使用较高的电流密度。脉冲电镀时传质过程与直流电镀时的传质过程的差异，造成了峰值电流可以高于平均电流，促使晶核形成的速度远远高于晶体长大的速度，使镀层结晶细化，排列紧密，孔隙减小，电阻率低。

脉冲电镀有如下特点：

1）改善镀液分散能力。

2）改变镀层结构，使镀层平滑、细致。

3）降低镀层孔隙率，提高镀层的耐蚀性及耐磨性。

4）降低镀层内应力和脆性，提高镀层的韧性。

5）降低镀层中的杂质含量，有利于获得成分稳定的合金镀层。

6）对于某些电镀镀液，即使不用光亮剂，也能获得光亮镀层。

7）增加镀层的电导率。

8）改善镀层分布，特别是改善小孔内表面的电镀效果。

9）降低浓度极差，增大电流密度，提高电镀速度。

10）促使有机添加剂分解，分解产物积累会污染镀液，故一般不用于含有机添加剂的镀液。

11）不能改善覆盖能力。例如：对于板厚与孔径比为 10∶1 的板件，用脉冲电镀不能做到板面与孔中镀层的厚度比为 1∶1，而用含有机添加剂的普通电镀却可做到这一点。

12）如果工件的某些特殊部位要求有比其余部位更厚的镀层，此时如采用脉冲电镀，因镀层较均匀，则比直流镀时多镀 10% ~20% 的金属才能满足要求。

8.3.1 脉冲电镀铬

脉冲电镀铬工艺见表 8-1。

表 8-1 脉冲电镀铬工艺

工艺号		1	2	3	4
组分浓度/(g/L)	铬酐(CrO_3)	250	250	60	260
	硫酸(H_2SO_4)	2.5	2.5	少许	—
	氟硅酸钾($KSiF_6$)	—	2.0	—	20
	磷酸(H_3PO_3)	—	—	50	—
	钼酸铵	—	—	—	75
	硫酸锶	—	—	—	6
工艺条件	温度/°C	60	45 ~55		50 ~60
	频率/Hz	300	300	15 ~25	150 ~200
	通断比	1∶5	1∶2	1∶2.5	1∶1
	平均电流密度/(A/dm^2)	8 ~15	13	10 ~20	46.5

8.3.2 脉冲电镀锌

脉冲电镀锌可得到结晶细致、耐蚀性好的镀层。脉冲电镀锌可提高镀液分散能力，降低镀层脆性，减少析氢量，降低氢向基材的渗透。脉冲电镀还可提高钝化膜的牢固度。脉冲电镀锌工艺见表 8-2。

表8-2 脉冲电镀锌工艺

工艺号		1	2	3
组分浓度/(g/L)	氧化锌	20	70	45
	氧化锌	18~22	—	—
	氯化铵	220~270	200	—
	氯化钾	—	—	220
	硼酸	—	—	25
	氨三乙酸	30~40	—	—
	硫脲	1~1.5	—	—
	聚乙二醇($M>6000$)	1~1.5		
	添加剂	—	6(mL/L)	15~20(mL/L)
工艺条件	pH值	5.8~6.2	5	5.0~5.5
	温度/°C	10~35	室温	室温
	波形	矩形波	矩形波	矩形波
	频率/Hz	1000	100	1000~1500
	通断比	1:9	1:9	1:1
	平均电流密度/(A/dm^2)	0.8~1.5	2	2

8.3.3 脉冲电镀镍

用脉冲电镀镍代替直流电镀镍可获得结晶细致的镍镀层，能降低镍镀层的孔隙率和内应力，提高硬度，减少杂质含量；并可采用更高的电流密度进行电镀，从而提高沉积速度。脉冲电镀镍工艺见表8-3。

表8-3 脉冲电镀镍工艺

工艺号		1	2	3
组分浓度/(g/L)	硫酸镍	180~240	140~210	200
	硫酸镁	20~30	30~50	60
	硫酸钠	—	80~100	60
	氯化钠	10~20	3~5	20
	硼酸	30~40	20~30	45
	十二烷基硫酸钠	—	—	0.02
工艺条件	pH值	5.4	5.0	4.0
	温度/°C	室温	室温	室温
	波形	矩形波	矩形波	矩形波
	频率/Hz	1000	1000	1500
	通断比	1:9~19	1:4	1:2
	平均电流密度/(A/dm^2)	0.7	1	0.7

8.3.4　脉冲电镀镍铁合金

与直流电镀相比，脉冲电镀镍铁合金在稳定镀层组成、抑制氢气析出、提高电流效率等方面均具有优越性。脉冲电镀镍铁合金工艺见表8-4。

表8-4　脉冲电镀镍铁合金工艺

工　艺　号		1	2
组分浓度/(g/L)	硫酸镍	180~220	180~220
	氯化镍	25~30	—
	氯化钠	—	15~25
	硫酸亚铁	15~20	15~30
	柠檬酸钠	20~30	20~30
	硼酸	—	35~45
	糖精	3~5	—
	十二烷基硫酸钠	0.1~0.3	
工艺条件	pH值	2.3	2.5~3.5
	温度/°C	室温	50~65
	波形	矩形波	矩形波
	频率/Hz	100	100~300
	通断比	1:1	9:1
	平均电流密度/(A/dm^2)	3.5~5	2.5~6

8.3.5　脉冲电镀铂

在钛基材上脉冲电镀铂可获得结晶细致、催化活性好、析氢过电位高、使用寿命长的镀铂层，其性能比直流镀铂层优良。脉冲电镀铂工艺见表8-5。

表8-5　脉冲电镀铂工艺

镀液组分与工艺条件	数　值	镀液组分与工艺条件	数　值
铂[以 $H_2Pt(NO_2)SO_4$ 形式]	5~10g/L	频率	10~100Hz
pH值(用 H_2SO_4 调节)	1.2~2.0	通断比	1:5~9
温度	50°C	平均电流密度	0.5~1A/dm^2
电流波形	矩形		

8.3.6　脉冲电镀钯

脉冲电镀钯具有比直流镀钯更好的性能，其工艺见表8-6。

表 8-6 脉冲电镀钯工艺

工艺号		1	2
组分浓度/(g/L)	钯(以 K_2PdCl_2 形式加入)	5	—
	氯化钯($PdCl_2$)	—	0.9~7.4
	亚硝酸钠($NaNO_2$)	14	—
	氯化钠(NaCl)	40	—
	硼酸(H_3BO_3)	25	—
	磷酸氢二钠($Na_2HPO_4 \cdot 12H_2O$)	—	100
	磷酸氢二铵[$(NH_4)_2HPO_4$]	—	20
	安息酸	—	2.5
工艺条件	pH 值	4.7	6~7
	温度/°C	50	50
	电流波形	矩形	矩形
	频率/Hz	50~100	500
	通断比	1:2~3	1:300~500
	平均电流密度/(A/dm^2)	1	0.4

8.3.7 脉冲电镀银

在同一镀液中，脉冲电镀银层比直流电镀银层结晶更细致，硬度更高，耐磨性更佳。将银层厚度降低 20% 时，脉冲电镀银层仍具有与直流电镀银层相当的性能。脉冲电镀银工艺见表 8-7。

表 8-7 脉冲电镀银工艺

工艺号		1	2	3
组分浓度/(g/L)	氯化银	30~40	—	—
	硝酸银	—	45~55	40~50
	氰化钾(总量)	65~80	—	—
	碳酸钾	30~40	40~70	—
	烟酸	—	90~110	—
	乙酸铵	77	—	—
	总氨量	20~25	—	—
	氨水	32mL/L	—	—
	硫酸铵	—	—	100~120
	亚氨基二磺酸铵	—	—	120~150
工艺条件	pH 值		9.0~9.5	8.2~8.8
	温度	室温	室温	室温
	波形	矩形波	矩形波	矩形波
	通断比	1:4~9	1:9	1:9
	平均电流密度/(A/dm^2)	0.2~0.6	0.4~0.6	0.3~0.5

8.3.8 酸性脉冲电镀金

在普通酸性镀金与镀硬金镀液中，选用合适的脉冲参数均可获得良好的金镀层。酸性脉冲电镀金工艺见表 8-8。

表 8-8　酸性脉冲镀金工艺

工艺号		1	2	3	4	5	6	7
组分浓度/(g/L)	金[$KAu(CN)_2$]	15～20	10～20	20～35	5～10	6～8	10～20	3～5
	柠檬酸铵	—	—	—	110～120	—	120	—
	柠檬酸钾	180～200	110～130	100～120	—	120	—	120～150
	硫酸钾	—	20	18～22	—	—	—	—
	柠檬酸	—	—	—	—	75	—	60～80
	酒石酸锑钾	—	—	—	0.1～0.3	0.3	0.3	—
	硫酸钴	—	—	—	—	—	—	5～10
	硫酸铟	—	—	—	—	—	—	3～5
工艺条件	pH 值	5.1～6.2	4～7	5.4～6.4	5.2～5.5	4.8～5.6	5.5～5.8	3.6～4.2
	温度/°C	60～65	45～65	65	40～45	室温	45～50	25～40
	波形	矩形波	矩形波	矩形波	矩形波	矩形波	矩形波	矩形波
	频率/Hz	1000～1500	900～1000	650	1000	1000	20～40	1000
	通断比	1:5～10	1:9	1:7	1:7～15	1:5～10	1:5～10	1:1
	平均电流密度/(A/dm^2)	0.1～0.4	0.1～0.5	0.35～0.45	0.1～0.4	0.4	0.3～0.4	0.5～2

8.3.9 亚硫酸盐脉冲电镀金

在普通亚硫酸盐电镀金与硬金镀液中，选用合适的脉冲参数进行脉冲电镀金也可得到良好的金镀层。亚硫酸盐脉冲电镀工艺见表 8-9。

表 8-9　亚硫酸盐脉冲电镀工艺

工艺号		1	2	3	4	5
组分浓度/(g/L)	金[$HAuCl_4 \cdot 4H_2O$]	20	15～20	15～20	15～30	10～20
	亚硫酸铵	150	100～120	150～180	—	—
	亚硫酸钠	—	—	—	150	150～160
	柠檬酸钾	100	—	80～100	—	—
	柠檬酸铵	—	—	—	90	—
	磷酸氢二钾	—	0.1～0.3	—	—	—
	乙二胺四乙酸二钠	—	—	—	少量	2～5
	硫酸钴	—	—	0.3～0.5	0.02～0.2	0.5～1
	硫酸铜	—	—	—	—	0.1～0.2

（续）

工艺号		1	2	3	4	5
工艺条件	pH 值	9.0~9.5	8.5~9.0	8~9	6.5~7.5	8.5~9.5
	温度/°C	40~45	35~45	20~30	室温	45~50
	波形	矩形波	矩形波	矩形波	矩形波	矩形波
	频率/Hz	1000	1000	500~1000	1000	7~10
	通断比	1:9	1:8~10	1:5~15	1:9	1:1~4
	平均电流密度/(A/dm^2)	0.5	0.3~0.5	0.2~0.6	0.3~0.4	0.3~0.4

8.3.10　脉冲换向电镀金

脉冲换向电镀又称双向脉冲电镀，它综合脉冲电镀与换向电镀的优点，采用合适的工艺参数可得到结晶更细致、内应力与孔隙率更小、厚度更均匀、耐蚀性更高的镀层。脉冲换向电镀金工艺见表 8-10。

表 8-10　脉冲换向电镀金工艺

镀液组分与工艺条件	数　值
金氰化钾[$KAu(CN)_2$]	10~15g/L
柠檬酸钾($K_3C_6H_5O_7 \cdot H_2O$)	40~50g/L
磷酸氢二钾(K_2HPO_4)	100~150g/L
添加剂	0.1~0.3g/L
pH 值	4.6~5.5
温度	40~50°C
脉冲频率	1000Hz
峰值电流	正向 0.5A/dm^2，反向 0.1A/dm^2
通断比	正向 1:10，反向 1:5
正向脉冲与反向脉冲导通时间比	9:2

8.4　复合电镀

复合电镀是将一种或数种不溶性的固体微粒加入镀液中与金属或合金共沉积，从而获得金属基体上弥散分布固体微粒结构的复合镀层。复合镀层具有两种组织：一种是基质金属或合金，通过还原反应而形成的均匀连续的镀层；另一种是不溶性的固体微粒，它们通常不连续地弥散分布于基质金属或合金中，是不连续相。基质金属或合金与不连续固体微粒之间有明显的界限。至于固体微粒可以是无机粒子，如氧化物、碳化物、硼化物、金刚石、石墨、氮化物等，也可以是有机粒子，如聚四氟乙烯、尼龙、氨基甲醛树脂等，也可以是金属粉末。微粒向镀液中的添加方式，通常是以悬浮法为主，有时还采用沉淀法，即在镀液中加入可溶性盐使其反应沉淀，而生成的微粒与金属或合金共沉积；或采用电极还原法，即在电镀中加入可溶性盐，在金属或合金电沉积同时发生阳极还原反应，形成不溶性微粒嵌入镀层。

复合电镀的分类，按照构成复合镀层的基质金属可分为镍基复合镀层、锌基复合镀层、铜基复合镀层等；按功能则分为耐磨复合镀层、自润滑复合镀层、防护-装饰性复合镀层、电接触功能复合镀层等。

8.4.1 镍基耐磨复合电镀

镍能与各种硬质固体微粒共沉积形成耐磨复合镀层，而且镀层的硬度值随粒子含量升高而升高，所以固体微粒大多选用 SiC、Al_2O_3、金刚石、WC、ZrO_2 等硬质陶瓷材料。镍基耐磨复合镀层还具有很好的抗高温氧化能力。

镍基耐磨复合电镀工艺见表8-11所示。

表8-11 镍基耐磨复合电镀工艺

工艺号		1	2	3	4	5	6
组分浓度/(g/L)	氨基磺酸镍[$Ni(NH_2SO_3)_2 \cdot 4H_2O$]	500	—	350	—	—	400
	硫酸镍($NiSO_4 \cdot 7H_2O$)	—	300	—	250	240	—
	氯化镍($NiCl_2.6H_2O$)	15	45	7.5	15	45	5
	硼酸(H_3BO_3)	45	40	30	40	40	30
	糖精	3	—	—	—	2~3	—
	表面活性剂	—	—	—	—	0.3mL/L	1.0mL/L
工艺条件	微粒类型	SiC	SiC	Al_2O_3	金刚石	BN	ZnO_2
	微粒尺寸/μm	1~4.5	1~3	1.4~3.5	7~10	0.1~7	5
	微粒含量/(g/L)	15~200	100	150	170	50	150
	pH值	4	3.5~4	3~3.5	4.4	4	4
	温度/℃	57~70	50	50	45	40~50	45
	电流密度/(A/dm^2)	20~30	5	3	10	5	3
	镀层中微粒的质量分数(%)	2.5~4	2.5~4	7	20(体积分数)		

8.4.2 镍-磷基耐磨复合电镀

由于镍-磷合金比纯镍硬度高得多，故用镍-磷合金作为母体金属与硬质固体微粒形成镍磷合金复合镀层更加耐磨。

镍-磷耐磨复合电镀工艺见表8-12。

表 8-12 电镀镍-磷耐磨复合电镀工艺

工艺号		1	2	3
组分浓度/(g/L)	氨基磺酸镍[$Ni(NH_2SO_3)_2 \cdot 4H_2O$]	450	—	—
	硫酸镍($NiSO_4 \cdot 7H_2O$)	—	250	250
	氯化镍($NiCl_2 \cdot 6H_2O$)	10	35	50
	柠檬酸钠($Na_3C_6H_5O_7 \cdot 2H_2O$)	—	—	10
	硼酸(H_3BO_3)	40	40	30
	次磷酸钠($NaH_2PO_2 \cdot H_2O$)	—	—	18~20
	亚磷酸(H_3PO_3)	—	20	—
	阳离子表面活性剂	—	—	适量
工艺条件	微粒类型	SiC	SiC	WC
	微粒尺寸/μm	5.5	5	2.5
	微粒含量/(g/L)	100	100	75
	pH值	1.2~1.6	2.5	1.5~1.8
	温度/℃	50	60	61~63
	电流密度/(A/dm^2)	15	3	2
	镀层中微粒的质量分数(%)	7	10.1	43.2

8.4.3 铬基耐磨复合电镀

尽管铬基复合镀层的硬度一般比电镀铬层低，但其耐磨性却有所提高。在六价铬溶液中较难形成复合镀层，一般须加入促进剂。

铬基耐磨复合电镀工艺见表8-13。

表 8-13 铬基耐磨复合电镀工艺

工艺号		1	2	3	4
组分浓度/(g/L)	铬酐(CrO_3)	250	250	250	250
	硫酸(H_2SO_4)	2.5	2.5	2.5	2.5
	铬鞣	—	—	5	—
	Cr^{3+}	2~5	—	—	—
	稀土促进剂	1.0~1.5	1.0~1.5	—	—
工艺条件	微粒类型	SiC	SiC	Al_2O_3	WC
	微粒尺寸/μm	0.5	2	7	5
	微粒含量/(g/L)	300~400	400~500	50	30~40
	温度/℃	40~50	40	50	50
	电流密度/(A/dm^2)	15~25	20	45	50
	镀层中微粒的质量分数(%)		1	0.1~0.3	3~4

8.4.4 钴基和铁基耐磨复合电镀

耐磨复合镀层除了Ni和Cr作为基质金属外，还有Co和Fe基复合镀层。钴基和铁基耐磨复合电镀工艺见表 8-14。

表 8-14　钴基和铁基耐磨复合电镀工艺

工艺类型		$Co-Cr_3C_2$	$Co-Cr_2O_3$	$Fe-P-Al_2O_3$
组分浓度/(g/L)		硫酸钴 430~470	硫酸钴 500	氯化铁 400
		氯化钠 15~20	氯化钠 15	次磷酸二氢钠 1~2
		硼酸 25~35	硼酸 35	抗氧化剂(V^{2+}) 1.0
		碳化铬(2~4μm)500	Cr_2O_3 (1~10μm)200~250	添加剂 0.5 α-Al_2O_3(W_7 · W_{20})30~80
工艺条件	pH 值	4.7	4.7	0.5~1.5
	温度/℃	50	50	30~40
	电流密度/(A/dm^2)	4	1~7	15~25

8.4.5　镍基自润滑复合电镀

固体润滑微粒和金属共沉积的复合电镀，具有良好的干润滑特性，摩擦因数低，减摩性能好。镍基自润滑复合镀层常以 watts 型或氨基磺酸盐型镀镍液为载体，常用的固体润滑微粒有 MoS_2、聚四氟乙烯、石墨、氟化石墨等。

镍基自润滑复合电镀工艺如表 8-15。

表 8-15　镍基自润滑复合电镀工艺

工艺号		1	2	3	4	5
组分浓度/(g/L)	氨基磺酸镍[$Ni(NH_2SO_3)_2 \cdot 4H_2O$]	322	—	—	—	—
	硫酸镍($NiSO_4 \cdot 7H_2O$)	—	310	250	250	240
	氯化镍($NiCL_2 \cdot 6H_2O$)	30	50	45	45	45
	硼酸(H_3BO_3)	34	40	40	40	30
	亚磷酸(H_3PO_3)	—	—	—	—	1~2
工艺条件	微粒类型	MoS_2	MoS_2	h-BN	$(CF)_n$	石墨
	微粒尺寸/μm	2~30	3	<0.5	<0.5	5~15(片状)
	微粒含量/(g/L)	200	5	30	60	5
	pH 值	2(5)	1~2	4.3	4.3	1.5
	温度/℃	50	20~35	50	50	55
	电流密度/(A/dm^2)	2.5	1(10)	10	10	5
	镀层中微粒的体积分数(%)	60(25)	24(12)	9	6.5	3~4(质量分数)

8.4.6　铜基自润滑复合电镀

铜基自润滑复合电镀的硬度随固体润滑剂微粒在镀层中的含量增加而下降，同时其摩擦因数也急剧下降。铜基复合镀层常以硫酸盐、焦磷酸盐或氟硼酸盐镀铜液为载体，固体润滑剂常用 MoS_2、石墨等。

铜基自润滑复合电镀工艺见表8-16。

表8-16 铜基自润滑复合电镀工艺

工艺号		硫酸盐型	焦磷酸盐型	乙二胺型
组分浓度/(g/L)	硫酸铜($CuSO_4 \cdot 5H_2O$)	200	35	125
	焦磷酸盐钠($Na_2P_2O_7 \cdot 10H_2O$)	—	140	—
	酒石酸钾钠($KNaC_4H_4O_6 \cdot 4H_2O$)	—	25	—
	乙二胺[$C_2H_4(NH_2)_2$]	—	—	60
	硫酸钠($Na_2SO_4 \cdot 10H_2O$)	—	—	60
	硫酸铵[$(NH_4)_2SO_4$]	—	—	60
	磷酸氢二钠($Na_2HPO_4 \cdot 12H_2O$)	—	95	—
	硫酸(H_2SO_4)	50	—	—
工艺条件	固体微粒	工业石墨 100	C-1 石墨 100	MoS_2 100
	pH 值		7.8	7.8
	温度/℃	20±1	50±2	20±1
	电流密度/(A/dm²)	5	2	2
	镀层中微粒的质量分数(%)	5	0.4	2.8

8.4.7 金基自润滑复合电镀

镀金和镀银层有良好的导电性、导热性能和较强的耐蚀性，但其硬度低，耐磨性不够。在电接触、电连接元件中，采用 Au-MoS_2、Au-$(CF)_n$ 复合镀层代替纯金镀层，可降低电接触的摩擦因数，提高使用寿命。金基自润滑复合电镀工艺见表8-17。

表8-17 金基自润滑复合电镀工艺

工艺号		Au-MoS_2	Au-$(CF)_n$
组分浓度/(g/L)	金[以 $KAu(CN)_2$ 形式加入]	10	5~7
	柠檬酸($H_3C_6H_5O_7$)	100	100~120
	氢氧化钾(KOH)	50	4~6
	柠檬酸铵[$(NH_4)_3C_6H_5O_7$]	—	2~3
工艺条件	微粒 MoS_2(≤1μm)或$(CF)_n$(≤0.5μm)	1.0	30~50
	pH 值	5.4~5.8	5.4~5.8
	温度/℃	30~50	30~40
	电流密度/(A/dm²)	0.1~0.5	0.06~0.13
	镀层中微粒的体积分数(%)	4.23	8~12

8.4.8 防护装饰性复合电镀

此类复合镀层应用最多，最早开发的是镍封和缎面镍两种工艺。它们通过微粒与镍的共沉积形成复合镀层，从而在后续套铬工艺中形成具有腐蚀电流分散性耐磨结构的微孔铬层，以成倍地提高 Cu/Ni/Cr 或 Ni/Cr 组合镀层的耐蚀性。

近年来 Zn-Al（粉）复合镀层的研发，成为机动车辆、电机、建材部门中代替热镀锌的一种有前途的手段。此外，锌基上弥散的酚醛树脂等高分子微粒，还有 Zn-SiO_2、Zn-Al_2O_3 等复合镀层的耐蚀性均优于镀锌层。

防护装饰复合电镀工艺见表 8-18。

表 8-18　防护装饰复合电镀工艺

类型	组分浓度/(g/L)		pH 值	温度/℃	电流密度/(A/dm^2)
Ni-Al_2O_3	$NiSO_4 \cdot 7H_2O$ $NiCl_2 \cdot 6H_2O$ H_3BO_3 Al_2O_3(0.1~0.3μm)	240 45 30 10~100	3.8~4.6	45~55	2~6
Ni-密胺树脂荧光颜料	$NiSO_4 \cdot 7H_2O$ $NiCl_2 \cdot 6H_2O$ H_3BO_3 密胺树脂(3.5~4.5μm)	210 50 31 20~30	4.0	45	2~5
Zn-Al	$ZnSO_4$ $Zn(OH)_2$ $Al(OH)_3$ H_3BO_3 Al 粉(250 目)	80 50 15 30 30	4.8~5.2	35~45	15~30
Zn-Al_2O_3	$ZnCl_2$ NH_4Cl $H_3C_6H_5O_7$ 聚乙二醇(相对分子质量>6000) 硫脲 促进剂 Al_2O_3(1~5μm) 或 SiO_2(1~3μm)	55 270 40~90 适量 适量 适量 20~100	5.5	25~30	2
Zn-酚醛树脂	$ZnSO_4 \cdot 7H_2O$ NH_4Cl H_3BO_3 非离子型或阳离子型表面活性剂 酚醛树脂(2~3μm)	450 15 30 少量 30	4.5~5.0	50	10~15

第 9 章　电刷镀和非金属刷镀

9.1　电刷镀

电刷镀是应用电化学沉积的原理，在导电零件需要制备镀层的表面上，快速沉积金属镀层的表面技术，它是表面工程技术重要的组成部分。

电刷镀工作原理如图 9-1 所示。电刷镀时，直流电源的负极通过电缆线与工件连接；正极通过电缆线与镀具（导电柄和阳极的组合体）连接。镀具前端经包裹的与刷镀表面仿形的阳极与工件表面轻轻接触，含有欲镀金属离子的电刷镀专用镀液不断地供送到阳极和工件刷镀表面之间，在电场作用下，镀液中的金属离子定向迁移到工件表面，在工件表面获得电子还原成金属原子，还原的金属原子在工件表面上形成镀层。

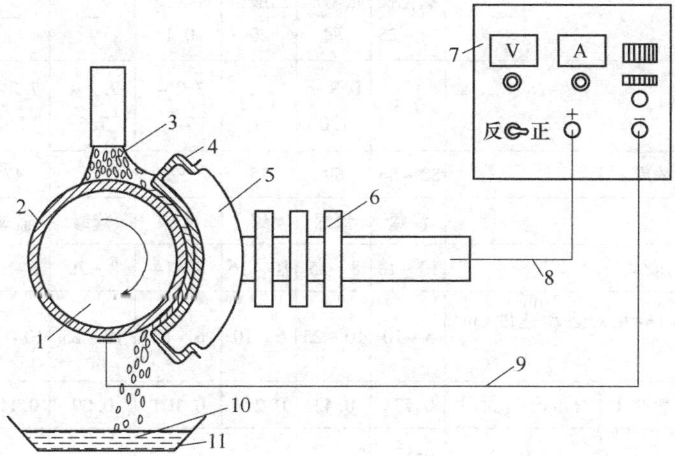

图 9-1　电刷镀工作原理

1—工件　2—镀层　3—镀液　4—包套　5—阳极　6—导电柄　7—电刷镀电源
8—阳极电缆　9—阴极电缆　10—循环使用溶液　11—拾液盘

9.1.1　电刷镀镍

电刷镀镍工艺见表 9-1。

表 9-1 电刷镀镍工艺

工艺类型		特殊镍	预镀镍	低应力镍	快速镍		致密快速镍	半光亮镍	光亮镍
					1	2			
组分浓度/(g/L)	硫酸镍($NiSO_4 \cdot 7H_2O$)	390 ~ 400	300	360	250	250	224	300	200 ~ 220
	盐酸 HCl(37%)	20 ~ 22	—	—	—	—	—	—	—
	冰乙酸($C_2H_4O_2$)	68 ~ 70mL/L	30mL/L	30mL/L	—	—	—	48	70 ~ 80
	对氨基苯磺酸($NH_2C_6H_4SO_3H$)	—	—	0.1	—	—	—	—	—
	氨水($NH_3 \cdot H_2O$)(25%)	—	—	—	100mL/L	至 pH 值	57mL/L	—	—
	柠檬酸铵[$(NH_4)_3C_6H_5O_7$]	—	—	—	56	100	205	—	—
	乙酸铵($NH_4C_2H_3O_2$)	—	—	—	23	30	—	—	—
	氯化钠(NaCl)	—	—	—	—	—	—	20	—
	硫酸联铵($N_2H_4 \cdot H_2SO_4$)	—	—	—	—	—	—	0.1	—
	十二烷基硫酸钠($C_{12}H_{25}NaO_4S$)	—	—	0.01	—	—	—	—	—
	其他	氯化镍 14 ~ 25	氨基乙酸	乙酸钠 20	草酸铵 0.1	—	—	硫酸钠 20	—
工艺条件	pH 值	0.3	0.8 ~ 1.0	3 ~ 4	7.2 ~ 7.5	7.2 ~ 7.5	7.2 ~ 7.6	2 ~ 4	
	镍离子浓度	82 ~ 84	69	75	52	52	47	62	42 ~ 46
	颜色	深绿	深绿	绿	蓝绿	蓝绿	蓝绿	绿	绿
	工作电压/V	10 ~ 18	8 ~ 15	10 ~ 16	8 ~ 14	8 ~ 20	6 ~ 18	4 ~ 10	5 ~ 10
	阴极、阳极相对运动速度(m/min)	5 ~ 10	10 ~ 25	6 ~ 10	6 ~ 12	10 ~ 25	10 ~ 18	10 ~ 14	5 ~ 10
	耗电系数/[A.h/($dm^2 \cdot \mu m$)]	0.774	0.42	0.214	0.104	0.09	0.113	0.122	
	镀覆量/[($dm^2 \cdot \mu m$)/L]	955 ~ 978	776	843	584	584	528	697	472 ~ 517
	镀层安全厚度/mm			0.13	0.2	0.2		0.13	
	镀层硬度 HRC	48		45	45	45	49	44	

9.1.2 电刷镀镍合金

电刷镀镍合金工艺见表 9-2。

表9-2 电刷镀镍合金工艺

工艺类型		镍钨	镍钨-D	镍钴磷		镍铁钨磷
				1	2	
组分浓度/(g/L)	硫酸镍($NiSO_4 \cdot 7H_2O$)	436	393	320	194	150~300
	硫酸钴($CoSO_4 \cdot 7H_2O$)	—	2	50	247	—
	钨酸钠($Na_2WO_4 \cdot 2H_2O$)	25	23	—	—	5~20
	冰乙酸($C_2H_4O_2$)	20mL/L	20mL/L	—	25ml/L	—
	柠檬酸($C_6H_8O_7 \cdot H_2O$)	36	42	—	—	—
	柠檬酸钠($Na_3C_6H_5O_7 \cdot 2H_2O$)	36	—	—	25	60~120
	硼酸(H_3BO_3)	—	31	—	25	30~60
	硫酸钠(Na_2SO_4)	20	6.5	—	—	10~30
	次磷酸钠($NaH_2PO_2 \cdot H_2O$)	—	—	—	37	1~2
	十二烷基硫酸钠($C_{12}H_{25}NaO_4S$)	0.01	0.001	—	—	—
	其他成分		硫酸锰2 氯化镁3 甲酸35mL/L 氯化钠5		硫酸铵 25	硫酸亚铁20~80 氯化镉0.1~0.2 $C_7H_5O_3NS$ 0.5~0.3
工艺条件	pH值	≈2	1.4~2.4	≈1.5	5~6	2.5~3.5
	工作电压/V	10~15	10~15	8~14	8~12	6~12
	阴极、阳极相对运动速度(m/min)	4~20	4~20	4~10	12~24	14~22
	耗电系数/[A.h/(dm^2·μm)]	0.214	0.214	0.181		

9.1.3 电刷镀铜

电刷镀铜工艺见表9-3。

表9-3 电刷镀铜工艺

工艺类型		快速铜	碱铜	高堆积铜
组分浓度/(g/L)	硫酸铜($CuSO_4 \cdot 5H_2O$)	40	250	—
	硝酸铜[$Cu(NO_3)_2 \cdot 3H_2O$]	430	—	—
	甲基磺酸铜[$Cu(CH_3SO_3)_2$]	—	—	322
	乙二胺[$(NH_2)_2(CH_2)_2$]	—	135mL/L	178mL/L
	氯化钠(NaCl)	—	—	1
工艺条件	pH值	1.2~1.5	9.5~10	8.5~9.5
	工作电压/V	4~15	6~15	8~14
	阴极、阳极相对运动速度/(m/min)	15~40	10~30	6~12

9.1.4 电刷镀铁

电刷镀铁工艺见表9-4。

表9-4 电刷镀铁工艺

工艺类型		快速铁	半光亮铁	铁镍钴合金
组分浓度/(g/L)	硫酸亚铁($FeSO_4 \cdot 7H_2O$)	340	240~280	—
	氯化亚铁($FeCl_2 \cdot 4H_2O$)	—	—	300
	氯化镍($NiCl_2 \cdot 6H_2O$)	—	—	300
	氯化钴($CoCl_2 \cdot 6H_2O$)	3~6	—	6
	氯化铝($AlCl_3 \cdot 6H_2O$)	65	—	—
	冰醋酸(CH_3COOH)	—	30mL/L	10mL/L
	醋酸钠(CH_3COONa)	20	—	—
	氨基乙酸(H_2NCH_2COOH)	20	20	—
	氟硼酸钠($NaBF_4$)	—	—	30
	添加剂	—	0.3~0.5	0.5
工艺条件	pH值	1.8~2	1.8~2	3~3.5
	工作电压/V	5~12	6~12	5~15
	相对运动速度/(m/min)	10~25	10~40	10~25

9.1.5 电刷镀锡、锌、铟、镉

电刷镀锡、锌、铟、镉工艺见表9-5。

表9-5 电刷镀锡、锌、铟、镉工艺

工艺类型		酸性锡	碱性锡	碱性锌	碱性铟	低氢脆镉
组分浓度/(g/L)	氟硼酸亚锡[$Sn(BF_4)_2$]	200	—	—	—	—
	氧化镉(CdO)	—	—	—	—	115
	硫酸锡($SnSO_4$)	—	300	—	—	—
	碳酸铟[$In(CO_3)_3$]	—	—	—	118	—
	氢氧化锌($ZnOH$)	—	—	145	—	—
	氟硼酸(HBF_4)	100~135	—	—	—	—
	明胶	3~4.5	—	—	—	—
	硼酸(H_3BO_3)	30	—	—	—	—
	β-萘酚(β-$C_{10}H_7OH$)	0.6~0.75	—	—	—	—
	醋酸钠(CH_3COONa)	—	35	—	—	—
	氢氧化钠($NaOH$)	—	20	—	—	—

（续）

工艺类型		酸性锡	碱性锡	碱性锌	碱性铟	低氢脆镉
组分浓度/(g/L)	过氧化氢(H_2O_2)	—	3mL/L	—	—	—
	甲酸(HCOOH)	—	—	15mL/L	40mL/L	28mL/L
	乙二胺[$(NH_2)_2(CH_2)_2$]	—	—	200	190	165
	三乙醇胺[$N(CH_2CH_2OH)$]	—	—	60mL/L	—	—
	氯化铵(NH_4Cl)	—	—	4.3	—	—
	酒石酸($H_2C_4H_4O_6$)	—	—	—	150	—
	甲基磺酸(CH_3SO_3H)	—	—	—	—	200
	草酸铵[$(NH_4)_2CO_2COO$]	—	—	—	—	1.8
	添加剂	—	—	10mL/L	—	7mL/L
工艺条件	pH 值	<0.1	9~10	7.5~8.5	9~9.5	7~7.5
	工作电压/V	6~15	8~12	6~18	10~18	10~16
	相对运动速度/(m/min)	10~40	15~25	4~10	10~20	4~10

9.1.6　低碳钢类金属的电刷镀

低碳钢类金属的电刷镀工艺见表 9-6。

表 9-6　低碳钢类金属的电刷镀工艺

序号	工序	工艺规范和要求
1	机械整修	
2	电净	电净液（TGY-1）、(+)，12~15V，时间 5~15s，工件表面水膜能均匀摊开不呈珠状
3	水冲	彻底去除工件表面残留的电净液
4	活化	2 号活化液（THY-2），(−)，6~12V，时间 3~15s，工件表面呈均匀的银灰色
5	水冲	用蒸馏水（或自来水）彻底去除工件表面残留的活化液
6	过渡层	特殊镍（TDY101），无电擦拭 3~5s，通电，(+)，15V，阴极、阳极相对运动速度 10~15m/min，过渡层厚度 $\delta = 2\mu m$（用安培小时计控制—下同）
7	水冲	若工作层为快速镍，则可不用水冲
8	工作层	快速镍（TDY102），无电擦拭 3~5s，通电，(+)，15V，阴极、阳极相对运动速度 12~15m/min，至所需厚度

9.1.7　中高碳钢类金属的电刷镀

中高碳钢类金属的电刷镀工艺见表 9-7。

表 9-7　中高碳钢类金属的电刷镀工艺

序号	工序	工艺规范和要求
1	机械整修	
2	电净	电净液（TGY-1）、(+)①，12~15V，5~15s，工件表面水膜均匀摊开，不呈珠状

（续）

序号	工序	工艺规范和要求
3	水冲	彻底除去工件表面残留的电净液
4	一次活化	2 号活化液（THY-2），（－），6～12V②，5～10s，工件表面呈现均匀的黑灰色
5	水冲	彻底除去工件表面残留的 2 号活化液
6	二次活化	3 号活化液（THY-3），（－），15～20V，10～20s，工件表面呈均匀的银灰色
7	水冲	用蒸馏水（或自来水）彻底去除工件表面残留的 3 号活化液
8	过渡层	特殊镍（TDY101），无电擦拭 3～5s，通电，（＋），15V，阴极、阳极相对运动速度 10～15m/min，过渡层厚度 $\delta = 2\mu m$
9	水冲或不冲	
10	工作层	快速镍（TDY102），无电擦拭 3～5s。通电，（＋），15V，阴极、阳极相对运动速度 12～15m/min，至所需厚度

① 一般中、高碳钢电净时用（＋）极性，工件与电源负极相接，但抗拉强度 $R_m \geq 1000MPa$ 的高强度钢以及易产生疲劳破坏的零部件，电净时用（－）极性。

② 新工件采用低规范，表面氧化严重时采用高规范。

9.1.8 铸钢和铸铁的电刷镀

铸钢和铸铁的电刷镀工艺见表 9-8。

表 9-8 铸钢和铸铁的电刷镀工艺

序号	工序	工艺规范和要求
1	机械整修	特别要注意彻底清除表面疏松组织中所吸附的油脂
2	电净	电净液（TGY-1）、（＋），15～20V，10～30s，工件表面水膜能均匀摊开，不呈珠状
3	水冲	彻底去除工件表面残留的电净液
4	一次活化	2 号活化液（THY-2），（－），8～12V，或用 1 号活化液（THY-1），（－），10～12V，表面呈黑灰色
5	水冲	彻底去除工件表面残留的 2 号活化液（或 1 号活化液）
6	二次活化	3 号活化液（THY-3），（－），18～20V，5～20s，工件表面呈银灰色
7	水冲	彻底去除工件表面残留的 3 号活化液
8	疏松组织处理	检查疏松组织是否有油脂吸附，并用棉花吸附疏松组织中的残留溶液
9	过渡层①	①特殊镍（TDY101），无电擦拭 3～5s。通电，（＋），15V，阴极、阳极相对运动速度 10～15m/min，过渡层厚度 $\delta = 2\mu m$ ②碱铜（TDY403），无电擦拭 3～5s。通电，（＋），8～12V，阴极、阳极相对运动速度 10～15m/min，过渡层厚度 $\delta = 2\mu m$ ③快速镍（TDY102），直接镀工作层，过渡层即为工作层
10	水冲或不冲	

（续）

序号	工序	工艺规范和要求
11	工作层	快速镍（TDY102），无电擦拭3~5s。通电，（+），15V，阴极、阳极相对运动速度12~15m/min，至规定厚度

① 铸钢、铸铁材料过渡层选择原则为：

工件的工作环境中无腐蚀性介质存在时应尽量选用特殊镍做过渡层；工件的工作环境中有腐蚀性介质存在，不推荐用酸性镀液做过渡层，而应选用碱性镀液做过渡层，如碱铜；在有腐蚀性介质存在时，过渡层也可以采用快速镍，此时过渡层和工作层为同一镀层。

9.1.9 不锈钢的电刷镀

不锈钢的电刷镀工艺见表9-9。

表9-9 不锈钢的电刷镀工艺

序号	工序	工艺规范和要求
1	机械准备	
2	电净	电净液（TGY-1），（+），12~15V，5~15s，工件表面水膜能均匀摊开，不呈珠状
3	水冲	彻底去除工件表面残留的电净液
4	一次活化	2号活化液（THY-2），（-），10~12V，5~15s，工件表面先出现绿色，而后呈灰色
5	水冲	彻底去除工件表面残留的2号活化液
6	二次活化	1号活化液（THY-1），（-），10~12V，3~5s，工件表面呈灰色，（+），10~12V，5~10s，工件表面呈灰色
7	不用水冲	工件表面保留有少量1号活化液，将会有助于特殊镍与基体的结合
8	过渡层	特殊镍（TDY101），无电擦拭3~5s。通电，（+），15V，阴极、阳极相对运动速度12~15m/min，过渡层厚度$\delta = 2\mu m$
9	水冲或不冲	
10	工作层	快速镍（TDY102），无电擦拭3~5s。通电，（+），15V，阴极、阳极相对运动速度12~15m/min，至规定厚度

9.1.10 合金钢的电刷镀

合金钢的电刷镀工艺见表9-10。

表9-10 合金钢的电刷镀工艺

序号	工序	工艺规范和要求
1	机械准备	
2	电净	电净液（TGY-1）、（+），12~15V，时间5~15s，工件表面水膜均匀摊开，不呈珠状
3	水冲	彻底去除工件表面残留的电净液

（续）

序号	工序		工艺规范和要求
4	活化（三种方法任选一种）	(1)	1）2号活化液（THY-2），（－），10～12V，时间20～40s，活化液变成淡黄色，工件表面呈银灰色 2）1号活化液（THY-1），（－），10～12V，时间30～50s；（＋），10～12V，时间10～20s，工件表面呈银灰色
		(2)	每升1号活化液（THY-1），中加40～50mL浓硫酸（密度$\rho=1.84g/cm^3$），（－），10～12V，时间10～30s；（＋），10～12V，时间10～20s，工作表面呈银灰色
		(3)	铬活化液（THY-5），（－），12～15V，时间10～30s；（＋），10～12V，时间10～20s，工作表面呈银灰色
5	不用水冲		
6	过渡层①		特殊镍（TDY101），无电擦拭3～5s。通电，（＋），18～20V（闪镀），15V，阴极、阳极相对运动速度10～15m/min，过渡层厚度$\delta=2\mu m$
7	不用水冲		略
8	工作层		快速镍（TDY102），无电擦拭3～5s。通电，（＋），15V，阴极、阳极相对运动速度12～15m/min，至规定厚度

① 过渡层推荐用特殊镍。闪镀是用高电压（18～20V，甚至高于此值）冲击，当工件表面呈淡黄色后，立即将电压降至正常值。

9.1.11　铝及铝合金的电刷镀

铝及铝合金的电刷镀工艺见表9-11。

表9-11　铝及铝合金的电刷镀工艺

序号	工序	工艺规范和要求
1	机械准备	用水砂纸蘸水打磨待镀表面，至表面无亮点
2	电净	电净液（TGY-1），（＋），12～15V，时间5～10s，工件表面水膜能均匀摊开，不呈珠状
3	水冲	彻底去除工件表面残留的电净液
4	活化（两种方法任选一种）	2号活化液（THY-2），（－），10～15V，时间10～20s，工件表面呈灰色，无断续亮点
		铝活化液（THY-7），（－），10～12V，时间10～20s，工件表面呈灰色，无断续亮点
5	水冲	彻底去除工件表面残留的活化液
6	过渡层	特殊镍（TDY101），无电擦拭3～5s。通电，（＋），15V，阴极、阳极相对运动速度10～15m/min，过渡层厚$\delta=4\mu m$
7	不用水冲	
8	工作层	快速镍（TDY102），无电擦拭3～5s。通电，（＋），15V，阴极、阳极相对运动速度12～15m/min，至规定厚度

9.1.12 铜及铜合金的电刷镀

铜及铜合金的电刷镀工艺见表9-12。

表9-12 铜及铜合金的电刷镀工艺

序号	工序		工艺规范和要求
1	机械整修		用水砂纸蘸水打磨待镀表面
2	电净		电净液（TGY-1），（+），12~15V，时间5~15s，工件表面水膜能均匀摊开，不呈珠状
3	水冲		彻底去除工件表面残留的电净液
4	过渡层①	(1)	特殊镍（TDY101），无电擦拭3~5s。通电，（+），15V，阴极、阳极相对运动速度10~15m/min，过渡层厚度$\delta=2\mu m$
		(2)	碱铜（TDY403），无电擦拭3~5s。通电，（+），8~10V，阴极、阳极相对运动速度10~15m/min，过渡层厚$\delta=2\mu m$
		(3)	酸性锡（TDY511），无电擦拭3~5s。通电，（+），8~12V，阴极、阳极相对运动速度25~30m/min，过渡层厚$\delta=2\mu m$
		(4)	酸性钴（TDY201），无电擦拭3~5s。通电，（+），12~15V，阴极、阳极相对运动速度5~8m/min，过渡层厚$\delta=2\mu m$
5	工作层②		按选定的镀液的工艺规范进行

① 特殊镍镀层用于承受负荷的场合；碱铜镀层用于导电的场合；酸性锡镀层用于改善钎焊性的场合；酸性钴镀层用于导磁性的场合。

② 这类材料往往过渡层和工作层为同一种镀层。

9.1.13 锌、锡、铅、镉、铟类软金属的电刷镀

锌、锡、铅、镉、铟类软金属的电刷镀工艺见表9-13。

表9-13 锌、锡、铅、镉、铟类软金属的电刷镀工艺

序号	工序	工艺规范和要求
1	机械准备	略
2	机械去氧化膜	用黄铜丝刷子、研磨膏或金相砂纸蘸水打磨待镀表面，彻底去除表面氧化膜
3	水冲洗	彻底去除机械去氧化膜时残留在表面的物质
4	电净（活化）	电净液（TGY-1），（+），8~10V，时间尽量短，工件表面水膜能均匀摊开即可
5	水冲	彻底去除工件表面残留的电净液
6	过渡层	选用碱性镀液（如碱铜、快速镍等）做过渡层，过渡层厚度$\delta=2\mu m$
7	水冲	彻底去除工件表面残留的过渡层残液
8	工作层	用所选定的镀液刷镀至规定厚度

注：这类材料还包括锌铝合金、铅铸件、钎料、铅锡合金、白合金及金属互化物（如锑化铋、锑化铟等）。

9.1.14 金、银、铑、铂、铼类贵金属的电刷镀

金、银、铑、铂、铼类贵金属的电刷镀工艺见表9-14。

表9-14 金、银、铑、铂、铼类贵金属的电刷镀工艺

序号	工序	工艺规范和要求
1	机械整修	
2	抛光	用金相砂纸或研磨膏抛光待镀表面
3	水冲	彻底去除机械整修、抛光工序留在表面的残留物
4	电净（活化）	电净液（TGY-1）、(+)，10~12V，时间10~20s，工件表面水膜均匀摊开
5	过渡层	镀金——推荐用镍过渡层，防止金向基体扩散 镀银——推荐镀金或钯作过渡层
6	工作层	根据选用的镀液规范

9.2 非金属刷镀

非金属刷镀技术是先用某种表面处理工艺，在非金属材料表面上施加一层金属或非金属导电层，然后在其表面导电层上用电刷镀工艺刷镀所需要的金属镀层，从而达到耐磨、防腐、装饰等目的。

非金属刷镀技术是电刷镀技术与其他表面处理技术（如化学镀）相结合的产物，是两种以上表面技术在非金属材料表面上的组合应用。非金属刷镀技术与电刷镀技术的主要不同之处在于，非金属刷镀包含了材料表面金属化（导电化）这一重要过程。

9.2.1 ABS塑料的刷镀

ABS塑料的刷镀工艺见表9-15。

表9-15 ABS塑料的刷镀工艺

序号	工序名称		使用溶液		工艺条件	
			组分	质量浓度/(g/L)	温度/°C	时间/min
1	去应力		—	—	60~75	120~240
			丙酮	75%（质量分数）		30
2	脱脂		酒精		擦拭	
			化学脱脂液		40~45	30~40
3	水洗		自来水	—		
4	粗化	机械	—	—		
		化学	化学粗化液		50~60	25~40
5	水洗		自来水	—		
6	中和		氢氧化钠	50~100	室温	1~3
7	水洗		自来水	—		
8	敏化		敏化液		18~25	3

（续）

序号	工序名称	使用溶液		工艺条件	
		组分	质量浓度/(g/L)	温度/°C	时间/min
9	冲洗	自来水	—		
10	活化	活化液		15~25	1~5
11	冲洗	去离子水			
12	还原	甲醛(37%)	100mL/L	室温	10~30
		次磷酸钠	10~30		10~30
13	化学镀	化学镀溶液			
14	冲洗	自来水	—		
15	加厚镀层	刷镀溶液			
16	冲洗	自来水	—		
17	着色	化学或电化学着色溶液			
18	干燥	—	—		
19	抛光处理	—	—		
20	保护	保护剂			

9.2.2 聚丙烯的刷镀

聚丙烯的刷镀工艺见表9-16。

表9-16 聚丙烯的刷镀工艺

序号	工序名称	使用溶液		工艺条件	
		组分	质量浓度/(g/L)	温度/°C	时间/min
1	脱脂	氢氧化钠	20~30	60~80	30
		碳酸钠	20~30		
		磷酸钠	20~30		
		表面活性剂	1~2		
2	水洗	自来水	—		
3	溶胀(方法1)	二甲苯		20	30
				40	5
				60	2
				80	0.5
	溶胀(方法2)	松节油非离子	40mL/L	60~85	10~30
		型表面活性剂	66mL/L		
4	水洗	自来水	—		
5	粗化	硫酸	1004	70~80	10~30
		铬酐	至饱和(≈10)		
6	水洗	自来水	—		
7	中和	氢氧化钠	50~100	室温	1~3
8	水洗	自来水	—		
9	敏化	敏化液		18~25	3
10	水洗	去离子水			
11	活化	活化液		15~25	1~5

（续）

序号	工序名称	使用溶液		工艺条件	
		组分	质量浓度/(g/L)	温度/°C	时间/min
12	水洗	去离子水			
13	还原	甲醛(37%)	100mL/L	室温	10～30s
14	冲洗	自来水			
15	化学镀	化学镀溶液			
16	冲洗	自来水			
17	加厚镀层	刷镀溶液			
18	冲洗	自来水			
19	着色	着色溶液			
20	水洗	自来水			
21	干燥	—	—		
22	抛光	—	—		
23	保护	保护剂			

9.2.3 聚四氟乙烯的刷镀

聚四氟乙烯的刷镀工艺见表9-17。

表9-17　聚四氟乙烯的刷镀工艺

序号	工序名称	使用溶液		工艺条件	
		组分	摩尔浓度/(mol/L)	温度/°C	时间/min
1	机械粗化	—	—		
2	脱脂	化学脱脂溶液		30～45	30～40
3	水洗	自来水	—		
4	吹干	—	—		
5	浸蚀粗化	四氢呋喃	100mL/L		3～5
		钠	23		
		精萘	128		
6	清洗	丙酮			
7	敏化	敏化液		20～30	1～3
8	水洗	去离子水			
9	活化	活化液		15～30	1～5
10	水洗	去离子水			
11	还原	甲醛(37%)	100mL/L	室温	
12	化学镀	铜或镍			
13	水洗	自来水	—		
14	加厚镀层	根据需要			
15	水洗	自来水	—		
16	着色	着色液			
17	水洗	自来水	—		
18	干燥	—	—		
19	抛光	—	—		
20	保护	保护剂			

9.2.4 尼龙的刷镀

尼龙的刷镀工艺见表9-18。

表9-18 尼龙的刷镀工艺

序号	工序名称	使用溶液		工艺条件	
		组分	质量浓度/(g/L)	温度/°C	时间/min
1	应力 检查	正庚烷			5~15s 2~5
2	去应力	—	—		180
3	脱脂	化学脱脂液		40~45	30~40
4	水洗	自来水	—		
5	机械粗化	—	—		
6	化学粗化				
7	水洗	自来水	—		
8	中和	中和溶液			
9	水洗	自来水	—		
10	敏化	敏化液		18~25	3
11	水洗	自来水	—		
12	活化	活化液		18~25	1~5
13	水洗	去离子水			
14	还原	甲醛(37%)或 次磷酸钠	100mL/L 10~30	室温	10~30s 10~30s
15	水洗	自来水	—		
16	化学镀	化学镀溶液			
17	水洗	自来水	—		
18	加厚镀层	刷镀溶液			
19	水洗	自来水	—		
20	着色	着色溶液			
21	干燥	—	—		
22	保护	保护剂			

9.2.5 聚碳酸酯塑料的刷镀

聚碳酸酯塑料的刷镀工艺见表9-19。

表9-19 聚碳酸酯塑料的刷镀工艺

序号	工序名称	使用溶液		工艺条件		备注
		组分	质量浓度/(g/L)	温度/°C	时间/min	
1	检查内应力	丙酮	70%	室温	1	浸入溶液内,室温下1min出现裂纹,则说明有应力存在
		水	30%			
2	去应力	—	—			在烘箱内缓慢升温至110~130°C,保温2h后缓冷

（续）

序号	工序名称	使用溶液		工艺条件		备注
		组分	质量浓度/(g/L)	温度/°C	时间/min	
3	溶胀处理	甲醇 乙醇 苯酚 乙醚				用左面4种溶剂的任一种浸至表面稍微发白
4	脱脂	脱脂溶液		40~45	30~40	
5	水洗	自来水	—			
6	机械粗化	—	—			喷砂或滚磨
7	水洗	自来水	—			
8	化学粗化	氢氧化钠	600	93	2~5	可采用ABS高硫酸型粗化液
		硝酸钠	120			
		亚硝酸钠	120			
9	按ABS塑料的敏化、活化等工艺规范进行以后工序					

9.2.6 酚醛塑料的刷镀

酚醛塑料的刷镀工艺见表9-20。

表9-20 酚醛塑料的刷镀工艺

序号	工序名称		使用溶液			工艺条件		备注
			组分		含量/(mL/L)	温度/°C	时间/min	
1	脱脂		酸性脱脂液					也可用碱性除油液，同时有粗化的作用
2	水洗		自来水		—			
3	粗化	机械法	—		—			喷砂等其他方法
		化学法	1)	硫酸	30	50~60	10~30	化学粗化液1)、2)均为酸性粗化液
			2)	硫酸	1000	40~50	5~15	
				硝酸	500			
4	水洗		自来水		—			若采用碱性粗化，宜用热水洗
5	浸酸		硝酸		130	室温	1~5	此步骤只在碱液粗化后使用
6	水洗		自来水		—			
7	敏化		敏化液			18~25	2	宜采用酸性
8	水洗		去离子水					
9	活化		活化液			15~25	1~5	银氨或钯活化液
10	水洗		去离子水					
11	还原		还原剂					根据需要选用
12	水洗		自来水		—			
13	化学镀		化学镀液					根据需要选用
14	水洗		自来水		—			

（续）

序号	工序名称	使用溶液		工艺条件		备注
		组分	含量/(mL/L)	温度/°C	时间/min	
15	加层镀层	电刷镀溶液				根据需要选择
16	水洗	自来水	—			
17	着色	化学或电化学着色溶液				根据制品需要
18	水洗	自来水	—			
19	干燥	—	—			
20	抛光	—	—			根据需要而定
21	保护	保护剂				根据需要而定

9.2.7　环氧塑料的刷镀

环氧塑料的刷镀工艺见表 9-21。

表 9-21　环氧塑料的刷镀工艺

序号	工序名称		使用溶液		工艺条件		备注
			组分	质量浓度/(g/L)	温度/°C	时间/min	
1	脱脂		脱脂溶液				
2	清洗		自来水	—			
3	粗化	机械法	—	—			喷砂或打磨
		化学法	硫酐	25mL/L	室温	3~5	
			铬酐	75			
4	水洗		自来水	—			
5	敏化		敏化液		18~25	3	根据需要选用银或钯活化液
6	水洗		去离子水				
7	活化		活化液				根据选用类型、确定工艺规范
8	冲洗		去离子水				
9	还原		还原溶液				根据活化液类型选用
10	水洗		自来水	—			
11	化学镀		化学镀溶液				根据需要选用
12	水洗		自来水	—			
13	以后工序同 ABS 塑料，加厚→冲洗→着色→水洗→干燥→抛光→保护						

9.2.8　木材的刷镀

木材的刷镀工艺见表 9-22。

表 9-22 木材的刷镀工艺

序号	工序名称	使用溶液	工艺条件	
			温度/°C	时间/min
1	烘干	—		
2	封闭	100g ABS 溶于 500mL 三氯甲烷中		
3	干燥	—		
4	敏化	敏化液	室温	15
5	水洗	去离子水		
6	活化	活化液	15 ~ 25	1 ~ 5
7	冲洗	去离子水		
8	还原			
9	冲洗	自来水		
10	化学镀			
11	水洗	自来水		
12	加厚镀层	刷镀溶液		
13	冲洗	自来水		
14	着色			
15	冲洗	自来水		
16	干燥	—		
17	抛光	—		
18	保护	保护剂		

9.2.9 陶瓷的刷镀

陶瓷的刷镀工艺见表 9-23。

表 9-23 陶瓷的刷镀工艺

序号	工序名称	使用溶液		工艺条件	
		组分	质量浓度/(g/L)	温度/°C	时间/min
1	坯件预处理	—	—		
2	脱脂	有机溶剂			
3	水洗	自来水	—		
4	化学脱脂	化学脱脂液			
5	水洗	自来水	—		
6	机械粗化	使用 120 ~ 180 目石英砂			
7	化学粗化	硫酸	180	15 ~ 30	2 ~ 40
		铬酐	50		
		氢氟酸	100		
8	水洗	自来水	—		
9	中和	氢氧化钠	50	室温	
10	水洗	自来水	—		
11	酸洗	盐酸	50mL/L	20 ~ 30	1 ~ 5
12	水洗	自来水	—		
13	敏化	敏化液		室温	3 ~ 5

（续）

序号	工序名称	使用溶液		工艺条件	
		组分	质量浓度/(g/L)	温度/°C	时间/min
14	水洗	去离子水			
15	活化	活化液		15～30	3～5
16	水洗	去离子水			
17	还原	甲醛	10%（体积分数）	15～30	1
18	水洗	自来水	—		
19	化学镀铜(镍)				
20	水洗	自来水	—		
21	电刷镀加厚镀层	电刷镀溶液		根据溶液工艺条件而定	
22	水洗	自来水	—		
23	着色				
24	干燥	—	—		
25	抛光	—	—		
26	保护	保护剂	—		

9.2.10　陶土制品的刷镀

陶土制品的刷镀工艺见表9-24。

表9-24　陶土制品的刷镀工艺

序号	工序名称	使用溶液		工艺条件	
		组分	体积分数(%)	温度/°C	时间/min
1	整形	—	—		
2	吸水	自来水	—		
3	除油				
4	水洗	自来水	—		
5	敏化	敏化液		15～30	3～5
6	水洗	自来水	—		
7	活化	活化液		15～30	3～5
8	水洗	自来水	—		
9	还原	甲醛	10	15～30	1
10	化学镀				
11	水洗	自来水	—		
12	电刷镀加厚镀层	电刷镀溶液			
13	水洗	自来水	—		
14	着色				
15	水洗	自来水	—		
16	干燥	—	—		
17	抛光	—	—		
18	保护	保护剂	—		

第 10 章　化　学　镀

化学镀也称无电解镀或者自催化镀，是通过镀液中适当的还原剂使金属离子在镀件表面通过自催化作用进行还原，实现金属沉积的过程。化学镀过程实质是定向的氧化还原反应，是有电子转移、无外电源的化学沉积过程。

化学镀技术不仅具有操作方便、工艺简单、镀层均匀、孔隙率小、外观良好等特点，而且由于化学镀技术大部分使用食品级的添加剂，不使用诸如氰化物等有害物质，废液排放少，对环境污染小以及成本较低，在许多领域已逐步取代电镀，成为一种环保型的表面处理工艺。化学镀与电镀过程比较如图 10-1 所示。

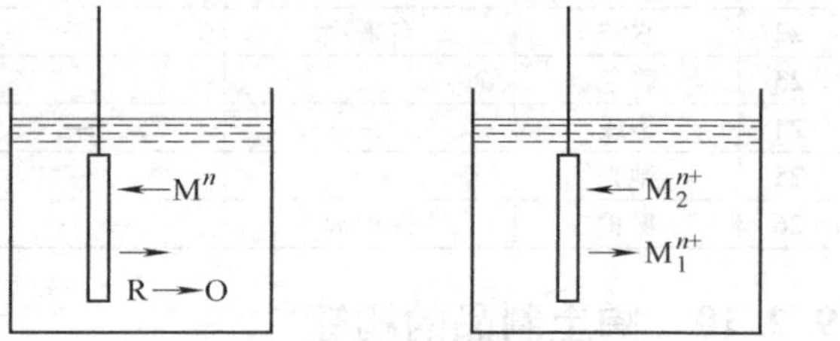

阳极反应：$R \longrightarrow O+ne$
阴极反应：$M^{n+}+ne \longrightarrow M$
a)

阳极反应：$M_1 \longrightarrow M_1^{n+}+ne^-$
阴极反应：$M_2^{n+}+ne^- \longrightarrow M_2$
b)

图 10-1　化学镀与电镀过程比较
a）化学镀　b）电镀

从图 10-1 可以看出，电镀是在强离子化金属溶解时依靠游离电子还原镀液中金属离子的过程。例如，在铜基体上镀金、银、钯等金属，这类镀层由于基体被溶解而导致镀层针孔较多，当基体完全被金属覆盖住后，反应将停止，所以难以获得厚的镀层，沉积速率随时间变化比较大。电镀与化学镀的比较见表 10-1。

表 10-1　电镀与化学镀的比较

镀液与镀层的性能	电　镀	化　学　镀
镀层沉积驱动力	电能(电压)	化学能(还原剂)
镀液的组成	比较简单	相当复杂
溶液组成的变化	小(可溶性阳极)	大
受 pH 值影响的程度	比较小	大
受温度影响的程度	比较小	大
沉积速度	采用阴极电流密度调节,沉积速度大	受温度、pH 值和基体表面活性的影响,沉积速度小
镀液寿命	长	短
镀层结晶	细	微小,非晶态
膜层厚度分布	不均匀	非常均匀
溶液管理	容易	严格
基体	导体	导体、非导体
成本	低	高

化学镀是利用合适的还原剂，使镀液中的金属离子有选择地在经催化剂活化的表面上还原析出成金属镀层的一种化学处理方法。

化学镀的沉积过程不是通过界面上固液两相间金属原子和离子的交换，而是液相离子 M^{n+} 通过液相中的还原剂 R 在金属或其他材料表面上的还原沉积。化学镀的关键是还原剂的选择和应用，最常用的还原剂是次亚磷酸盐和甲醛，近年来又逐渐采用肼、硼氢化物、氨基硼烷和它们的衍生物等作为还原剂，以便室温操作和改变镀层性能。从本质上讲，化学镀是一个无外加电场的电化学过程。

10.1 化学镀镍

10.1.1 碱性化学镀镍

碱性化学镀镍工艺见表 10-2。

表 10-2 碱性化学镀镍工艺

工艺号		1	2	3	4	5	6	7	8	9	10
组分浓度/(g/L)	氯化镍	—	—	—	—	—	—	45	30	25	24
	硫酸镍	10~20	33	30	25	30	33	—	—	—	—
	次磷酸钠	5~15	15	25	25	30	17	11	10	8	20
	柠檬酸钠	30~60	50	—	—	—	84	100	—	60	60
	硼酸	—	—	—	—	—	—	—	—	—	40
	焦磷酸钠	—	—	60~70	50	60	—	—	—	—	—
	乳酸	1~5 mL/L	—	—	—	—	—	—	—	—	—
	三乙醇胺	—	—	—	—	100 mL/L	—	—	—	—	—
	氯化铵	—	—	—	—	—	50	50	50	40	—
	柠檬酸铵	—	—	—	—	—	—	—	65	—	—
工艺条件	pH 值	7.5~8.5	8	10~10.5	10~11	10	9.5	8.5~10	8~10	8~9	8~9
	温度/°C	40~45	90	70~75	65~75	30~35	85	90~95	90~95	85~88	90
	沉积速度/(μm/h)			20~30	15	10		10	8		
	镀层中磷的质量分数(%)			7~8	5	4					

10.1.2 低温碱性镀镍

低温碱性镀镍工艺见表 10-3。

表 10-3 低温碱性镀镍工艺

工 艺 号		1	2	3	4	5	6
组分浓度/(g/L)	氯化镍	25	—	—	—	25	—
	硫酸镍	—	25	30	30	—	30
	焦磷酸钠	60 ~ 70	50	60	—	60 ~ 70	60
	次磷酸钠	25	25	30	30	25	30
	氯化铵	—	—	100mL/L	—	45mL/L	—
	柠檬酸钠	—	—	—	20	—	—
	三乙醇胺	—	—	—	—	—	100mL/L
工艺条件	pH 值	10 ~ 10.5	10 ~ 11	10	8.5 ~ 9.5	10 ~ 10.5	> 10
	温度/°C	70 ~ 75	65 ~ 76	30 ~ 35	40 ~ 45	70 ~ 75	35 ~ 37

10.1.3 氨碱性镀镍

氨碱性镀镍工艺见表 10-4。

表 10-4 氨碱性镀镍工艺

工 艺 号		1	2	3	4	5	6	7	8
组分浓度/(g/L)	氯化镍	30	45	30	45	30	30	20	25
	次磷酸钠	10	20	10	11	10	10	15	20
	氯化铵	50	50	50	50	50	50	30	50
	柠檬酸钠	100	45	—	100	—	—	45 ~ 47	45
	柠檬酸铵	—	—	—	—	65	65	—	—
工艺条件	pH 值	8 ~ 9	8 ~ 8.5	8 ~ 10	8.5 ~ 10	8 ~ 10	8 ~ 10	8 ~ 9	8 ~ 9
	温度/°C	90	80 ~ 85	91 ~ 96	91 ~ 96	91 ~ 96	80 ~ 85	80 ~ 84	80 ~ 84
	沉积速度/(μm/h)	6	10	10.2	6.2	7.6			

10.1.4 以硫酸镍为主盐的酸性化学镀镍

以硫酸镍为主盐的酸性化学镀镍工艺见表 10-5。

表 10-5 以硫酸镍为主盐的酸性化学镀镍工艺

工 艺 号		1	2	3	4	5	6	7	8	9	10
组分浓度/(g/L)	硫酸镍($NiSO_4·6H_2O$)	25 ~ 30	30	20	25	25	20	23	21	34	15
	次磷酸钠($NaH_2PO_2·H_2O$)	20 ~ 25	15 ~ 25	24	20	24	24	18	24	36	14
	醋酸钠($CH_3COONa·3H_2O$)	5	15	—	—	—	—	—	—	—	13
	乳酸($C_3H_6O_3$)	—	—	25	25	—	—	20	30	5	—

(续)

工艺号		1	2	3	4	5	6	7	8	9	10
组分浓度/(g/L)	柠檬酸钠($Na_3C_6H_5O_7 \cdot 2H_2O$)	5	15	—	—	—	—	—	—	—	—
组分浓度/(g/L)	苹果酸($C_4H_6O_5$)	—	—	—	—	24	16	—	—	10	—
组分浓度/(g/L)	硼酸(H_3BO_3)	—	—	—	10	—	—	—	—	—	—
组分浓度/(g/L)	丁二酸钠($C_4H_4Na_2O_4$)	—	5	—	—	16	18	12	—	15	—
组分浓度/(g/L)	氨基乙酸[$CH_2(NH_2)COOH$]	—	5~15	—	—	—	—	—	—	—	—
组分浓度/(g/L)	氟化钠(NaF)	—	—	—	1	—	—	—	—	—	—
组分浓度/(g/L)	醋酸铅(Pb^{2+})	—	—	0.001	—	0.003	0.001	0.001	0.001	0.005	—
工艺条件	pH值	4~5	3.5~5.4	4.4~4.8	4.4~5.8	5.8~6	5.2	5.2	4.5	4.8	5~6
工艺条件	温度/°C	80~90	85~95	90~94	90~92	90~93	95	90	95	90	80~98
工艺条件	沉积速度/(μm/h)	10	12~15	10~13	15~22	48	17	15	17	10	18
镀层中磷的质量分数(%)		8~10	7~11	8~9	8~9	8~11	8~9	7~8	8~9	10~11	
装载量/(dm^2/L)		1	1	1	1	1					

10.1.5 以硫酸镍和氯化镍为主盐的酸性化学镀镍

以硫酸镍和氯化镍为主盐的酸性化学镀镍工艺见表10-6。

表10-6 以硫酸镍和氯化镍为主盐的酸性化学镀镍工艺

工艺号		1	2	3	4	5	6	7	8	9	10	11	12	13	14	15
组分浓度/(g/L)	氯化镍	30	—	—	30	—	30	30	—	30	16	—	—	30	—	—
组分浓度/(g/L)	硫酸镍	—	21	20	—	15	—	—	30	—	—	80	35	—	25	20
组分浓度/(g/L)	次磷酸钠	10	24	27	10	14	12	10	10	10	24	24	10	10	24	24
组分浓度/(g/L)	醋酸钠	—	—	—	—	13	—	—	10	—	—	12	7	—	—	—
组分浓度/(g/L)	羟基醋酸钠	50	—	—	10	—	—	—	—	—	—	—	—	—	—	—
组分浓度/(g/L)	琥珀酸	—	—	16	—	—	—	—	—	—	16	—	—	—	16	—
组分浓度/(g/L)	乳酸	—	34mL/L	—	—	—	—	—	—	钠 50mL/L	—	—	—	—	—	27mL/L
组分浓度/(g/L)	丙酸	—	2.2mL/L	—	—	—	10mL/L	—	—	—	—	—	—	—	—	2mL/L
组分浓度/(g/L)	柠檬酸钠	—	—	—	—	—	—	10	—	—	—	—	10	10	—	—

（续）

工艺号		1	2	3	4	5	6	7	8	9	10	11	12	13	14	15
组分浓度/(g/L)	苹果酸	—	—	—	—	—	—	—	—	—	18	—	—	—	24	—
	硼酸	4~6	4.3	4.5~5.5	4~6	5~6	4.5~5.5	4~6	4~6	4~4.5	—	8	—	—	—	—
	氯化铵	—	—	—	—	—	—	—	—	—	0.003	6	—	—	0.003	—
工艺条件	pH值										5.6	4.8~5.8	5.6~5.8	4	5.8~6	4.5~4.7
	温度/°C	88~98	95	94~98	88~98	80~98	88~98	90	90	90	100	93	85	85	90~93	90~93
	沉积速度/(μm/h)	12.7	25.4	25.4	10.1	17.8	15.3	5	25	5~8	48	17	6.4	7.6	18.3	

10.1.6 中温酸性化学镀镍

中温酸性化学镀镍工艺见表10-7。

表10-7 中温酸性化学镀镍工艺

镀液组分与工艺条件	数值	镀液组分与工艺条件	数值
氯化镍	0.198~0.297mol/L	羟基乙酸钾	0.085~0.245mol/L
次磷酸钠	0.283~0.566mol/L	pH值	5~6(用氯水)
柠檬酸钠	0.164~0.246mol/L	温度	60~65°C

10.1.7 以氨基硼烷为还原剂的化学镀镍

以氨基硼烷为还原剂的化学镀镍工艺见表10-8和表10-9。

表10-8 以氨基硼烷为还原剂的化学镀镍工艺（Ⅰ）

工艺号		1	2	3	4	5	6	7
组分浓度/(g/L)	硫酸镍	50	—	—	—	25	—	30
	氯化镍	—	24~48	30	—	—	24	—
	乙酸镍	—	—	—	50	—	—	—
	二甲基氨基硼烷	3	3~4.8	—	2.5	1.5	10	3.5
	二乙基氨基硼烷	—	—	3	—	—	—	—
	柠檬酸钠	—	—	10	25	—	—	—

（续）

工艺号		1	2	3	4	5	6	7
组分浓度/(g/L)	琥珀酸钠	—	—	20	—	—	—	—
	乙酸钠	—	18～37	—	—	—	22	—
	焦磷酸钠	100	—	—	—	50	—	—
	亚硫基乙二酸	—	—	—	1.5mg/L	—	—	—
	乳酸(80%)	—	—	—	25mL/L	—	—	—
	其他组分	—	—	异丙醇50	十二烷基硫酸钠0.1mg/L	氨水(28%)45mL/L	十二烷基硫酸钠0.1mg/L	丙二酸二钠盐34
工艺条件	pH值	10	5.5	5～7	7	10.7	5.5	5.5
	温度/°C	25	70	65	30～40	25	60	77
	沉积速度/(μm/h)		7～12	7～12		2.5	14	17
	镀层中硼含量(%)					0.1～0.5	4～5	4～5

注：表中百分数均为质量分数。

表10-9 以氨基硼烷为还原剂的化学镀镍工艺（Ⅱ）

工艺号		1	2	3	4	5	6	7	8
组分浓度/(g/L)	氯化镍	—	—	30	93	30	—	—	94
	硫酸镍	—	—	—	—	—	50	25	—
	醋酸镍	20	50	—	—	—	—	—	—
	二甲基氨基硼烷	3.0	2.5	—	37	—	3	4	9.5
	二乙基氨基硼烷	—	—	3	—	3	—	—	—
	异丙醇	—	—	50	—	50	—	—	—
	柠檬酸钠	—	25	10	—	15	—	—	—
	丁二酸钠	—	—	20	10	—	—	25	—
	醋酸钠	15	—	—	—	5	—	—	—
	乳酸(85%)	30	25	83	—	—	—	—	—
	其他组分	—	—	—	硼酸25	乙醇酸(65%)40	焦磷酸钠100	硫酸钠15	—
工艺条件	pH(用NH_4OH调)	6.4	6～7	5～7	4.3	8.5	10	5.0	5.4
	温度/°C	70	40	65	27	30	25	60	18

注：表中百分数均为质量分数。

10.1.8 以硼氢化钠为还原剂的化学镀镍

以硼氢化钠为还原剂的化学镀镍工艺见表10-10。

表 10-10　以硼氢化钠为还原剂的化学镀镍工艺

	工　艺　号	1	2	3	4	5	6	7
组分浓度/(g/L)	氯化镍	20	—	30	30	30	30	30
	硫酸镍	—	20	—	—	—	—	—
	硼氢化钠	0.4	2.3	0.7~0.85	0.6	1	0.5	0.5~0.6
	氢氧化钠	90	—	40	40	40	40	40
	乙二胺	90	—	60	60	15	60	60
	酒石酸钾钠	—	40	—	—	40	—	—
	氟化钠	—	—	—	—	—	3	—
	其他组成	硫酸铊 0.4	—	—	亚硫基乙二酸 1	焦亚硫酸钾钠 2	氯化铅 0.06	—
工艺条件	pH 值	14	12.5	13~14	14	14	14	14
	温度/°C	95	40~50	90~95	90~95	60	90~95	90~95
	沉积速度/(μm/h)	15~20			10	4		10~30

10.1.9　以肼为还原剂化学镀镍

以肼为还原剂化学镀镍工艺见表 10-11 和表 10-12。

表 10-11　以肼为还原剂化学镀镍工艺（Ⅰ）

	工　艺　号	1	2	3	4	5	6	7	8
组分浓度/(g/L)	硫酸镍	—	—	—	60	29	—	—	—
	氯化镍	—	4.8	—	—	—	5	12	—
	乙酸镍	60	—	60	—	—	—	—	60
	其他组分	草酸 60	—	乙醇酸 60	羟基乙酸 60	—	—	—	—
	乙二胺四乙酸钠	—	—	25	—	—	—	—	95
	酒石酸钾钠	—	4.6	—	25	—	6	—	—
	EDTA 二钠盐	25	—	—	—	—	—	—	—
	碳酸铵	—	—	30	—	—	—	1	—
	肼(联氨)	100	32	100	100	13	50	7.5	100
工艺条件	温度/°C	90	95	85~90	90	85~90	95	70~100	90
	pH 值	11	10.0	10.0	11	8~10	10	10~11	11
	沉积速度/(μm/h)	12.7			12.5	2	0.2	0.1	<5

表 10-12　以肼为还原剂化学镀镍工艺（Ⅱ）

	工　艺　号	1	2	3	4	5	6
组分浓度/(g/L)	硫酸镍	—	—	—	—	0.05mol/L	—
	氯化镍	5	—	—	—	—	—
	醋酸镍	—	60	58	72	—	0.1mol/L
	肼(联氨)	30	100	125	100	0.6mol/L	2.5mol/L
	酒石酸钾钠	7	—	—	—	—	—
	乙醇酸	—	60	58	58	—	—
	EDTA 钠盐	—	25	23	23	—	—
	磷酸钾氢钠	—	—	—	—	0.2mol/L	—
	磷酸钾	—	—	—	—	0.4mol/L	

（续）

工　艺　号		1	2	3	4	5	6
工艺条件	pH值	10	11	10.5	10.7	12NaOH调	12
	温度/°C	90	90	90	99	60~90	—

10.1.10　低温化学镀镍

低温化学镀镍液的原料配比见表10-13。

表10-13　低温化学镀镍液的原料配比　（单位：g）

工　艺　号	1	2	3	工　艺　号	1	2	3
硫酸镍	28	30	35	氧化胺	10mL	15mL	25mL
次亚磷酸钠	30	30	40	十二烷基磺酸钠	2	2	3
柠檬酸钠	30	25	30	硫脲	1mg	2mg	1mg
氯化铵	25	30	20	氢氧化钠	适量	适量	适量
三乙醇胺	5mL	10mL	15mL	水	加至1L		

低温化学镀镍液的配制方法如下：

1）取硫酸镍、次亚磷酸钠、柠檬酸钠、氯化铵、三乙醇胺、氧化胺、十二烷基磺酸钠、硫脲、氢氧化钠，分别用少许水将其分别溶解。

2）将溶解的硫酸镍溶液倒入氯化铵溶液中混合均匀。

3）再将柠檬酸钠、三乙醇胺、氧化胺、十二烷基磺酸钠、硫脲溶液依次倒入步骤2）所得的混合溶液中，并将其混合均匀。

4）加入次亚磷酸钠溶液，混合均匀。

5）用蒸馏水将步骤4）所得的镀液稀释到计算体积，并用氢氧化钠溶液调节镀液pH值至11。

10.1.11　光亮化学镀镍

光亮化学镀镍液的原料配比见表10-14。

表10-14　光亮化学镀镍液的原料配比　（单位：g）

工　艺　号	1	2	3	4	5	6
$NiSO_4 \cdot 6H_2O$	20	30	25	15	15	40
$NaHPO_2 \cdot H_2O$	20	20	27	15	35	10
甘氨酸	15	15	20	10	40	—
丙氨酸	—	—	—	10	30	1
氟硼酸钾	2	2	2	1	0.01	5
水	加至1L					

光亮化学镀镍液的配制方法如下：

1）在容器中装入组成量2/3的纯水，取组成量的氨基酸溶于纯水中。

2）再取氟硼酸及其盐类或氟硅酸及其盐类加入纯水中，搅拌溶解。

3）取硫酸镍加入纯水中，搅拌溶解。

4）取亚磷酸钠加入纯水中，搅拌溶解。

5）最后加纯水至规定体积。

工艺过程：将配好的光亮化学镀镍液加温至 70～100°C，最佳保持温度为 75～90°C，并用 5%～30%（质量分数）的氨水调节并维持 pH 值为 3～8，最佳 pH 值为 3～5。将干净无油的工件经过 2%～10%（质量分数）的盐酸活化处理后，浸入镀液中 5～60min，即可在工件表面获得光亮的镍镀层。

10.1.12 无氨型化学镀镍

无氨型化学镀镍液的原料配比见表 10-15。

表 10-15 无氨型化学镀镍液的原料配比 （单位：g）

工艺号	1	2	3	4
六水合硫酸镍	28	28	—	29
硼氢化钠	—	—	—	23
氯化镍	—	—	25	—
一水合次亚磷酸钠	24	—	—	—
三水合乙酸钠	10	—	—	—
次亚磷酸钠	—	24	27	—
乙酸铵	—	10	12	—
苹果酸	—	—	1.8	—
甘氨酸	2	—	—	—
冰醋酸	—	—	—	5.5mL
柠檬酸	—	—	—	4
酒石酸	—	3	—	—
乳酸	12mL	12mL	12mL	13mL
丙酸	6mL	6mL	6mL	4mL
稳定剂	1mL	1mL	1.2mL	1.4mL
光亮剂	1.5mL	1.5mL	1.8mL	2.2mL
水	加至 1L			

无氨型化学镀镍液的配制方法如下：

1）将硫酸镍和酒石酸加入少量水溶解，然后将硝酸铋和硫酸锌用硫酸溶解，最后将两者混合，加氨水后装入盛有 1L 去离子水的烧杯中，用磁力搅拌器搅拌直至澄清，得到光亮剂溶液 1L。

2）将钨酸钠、咪唑、EDTA，装入盛有去离子水的烧杯中，高速磁力搅拌至全部溶解，用去离子水体积定容至 1L，得到稳定剂溶液。

3）将镍盐、还原剂、缓冲剂、络合剂、稳定剂溶液、光亮剂，装入盛有去离子水的烧杯中，高速磁力搅拌至全部溶解。用 25mL 氨水将镀液的 pH 值调制 5.4 左右，用去离子水体积定容至 1L，得到制备高光亮化学镀 Ni-P 镀层的镀液 1L。

无氨型化学镀镍主要应用于机械、电子、塑料、模具、冶金、石油化工、陶瓷、水力、航空航天等领域。

10.1.13 室温非水体系化学镀镍

1. 镀液组分

1）各组分配比：主盐10~100g，络合剂2~10g，还原剂10~50g，pH值调节剂0.3~5g，水加至1L。

2）主盐主要为可溶于有机溶剂的氯化镍、硫酸镍、硝酸镍、醋酸镍等镍盐。

3）络合剂为易溶于有机溶剂并可以有效地与金属离子络合的物质，如柠檬酸、聚乙二醇、乙二胺四乙酸等，可以使用一种或多种混合使用。

4）还原剂是指在反应过程中为金属离子还原成金属单质提供电子的物质，而且可以很好地溶解于有机溶剂，常用的是二氨基硼烷类化合物，最常用的是二甲基氨硼烷（DMAB）等。

5）pH值调节剂为通过其浓度的变化来改变体系的酸度，以调节反应的速度和镀层质量，通常以可溶于有机溶剂且不和溶剂反应为前提条件，并可以有效地改变体系pH值。采用碱性较强的氢氧化钾、氢氧化钠等无机强碱为pH值调节剂，可取得较好的效果。

2. 工艺过程

1）基体的预处理：基体按常规的化学镀方法经抛光→脱脂→活化→预镀处理→丙酮冲洗→自然风干处理即可。

2）基体预镀：称取一定量的氯化钯，用乙醇完全溶解后制成浓度为0.1~1g/L的氯化钯胶体预镀液，将处理后的基体放到预镀液中预镀后取出用丙酮冲洗干净备用。

3）施镀：将处理后的基体放到镀液中，在室温条件下放置施镀，施镀温度最好为15~35℃，施镀时间为0.1~24h，取出。

4）镀层的后处理：取出施镀后的基体，视基体性质用丙酮或水将表面有机溶剂冲洗干净，自然晾干即可完成。

上述所用的药品均经脱水处理，有机溶剂需用4A的分子筛活化除水，固体药品应在真空烘箱中脱去结晶水。上述所说的有机溶剂有甲醇、乙醇、丙酮、四氢呋喃、N，N-二甲基甲酰胺、二甲基亚砜等有机物，它们可单独使用，也可混合使用。

10.1.14 高稳定性长寿命的化学镀镍

高稳定性长寿命的化学镀镍工艺见表10-16。

表 10-16　高稳定性长寿命的化学镀镍工艺

工艺号		1①	2①	3②
镀液组分	硫酸镍	—	—	0.095
	氯化镍	0.099	0.050	—
	次磷酸钠	0.255	0.227	0.227
	琥珀酸钠	0.135	0.135	0.135
	苹果酸	—	0.134	0.179
	硫化铅	—	—	1.25×10^{-5}
工艺条件	pH 值	4.5～5.6	5.6	5.8～6.0
	温度/°C	98	99	90～93
	沉积速度/(μm/h)	35.6	48.3	48.3

① 配方中各组分的单位为 mol/L。

② 配方中各组分的单位为 g/L。

10.1.15　铝直接化学镀镍

铝基体上化学镀镍过程如图 10-2 所示。

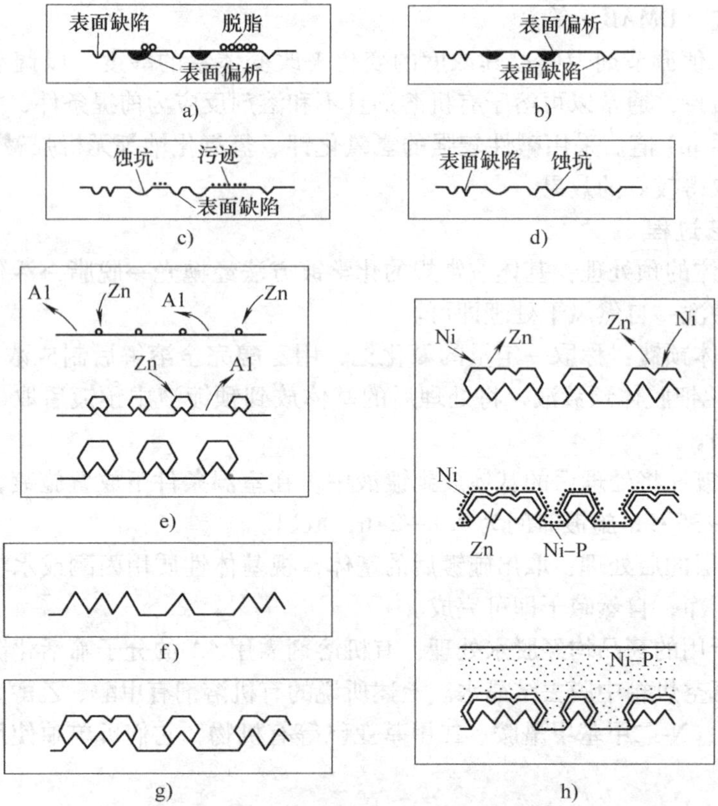

图 10-2　铝基体上化学镀镍过程

a）铝基体　b）碱脱脂　c）酸洗　d）活化　e）第一次浸锌

f）锌的剥离　g）第二次浸锌　h）化学镀镍

不经浸锌，铝表面直接化学镀镍工艺见表10-17。

表10-17 铝表面直接化学镀镍工艺

镀液组分与工艺条件	$NiSO_4 \cdot 7H_2O$	HCOOH	$NaH_2PO_2 \cdot H_2O$	温度	pH值	搅拌方式
数值	0.05mol/L	0.20mol/L	0.30mol/L	60°C	9	空气搅拌

10.1.16 铝直接化学镀镍磷硼

不经浸锌，铝表面直接化学镀镍磷硼工艺见表10-18。

表10-18 铝表面直接化学镀镍磷硼工艺

镀液组分与工艺条件	$NiSO_4 \cdot 7H_2O$	HCOOH	$NaH_2PO_2 \cdot H_2O$	$NaBH_4$	温度	pH值
数值	0.3mol/L	0.6mol/L	0.2mol/L	0.01mol/L	(80±1)°C	5.5

10.1.17 铝合金表面化学镀镍

1. 镀液配制

1）按照5:6:5:2的质量比称取硫酸镍、次磷酸钠、柠檬酸、醋酸钠，每1g醋酸钠量取1mL冰醋酸。

2）用蒸馏水溶解硫酸镍得到镀液A，用蒸馏水溶解次磷酸钠得到镀液B，用蒸馏水溶解柠檬酸得到镀液C，用蒸馏水溶解醋酸钠并与醋酸混合得到镀液D。

3）将镀液D和镀液C混合，得到镀液E；搅拌，将E加入镀液B中得到镀液F。

4）将镀液F边搅拌边加入到镀液A中，控制镀液中总用水量为硫酸镍质量的40倍。

5）用氢氧化钠镀液使步骤4）的混合镀液的pH值为4~5。

2. 工艺过程

1）在铝合金表面化学镀镍的废液中按照40g/L的比例加入氧化钙，形成亚磷酸钙沉淀。

2）按照20g/L的比例加入乙酸钙。

3）过滤得到澄清镀液。

4）滴加1mol/L碳酸铵直至不再形成新的浑浊，之后，按照14g/L补加硫酸镍。

5）用真空泵抽滤去除微溶物，补加8~10g/L一水合次磷酸钠和5mL/L柠檬酸，用醋酸调至pH值为4~5。

经过对废镀液处理生成新的化学镀镍的镀液。

铝合金表面化学镀镍镀液采用硫酸镍、次磷酸钠、柠檬酸、醋酸钠以及醋酸配制成的不含有铅、镉等重金属盐，避免了对环境的污染。使用该方法得到的镍磷镀层性能（如硬度、结合度、耐蚀性）可以和传统组成所镀的镀层一致。实现化学镀液的循环利用，让化学镀液始终保持初始状态，可延长化学镀镍液的使用寿命，减少排放污染。

10.1.18　压铸铝合金直接化学镀镍

1. 镀液配制

压铸铝合金直接化学镀镍液的原料配比见表10-19。

表10-19　压铸铝合金直接化学镀镍液的原料配比　　（单位：g）

工　艺　号	1	2	3	工　艺　号	1	2	3
硫酸镍	20	25	30	碘酸钾	0.02	0.035	0.05
柠檬酸钠	15	18	20	氢氧化钠	调节 pH 值至 9～9.5		
氯化铵	10	15	20	水	加至 1L		
次亚磷酸钠	20	25	30				

2. 工艺过程

1）机械预处理：用喷砂、喷丸、刷光等机械方法，清除零件表面的氧化皮、锈蚀、残渣等。

2）脱脂清洗：用化学方法脱去产品表面油污，如利用热碱液脱脂或利用表面活性剂脱脂。

3）弱酸洗：以盐酸或氢氟酸除锈。

4）碱浸蚀：按一般碱浸蚀的工艺条件进行，如用氢氧化钠镀液进行浸蚀，在产品表面生成硅-铝化合物，消除可能影响镀层质量的不良因素。

5）化学镀镍：采用空气搅拌，温度为50～55℃，镀液的 pH 值维持在 9.0～9.5，施镀时间一般为 20～40min。

6）后处理：采用烘烤和热处理，用于改善镀层的附着力。

10.1.19　计算机硬盘铝基材部件化学镀镍

1）溶剂脱脂：在常温下将部件置于由石脑油组成的脱脂剂浸泡 5～10min，利用乳化作用对部件脱脂。

2）水洗：利用自来水清洗部件表面的脱脂剂。

3）碱脱脂：将由氢氧化钠1～5质量份、硅酸钠0.5～2质量份组成的碱脱脂液加热到60～70℃，再把部件置于碱脱脂液内浸泡20～30min。利用皂化作用对部件进行脱脂。

4）水洗：对脱脂后的部件进行多次自来水清洗，以防止碱脱脂时所用的碱脱脂液污染下面的酸浸蚀液。

5）酸浸蚀：在30～40℃下，由68%（质量分数）的硝酸60～70质量份、98%（质量分数）硫酸1～5质量份及99%（质量分数）的乙酸0.5～2质量份组成的酸浸蚀液中浸蚀10～20s，去除部件表面的氧化膜而不伤及基材。

6）水洗：用水清洗掉残留在部件表面的酸浸蚀液。

7）去挂灰：在20~30℃，50%（质量分数）的硝酸镀液中浸泡25~35s，利用硝酸镀液进一步去除酸浸蚀后部件表面的金属及非金属杂质。

8）水洗：常温下用纯水洗10~30s去酸，清洗干净部件表面，防止酸性物质带入碱性浸锌液中，同时为一次浸锌做准备。

9）一次浸锌：在20~30℃的浸锌液中置换锌25~35s。浸锌液的组成为氧化锌10~11g/L，氯化铁0.5~1g/L，氢氧化钠80~150g/L，浸锌液中的锌离子浓度为7.8~8.2g/L。在部件表面置换一层锌，改善部件表面状态，提高第二次浸锌层的均匀性和致密度。

10）水洗：常温下用纯水洗10~30s去酸，清洗部件表面的碱性浸锌液，避免污染酸性退锌液。

11）退锌：在由45%~55%（质量分数）的硝酸镀液组成的酸性退锌液中常温浸泡25~35s，退除部件表面的锌层，为二次浸锌做准备。

12）水洗：常温下用纯水洗20~40s，清洗掉残留在部件表面的杂质。

13）二次浸锌：在20~30℃浸锌液中置换锌10~20s。浸锌液的组成为氧化锌10~11g/L，氯化铁0.5~1g/L，氢氧化钠80~150g/L，浸锌液中的锌离子浓度为7.8~8.2g/L。第二次在部件表面置换一层均匀致密的锌层，可保证部件镀镍层的性能。

14）水洗：常温下用纯水洗40~80s，清洗碱性浸锌液，避免污染酸性化学镀镍的镀液。

15）化学镀镍：在88~90℃，pH值为4.7~4.9的镀液中镀镍，镀镍时间根据厚度来设定（10~40min），镀镍镀液中的镍含量为5.8~6.2g/L，次磷酸钠含量为30~40g/L，在部件表面利用自催化反应生成一层均匀光亮、致密的镍-磷合金层。

16）水洗：常温用纯水洗40~70s。

17）钝化：在25~32℃，pH值为5.8~8.0，由30~50g/L碳酸氢钠组成的钝化液中钝化1~3min。利用钝化液及时对镀镍水洗后的部件进行钝化封闭，防止镍层变色，并提高部件表面的清洁度。

18）喷淋：利用后道水洗槽溢流水清洗部件表面的钝化液。

19）水洗：在常温下用纯水洗30~60s。

20）超声波水洗：利用40kHz、2kW的超声波振动清洗2~3min。

21）热水洗：在85~95℃，pH值为5~8的热水中清洗10~20s，多道高清洁度热水洗，以确保部件表面的微粒子数达到清洗规范的要求。

22）烘干：部件在110~160℃的热风下烘15~20min。

上述各水洗过程产生的废水都经过在线的过滤泵过滤后，重复使用。这样一方面节约了用水，另一方面又保证了水洗用水的水质。

10.1.20 含硅、铜、镁的铝合金表面化学镀镍

1. 镀液配制

含硅、铜、镁的铝合金表面化学镀镍液的原料配比见表10-20。

表10-20 含硅、铜、镁的铝合金表面化学镀镍液的原料配比（单位：g）

工艺号	1	2	3	工艺号	1	2	3
硫酸镍	30	15	25	硫脲	0.01		
柠檬酸钠	25	10		碘酸钾		0.003	0.005
羟基乙酸			20	OP-10	0.1	0.05	0.08
次磷酸钠	30	12		水	加至1L		
硼氢化钠			20				

2. 工艺过程

1）表面钝化：将含硅、铜、镁的铝合金件表面进行抛光、打磨、脱脂，然后在室温下浸入酸性镀液中钝化，时间为1～3min。

2）水冲洗：将钝化后的铝合金件水洗烘干，待用。

3）化学镀镍：将烘干后的铝合金件浸入镀液中进行化学镀镍。

4）水洗并干化。

上述含硅、铜、镁的铝合金化学镀镍的方法中，所述的钝化用酸性镀液为20%～40%（质量分数）的硝酸与0.05%～0.2%（质量分数）的氟化钠及余量的去离子水的混合镀液。

上述含硅、铜、镁的铝合金化学镀镍的方法中，化学镀镍的工艺条件为，温度为40～55°C，pH为8.6～10.5，浸泡时间为3～60min。

采用这种处理方法，无须经过传统电镀方法中的铬酸浸渍和氢氟酸活化处理，减少了对环境的污染及降低了对操作人员的健康影响。不经过浸锌处理，简化了传统的铝合金化学镀镍的工艺，降低了成本。制得的化学镀镍层，膜层均匀致密，抗冲击力强，耐蚀性好，具有良好的金属外观。

10.1.21 镁合金化学镀镍

由于镁合金表面易被氧化形成保护性较差的氧化膜，这层膜的存在导致镀层很难沉积，因此，必须对其进行适当的预处理。镁合金化学镀镍的关键技术是预处理。

传统的工艺是脱脂活化后浸锌，再镀铜，最后化学镀镍。经改进后比较简单的工艺是：先碱性脱脂，再进行铬酸浸渍和氢氟酸处理，最后进行化学镀镍。时间足够长的铬酸处理和氢氟酸处理都很重要，这是因为当非常厚的铬的氧化物和氟化物膜存在于镁合金的表面时，可以防止镁在化学镀镍镀液中溶解以及形成镍

的置换层。

镁合金化学镀镍工艺见表 10-21。

表 10-21　镁合金化学镀镍工艺

序号	步骤	溶液组分	浓度/(g/L)	温度/°C	时间/min	要求
1	超声波脱脂	异丙醇			6.5～10	
2	碱性脱脂	NaOH	50	10±5	8～10	
		$Na_3PO_3 \cdot 12H_2O$	10			
3	水洗					
4	铬酸浸渍	CrO_3	125	室温	45～60s	搅拌
		HNO_3(质量分数为 70%)	110mL/L			
5	水洗					
6	氟活化	HF(体积分数为 40%)	385mL/L	室温	10	搅拌
7	水洗					
8	化学镀镍	$NiCO_3 \cdot 2Ni(OH)_2 \cdot 4H_2O$	10	80±2	60	搅拌、连续过滤，pH 值为 6.5±1.0
		HF(体积分数为 40%)	12mL/L			
		$C_6H_2O_7 \cdot H_2O$(一水柠檬酸)	5			
		NH_4HF	10			
		氨水(质量分数为 25%)	30mL/L			
		$NaH_2PO_3 \cdot H_2O$	20			
		硫脲	1×10^{-3}			
9	水洗					
10	钝化	CrO_3	2.5	90～100	10～15	
		$Na_2Cr_2O_7$	120			
11	热水洗					吹干
12	热处理			230	120	无尘，温度均匀

10.1.22　镁合金无氰镀铜化学镀镍

1. 镀液配制

镁合金无氰镀铜化学镀镍液的原料配比见表 10-22。

表 10-22　镁合金无氰镀铜化学镀镍液的原料配比　　（单位：g）

工　艺　号	1	2	工　艺　号	1	2
$NiSO_4 \cdot 6H_2O$	20	—	氟化锂	—	3
醋酸镍	—	15	HF(40%)	12mL	—
还原剂次亚磷酸钠	—	30	NH_4HF_2	10	—
$C_6H_8O_7 \cdot H_2O$	5	—	$NaH_2PO_2 \cdot H_2O$	20	—
配合剂柠檬酸三钠	—	2.5	$NH_3 \cdot H_2O$	30mL	—
乳酸	—	10	稳定剂硫脲	0.001	0.0005
缓蚀剂氟化钾	—	5	水	加至 1L	

2. 预处理

在镁合金镀镍前，需要进行表面脱脂、酸洗除锈、活化、浸锌等预处理，以提高镀层的结合力。

1）表面脱脂：同其他材质的脱脂方法基本相同，可采用丙酮或三氯乙烯有机溶剂超声波脱脂及碱性脱脂工艺。

根据镁合金的不同类型，先取一种碱洗液工艺，清洗时间则应与镁合金表面污染程度有关。

还可以采用阴极电解脱脂：$Na_2CO_3 \cdot 10H_2O$ 5 ~ 10g/L，$Na_3PO_4 \cdot 12H_2O$ 10 ~20g/L，Na_2SiO_3 3g/L，温度为 60℃，电流密度为 7 ~ 10A/dm^2。

2）酸洗：酸洗的目的是除去工件表面的氧化物，松散附着的冷加工金属和已嵌入表面的污垢（氧化物、嵌入的砂、钝化膜和烧焦的润滑油等），使其裸露出镁合金基体来。

3）活化：活化的目的在于进一步去除工件表面的氧化物和从酸洗液中带来的含铬化合物，并使镁合金表面产生一层氟化镁膜。这层不完整的氟化镁膜能有效阻止镀液的腐蚀，以避免形成腐蚀产物使施镀困难。

4）浸锌：镁是一种非常活泼的金属，与镍的电极电势相差较大，镍不易在镁表面直接沉积，在镁与镍之间添加一层锌，更有利于沉积金属镍。

3. 无氰预镀铜

无氰镀铜打底的镀液组分为焦磷酸铜 20 ~ 80g/L，优选 30 ~ 60g/L；焦磷酸钠或焦磷酸钾 60 ~ 320g/L 或柠檬酸三钠 60 ~ 250g/L，酒石酸钾钠 5 ~ 20g/L，HEDP 60 ~ 250g/L，乙二胺 60 ~ 250g/L 中的一种或几种的复合物；二氟化氢铵 5 ~20g/L 或氟化钠 5 ~ 20g/L，或氟化钾 5 ~ 20g/L 或氟化锂 5 ~ 20g/L 其中的一种或几种的复合物；碳酸氢钠或氨水调节 pH 值为 8.0 ~ 10。阴极电流密度：初始电流密度为 1 ~ 6A/dm^2，时间为 1 ~ 5min；工作电流密度为 0.5 ~ 3A/dm^2，时间为 15 ~ 30min。

4. 化学镀镍

在预镀铜的镁合金表面进行化学镀镍，可用 $NH_3 \cdot H_2O$（质量分数为 25%）调节镀液的 pH 值至 4.0 ~ 7.0，将工件浸入镀液中，施镀温度为 70 ~ 98℃，镀浴时间为 1 ~ 4h。

5. 钝化、封孔

钝化与封孔，可提高镀层在空气或含硫化合物的工业大气中的防变色能力，提高镀层抗中性盐雾能力。可采用下述公知钝化与封孔工艺。

镀后处理钝化液组分为 CrO_3 2.5 ~ 5g/L，$K_2Cr_2O_7$ 100 ~ 200g/L；温度为 90 ~ 100℃；时间为 10 ~ 15min；热风干后，在无尘埃、有热空气循环、温度分布均匀的热处理炉中，于 200 ~ 300℃ 下热处理 1 ~ 3h；或者从镀液中取出镀件后，立即在热的弱碱性氨水或 10 ~ 40g/L 磷酸钠溶液或 10 ~ 40g/L 硅酸钠溶液中或在 5 ~40g/L 的环氧树脂胶黏剂（环氧树脂与乙二胺体积比为 10:1 的混合物），水溶液中浸渍 3 ~ 10min 后，取出晾干或 120 ~ 200℃ 烘干。

10.1.23 钛合金化学镀镍

钛合金化学镀镍的难点也在于它的预处理工艺。钛合金化学镀镍及镍上镀金工艺见表10-23。

表10-23 钛合金化学镀镍及镍上镀金工艺

序号	步骤	溶液组分	浓度/(g/L)	时间/min	pH值	温度/°C	要求
1	超声波清洗	甲乙酮		5~10			
2	除氧化皮	NaOH	500	15~20		90	
		$CuSO_4 \cdot 5H_2O$	100				
3	清洗						
4	酸浸蚀	HNO_3(质量分数为70%)	275mL/L	20~30s			
		HF(体积分数为40%)	225mL/L				
5	水洗						
6	浸锌	$Na_2Cr_2O_7$	100	3~4	2.0±0.2	90~95	
		HF(体积分数为40%)					
		$ZnSO_4 \cdot 5H_2O$	12				
7	水洗						
8	退锌	HNO_3(质量分数为70%)	275mL/L	45~60s			
		HF(体积分数为40%)	225mL/L				
9	水洗						
10	二次浸锌	$Na_2Cr_2O_7$	100	5~6			
		HF(体积分数为40%)	65mL/L				
		$ZnSO_4 \cdot 5H_2O$	12				
11	水洗						
12	化学镀镍	$NiSO_4 \cdot 6H_2O$	30	75~90	4.5~5	90~98	连接搅拌和过滤
		$NaH_2PO_2 \cdot H_2O$	10				
		Na_3Cit	12.5				
		CH_3COONa	5				
		NH_2CSNH_2	0.001				
13	水洗						
14	热处理			60		150	
15	活化	H_2SO_4	质量分数为15%	30s			
16	水洗						
17	闪镀金	$KAu(CN)_2$	3~4	2	3~4	60	Pt做阳极,0.2A/dm^2
		$H_3Cit \cdot H_2O$	45~55				
		$Na_3Cit \cdot 2H_2O$	45~55				
18	镀金	$KAu(CN)_2$	10~12	15	3.5~4.0	68~70	阴极移动,连续过滤,Pt做阳极,0.4A/dm^2
		$H_3Cit \cdot H_2O$	45~55				
		$Na_3Cit \cdot 2H_2O$	45~55				
19	热水洗						
20	热处理			120		150	

由该工艺得到了结合力很好的镀层，可以经受 -190 ~ 150℃的热循环试验，完全适应于航天工业。

10.1.24 钛合金化学镀厚镍

1. 镀液配制

钛合金化学镀厚镍镀液的原料配比见表 10-24。

表 10-24 钛合金化学镀厚镍镀液的原料配比 （单位：g）

工 艺 号	1	2	工 艺 号	1	2
硫酸镍	25	30	醋酸铅	0.002	—
次亚磷酸钠	25	15	硫脲	—	0.002
乙酸钠	25	40	水	加至 1L	

2. 工艺过程

化学脱脂→热、冷水洗→除膜→冷水洗→活化→冷水洗→预镀镍→冷水洗→化学镀镍→冷水洗→干燥→检查。其中热、冷水洗应先用热水冲洗工件，以防止工件表面有残余脱脂液。后用冷水冲洗。

除膜工序经过除膜、冲洗后，工件有明亮的金属光泽。

工件活化后，表面形成一层灰色的膜层，个别材料的工件表面会形成黑色的膜层，属正常现象。

化学镀镍工序配制镀液采用蒸馏水，以减少杂质的影响，槽液装载量按每升镀液镀 1 ~ 2dm^2 的面积计算。施镀过程中，可用洁净的压缩空气搅拌槽液。镀镍时，要随工件镀一试样，以确定厚度，化学镀厚镍可采用补充添加液的方法来延长施镀时间以达到要求的厚度。

添加液 A：硫酸镍 200g/L，乙酸钠 2g/L，乳酸（质量分数 85% ~ 90%）25mL/L；添加液 B：次磷酸钠 250g/L，乙酸铅 2mg/L。分别配制 A、B 两种添加液，单独存放。

为达到较厚镍层厚度和保证稳定的沉积速度，应在施镀进行 1.5 ~ 3.5h 后分别补充镀液，按照每升镀液加入 35mL A 和 35mL B 液，在烧杯中将 A、B 添加液混合，加热至工作温度时缓慢加入槽液中。通过补充添加液，可使镀液沉积速度稳定在 14 ~ 17μm/h。干燥时应用热的空气吹干。

10.1.25 铜及铜合金化学镀镍

由于铜的自身特点，要保证其表面获得均匀的结合力良好的镀镍层，无论是对各预处理镀液，还是化学镀镍镀液的组成都有着一些特殊的要求。

1. 工艺流程

1）表面采用强还原剂处理，例如二甲氨基硼烷，工艺流程如图10-3所示。

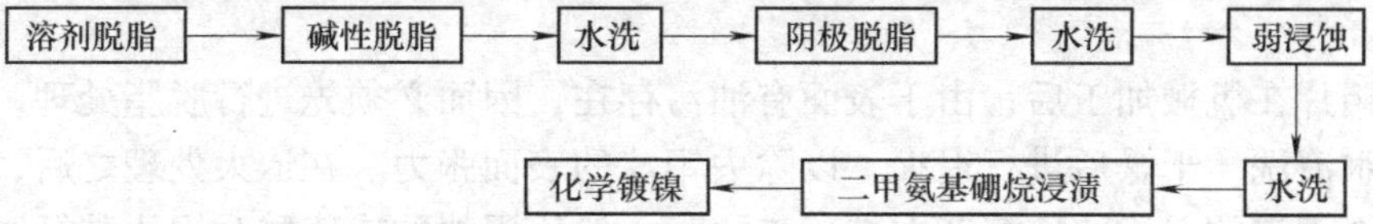

图10-3 采用强还原剂处理的化学镀镍工艺流程

2）采用电镀镍诱导的化学镀镍工艺流程如图10-4所示。

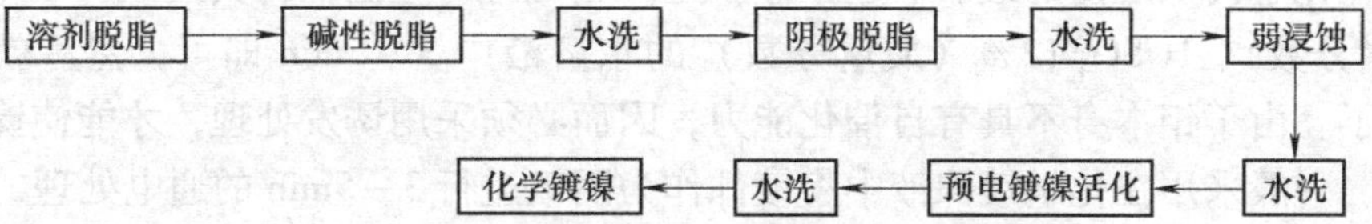

图10-4 采用电镀镍诱导的化学镀镍工艺流程

2. 镀液配制

铜及铜合金化学镀镍液的原料配比见表10-25。

表10-25 铜及铜合金化学镀镍液的原料配比 （单位：g）

工艺号	1	2	3
硫酸镍	20	25	30
柠檬酸钠	15	18	20
次亚磷酸钠	20	25	30
碘酸钾	0.002	0.0035	0.005
氨水	调节pH值至7~9.5		
水	加至1L		

3. 铜及铜合金化学镀镍工序

1）脱脂清洗：用化学方法脱去产品表面油污，例如利用热碱液脱脂或利用表面活性剂脱脂。

2）弱酸洗：用盐酸除锈。

3）预电镀操作条件：镀液温度为40~55℃，电压为2~4V，电流密度为0.2~0.4A/dm^2，时间为1~2min，依靠外加电源而镀上一薄层镍以后，化学镀镍过程便可正常进行。

4）化学镀镍：搅拌，镀液温度控制在50~55℃。

5）后处理：烘烤和热处理，用于改善镀层的附着力。

10.1.26 钼化学镀镍

钼在晶体管封装中有着广泛的应用，主要是因为钼的热膨胀系数和硅与Al_2O_3的热膨胀系数大小匹配，在晶体管封装的热胀冷缩的过程中与硅的收缩一致。然而钼片本身的钎焊性很差，而镍层具有良好的钎焊性，因此需要在钼片上用化学镀镀上一层镍层。电镀镍层易起泡，且电镀的效率低，因而一般情况下不采用。

钼片在机械加工后，由于表面有油污存在，因而必须先进行脱脂处理，然后用温水清洗，干燥后进行退火，以除去钼片的表面张力。在退火处理之后，将钼片移至煮沸的 NaOH 稀溶液中进一步脱脂，然后用盐酸或硫酸对钼片进行腐蚀处理，之后用铬酸去掉黑色膜。但对于钼片表面有较厚氧化层者，则应采用喷砂处理。在化学镀镍之前的最后一道工序就是活化处理：室温下将其浸入 HNO_3 10%（质量分数）、H_2SO_4 12%（质量分数）的水溶液中 3 ~ 5min 即可，然后就可以施镀了。由于钼本身不具有自催化能力，因而必须采用诱发处理，才能使镍产生沉积。一般采用在化学镀镍液中将镀件作为阴极进行 3 ~ 5min 的通电处理，也可以采用氯化钯活化法处理或贱金属引发处理。

10.1.27　ABS 塑料化学镀镍

在种类繁多的塑料中，工程塑料是目前发展很快，也是应用越来越广泛的一类材料。

原则上任何一种塑料都可以通过适当的预处理后进行化学镀镍。目前应用最为广泛的是被称为“可镀塑料”的 ABS 塑料。ABS 塑料是由 A 组分（丙烯腈）、B 组分（丁二烯）、S 组分（苯乙烯）三元共聚而成的。其中 A 与 S 发生的是共聚，B 组分是自聚成球形状态后分散在 AS 共聚组分中。丁二烯自聚后存在着大量的碳碳双键，碳碳双键容易发生氧化断键，丁二烯能够溶解在强氧化性的铬酸与硫酸的混合镀液中。ABS 塑料之所以容易进行金属化处理就在于其中存在高度弥散的球状丁二烯组分。ABS 塑料化学镀镍及后续工艺流程如图 10-5 所示。ABS 塑料处理后的断面示意图如图 10-6 所示。

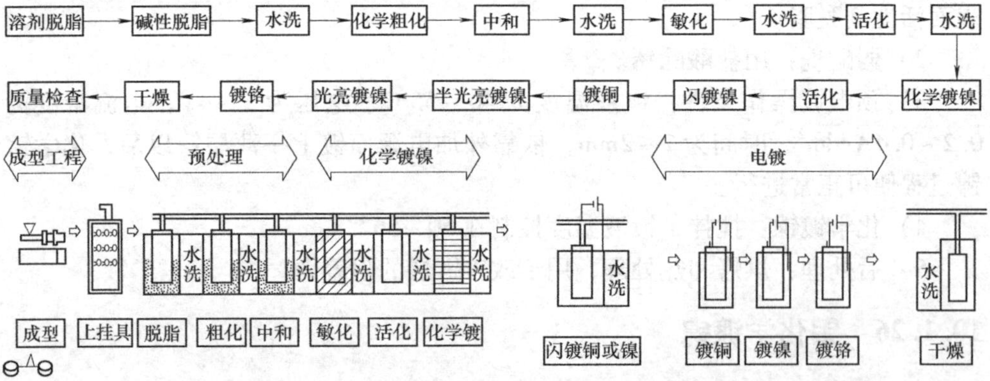

图 10-5　ABS 塑料化学镀镍生产流程示意图

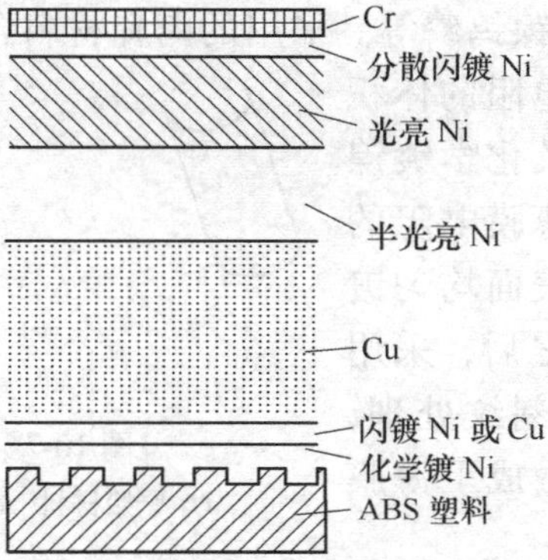

图 10-6 处理后的 ABS 断面示意图

由于 ABS 塑料不耐高温，因而不应采用高温的化学镀镍液进行化学镀，一般采用以次磷酸钠为还原剂的中温和低温化学镀镍液。以硼氢化肼为还原剂的中性化学镀镍液，工作温度为 30～35℃。塑料基体化学镀镍工艺见表 10-26。

表 10-26 塑料基体化学镀镍工艺

镀液组分与工艺条件	$NiSO_4 \cdot 6H_2O$	$N_2H_4 \cdot BH_3$	CH_3COONa	
数值	75g/L	1～1.5g/L	20g/L	
镀液组分与工艺条件	$Na_2S_2O_3$	pH 值	温度	载荷量
数值	0.1×10^{-3}mol/L	7.5	30～35°C	1～$2dm^2$/L

10.1.28 普通陶瓷化学镀镍

陶瓷具有高硬度、高耐蚀性、高介电性等诸多优点，因而作为功能材料用途越来越广泛，特别是纳米陶瓷的出现引起人们高度重视。然而陶瓷不具有导电性、韧性、焊接性等性能，所以使用陶瓷时往往要进行表面部分或全部的金属化处理。由于素烧陶瓷存在大量的孔隙，较为古老的方法是先用树脂将陶瓷表面进行封闭，以防处理液的进入，接着再进行一系列的粗化、敏化、活化处理以获得具有催化活性的可镀表面。由于素烧陶瓷板为制备几层乃至几十层的复合印制电路板的最佳材料，为此人们开发出一种丝网印刷技术，在陶瓷板上直接印刷上含有催化金属微粉的涂料。印刷所用的镀液组分为 Pd 或 Ag 的氧化物 0.15g、乙基纤维素 6g、乙醇 60mL、乙基溶纤剂 40mL 以及适量的添加剂。而后将其在 400℃ 烧结 30～40min，使有机组分生成二氧化碳而挥发，则复杂的电路图的线条上均匀残留具有催化活性的金属钯微粒，在化学镀镍中起到诱发的效果。

陶瓷化学镀镍层有着广泛的用途，特别在电子行业中，如印制电路板、微型电容器、薄膜电阻、集成电路等方面。这里介绍在薄膜电阻上的应用。事实上为了提高电阻的温度系数。所镀的镀层是三元化学镀镍磷合金镀层，如镍钴磷、镍铁磷、镍铬磷、镍钼磷、镍钨磷等。采用的陶瓷材料含三氧化二铝92% ~98%（质量分数）。由于这种电阻的体积非常小，所有的预处理及化学镀镍都是在滚筒中进行的。薄膜电阻的制作工艺流程是在陶瓷表面均匀镀上了这种多元合金镀层之后，采用激光束对镀层进行螺旋刻纹处理，再接上两端的导线，就做成了薄膜电阻，如图10-7所示。

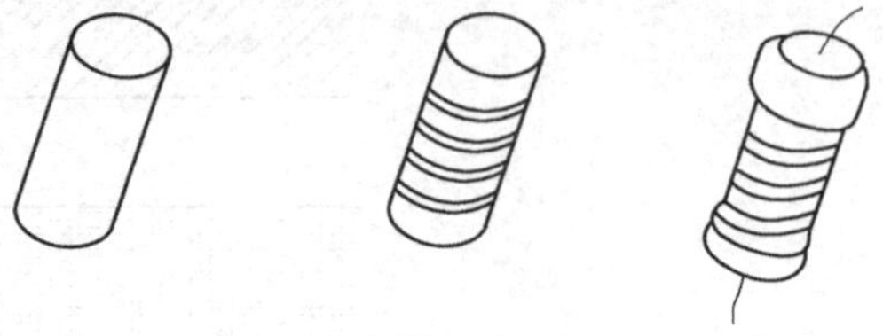

图10-7　薄膜电阻的制作
a）原始材料　b）激光刻蚀后　c）成品

10.1.29　氮化铝陶瓷化学镀镍

1. 镀液配制

氮化铝陶瓷化学镀镍的原料配比见表10-27。

表10-27　氮化铝陶瓷表面化学镀镍的原料配比　　（单位：g）

工艺号	1	2	3	工艺号	1	2	3
硫酸镍	20	25	30	乳酸	8mL	9mL	10mL
次亚磷酸钠	20	20	25	硫脲	0.001	0.001	0.002
柠檬酸钠	15	20	15	十二烷基硫酸钠	0.015	0.025	0.035
醋酸钠	15	20	15	去离子水	加至1L		

1）准确称取所需质量的硫酸镍、次亚磷酸钠、柠檬酸钠、醋酸钠、硫脲、十二烷基硫酸钠，量取所需体积的乳酸，分别用少量去离子水充分溶解。

2）加入顺序为先将硫酸镍溶液缓慢加入柠檬酸钠溶液中，再加入完全溶解的次亚磷酸钠溶液，最后依次加入醋酸钠、硫脲、十二烷基硫酸钠、乳酸。

3）用酸或碱调整镀液的pH值至4.0~6.0，过滤镀液。

4）加温至70~90℃，温度达到所需值并恒定后，放入基片进行化学镀镍。

2. 工艺过程

1）机械打磨：机械打磨氮化铝表面，去除氧化层，并形成具有一定表面粗糙度的表面。

2）清洗脱脂：用丙酮和去离子水清洗氮化铝表面。

3）粗化：用强酸或强碱镀液浸泡粗化氮化铝表面，并彻底清洗干净粗化后的氮化铝陶瓷。

4）敏化和活化：首先用氯化亚锡配制成氯化亚锡镀液，再用氯化钯配制成氯化钯镀液；用配制的氯化亚锡镀液室温下敏化经上述步骤1）~3）制得的氮化铝基片5~10min，再用氯化钯镀液在室温下活化5~10min。

5）将制备好的镀液加温至70~90℃，温度恒定后，放入经敏化和活化后的氮化铝基片进行化学镀镍，完成镀镍后取出氮化铝片并烘干。

10.1.30 硅化学镀镍

硅化学镀镍工艺见表10-28。

表10-28 硅化学镀镍工艺

镀液		镀液A	镀液B
组分浓度/(mol/L)	$NiSO_4 \cdot 6H_2O$	0.10	0.10
	$NaH_2PO_2 \cdot H_2O$	0.15	—
	$(NH_4)_2SO_4$	0.50	0.50
	乙酸钠	0.20	—
	乙醇	—	0.01
工艺条件	pH值(用氨水调)	9.0	9.0
	温度/°C	80	80

注：镀液B为用于比较的电镀液。

10.1.31 粉体化学镀镍

那些具有催化性的粉体可直接进行化学镀镍，具有导电性的粉体可以采用流化床的方法进行电镀镍，不具备催化活性及导电性的粉体必须通过赋予催化活性及化学镀起始层后才能进行电镀。通常采用的办法与塑料上的化学镀过程相似。目前常使用的方法是利用表面活性剂使胶体钯吸附在粉体表面上，然后在还原性的镀液中将钯离子还原成金属钯，这样粉体表面就具有了化学镀镍需要的催化活性。

粉体具有巨大的比表面积，所以粉体化学镀镍镀液的装载量需要特别大，这是粉体化学镀的最大难点。1g粒径5~10μm的聚丙烯树脂粉体的比表面积有时能达到16m²，在化学镀的初期反应十分剧烈，因此所用的镀液必须非常稳定。而采用间断调整补充镀液时又容易造成镀层的层状结构或导致镀液的过载分解。在连续搅拌条件下的滴注式连续补加与调整镀液的方法，可获得很好的化学镀镍层，其装置如图10-8所示。粉体化学镀镍工艺见表10-29。

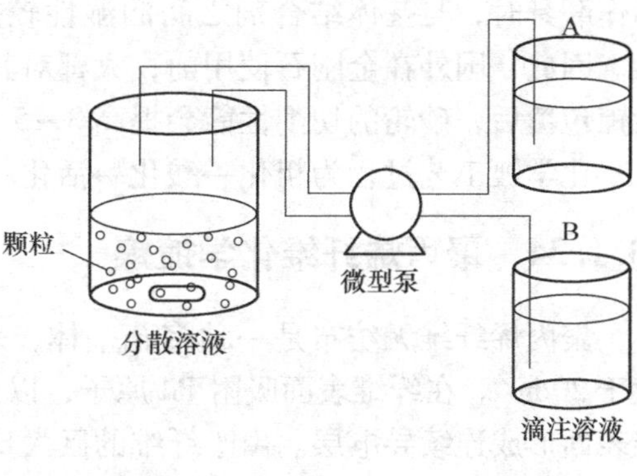

图10-8 滴注式连续补加与调整装置

A—分散微粒所采用的原镀液 B—滴注镀液

表 10-29　粉体化学镀镍工艺

镀液组分与工艺条件	滴注 A 液		滴注 B 液		分散溶液
	硫酸镍	络合剂	次磷酸钠	氢氧化钠	次磷酸钠
数值	0.85mol/L	0.85mol/L	2.0mol/L	1.0 ~ 2.0mol/L	0.2mol/L
镀液组分与工艺条件	pH 值	温度	滴注速度	沉积时间	体积
数值	4 ~ 6	25 ~ 70°C	3mL/min	0.5 ~ 1h	100 ~ 280mL

10.1.32　聚合物粉化学镀镍

（1）制备方法　分别溶解硫酸镍、柠檬酸钠、氯化铵和次亚磷酸钠。将氯化铵倒入硫酸镍溶液中，搅拌均匀后将溶液倒入柠檬酸钠溶液中。使用前加入还原剂次亚磷酸钠，最后稀释至所需体积，并用氨水调节 pH 值为 8.5 ~ 9.5。

（2）原料组分配比　各组分配比范围为：硫酸镍 20 ~ 40g，亚磷酸钠 20 ~ 40g，柠檬酸钠 10 ~ 20g，氯化铵 40 ~ 50g，水加至 1L。

（3）化学镀镍　首先将聚合物粉经脱脂、粗化、敏化、活化等预处理后，进行化学镀镍。施镀温度为 35 ~ 55℃，施镀时间为 1.5 ~ 2.5h。

（4）产品特性　涉及的聚合物粉上化学镀镍组成及工艺，简单、方便、易于操作和控制，镀液稳定，不易变质。化学镀镍包覆磁粉的密度为 1.4g/cm^3 左右。聚合物粉包覆层致密，颗粒分散较好。经电子能谱仪测试镀层成分，镍包覆磁粉中 Ni 的质量分数为 86.86%，Co 的质量分数为 2.45%，P 的质量分数为 5.41%。经 X 射线衍射仪测试证实，磁性镀层在镀态下为晶态结构。

10.1.33　金刚石粉化学镀镍

金刚石是自然界存在的最硬物质，在现代高科技领域内有着广泛的应用。它与石墨同是碳的同素异构体，在室温常压下呈亚稳态，因而耐热性差，加热时易石墨化和氧化。人造金刚石粉表面存在裂纹等缺陷，因此强度不高，作为磨料在制作磨具时，与基体结合剂之间润湿性较差，影响其结合强度，在工作时易脱落。因此，国外在金刚石使用前，大都对其表面进行金属化。金刚石粉进行化学镀镍包覆后，砂轮的切削性能会提高 3 ~ 5 倍。

化学镀工艺过程为粗化→酸化→活化→还原→化学镀镍。

10.1.34　聚丙烯纤维化学镀镍

聚丙烯纤维无纺布是一种多孔基体，表观面积为 20dm^2 基体的真实面积远大于 20dm^2。在纤维表面吸附 Pd 原子，以 Pd 原子为催化反应的活性中心，在纤维表面形成连续导电层。由于纤维的巨大比表面积，吸附 Pd 原子后形成足够大量的反应活性中心，使化学镀镍反应可在 2 ~ 3min 迅速完成。与常规化学镀相比较，采用超载化学镀有施镀面积大、时间短、无自分解现象、废弃液中残留 Ni-

$SO_4 \cdot 6H_2O$ 浓度低等优点，而且对于只要求在表面得到导电层的非金属化学镀，采用超载化学镀的方法所得镀层可以满足要求。超载化学镀可以在单位体积的镀液中施镀最大限度量的面积，可使镀液中 $NiSO_4 \cdot 6H_2O$ 消耗迅速至极低浓度。镀后镀液可直接废弃或通过维护重复使用。孔隙率为 80% 的聚丙烯纤维无纺布化学镀镍工艺见表 10-30。

表 10-30 孔隙率为 80%聚丙烯纤维无纺布化学镀镍工艺

镀液组分与工艺条件	$NiSO_4 \cdot 6H_2O$	$NaH_2PO_2 \cdot H_2O$	乳酸(80%)	丙酸	稳定剂	pH	温度
数值	0.095mol/L	0.283mol/L	34mL/L	3mL/L	1mL/L	4.6~4.8	84~89°C

10.1.35 光纤维化学镀镍

光纤维化学镀镍的目的是改变目前光纤维在连接时必须用胶黏剂的现状，因为这种连接方法在苛刻的条件下使用时，其气密性、粘接强度、耐久性、耐热性往往不能满足要求。将直径为 $\phi 125\mu m$ 的光纤维导线端部的塑料皮剥下，露出 30mm 的纤维，采用类似 ABS 塑料电镀的预处理方法处理后进行化学镀镍。镀液的稳定性不同，所镀的镍层形貌也不同。通过强度测试，镍镀层的结合强度可以提高到 6.37N。

10.1.36 石墨纤维化学镀镍

可以在石墨纤维表面上进行均匀连续地化学镀镍，镀层沉积速度主要通过 HCHO、NaOH 的浓度、稳定剂、酒石酸钾钠来控制。拉伸强度测试结果表明，有镀层的仅比无镀层的低一点。同时发现，通过压力渗透途径可以成功地将化学镀镍的石墨纤维与铝基体结合在一起，且有均匀分布镀层的纤维和铝基体界面之间无明显的反应，阻止了 Al_4C_3 的生成。

该镀液组成为：$NiSO_4$ 10g，NaOH 10g，36%（质量分数）HCHO 10mL，酒石酸钾钠 50g，与水按体积比 1∶1 混合。镀液中酒石酸钾钠起到稳定剂作用。化学镀过程中须搅拌以去除气泡，从而得到均一的镀层。

10.1.37 碳纤维化学镀镍

1. 镀液配制

碳纤维化学镀镍液的原料配比见表 10-31。

表 10-31 碳纤维化学镀镍液的原料配比 （单位：g）

工 艺 号	1	2	3	工 艺 号	1	2	3
六水合硫酸镍	28	40	20	柠檬酸钠	15	30	10
次亚磷酸钠	26	40	20	去离子水	加至1L		
焦磷酸钠	26	40	20				

1）粗化处理液的制备：在去离子水中加入氢氧化钠，搅拌均匀即可。

2）敏化处理液的制备：在去离子水中加入氯化亚锡，搅拌均匀即可。

3）活化处理液的制备：在去离子水中加入硝酸银、氢氧化钠、氨水，搅拌均匀即可。

4）还原处理液的制备：在去离子水中加入次磷酸钠，搅拌均匀即可。

5）化学镀液的制备：将各组分溶于去离子水中，搅拌均匀，添加氨水，调节镀液 pH 值为 9.5 ~ 10.5，获得化学镀液。

2. 工艺过程

1）去胶：将碳纤维先用马弗炉灼烧去胶，温度为 200 ~ 500℃，时间为 5 ~ 30min。

2）脱脂：将步骤 1）中得到的碳纤维加入脱脂处理液无水乙醇中，在室温、功率为 500W 的条件下，磁力搅拌分散反应 30 ~ 60min 后制得第一反应液；将第一反应液进行水洗获得第一产物，水洗条件为在室温条件下，将第一反应液用去离子水稀释，在每 100mL 第一反应液中加入 800 ~ 1000mL 去离子水进行稀释；沉降 60 ~ 90min 后将上层清液去除，重复 2 或 3 次后获得第一产物。

3）粗化：将第一产物加入粗化处理液中，在室温、功率为 500W 的条件下，磁力搅拌分散反应 20 ~ 60min 后制得第二反应液；将第二反应液进行抽滤获得第二产物，抽滤条件为在室温条件下，调节抽滤真空仪器的真空度为 -0.1MPa，抽滤 5 ~ 10min 后获得第二产物。

4）敏化：将第二产物加入敏化处理液中，在室温、功率为 500W 的条件下，磁力搅拌分散反应 20 ~ 60min 后制得第三反应液；将第三反应液进行抽滤获得第三产物，抽滤条件为在室温条件下，调节抽滤真空仪器的真空度为 -0.1MPa，抽滤 5 ~ 10min 后获得第三产物。

5）活化：将第三产物加入活化处理液中，在室温、功率为 500W 的条件下，磁力搅拌分散反应 30 ~ 180min 后制得第四反应液；将第四反应液进行抽滤获得第四产物，抽滤条件为在室温条件下，调节抽滤真空仪器的真空度为 -0.1MPa，抽滤 5 ~ 10min 后获得第四产物。

6）还原：在室温、功率为 500W 的条件下，磁力搅拌分散反应 4 ~ 6min 后制得第五反应液；将第五反应液进行抽滤获得第五产物，抽滤条件为在室温条件下，调节抽滤真空仪器的真空度为 -0.1MPa，抽滤 5 ~ 10min 后获得第五产物；将第五产物放入干燥箱中，在 90℃的条件下干燥 5h 后，制得第六产物。

7）化学镀：将第六产物放入化学镀液中，在温度为 70 ~ 90℃、功率为 500W 的条件下，磁力搅拌分散反应 60 ~ 120min 后，静置 3 ~ 5min 制得第六反应液；将第六反应液进行抽滤获得第七产物，抽滤条件为在室温条件下，调节抽滤真空仪器的真空度为 -0.1MPa，抽滤 5 ~ 10min 后获得第七产物；将第七产物放入干燥箱中，在90~110℃的条件下干燥4~5h后，制得第八产物，即在碳纤维表面包覆一层金属镍，完成对碳纤维的化学镀镍。

10.1.38　添加镱的化学镀镍

1. 镀液配制

添加镱的化学镀镍液的原料配比见表10-32。

表10-32　添加镱的化学镀镍液的原料配比　（单位：g）

工　艺　号	1	2	3	4	5	6
硫酸镍	30	25	35	35	30	28
次亚磷酸钠	28	25	30	32	30	26
乳酸	5	10	15	9	5	5
羟基乙酸	10	10	5	6	15	10
乙酸钠	25	20	15	25	15	25
氯化镱	0.15	0.6	0.45	0.2	0.25	0.3
碘化钾	0.004	0.004	0.004	0.004	0.004	0.004
水	加至1L					

1）把乙酸钠、乳酸和羟基乙酸一起加水溶解。

2）把硫酸镍加水溶解。

3）把步骤2）所得溶液倒入步骤1）所得溶液中，然后搅拌均匀。

4）把次亚磷酸钠加适量的水溶解，然后在搅拌的状态下缓缓倒入步骤3）所得溶液中并搅拌均匀。

5）把氯化镱或硝酸镱溶解并倒入步骤4）所得溶液中。

6）加入碘化钾。

7）加蒸馏水或去离子水至规定体积，并搅拌均匀。

8）过滤。

2. 工艺过程

先用5%~10%（质量分数）的氢氧化钠溶液或5%~10%（质量分数）的稀硫酸把镀液的pH值调节至4.5~6，最佳的pH值为4.5~5.5；然后将镀液加温至80~95℃，最佳恒定温度为85~92℃；把经脱脂和活化的工件浸入镀液中，即可得到镀层。

镀液组分中微量添加稀土镱，使镀液既高速又稳定，而且得到的镀层具有优异的耐蚀性，镀层未经热处理即有较高的硬度，热处理后有很高的硬度，因此镀层的应用领域很广。

10.1.39　铁基粉末冶金制品的化学镀镍

1. 镀液配制

铁基粉末冶金制品的化学镀镍液的原料配比见表10-33。

表10-33　铁基粉末冶金制品的化学镀镍液的原料配比　（单位：g）

工艺号	1	2	工艺号	1	2
$NaH_2PO_2 \cdot H_2O$	16～30	16～20	Na_2CO_3	1～2.2	1～1.2
$NaC_2H_3O_2$	2～6	2～4	$CH_3CHOHCOOH$	20～34	20～24
$NiSO_4 \cdot 6H_2O$	21～35	21～25	水	加至1L	

先将$NaH_2PO_2 \cdot H_2O$、$NaC_2H_3O_2$置于50～85℃的200g温水中溶解并搅拌均匀，然后再加入$NiSO_4 \cdot 6H_2O$搅拌溶解均匀后加入余量的水，最后加入Na_2CO_3、$CH_3CHOHCOOH$，将化学镀液的pH值调节到5～6.5，经过滤纸过滤即成。

2. 工艺过程

化学镀镍工序是将经过表面粗抛、除锈、清洗、脱脂、酸洗活化工序后的铁基粉末冶金制品，置于所述的化学镀液中，在90～95℃下浸泡20～40min，然后经过清洗、精抛、清理工序后，即完成在铁基粉末冶金制品表面镀上非晶态的Ni-P合金层。

1）粗抛：将烧结后的铁基粉末冶金制品置于振动光饰机中，用规格为6 mm的棕刚玉块作为磨料，加上LX-18研磨剂100g和防锈剂50g，以及淹过磨料的清水量作为研磨介质，振动研磨20～30min。

2）去锈：将生锈的铁基粉末冶金制品在质量分数为5%～10%的常温稀盐酸溶液中浸泡15～30min。

3）脱脂：将烧结后浸过全损耗系统用油和经过精整的铁基粉末冶金制品，先在340～380℃下将全损耗系统用油烧除干净后，置于60～80℃下质量分数为20%的碱性溶液中浸泡20min，或是将烧结后未浸油的铁基粉末冶金制品直接置于60～80℃下质量分数为20%的碱性金属溶液中浸泡20min。

4）酸洗活化：将铁基粉末冶金制品置于质量分数为20%的常温盐酸中浸泡2～3min。

5）碱液清洗：把化学镀镍好的铁基粉末冶金制品置于质量分数为10%的Na_2CO_3溶液中浸泡5～10min。

6）精抛：在高速旋转的涂有MgO抛光膏绒布轮上，对铁基粉末冶金制品镀层表面进行抛光。

7）清理：用棉布蘸上轻质$CaCO_3$粉末，擦净铁基粉末冶金制品精抛时残留的抛光膏。

10.1.40　用于食品机械工业的化学镀镍

用于食品机械工业的化学镀镍工艺见表10-34。

表 10-34　用于食品机械工业的化学镀镍工艺

组　分	性状	浓度/(mol/L)	A 组分浓缩液	B 组分浓缩液	C 组分浓缩液	备　注
$NiSO_4 \cdot 6H_2O$	粉末	0.095	A	—	—	1）原始镀液采用 A、B 浓缩液配制，补加时采用 A、C 浓缩液补加，浓缩液中各组分的浓度为镀液浓度的 5 倍 2）温度为 75～95°C，pH 值为 5.2～4.2
$NaH_2PO_2 \cdot H_2O$	粉末	0.283	—	B	C	
柠檬酸	粉末	0.027	—	B	—	
醋酸钠	粉末	0.058	A	—	—	
乳酸	液体	5	—	B	C	
丙酸	液体	3mL/L	—	B	C	
苹果酸	粉末	0.037	A	—	—	
丁二酸	粉末	0.042	A	—	C	
KIO_3	粉末	3mg/L	—	B	—	

10.1.41　适合于轻金属的化学镀镍

适合于轻金属的化学镀镍工艺见表 10-35。

表 10-35　适合于轻金属的化学镀镍工艺

工　艺　号		1①	2①	3②
镀液组分	次磷酸镍	—	0.050	—
	碱式碳酸镍	0.017	—	10
	氟化钾	—	0.155	9
	氟化氢铵(70%)	0.074	—	10
	柠檬酸	0.029	0.079	5
	次磷酸钠	0.189L	0.005	20
	铅离子	—	1mg/L	—
工艺条件	pH 值	4.5～6.8	4.6～4.7	4.5～6.5
	温度/°C	76～82	87	30～35
	沉积速度/(μm/h)	20	23	

① 配方中各组分的单位为 mol/L。

② 配方中各组分的单位为 g/L。

10.1.42　一般炊具化学镀镍

1. 镀液配制

一般炊具化学镀镍液的原料配比见表 10-36。

表 10-36　一般炊具化学镀镍液的原料配比　　（单位：g）

原料	硫酸镍	次磷酸钠	食用乙酸钠	食用乳酸	食用柠檬酸	食用苹果酸	食用碘酸钾	去离子水
含量	22	24	15	15	5	9	0.2	加至 1L

1）将硫酸镍与去离子水在一个容器中混合，搅拌至完全溶解，制成硫酸镍溶液。

2）将次磷酸钠与去离子水在一个容器中混合，搅拌至完全溶解，制成次磷酸钠溶液。

3）将食用乙酸钠、食用乳酸、食用柠檬酸、食用苹果酸、食用碘酸钾在一个容器中混合，搅拌至完全溶解，制成助剂溶液。

4）将所述硫酸镍溶液和次磷酸钠溶液在不断搅拌下，依先后顺序缓缓兑入助剂溶液中制成镀液，即先将硫酸镍溶液缓缓兑入助剂溶液中，然后再将次磷酸钠溶液缓缓兑入助剂溶液中。

5）用 10%（质量分数）食用碳酸氢铵溶液调节镀液的 pH 值至 4.4 ~ 4.8，然后向镀液中补充去离子水，最终使该镀液体积达到 1L。

2. 工艺过程

需要先将施镀的炊具镀件放入 20% ~ 30%（质量分数）的食用碳酸钠溶液中清洗，去掉其表面上的油污及杂质，食用碳酸钠溶液温度为 60 ~ 70℃，然后用水冲洗干净，再进行施镀。当施镀完成后，将炊具镀件从镀液中取出，用水冲洗干净后放入烘箱中把表面的水分烤干即可。经检验，镀件的镀层厚度为 16μm。将合格的镀件放入 5%（质量分数）的氯化钠溶液中浸泡 72h 表面无锈点，镀层没有失光变色。

由于采用化学镀镍的方法对炊具表面进行处理，处理后的镀层表面可达到不锈钢材料的外观效果。使炊具表面形成了镀镍层，因而提高了炊具表面的耐磨性和耐蚀性。使用食用型的镀镍原料对炊具表面进行镀镍处理，其镀层对人体无害，可完全取代传统的对人体有害的处理工艺。

10.1.43　铸铁炊具化学镀镍

1. 镀液配制

铸铁炊具化学镀镍液的原料配比见表 10-37。

表 10-37　铸铁炊具化学镀镍液的原料配比　　（单位：g）

原料	硫酸镍	次磷酸钠	食用乙酸钠	食用乳酸	食用柠檬酸	食用苹果酸	食用碘酸钾	硼酸	钼酸铵	水
含量	20 ~ 25	22 ~ 26	15	15	5	9	0.2	5	0.001	加至 1L

1）将硫酸镍与去离子水在一个的容器中混合，搅拌至完全溶解，制成硫酸镍溶液。

2）再称取次磷酸钠与去离子水在一个的容器中混合，搅拌至完全溶解，制成次磷酸钠溶液。

3）将食用乙酸钠、食用乳酸、柠檬酸、食用苹果酸、食用碘酸钾、硼酸、钼酸铵在一个的容器中混合，搅拌至完全溶解，制成助剂溶液，以提高镀液的稳定性。

4）将硫酸镍溶液和次磷酸钠溶液在不断搅拌下，依先后顺序缓缓兑入助剂溶液中制成镀液。

5）用 10%（质量分数）食用碳酸氢铵溶液调节镀液的 pH 值至 4.4～4.8，然后向镀液中补充去离子水，最终使该镀液体积达到 1L。

2. 工艺过程

需要先将施镀的铸铁炊具镀件放入 20%～30%（质量分数）的食用碳酸钠溶液中清洗，去掉其表面上的油污及杂质，食用碳酸钠溶液温度为 60～70℃，然后水冲洗干净，再进行施镀。当施镀完成后，将铸铁炊具镀件从化学镀镍镀液中取出，用水冲洗干净后放入烘箱中把表面的水分烤干后即可。经检验，镀件的镀层的厚度为 16μm，硬度为 512HV。将合格的镀件放入 5%（质量分数）的氯化钠镀液中浸泡 72h 表面无锈点，镀层没有失光变色。

由于采用化学镀镍的方法对铸铁炊具表面进行处理，处理后的镀层表面可达到不锈钢材料的外观效果。使铸铁炊具表面形成了镍镀层，因而提高了铸铁炊具表面的耐磨性和耐蚀性。使用食用型的镀镍原料对铸铁炊具表面进行镀镍处理，其镀层对人体无害，可完全取代传统的对人体有害的处理工艺。

10.1.44 化学镀镍制备封闭蜂窝材料

通过化学镀的方法在高分子粉末上镀覆一层镍磷合金，并进行高温烧结，得到了含高分子聚合物的金属封闭蜂窝材料。分析表明，经热处理后聚合物仍处于封闭空间里。这种材料具有低的弹性模量和高的能量吸收性能、高的衰减系数。

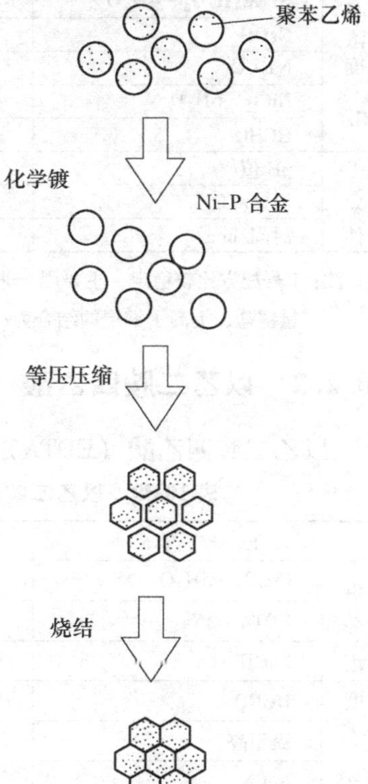

图 10-9 封闭蜂窝材料制造过程

封闭蜂窝材料制造过程如图 10-9 所示。

1）在 10μm 聚苯乙烯上化学镀 0.46μm 厚的镍。

2）将聚苯乙烯粉末放置在 8mm 或 16mm 的小球内，进行 90℃ 衡压 200MPa 压缩。

3）进行真空 800℃ 高温烧结 1h。

10.2 化学镀铜

10.2.1 以酒石酸钾钠为络合剂的化学镀铜

以酒石酸钾钠为络合剂的化学镀铜工艺见表 10-38。

表 10-38 以酒石酸钾钠为络合剂的化学镀铜工艺

工艺号		1	2	3	4	5
组分浓度/(g/L)	$CuSO_4 \cdot 5H_2O$	5	10	7	10	5
	$NaKC_4H_4O_6 \cdot 4H_2O$	25	50	22.5	25	22
	NaOH	7	10	4.5	15	8~15
	Na_2CO_3	—	—	2.1	—	—
	$NiCl_2 \cdot 6H_2O$	—	—	2	—	2
	HCHO	10	10	25.5	5~8	8~12
工艺条件	pH 值	12.8	12.9	12.5	12.5~13	12.5
	温度/°C	15~25	15~25	15~25	15~25	15~25
	时间/min	20~30	20~30	20~30	20~30	20~30

注：1 号配方比较稳定，主要用于非金属电镀；2 号配方不够稳定，但速率较快；3 号配方由于有少量镍盐，提高了铜层的结合力；4 号、5 号配方多用于 ABS 塑料电镀。

10.2.2 以乙二胺四乙酸（EDTA）为络合剂的化学镀铜

以乙二胺四乙酸（EDTA）为络合剂的化学镀铜工艺见表 10-39。

表 10-39 以乙二胺四乙酸（EDTA）为络合剂的化学镀铜工艺

工艺号		1	2	3	4	5	6
组分浓度/(g/L)	$CuSO_4 \cdot 5H_2O$	7.5	7.5	10	10	10	10
	EDTA · 2Na	15	15	20	20	20	30
	NaOH	20	5	3	15	14	7
	HCHO	40	6	6	—	5	12
	聚甲醛	—	—	—	9	—	—
	NaCN	0.5	0.02	0.1	—	—	—
工艺条件	pH 值	11~11.5	11~12	11~12	11.5~12	11~12	11~12
	温度/°C	40~60	40~60	40~60	室温	室温	室温
	时间/h	20~25	20~30	20~30	20~30	20~30	20~30

注：1~3 号配方在 40~60°C 下使用，由于加入了 NaCN，能提高铜层光亮度和可塑性，可用于镀厚铜（20~30mm），但需要时间较长（24~48h），镀液的利用率高，可用于 PCB 孔金属化。

10.2.3 双络合或多络合剂的化学镀铜

双络合或多络合剂的化学镀铜工艺见表 10-40。

表10-40 双络合或多络合剂的化学镀铜工艺

工 艺 号		1	2	3
组分浓度/(g/L)	$CuSO_4 \cdot 5H_2O$	14	16	29
	$NaKC_4H_4O_6 \cdot 4H_2O$	16	14	142
	Na_2EDTA	20	19.5	12
	三乙醇胺	—	—	5
	Na_2CO_3	—	—	9
	NaOH	12	14.5	42
	HCHO	45	15	167
	双联吡啶	—	0.02	—
	亚铁氰化钾	—	0.01	—
工艺条件	pH值	12.5	12.5	11.5
	温度/°C	15~50	40~50	15~50

注：2号溶液含有稳定剂，稳定性较好，沉积速度较快；3号溶液沉积速度可达8~25μm/h，但溶液稳定性较差。

10.2.4 以次磷酸盐为还原剂的化学镀铜

以次磷酸盐为还原剂的化学镀铜工艺见表10-41。

表10-41 以次磷酸盐为还原剂的化学镀铜工艺

工 艺 号		1	2	3
组分浓度/(mol/L)	硫酸铜($CuSO_4 \cdot 5H_2O$)	6	0.024	0.025
	柠檬酸钠($Na_3C_6H_5O_7 \cdot 2H_2O$)	15g/L	0.052	0.1
	次磷酸钠($NaH_2PO_3 \cdot H_2O$)	28g/L	0.27	0.3
	硼酸(H_3BO_3)	30g/L	0.5	—
	硫酸镍($NiSO_4 \cdot 7H_2O$)	0.5g/L	0.002	0.1
	硫脲或2-巯基苯并噻唑	0.2mg/L	—	—
	温度/°C	65	65	70
工艺条件	pH值	9.2	9	7.0
	镀层中镍的质量分数(%)			<10

10.2.5 以DMAB为还原剂的化学镀铜

以DMAB为还原剂的化学镀铜工艺见表10-42、表10-43和表10-44。

表10-42 以DMAB为还原剂的化学镀铜工艺（Ⅰ）

镀液组分与工艺条件	$CuCl_2$	EDTA·2Na	$KNaC_4H_4O_6$	DMAB	聚乙二醇(相对分子质量6000)(质量分数,%)	pH值(H_2SO_4调节)	温度	电流密度	时间
数值	5g/L	5g/L	10g/L	1g/L	10^{-3}	7.0	25°C	0.5A/dm²	5min

表 10-43　以 DMAB 为还原剂的化学镀铜工艺（Ⅱ）

镀液组分与工艺条件	$CuSO_4 \cdot 5H_2O$	$NiSO_4 \cdot 6H_2O$	$Na_3C_6H_5O_7 \cdot 2H_2O$	DMAB	$Pb(CH_3COO)_2 \cdot 3H_2O$	pH 值	温度	镀层中镍的质量分数(%)	时间
数值	0.01mol/L	0.1mol/L	0.2mol/L	0.05mol/L	0.08g/L	7.0	80°C	<10	10min

表 10-44　以 DMAB 为还原剂的化学镀铜工艺（Ⅲ）

镀液组分与工艺条件	$CuSO_4 \cdot 5H_2O$	EDTA · 2Na	三乙醇	二甲氨基硼烷	1,10-邻菲啰啉	十二烷基磺酸钠	沉积速度	pH 值	温度
数值	4g/L	20g/L	50mL/L	4g/L	22μg/L	10mg/L	2 ~ 3μm/h	8.7	60°C

10.2.6　以四丁基氢硼化铵为还原剂的化学镀铜

以四丁基氢硼化铵为还原剂的化学镀铜工艺见表 10-45。

表 10-45　以四丁基氢硼化铵为还原剂的化学镀铜工艺

镀液组分与工艺条件	$CuSO_4 \cdot 5H_2O$	EDTA · 2Na	四丁基氢硼化铵	$(NH_4)_2SO_4$	十二烷基磺酸钠	沉积速度	镀层中硼的质量分数(%)	pH 值(NaOH 调节)	温度	时间
数值	0.01mol/L	0.02mol/L	0.05mol/L	30mg/L	100mg/L	4μm/h	<0.1	8.0	60°C	30min

10.2.7　以肼为还原剂的化学镀铜

以肼为还原剂的化学镀铜工艺见表 10-46。

表 10-46　以肼为还原剂的化学镀铜工艺

镀液组分与工艺条件	$CuSO_4 \cdot 5H_2O$	EDTA · 4Na	水合肼	$Na_2B_4O_7 \cdot 10H_2O$	电流密度	pH 值(用 H_2SO_4 调节)	温度	时间
数值	5g/L	5g/L	20g/L	10g/L	0.2A/dm²	7.0	25°C	5min

10.2.8　SiC 陶瓷颗粒表面化学镀铜

1. 镀液配制

SiC 陶瓷颗粒表面化学镀铜液的原料配比见表 10-47。

表10-47 SiC陶瓷颗粒表面化学镀铜液的原料配比 (单位：g)

工 艺 号	1	2	3	工 艺 号	1	2	3
SiC陶瓷颗粒	5	7	9	乙酸	0.75mL	1.5mL	3mL
质量分数为70%的硝酸	20mL	—	—	硫酸铜	7.5	7.5	7.5
质量分数为80%的硝酸	—	20mL	—	甲醛	12.5mL	12.5mL	12.5mL
质量分数为90%的硝酸	—	—	20mL	EDTA·2Na	12.5	12.5	12.5
钨粉	1	2	4	酒石酸钾钠	7	7	7
过氧化氢	5mL	5mL	40mL	亚铁氰化钾	0.005	0.005	0.005
无水乙醇	2mL	4mL	16mL	水	加至1L		

2. 工艺过程

1）将SiC陶瓷颗粒放入质量分数大于70%的硝酸中并加以超声振荡，对其进行粗化处理，5min后取出并用去离子水冲洗，得到具有清洁和粗糙表面的SiC陶瓷颗粒。

2）配制溶胶：钨粉和过氧化氢反应，反应之后加入无水乙醇和乙酸混合均匀，过滤掉反应剩余物，得到淡黄色溶胶。所配制溶胶的量要能满足下一步骤完全浸没SiC陶瓷颗粒的需要。

3）把经粗化处理过的SiC陶瓷颗粒浸没在上述溶胶中，辅以超声振荡10～20min，使SiC陶瓷颗粒在溶胶中均匀分散。

4）把以上处理后的SiC陶瓷颗粒放入300～350℃的干燥箱中干燥2～3h，取出冷却。

5）把以上干燥好的SiC陶瓷颗粒在氢气气氛中于760～800℃还原2～3h，随炉冷却后取出，得到镀覆钨的SiC陶瓷颗粒。

6）按硫酸铜、甲醛、EDTA·2Na、酒石酸钾钠、亚铁氰化钾的配比配制镀液，pH值用NaOH溶液调至12～13，温度为60℃。将上述镀覆钨的SiC陶瓷颗粒倒入镀液中，装载量为10～18g/L。辅以磁力搅拌。

7）反应完全后过滤，并在120～160℃干燥3～5h，得到铜包裹均匀的SiC陶瓷颗粒。

SiC陶瓷颗粒表面化学镀铜具有易于操作，包覆均匀，成本低廉的优势。方法中所需溶胶的量只要能完全浸泡SiC陶瓷颗粒即可，同时无须用昂贵的$PdCl_2$或者AgCl对陶瓷表面进行活化，省略了敏化步骤。由于铜对钨良好的润湿性和钨自身的催化活性，可以得到厚度均匀、附着牢固和色泽光亮的镀铜SiC陶瓷颗粒。镀钨层的厚度可以控制在50～200nm，铜镀层的厚度在2μm以下。这种工艺在金属基复合材料和陶瓷材料的制备中有广泛的应用前景，也适用于其他如Al_2O_3、石墨等材料的化学镀铜。

10.2.9 硅片化学镀铜

1. 镀液配制

硅片化学镀铜液的原料配比见表10-48。

表 10-48　硅片化学镀铜液的原料配比　（单位：g）

原料	硫酸铜	酒石酸钾钠	甲醛	氢氧化钠	水
含量	1 ~ 25	5 ~ 125	2 ~ 50mL	1.4 ~ 35	加至 1L

2. 工艺过程

1）首先对硅表面进行抛光和清洗处理，然后进行刻蚀。

2）将经过抛光清洗和刻蚀处理的硅片放在含硫酸铜的氢氟酸镀液中，进行化学镀铜晶种，时间为 5s ~ 5min，用水冲洗。

3）最后在以酒石酸钾钠为络合剂、甲醛为还原剂的化学镀铜镀液中化学镀铜，镀铜时间为 10 ~ 30min。

由于铜的自催化作用，可以快速地引发镀液中铜离子的还原，使得还原出的铜快速地沉积在基底的表面上，得到牢固、光亮和均匀的铜镀层。

避免钯催化剂的使用，改用铜晶种作为催化剂，使得化学镀铜膜的纯度和导电性得到了很大提高。该工艺操作简便，镀液稳定性好，价格低廉，且可避免最后化学镀铜膜中杂质金属的引入。由于硅是一种常用的红外窗口材料，以它为基底，由此制备的铜膜可以作为工作电极，很方便地应用在电化学光谱研究中。电化学测试也证明，这种铜膜具有和本体铜电极一致的电化学性质。

10.2.10　硅橡胶化学镀铜

1. 镀液配制

硅橡胶化学镀铜液的原料配比见表 10-49。

表 10-49　硅橡胶化学镀铜液的原料配比　（单位：g）

工　艺　号	1	2	3	工　艺　号	1	2	3
硫酸铜	18	15	20	亚铁氰化钾	0.01	0.015	0.02
甲醛	10mL	12mL	14mL	氢氧化钠	16	16	16
乙二胺四乙酸二钠	15	12	16	水	加至 1L		

2. 工艺过程

1）将硅橡胶放入三碱镀液中，80℃恒温浸泡 30 ~ 40min 脱脂，然后用去离子水水洗。

2）放入粗化溶液中粗化 2 ~ 3min，然后用去离子水洗净。

3）用敏化溶液对硅橡胶进行浸泡敏化 3 ~ 5min，要求 pH 值为 0.5 ~ 1.9，温度为 18 ~ 25℃，然后用去离子水洗净。

4）用活化溶液对硅橡胶进行浸泡活化 3 ~ 5min，温度为 18 ~ 25℃，然后用去离子水洗净。

5）放入化学镀液中进行化学镀铜，要求镀液的 pH 值为 12 ~ 13，温度为 18 ~ 30℃，施镀时间为 25 ~ 40min，即得到镀铜产品。

由于采用了上述工艺，金属化后的硅橡胶具有良好的导电性和柔韧性，可以制作电极，用于微致动器的驱动体或工作头等。通过化学镀的方法实现硅橡胶的金属化具有以下优点：

1）化学镀设备简单，节约成本。

2）硅橡胶表面的镀铜层均匀致密且强度较高。

3）以硅橡胶为驱动体的微致动器具有良好的柔韧性、耐蚀性及工作稳定性，可在一定尺寸范围内分割成所需形状，在潮湿和干燥的环境下均能稳定工作。

10.2.11 聚酯膜无钯化学镀铜

1. 镀液配制

聚酯膜无钯化学镀铜液的原料配比见表10-50。

表10-50 聚酯膜无钯化学镀铜液的原料配比 （单位：g）

原料	五水合硫酸铜	酒石酸钾钠	乙二胺四乙酸二钠	氢氧化钠	甲醛	水
含量	16	14	19.5	14	15mL	加至1L

2. 工艺过程

1）聚酯膜脱脂：将聚酯膜放进无水乙醇或丙酮中超声清洗3~5min，然后在蒸馏水中超声清洗2~3min，取出晾干或烘干备用。

2）聚酯膜负载光引发剂：所用的光引发剂为二苯甲酮（BP），将BP溶解在丙酮中，制得浓度为0.3~1.0g/L的BP溶液。负载BP的方式可以是直接在PET膜上涂上BP溶液，然后晾干；也可以是将聚酯膜放进BP溶液中常温下浸泡3~15min，然后取出晾干。

3）紫外线引发气相接枝丙烯酸：紫外线引发接枝丙烯酸的方法为气相法，即把负载有BP的聚酯膜放进充有丙烯酸蒸气的反应装置中，在紫外线照射下引发接枝丙烯酸。丙烯酸蒸气是通过将高纯氮气向丙烯酸镀液鼓泡的方式产生。

4）活化：将紫外线引发气相接枝丙烯酸后的聚酯膜放进蒸馏水中超声清洗2~3min，然后放进pH值为11.50~12.00的氨水中常温下浸泡10~20s，再放进浓度为0.5~1.0g/L的$AgNO_3$溶液中常温下浸泡10~30s，最后放进蒸馏水中常温下浸泡清洗2~5s。

5）化学镀铜：将活化后的聚酯膜放进化学镀铜液中进行化学镀铜。化学镀铜液的使用温度为40~50℃，pH值为12~13，化学镀铜的时间为2~10min。

这种方法无须使用等离子处理设备，工艺简单，并且用$AgNO_3$来代替$PdCl_2$作为化学镀铜的催化剂，有利于降低成本。

10.2.12 镁及镁合金表面化学镀铜

1. 镀液配制

镁及镁合金表面化学镀铜液的原料配比见表10-51。

表 10-51　镁及镁合金表面化学镀铜液的原料配比　　（单位：g）

工　艺　号	1	2	3	4	5	6	7	8	9	10
五水硫酸铜	15	12	6	6	7	30	20	10	10	10
次亚磷酸钠	—	35	—	—	—	—	20	—	—	—
二甲胺硼烷	—	—	3	—	—	—	—	0.5	—	—
甲醛	40	—	—	—	—	60	—	—	—	—
氢氧化钠或氢氧化钾	10	—	—	—	—	20	—	—	—	—
乙二胺四乙酸钠	—	—	15	25	20	—	—	25	40	15
四丁基氢硼化铵	—	—	—	15	—	—	—	—	8	—
水合肼	—	—	—	—	20	—	—	—	—	25
十二烷基磺酸钠	—	—	—	0.1	—	—	—	—	0.2	—
硼酸	—	40	—	—	—	—	60	—	—	—
柠檬酸钠	—	20	—	—	—	—	30	—	—	—
硫酸镍	—	0.02	—	—	—	—	0.6	—	—	—
硫酸铵	—	—	—	0.02	—	—	—	—	0.01	—
硫脲	—	0.0002	—	—	—	—	0.0001	—	—	—
酒石酸钾钠	40	—	10	—	—	20	—	5	—	—
碳酸钠	5	—	—	—	—	3	—	—	—	—
硼酸钠	—	—	—	—	10	—	—	—	—	10
氢氧化钠	—	—	—	适量	—	—	—	—	适量	—
硫酸	—	—	—	—	适量	—	—	—	—	适量
水	加至 1L									
工　艺　号	11	12	13	14	15	16	17	18	19	20
五水硫酸铜	4	7	4	4	4	10	17	8	6	6
次亚磷酸钠	—	56	—	—	—	—	45	—	—	—
二甲胺硼烷	—	—	6	—	—	—	—	1.5	—	—
甲醛	10	—	—	—	—	20	—	—	—	—
氢氧化钠或氢氧化钾	4	—	—	—	—	8	—	—	—	—
乙二胺四乙酸钠	—	—	4	10	25	—	—	8	15	18
四丁基氢硼化铵	—	—	—	25	—	—	—	—	20	—
水合肼	—	—	—	—	15	—	—	—	—	18
十二烷基磺酸钠	—	—	—	0.05	—	—	—	—	0.08	—
硼酸	—	20	—	—	—	—	25	—	—	—
柠檬酸钠	—	10	—	—	—	—	25	—	—	—
硫酸镍	—	0.002	—	—	—	—	0.08	—	—	—
硫酸铵	—	—	—	0.04	—	—	—	—	0.03	—
硫脲	—	0.0003	—	—	—	—	0.0002	—	—	—
酒石酸钾钠	60	—	15	—	—	30	—	7	—	—
碳酸钠	6	—	—	—	—	5	—	—	—	—
硼酸钠	—	—	—	—	10	—	—	—	—	10
氢氧化钠	—	—	—	适量	—	—	—	—	适量	—
硫酸	—	—	—	—	适量	—	—	—	—	适量
水	加至 1L									

（续）

工 艺 号	21	22	23	24	25	26	27	28	29	30
五水硫酸铜	20	12	4~10	9	9	27	12	11	7	7
次亚磷酸钠	—	35	—	—	—	—	48	—	—	—
二甲胺硼烷	—	—	5	—	—	—	—	2	—	—
甲醛	50	—	—	—	—	25	—	—	—	—
氢氧化钠或氢氧化钾	13	—	—	—	—	11	—	—	—	—
乙二胺四乙酸钠	—	—	20	—	22	—	—	11	—	18
乙二胺四乙酸	—	—	—	35	—	—	—	—	19	—
四丁基氢硼化铵	—	—	—	13	—	—	—	—	12	—
水合肼	—	—	—	—	19	—	—	—	—	19
十二烷基磺酸钠	—	—	—	0.15	—	—	—	—	0.15	—
硼酸	—	40	—	—	—	—	50	—	—	—
柠檬酸钠	—	20	—	—	—	—	25	—	—	—
硫酸镍	—	0.02	—	—	—	—	0.04	—	—	—
硫酸铵	—	—	—	0.02	—	—	—	—	0.02	—
硫脲	—	0.0002	—	—	—	—	0.0001	—	—	—
酒石酸钾钠	38	—	13	—	—	27	—	9	—	—
碳酸钠	6	—	—	—	—	5	—	—	—	—
硼酸钠	—	—	—	—	10	—	—	—	—	10
氢氧化钠	—	—	—	适量	—	—	—	—	适量	—
硫酸	—	—	—	—	适量	—	—	—	—	适量
水	加至1L									

2. 工艺过程

1）脱脂：将镁或镁合金放入脱脂剂中，在常温下浸泡，时间为30min。擦洗镁或镁合金表面，再用清水彻底冲洗，以保证彻底去除镁或镁合金表面的油脂和灰尘。

2）酸洗和碱洗：将镁或镁合金放入酸洗液中浸泡1~4min，以去除镁或镁合金表面的氧化物和杂质，直到镁合金表面露出金属光泽。取出镁或镁合金，快速用清水彻底清洗镁或镁合金表面。然后将镁或镁合金放入碱洗液中在常温下浸泡，0.5~5min后取出，用清水清洗干净，放入烘干箱中烘干。

3）涂膜：涂膜的方式可以采取喷涂、刷涂或浸涂的方法。涂膜用的涂膜剂应是具有很好的耐水性、耐磨性、耐高温性、抗化学腐蚀性且与基体金属附着良好的绝缘涂料，如有机硅耐热漆、有机钛耐热涂料（WT61-1、WT61-2等）、水玻璃基涂料（JN-801硅酸盐无机涂料等）、有机硅树脂（SF-7406三防清漆等）、硅烷偶联剂（KH-550等）。

4）敏化：将镁或镁合金放入敏化液中敏化8~12 min，取出擦干。

5）活化：将镁或镁合金放入活化液中，浸泡处理2~30 min。活化的目的是在镁合金表面植入对还原剂的氧化和氧化剂的还原具有催化活性的金属粒子。

如果金属粒子的浓度不够，后继化学镀的速度会非常缓慢甚至失败，因而活化液中，硝酸银的浓度不能太低，而且应适量加一点还原剂，使镁或镁合金在短时间内表面覆盖银膜。

6）化学镀铜：将镁或镁合金清洗后放入镀液中，35～50min后，镁或镁合金表面有一层光亮的铜层，色泽鲜艳，镀层厚度均匀。

3. 工艺特点

1）不经过浸铬酸酸洗和氢氟酸活化的预处理步骤，减少了对环境的污染。

2）制得的化学镀铜层，镀层厚度均匀，具有金属铜的外观。

3）镀层发生破坏时，涂膜可以有效地防止铜镀层与基体金属构成腐蚀原电池，从而延长了镁合金的使用寿命。

4）镀膜本身具有很好的耐磨性、耐酸性和耐碱性，成品在使用过程中即使表面的镀膜有破损，基体也不会被腐蚀，镀膜对基体有一定的保护作用。

5）镀铜层具有良好的杀菌消毒性、装饰性和耐蚀性，强化了镁合金性能，扩大了镁合金的使用范围。

6）硫酸铜的成本和用量远小于化学镀镍，因而所用原料的成本低，操作简单，适于工业化生产。

10.2.13　青铜树脂工艺品化学镀

1. 镀液配制

青铜树脂工艺品的化学镀液的原料配比见表10-52。

表10-52　青铜树脂工艺品的化学镀液的原料配比　（单位：g）

原料	硫酸铜	EDTA·2Na	甲醛	三乙醇胺	酒石酸钾钠	氢氧化钠	硫代二苷酸	氯化钯	氯化镍	水
含量	30	12	150	5	140	50	0.01	1	2	加至1L

1）把硫酸铜倒入镀槽，倒入适量的水溶解，然后把酒石酸钾钠和EDTA二钠盐用适量的水加热溶解。

2）把以上两种铜盐溶液和络合剂溶液共同搅拌混合，在混合液中加入氢氧化钠溶液，调整pH值到11.5，温度保持20℃。

3）加入三乙醇胺和硫代二苷酸，混合均匀后，再加入蒸馏水至规定的体积。甲醛是最常见的还原剂，甲醛只有在碱性条件下（pH值为11～13）才具有还原能力，所以不进行化学镀时，先不要放入甲醛镀液。

2. 工艺过程

1）粗化：采用30%（质量分数）硫酸，温度为30～40℃。将树脂工艺品浸泡15～30min，然后清水洗净。

2）敏化：每升水加40g的氯化亚锡、40mL的盐酸。将树脂工艺品放在其中

10min，敏化后拿出清洗。

3）活化：将氯化钯1g溶解于100mL盐酸和200mL蒸馏水组成的溶液中，温度为50℃，把经过敏化的艺术品放入活化液中，活化5min。活化液使用时温度过低可用水浴加温。

4）还原：用氯化钯活化后，用每升100mL的含甲醛37%（质量分数）的水溶液清洗，室温下浸泡30～60s，然后树脂工艺品进入镀槽，化学镀4h后达到一定厚度取出，用高速纤维布轮抛光，然后做仿青铜效果处理。

10.2.14　稀土镍基贮氢合金粉的化学镀铜

1. 镀液配制

稀土镍基贮氢合金粉的化学镀铜液的原料配比见表10-53。

表10-53　稀土镍基贮氢合金粉的化学镀铜液的原料配比　（单位：g）

工艺号	1	2	3	4	5
$CuSO_4 \cdot 5H_2O$	7.85	15.8	31.5	15.8	21.48
硫酸	3mL	4mL	6mL	4mL	5mL
柠檬酸	10	12	15	—	20
酒石酸或乳酸或苹果酸	—	—	—	12	—
富镧稀土	0.8	1.5	2	1.5	2
水	加至1L				

2. 工艺过程

1）在室温下边搅拌边将待镀铜的稀土镍基贮氢合金粉倒入化学镀铜液中，继续搅拌15～80 min，停止搅拌，过滤，洗涤，烘干。

2）在化学镀铜的过程中，待镀铜的稀土镍基贮氢合金粉的平均粒度在40～150μm为好，待镀铜的稀土镍基贮氢合金粉的质量与化学镀铜液的体积比为（1～80g）∶1L。投料完毕后继续搅拌时间为15～80min，以20～60min为宜。在此时间范围10min内不会影响镀后贮氢合金粉的质量。搅拌的速度以使得贮氢合金粉在化学镀铜液中分布均匀为宜，但其搅拌速度以50～120r/min为更佳。可采用布氏漏斗进行过滤，用水洗涤2～10次后，再用酒精洗涤，于30～60℃烘干。低于30℃烘干，烘干的速度太慢。

3. 工艺特点

1）在组成中由于加了富镧稀土，减少了在化学镀铜过程中稀土镍基贮氢合金粉中稀土的损失量，又提高了包铜后的贮氢合金粉的容量。

2）由于组成中添加了柠檬酸、酒石酸等有机羟基羧酸，使得镀铜后的贮氢合金粉无发热、无自燃现象。

3）在组成中没有使用有毒的化学试剂，不污染环境，不影响操作人员的身体健康。

4）省去了敏化、活化处理过程，工艺简单，缩短了流程。

5）镀铜层的厚度均匀，稀土镍基贮氢合金粉上的包铜层在贮氢合金颗粒外层形成了网兜状的保护层，既减少了贮氢合金粉与水、氧、碱性物质的接触，使其不易氧化，又达到了抗粉化的目的。

10.2.15 硬质合金制件化学镀铜

1. 镀液配制

硬质合金制件表面化学镀铜液的原料配比见表10-54。

表10-54 硬质合金制件表面化学镀铜液的原料配比 （单位：g）

原料	$CuSO_4 \cdot 5H_2O$	乙二胺四乙酸二钠	酒石酸钾钠	亚铁氰化钾	过氧化氢	氢氧化钠	甲醛	去离子水
含量	5	10	5	1	0.2mL	10	10mL	加至1L

2. 工艺过程

1）采用碱洗液，对硬质合金制件实施脱脂处理5~15min。

2）采用酸洗活化液，对经脱脂的硬质合金制件实施活化处理10min。

3）将配制好的镀液置入容器内，在温水浴中隔水加热至15~45℃，再保温0~5min；若室温为15~45℃时，可以不用加热。

4）将硬质合金制件放入镀液中，采用通常的化学镀方法，实施镀铜处理10~40min。然后取出用去离子水冲洗，吹风机吹干后，用锡纸包裹备用。

3. 工艺特点

1）硬质合金制件化学镀铜工艺简单易行。

2）基本无环境污染。

3）镀液可以重复使用，生产成本低廉。

4）由于镀铜前进行了碱洗脱脂和酸洗活化处理，不但省掉了传统镀铜方法的粗化、敏化等中间处理步骤，有效提高了生产率，降低了生产成本，而且硬质合金制件表面洁净度高，镀铜层附着力强，且镀层厚度均匀性好，提高了制成品的质量。

10.3 化学镀锡

10.3.1 利用歧化反应进行化学镀锡

利用歧化反应进行化学镀锡的原理是利用Sn^{2+}的自身氧化还原，即Sn^{2+}氧化成Sn^{4+}，放出两个电子，再为Sn^{2+}吸收还原沉积出锡，即

$$Sn^{2+}(\text{呈络合态}) \longrightarrow Sn^{4+} + 2e^-$$

$$Sn^{2+}(\text{呈络合态}) + 2e^- \longrightarrow Sn$$

总反应为 $2Sn^{2+}$(呈络合态)⟶Sn^{4+} + Sn

这样的化学镀反应是由OH^-自催化反应所支配的，即活性物质是OH^-，它在歧化反应中起了重要作用。但是，具有OH^-的锡酸盐，当其全部OH^-结合完了时，歧化反应就会停止。整个歧化反应受OH^-支配，又会受到Sn^{2+}氧化成Sn^{4+}的浓度影响。随着化学镀锡反应的进行，Sn^{4+}的浓度逐渐增大，当其浓度超过0.5mol/L时，镀液就不稳定了。所以在碱性镀液中，可通过向镀液中吹氮气的方法，来防止Sn^{2+}的过度氧化。当镀液中Sn^{4+}浓度超过1mol/L时，还可向镀液中加$BaCl_2$，使多余的Sn^{4+}生成$BaSn(OH)_6 \cdot nH_2O$沉淀，从而使镀液再生，并延长镀液使用寿命。

利用歧化反应进行化学镀锡工艺见表10-55。

表10-55 利用歧化反应进行化学镀锡工艺

工艺号		1	2	3
组分浓度/(g/L)	氯化亚锡($SnCl_2 \cdot 2H_2O$)	75	68	—
	氢氧化钠(NaOH)	100	—	—
	氢氧化钾(KOH)	—	218	—
	柠檬酸钠($Na_3C_6H_5O_7$)	233	—	—
	柠檬酸钾($K_3C_6H_5O_7$)	—	148	—
	氟硼酸锡[$Sn(BF_4)_2$]	—	—	29
	硫脲[$(NH_2)_2CS$]	—	—	114
	乙二胺四乙酸二钠(Na_2EDTA)	—	—	17
	氟硼酸(HBF_4)	—	—	53
工艺条件	温度/°C	75	80	80
	析出速度/(μm/h)	2.7	4.6	

10.3.2 烷基磺酸化学镀锡

烷基磺酸化学镀锡采用预浸化学镀两步法镀锡，镀层光亮，20min厚度可达2.5μm，无须晶生长。烷基磺酸化学镀锡适宜于PCB版、IC引线架、插接器等无铅焊接性镀层的需求。

1. 镀液配制

烷基磺酸化学镀锡液的原料配比见表10-56。

表10-56 烷基磺酸化学镀锡液的原料配比 (单位：g)

工艺号	1	2	3	4	5	6
甲烷磺酸亚锡	5	15	15	—	—	—
甲烷磺酸	100	100	140	—	—	—
硫脲	100	100	120	—	—	—
柠檬酸	—	5	10	—	—	—
次磷酸钠	100	100	100	—	—	—
聚乙二醇	5	5	5	—	—	2

（续）

工　艺　号	1	2	3	4	5	6
甲酚磺酸	—	—	5	—	—	—
2-羟基丁基-1-磺酸银	—	—	10	—	—	—
间苯二酚	10	—	—	—	—	4
对苯二酚	—	5	—	—	—	—
羟基甲烷磺酸银	—	10	—	—	—	—
乙烷磺酸铋	25	—	—	—	—	—
丁炔二醇	2	—	—	—	1.5	—
乙炔二醇	—	1	—	—	—	—
羟基丙烷吡啶嗡盐	—	—	1	—	—	1.5
乙烷磺酸亚锡	—	—	—	40	—	—
丙烷磺酸	—	—	—	250	—	—
丙烷基硫脲	—	—	—	250	—	—
富马酸	—	—	—	20	—	—
甲醛	—	—	—	150	—	—
聚氧乙烯烷基胺	—	—	—	10	—	2
聚氧乙烯山梨糖醇酯	—	—	—	10	—	—
苯酚磺酸	—	—	—	25	—	—
丙烷磺酸镍	—	—	—	30	—	—
丙烷磺酸吡啶嗡盐	—	—	—	3	—	—
2-丙烷磺酸亚锡	—	—	—	—	30	—
2-羟基乙基-1-磺酸	—	—	—	—	200	—
1,2-亚乙基硫脲	—	—	—	—	100	—
酒石酸	—	—	—	—	100	—
氨基硼烷	—	—	—	—	50	—
聚氧乙烯烷基芳基醚	—	—	—	—	5	—
聚乙烯亚胺	—	—	—	—	5	—
抗坏血酸	—	—	—	—	7	—
均苯三酸	—	—	—	—	2	—
2-丙烷磺酸铜	—	—	—	—	10	—
2-羟基乙基-1-磺酸亚锡	—	—	—	—	—	20
羟基甲烷磺酸	—	—	—	—	—	120
硫代甲酰胺	—	—	—	—	—	100
葡萄糖酸	—	—	—	—	—	50
次磷酸胺	—	—	—	—	—	90
聚氯乙烯壬酚醚	—	—	—	—	—	2
邻苯二酚	—	—	—	—	—	4
2-丙烷磺酸锆	—	—	—	—	—	50
水	加至1L					

2. 工艺过程

1）将铜或铜合金待镀工件进行预处理，预处理包括脱脂、酸洗、微蚀和预镀。

2）将经预处理的铜或铜合金工件放入烷基磺酸化学镀锡液中进行镀锡。镀锡操作时，化学镀锡浴槽温度为50～65℃，镀液pH值为1.0～2.5，时间为15

~30 min。

3）镀锡后进行中和与防变色处理。

步骤1）中所述的预镀处理是指在化学镀锡之前，在铜或铜合金工件上置换一层薄而均匀的锡层，然后在该层上化学镀锡，提高镀层的结合力。

10.3.3 低温化学镀锡

1. 镀液配制

低温化学镀锡液的原料配比见表10-57。

表10-57 低温化学镀锡液的原料配比 （单位：g）

工艺号		1	2	3	4	5
A溶液	硫酸亚锡	20	45	30	40	30
	浓硫酸(质量分数为98%)	20mL	50mL	30mL	45mL	30mL
	聚乙二醇6000	0.05	0.25	0.1	0.2	0.15
	三乙醇胺	0.1	0.4	0.2	0.3	0.25
	平平加O	0.02	—	0.01	0.005	0.01
	去离子水或蒸馏水	加至1L				
B溶液	硫脲	50	20	40	100	20
	浓硫酸(质量分数为98%)	40mL	20mL	30mL	50mL	20mL
	去离子水或蒸馏水	加至1L				

A镀液制备：首先将浓硫酸缓慢加入部分去离子水或蒸馏水中，然后依次将硫酸亚锡、聚乙二醇6000、三乙醇胺、平平加O加入，充分溶解后用去离子水或蒸馏水配至规定体积。

B镀液制备：将浓硫酸缓慢加入部分去离子水或蒸馏水中，然后加入硫脲，充分溶解后用去离子水或蒸馏水，配制镀液至规定体积。

2. 工艺过程

将工件先在A镀液中浸泡30~180s，再在B镀液中浸泡60~300s，即可完全施镀，A镀液、B镀液工作温度为10~35℃。

低温化学镀锡液采用A、B两组镀液进行施镀，实现了低温（10~35℃）镀锡的可能。工件在A镀液中通过范德华力、静电作用和氢键的作用，多层吸附Sn^{2+}（或Sn^{4+}）离子，在B镀液中通过硫脲及其衍生物降低铜的氧化还原电位，使吸附的锡离子通过近距离置换反应还原成锡，这样使镀锡在低温下就可快速进行。在A镀液中由于不发生化学反应，所以镀液可长时间保存，即使是在空气中有少量Sn^{2+}被氧化成Sn^{4+}，Sn^{4+}也可在B镀液中还原成锡。由于Sn^{4+}利用该工艺较易还原成锡，所以A镀液不必加入抗氧剂。锡盐的水解反应属吸热反应，由于该工艺施镀温度低，适当的酸度就可抑制锡盐的水解，不必另加络合剂。在B镀液中，没有或有少量的Sn^{2+}或Sn^{4+}，有适量的酸存在就不会发生水解，镀液也可长期保存。在A、B两组镀液中均未加入还原剂、络合剂、抗氧化剂，其他添加剂的量也较少，所以废镀液的处理要容易得多。

10.3.4 以 $TiCl_3$ 为还原剂的化学镀锡

以 $TiCl_3$ 为还原剂的化学镀锡工艺见表10-58。

表10-58 以 $TiCl_3$ 为还原剂的化学镀锡工艺

工艺号		1	2	3
组分浓度/(g/L)	氯化亚锡($SnCl_2 \cdot 2H_2O$)	7.6	15.2	15.2
	柠檬酸钠($Na_3C_6H_5O_7 \cdot 5H_2O$)	102	102	72
	EDTA·2Na·$2H_2O$	15	30	34
	乙酸钠(CH_3COONa)	9.8	—	—
组分浓度/(g/L)	氨基三乙酸[$N(CH_2COOH)_3$]	—	40	19
	三氯化钛($TiCl_3$)	4.5	6	6
	苯磺酸	0.32	—	—
工艺条件	pH值	8~9(用氨水调)	9(用氨水调)	7(用20% Na_2CO_3溶液调)
	温度/°C	70~90	80	60

镀液配制方法如下：

1）先将氯化亚锡和各种络合剂分别加热溶解。

2）将锡盐溶液和各络合剂溶液配好，并搅拌均匀。

3）将计算量的深紫色的片状结晶三氯化钛溶于水（或溶于质量分数为20%的盐酸），然后加入步骤2）的溶液中，并搅拌均匀。

4）用氨水或20%（质量分数）$NaCO_3$ 调节pH值至规定值。

5）加水稀释至规定体积。

6）溶液长时间放置三氯化钛会生成 H_2TiO_3 沉积物，所以应现用现配。为避免生成 H_2TiO_3 沉积物，可将此溶液溶于20%（质量分数）的盐酸中。

该化学镀锡工艺可以在钢铁、镍、铜、ABS、聚丙烯等材料上施镀。当然，这些材料在镀前要进行必要的预处理，才能进行化学镀。

10.3.5 半光亮无铅化学镀锡

半光亮无铅化学镀锡液的原料配比见表10-59。

表10-59 半光亮无铅化学镀锡液的原料配比 （单位：g）

工艺号	1	2	3	工艺号	1	2	3
硫酸亚锡	15	20	30	次磷酸钠	80	80	100
硫酸	50mL	40mL	30mL	明胶	0.3	0.3	0.5
乙二胺四乙酸	3	3	5	苯甲醛	0.5mL	1mL	1mL
硫脲	80	100	120	水	加至1L		
柠檬酸	10	20	25				

半光亮无铅化学镀锡的工艺条件为：镀液温度为80～90℃，pH值为0.8～2，化学镀时间为3h，镀液装载量为0.8～1.5dm^2/L，机械搅拌速度控制在50～100r/min。

工艺特点如下：

1）在铜及铜合金基体上实现了锡的连续自催化沉积，沉积速度快。

2）明胶和苯甲醛的加入，明显提高了化学镀锡层平整度，晶粒细化明显，孔隙率低。配制好的化学镀锡液室温下及生产过程中均为透明镀液，无白色絮状物质析出。镀液组成简单，易于控制，工艺参数范围宽。

3）镀液稳定，使用寿命长，批次生产稳定性高。1L化学镀液能够镀覆表面积12～13dm^2，镀层厚度为3～5μm。

4）化学镀层为半光亮、银白色，含有少量的铜，化学镀锡层厚度在5～7μm时，即可满足钎焊性要求。

5）化学镀层和铜基体结合牢固，无起皮、脱落及剥离。经钝化处理后，在空气中放置3个月后，镀层外观无变色。

6）镀液的均镀和深镀能力强，在深孔件、不通孔件以及一些难处理的小型电子元器件及PCB印制电路板等产品的表面强化处理中应用前景广泛。

10.3.6 铜及铜合金化学镀锡

铜及铜合金化学镀锡液的原料配比见表10-60。

表10-60 铜及铜合金化学镀锡液的原料配比 （单位：g）

工 艺 号	1	2	3	4	5	6	7
甲磺酸锡	77.2	50	—	77	—	77	77
甲磺酸银	2.01	1	—	—	—	—	2.01
对甲酚磺酸银	—	—	—	—	—	1.3	—
对氨基苯磺酸	—	—	—	—	—	—	48
甲磺酸	144	144	—	—	—	144	144
乙磺酸	—	—	—	—	—	—	—
2-羟基乙磺酸	—	63	230	—	—	—	—
2-羟基乙磺酸锡	—	—	84	—	—	—	—
2-羟基乙磺酸银	—	—	1.2	—	—	—	—
2-羟基丙磺酸锡	—	—	—	—	100	—	—
2-羟基丙磺酸银	—	—	—	1.3	5	—	—
2-羟基丙磺酸	—	—	—	210	—	—	—
酒石酸	—	—	—	120	—	—	—
柠檬酸	153	153	195	—	153	—	—
乳酸	—	—	75	—	—	—	—
对甲酚磺酸	94	—	—	94	—	94	—

（续）

工　艺　号	1	2	3	4	5	6	7
葡萄糖酸	—	—	—	—	—	145	—
磺基水杨酸	—	—	—	—	62	—	56
β-环糊精	15	5	15	15	15	15	20
氨基苯酚	—	—	—	—	—	—	60
硫脲	76	45	98	76	76	76	76
3-羟基丙磺酸	—	—	—	—	210	—	—
1,3-二甲基硫脲	60	—	—	—	—	—	—
甲基胍	—	—	—	—	26	—	—
2,4,6-三硫缩三脲	—	—	102	—	—	—	—
2,4,6-三氯苯甲醛	—	—	—	—	4	—	—
2,2-二硫吡啶	—	—	—	30	—	—	—
2,2-二硫苯胺	—	—	—	—	—	52	—
2,2-二硫缩二脲	—	—	—	—	—	—	35
次亚磷酸钠	45	—	45	45	—	45	60
麝香草酚	—	—	—	20	—	—	—
抗败血酸	—	—	24	—	24	24	—
苯甲醛	—	—	4	4	—	—	9
次亚磷酸	—	30	—	—	44	—	—
对苯二酸	15	5	—	—	—	—	—
α-吡啶甲酸	—	3	—	—	—	4	—
氯化十六烷基吡啶鎓	—	—	10	—	—	—	—
溴化十六烷基吡啶鎓	—	5	—	—	—	—	—
氯化十六烷基三甲铵	—	—	—	—	10	10	—
咪唑	5	—	—	—	—	—	—
辛基酚聚氧乙烯醚（OP-10乳化剂）	7	—	—	7	—	—	7
去离子水	加至1L						

铜及铜合金化学镀锡主要应用于敷铜或铜合金的电路板，也适用于其他铜材的镀锡防腐等。

铜及铜合金只需经4～8min化学镀锡处理，就可简便、快捷地在其表面获得光亮、平整、不会产生锡须的、具有一定厚度的锡层。

10.4 化学镀银

10.4.1 化学置换镀银

1. 镀液配制

化学置换镀银液的原料配比见表10-61。

表10-61 化学置换镀银液的原料配比 (单位：mL)

工 艺 号	1	2	3	4	5
硝酸银	30g	20g	12g	25g	15g
乙二胺	50	40	20	45	35
镀银添加剂	15	12	8	10	8
蒸馏水	加至1L				

2. 工艺过程

1）取100L镀液置于3m×0.2m×0.2m的镀槽中，镀液温度维持在20～40℃。

2）将欲施镀的直径为0.2～0.6mm的铁基线材进行脱脂、酸洗、水洗、吹干再进入镀槽中，以0.5～3m/min的速度在镀液中运行。

3）施镀线材从镀液中被牵引出来后，进行抛光。

4）施镀过程中，适时补加硝酸银，以使Ag^+浓度不低于6g/L。每施镀100kg线材，补加镀银添加剂8～10mL/L。镀液呈浑浊状态后，停止施镀，更换镀液。

采用表10-61中镀银添加剂进行镀银，不需要使用氰化物与还原剂（如葡萄糖），能对铁基线材连续施镀，有利于工业生产。

10.4.2 微碱性化学镀银

微碱性化学镀银液的原料配比见表10-62。

表10-62 微碱性化学镀银液的原料配比 (单位：g)

工 艺 号	1	2	3	4	5	6	7
硝酸银	0.6	—	6	10	—	1	—
三乙烯四胺	20	—	—	—	—	—	—
甘氨酸	10	—	—	—	—	—	—
柠檬酸	5	—	—	—	—	—	—
Ag^+，即$[Ag(NH_3)_2]^+$	—	2	—	—	—	—	—
EDTA	—	30	—	—	—	—	—
硝酸铵	—	40	—	—	—	—	—
乳酸	—	2	—	—	—	—	—
DTPA	—	—	40	—	—	—	—
柠檬酸三铵	—	—	30	—	—	—	—
碳酸铵	—	—	—	40	—	—	—
磺基水杨酸	—	—	—	40	—	—	—
丙氨酸	—	—	—	40	—	60	—
硫酸银	—	—	—	—	3	—	—
硫酸铵	—	—	—	—	20	—	50
亚氨二磺酸	—	—	—	—	30	—	—

（续）

工艺号	1	2	3	4	5	6	7
柠檬酸铵	—	—	—	—	2	—	—
磷酸铵	—	—	—	—	—	20	—
邻苯二甲酸	—	—	—	—	—	10	—
氨磺酸银	—	—	—	—	—	—	8
氨磺酸	—	—	—	—	—	—	30
酒石酸	—	—	—	—	—	—	20
去离子水	加至1L						

在化学镀工艺中，用氨水调节 pH 值为 7.8 ~ 10.2，采用该镀银液在 40 ~ 70℃对工件施镀 0.5 ~ 5min 即可。

镀液不含硝酸，无咬蚀铜线或侧蚀问题。镀液不含缓蚀剂及渗透剂，为全络合剂系统，所得银层为纯银层，它具有优良的导电性、防变色性和很低的高频损耗，低接触电阻、易清洗和高的打线强度。纯银层焊接时焊球内没有气孔，焊接强度高。

10.4.3 有机纤维化学镀银

1. 镀液配制

有机纤维的化学镀银液原料配比见表 10-63。

表 10-63 有机纤维的化学镀银液原料配比 （单位：g）

工艺号		1	2	3	4	5	6
镀银液	$AgNO_3$	25	35	25	35	30	20
	NH_3H_2O	15mL	17mL	15mL	25mL	15mL	10mL
还原剂	$C_6H_{12}O_6$	45	45	25	45	35	10
水	加至1L						

2. 预处理工艺

1）将原料缠绕成所需要的匝，浸入丙酮溶液中，放到超声清洗器中清洗 5 ~ 15min，然后取出晾干。

2）分别用硝酸溶液（0.1 ~ 0.5mol/mL）和盐酸溶液（0.05 ~ 0.40mol/mL）进行表面活化处理，时间为 30 ~ 180 min，然后取出，用去离子水清洗，烘干。

3）放入敏化剂（$SnCl_2$ 溶液，10 ~ 30g/L）中敏化 10 ~ 480min，取出用去离子水洗净，烘干。

4）放入催化剂（$PdCl_2$ 溶液，0.05 ~ 0.25g/L）中催化 10 ~ 480min，取出用去离子水洗净，烘干。

3. 化学镀银工艺

将经过预处理的原料放入镀池中，取适量的镀银液和还原液倒入镀池中，并将原料淹没。镀池的温度控制在 20 ~ 45℃，并不断搅动原料使镀层均匀。镀膜结束后将产品取出，用清水洗干净，晾干或烘干即可。

具体的镀膜过程为：$AgNO_3$ 和 $NH_3 \cdot H_2O$ 作用形成稳定的络银离子，当遇到还原性较强的基团或离子时，Ag 被还原出来，在活泼的原料纤维表面吸附、沉积。当实现连续覆盖并具有一定厚度时，即可得到所需产品。

10.4.4 凹凸棒土纳米纤维化学镀银

采用此方法制备的金属镀层密度较小，金属包覆完整，成本低，具有棒状结构，给凹凸棒土的开发应用开创了一个新的领域。

在凹凸棒土粉体表面镀覆一层化学镀银层，制得银包覆化凹凸棒土粉体。此一维超细金属化粉体在形成导电材料、磁屏蔽材料、导磁材料、电真空材料时，可以通过棒搭桥形成网状结构，与球形纳米粉体、不规则纳米粉体相比，可以少量的成分，获得同样性能的导电体或磁、电屏蔽体，极大地节省了纳米粉体的消耗量。

1. 镀液配制

凹凸棒土纳米纤维化学镀银液的原料配比见表 10-64。

表 10-64 凹凸棒土纳米纤维化学镀银液的原料配比 （单位：mL）

工 艺 号	1	2	3	4	5	6	7	8
硝酸银	5g	10g	15g	22g	32g	40g	25g	7g
质量分数为 25% 的氨水	10	20	70	60	50	100	90	30
葡萄糖	50g	18g	1g	25g	8g	40g	35g	10g
无水乙醇	110	60	20	150	200	70	50	100
水	加至 1L							

2. 工艺过程

（1）酸化提纯　将凹凸棒土的原土以 1g: 50mL 的质量与体积比，加到质量分数为 1% ~20% 盐酸中进行浸泡，机械搅拌 8h，离心分离，用去离子水清洗后备用。

（2）浸泡吸附　将酸化后所得的凹凸棒土以 1g: 80mL 的质量与体积比，加到 1 ~ 10g/L 的 $AgNO_3$ 溶液中浸泡吸附，室温环境下机械搅拌 3h，离心分离，用去离子水清洗后备用。

（3）还原活化　将经过氧化液浸泡吸附后的凹凸棒土以 1g: 80mL 的质量与体积比，加到质量分数为 1% ~15% 甲醛溶液中，用 1mol/L NaOH 调节 pH 至 10 ~12，室温条件下机械搅拌 2h，离心分离，用去离子水清洗后备用。

（4）化学镀银　将经过上述还原活化处理的凹凸棒土以 1g: 500mL 的质量与体积比加入到镀液中，在 30℃水浴中机械搅拌 40min。施镀结束后，离心分离，用去离子水清洗，在 105℃真空条件下干燥 2h 后，可得到超细银粉。

10.5 化学镀铅

化学镀铅工艺见表 10-65。

表 10-65 化学镀铅工艺

镀液组分与工艺条件	数　值	镀液组分与工艺条件	数　值
氯化铅($PbCl_2$)	11 ~ 22g/L	三氯化钛($TiCl_3$)(25%溶液)	4.6 ~ 7.7g/L
乙二胺四乙酸二钠(Na_2EDTA)	30 ~ 60g/L	pH 值	9
柠檬酸钠($Na_2C_6H_5O_7 \cdot 2H_2O$)	71 ~ 142g/L	温度	60°C
氨基三乙酸[$N(CH_2COOH)_3$]	38g/L	沉积速度	3.2μm/h

镀液配制方法如下：

1）将 $PbCl_2$ 用水调成糊状。

2）将乙二胺四乙酸二钠、柠檬酸钠、氨基三乙酸分别溶解。

3）将糊状的 $PbCl_2$ 缓慢地溶解在 EDTA 络合剂溶液中。

4）将步骤 3）所得溶液与柠檬酸钠、氨基三乙酸溶液混合。

5）将 $TiCl_3$ 用 20%（质量分数）HCl 溶解。

6）将还原剂溶液加入步骤 4）所得溶液中，并搅拌均匀。

7）用氨水调整 pH 值，并将镀液稀释至规定体积。

8）加热至 60℃。

10.6 化学镀金

化学镀金与电镀金相比，具有以下优点：

1）化学镀层厚度均匀，无明显的边缘效应，镀层晶粒细、致密、无孔，具有光亮或半光亮的外观，耐蚀性好。

2）化学镀金还不需要复杂设备，操作简单，且能在非金属表面进行施镀。

化学镀金广泛应用于电子工业的印制电路板的线路插脚、集成电路的框架引线、继电器的防腐导电面和触头等场合。特别是在近十几年，由于其优越的镀层性能，化学镀金还被用于宇宙空间技术和在极端条件下使用的尖端军事设备。

10.6.1 硼氢化钾化学镀金和 DMAB 化学镀金

硼氢化钾化学镀金和 DMAB 化学镀金工艺见表 10-66。由表可知，这种化学镀金液是很简单的，在不存在杂质时则该镀液是稳定的。所析出的金是纯粹的软金，只含 0.0001%（质量分数）的硼。该工艺适合于半导体插头处镀金。

表 10-66　硼氢化钾化学镀金和 DMAB 化学镀金工艺

工艺类型		含硼氢化钾	含 DMAB
组分浓度/(g/L)	$KAu(CN)_2$	6	6
	KCN	13	1.3
	KOH	12	46
	KBH_4	22	—
	DMAB	—	24
工艺条件	温度/°C	75	85
	镀速/(μm/h)	0.7	0.4

10.6.2　在镍层上化学镀金

直接在镍层上化学镀金是不可行的，一般先在镍层上置换一层薄薄的金，然后进行化学镀。但由于微量的 Ni^{2+} 就会使镀液稳定性下降，另外，置换金层不可能完全将镍层覆盖上，因此无法保证镀液的稳定性。应用较多的是在 DMAB 液中加入第二种还原剂肼，可以实现直接在镍层上化学镀金，以 DMAB 为还原剂的化学镀金工艺见表 10-67。

表 10-67　以 DMAB 为还原剂的化学镀金工艺

镀液组分与工艺条件	数　值	镀液组分与工艺条件	数　值
$KAu(CN)_2$	15g/L	K_2CO_3	63g/L
KCN	0.33g/L	醋酸铅	15g/L
DMAB	3g/L	温度	80°C
N_2H_4	8g/L	镀速(基体)	2.6μm/h
KOH	46g/L	镀速(金)	2.6μm/h

10.6.3　硫代硫酸盐与硫脲化学镀金

一价金的硫代硫酸盐与硫脲组合的镀液，是非氰化物镀液中较稳定的一种，镀液中基本无析氢现象，pH 值接近于 7。硫代硫酸盐与硫脲化学镀金工艺见表 10-68。

表 10-68　硫代硫酸盐与硫脲化学镀金工艺

工艺类型		A	B
组分浓度/(mol/L)	$KAuCl_4$	0.01	0.0125
	$Na_2S_2O_3$	0.08	0.1
	Na_2SO_3	0.4	0.1
	$Na_2B_4O_7$	0.1	—
	NH_4Cl	—	0.05
	硫脲	0.1	—
	L-苹果酸钠	—	0.25
工艺条件	pH 值	9.0	6.0
	温度/°C	80	60
	镀速/(μm/h)	1.2～2.3	1.5～2.0

10.6.4　次磷酸化学镀金

次磷酸化学镀金工艺过程如下：

1）用300mL蒸馏水溶解所需氯化铵、柠檬酸钠、次磷酸钠、氯化镍，搅拌均匀，同时用100mL蒸馏水溶解氯化金，搅拌均匀。

2）在步骤1）制得的300mL氯化铵等的混合液中边搅拌边加入100mL氯化金溶液。

3）将步骤2）制得的溶液用蒸馏水稀释至1000mL。

4）用氨水或柠檬酸调节上述镀液pH值至5～6，最后将所得的镀液装入棕色试剂瓶中避光保存。

5）镀金前，应先将工件用中性洗涤剂与蒸馏水清洗干净，然后将工件放入90℃的蒸馏水中预热10min。

6）将镀金液倒入烧杯中，并将其放入90℃的恒温水浴中加热，待镀金液温度到90℃时即可将工件放入其中进行镀制。5～10h后镀金即告完成。镀制时每隔0.5 h对镀液进行一次搅拌，以使镀层均匀。

7）镀后取出工件，用蒸馏水漂洗多次，烘干即可。镀液可倒回瓶中保存。

上述操作应在有良好通风场所进行，防止中毒。

10.7　化学镀铂族金属

铂族金属包括铂（Pt）、铱（Ir）、锇（Os）、钯（Pd）、铑（Rh）、钌（Ru）六种金属。其中铂、铱、锇密度都超过21g/cm^3，为重铂族。钯、铑、钌为轻铂族。

铂族金属具有许多特殊的性能，是其他金属无法比拟的，如高熔点、低电阻率和高耐蚀性。铂族金属在电子工业，异质、均质催化，医疗，首饰业等方面都有着广泛的应用。

10.7.1　以次磷酸盐为还原剂的化学镀钯

以次磷酸盐为还原剂的化学镀钯工艺见表10-69。

表10-69　以次磷酸盐为还原剂的化学镀钯工艺

工艺号		1	2	3	4	5	6
组分浓度/(g/L)	氯化钯($PdCl_2$)	1.8	10.0	2	4	8.9～9.8	1.8
	乙二胺($C_2H_8N_2$)	4.8	25.6	—	—	—	—
	次磷酸钠($NaH_2PO_2 \cdot H_2O$)	6.4	4.1	10	10.6～21.2	5.3	6.36
	硫代二甘醇酸	30mg/L	—	—	—	—	—
	乙二胺四乙酸二钠(Na_2EDTA)	—	19	—	—	—	—

（续）

工艺号		1	2	3	4	5	6
组分浓度/(g/L)	盐酸(HCl 38%)	—	—	4mL/L	—	—	—
	氨水($NH_3 \cdot H_2O$ 25%)	—	—	160mL/L	10~20	8	28% 200mL/L
	氯化铵(NH_4Cl)	—	—	27	—	—	—
	硫代硫酸钠($Na_2S_2O_3 \cdot 5H_2O$)	—	—	—	0.037~0.045	—	—
	焦磷酸钠($Na_4P_2O_7 \cdot 10H_2O$)	—	—	—	—	49.1~53.5	—
	氟化铵(NH_4F)	—	—	—	—	11.1~14.8	—
	硫代乙二醇酸	—	—	—	—	—	0.02
	pH值	6~8	4.1	9.8	8~10	10.4	8.9~9
工艺条件	温度/°C	50	71	50~60	40~50	45~50	40
	沉积速度/(μm/h)			2.5	2~3		1.1

10.7.2 以亚磷酸盐为还原剂的化学镀钯

以亚磷酸盐为还原剂的化学镀钯工艺见表10-70。

表10-70 以亚磷酸盐为还原剂的化学镀钯工艺

镀液组分与工艺条件	数值	镀液组分与工艺条件	数值
氯化钯($PdCl_2$)	1.8g/L	硫代二甘酸钠	30mg/L
乙二胺($C_2H_8N_2$)	4.8g/L	pH值	6~8
亚磷酸钠(Na_3PO_3)	3.3g/L	温度	50°C

10.7.3 以肼为还原剂的化学镀钯

肼（N_2H_4）是一种无色、在空气中强烈发烟的液体，能凝成结晶，其熔点为-40℃，是一种强还原剂。在室温下比较稳定，能与水和醇类以任何比例混合。由于肼的蒸气对眼睛、呼吸系统有刺激作用，所以操作时要注意安全。

以肼为还原剂的化学镀钯析出速度比以次磷酸钠为还原剂的要快些，但其镀液稳定性稍差。因为钯的催化活性会使肼分解，所以以肼为化学镀钯还原剂时，应该现用现配。

以肼为还原剂的化学镀钯工艺见表10-71。

表10-71 以肼为还原剂的化学镀钯工艺

工艺号		1	2(滚镀)	3	4	5
组分浓度/(g/L)	氯化钯($PdCl_2$)	4	—	5	—	3.6
	氨水($NH_3 \cdot H_2O$)(27%)	350	280	100	350	560
	EDTA二钠($C_{10}H_{14}O_8N_2Na_2$)	34	8	20	34	76
	肼(N_2H_4)	0.3	32	0.3	0.3	32
	氯化四氨合钯$Pd(NH_3)_4Cl_2$	—	7.5	—	5.4	—
	碳酸钠(Na_2CO_3)	—	—	—	30	—
	硫脲(H_2NCSNH_2)	—	—	—	0.006	—
工艺条件	温度/°C	80	35	80	80	50
	析出速度/(μm/h)	25	1	15	2.5	1.8

10.7.4 以三甲胺为还原剂的化学镀钯

三甲胺（TMAB）有一定的稳定性，加水溶解较慢，所以需要在中性或微酸性镀液中使用。以三甲胺为还原剂的化学镀钯工艺见表 10-72。

表 10-72 以三甲胺为还原剂的化学镀钯工艺

镀液组分与工艺条件	数 值	镀液组分与工艺条件	数 值
氯化钯($PdCl_2$)	1.8g/L	三甲胺[$(CH_3)_3NH$]	3.6g/L
乙二胺($C_2H_8N_2$)	4.8g/L	pH 值	7
硫代二甘醇酸	50mg/L	温度	50°C

该工艺钯的析出速度较慢，据测试仅有 1μm/h。镀后镀层硬度为 800HV，经 200℃热处理后镀层硬度急剧下降。所获镀层具有较好的钎焊性和较低的接触电阻。

10.7.5 以甲醛为还原剂的化学镀钯

以甲醛为还原剂的化学镀钯工艺见表 10-73。

表 10-73 以甲醛为还原剂的化学镀钯工艺

镀液组分与工艺条件	数 值	镀液组分与工艺条件	数 值
氯化钯($PdCl_2$)	1.78g/L	糖精($C_7H_5O_3NS$)	0.4g/L
甲酸(HCOOH)	18g/L	温度	50°C
硝酸(HNO_3)	63g/L	pH 值	1 ~ 1.5
甲醛(HCHO)	660g/L	析出速率	9μm/h

10.7.6 化学镀铂

化学镀铂工艺见表 10-74。

表 10-74 化学镀铂工艺

工 艺 号		1	2	3
组分浓度 /(g/L)	氢氧化铂[$Pt(OH)_4$]	10	—	—
	氢氧化铂二钠[$Na_2Pt(OH)_6$]	—	10	—
	二硝基二氨合铂[$Pt(NH_3)_2(NO_3)_2$]	—	—	2
	肼(N_2H_4)	0.1 ~ 1	1	—
	水合肼($N_2H_4 \cdot H_2O$)	—	—	2mL/L
	乙二胺($C_2H_8N_2$)	0.5 ~ 4.5	10	—
	氢氧化钠(NaOH)	—	5	—
	氨水($NH_3 \cdot H_2O$)	—	—	20mL/L
工艺条件	pH 值	10	10	11
	温度/°C	25 ~ 35	35	60

10.7.7 化学镀铑

化学镀铑工艺见表 10-75。

表10-75 化学镀铑工艺

工艺号		1	2
组分浓度/(g/L)	铑盐(Na_3RhCl_6)	0.5~1	1.9~7.7
	水合肼($N_2H_4 \cdot H_2O$)	0.5~2	—
	肼(N_2H_4)	—	1~6
	氢氧化钾(KOH)	0.5~2	—
	氨水($NH_3 \cdot H_2O$)(25%)	1~4	18~70
温度/°C		50~90	

10.7.8 化学镀钌

钌是铂族金属中最便宜的金属，其价格仅为金的1/6。钌有很高的耐蚀性、耐热性。但其质地较脆，易成粉末。一旦成为粉末，其耐蚀性大大降低，并生成二氧化钌，这一特性限制了它的应用。

化学镀钌工艺见表10-76。

表10-76 化学镀钌工艺 （单位：g/L）

工艺号		1	2	3	4
组分浓度/(g/L)	氯化钌($RuCl_2 \cdot 3H_2O$)	5.2	5.2	—	—
	$K_2[Ru(NO_2)Cl_5]$	—	—	7.6	—
	$Ru[(NO_2)(NH_3)_5]Cl_3$	—	—	—	6.4
	亚硝酸钠($NaNO_2$)	5	5	—	—
	盐酸羟胺	—	2	2	3
	氨水(NH_4OH)	40	40	40	—
	0.1mol/L NaOH + 0.1mol/L Na_2CO_3	—	—	—	60
温度/°C		60~85	60~90	60~90	65~90

10.8 化学镀合金

10.8.1 化学镀Ni-Fe-P合金

化学镀Ni-Fe-P合金工艺见表10-77。

表10-77 化学镀Ni-Fe-P合金工艺

工艺号		1	2	3	4	5	6
组分浓度/(g/L)	$NiCl_2 \cdot 6H_2O$	—	133	—	50	—	—
	$NiSO_4 \cdot 7H_2O$	30	—	35	—	14	20
	$FeSO_4 \cdot 7H_2O$	—	—	—	—	14	15
	$(NH_4)Fe(SO_4)_2$	15	5.7	50	—	—	—
	$FeCl_2 \cdot 4H_2O$	—	—	—	27	—	—
	酒石酸钾钠($KNaC_4H_4O_6$)	6	23~81	75	75	—	60
	柠檬酸钠($Na_3C_6H_5O_7 \cdot H_2O$)	—	—	—	—	44~73	—
	H_3BO_3	—	—	—	—	31	5

（续）

工艺号		1	2	3	4	5	6
组分浓度/(g/L)	$NaH_2PO_2 \cdot H_2O$	30	9.96	25	25	21	18~48
	$NH_3 \cdot H_2O$	—	126	58	58	NaOH	—
	主络合剂	45	—	—	—	—	—
	添加剂	4(硫脲衍生物)	—	—	—	—	2 ($C_{12}H_{22}O_{11}$)
工艺条件	pH值	11	8.5~11	9.2	9.2~11	10	12
	温度/°C	90	75	20~30	75	90	75
	镀速/(μm/h)	>20	6		9		
	Fe的质量分数(%)	14.8	25		20		
	P的质量分数(%)	5.19	0.5~1		0.3~0.5		

该工艺的镀液中主络合剂为羟基羧酸盐，辅助络合剂是酒石酸钾钠，加速剂是一种短链多元脂肪酸，稳定剂是硫脲衍生物。采用的高温高碱型化学镀体系属于不稳定型，故采用痕量的稳定剂硫脲来控制镀液的稳定性。有资料介绍，硫脲本身除有好的稳定效果外，还可以增加镀层光泽，有微小的提高镀速的作用。

10.8.2 化学镀Ni-Cu-P合金

化学镀Ni-Cu-P合金为非晶态，其耐蚀性、耐磨性和焊接性好，镀层厚度均匀和硬度高。Ni-Cu-P合金镀层最主要的用途是制造薄膜电阻，一般可用于印制电路及空间望远镜电子元件的外罩。其焊接性优异，适用于二极管焊接，还可用作许多医疗器械上钛的代用品。因其耐蚀性好，毒性又小，有时甚至可以代替不锈钢用作厨房用具。Ni-Cu-P合金是非磁性镀层，即使经过热处理仍保持非磁性特性，因此可以作为硬盘的底镀层。

化学镀Ni-Cu-P合金工艺见表10-78。

表10-78　化学镀Ni-Cu-P合金工艺

工艺号		1	2	3	4	5
组分浓度/(g/L)	$NiCl_2 \cdot 6H_2O$	—	—	20	—	—
	$NiSO_4 \cdot 7H_2O$	27	25.8	—	43	25
	$CuCl_2 \cdot 2H_2O$	—	—	1	—	—
	$CuSO_4 \cdot 5H_2O$	1.25	2.85	—	1	适量
	$NaH_2PO_2 \cdot H_2O$	21.2	21.2	20	25	30
	柠檬酸钠($Na_3C_6H_5O_7 \cdot H_2O$)	51.6	51.6	50	40	35
	NH_4Cl	—	—	40	—	—
	NH_4Ac或NaAc	—	—	—	35	5
	稳定剂(Na_2MoO_4)	—	—	—	—	5×10^{-4}%
工艺条件	pH值	10 用NaOH调	10 用NaOH调	8.9~9.1	6.5~8.5	5~5.3
	温度/°C	80±1	80±1	90	70~90	87

（续）

工 艺 号		1	2	3	4	5
工艺条件	镀速/(μm/h)			12		10
	Cu 的质量分数(%)	27.3	61.8	22	6~8	26% (摩尔分数)
	P 的质量分数(%)	7.6	3.8	5~7	8~12	
	Ni 的质量分数(%)	65.1	34.4			

10.8.3 化学镀 Ni-Co-P 合金

在二元化学镀 Ni-P 合金镀液中加入硫酸钴或氯化钴，可获得 Ni-Co-P 合金镀层。二元化学镀 Ni-P 合金具有较低的磁性甚至为非磁性的。因而要得到具有显著记忆性的磁层，应加入铁磁性很强的 Co 作为合金元素。化学镀 Ni-Co-P 合金较化学镀 Co-P 合金晶粒细化，具有更高的耐蚀性和各向异性，增大了矫顽力及减少了剩磁，因而具有更好的磁记忆效果。化学镀 Ni-Co-P 合金工艺见表 10-79。

表 10-79 化学镀 Ni-Co-P 合金工艺

工 艺 号		1	2	3	4	5
组分浓度/(g/L)	$NiCl_2 \cdot 6H_2O$	30	25	—	—	—
	$NiSO_4 \cdot 7H_2O$	—	—	14	14	18
	$CoCl_2 \cdot 7H_2O$	30	—	—	—	—
	$CoSO_4 \cdot 7H_2O$	—	35	14	14	30
	$NaH_2PO_2 \cdot H_2O$	20	20	20	20	20
	柠檬酸钠($Na_3C_6H_5O_7 \cdot H_2O$)	100	—	—	60	80
	酒石酸钾钠($KNaC_4H_4P_6$)	—	200	140	—	—
	H_3BO_3	—	—	—	30	—
	NH_4Cl	50	50	—	—	50
	$(NH_4)_2SO_4$	—	—	65	—	—
工艺条件	pH(用 $NH_3 \cdot H_2O$ 调)	8.5	8~10	9.0	7.0	9.3
	温度/°C	90	80	90	90	88~90
	镀速/(μm/h)	14		20	7	
	Co 的质量分数(%)	23	40	40	65	
	P 的质量分数(%)	7.0	4	2	8	7

10.8.4 化学镀 Ni-Cu-P 合金

化学镀 Ni-Cu-P 合金工艺见表 10-80。

表 10-80 化学镀 Ni-Cu-P 合金工艺

工 艺 号		1	2	3	4	5
组分浓度/(g/L)	$NiCl_2 \cdot 6H_2O$	—	—	20	—	—
	$NiSO_4 \cdot 7H_2O$	27	25.8	—	43	25
	$CuCl_2 \cdot 2H_2O$	—	—	1	—	—
	$CuSO_4 \cdot 5H_2O$	1.25	2.85	—	1	适量
	$NaH_2PO_2 \cdot H_2O$	21.2	21.2	20	25	30

（续）

工艺号		1	2	3	4	5
组分浓度/(g/L)	柠檬酸钠($Na_3C_6H_5O_7 \cdot H_2O$)	51.6	51.6	50	40	35
	NH_4Cl	—	—	40	—	—
	NH_4Ac 或 NaAc	—	—	—	35	5
	稳定剂(Na_2MoO_4)	—	—	—	—	5×10^{-4}%
工艺条件	pH值	10 用NaOH调	10 用NaOH调	8.9~9.1	6.5~8.5	5~5.3
	温度/°C	80±1	80±1	90	70~90	87
	镀速/(μm/h)			12		10
	Cu的质量分数(%)	27.3	61.8	22	6~8	26% (摩尔分数)
	P的质量分数(%)	7.6	3.8	5~7	8~12	
	Ni的质量分数(%)	65.1	34.4			

10.8.5 化学镀Ni-Sn-P合金

在镀液中选用镍盐和锡盐为主盐，次磷酸钠为还原剂，可获得Ni-Sn-P三元合金镀层。Ni-Sn-P合金镀层具有优良的耐蚀性、耐热性和焊接性，已应用于电子元器件引线、磁性记录介质和印制电路板铜箔等电子器件上，特别是由于镀层中引入锡而大大提高了合金的焊接性。Ni-Sn-P镀层一般还可以作为触头合金而用于开关、刀开关等电器元件。

化学镀Ni-Sn-P合金工艺见表10-81。

表10-81 化学镀Ni-Sn-P合金工艺

工艺号		1	2	3	4	5
组分浓度/(g/L)	$NiCl_2 \cdot 6H_2O$	—	24	45	—	45
	$NiSO_4 \cdot 7H_2O$	20~30	—	—	35	—
	$SnCl_2$	—	6	—	—	—
	$SnCl_4$	15~25	—	26	—	26
	$Na_2SnO_3 \cdot 3H_2O$	—	—	—	3.5	—
	$NaH_2PO_2 \cdot H_2O$	25~40	—	60	10	60
	H_3PO_2	—	13.2	—	—	—
	柠檬酸钠($Na_3C_6H_5O_7 \cdot H_2O$)	15~20	62	—	85	90
	酒石酸钾钠	5~10	—	—	—	—
	乳酸	25~40	—	90	—	—
	NH_4Cl	—	—	—	50	—
	$NH_3 \cdot H_2O$	—	—	—	60	—
工艺条件	pH值	4.5~5.5	10	4.5	8.9~9.2	4.5
	温度/°C	85~92	90	90	98	90
	镀速/(μm/h)	15		6		
	Sn的质量分数(%)	2.3	4.9	3	2	17
	P的质量分数(%)	11.9	4	11		10

10.8.6 化学镀 Ni-Mo-P 合金

化学镀 Ni-Mo-P 合金是一种很好的耐蚀性合金镀层，有高的电阻率和低的电阻温度系数，是一种理想的薄膜电阻材料。Ni-Mo-P 合金镀层具有高的热稳定性，电阻温度系数又小，可以作热稳定性高的薄膜电阻和高密度磁记录盘的基底镀层。另外，Ni-Mo-P 合金镀层在机械、医疗、航空等方面也有着非常广泛的应用。

化学镀 Ni-Mo-P 合金工艺见表 10-82。

表 10-82 Ni-Mo-P 合金工艺

	工 艺 号	1	2	3	4	5
组分浓度/(g/L)	$NiCl_2 \cdot 6H_2O$	—	—	5~15	—	—
	$NiSO_4 \cdot 7H_2O$	25	35	—	25~30	20~30
	$Na_2MoO_4 \cdot 2H_2O$	0.58~0.73	0.06	—	0.22~0.90	0.22~0.90
	$(NH_4)_2MoO_4 \cdot 2H_2O$	—	—	0.1~0.2	—	—
	$NaH_2PO_2 \cdot H_2O$	20	10	20	15~35	18~30
	柠檬酸钠($Na_3C_6H_5O_7 \cdot H_2O$)	—	85	45	25~50	25~60
	NH_4Cl	—	50	30	—	—
	NaAc	15	—	—	—	—
	$NH_3 \cdot H_2O$(25%)	—	60mL	调 pH	—	—
	添加剂	—	—	—	5~20	10~25
	稳定剂 Pb^{2+}	1	—	—	—	—
工艺条件	pH 值	9.0	8.5~9.5	8.2	4~6.5	7~9
	温度/°C	88±2	98	85~95	85~95	80~90
	镀速/(μm/h)	4~6		3~9		
	Mo 的质量分数(%)	9.5	6	3~10		

10.8.7 化学镀 Ni-W-P 合金

化学镀 Ni-W-P 合金在高温高湿条件下稳定性好。它用作电触头材料能降低电力消耗，是一种很好的电触头材料，可用来制作薄膜电阻，也可以用作热传感器的测头。化学镀 Ni-W-P 合金中 W 的共沉积属于一种诱导共沉积过程，同其他共沉积过程相比，诱导共沉积更难从理论上预测镀液组成及工艺条件对合金组成的影响，因而目前对其工艺参数的确定和控制还完全是经验性的。

化学镀 Ni-W-P 合金工艺见表 10-83。

表 10-83 化学镀 Ni-W-P 合金工艺

	工 艺 号	1	2	3	4	5	6
组分浓度/(g/L)	$NiSO_4 \cdot 7H_2O$	26	28	3.5	7.5	20	8.4
	$Na_2WO_4 \cdot 2H_2O$	60	34	26	7	10~40	33
	$NaH_2PO_2 \cdot H_2O$	20	11	10	7	20	10.6
	柠檬酸钠($Na_3C_6H_5O_7 \cdot H_2O$)	100	—	85	20	35	26
	柠檬酸铵[$(NH_4)_3C_6H_5O_7$]	—	49	—	—	—	—
	NH_4Cl	—	—	50	—	—	—

（续）

工　艺　号		1	2	3	4	5	6
组分浓度/(g/L)	$(NH_4)_2SO_4$	30	—	—	24	30	—
	稳定剂 Hg^{2+} 或硫脲	(1 ~ 2) × 10^{-6}	—	—	—	2 × 10^{-6}	—
工艺条件	pH 值(用氨水或 NaOH 调)	9	10	8.8 ~ 9.2	9.0	7	8
	温度/°C	90	90 ± 1	98	90	90	90 ± 1
	镀速/(μm/h)	11			4 ~ 5	> 10	5 ~ 9

10.8.8 化学镀 Ni-Cr-P 合金

由于 Ni-Cr-P 合金镀层中加入了铬，其耐蚀性大幅度提高。有研究结果证明，铬的共沉积使镀层提前进入非晶态组织，而且铬富集在镀层的外表面，由此镀层的自钝化倾向加强，使其耐蚀性显著提高。

化学镀 Ni-Cr-P 合金工艺见表 10-84。

表 10-84　化学镀 Ni-Cr-P 合金工艺

工　艺　号		1	2	3	4
组分浓度/(g/L)	$NiCl_2 \cdot 6H_2O$	—	12	30	10 ~ 15
	$NiSO_4 \cdot 7H_2O$	15	—	—	—
	$CrCl_3 \cdot 6H_2O$	10.7	6.4	100	15 ~ 20
	$NaH_2PO_2 \cdot H_2O$	42.4	42	30	10 ~ 20
	柠檬酸($C_6H_8O_7 \cdot H_2O$)	34	29	80	—
	三乙醇胺 $N(C_2H_5OH)_3$	—	30	—	80 ~ 100mL/L
	$C_3H_6O_3$	18	—	—	—
	NaF	—	—	—	2 ~ 5
	NaAc	20	8	35	—
	H_3BO_3	—	—	50	—
工艺条件	pH 值	4.6	7 ~ 9	7.0 ~ 7.7	12.5 ~ 13.5
	温度/°C	85	70 ~ 90	84 ~ 88	85 ~ 88
	磷的质量分数(%)	11			

在配制镀液时，必须先将含 Cr^{3+} 的盐与柠檬酸以及辅助络合剂相混合后加水溶解，与此同时进行催化熟化处理 5min，再加入其他化学药品配制成镀液。这样不但可以起到稳定镀液组成和提高铬络合物活性的作用，而且可使镀层含铬量显著提高。充分的熟化处理可以使镀液的稳定性得到提高。在化学镀过程中，可以看到镀液的颜色从绿色逐渐变成蓝绿，最终变成蓝色，这是铬在镀液中的络合物存在状态随时间而改变的缘故。

10.8.9 化学镀 Ni-Zn-P 合金

在化学镀 Ni-P 合金镀液中加入适量的锌盐，就可得到锌的质量分数为 7% ~

15%的 Ni-Zn-P 合金镀层。该镀层可用在形状复杂或有细螺纹的工件上，也可代替金属镍作为牺牲性阳极。化学镀 Ni-Zn-P 镀层具有优良的、耐蚀性、耐磨性、耐热性等特性。

如果同时加入铼酸盐如铼酸钾（$KReO_4$），就能得到 Ni-Zn-Re-P 四元合金镀层。化学镀 Ni-Zn-P 合金工艺见表 10-85，其中工艺 4 是化学镀 Ni-Zn-Re-P 合金工艺。

表 10-85 化学镀 Ni-Zn-P 合金工艺

工艺号		1	2	3	4
组分浓度/(g/L)	$NiCl_2 \cdot 6H_2O$	—	—	7	—
	$NiSO_4 \cdot 7H_2O$	35	37	—	30
	$ZnSO_4 \cdot 7H_2O$	15	7.5	1.5	1.5
	$KReO_4 \cdot 7H_2O$	—	—	—	1.5
	$NaH_2PO_2 \cdot H_2O$	10	10	10	10
	柠檬酸钠($Na_2C_6H_5O_7$)	85	85	20	90
	NH_4Cl	50	50	—	50
	$NH_3 \cdot H_2O$	60mL/L	—	—	60mL/L
工艺条件	pH 值	8.8~9.2	9.0	8.2	8.2~9.0
	温度/°C	98	98	98	98
	锌的质量分数(%)	15	12	7	7,Re33,Ni55

10.8.10 化学镀 Ni-Re-P 合金

Ni-Re-P 合金镀层具有很高的熔点，例如铼的质量分数为46%的合金镀层，在1700℃左右时才能熔化。铼很容易与镍一起还原，在镀液中加入中等浓度的铼酸盐，就能形成铼含量很高的 Ni-Re-P 合金镀层。同时，次磷酸盐的利用效率也很高，几乎达到95%。铼本身既非化学产原反应的催化剂，也不是催化毒物，而是直接参与了化学沉积反应。

化学镀 Ni-Re-P 合金工艺见表 10-86。

表 10-86 化学镀 Ni-Re-P 合金工艺

工艺号		1	2	3	4
组分浓度/(g/L)	$NiSO_4 \cdot 7H_2O$	19.7	20	20	20
	铼酸铵(NH_4ReO_4)	0.86	0.134	1.34	8.1
	$NaH_2PO_2 \cdot H_2O$	10.6	10.6	10.6	10.6
	柠檬酸钠($Na_3C_6H_5O_7 \cdot 2H_2O$)	117.6	117.6	117.6	117.6
工艺条件	pH 值	9.0	9.0	9.0	9.0
	温度/°C	90	90	90	90
	镀层成分(质量分数,%)	Re37.1 P10.0	Re24.2 P9.5	Re48.9 P5.1	Re72.2 P26.5

10.8.11 化学镀 Ni-Pd-P 合金

Ni-Pd-P 合金镀层通常用来作为催化反应的催化剂，化学镀 Ni-Pd-P 合金工艺见表 10-87。

表 10-87 化学镀 Ni-Pd-P 合金工艺

镀液组分与工艺条件	$NiSO_4$	$PdCl_2$	NaH_2PO_2	$Na_3C_6H_5O_7$	$(NH_4)_2SO_4$	硫二甘醇酸	温度	pH 值（用氨水调）
数值	0.100mol/L	0.001mol/L	0.100mol/L	0.300mol/L	0.500mol/L	10mg/L	(50±2)°C	10

10.8.12 化学镀 Ni-P-B 合金

化学镀 Ni-P 合金具有较好的耐蚀性和耐磨性，在汽车、机械、石化和纺织等行业得到了广泛的应用。为了提高 Ni-P 合金的性能，在碱性条件下加入还原剂 $NaBH_4$ 进行化学镀，得 Ni-P-B 合金。与 Ni-P 合金相比，Ni-P-B 合金具有致密性好和孔隙率低等优点，同时，硬度、耐磨性、耐蚀性都得到提高，具有广泛的应用前景。化学镀 Ni-P-B 合金工艺见表 10-88。由于镀液中加入了硼烷，使合金镀层中的磷含量有所降低。

表 10-88 化学镀 Ni-P-B 合金工艺

工艺号		1	2	3
组分浓度/(g/L)	$NiCl_2 \cdot 6H_2O$	24	—	—
	$NiSO_4 \cdot 6H_2O$	—	84.3	30
	$NaH_2PO_2 \cdot H_2O$	26.5	16	20
	$NaBH_4$	—	0.567	0.2~1.0
	二甲基氨基硼烷$(CH_3)_2NHBH_3$	0.59~2.94	—	—
	乙醇酸	30.4	—	—
	添加剂①	—	—	10mL/L
	醋酸钠$(CH_3COONa \cdot 3H_2O)$	—	10	—
	甲酸(HCOOH)	—	27.6	20mL/L
工艺条件	pH 值	5.5±0.2		5.5~6.0
	温度/°C	70±1	80±1	70~82
	镀层成分(质量分数,%)	B0.28~0.70 P8~12		

① 添加剂为苯磺酸钠和氯化钾，含量为 0.6~0.8mg/L。

Ni-P-B 合金镀层的结构是微晶和非晶相的混合体，其硬度随镀层中硼含量的增加而提高。Ni-P-B 合金镀层在碱性介质、食品和有机介质中基本无腐蚀，特别在碱性介质中，耐蚀性相当好；Ni-P-B 合金镀层在酸性介质中耐蚀性稍差，但在其他介质中，耐蚀性比 Ni-P 合金镀层有较大提高。

10.8.13 化学镀 Ni-Fe-B 合金

Ni-Fe-B 合金镀层具有优良的电磁性能，可以作为磁记录元件和电子器件上的防扩散层及腐蚀阻挡层。化学镀 Ni-Fe-B 合金工艺见表 10-89。在工艺 1 中以硼氢化钠为还原剂时，使用的温度低，沉积速度较慢，但合金镀层中铁含量较高。若以二甲氨基硼烷为还原剂（工艺 2 和工艺 3），镀液的沉积速度随镀液中硫酸亚铁浓度增加而降低，这与亚铁离子的低催化活性有关。当镀液的 pH 值为 8 时，沉积速度最大，约为 5.9mg/(cm^2·h)。

表 10-89　化学镀 Ni-Fe-B 合金工艺

工　艺　号		1	2	3
组分浓度/(g/L)	$NiCl_2 \cdot 6H_2O$	30	30	10
	$FeSO_4 \cdot 7H_2O$	10	30	3
	$NaBH_4$	1	—	—
	二甲氨基硼烷[$(CH_3)_2NHBH_3$]	—	3	2
	柠檬酸钠	—	100	21
	酒石酸钾钠	40	60	—
	氨基乙酸	—	—	4
	乙二胺	15	—	—
	NaOH	40	—	—
工艺条件	pH 值		8~9	8
	温度/°C	60	60	70
	镀速/(μm/h)	3		

10.8.14　化学镀 Ni-Sn-B 合金

在化学镀 Ni-B 合金的镀液中加入氯化锡或锡酸盐，可以得到锡的质量分数为 5%~15% 的 Ni-Sn-B 合金镀层，而且能加快沉积速度，使镀液更加稳定。化学镀 Ni-Sn-B 合金工艺见表 10-90。

表 10-90　化学镀 Ni-Sn-B 合金工艺

工　艺　号		1	2	3
组分浓度/(g/L)	$NiCl_2 \cdot 6H_2O$	25	10~30	50~60
	$SnCl_2 \cdot 2H_2O$	—	5~12	—
	$SnCl_4$	8~30	—	—
	Na_2SnO_3	—	—	20~30
	$NaBH_4$	—	0.6~1.6	1.6~2.0
	二甲氨基硼烷	3	—	—
	柠檬酸钠	52	—	—
	NH_4Cl	27	—	—
	乙二胺($NH_2CH_2CH_2NH_2$)	—	80~170	70~80
	NaOH	—	30~45	15~30
工艺条件	pH 值	7.0		14
	温度/°C	90	90~95	95
	镀速/(μm/h)		12~14	20~36
	Sn 的质量分数(%)		5~10	15

10.8.15 化学镀 Ni-Co-B 合金

Ni-Co-B 合金镀层具有良好的电磁特性，如较高的保磁力和角形比，已成功地用在电子元器件上。化学镀 Ni-Co-B 合金工艺见表 10-91。

表 10-91 化学镀 Ni-Sn-B 合金工艺

工艺号		1	2	3	4
组分浓度/(g/L)	$NiCl_2 \cdot 6H_2O$	10	20	15	45
	$CoCl_2 \cdot 6H_2O$	45	20	15	5
	$NaBH_4$	1	0.5	—	—
	二甲氨基硼烷[$(CH_3)_2NHBH_3$]	—	—	—	1
	二乙氨基硼烷[$(C_2H_5)_2NHBH_3$]	—	—	3.5	—
	溴代四乙胺	45	—	—	—
	NH_4Cl	12	5	5	—
	NaAc	—	—	20	—
	$Na_4B_4O_7$	—	2.5	—	—
	$NH_3 \cdot H_2O$(25%)	160mL/L	160mL/L	—	160mL/L
工艺条件	pH 值			5	
	温度/°C	40~45	30~45	70	25~35

10.8.16 化学镀 Ni-Mo-B 和 Ni-W-B 合金

化学镀 Ni-Mo-B 和 Ni-W-B 合金工艺见表 10-92。

表 10-92 化学镀 Ni-Mo-B 和 Ni-W-B 合金工艺

工艺类型		1Ni-Mo-B	2Ni-Mo-B	3Ni-W-B	4Ni-W-B
组分浓度/(g/L)	$NiCl_2 \cdot 6H_2O$	30	30	30	30
	$Na_2MoO_4 \cdot 2H_2O$	0.242~6.05	6.2	40	5~30
	K_2WO_4	—	—	1	1
	$NaBH_4$	0.6~1.4	1	15	30
	乙二胺($NH_2CH_2CH_2NH_2$)	50~70	60	—	—
	酒石酸钾钠	—	—	40	40
	$K_2S_2O_5$	—	—	—	2~4
	NaOH	50	40	40	40
	稳定剂	微量	—	—	—
工艺条件	pH 值	>13			13~14
	温度/°C	86±1	90	90	90~95
	镀速/(μm/h)			6	
	镀层成分(质量分数,%)		Mo7.6, B6.6~7	W7,B3	

10.8.17 化学镀 Co-Ni-P 合金

Co-Ni-P 合金镀层具有良好的矫顽力，较小的剩磁和较高的矩形比，以及优良的电磁转换特性，可用在高质量、高密度记忆元件上，它是一种新兴的磁记录材料。

化学镀 Co-Ni-P 合金工艺见表 10-93。

表 10-93 化学镀 Co-Ni-P 合金工艺

工艺号		1	2	3	4	5
组分浓度/(g/L)	$CoSO_4 \cdot 7H_2O$	23	16.9	—	—	30
	$NiSO_4 \cdot 6H_2O$	9	11.2	—	—	39
	Co + Ni	—	—	14	7.5	—
	$NaH_2PO_2 \cdot H_2O$	22	21.2	—	25	50
	柠檬酸钠($Na_3C_6H_5O_7 \cdot 2H_2O$)	55	—	—	44	180
	酒石酸钾钠	—	—	106	—	—
	苹果酸钠	—	72	—	—	50
	丁二酸钠	—	81	—	—	—
	丙二酸钠	—	44	—	—	—
	$(NH_4)_2SO_4$	—	13.2	—	60	—
	H_3BO_3	30	—	—	—	—
	$NH_3 \cdot H_2O$	调 pH 值		用 NaOH 调 pH 值	调 pH 值	
	$N_2H_4 \cdot H_2O$	—	—	68	—	—
	添加剂	$Ce_2O_3$0.4	—	—	2.6mL/L	—
工艺条件	pH 值	8.5	8.6～9.3	12	9.0～9.5	10
	温度/°C	78	75～85	90	85	30

10.8.18 化学镀 Co-Fe-P 合金

在化学镀 Co-P 合金的镀液中加入一定量的铁盐和络合剂，在适宜的条件下就可沉积出 Co-Fe-P 合金镀层。该合金镀层具有较好的电磁性能，镀层的矫顽力与合金中的铁含量有密切关系，通常随镀层中铁含量增加，矫顽力明显下降。由于合金镀液中有二价铁离子的存在，容易被氧化，从而使镀液的稳定性较差。有关化学镀 Co-Fe-P 合金的研究资料较少，一种化学镀 Co-Fe-P 合金的镀液组分及工艺条件如下：

$CoSO_4 \cdot 7H_2O$ 25g/L，$FeSO_4 \cdot 7H_2O$ 5～20g/L，$NaH_2PO_2 \cdot H_2O$ 40g/L，柠檬酸钠 30g/L，$(NH_4)_2SO_4$ 40g/L；pH 值为 8.1，工作温度为（80 ± 1)℃，沉积速度为 10μm/h。

10.8.19 化学镀 Co-Zn-P 合金

在化学镀 Co-P 合金的镀液中加入氯化锌或硫酸锌以及络合剂柠檬酸盐，

就可得到 Co-Zn-P 合金镀层。该镀层具有优异的电磁性能。其工艺如下：以 $ZnSO_4$镀液为例，镀液的沉积速度和 pH 值与 $ZnSO_4$ 浓度有密切的关系，当 pH 值为 7.8～8.0 时，沉积速度随锌酸盐浓度增加而下降，至 1.5g/L 趋于稳定。pH 值再增加，锌酸盐浓度对沉积速度影响不大。化学镀 Co-Zn-P 合金工艺见表 10-94。

表 10-94　化学镀 Co-Zn-P 合金工艺

工　艺　号		1	2
组分浓度/(g/L)	$CoCl_2 \cdot 6H_2O$	7.5	—
	$CoSO_4 \cdot 7H_2O$	—	2.8
	$ZnCl_2$	1	—
	$ZnSO_4$	—	1.6～3.2
	$NaH_2PO_2 \cdot H_2O$	3.5	2
	柠檬酸或柠檬酸钠($Na_3C_6H_5O_7 \cdot 2H_2O$)	20	(9.0)
	NH_4Cl	12.5	—
	H_3BO_3	—	3.2
	KCNS	0～0.02	—
工艺条件	pH 值	8.2	8.5～10(NaOH 调)
	温度/°C	80	92

10.8.20　化学镀 Co-W-P 合金

Co-W-P 合金镀层的特点是在不改变剩磁条件下可提高矫顽力。化学镀 Co-W-P 合金的镀液通常有两种类型：一种是氨碱类，另一种是强碱类。络合剂有柠檬酸盐和酒石酸盐两种。化学镀 Co-W-P 合金工艺见表 10-95。

表 10-95　化学镀 Co-W-P 合金工艺

工　艺　号		1	2	3	4	5
组分浓度/(g/L)	$CoCl_2 \cdot 6H_2O$	—	—	—	—	30
	$CoSO_4 \cdot 7H_2O$	14	14	14	14	—
	$Na_2WO_4 \cdot 2H_2O$	10～50	10～50	10～50	10～50	30
	$NaH_2PO_2 \cdot H_2O$	21	21	21	21	20
	柠檬酸钠($Na_3C_5H_5O_7 \cdot 2H_2O$)	59	—	60	—	60
	酒石酸钾钠	—	140	—	140	—
	$(NH_4)_2SO_4$	66	66	—	—	—
	NH_4Cl	—	—	—	—	50
	H_3BO_3	—	—	30	31	—
	$NH_3 \cdot H_2O$(25%)	—	—	—	—	60mL/L
工艺条件	pH 值	8～10	8～10	8～10	8～10	8.9
	温度/°C	90～95	90～95	80～90	80～90	95

10.8.21　化学镀 Co-Mo-P、Co-Cu-P 和 Co-Re-P 合金

化学镀 Co-Mo-P、Co-Cu-P、Co-Re-P 合金工艺见表 10-96。

表10-96 化学镀Co-Mo-P、Co-Cu-P和Co-Re-P合金工艺

工艺类型		Co-Mo-P	Co-Mo-P	Co-Cu-P	Co-Re-P
组分浓度/(g/L)	$CoCl_2 \cdot 6H_2O$	—	20~30	—	30
	$CoSO_4 \cdot 7H_2O$	22	—	20	—
	$(NH_4)_2MoO_4$	—	0.04~0.4	—	—
	Na_2MoO_4	0.2~0.6	—	—	—
	$CuSO_4$	—	—	0.5~1.2	—
	$KReO_4$	—	—	—	0.8
	$NaH_2PO_2 \cdot H_2O$	21	15~20	20	20
	柠檬酸钠($Na_3C_6H_5O_7 \cdot 2H_2O$)	—	80~100	50	80
	酒石酸钾钠($NaKC_4H_4O_6$)	106	—	—	—
	NH_4Cl	—	40~50	40	50
	$(NH_4)_2SO_4$	77	—	—	—
	$NH_3 \cdot H_2O$(25%)	—	—	35	60
工艺条件	pH值	9.5	9.0~9.5	8.9~9.1	8~9
	温度/°C	80	85~90	90	95
	沉积速度/(μm/h)		5	5	
	镀层成分(质量分数,%)		Mo1,P3	Cu23,P2~3	Re30,P2

10.8.22 化学镀Fe-P合金

在以二价铁盐为主盐、次磷酸盐为还原剂、酒石酸盐为络合剂的碱性镀液中，可以沉积出Fe-P合金镀层。其镀液组分及工艺条件如下：

$Fe(NH_4)_2(SO_4)_2$ 10g/L，$KNaC_4H_4O_6$ 50~70g/L，$NaH_2PO_2 \cdot H_2O$ 40~60g/L，pH值为12（用NaOH调），添加剂少量，工作温度为80℃。以铜片为基体，与铝片构成金属偶。在以上工艺条件下，镀液稳定，沉积速度较快，可得到镀层质量较好的Fe-P合金镀层。

硫酸亚铁铵是镀液的主盐，当二价铁离子浓度较低时，沉积速度较低；浓度增大，则沉积速度逐渐增加。

次磷酸钠为还原剂，也提供了合金镀层中的磷成分。当还原剂浓度较低时，由于还原能力较弱，沉积速度缓慢；随着还原剂浓度的提高，沉积速度加快；当浓度超过60g/L时，沉积速度反而有所下降，且镀液稳定性降低。

酒石酸钾钠是铁离子的络合剂，当其含量为50~70g/L时，沉积速度较高。若其含量较低，镀液稳定性差，沉积速度也不高；含量太高，又会阻碍金属离子的还原，从而使沉积速度下降。

镀液的pH值是化学沉积过程能否顺利进行的关键。当pH值低于8时，不能发生沉积反应；随着pH值的增加，沉积反应加快，但镀液的稳定性下降。

10.8.23 化学镀Fe-Sn-B合金

在以亚铁盐和锡酸盐为主盐、硼氢化钾为还原剂的碱性镀液中，可沉积出

Fe-Sn-B 合金镀层。其镀液组分及工艺条件如下：

$FeSO_4 \cdot 7H_2O$ 20g/L，$Na_2SnO_3 \cdot 3H_2O$ 7g/L，KBH_4 2g/L，$KNaC_4H_4O_6 \cdot 4H_2O$ 90g/L，NaOH 20g/L；工作温度为 40℃。化学镀过程中施加 Cu-Al 金属电偶，以增加化学镀效应。

Fe-Sn-B 合金镀层在碱性溶液中耐蚀性很好，优于不锈钢，但在酸性溶液中不好。合金镀层成分存在偏析，但宏观表面比较均匀，没有孔隙等缺点。合金镀层在硼氢化钾浓度为 8～20g/L 时呈非晶态，其相应的 B 的体积分数为 12.1%～27.6%。

10.8.24　化学镀 Fe-Ni-P-B 合金

Fe-Ni-P-B 合金镀层是一种优质的软磁材料，并有很高的硬度和很强的耐蚀性，已大量应用于计算机、电子、化工及航天航空等领域。

在硫酸亚铁、硫酸镍、次磷酸钠、硼氢化钾和酒石酸钾钠等组成的镀液中，可沉积出 Fe-Ni-P-B 合金镀层。其镀液组分及工艺条件如下：

$FeSO_4$ 15g/L，$NiSO_4$ 7.5g/L，$NaH_2PO_2 \cdot H_2O$ 33g/L，KBH_4 1.4g/L，$KNaC_4H_4O_6$ 60g/L，H_3BO_3 5g/L，$C_{12}H_{22}O_{11}$ 2g/L；pH 值为 11（用 $NH_3 \cdot H_2O$ 调），工作温度为 78℃。

10.8.25　化学镀 Fe-W-Mo-B 合金

化学镀 Fe-W-Mo-B 合金的镀液组分及工艺如下：

$FeSO_4 \cdot 7H_2O$ 20g/L，$KNaC_4H_4O_6 \cdot 4H_2O$ 90g/L，$Na_2MoO_4 \cdot 2H_2O$ 40g/L，$Na_2WO_4 \cdot 2H_2O$ 40g/L，NaOH 20g/L，KBH_4 6～12g/L；工作温度为 60℃，镀层厚度为 1～3μm。化学镀过程中施加 Cu-Al 金属偶，产生电沉积作用，以便增强化学镀效应。

Fe-W-Mo-B 合金镀层的表面平滑、光亮，结晶致密均匀，无宏观裂纹和空洞。在 B 的体积分数为 9.8%～27.3% 时，合金镀层为非晶态。其晶化过程分两步进行：退火温度低于 400℃ 的晶化相为 α-Fe、Fe_3B 和（Mo，W）$_2$B；较高温度析出 Fe_2B，（Mo，W）B 和 Fe_2（Mo，W）相。

10.8.26　化学镀 Cr-P 合金

化学镀 Cr-P 合金工艺见表 10-97。

表 10-97　化学镀 Cr-P 合金工艺

组分浓度/(g/L)	氟化铬	15
	硫酸亚铁	—
	次磷酸钠	7.5
	柠檬酸钠	7.5

（续）

组分浓度/(g/L)	酒石酸钾钠	—
	氯化铬	1
工艺条件	pH值	8~10
	工作温度/°C	70~98

10.8.27 化学镀Ag-W合金

在以$AgNO_3$和Na_2WO_4为主盐、水合肼（$N_2H_2 \cdot H_2O$）为还原剂、氨和醋酸为络合剂的镀液中，在一定的工艺条件下就可得到Ag-W合金的薄镀层。其镀液组分及工艺条件如下：

$AgNO_3$ 0.03mol/L，Na_2WO_4 0.006~0.03mol/L，$N_2H_2 \cdot H_2O$ 0.1mol/L，CH_3COOH 0.5mol/L，$NH_3 \cdot H_2O$ 1.22mol/L，添加剂微量；pH值为10.0~10.6，工作温度室温。

在硅上可以沉积出Ag-W合金薄膜，其厚度可达20~300nm，膜中W的体积分数大于3.2%。该膜具有很高的反射率和在空气中的高温稳定性（200℃），膜厚在200nm时，还具有良好的光学和力学性能。Ag-W合金膜厚为200nm的电阻率为2μΩ·cm，膜厚小于120nm时，其电阻率为10~20μΩ·cm。

10.8.28 化学镀贵金属与硼合金

贵金属主要包括金、银及铟等，它们和硼形成的合金镀层都具有良好的焊接性，在电子工业上得到大量的应用。化学镀贵金属与硼合金工艺见表10-98。

表10-98 化学镀贵金属与硼合金工艺条件

工艺类型		Au-B	Ag-B	In-B
组分浓度/(g/L)	$KAu(CN)_2$	5.8	—	—
	$NaAg(CN)_2$	—	1.83	—
	硫酸铟[$In_2(SO_4)_3$]	—	—	3.6
	KBH_4	21.6	—	—
	$NaBH_4$	—	—	2
	二甲氨基硼烷(DMAB)	—	2	—
	KCN	13	—	—
	NaCN	—	1	—
	乙二胺四乙酸二钠(EDTA·2Na)	—	—	7
	三乙醇胺[$N(CH_2CH_2OH)_3$]	—	—	3~4.5
	KOH	11.2	—	—
	NaOH	—	0.75	—
	$NH_3 \cdot H_2O$(28%)	—	—	—
	硫脲[$CS(NH_2)_2$]	—	0~0.25	—
工艺条件	pH值			9.5
	工作温度/°C	75	55~65	80
	沉积速度/(μm/h)	0.7	2.5~6.0	

10.8.29　化学镀 Sn-Pb 合金

以 $TiCl_3$ 为还原剂的化学镀 Sn-Pb 合金工艺见表 10-99。

表 10-99　以 $TiCl_3$ 为还原剂的化学镀 Sn-Pb 合金工艺

镀液组分与工艺条件	数值	镀液组分与工艺条件	数值
氯化亚锡($SnCl_2 \cdot 2H_2O$)	16g/L	氨三乙酸[$N(CH_2COOH)_3$]	19g/L
氯化铅($PbCl_2$)	0.27g/L	三氯化钛($TiCl_3$)	6g/L
乙二胺四乙酸二钠($Na_2EDTA \cdot 2H_2O$)	25g/L	pH 值	7
柠檬酸钠($Na_3C_6H_5O_7 \cdot 2H_2O$)	70g/L	温度	60°C

10.8.30　化学镀 Sn-Bi 合金

化学镀 Sn-Bi 合金工艺见表 10-100。

表 10-100　化学镀 Sn-Bi 合金工艺

工艺号		1	2	3	4	5
组分浓度/(g/L)	$Sn(CH_3SO_3)_2$(以 Sn^{2+} 计)	50	30	—	40	30
	对苯酚磺酸锡(以 Sn^{2+} 计)	—	—	40	—	—
	$Bi(CH_3SO_3)_2$(以 Sn^{2+} 计)	8	12	—	5	—
	$BiCl_3$	—	—	3	—	—
	Bi_2O_3	—	—	—	—	15
	2-羟基-1-磺酸	—	75	—	—	—
	硫脲	120	100	75	—	—
	丙烯基硫脲	—	—	—	105	—
	乙基硫脲	—	—	—	—	95
	二乙三胺五乙酸	—	—	—	30	—
	甲烷磺酸	—	—	—	80	—
	丁烷磺酸	—	—	—	—	80
	二甲基硫脲	—	—	—	120	120
	EDTA	30	—	—	—	—
	NTA	—	20	—	—	—
	H_3PO_3	30	—	30	—	—
	$NaH_2PO_2 \cdot H_2O$	—	20	—	—	—
	$Ca(H_2PO_2)_2$	—	—	—	30	30
	聚氧乙烯二丁基萘酚	—	—	—	15	—
	聚氧乙烯-亚麻酸铵	—	—	—	—	12
	十四烷基二甲胺乙酸甜菜碱	6	8	7	—	—
工艺条件	工作温度/°C	50~70	50~70	50~70		
	pH 值(NaOH 调)				2	2

10.8.31　化学镀 Sn-In 和 Sn-Sb 合金

化学镀 Sn-In 和 Sn-Sb 合金工艺见表 10-101。

表 10-101 化学镀 Sn-In 和 Sn-Sb 合金工艺

工 艺 号		1	2	3	4
组分浓度/(g/L)	$Sn(CH_3SO_3)_2$(以 Sn^{2+} 计)	—	—	20	—
	乙烷磺酸锡(以 Sn^{2+} 计)	30	—	—	—
	1-羟丙基-2-磺酸锡(以 Sn^{2+})	—	15	—	—
	对苯酚磺酸锡(以 Sn^{2+} 计)	—	—	—	8
	In_2O_3(以 In^{3+} 计)	20	—	—	—
	$In(CH_3SO_3)_3$(以 In^{3+} 计)	—	50	—	—
	酒石酸锑(以 Sb^{3+} 计)	—	—	20	50
	乙烷磺酸	70	70	—	—
	2-萘酚磺酸	—	—	55	—
	酒石酸	—	—	50	—
	二甲苯磺酸	—	—	—	80
	乙酸	—	—	—	15
	丙烯基硫脲	150	—	—	—
	硫脲	—	150	—	—
	2-苯基硫脲	—	—	140	140
	盐酸肼	65	—	—	—
	KH_2PO_2	—	65	55	55
	聚氧乙烯衍生物	15	10	10	10
工艺条件	pH 值(NaOH 调)	2	2	2	2
	工作温度/°C	65	65	65	65

10.9 复合化学镀

如同复合电镀一样，化学复合镀是在化学镀液中加入非水溶性固体微粒，使微粒与金属或合金共沉积，从而获得金属或合金基体中弥散分布固体微粒结构的复合镀层。但与复合电镀相比，化学复合镀层具有厚度均匀、平滑、致密，镀层中微粒分布均匀，以及可使用比复合电镀液低的微粒浓度得到相同成分的复合镀层等特点。化学复合镀中值得注意的是固体微粒对化学镀液稳定性的影响。化学复合镀中使用的固体微粒必须满足以下两点要求：一是对主体金属沉积没有影响，即不具有催化活化作用，否则会引起镀液自发分解；二是不具有催化毒性作用。

原则上，能进行复合电镀的主体金属和固体微粒都适合于化学复合镀。但目前在工业上应用的主要是化学镀镍基耐磨复合镀和化学镀镍基自润滑复合镀。它们已成功地应用于机械、电子、汽车工业中的模具、量具、动摩擦件和电插接器上。

10.9.1 复合化学镀 Ni-P/SiC

Ni-P/SiC 镀层保持了 Ni-P 非晶态化学镀层所具有的良好耐蚀性和其他优良特性，而且添加 SiC 微粒后，其硬度和耐磨性均有了进一步提高，能够很好地提高机械零件的耐磨性，延长其使用寿命。复合化学镀 Ni-P/SiC 工艺见表 10-102。

表 10-102 复合化学镀 Ni-P/SiC 工艺

镀液组分与工艺条件	硫酸镍	次磷酸钠	醋酸铵	Pb^{2+}	乳酸	丙酸	SiC	pH 值	温度
数值	21g/L	24g/L	12g/L	1～2mg/L	32g/L	2～3g/L	8g/L	4.2～4.5	88～90°C

配制化学镀 Ni-P/SiC 的镀液时，应将镀液加热至 70℃ 以上，再将焙烧过的 SiC 粉末投入到镀液中，搅拌均匀。

10.9.2 复合化学镀 Ni-P/Al_2O_3

Al_2O_3 是一种廉价易得的磨料，具有很高的硬度和极强的化学稳定性。通过化学沉积的方法获得的 Ni-P/Al_2O_3 复合镀层，其硬度比 Ni-P 镀层高得多，是一种极具潜力的耐磨材料，在稀盐水及稀盐酸介质中，是一种集耐磨耐蚀于一体的有用材料。复合化学镀层是一种具有特殊功能的新型镀层复合材料，一方面具有镀层金属（合金）的优良特性，另外还具有分散微粒的特殊功能特点。复合化学镀 Ni-P/Al_2O_3 工艺见表 10-103。

表 10-103 复合化学镀 Ni-P/Al_2O_3 工艺

镀液组分与工艺条件	硫酸镍	次磷酸钠	乳酸	丙酸	KIO_3	pH 值	温度
数值	20g/L	24g/L	20mL/L	5mL/L	2mg/L	4.5	80°C

镀液与镀层中 Al_2O_3 含量的关系如图 10-10 所示。

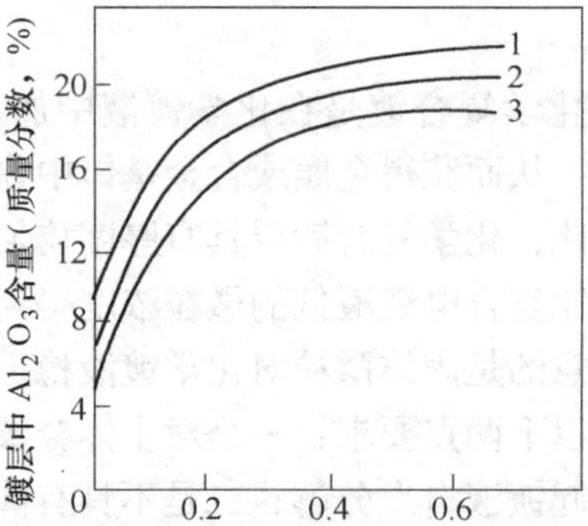

图 10-10 镀液与镀层中 Al_2O_3 含量的关系

1—70℃ 2—80℃ 3—90℃

10.9.3 复合化学镀 Ni-P/Si_3N_4

Si_3N_4 具有硬度高、抗振性强、化学稳定性好、耐磨性好和自润滑性良好等特点，是一种可以提高镀层硬度的复合粒子。复合化学镀 Ni-P/Si_3N_4 工艺见表 10-104。

表 10-104　复合化学镀 Ni-P/Si_3N_4 工艺

镀液组分与工艺条件	硫酸镍	次磷酸钠	乳酸	醋酸钠	柠檬酸	硫脲	Si_3N_4	pH 值	温度
数值	20~30g/L	20~30g/L	20g/L	16g/L	15g/L	1mg/L	2~20g/L	4.5~5.5	85~95°C

Ni-P/Si_3N_4 复合镀层的厚度与孔隙率及耐盐雾性能的关系见表 10-105。

表 10-105　Ni-P/Si_3N_4 复合镀层的厚度与孔隙率及耐盐雾性能的关系

镀层厚度/μm	孔隙率/(个/cm^2)	出现锈蚀时间/h	锈点数/(个/cm^2)	耐蚀等级
5	6.0	2	严重腐蚀	0
10	14	24	0.58	1
15	0	46	0.33	6
20	0	54	0.25	8
25	0	未出现锈蚀	0	10

10.9.4　复合化学镀 Ni-P/(CF) *n*

复合化学镀 Ni-P/(CF) *n* 镀层具有很好的自润滑性能、较低的摩擦因数，耐磨性能良好，在常温尤其在高温下可防止与钢等因摩擦引起的粘接。该镀层还具有很高的耐蚀性，其耐蚀性为 Ni-P 镀层的 3 倍。

由于氟化石墨微粒是一种疏水微粒，因而在加入镀液前必先润湿，润湿一般用不同种类和不同含量的阴离子表面活性剂及非离子表面活性剂。由于氟化石墨微粒表面吸附了离子表面活性剂和非离子表面活性剂后，在高温下就具有了良好的润湿性和分散性，这样在稳定剂的作用下，镀液的各种性能就比较好。复合化学镀 Ni-P/(CF) *n* 工艺见表 10-106。

表 10-106　化学镀 Ni-P/(CF) *n* 工艺

镀液组分与工艺条件	硫酸镍	次磷酸钠	醋酸钠	α-羟基酸	α-氨基酸	
数值	30g/L	22g/L	15g/L	25mL/L	10g/L	
镀液组分与工艺条件	氟化石墨(1μm)	阳离子表面活性剂	非离子表面活性剂	稳定剂 MoO_2	pH 值	温度
数值	40g/L	0.25g/L	2.5mL/L	1mg/L	5.0	90°C

10.9.5　复合化学镀 Ni-P/CaF_2

CaF_2 不溶于水，是一种典型的离子键化合物，熔点为 1373℃。CaF_2 是高温固体润滑剂，其工作范围为 200~900℃。在购入 CaF_2 粉末后，首先在球磨机中进行长时间粉碎，使其平均粒度达到 2μm 以下，而后将其在 5%（质量分数）的硫酸镀液中进行室温 8h 浸泡，在洗涤后投入镀液。这种工艺已成功应用在某汽轮机上的高温主汽阀的螺栓上，用于防止螺栓的咬死。Ni-P/CaF_2 复合镀层既能防止螺栓咬死，又能在松动螺栓受到巨大扭切力而引起微区温度急剧升高的条件下起润滑作用。为了消除氢脆，在化学镀之后 20min 之内进行 220℃ ×4h 的除氢处理。复合化学镀 Ni-P/CaF_2 工艺见表 10-107。

表 10-107 复合化学镀 Ni-P/CaF_2 工艺

镀液组分与工艺条件	硫酸镍	次磷酸钠	硼酸	乳酸	氟化钙	KIO_3	pH 值	温度
数值	20～30g/L	20～30g/L	10～20g/L	15～25mL/L	30～45g/L	25mg/L	4.5～5.0	(85±2)°C

复合化学镀时，先将镀液加热至 70℃，调整镀液的 pH 值。搅拌速度的大小对镀覆很重要：搅拌速度过大，会形成液流对镀件的冲刷，使得已经吸附在镀件表面的微粒又被冲下来；搅拌速度太小，微粒的悬浮度小，镀液中与镀件发生碰撞产生物理吸附的微粒就很少，镀层中的微粒含量减少。最佳的搅拌速度将会使镀液的微粒悬浮度为 80%。在最佳搅拌速度之下加入 CaF_2 微粒，微粒含量越高，镀层中的微粒含量就越高。

镀液的 pH 值对镀层中的 CaF_2 含量有较大的影响，镀层中的 CaF_2 含量在 pH 值为 4.7 左右有最大值。这是由于 pH 值对沉积速度以及对 CaF_2 的电位的影响所致。

镀层硬度随镀层中的 CaF_2 含量增大而缓慢下降的，其原因是 CaF_2 与 Ni-P 镀层相比是软粒子，它的存在使镀层硬度比纯 Ni-P 镀层硬度有所下降。

10.9.6 复合化学镀 Ni-Cu-P/Al_2O_3

Ni-Cu-P 合金镀层，是一种有待开发利用的功能材料。Al_2O_3 具有硬度高、抗氧化、耐磨、耐高温等性能，可以用来增强 Ni-Cu-P 合金，以获得新的金属基陶瓷复合材料，扩大 Ni-Cu-P 合金的应用领域。

复合化学镀 Ni-Cu-P/Al_2O_3 工艺见表 10-108。

表 10-108 复合化学镀 Ni-Cu-P/Al_2O_3 工艺

镀液组分与工艺条件	硫酸镍	硫酸铜	次磷酸钠	柠檬酸钠	Al_2O_3	pH 值	温度
数值	30～40g/L	10～15g/L	25～30g/L	20～30g/L	0～40g/L	4.6～5.4	80～90°C

在复合化学镀过程中，氧化铝粒子不断移向工件而吸附于工件表面。当驻留的时间超过粒子在表面的临界接触时间时，驻留的粒子就不会再回到镀液中，这样一部分粒子被 Ni-Cu-P 基质包覆形成复合化学镀层。

提高 Al_2O_3 的添加量，可以促进复合化学镀，使镀覆速度加快。但 Al_2O_3 添加过多，则会使粒子相互碰撞，影响粒子的表面驻留，因而无助于复合层的镀覆。

10.9.7 复合化学镀 Ni-P/TiN

为了减少工件的疲劳，提高其耐磨性，科研人员开发出了复合化学镀 Ni-P/TiN 镀层，其工艺见表 10-109。

表 10-109 复合化学镀 Ni-P/TiN 工艺

镀液组分与工艺条件	硫酸镍	次磷酸钠	络合剂的组合	硝酸铅	pH 值	温度	粒子量
数值	0.1mol/L	0.3mol/L	各 0.1mol/L	2mg/L	5.5	80°C	10g/L

注：络合剂组合为①苹果酸钠+琥珀酸钠；②甘氨酸+柠檬酸钠；③柠檬酸钠+醋酸钠。

10.9.8 制备磁电复合材料的化学镀

制备磁电复合材料的化学镀液原料配比见表 10-110。

表 10-110 制备磁电复合材料的化学镀液原料配比 （单位：g）

工艺号	1	2	3	4	5	6
硫酸镍	10	30	—	—	—	—
硫酸钴	—	—	10	20	10	20
硫酸亚铁	—	—	10	20	10	20
次亚磷酸钠	—	—	—	—	10	30
硼氢化钠	—	—	0.5	2	—	—
联氨	20mL	50mL	—	—	—	—
酒石酸钾钠	20	40	100	150	100	150
水	加至 1L					

采用化学镀方法制备磁电复合材料，使压电层与磁致伸缩层直接紧密结合，可消除黏结工艺中产生的黏结层和电镀工艺中需要的电极层所带来的弹性损失，以及热压固化工艺造成的界面混杂所产生的不良影响，因而可以增强铁电相和铁磁相之间的弹性结合力，使磁电复合材料的耦合性能大幅度提高。同时化学镀可以在各种几何外形的工件上进行，具有镀层均匀、致密，深镀能力强，低损耗，无须电解设备及附件，工艺简单，操作方便等特点。

其工艺过程如下：

1）将具有压电效应的压电陶瓷切片，切成所需尺寸，并进行化学镀预处理。化学镀预处理是首先将样品放入 0.4～0.65mol/L 的氢氟酸溶液中粗化 2～6min，取出后用蒸馏水冲洗；将样品放入 0.08～0.15mol/L 的氯化亚锡溶液中，在室温下敏化 5～30min，取出后蒸馏水冲洗；将样品放入 0.001～0.005mol/L 的氯化钯溶液中，在室温下活化 5～30min，取出后蒸馏水冲洗；最后将样品置入 0.2～0.4mol/L 的亚磷酸钠溶液中还原 15～60s。

2）将预处理好的压电陶瓷片放入配制好的化学镀液中进行化学镀，直到化学镀层达到所需厚度。化学镀工艺参数为：pH 值为 9～12.5，温度为 75～95℃。

3）将样品取出，再置入 150～170℃的硅油中，在电场为 30～50kV/cm 的条件下极化 10～30min，然后随油冷却至室温，即得到磁电复合材料。

10.10 木材的化学镀

10.10.1 木材单板化学镀镍

木材单板化学镀镍工艺流程如图 10-11 所示。

其工艺过程如下：

（1）木材表面的预处理　塑料等表面光滑且致密的高分子材料在化学镀前须要进行粗化处理，以保证镀层与基体的结合强度。木材表面自然多孔且粗糙，所以在化学镀前无须粗化处理，可直接进行活化处理。但是，木材与钯活化层之间属于物理吸附结合，而不是通过化学键结合，在施镀时钯粒子容易脱落而引发镀液分解。为此，将木材浸入氨基硅烷或壳聚糖溶液中，在一定条件下使氨基硅烷或壳聚糖在木材表面成膜。

（2）木材表面的活化　将预处理后的木材浸入氯化钯溶液中，吸附饱和后用次亚磷酸钠还原，使木材表面获得一层均匀分布的钯粒子活化层。

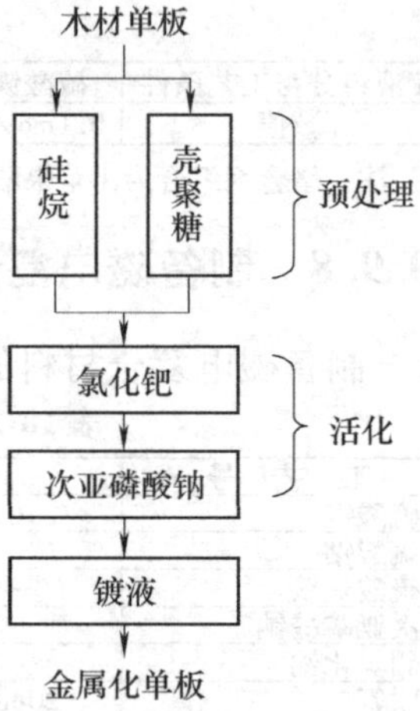

图 10-11　木材单板化学镀镍工艺流程

（3）木材表面的化学镀　将活化后的木材浸入镀液中施镀，20min 后即获得具有金属光泽的镍金属镀层。镀液组分见表 10-111，镀液的 pH 值用氨水调至 8.5。

表 10-111　镀液组分

镀液组分	质量浓度/(g/L)	镀液组分	质量浓度/(g/L)
$NiSO_4 \cdot 6H_2O$	15～35	络合剂	10～15
$NaH_2PO_2 \cdot H_2O$	15～35	稳定剂	0～0.02
NH_4Cl	10～30		

10.10.2　木材单板化学镀镍与彩化

木材单板化学镀镍与彩化工艺流程如图 10-12 所示。

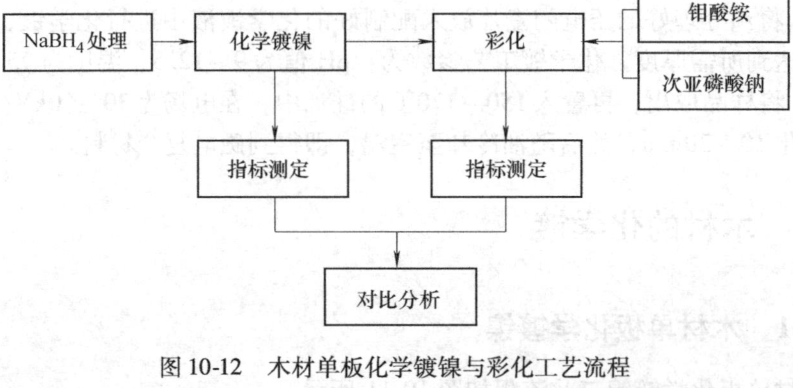

图 10-12　木材单板化学镀镍与彩化工艺流程

其工艺过程如下：

1）将木材单板置于一定浓度的 $NaBH_4$ 溶液中处理后取出，放置片刻，浸入已达到设定温度的镀液中，化学镀后获得镀镍木板单板。

2）镀后取出，低温烘干，测试电磁屏蔽效能、表面电阻率及视觉物理量。

3）将干燥后的化学镀镍木材单板浸入彩化液中。彩化液组分与工艺条件见表10-112。

表10-112 彩化液组分与工艺条件

镀液组分	质量浓度/(g/L)	工艺条件	数值
钼酸铵	0.25～0.40	温度/°C	80～95
次亚磷酸钠	0.8～1.0	时间/min	10～30

4）彩化木材单板经多次水洗后压平、低温烘干，测试电磁屏蔽效能、表面电阻率及视觉物理量，并对木材单板进行表征。

10.10.3 木材单板化学镀铜

木材单板化学镀铜工艺流程如图10-13所示。

其工艺过程如下：

1）选取去除毛刺、纹理接近的木材单板，水煮去除灰尘杂质及抽取物，干燥并恒重。

2）将木材单板放入壳聚糖镀液中浸渍2～10min，浸渍后取出木材单板立放10s并去除多余的壳聚糖镀液，否则多余的壳聚糖镀液将在后续处理或化学镀过程中扩散到周围镀液中，导致镀层不均匀连续。在浸渍过程中保证木材单板不能浮出溶液并适时翻动，取出后平放木材单板用吹风机小心吹干，使壳聚糖干燥成膜。

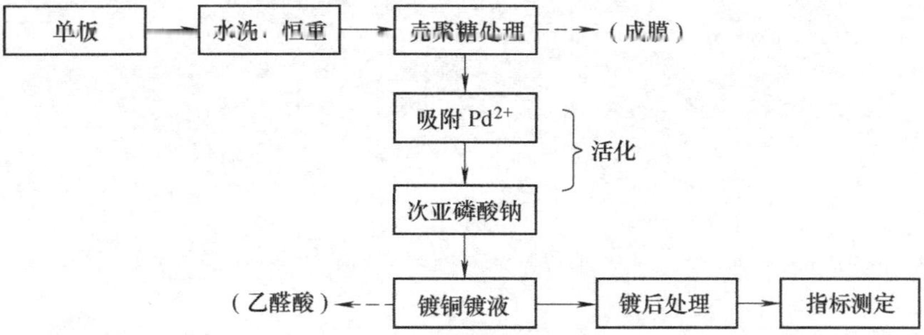

图10-13 木材单板化学镀铜工艺流程

3）以0.2g/L的 $PdCl_2$ 溶液处理木材单板2～10min，取出水洗，继续在40℃左右用2g/L的次亚磷酸钠溶液处理单板8min后，取出水洗。

4）将配制好的镀液升温至一定温度，将处理好的木板单板放入镀液中，木板单板不能浮出镀液并适时翻动以保证镀层均匀，施镀 10 ~ 30min 后即得化学镀铜木板单板。化学镀铜过程如图 10-14 所示。

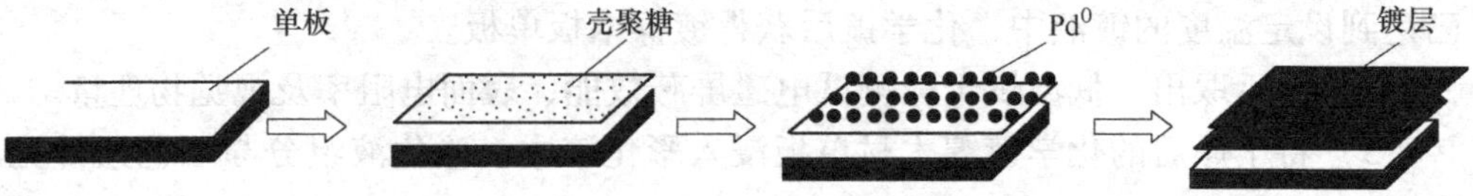

图 10-14　化学镀铜过程

5）将镀好的木材单板用大量的清水冲洗，除去残余镀液，以重物压平，并于（102 ± 2）℃下烘至绝干，恒重，计算铜沉积量，测定电阻值及其他性能。

第11章 热 浸 镀

将金属工件浸于熔点较低的其他液态金属或合金中获得镀层的方法称为热浸镀。热浸镀的基本特征是在基体金属与镀层金属之间有合金层形成。因此，热浸镀层是由合金层与镀层金属构成的复合镀层。被镀金属材料一般为钢、铸铁及不锈钢等。用于镀层的低熔点金属有锌、铝、铅、锡及其合金等。

热浸镀工艺可概括为三个过程，即预处理、热浸镀和后处理。

按预处理方式的不同，将热浸镀工艺划分为氢还原法和熔剂法两大类。前者主要用于钢带，后者多用于钢丝、钢管及钢结构件。

11.1 氢还原法热浸镀

氢还原法是将钢材经脱脂后，用氢气在高温下将钢材表面的氧化铁还原成活性铁，然后进行热浸镀的方法。这是现代连续热浸镀钢带采用最普通的一种工艺，主要用于钢带热浸镀锌、铝及其合金。

钢带连续热浸镀锌生产线主要有四种，其生产特征见表11-1，工艺流程如图11-1所示。

表11-1 四种主要钢带连续热浸镀锌生产线的生产特征

序	生产线类别	原料钢带	钢带的前处理方式	特 征
Ⅰ	改进的 Sendzimir 生产线（无氧化炉生产线）	未经退火	用煤气或天然气直接加热无氧化炉，调整空气过剩系数，使钢带免受氧化，将钢带上的油污挥发与分解 钢带在无氧化炉中加热到550～650°C 还原退火炉用辐射管间接加热，炉内通入低 H_2 的保护气体	炉子的长度比原始的 Sendzimir 生产线大大缩短 机组速度提高，最高可达180m/min 镀层的附着性改善
Ⅱ	U. S. Steel 生产线（美钢联法）	未经退火	钢带先经电解脱脂、水洗、烘干后，进入还原退火炉经辐射管加热到退火温度720～750°C，退火后冷却到480°C进入锌锅	生产线较长 钢带的调质范围广

（续）

序	生产线类别	原料钢带	钢带的前处理方式	特征
Ⅲ	Wheeling 生产线（Cook Norteman 法）	退火后	钢带经碱洗脱脂后水洗，酸洗除去氧化皮后水洗，涂水溶剂，烘干后浸入锌锅 水溶剂为 $NH_4Cl + ZnCl_2$ 的 40% 水溶液，温度为 50～70°C	生产线较短 机组速度低 有废酸处理问题
Ⅳ	Selas 生产线	退火后	钢带碱洗脱脂后水洗，酸洗除氧化皮后水洗 无氧化炉预热与还原钢带表面氧化膜	生产线短 机组速度低 有废酸处理问题

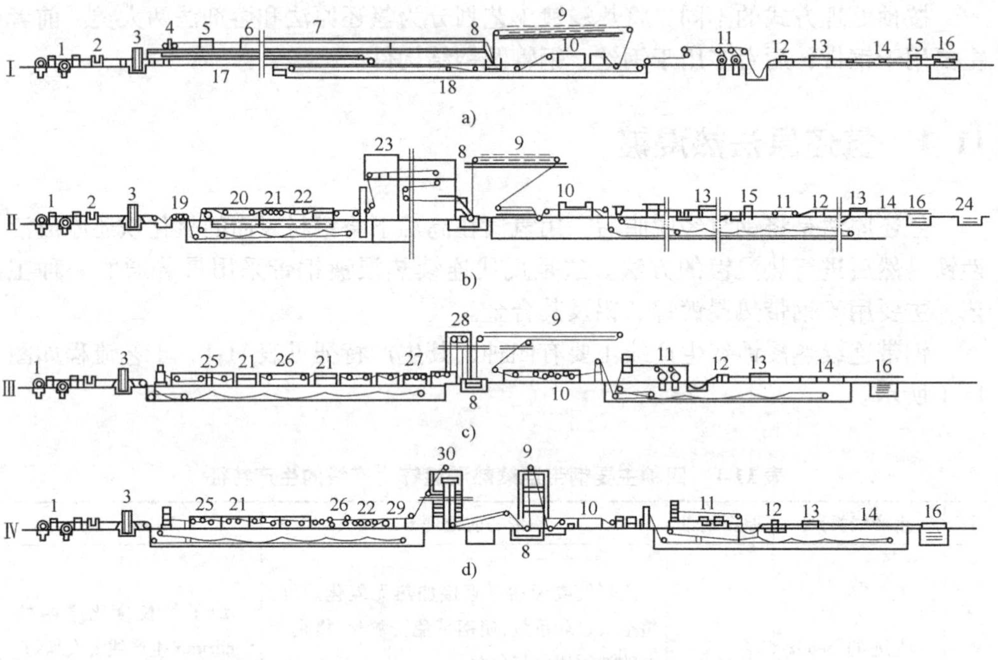

图 11-1　四种主要钢带连续热浸镀锌生产线的工艺流程

a）改进的 Sendzimir 生产线　b）U. S. Steel 生产线　c）Wheeling 生产线　d）Selas 生产线

1—开卷机　2—剪切机　3—焊机　4—张力调节器　5、30—无氧化炉　6—还原退火炉　7—冷却段　8—镀锅　9—冷却带　10—化学处理　11—卷取机　12—拉矫机　13—平整机　14—废料槽　15—涂油机　16—平台　17—入口活套　18—出口活套　19—切边机　20—电解脱脂　21—刷洗机　22—热水槽　23—退火炉　24—称量机　25—碱洗槽　26—酸洗槽　27—熔剂槽　28—预热炉　29—干燥设备

改进的 Sendzimir 生产线是应用最多的工艺，其热浸镀锌工艺条件见表 11-2。

表11-2 改进的Sendzimir生产线的热浸镀锌工艺条件

无氧化炉	还原退火炉	冷却段	镀锌锅
1）炉膛温度:1150～1250°C 2）钢带温度:550～650°C 3）天然气消耗量:(15～28)×$10^2m^3/t$ 4）过剩空气系数:0.95～0.97 5）废气温度:750～950°C 6）热耗量:830～920kJ/kg	1）炉膛温度:850～950°C 2）钢带温度:720～750°C 3）天然气耗量:(16～25)×$10^2m^3/t$ 4）辐射管过剩空气系数:1.05～1.3 5）热耗量:540～830kJ/kg 6）保护气体:15%～25% H_2-N_2 7）露点:－40°C 8）含氧量:小于5mL/kL	1）冷却段末端温度:320～450°C 2）钢带温度:440～530°C 3）保护气体:15%～25% H_2-N_2 4）露点:－40°C 5）含氧量:小于5mL/kL	1）锌液温度:450～460°C 2）浸锌时间:4～8s 3）锌液中铝的质量分数:0.10%～0.15%

11.2 熔剂法热浸镀

熔剂法是热浸镀工艺最常用的方法，多用于钢丝、钢管及钢结构件。其工艺流程为：钢件→脱脂→水洗→酸洗→水洗→熔剂处理→烘干→热浸镀→后处理→检验→成品。

熔剂处理　是将脱脂除锈后的钢件浸入熔融熔剂（或水溶剂）中，使其表面黏附一层熔剂膜。熔剂处理的作用：彻底清除钢材表面残留的铁盐与新产生的氧化物；降低熔融金属表面张力，增大其对钢材表面的浸润性；除去熔融金属的氧化物的残渣，防止它们黏附于钢材表面。

熔剂处理按熔剂的性质又分为湿法和干法两种。

湿法是钢材热浸镀前，先穿过覆盖在金属浴表面的熔融状熔剂层进行熔剂处理，随后浸入金属浴中热浸镀，这种工艺又称一浴法；干法是将水溶剂与金属浴分开放置，钢材净化后先浸入水溶剂中，表面黏附一层液膜，经烘干再浸入金属浴中热浸镀，这种工艺又称二浴法。热浸镀常用的熔剂配方与工艺条件见表11-3。

表11-3 热浸镀法常用的熔剂配方与工艺条件

镀层金属	熔剂配方与工艺条件	
	湿法	干法
锌	1）NH_4Cl 2）$ZnCl_2 \cdot 3NH_4Cl$复盐 350～450℃熔盐状态	1）$ZnCl_2 \cdot 3NH_4Cl$ 10%水溶液 2）$ZnCl_2$(600g/L)＋NH_4Cl(80g/L)70～80℃浸1～2min

（续）

镀层金属	熔剂配方与工艺条件	
	湿法	干法
铝	1）NaCl 40% + KCl 40% + Na_3AlF_6 12% + AlF_3 8% 2）NaCl 35% + KCl 35% + $ZnCl_2$ 20% + Na_3AlF_6 10% 660～700℃熔融状态	1）K_2ZrO_6 的饱和水溶液 2）$Na_2B_4O_7$ 5% + NH_4Cl1%水溶液 80～90℃浸23min
铅	$ZnCl_2$ 90% + $SnCl_2$ 10% 330～350℃熔融状态	$ZnCl_2$90% + NH_4Cl10%饱和水溶液 70～80℃浸13min
锡	$ZnCl_2$ 95% + NH_4Cl 5% 230～250℃熔融状态	$ZnCl_2$90% + NH_4Cl10%饱和水溶液 80～100℃浸13min

注：表中百分数为质量分数。

11.3 热浸镀锌

11.3.1 钢带热浸镀锌

钢带热浸镀锌主要采用生产线，其工艺流程如图11-1a所示。该生产线中的无氧化炉采用天然气或煤气火焰直接加热钢带，烧去油污（加热到550～650℃）或将油污分解挥发，钢带表面有极轻微氧化，再在钢带加热到750℃还原气氛（用低H_2含量的N_2 + H_2混合气）炉中，还原钢带表面氧化物和退火，冷却到320～450℃，然后在450～460℃锌浴中热浸镀锌。

11.3.2 钢管热浸镀锌

钢管主要采用熔剂法热浸镀锌和还原法热浸镀锌。在采用氯化铵和氯化锌复合盐的水溶液进行预处理并取出烘干后，再在450～460℃的锌浴中热浸镀锌，镀锌的时间按钢管不同直径一般为20～50s。热浸镀后管内壁用过热蒸汽喷吹，管外壁用压缩空气喷吹，再空冷、水冷，最后钝化处理。用熔剂预处理的热浸镀锌，因钢管仅在锌浴温度中短暂保温，对其力学性能影响甚微。

钢管还原法热浸镀锌的工艺流程为：微氧化预热→还原→冷却→热浸镀锌→镀层检测→冷却→镀后处理。因钢管在预热还原炉内加热到720～760℃的高温同时被退火，晶粒长大对其力学性能有一定影响。

11.3.3 钢丝热浸镀锌

热浸镀锌钢丝分一般用途的低碳钢丝和特殊用途的中高碳钢丝。钢丝的热浸镀锌通常采用熔剂法，很少采用氢还原法。低碳钢丝和中高碳钢丝的热浸镀锌工艺过程稍有不同，其工艺流程如图11-2所示。

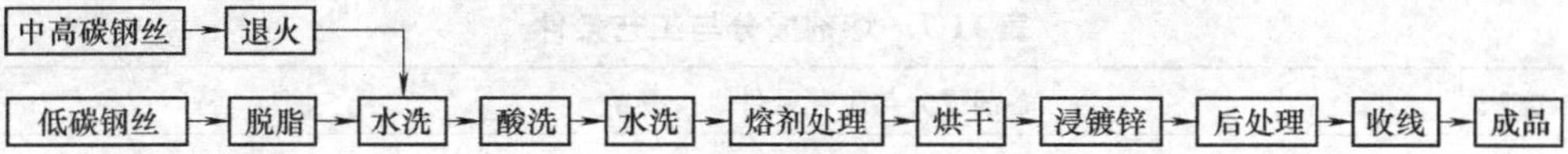

图11-2　钢丝热浸镀锌工艺流程

1. 低碳钢丝的脱脂

低碳钢丝的脱脂工艺见表11-4。

表11-4　低碳钢丝的脱脂工艺

脱脂方式	工艺参数
熔融铅法	钢丝通过熔融铅槽，铅液温度：350～400°C，通过时间：30～60s
燃气烧去法	钢丝通过孔型砖式加热炉，加热温度：200～300°C，通过时间：1min
化学碱洗法	钢丝通过碱洗槽，碱洗液配方：NaOH 30～50g/L + Na_2CO_3 20～30g/L + $Na_3PO_4 \cdot 12H_2O$ 50～70g/L + Na_2SiO_3 10～15g/L，温度：80～100°C，除尽为止
电化学脱脂法	钢丝通过电解槽，电解液配方：NaOH 15～20g/L + Na_2CO_3 20～30g/L + $Na_3PO_4 \cdot 12H_2O$ 50～70g/L + Na_2SiO_3 5～10g/L，温度：70～90°C，电流密度：10～15A/dm^2

2. 中高碳钢丝的退火

中高碳钢丝的退火工艺见表11-5。

表11-5　中高碳钢丝的退火与脱脂

退火炉类别	工艺参数
井式退火炉	间歇式，装料量：1.5～2t，炉温：750°C，保温时间：2h，随炉冷却到室温
隧道式退火炉	半连续式，炉温：800～1200°C，保温时间：20～30min，随炉逐渐冷却到室温
连续退火炉	连续式，钢丝运行速度：30m/min，钢丝加热温度：800～900°C（Ac_3点以上），时间：0.5～1.5min

3. 酸洗

由于盐酸对氧化皮的溶解能力比硫酸强，通常采用盐酸进行酸洗除锈。也可用硫酸进行电解酸洗，效果更好。钢丝酸洗方式及工艺条件见表11-6。

表11-6　钢丝酸洗方式及工艺条件

酸洗方式	钢丝酸洗的工艺技术条件
化学酸洗	盐酸质量分数：10%～20%，酸洗时间：15～30s，决定于钢丝表面氧化皮厚度，室温
电解酸洗	硫酸浓度：100～150g/L，室温，电流密度：3～10A/dm^2

4. 熔剂处理

熔剂处理分为干法与湿法两种。在此两种方法中，由于湿法不能在锌液中加铝，目前大部分被淘汰，而采用干法。两种方法的熔剂成分与工艺条件见表 11-7。

表 11-7　熔剂成分与工艺条件

方法	熔剂成分与工艺条件	特　征
湿法	将 NH_4Cl 撒于锌液表面，它与锌液反应形成 $ZnCl_2$-NH_4Cl 覆盖层	不能加铝；不能预热钢丝；锌渣多
干法	1) $ZnCl_2 \cdot 3NH_4Cl$ 的 10%（质量分数）水溶液，温度：80°C，浸涂时间：1min	锌中可加铝；钢丝被预热到 70°C 以上；产生的锌渣少； 锌层质量好
	2) NH_4Cl 水溶液，密度：1.01 ~ 1.02g/cm³，其中含铁量 < 90g/L；温度：70 ~ 80°C，时间：1min	
	3) $ZnCl_2$: NH_4Cl = 3:2（质量比）水溶液，密度：1.05 ~ 1.07g/cm³，温度：75 ~ 85°C，时间：1min	

5. 热浸镀工艺条件及锌层的擦拭

钢丝热浸镀锌时，锌液中可加少量铝（干法），以减薄合金层的厚度。锌液温度控制在 445 ~ 465℃。温度过低，则锌层粗糙且厚；过高，则使合金层长厚，而缠绕性变坏。镀锌时间决定于钢丝的直径。粗丝的浸镀时间可稍长一些。一般浸锌时间为 0.5 ~ 1.5min。

镀锌后钢丝从锌锅中引出的方式有两种：垂直引出与倾斜引出，见表 11-8。

表 11-8　钢丝引出方式、擦拭方法和镀层特征

引出方式	擦拭方法和镀层特征
垂直引出	钢丝表面锌层厚度取决于锌液在钢丝表面的附着力和重力作用的大小。当引出速度较高时，附着力大于重力，则锌层厚度大且均匀，镀层重可达 300g/m² 以上。多用于生产厚镀层钢丝 擦拭方式：木炭颗粒内渗入牛油或全损耗系统用油，木炭层厚约 300mm
倾斜引出	钢丝与锌液成 35°角引出，锌层的均匀性差，锌层较薄，镀层重在 200g/m² 以下 擦拭方式：用石棉绳缠绕的钢丝夹或用孔板

11.3.4　钢结构件热浸镀锌

钢结构件种类繁多，形状复杂。因此，其热浸镀锌的工艺只能采用熔剂法。钢结构件热浸镀锌工艺见表 11-9。

表 11-9　钢结构件热浸镀锌工艺

工　序	技 术 参 数
酸洗	酸洗液：10% ~ 20% HCl（质量分数），缓蚀剂：若丁 1 ~ 2g/L，浸润剂：OP-10 1 ~ 2g/L；温度：室温（冬季应加热到 35°C），时间：1 ~ 3h
熔剂处理	熔剂：氯化锌铵水溶液（NH_4Cl 与 $ZnCl_2$ 的摩尔比为 5:1），质量分数：25% ~ 30%；密度：1.20 ~ 1.25g/cm³，温度：60 ~ 70°C，时间：0.5 ~ 1.0min

（续）

工　序	技术参数
烘干	热风温度:80～120°C,时间:5～20min
镀锌	锌液温度:460～480°C,浸镀时间:1.5～25min,浸镀速度:0.5m/min,提升速度:1～2m/min
水冷	冷却水温度:50～60°C,冷却时间:1～3min
钝化处理	钝化液组分:CrO_3 3～4g/L;温度:室温,时间:0.5～1min

11.3.5 可锻铸铁件热浸镀锌

各种管道的弯头、三通和阀门等可锻铸铁件一般要求热浸镀锌。可锻铸铁件的预处理，通常是先喷丸，以除去表面黏附的型砂。然后，放入酸洗滚筒中进行滚动酸洗，滚筒浸于地面下的酸洗槽中。当滚动一定时间后，排出酸洗液，再通入冷水进行滚动水洗。将洗净的可锻铸铁件通过漏斗放入熔剂处理转筒中。此转筒浸于熔剂槽内，用螺旋推进器从出口端排出，并自动进入烘干转筒。从此转筒的出风口处送入热风。烘干后的可锻铸铁件由推进器推出，并立即落入筐篮中准备镀锌。

将装有可锻铸铁件的筐篮吊入锌锅中镀锌。在浸锌前及出锌锅前均应预先扒除锌液面上的面渣。吊出锌锅后，应立即放在离心机转盘上，开动离心机，靠离心力的作用甩掉可锻铸铁件表面及内部残留的多余的锌液，然后进行水冷。可锻铸铁件热浸镀锌预处理装置如图11-3所示，其热浸镀锌工艺见表11-10。

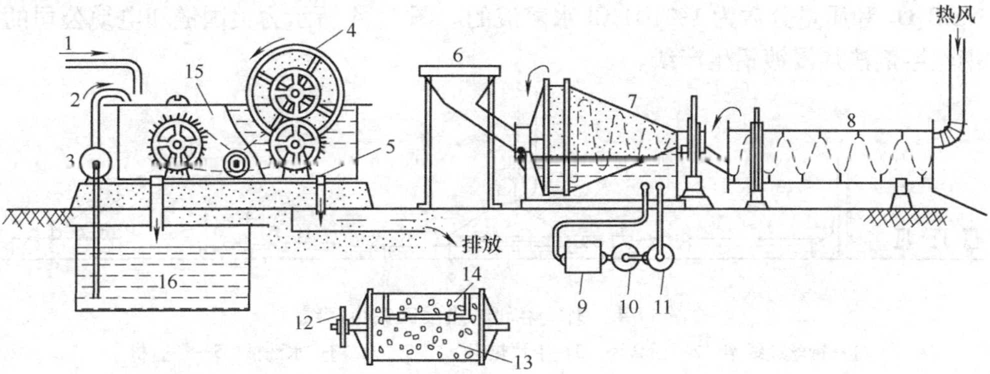

图11-3 可锻铸铁件热浸镀锌预处理装置

1—水管 2—酸洗液 3—酸泵 4—滚筒 5—塞子 6—漏斗 7—熔剂滚筒 8—烘干筒 9—热交换器 10—过滤器 11—熔剂泵 12—齿轮 13—孔眼 14—滚筒盖 15—酸洗槽 16—地下酸槽

表 11-10 可锻铸铁件热浸镀锌工艺

工序	技术参数
酸洗	酸洗液(体积分数):HF 1.8% + HCl 3.5% + 缓蚀剂 2% + 水,酸洗温度:室温,时间:30min
熔剂处理	熔剂组成:NH_4Cl 水溶液,熔剂密度;1.014 ~ 1.028g/cm^3,熔剂中铁浓度 < 90g/L,熔剂温度:> 70°C,处理时间:1 ~ 5min
烘干	烘干条件:热风吹干,热风温度:120 ~ 150°C,烘干时间:10min 以下
镀锌	锌液温度:450 ~ 470°C,浸镀时间:2 ~ 5min

11.4 热浸镀铝

钢材热浸镀铝层具有优良的耐蚀性和抗高温氧化性，对光、热有良好的反射性。它在各种大气与多种介质条件下的耐蚀性和抗高温氧化性能，均优于热浸镀锌钢材，在汽车工业、建筑和机械行业都具有广阔的应用市场。

按热浸镀铝处理方式和镀层的组织结构，可分为浸渍型热浸镀铝和扩散型热浸镀铝两类。

11.4.1 钢丝熔剂法热浸镀铝

经脱脂和除氧化膜的钢丝浸入熔剂槽中涂以熔剂，经烘干后随即浸入铝锅中镀铝。其工艺过程与钢丝热浸镀锌相同。所用熔剂为水溶液型熔剂。例如，质量分数为 4% 的 K_2ZrF_6 水溶液，温度为 50 ~ 80° C。也有采用质量分数为 5% $Na_2B_4O_7$ 和质量分数为 1% NH_4Cl 水溶液的。图 11-4 所示为美国链和电缆公司的钢丝熔剂法热浸镀铝生产线。

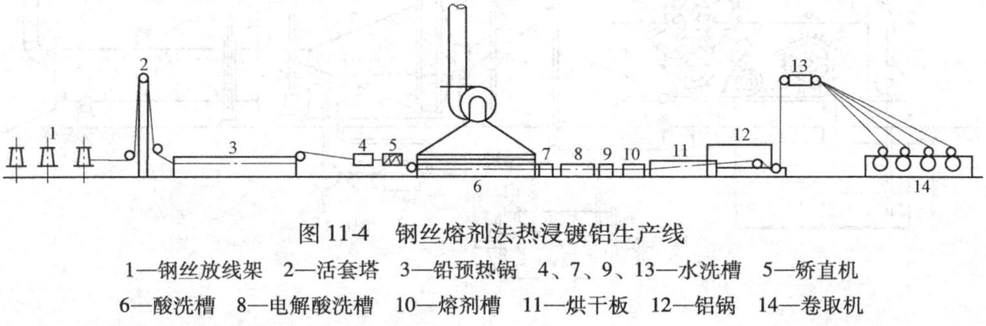

图 11-4 钢丝熔剂法热浸镀铝生产线

1—钢丝放线架 2—活套塔 3—铅预热锅 4、7、9、13—水洗槽 5—矫直机 6—酸洗槽 8—电解酸洗槽 10—熔剂槽 11—烘干板 12—铝锅 14—卷取机

11.4.2 钢丝氢还原法热浸镀铝

与钢丝采用 Sendzimir 法热浸镀锌线相似。钢丝从放线架引出后进入无氧化炉，在此被加热到 450 ~ 500℃，烧去表面油污及拉拔润滑剂，并同时将表面氧化成蓝色氧化膜。随即进入还原退火炉，由炉管辐射加热到 730 ~ 830℃，同时

通入含氢保护气体。还原后缓冷到700℃，在密封状态下进入铝锅中镀铝。为防止钢丝拉断而造成绞丝现象，在还原退火炉内每根钢丝均单独通一根加热管。钢丝绕过铝锅中的压辊转向并垂直引出，经氮气环形气刀擦拭，再经空气冷却和水冷后进入收线架卷取。

为保证镀铝钢丝的缠绕性能，镀铝用合金为硅的质量分数为3% ~4%的铝硅合金。

钢丝高速热浸镀铝新工艺的流程如图11-5所示。

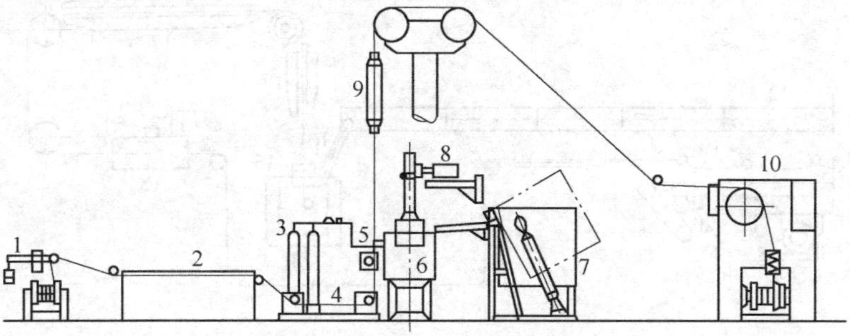

图11-5 钢丝高速热浸镀铝新工艺的流程

1—放线架 2—脱脂器 3—氢气瓶 4—还原炉 5—镀铝嘴 6—铝锅 7—化铝炉 8—升降电动机 9—冷却器 10—卷取机

11.4.3 钢带改进的Sendzimir法热浸镀铝

改进的Sendzimir法钢带热浸镀铝生产线的预热炉采用燃料（煤气或天然气）与空气的体积比为0.9 ~0.95，使燃料不完全燃烧，炉内气氛控制在微氧化条件，钢带表面的油污靠挥发与分解除掉。同时钢带被快速加热到650 ~830℃（炉膛温度达1250℃），分解的碳与废气中的H_2O和CO_2反应而除去。钢带在预热炉内运行时间控制在30s以下，以减少表面的氧化。随后进入还原退火炉，在此炉内被辐射加热管间接加热到800 ~850℃（炉膛温度约为950℃），进行退火并被通入的保护气体中的H_2还原。在炉内的冷却段冷至680 ~700℃后，在密封条件下通过炉鼻进入铝锅中镀铝。钢带改进的Sendzimir法连续热浸镀铝生产线如图11-6所示。

11.4.4 钢带美钢联法连续热浸镀铝

在钢带美钢联法连续热浸镀铝工艺中，钢带预处理的脱脂部分采用电解清洗法除去钢带表面的轧制油和乳化液等污物，同时进行刷洗、水洗与烘干，随即进入还原退火炉。以后的过程与改进的Sendzimir法相同。图11-7所示为钢带美钢联法连续热浸镀铝生产线。

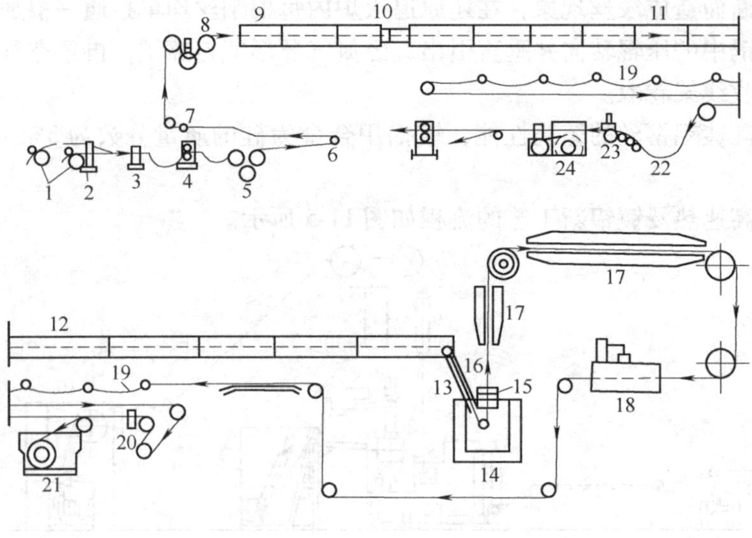

图 11-6　钢带改进的 Sendzimir 法热浸镀铝生产线

1—开卷机　2—双剪切机　3—焊机　4—切边机　5—牵引架　6—活套车　7—转向辊　8—张力架　9—无氧化预热炉　10—高温计　11—还原退火炉　12—冷却段　13—炉鼻　14—铝锅　15—气刀　16—空气冷却　17—风冷　18—铬酸盐处理槽　19—活套车　20—剪切机　21—卷取机　22—活套坑　23—测厚仪　24—飞剪

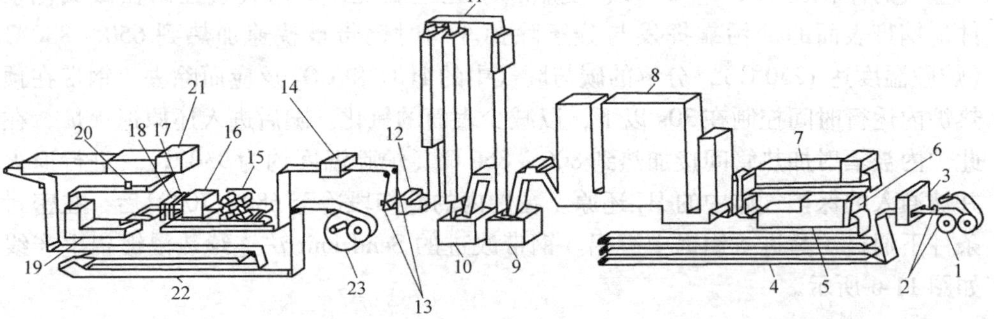

图 11-7　钢带美钢联法连续热浸镀铝生产线

1—开卷机　2、17—板厚测定仪　3—焊机　4—入口活套　5—前处理　6—超声探伤仪　7—电解槽　8—退火炉　9—铝锅　10—锌锅　11—冷却段　12—水洗槽　13—镀层厚度测定仪　14—合金化度测定仪　15—光整机　16—拉弯矫直机　18—针孔检测仪　19—后处理　20—打印仪　21—辊涂机　22—出口活套　23—张力卷取机

11.4.5 钢管与钢件的热浸镀铝

通常采用熔剂处理的热浸镀铝，根据钢件的使用条件和性能要求，可分别采用浸渍型热浸镀铝或扩散型热浸镀铝生产工艺，其相应的工艺流程如下：

浸渍型热浸镀铝：脱脂→除锈→熔剂处理→热浸镀铝→校正→清理→检验。

扩散型热浸镀铝：脱脂→除锈→熔剂处理→热浸镀铝→校正→清理→检验→扩散处理→校正→清理→检验。

(1) 熔剂处理　可采用熔融盐法（湿法）或水溶液法（干法）。熔融盐法处理效果好，同时防止铝液表面高温氧化，但熔盐易挥发，有的有毒气、污染环境，只适于通风好的场合。水溶液法设备简单，成本低，我国采用较多。

(2) 热浸镀温度和时间　一般热浸镀温度为730～780℃，碳钢件取下限，合金钢、铸铁取上限。碳钢、低合金钢热浸镀时间见表11-11，中高合金钢、铸铁件热浸镀时间增加20%～30%。

表11-11 碳钢热浸镀时间

钢管与钢件壁厚/mm	热浸铝时间/min	
	浸渍型热浸镀铝层	扩散型热浸镀铝层
>1.0～1.5	0.5～1	2～4
>1.5～2.5	1～2	4～6
>2.5～4.0	2～3	6～8
>4.0～6.0	3～4	8～10
>6.0	4～5	10～12

(3) 扩散处理　一般扩散温度为850～930℃，保温时间为3～5h。使热浸镀层全部形成Fe-Al合金层和扩散层，以降低镀铝层的脆性，增加与基体结合力。

11.5 热浸镀锌铝合金和铝锌合金

11.5.1 热浸镀锌铝合金

热浸镀Zn-5%Al合金（Zn-Al合金的最低共晶点为382°C，其中铝的质量分数为5%）时，这种熔融锌铝合金，对钢基体的浸润性一般较差，其镀层中往往有漏镀点，影响镀层的耐蚀性。为解决这些问题，在锌铝合金浴中添加0.03%～0.1%（质量分数）稀土元素（Ce-La混合物），有明显效果，其热浸镀产品的商品名称为Galfan。

11.5.2 热浸镀铝锌合金

在热浸镀时，铝锌合金浴与钢件会发生激烈反应而形成较厚的 Fe-Al-Zn 合金层，该合金层硬脆，不利于变形加工。为了遏制合金层增加，降低合金层的厚度，可在铝锌合金浴中添加适量硅，效果较好，相应合金层的变形加工性能大大提高。加入硅后，热浸镀浴的组分（质量分数）为 55% A1-43.5% Zn-1.5% Si，其热浸镀产品的商品名称为 Galvalume。

11.6 热浸镀锡和铅

11.6.1 热浸镀锡

热浸镀锡钢板（俗称马口铁）是开发最早的热浸镀产品。由于锡资源短缺，且热浸镀锡层较厚，耗锡量较大。近年来，热浸镀锡钢板已逐步被镀层薄且均匀的电镀锡钢板取代，热浸镀锡钢板仅在一些电器、无线电工程及要求厚镀锡层的地方使用。

钢材热浸镀锡的工艺流程为：钢材→酸洗→水洗→熔剂处理→热浸锡→浸油处理→空冷→脱脂及抛光→分选→成品。

热浸镀锡的温度为 260 ~ 290℃。浸油温度为 230 ~ 240℃，浸油的作用是防止锡氧化和使锡在所镀钢板上保持熔融状态，便于镀辊压延镀锡层，使其均匀。

热浸镀锡层的最大特点是具有优良的焊接性，很容易将镀锡件锡焊在一起。

11.6.2 热浸镀铅

铅是化学稳定性很高、熔点较低的金属。由于液态铅对铁不浸润，不能形成纯铅的镀层，必须在铅浴中添加一定量的 Sn 或 Sb，才能浸润钢材表面形成合金镀层。热浸镀铅实际上是热浸镀 Pb-Sn 或 Pb-Sn-Sb 合金。

一般在铅浴中添加锡量在 15%（质量分数）以上。热浸镀时，钢材表面先形成 $FeSn_2$ 底层和 Pb-Sn 合金表层的双层结构镀层。

热浸镀铅的工艺流程与热浸镀锡相似，其热浸温度（320 ~ 360℃）比热浸镀锡高。铅蒸气和化合物有毒，使用时务必注意防护。

钢材热浸镀铅（Pb-Sn 合金）层，具有优异的耐化学药品和耐汽油腐蚀性能，耐盐雾腐蚀性也优于热浸镀锌、热浸镀锡等镀层。热浸镀铝钢板的涂装性良好，还具有良好的焊接性，特别是其钎焊性尤为突出。

钢带连续热浸镀铅生产线如图 11-8 所示，其工艺条件见表 11-12。

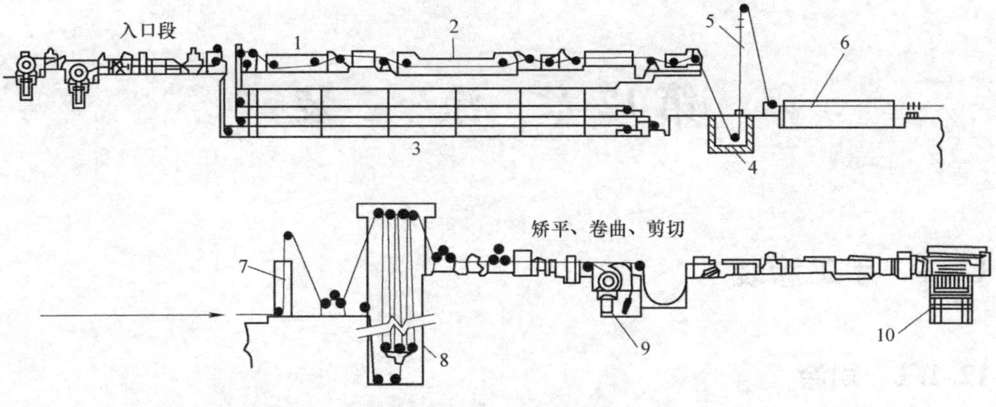

图11-8 钢带连续热浸镀铅生产线

1—脱脂槽 2—酸洗槽 3—活套车 4—铅锅 5—冷却段 6—净化段

7—擦拭塔 8—活套塔 9—卷取机 10—堆垛机

表11-12 钢带连续热浸镀铅工艺

工 序	配方(质量分数)	技术参数
脱脂	金属脱脂剂(3%~5%水溶液)	30~35°C,时间>60s后刷洗
酸洗	H_2SO_4(10%~15%)或HCl(5%~10%)添加1%~2%缓蚀剂	70°C,时间>40s(H_2SO_4);40°C,>60s(HCl)
熔剂	$ZnCl_2$-NH_4Cl水溶液(20%)	常温,1~2min
覆盖剂	$ZnCl_2$-NH_4Cl(摩尔比为1:3)或$ZnCl_2$-0.5%~1%$SnCl_2$	350~360°C覆盖于铅液表面
镀铅	Pb-10%~25%Sn或Pb-10%Sn-5%Sb	360~375°C,10~30s

第12章　涂　　装

12.1　手工涂装

12.1.1　刷涂

刷涂是一种使用最早和最简单的涂装方法，适用涂料的品种多。其操作是手工用毛刷蘸上或由供给泵供给涂料，按一定的操作方法，将涂料刷涂在工件表面上，经干燥形成涂层。刷涂主要适用于装饰性要求不高的各种形状和大小的工件涂装，如机械设备、船舶、车辆、木器、家具、建筑工程等。

刷涂的一般操作步骤如下：

刷涂前，先将漆刷蘸上涂料，须使涂料浸满全刷毛的1/2，漆刷蘸附涂料后，应在涂料桶边沿内侧轻拍一下，以便理顺刷毛，并去掉蘸附过多的涂料。

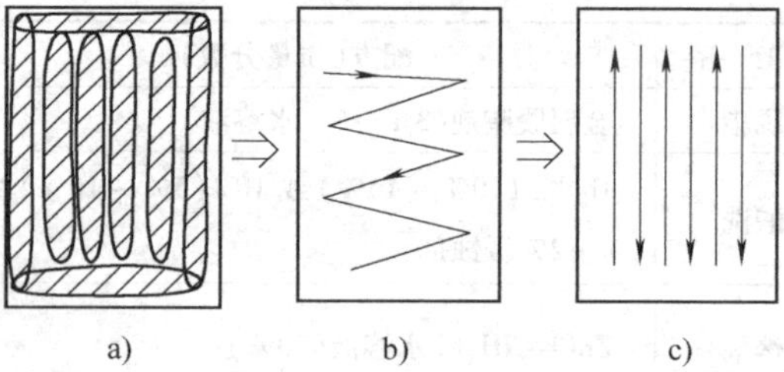

图12-1　刷涂步骤

a）涂布　b）抹平　c）修整

刷涂通常按涂布、抹平、修整三个步骤进行，如图12-1所示。①涂布是将漆刷刷毛所含的涂料，涂布在漆刷所及范围内的被涂物表面，漆刷运行轨迹可根据所用涂料在被涂物表面流平情况，保留一定的间隙；②抹平是将已涂布在被涂物表面的涂料展开抹平，将所有保留的间隔面都覆盖上涂料，不使露底；③修整是按一定方向刷涂均匀，消除刷痕与涂层厚薄不均的现象。

12.1.2　滚刷涂

滚刷涂方法是指将圆柱形滚刷蘸附涂料后，借助滚刷在被涂物表面滚动进行涂装。大面积涂装时，滚刷涂可以代替刷涂，其涂刷效率比刷涂的效率高一倍，但在涂刷窄小的被涂物及棱角、圆孔等形状复杂的部位时，利用滚刷涂就比较困难。滚刷涂广泛用于船舶、桥梁、各种大型机械和建筑的涂装。

滚刷涂的主要工具是滚刷，由刷辊和支撑机构两部分组成，刷辊由辊芯和含漆层构成。

滚刷涂的一般操作步骤如下：

1）首先在滚刷涂料盘（见图12-2）内注入涂料，然后滚刷在盘内滚动沾上涂料，并反复滚动使之均匀地蘸附涂料。

2）滚刷涂时，初期压附用力要轻，随后逐渐加大压附用力，使刷辊所蘸附的涂料均匀地转移附着在被涂物的表面。

3）滚刷涂漆刷辊通常应按W（或M）形轨迹运行，如图12-3a所示，滚动轨迹纵横交错，相互重叠，使涂层厚度均匀。滚刷涂快干型涂料或被涂物表面涂料浸渗强的场合，刷辊应按直线平行轨迹运行如图12-3b所示。

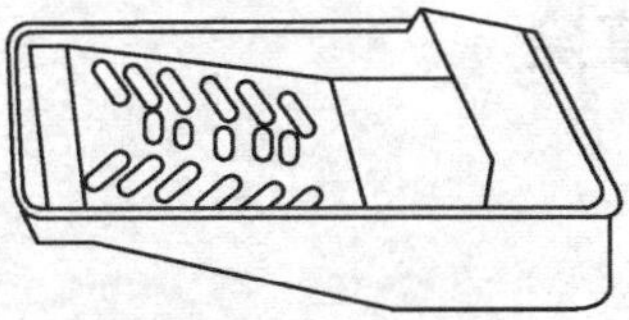

图12-2　滚刷涂料盘

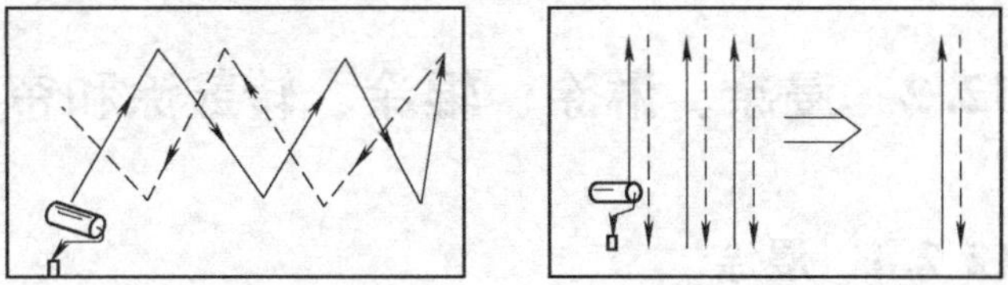

a)　b)

图12-3　刷辊运行轨迹

a）W（或M）形轨迹　b）直线平行轨迹

4）应根据涂料的特性与被涂物的状况，选用合适的滚刷。滚刷使用后，应刮除残附的涂料，然后用相应的稀释剂清洗干净，可以在干燥的布上滚涂几次，晾干后妥善保存。晾干时尽量不要压迫绒毛，保存处要通风，以防发霉。长期不用的滚刷应将涂料从涂料罐中倒出，并用相应的稀释剂清洗干净。

12.1.3　刮涂

刮涂是采用刮刀对黏稠涂料进行厚膜涂装的一种涂装方法，主要用于刮涂腻子，修饰工件凹凸不平的表面，并修整工件的造型缺陷。刮涂方法主要适用于各种涂装工件的底层涂装，如刮涂腻子、填孔、底漆等，也可用于刮涂油性清漆和硝基清漆。

刮涂操作通常分为抹涂、刮平、修整三个步骤，但要根据刮涂的要求灵活运用。

刮涂时，抹涂、刮平、修整三个步骤应该连续一步完成。

1）抹涂是用刮刀将腻子抹涂在被涂物表面。抹涂时先用刮刀从托腻盘中挖取腻子，然后将刮刀的刃口贴附在被涂物的表面，运行初期应稍向前倾斜刮刀，使其与被涂物表面呈80°夹角。随着刮刀运行移动，刮刀上黏附的腻子逐渐减少。在移动过程中，要逐渐加大刮刀向前倾斜的程度，直至夹角约为30°时，将刮刀黏附的腻子完全抹涂在被涂物表面。

2）刮平是将抹涂在被涂物表面的腻子层刮涂平整，消除抹涂时留下的明显痕迹。刮平时，先应将刮刀上残留的腻子去掉，然后用力将刮刀向前倾斜贴附在腻子层上，并按照抹涂时刮刀的运行轨迹向前刮。随着刮刀的运行移动，刮刀上黏附的腻子会逐渐增多，刮刀的倾斜程度也应逐渐增大，直至夹角呈90°时把多余的腻子刮下来。

3）修整是基本刮涂平腻子层后，用刮刀稍微水平地轻轻挤压，对个别不平整的缺陷、接缝痕迹、边沿缺损等进行修整。修整时，用力不要过大，以防损坏整个腻子层，刮刀应向前倾斜，或用少许腻子填补，或用刮刀挤刮。

12.2 浸涂、淋涂、辊涂、转鼓涂和帘幕涂

12.2.1 浸涂

浸涂的主要操作是将工件浸没于涂料中，经过一定时间后取出，除去其上的过量涂料，通过烘干室烘干或自然干燥成膜。浸涂的方法很多，有传统的手工浸涂法，以及现代的传动浸涂法、离心浸涂法、回转浸涂法、真空浸涂法等自动浸涂的方法。

浸涂的主要工艺参数见表12-1。

表12-1 浸涂的主要工艺参数

工艺参数	一次浸涂涂层厚度/μm	涂料黏度(涂-4杯,20℃)/s	涂料温度/℃
数值	≈30	20～30	20～30

浸涂最合适的涂层厚度是30μm左右，厚度的控制是通过控制涂料黏度实现的，随黏度的变化而增减。涂料黏度影响涂料的流动性，黏度低在被涂物表面流动性好，对去余漆有利，如果黏度过低则会导致涂层过薄；反之，涂料黏度过高在被涂物表面流动性差，不易流平，流痕严重，漆膜不平整，对去余漆不利。因此，浸涂时应确定合适的涂料黏度，并严格控制。

涂料黏度与温度关系密切，涂料黏度随涂料温度变化而变化，因此对浸涂槽的涂料温度必须严格控制，使其保持稳定。如果所用涂料的常温黏度过高，则需适当提高温度，达到合适的黏度，以利于浸涂。

12.2.2 淋涂

淋涂就是液体涂料通过淋涂机头的刀缝形成流体薄膜（涂幕），然后让被涂板式部件从涂幕中穿过而被涂饰的一种方法。涂装时，工件被不断输送进入涂幕，多余的涂料被下部的漆槽收集并重新利用。与浸涂方法一样，淋涂也是采用过量的涂料润湿、黏附、覆盖被涂物的表面，并借助涂料自身的重力流平，然后

去余漆成膜。

淋涂的主要工艺参数见表12-2。

表12-2 淋涂的主要工艺参数

工艺参数	数值	工艺参数	数值
涂料黏度/s	30～100(涂-4杯)	泵压式喷淋压力/MPa	0.15～0.35
涂料温度/℃	20～25	喷淋时间/min	1～2
自重式喷淋喷嘴/mm	7～10	滞留时间/min	8～20
泵压式喷淋喷嘴/mm	1.5～2.5		

12.2.3 辊涂

辊涂是现代涂装方法中可自动化又符合环保要求的一重要方法。它是将涂料用旋转橡胶辊传送至被涂物上去，可涂一个面或同时涂双面，生产率高，不产生漆雾，适合金属板、卷材、纸、布和胶合板的涂装。

根据原板为单张或卷材，辊涂可分为单张辊涂和连续辊涂，前者适用于小批量、多品种，后者适用于大批量自动化生产。辊涂又分为正向辊涂和逆向辊涂，如图12-4所示。在正向辊涂时（涂层厚度≤12μm）被涂物和涂料施工辊子以同方向运转；而逆向辊涂时（涂层厚度为3～100μm），二者以相反方向运转。涂层厚度用调节辊控制。此外，涂速和涂料也直接影响涂层厚度。辊涂法所用涂料主要有聚酯、塑溶胶、氨基醇酸、热固性丙烯酸和环氧涂料等。辊涂法的工艺流程包括预处理工艺（清洗、磷化、封闭、漂洗等工序）、涂层工艺和烘烤工艺。

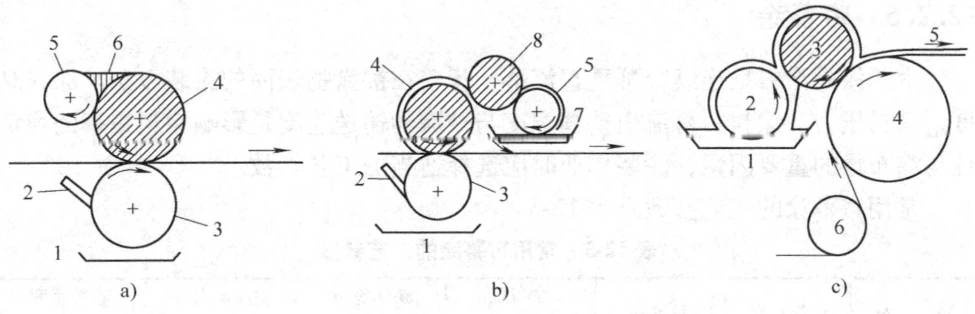

图12-4 辊涂

a)、b）正向辊涂

1—收集涂料盘 2—刮板 3—背撑辊 4—涂漆辊（橡胶） 5—供料辊（钢质）

6—涂料 7—涂料盘 8—修整辊（橡胶）

c）逆向辊涂

1—涂料盘 2—供料辊（钢质） 3—涂料辊（橡胶） 4—背撑辊

5—金属带 6—导向辊（钢质）

12.2.4 转鼓涂

转鼓涂方法是将被涂物与涂料置入密闭的鼓形容器中，借助转鼓转动使被涂物相互摩擦，将涂料均匀地涂覆在被涂物表面的一种涂装方法。转鼓涂适用于批量多的小件，如小五金件等。

转鼓是转鼓涂的主要设备，过去多为圆筒形和六角筒形，现在都采用翻滚效果更好的八角锥形和八角筒形，如图 12-5 所示。

转鼓涂的操作方法如下：

1）涂料的黏度可根据被涂物的形状确定，一般为 16 ~ 20s 较合适。

2）转鼓的转速应控制在 20 ~ 40r/min。

3）涂料通常开始投入量少，然后再根据漆膜覆盖情况进行补充。

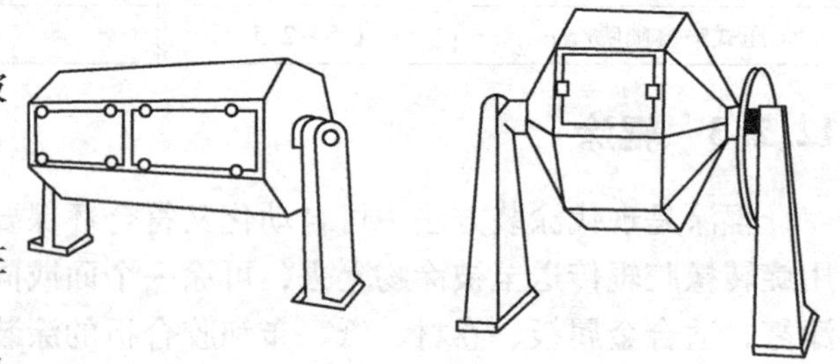

图 12-5　转鼓涂设备

a）八角筒形转鼓　b）八角锥形转鼓

4）转鼓内被涂物投装量应为转鼓容积的 50% ~60%。

5）转涂时间由于被涂物的形状不同，所需时间是有差别的。一般只需几分钟即可获得满意的涂覆效果。

6）转涂完毕后，将被涂物卸出摊放在铁丝网上，转入干燥工序。

12.2.5 帘幕涂

帘幕涂是涂料呈连续帘幕垂直流落、覆盖在被涂物表面的涂装方法。涂料黏度、涂料压力、涂料帘幕流出狭缝宽度与被涂物输送速度是影响涂料帘幕的稳定性与涂布量的重要因素，涂装作业时应选择适当的工艺参数。

常用帘幕涂的工艺参数见表 12-3。

表 12-3　常用帘幕涂的工艺参数

底　材	涂料品种	黏度/s	涂布量/(g/m²)	狭缝宽度/mm	溢流阀开度（刻度）	输送速度/(m/min)
胶合板	氨基烘漆	32	70	0.5	2.5	110
木板	聚酯	150	190	0.6	4.0	70
石膏板	乳胶涂料	70	115	0.7	3.5	80
皮革	硝基涂料	20	80	0.6	4.0	70
金属	硝基清漆	25	70 ~ 100	0.6	4.0	70 ~ 90

12.3 空气喷涂

空气喷涂法最初是为解决硝基漆类快干型涂料的涂装而开发的，该方法通过压缩空气的气流使涂料雾化，在气流带动下喷涂到被涂的表面进行涂装的方法。

空气喷涂的工作原理是用压缩空气从空气帽的中心孔喷出，在涂料喷嘴前端形成负压区，使得涂料容器中的涂料从涂料喷嘴中喷出，然后进入高速压缩空气流，通过涂料与压缩空气的相互扩散，将涂料分散并以漆雾状飞向被涂物并附着在其表面，集聚成连续涂层的涂装方法。空气喷涂喷枪枪头的工作原理如图12-6所示。

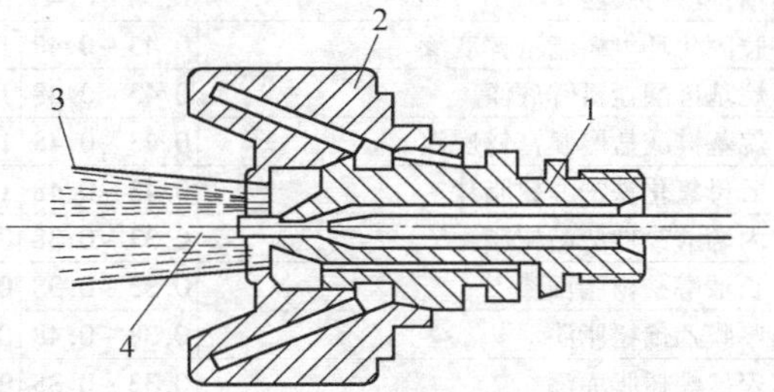

图12-6 空气喷涂喷枪枪头的工作原理

1—涂料喷嘴 2—空气帽 3—空气喷射 4—负压区

12.4 高压无气喷涂

高压无气喷涂简称无气喷涂，是一种不需要借助压缩空气喷出，而是借助施加高压的方法使涂料在喷出时雾化的工艺。

高压无气喷涂是利用高压泵将涂料加压到11～25MPa，使涂料从喷嘴中喷出，并以高达100m/s的速度与空气发生激烈的高速冲撞，使涂料破碎成微粒，在涂料粒子的速度未衰减前，涂料粒子继续向前与空气不断地多次冲撞，涂料粒子不断地被破碎、雾化，并最终被喷涂在被涂物上。在喷涂过程中，它是借助高压泵，使涂料增压，而压缩空气不直接与涂料接触，因此被增压的高压涂料中不混有压缩空气，故称为高压无气喷涂。

高压无气喷涂是基于提高涂装作业效率、减少涂料损失和减少对大气污染的目的提出的，有着较为普遍的应用。

无气喷涂适应各种涂料，但在喷涂之前，应根据各种涂料的特性与涂装要求，除选择合适的无气喷涂设备外，最关键的是合理选择涂料喷嘴口径、涂料压力等喷涂工艺条件。通常喷涂漆膜较薄的涂料应选择口径小的喷嘴，喷涂漆膜较厚的涂料应选择口径大的喷嘴；被涂物小应选择喷雾图形幅宽小的喷嘴，被涂物大应选择喷雾图形幅宽大的喷嘴。

常用涂料的高压无气喷涂工艺参数见表12-4。

表 12-4　常用涂料的高压无气喷涂工艺条件

涂 料 品 种	喷嘴等效口径/mm	涂料喷出量/(L/min)	喷雾图形幅宽/mm	涂料黏度(涂-4)/s	涂料压力/MPa
磷化底漆	0.28 ~ 0.38	0.42 ~ 0.80	200 ~ 360	10 ~ 20	8 ~ 12
油性红丹底漆	0.33 ~ 0.43	0.61 ~ 1.02	200 ~ 360	30 ~ 90	≥11
胺固化环氧树脂富锌底漆	0.43 ~ 0.48	1.02 ~ 1.29	250 ~ 410	12 ~ 15	10 ~ 14
烷基硅酸盐富锌底漆	0.43 ~ 0.48	1.02 ~ 1.29	250 ~ 410	10 ~ 12	10 ~ 14
烷基硅酸盐厚膜富锌底漆	0.43 ~ 0.48	1.02 ~ 1.29	250 ~ 410	12 ~ 15	10 ~ 14
云母氧化铁酚醛树脂漆	0.43 ~ 0.48	1.02 ~ 1.29	250 ~ 410	30 ~ 70	10 ~ 14
丙烯酸改性醇酸树脂漆	0.33 ~ 0.38	0.61 ~ 0.80	200 ~ 310	30 ~ 80	10 ~ 14
长油醇酸树脂面漆	0.33 ~ 0.38	0.61 ~ 0.80	200 ~ 310	30 ~ 80	12 ~ 14
厚膜乙烯树脂漆	0.38 ~ 0.48	0.80 ~ 1.29	250 ~ 360		12 ~ 15
聚氨酯树脂面漆	0.33 ~ 0.38	0.61 ~ 0.80	250 ~ 310	30 ~ 50	11 ~ 15
氯化橡胶底漆	0.33 ~ 0.38	0.61 ~ 0.80	250 ~ 360	30 ~ 70	12 ~ 15
氯化橡胶面漆	0.33 ~ 0.38	0.61 ~ 0.80	250 ~ 360	30 ~ 70	12 ~ 15
聚酰胺固化环氧树脂底漆	0.38 ~ 0.43	0.80 ~ 1.02	250 ~ 360	50 ~ 90	12 ~ 15
聚酰胺固化环氧树脂面漆	0.33 ~ 0.38	0.61 ~ 0.80	250 ~ 360	30 ~ 50	12 ~ 15
胺固化煤焦油沥青环氧树脂漆	0.48 ~ 0.64	1.29 ~ 2.27	310 ~ 360		12 ~ 18
异氰酸固化煤焦油沥青环氧树脂漆	0.48 ~ 0.64	1.29 ~ 2.27	310 ~ 360		12 ~ 18

12.5　静电涂装

静电涂装（见图 12-7）的原理是：在喷枪（或喷盘）与工件之间形成高压静电场，一般工件接地为阳极，喷枪口为阴极，接上负高压；当电场强度足够高时，在阴极产生电晕放电，使空气发生电离；当涂料粒子通过喷枪口时就带电，继而与电离的空气结合再次带电，并进一步雾化；然后在高压静电场的作用下，向极性相反的工件运动，吸附于工件表面，形成均匀涂层。

静电喷涂与空气喷涂相比具有如下特点：涂料利用率高，空气喷涂的涂料利用率只有 30% ~ 60%，静电涂装减少了涂料飞散，涂料利用率可提高 1 ~ 2 倍；静电涂装适于大批量流水线生产，生产率比空气喷涂高 1 ~ 3 倍；涂层均匀、平整、光滑、丰满；显著改善作业环境；坑凹部分由于静电屏蔽形成的涂层较薄，须补喷；对于非导电体工件，必须先进行表面预处理才能静电涂装；静电涂装存在高压火花放电引起火灾的危险，所以对电场强度、枪口与工件的距离必须注意，避免空气层被击穿形成火花；静电涂装对涂料的电性能有一定要求，且易受环境湿度的影响。

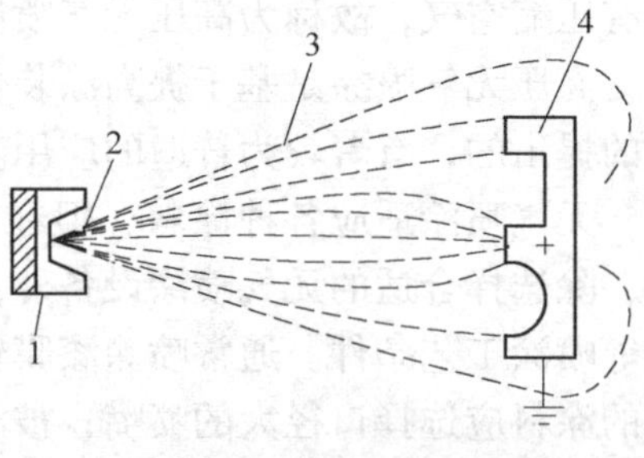

图 12-7　静电涂装

1—静电喷枪　2—电力线　3—负高压电极　4—工件

12.5.1 旋杯静电喷涂

旋杯静电喷涂的工艺参数见表12-5。

表12-5 旋杯静电喷涂的工艺参数

工艺参数	数 值	工艺参数	数 值
工作电压	60~90	旋杯转速/(r/min)	1000~30000
工作电流/μA	≤250	喷枪与工件间距/mm	250~300
涂料电阻率/MΩ·cm	5~50	两枝喷枪间距/m	≥1
喷涂量/(mL/min)	30~200	工件传送速度/(m/min)	1~2.5

12.5.2 手提式静电喷涂

手提静电喷枪由枪手柄、扳机、针阀、喷嘴及电路、气路、漆路等组成。它既是涂料雾化器又是放电极，其功能不仅使涂料均匀分散和充分雾化，而且还要涂料微滴充分带电。与手提式静电喷枪配合的静电喷涂室为封端式，适合间歇生产。手提式静电喷涂适用于中小批量或外形复杂的工件，以及自动喷涂补漆之用。

12.5.3 转盘式静电喷涂

转盘式静电雾化器是一个高速旋转的转盘，其直径大于旋杯式，为ϕ200~ϕ640mm，因此油漆雾化作用好。它是水平旋转的，由于其离心力与静电力作用方向一致，不像旋杯式雾化器的离心力与静电力呈90°夹角，因而转盘式的雾化作用是叠加的，消除了喷涂图形中空环形的严重缺陷，明显地改善了喷涂质量。转盘由往复升降机构驱动，可上下移动，以便工件上沉积多层细密的、厚度均匀的涂层。除往复升降机构外，其喷涂设备比旋杯式增加了一个Ω形静电喷涂室。

转盘式静电喷涂特别适用于大中型工件的装饰性喷涂，对小型工件可将吊具稍加改进，上下多挂几件，既能提高涂装质量，又能提高生产率。

12.5.4 粉末静电涂装

粉末静电涂装工艺流程为：预处理→粉末静电涂装→熔融流平→交联固化→冷却→检验。其工艺参数见表12-6。

表12-6 粉末静电涂装的工艺参数

工 艺 参 数	数 值	工 艺 参 数	数 值
静电电压/kV	60~90	喷枪口与工件距离/mm	150~300
静电电流/μA	10~20	悬挂链速率/(m/min)	4.7~5.5
流速压力/MPa	0.30~0.55	喷粉量/(g/min)	70~1000
雾化压力/MPa	0.30~0.45	粉末粒度/目	80~200
供气压力/MPa	0.70	粉末电阻率/Ω·cm	108~1015
文丘里管喉径/mm	≤8		

12.6　电泳涂装

电泳涂装是将具有导电性的工件浸渍在装满用水稀释的、浓度比较低的电泳涂料槽中作为阳极（或阴极），在槽中另设置与其相对应的阴极（或阳极），并在两极间通入直流电，即可在工件表面上析出涂层的涂装方法。

电泳涂装是一种特殊的涂层形成方法，仅适用于电泳涂装专用的水性涂料（简称电泳涂料）。电泳涂装是汽车涂装近二三十年来最普及的涂底漆涂装方法之一。

根据工件的极性和电泳涂料的种类，电泳涂装可分为阳极电泳（工件是阳极，涂料是阴离子型）和阴极电泳（工件是阴极，涂料是阳离子型）两种涂装法。

电泳涂装的工艺流程如图 12-8 所示。

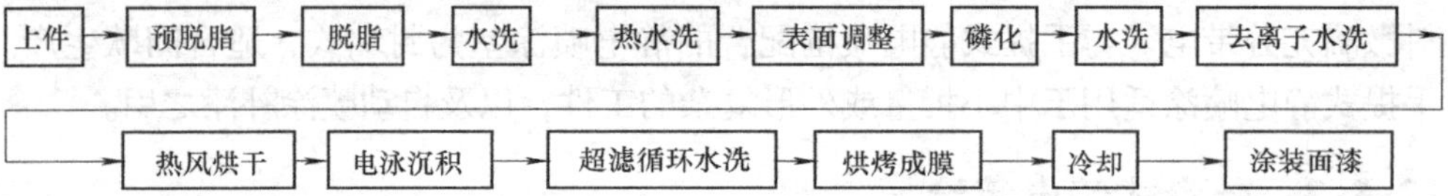

图 12-8　电泳涂装的工艺流程

12.6.1　阳极电泳涂装

阳极电泳涂装的特点是工件作为阳极，漆槽为阴极，所用水溶性树脂是一种高酸价的羧酸盐。它经水稀释到固体含量为 10% ~15%（质量分数）。在电泳槽中，经电离，带负电的胶体粒子与颜料粒子在电场作用下一起移向阳极，并放出电子，沉积于阳极表面。具体的工艺参数为：施工电压为 40 ~80V，极间距控制在 100 ~150mm，极比为 0.5 ~2.0，pH 值为 7 ~9，时间为 2 ~3min，槽液温度为 20 ~30℃，槽液电导率 $<5\times10^3\mu s/cm$，膜厚约为 20μm。

12.6.2　阴极电泳涂装

阴极电泳涂装是在 20 世纪 70 年代发展起来的涂装工艺。这里工件为阴极，所用阴极电泳涂料中基料主要由非水溶性环氧树脂所组成，少量为丙烯酸树脂。这些树脂用有机或无机酸中和成水溶性状态。阴极电泳漆具有优良的耐碱性和耐蚀性，并有超过阳极电泳漆的泳透力和库仑效率，具有良好的稳定性。阴极电泳涂装工艺过程与阳极电泳涂装的相似，只是涂装电压为 60 ~120V，pH 值为 5.5 ~6.5。

根据涂料树脂所带电荷种类及电泳时所采用的电源种类划分，除上述阳极电泳和阴极电泳外，还有脉冲电泳（采用脉冲电流，适于任何阳极和阴极电泳涂料)、喷射电泳（工件是阳极，喷射装置作为阴极，适于大型长型工件、漂浮工件及小批量生产的产品)。

12.7　自泳涂装

自泳涂装体系由水基乳液基料、颜料、氧化剂、活化剂及酸性添加剂等组成，以水为分散介质，形成水包油型胶体乳液。它是一种高度分散体系，相界面很大，从热力学角度看它是一种绝对不稳定体系，但由于体系中存在可降低胶粒表面自由能的表面活性剂，使体系处于相对稳定的乳液状态。目前自泳涂料主要有丙烯酸系与偏氯乙烯系两大系列，工艺过程略有差异。

自泳涂装的工艺流程如图12-9所示。

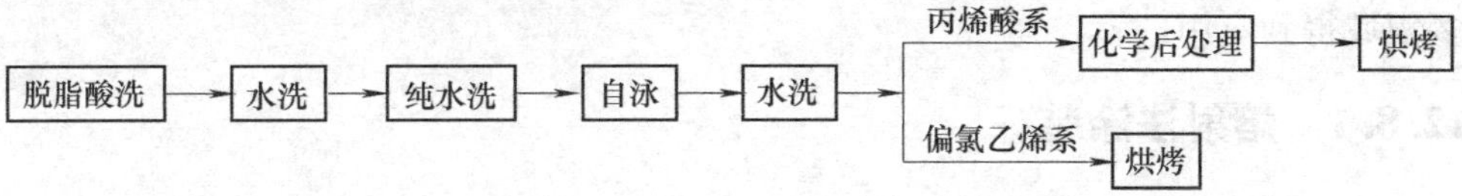

图12-9　自泳涂装的工艺流程

12.7.1　丙烯酸系自泳涂装

为提高丙烯酸自泳涂层的耐蚀性，自泳沉积后，湿膜需经铬酸盐后处理，其涂层的最终成膜温度为170℃左右。由于自泳湿膜中含水量较高，直接在170℃烘烤，会产生气泡、针孔等缺陷，故必须将湿膜分二段烘烤，先经110℃烘烤使水分充分挥发后，再升温至170℃固化成膜。其工艺流程为：工件脱脂（60℃，浸喷2min)→水洗(常温，浸1min)→酸洗(50 ~70℃，浸2 ~8min)→二道水洗(常温，浸喷0.5min)→去离子水洗(常温，浸0.5min)→自泳沉积(20 ~30℃，1.5 ~2.5min)→沥干(1 ~1.5min)→水洗(40 ~45℃，浸0.5 ~1min)→铬液后处理(常温，浸0.5 ~1min)→第一段烘烤(110℃，10 ~15min)→第二段烘烤(170℃，15min)→冷却下线。

12.7.2　偏氯乙烯系自泳涂装

偏氯乙烯自泳涂装预处理基本与丙烯酸系一致，所不同的是偏氯乙烯自泳涂层不经铬酸盐后处理，其耐蚀性较好，故可省略铬液后处理工序。另外，偏氯乙烯自泳涂层成膜温度在110℃左右，因此不需分二段烘烤。其工艺流程为：工件脱脂(60℃，浸喷2min)→水洗(常温，浸1min)→酸洗(50 ~70℃，浸2 ~8min)→二道水洗(常温，浸喷0.5min)→去离子水洗(常温，浸0.5min)→自泳沉积(20 ~30℃，1.5 ~2.5min)→沥干(1 ~1.5min)→水洗(40 ~45℃，浸0.5 ~

1min)→烘烤(110～120℃, 20～25min)。

12.8 粉末涂装

粉末涂装是以固体树脂粉末为成膜物质的一种涂装工艺，它的涂装对象是粉末涂料。粉末涂装技术的发展堪称涂饰工业近代伟大的成就之一。近年来，全世界的粉末涂装工业在飞速发展。对粉末涂装技术的需求日益增长的原因在于：粉末涂层具有优异的性能，易于施涂，节约能源，其广泛用于汽车和家用电器行业，在经济效益和环境保护方面的社会效益显著。

随着粉末涂料品种和涂装工艺的不断发展，粉末涂装的应用范围日益广泛，在化学、电子、兵器、航天、航空、汽车、机械、农机、造船、轻工、建材等众多领域得到应用。

12.8.1 熔射法涂装

熔射法涂装分为火焰喷涂法和等离子喷涂法。

火焰喷涂法的主要设备是热熔射机上的喷枪。在喷枪的枪头上有三种流体同时喷出。枪头中心喷出粉末涂料，在同心环上是氧气和乙炔混合气体火焰喷射管，以使粉末熔融而涂于工件上，形成涂层。喷枪的最外层是冷却空气喷出，防止喷枪枪身温度升高，使粉末在枪内不至于熔化。该涂装法适用于整件烘烤有困难的大型工件和热容量大的工件的涂装，也适用于粉末涂料涂层的修补，可在现场施工。但喷出量少，涂速慢，且粉末涂料易氧化。此法适于粉末涂料的流动温度与分解温度相差较大的品种，如热塑性聚乙烯、聚酰胺、含氟树脂、氯化聚醚等。一般膜厚为 300μm，涂覆效率为 70%。

等离子喷涂法是由大电流弧光产生等离子火焰，靠其热能使粉末涂料喷射熔融的熔射法涂装。相对于火焰喷涂法，等离子喷涂法粉末氧化少，喷出量也较大。

12.8.2 流化床涂装

流化床涂装的工艺原理如图 12-10 所示。

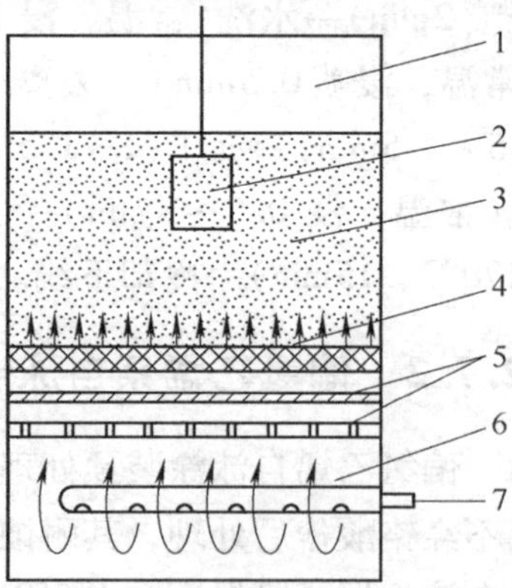

图 12-10 流化床涂装的工艺原理
1—流化床 2—工件 3—粉末流化
4—微孔隔板 5—均压板
6—气室 7—进气管

流化床涂装几乎适应于所有的粉末涂料，用于涂装体积较小、形状简单的工件，如家电和电器部件的绝缘层，不适于热容量小的工件。流化床涂装的原理是净化的压缩空气通入气室，气流均压后通过微孔透气隔板进入流化槽，槽中的粉末涂料在压缩空气的搅动下飘浮起来，形成稳定的流动状态。预热到粉末涂料熔点以上温度的工件浸入流化槽中。接触到热工件的粉末涂料立即黏附、熔融在工件表面，经烘烤形成均匀涂层。

涂装工件应先进行预处理，以去除表面的油脂、杂质、锈蚀等。然后进行预热，预热温度一般高于粉末涂料的熔化温度20~50℃。温度过高，会导致涂料中高分子裂解；温度过低，粉末涂料不能完全熔化，流动性差，涂层不均匀。预热后的工件浸入流化床粉末中，为了避免在涂层中形成气泡，一般要浸两次，第一次时间为1~2s，第二次时间为3~7s。每次浸入后，要抖动和转动工件，以免积粉，使粉末黏附均匀。接着要进一步加热固化，对热固性粉末涂料加热是为了使高分子树脂交联固化，对热塑性粉末涂料加热可使涂层流平。最后涂装的工件还要进行水冷，以增加涂层韧性。

12.8.3 静电粉末振荡涂装

静电粉末振荡涂装法的原理是：在塑料涂装箱内，以接地的工件为阳极，在涂装箱的底面或侧面设置阴极电栅，电栅置于粉末涂料中，接上负高压使电栅产生电晕放电，使粉末带电。在外力的作用下，使阴极电栅产生弹性振荡而导致粉末离子由静态变成动态，飘浮起来，在电场作用下吸附于工件上。阴极电栅的弹性振荡可采用静电振荡法和机械振荡法。

12.8.4 粉末电泳涂装

粉末电泳涂装的原理是：将粉末分散在电泳镀液中，吸附电泳树脂粒子，而带上与电泳树脂粒子相同的电荷，称为分散粉末。分散粉末与电泳树脂离子同时在电极析出后，烘烤成膜。

粉末电泳涂装要求粉末与电泳树脂有良好的相容性，现在工业上一般用环氧树脂粉末与环氧类的阴极电泳树脂配合。粉末树脂和颜料不溶于电泳液中。粉末电泳涂装具有涂装效率高、涂膜厚度可调、涂层性能高、粉末可沉降回收等优点，但涂层含有水分，在烘烤时易产生气泡。

12.8.5 电磁刷涂装

电磁刷是由一个完整的磁刷台和一个上面黏附待涂材料的磁鼓所组成。当静电场开通时，随着待涂底材通过电磁刷，其上被涂以粉末，使底材多次通过电磁刷，可获得较厚的涂层。该工艺不适宜用来直接涂装铁磁性底材，但这种底材可通过引入转移步骤来涂装，即用一转移圆鼓使粉末经加热或带静电后再转移到磁性底材上。

12.8.6 电场云涂装

电场云涂装是采用空气将粉末涂料吹送到两个垂直方向排列的电极之间，使粉末涂料带电，使通过电极之间的工件吸附着粉末涂料而完成涂装过程。该技术的带电方式与电晕放电荷电和摩擦荷电不同，是在电场中使粉末带电的方法。其特点是使用低电压，电容量高，均匀施加电压。因此，它比静电喷枪的喷涂效率高，涂着的粉末致密，可获得薄而平整的优良涂层表面。

12.9 汽车涂装

12.9.1 汽车车身涂装

汽车涂层分为 10 组，其中 TQ1 为货车车身涂层，TQ2 为轿车车身涂层。对 TQ2 来说，属高级装饰性涂层（高级轿车用）和优质装饰保护性涂层（中级轿车用），而 TQ1 有优质装饰保护性涂层和一般装饰保护性涂层两个等级。汽车车身涂层的主要质量指标见表 12-7，其他还有相应的耐水、耐油和耐化学性要求。

表 12-7　汽车车身涂层的主要质量指标

涂层分组、等级		TQ2(甲)	TQ2(乙)	TQ1(甲)	TQ1(乙)
应用		高级轿车车身	中级轿车车身	货车、吉普车车身、客车车厢	货车、吉普车车身、客车车厢
耐候性(天然曝晒)		2 年失光≤30%	2 年失光≤30%	2 年失光≤30%	2 年失光≤60%
耐盐雾性/h		700	700	700	240
涂层厚度/mm	底漆	≥20	≥20	≥15	≥15
	中漆	40～50	≥30	—	—
	面漆	50～80	≥40	≥40	≥40
外观		平整光滑，无颗粒，光亮如镜，光泽度大于 90	光滑平整无颗粒，允许极轻微桔皮，光泽度大于 90	光滑平整无颗粒，允许极轻微桔皮，光泽度大于 90（平光小于 30）	光滑平整无颗粒，允许极轻微桔皮，光泽度大于 90（平光小于 30）
力学性能	抗冲击性/N·cm	≥196	≥294	≥294	≥392
	弹性/mm	≤10	≤5	≤5	≤3
	硬度	≥0.6	≥0.5	≥0.5	≥0.4
	附着力/级	1	1	1	1

从涂层厚度来看，汽车涂层属复合涂层。高级轿车车身一般采用 4C4B 或 5C5B 涂层体系，C 表示 coat（涂层），B 表示 bake（烘干），即分别涂底漆、中涂漆，面漆和罩光清漆共 4～5 次，分别烘干 4～5 次；一般轿车车身采用 3C3B 涂层体系，分别涂装并烘干底漆、中涂和面漆；货车、吉普车车身和覆盖件及客

车车厢采取2C2B涂层体系，即分别涂装并烘干底漆与面漆。对于厚度40μm的面漆，通常采用湿碰湿工艺喷两道。对于厚度50μm的中涂层，可采取喷一道涂层烘干、打磨，再喷涂—烘干—打磨工艺，使之表面有足够的平整度，也可采用湿碰湿工艺方式。

1. 轿车车身涂装

高级轿车车身典型涂装工艺见表12-8。

表12-8 高级轿车车身典型涂装工艺（4C4B珠光色）

序号	工艺名称	工 艺 条 件	备 注
1	上线		工件无锈、无机械缺陷
2	脱脂	pH值=9.6~10,50~52℃,68s	喷淋
3	脱脂	pH值9.6~10,50~52℃,68s	喷淋或浸
4	水洗	42s,0.2MPa,40~50℃	喷淋
5	水洗	常温,42s	喷淋
6	表调	pH值=7.2~7.5,153s	喷淋
7	磷化	锌系中低温磷化3~5min	喷—浸
8	水洗	自来水,常温	喷—浸
9	钝化	2.5min,常温	喷—浸
10	水洗	循环去离子水,1.5min	喷—浸
11	水洗	去离子水,1.5min	喷—浸
12	阴极电泳	20μm或80~85μm	浸
13		175~180℃,20min	
14	烘干 打磨	400#砂纸	根据需要
15	中涂	55μm,湿碰湿	
16	中涂烘干	140℃,20min	
17	湿打磨	400#~800#水砂纸	根据需要
18	头道面漆	闪光底色,20~30μm,湿碰湿	
19	罩光清漆	85μm	
20	烘干	140℃,20min	
21	湿打磨	800#~1000#砂纸	根据需要
22	罩光清漆	30~35μm	
23	烘干	140℃,20min	

2. 货车车身涂装

货车车身的涂装工艺见表12-9。

表12-9 货车车身的涂装工艺

工序	工艺名称及作业内容	设备与工具	材 料	备 注
1	上件:将无锈白件挂于悬挂链上	悬挂链、升降台、挂具		
2	手工擦净厚油污,少量锈	抹布、水基清洗剂刷子		

（续）

工序	工艺名称及作业内容	设备与工具	材　料	备　注
3	喷预脱脂：压力0.1～0.2MPa，60～70℃，60s	喷淋槽，油水分离器	300#脱脂剂，CQ-252低泡清洗剂	每周换一次
4	喷-半浸脱脂：压力0.1～0.15MPa，60～70℃，2.5～3.5min	浸渍槽	300#脱脂剂，CQ-252低泡清洗剂	两月换一次
5	喷-半浸水洗：0.1～0.15MPa，2.5min		自来水	
6	喷水洗：0.1～0.15MPa，30min		自来水	每周换一次
7	喷-半浸磷化：0.1～0.12MPa，30～35℃，2.5min	循环除渣系统	3#磷化剂/CL431低渣磷化剂	磷化膜1.6～2.4g/m²
8	喷-半浸水洗：0.15MPa，2.5min		自来水	
9	喷水洗，0.15MPa，30s		自来水/钝化剂	
10	喷循环去离子水：0.1MPa，30s		循环去离子水	每周换一次
11	喷新鲜去离子水：0.08～0.1MPa，20s	去离子水装置	新鲜去离子水	
12	吹积水	压缩空气		
13	热风吹干	干燥室		
14	强制冷却、上电极	冷却室		
15	阴极电泳：8603黑色电泳涂料	160t　槽/140t槽，阳极液系统	阴极电泳涂料	每小时循环2～6次
16	电泳后冲洗：①槽上超滤液冲洗；②循环超滤液冲洗；③新鲜超滤液冲洗；④循环去离子水冲洗；⑤新鲜去离子水冲洗	超滤系统去离子水装置		
17	吹水珠或滴干、卸电极			
18	烘干：180℃，30min	辐射加对流式烘道		
19	冷却，转入地面链			
20	喷PVC车底涂料		PVC抗石击涂料	
21	内表喷隔热阻尼胶		阻尼涂料	
22	烘干	烘道		
23	强制冷却	冷却室		
24	打磨、擦净	320～400#水砂纸	粘性抹布	
25	湿碰湿喷面层涂料	水旋喷涂室，自动静电喷涂，手工补涂	氨基热固化涂料，废涂料凝聚剂	
26	晾干：5～10min			
27	烘干：100～110℃，40min	对流烘道		
28	强制冷却	冷却室		
29	检查			
30	车内腔体内部喷蜡		防锈蜡	
31	总装			

3. 客车车厢涂装

客车车厢的涂装，一是生产量较小，二是车身体积庞大，生产方式采用往复间歇式生产。客车涂层采用TQ1（甲）货车涂层组的条件，装饰性较货车高，一般采用三涂层体系（即底漆、中涂、腻子和面漆），而面漆均为多色涂装。运输采取地轨和运转车人工推动小车或地面链牵引小车来实现。前者用于往复间歇式生产，后者用于间歇流水线生产。

客车车厢的涂装工艺与货车车身的流水线工艺有很大区别，客车预处理和涂底漆都是在单独的工位中进行，如在预处理车间或焊接车间，对骨架、外壁板涂底漆后在焊接或在组装过程中对骨架涂底漆，再焊装涂好底漆的外壁板，然后修补焊接破坏的底漆。涂装车间的任务主要是涂中涂层和面漆。

客车车厢体积庞大，涂单色很难看，因此涂面漆需要按套色工艺进行。客车由于产量小，涂装装备和设施较差，一般采用白干性或快干性的挥发性涂料或双组分涂料，如硝基涂料、热塑性丙烯酸涂料、醇酸涂料、双组分环氧底漆和双组分聚氨酯面漆等。有中温烘干室时也可采用氨基烘漆。客车车厢涂装工艺见表12-10。

表12-10　客车车厢涂装工艺

工序类型	工艺名称及作业内容	设备与工具	材　料	备　注
薄板	1）除油除锈二合一处理：常温，10～15min	浸渍槽	二合一处理剂	
	2）水洗：常温，1min	水洗槽	自来水	溢流
	3）水洗：常温，1min	水洗槽	自来水	
	4）磷化：25～35℃，10～15min	浸渍槽	常温磷化剂	
	5）水洗：常温，1min	水洗槽	自来水	溢流
	6）干燥：晾干或110℃热风吹干，或热水烫干			晾干需防锈封闭处理
骨架	1）除锈		砂布、钢丝刷	
	2）吹灰，抹净		抹布，溶剂	
	3）喷底漆	空气喷涂设备	双包装环氧底漆	可用环氧带锈涂料
	4）干燥：自干或80℃强制干燥	低温烘干室		
车厢组装	1）薄板件涂底漆	空气喷涂	双包装环氧涂料	
	2）干燥：自干或强制干燥			
	3）焊装			
	4）清理焊渣，铁锈		钢丝刷，砂布	
	5）焊接处底漆修补，送入涂装车间	刷子	环氧带锈涂料	
涂装	1）检查验收			
	2）底漆打磨，吹灰抹净，并用溶剂抹布擦净		240＃水砂纸，抹布、溶剂	
	3）刮腻子	刮刀	不饱和聚酯腻子	
	4）打磨，水洗		240～320＃水砂纸	

（续）

工序类型	工艺名称及作业内容	设备与工具	材　料	备　注
涂装	5）干燥:晾干或烘干(80～100℃)	低温烘干室		
	6）车身内表面壁板和顶盖喷隔声隔热涂料(2～3mm厚)	喷枪	聚氨酯发泡隔声材料	
	7）喷两道浆或封底漆	水旋喷涂室	丙烯酸封底漆	
	8）自干或强制干燥(60℃)	低温烘干室		
	9）打磨,水洗净		360～400#水砂纸	
	10）烘干(80～100℃)	低温烘干室		
	11）喷第一道面漆(外表和内表显露部位)	水旋喷涂室	双包装脂肪族聚氨酯	
	12）强制干燥(80℃)	低温烘干室		
	13）屏蔽		纸和胶带	
	14）喷第二道面漆进行套色	喷涂室	热塑性丙烯酸或聚氨酯面漆	
	15）自干			
	16）去掉胶带和屏蔽纸			
	17）检查合格,送内饰			

12.9.2　汽车车架涂装

汽车车架由4～6mm厚的热轧钢板经冲压成形、铆接或焊接组装而成。它处于车子底部，常与泥水接触，要求涂层具有较好的耐蚀性。

由于车架材料为热轧钢板，上线之前应单独酸洗除掉氧化皮，送入涂装车间的车架应无氧化皮和锈蚀。早期车架均采取浸涂溶剂性沥青涂料，现已改用浸涂溶剂型丙烯酸或丙烯酸水性涂料，有些采用阳极电泳涂装。该涂装工艺安全、低污染，采用锌盐磷化处理后，涂层的耐盐雾性可达400h。

汽车车架由于结构复杂，常有较厚油污，脱脂前最好采用热水高压预喷洗，脱脂采用碱性清洗剂高压喷洗，预处理可采用全喷淋方式。汽车车架涂装工艺见表12-11。

表12-11　汽车车架涂装工艺

工序	电泳涂装工艺	浸水性涂料工艺	浸溶剂型涂料工艺
1	上件,电动葫芦双轨运输链	上件,电动葫芦双轨运输链	上件,电动葫芦双轨运输链
2	预脱脂:50～60℃热水,高压喷洗1min	预脱脂:50～60℃热水,高压喷洗1min	
3	脱脂:碱度8～12点,60℃,喷2min	脱脂:碱度8～12点,60℃,喷2min	脱脂:60℃,喷洗2min

（续）

工序	电泳涂装工艺	浸水性涂料工艺	浸溶剂型涂料工艺
4	水洗:50~60℃,喷洗45s	水洗:50~60℃,喷洗45s	水洗:60℃热水喷洗30s
5	水洗:常温水,喷洗45s	水洗:常温水,喷洗45s	水洗:60℃热水喷洗30s
6	磷化:锌盐,55℃,喷1min	磷化:锌盐,55℃,喷1min	干燥:热风强制干燥
7	水洗:常温自来水,喷洗45s	水洗:常温自来水,喷洗45s	冷却:压缩空气强制冷却
8	水洗:常温自来水,喷洗45s	水洗:常温自来水,喷洗45s	
9	水洗:循环去离子水,喷洗12s	水洗:循环去离子水,喷洗12s	
10	新鲜去离子水喷洗12s	新鲜去离子水喷洗12s	
11	阳极电泳涂装:采用黑色聚丁二烯丙烯酸电泳涂料,浸入后通电,电泳时间2.5min 控制参数:固体含量、温度、电压、pH值、电导率、MEQ等 也可采取阴极电泳涂装	浸水性涂料:黑色丙烯酸水性浸漆,控制固体含量、pH、温度、黏度、助溶剂	浸涂:溶剂型黑色沥青涂料,18~20℃,黏度22~24s,需控温恒定黏度,防火措施
12	电泳涂装后冲洗:超滤液冲洗→新鲜超滤液冲洗→循环去离子水冲洗→新鲜去离子水冲洗	沥青涂料:10min	沥青涂料:10min
13	吹干水珠		
14	烘干:160~180℃,16min	烘干:160℃,20min	烘干:180~200℃,30min

12.9.3 汽车车轮涂装

汽车车轮涂装工艺见表12-12。

表12-12 汽车车轮涂装工艺

工序	厚膜阴极电泳漆工艺	粉末静电喷涂工艺	浸(淋)涂工艺	浸涂工艺
1	上件:挂具上下挂两个,轻型悬链	上件:挂具上下挂两个,轻型悬链	上件:普通悬链	上件:普通悬链
2	预脱脂:TB30点,80℃,0.25MPa	预脱脂:TB30点,80℃,0.25MPa	预脱脂:60℃,0.1~0.2MPa喷	预脱脂:60℃,0.1~0.2MPa喷
3	脱脂:TB20点,80℃,0.25~0.5MPa喷	脱脂:TB20点,80℃,0.25~0.5MPa喷	脱脂:60℃,0.1~0.2MPa喷	脱脂:60℃,0.1~0.2MPa喷
4	水洗:50~55℃,0.17MPa	水洗:50~55℃,0.17MPa	水洗:55℃热水,0.15MPa喷	水洗:55℃热水,0.15MPa喷
5	水洗:室温,0.17MPa	水洗:室温,0.17MPa	水洗:常温自来水:0.1~0.5MPa	水洗:常温自来水,0.1~0.15MPa

（续）

工序	厚膜阴极电泳漆工艺	粉末静电喷涂工艺	浸（淋）涂工艺	浸涂工艺
6	表面调整：室温，0.03~0.07MPa	表面调整：室温，0.03~0.07MPa	表面调整：草酸溶液（热轧钢材）	表面调整：草酸溶液（热轧钢材）
7	磷化：锌盐，60℃，0.03~0.07MPa	磷化：锌盐，60℃，0.07MPa	磷化：锌盐，60℃，0.07MPa	磷化：锌盐，60℃，0.07MPa
8	水洗：室温自来水，0.17MPa	水洗：室温自来水，0.17MPa	水洗：自来水，0.1~0.15MPa	水洗：自来水，0.1~0.15MPa
9	水洗：室温，0.07~0.17MPa	水洗：室温，0.07~0.17MPa	水洗：自来水，0.07~0.1MPa	水洗：自来水，0.07~0.1MPa
10	循环去离子水洗：0.07MPa	循环去离子水洗：0.07MPa	去离子水洗：0.07MPa	去离子水洗：0.07MPa
11	新鲜去离子水洗：0.07~0.12MPa	烘干：80~100℃热风干燥	干燥：热风干燥	干燥：热风干燥
12	滴干区		冷却，强制冷却	冷却：强制冷却
13	阴极电泳（干膜厚30~35μm）：厚膜阴极电泳涂料，控制固体含量、pH值、电导率、温度、MEQ、电压、带电入槽	粉末静电喷涂；环氧粉末涂料，干膜厚度40~70μm	浸（淋）涂水性底漆：控制温度、黏度、pH值、助溶剂、固体含量、干膜厚25μm	浸涂溶剂型涂料：沥青涂料或环氧底漆，控制固体含量、温度、黏度
14	电泳涂装后冲洗：三次超滤液冲洗，两次去离子水冲洗		滴干：8min	滴干：8~10min
15	吹干：压缩空气吹干水珠		强制闪干：空气对流闪干2.5min	
16	烘干：180℃，15~20min	烘干：200℃，20min	烘干：200℃，15min	烘干：200℃，30min
17	冷却：强制冷却	冷却：强制冷却，检查	强制冷却	强制冷却
18	喷金属底色漆：静电喷涂设备，丙烯酸金属底色漆，干膜厚度20μm		喷水性面漆：（干膜厚25μm），空气辅助静电喷涂聚酯面漆	浸涂沥青清漆或环氧酯面漆
19	闪干：3min		闪干：3min	滴干：10min
20	喷清漆：静电喷涂设备，丙烯酸，干膜厚度30μm		烘干：150℃，15min	烘干：200℃，40min
21	闪干：5~8min		强制冷却，检查	强制冷却，检查
22	烘干：135℃，20~30min			

（续）

工序	厚膜阴极电泳漆工艺	粉末静电喷涂工艺	浸(淋)涂工艺	浸 涂 工 艺
备注	强制冷却,检查 此为轿车车轮涂装工艺,4～6mm冷轧钢板卷压,焊接,应喷涂金属色涂料	粉末喷涂采取铁盐磷化便有良好效果,省去表调工序,脱脂,水洗工序还可以大大简化	热轧钢板锌盐磷化前采取草酸稀液表调	该工艺的环保安全性、技术经济性最差,可采取3～4步铁盐磷化工艺

12.9.4 汽车车桥涂装

车桥涂装工艺实例如下：

上件→热碱脱脂(50～60℃，1～1.5min)→热水洗(50～600℃，0.5min)→热水洗(50～60℃，0.5min)→热风吹干(100～110℃吹干并冷却)→喷涂氯化橡胶厚膜底盘漆[黏度18～20s(涂-4杯黏度计，25℃)，干膜厚度不小于35μm]→烘干(80～100℃，10～15min)→下线检查(涂层应完整，没有露底现象，涂层表干应不黏手，允许在装配过程中进一步干燥)。

12.9.5 汽车车门锁涂装

汽车车门锁的涂装工艺参数见表12-13，涂层性能见表12-14。

表12-13 汽车车门锁的涂装工艺参数

工艺参数	浸渍时间/s	甩干		预热		固化	
		离心转速/(r/min)	甩干时间	温度/℃	时间/min	温度/℃	时间/min
数值	30	240～280	视装入量而定	80～100	10～15	280～310	15～18

表12-14 车车门锁涂层性能

涂层	检测项目	技术要求	测试结果	备注
底漆层	外观	呈浅银灰色、颗粒细小、均匀	符合要求	未加封闭漆层前
	厚度/μm	6～8	符合要求	2涂2烘
	涂覆量/(mg/dm²)	200～240	符合要求	2涂2烘
	附着力/级	≥3.5	4.0	2涂2烘
	耐盐雾腐蚀性能/h	≥480	680	2涂2烘
	耐湿热性能	240h内不得出现红锈	符合要求	2涂2烘
	耐水性能	240h内涂层不得从基体剥落或露底	符合要求	2涂2烘
面漆层	外观	平整、光滑	符合要求	
	厚度/μm	≥30	符合要求	

12.9.6 汽车零部件的耐蚀达克罗涂装

达克罗涂装层具有高耐蚀性、高耐热性、高耐候性、高渗透性、低摩擦因数、高配合精度、无氢脆、可深涂、对环境友好等优点。用于达克罗涂装的镀液是由锌片、无水铬酸、乙二醇等组成的分散水镀液。把工件放入处理液中浸泡后，在烘干箱中加热至300℃左右，使六价铬离子被乙二醇等有机物还原，生成不溶于水、无定形的 $n\mathrm{CrO_3} \cdot m\mathrm{Cr_2O_3}$ 作为结合剂，与表面数十层的积层锌片相经结合形成覆盖膜。同时达克罗处理液中的无水铬酸在金属材料表面形成致密保护膜，最终形成了以鳞片状锌片、$n\mathrm{CrO_3} \cdot m\ \mathrm{Cr_2O_3}$ 组成的片状交错层结构，即为达克罗涂层。达克罗涂料配制和使用时的技术参数要求见表12-15。

表12-15　达克罗涂料配制和使用时的技术参数要求

指　　标	黏度/s	密度/(g/cm³)	pH	Cr^{6+}浓度/(g/L)	温度/℃
配制的成品涂料	60～80(2号杯)	1.30～1.40	3.8～5.2	23～29	20±2
使用的成品涂料	40±2(涂4杯)	1.35～1.40	4.5～5.2	≥23	20±2

12.10　家用电器涂装

家用电器绝大部分在室内使用，因而对涂层的耐候性要求较低。随着人们生活质量的提高，对家用电器涂层的外观要求越来越高，越来越多样化，例如冰箱、洗衣机、冰柜等家用电器经常接触碱、盐和酸性物质等，要求涂层耐蚀性高。家电产量大，适于流水线生产。

12.10.1　洗衣机的涂装

1. 表面预处理与涂装工艺

1）表面预处理工艺见表12-16。

表12-16　表面预处理工艺

序　　号	工 艺 过 程	处 理 作 用	处　理　剂
1	碱液冲洗	脱脂	601洗涤剂10g/L
2	“二合一”处理	脱脂去锈	硫酸、601洗涤剂
3	热水浸洗		水
4	冷水冲洗		水
5	磷化	提高附着力及耐蚀性	薄膜型磷酸锌系
6	冷水浸洗		水
7	冷水冲洗		水
8	冷水浸洗		去离子水

2）涂装工艺见表12-17。

表12-17　涂 装 工 艺

序　　号	工 艺 过 程	涂　　料	方　　法
1	表面预处理	薄膜型磷酸锌系	见表12-16
2	电泳涂底漆	环氧水性电泳漆	直流阳极定电压电泳
3	二次冲洗		

（续）

序 号	工艺过程	涂 料	方 法
4	烘干		桥式远红外烘道
5	打磨		
6	静电喷面漆	胺基烘漆	圆盘式静电喷漆机
7	第二次静电喷面漆	胺基烘漆	圆盘式静电喷漆机
8	补漆	胺基烘漆	手工
9	烘干		远红外烘道

2. 涂装工艺说明

1）“二合一”脱脂除锈之前，先设一道碱液冲洗，起冲洗作用，去除大部分油污。

2）磷化膜对提高耐蚀性、增加涂层与底金属之间的附着力起着良好的作用。但如果磷化膜过厚，将会降低涂层的力学性能。因此，一般采用薄膜型磷酸锌系，在中温或室温下磷化，可获得紧密细致的薄层磷化膜。

3）在磷化后采用三次“水洗”，特别是第三次用去离子水冲洗，使磷化膜更趋细致，并可减少杂质离子进入电泳槽内，从而保证了电泳质量。

4）电泳涂底漆具有降低劳动强度、改善劳动条件和适于流水线生产等优点，而且解决了洗衣机箱体内部的表面涂装。选用的电泳漆要具有较高的泳透力，采用阴极电泳将可显著地提高涂层的耐蚀性能。

5）圆盘式静电喷漆机具有以下优点：涂层紧密细致，涂装效率高，膜厚均匀，占地面积小并可根据喷涂要求调整运动轨迹，从而明显地提高面漆施工的质量。

6）采用“湿碰湿”喷涂工艺，对同一工件做两次喷涂，这样既保证了洗衣机箱体丰满、细致的要求，又可节省一次烘干工序，节省电力和降低成本。为了使“湿碰湿”工艺达到应有效果，在配漆时，两台圆盘喷漆机所用涂料的电阻值及施工黏度应有所区别。

12.10.2 电冰箱的涂装

电冰箱一般用于室内，不受日光照射和风雨的侵蚀，使用条件较好。因此，要求在室内条件下使用几十年而不生锈。

电冰箱的典型涂装工艺见表12-18和表12-19。

表12-18 电冰箱的典型涂装工艺（Ⅰ）

序 号	工艺过程	涂 料	方 法
1	脱脂		
2	磷化	薄膜型磷酸锌系	
3	干燥		70℃
4	涂底漆	环氧酯底漆	静电喷涂或手工喷涂
5	烘干		120℃,1h

（续）

序号	工艺过程	涂料	方法
6	涂面漆	热固性丙烯酸面漆	静电喷涂或手工喷涂
7	放置		5～10min
8	烘干		160℃,20min

表12-19　电冰箱的典型涂装工艺（Ⅱ）

序号	工艺过程	涂料	方法
1	脱脂		
2	磷化	薄膜型磷酸锌系	
3	干燥		70℃
4	喷涂粉末涂料	丙烯酸或聚酯粉末	静电喷涂
5	烘干		170～180℃,20min

12.11　农用机械和农用车涂装

农用机械是农村、山区或矿区的主要作业工具，主要包括拖拉机、农用三轮车、农用四轮车和收获机等。最近几年发展起来的农用汽车，因其物美价廉，适于个体业主，迅速成为城镇、乡村之间的客货运输工具之一。

由于农用车在使用过程中极少进行清洗，使用环境恶劣、使用条件苛刻，因此农用车涂装对涂层的装饰性要求远比汽车低，但对涂层的耐蚀性和耐候性要求较高。

12.11.1　农用机械涂装

农业机械涂装工艺见表12-20。

表12-20　农业机械涂装工艺

工艺	大批量流水线生产方式		小批量间歇式生产方式	
组别	1	2	3	4
涂装表面预处理	1）脱脂除锈二合一（浸） 2）水洗（喷，温度同除锈工序） 3）中和：5% Na_2CO_3溶液（浸） 4）水洗（喷） 5）锌盐磷化（喷或浸） 6）水洗（喷） 7）水洗（喷） 8）滴干（或压缩空气吹）	1）预脱脂（喷） 2）脱脂（浸） 3）水洗 4）酸洗（浸，活化和除锈） 5）水洗 6）中和浸Na_2CO_3溶液 7）水洗 8）去离子水洗（浸-喷）	1）手工清理油污和浮锈 2）吹掉灰尘	1）手工清理油污和浮锈 2）吹掉灰尘 3）喷一道磷化底漆 4）自干1h

（续）

工艺组别	大批量流水线生产方式		小批量间歇式生产方式	
	1	2	3	4
涂底漆	9）阳极电泳（聚丁二烯） 10）电泳后3～4段冲洗 11）滴干水珠 12）烘干（160～170℃，20～30min） 13）冷却	9）浸自泳涂料（丙烯酸或偏氯乙烯） 10）水洗 11）铬酸封闭 12）滴干 13）烘干：160℃，30min 14）冷却	3）喷涂双包装环氧带锈涂料 4）自干10～24h	5）喷一道过氯乙烯底漆 6）间隔2h 7）再喷一道过氯乙烯底漆 8）自干3h
涂面漆	14）湿碰湿喷两道氨基烘漆 15）晾干8～10min 16）烘干：130～140℃，30min 17）冷却 18）检查	15）湿碰湿两道氨基烘漆 16）晾干8～10min 17）烘干：130～140℃，30min 18）冷却 19）检查	5）喷一道醇酸面漆 6）自干10～14h 7）再喷一道醇酸面漆 8）自干16～24h 9）检查	9）喷3～4道过氯乙烯面漆，喷涂间隔2～3h 10）检查

12.11.2 农用车车身及其部件的涂装

农用车身及其部件的涂装工艺见表12-21。

表12-21 农用车身及其部件的涂装工艺

工序名称	处理方式	工序内容	工艺参数		备 注
			温度/℃	时间/min	
检查	目视	检查进入涂装车间的待涂件质量；应无严重黄锈，表面平整，无焊接飞溅物			
预擦洗	手工擦洗	手工预擦洗不易除掉的污物，如油泥、拉延油等	常温或70	视情况定	如果待涂件表面清洁，可不设本工序
预清洗	喷	初步清洗掉表面的灰尘、重油及金属铁屑	70	2.5	
预脱脂	喷	进一步清洗掉表面的油污	45～55	2	
脱脂	喷	彻底清洗掉表面的油污	45～55	2	
水洗	喷	清洗掉表面的残余脱脂液	常温	1	
二合一	浸	去除表面上的浮锈及轻微油污	50～60	7	根据待涂件表面锈蚀程度，可不设本工序
水洗	浸	（浸入即出）清洗掉表面的残酸	常温	1	
中和	喷	去除工件夹缝内残酸	常温	1	

（续）

工序名称	处理方式	工序内容	工艺参数		备注
			温度/℃	时间/min	
水洗	喷	清洗掉表面的残留物	常温	1	
表调	喷	活化、调整金属基体的表面，以形成疏密均匀的磷化膜	常温	1	
磷化处理(低温)	浸喷	使工件表面形成结晶均匀致密的银灰色或浅灰色磷化膜	35～45	4	
水洗(浸入即出)	浸喷	清洗掉表面的残余磷化液	常温	1	
水洗	喷	用下道工序的循环去离子水清洗	常温	1	
循环去离子水洗	喷	用下道工序的去离子水清洗	常温	1	
新鲜去离子水洗	喷	用新鲜去离子水清洗	常温	50s	
吹积水		用洁净压缩空气吹净表面积水	常温	4	
阳极电泳底漆	浸	在计量好电压及时间下，形成电泳膜	24±4	3～3.5	
槽上水洗	喷	用UF液或去离子水清洗掉浮漆	常温	10s	
一次UF水洗	喷	用循环UF液冲洗	常温	1	
新鲜UF水洗	喷	用新鲜UF水洗冲洗	常温	1	
循环去离子水洗	喷	用循环去离子水洗冲洗	常温	1	
新鲜去离子水洗	喷	用新鲜去离子水冲洗	常温	1	
晾干		自然晾干涂面的水滴	常温	4	
烘干	热风对流	在175～180℃下烘干20min，自然冷却	175～180	25	20min为车身保温时间
检查	目测法	技术检查：表面质量、干燥程度、膜厚	常温		干燥程度用溶剂擦拭法，膜厚用测厚仪
喷涂面漆	手工	采用湿碰湿工艺喷涂面漆： 手工喷涂车身内表面；手工喷涂第一道面漆或底色漆；晾干；手工喷涂第二道面漆或底色漆	18～28	3～5	本喷涂面漆工艺适用于金属闪光和珠光色面漆，一次喷涂干面漆涂膜厚度达(40±5)μm
流平		使湿涂膜均匀流平	常温	8	
烘干	热风对流	在135～140℃下烘干20min，自然冷却	140	25	20min为车身保温时间
检查	目测有关仪器	最终检查：100%检查涂层的外观质量、膜厚、干燥程度。合格品发往总装；不合格送往返修或小修补漆			涂层的外观质量包括光泽度、桔皮及存在的外观缺陷

12.11.3　农用车车厢及其部件的涂装

农用车厢及其部件的涂装工艺见表12-22。

表12-22 农用车厢及其部件的涂装工艺

工序名称	处理方式	工序内容	工艺参数		备注
			温度/℃	时间/min	
检查	目视	检查进入涂装车间的待涂件质量:平整度和轮廓应符合设计图样要求,应无严重的黄锈,表面平整、无焊接飞溅物			
预清洗	喷	初步清洗掉表面的灰尘、重油及金属铁屑	70	2.5	
预脱脂	喷	进一步清洗掉表面的油污	45~55	2	
脱脂	喷	彻底清洗掉表面的油污	45~55	2	
水洗	喷	清洗掉表面的残余脱脂液	常温	1	
水洗	喷	彻底清洗掉表面的残留物	常温	1	
磷化处理(常温)	浸喷	使工件表面形成结晶均匀致密的磷化膜	>10	4	锌铁系磷化
水洗(浸入即出)	浸喷	清洗掉表面的残余磷化液	常温	1	
水洗	喷	用下道工序的循环去离子水清洗	常温	1	
循环去离子水洗	喷	用下道工序的去离子水清洗	常温	1	
新鲜去离子水洗	喷	用新鲜去离子水清洗	常温	50s	
吹积水		用洁净压缩空气吹净表面积水	常温	4	
阳极电泳底漆	浸	在计量好电压及时间下,形成电泳膜	24±4	3~3.5	
槽上水洗	喷	用UF液或去离子水清洗掉浮漆	常温	20s	
一次UF水洗	喷	用循环UF液冲洗	常温	1	
新鲜UF水洗	喷	用新鲜UF水洗冲洗	常温	1	
循环去离子水洗	喷	用循环去离子水洗冲洗	常温	1	
新鲜去离子水洗	喷	用新鲜去离子水冲洗	常温	1	
晾干		自然晾干漆面的水滴	常温	4	
烘干	热风对流	在175~180℃下烘干20min,自然冷却	175~180	25	20min为车身保温时间
检查	目测法	技术检查:表面质量、干燥程度、膜厚	常温		干燥程度用溶剂擦拭法,膜厚用测厚仪
喷涂面漆	手工	采用湿碰湿工艺喷涂面漆: 喷涂第一道面漆或底色漆;晾干;手工喷涂第二道面漆或底色漆	常温	3~5	本喷涂面漆工艺适用于金属闪光和珠光色面漆,一次喷涂面漆干涂膜厚度达(40±5)μm
流平		使湿除膜均匀流平	常温	10	
烘干	热风对流	在135~140℃下烘干20min,自然冷却	140	25	20min为车身保温时间

（续）

工序名称	处理方式	工序内容	工艺参数		备注
			温度/℃	时间/min	
检查	目测有关仪器	最终检查：100%检查涂层的外观质量、膜厚、干燥程度。合格品发往车厢组装线；不合格送往返修或小修补漆			涂层的外观质量包括光泽度、桔皮及存在的外观缺陷

12.11.4 农用车车架及各种托架防蚀涂层的涂装

农用车车架、脚踏板、挡泥板及各种托架等零部件都是车下部件，经常与泥水接触，使用条件苛刻，要求涂层有较好的耐蚀性，即具有优良的耐盐雾性、耐水性和机械强度。车架、脚踏板、挡泥板及各种托架等零部件一般由热轧钢材制造而成，其表面有氧化皮及黄锈，涂装前应除去。

其工艺流程：上挂→抛丸处理→清理浮尘→浸涂＋流平→去余漆→烘干→检查→下挂。主要工位的作用如下：

（1）抛丸处理　清除工件表面的氧化皮、黄锈及加工过程中带来的油污。

（2）清理浮尘　清理掉工件表面的浮尘，以防影响涂膜性能。

（3）浸涂　将工件浸没在浸涂槽内1～2min，控制涂料黏度20～30s（涂-4黏度计，25℃），施工温度20～30℃，一次浸涂涂膜厚度为25～40μm。

（4）流平　使湿涂膜均匀流平。

（5）去余漆　用刷子刷掉余漆或0.3～0.4MPa压缩空气吹落余漆。

（6）烘干　使涂膜在135～140℃下烘干20min，自然冷却。

（7）检查　100%检查涂层的光泽度、桔皮、厚度及存在的外观缺陷、干燥程度。

12.12 摩托车涂装

12.12.1 摩托车油箱涂装

摩托车油箱的涂装工艺是装饰性、保护性多层涂装，是摩托车涂装中工序最多、涂装质量最高的工艺。

1. 表面预处理

表面预处理包括脱脂、除锈、表调、磷化、钝化和烘干。

表调时，应选用通用性最好、应用最广的含钛表调剂，主要由胶体磷酸钛、碱金属盐和稳定剂等成分组成。

脱水烘干既可采用辐射，也可采用辐射对流，其工艺条件为120℃下烘干20min。但必须注意不管是浸渍方式还是喷淋方式，对油箱进行涂装前，磷化处理后在烘干之前应进行检漏抽水，否则烘干过程中由于箱内积水会加速内腔磷化膜的锈蚀。

2. 喷涂底漆

油箱喷涂底漆施工工艺流程为：表面检查→隐蔽→除尘→涂底漆→晾干→烘干→冷却→打磨。

喷涂底漆的工艺参数见表12-23。

表12-23 喷涂底漆的工艺参数

项目	内容	项目	内容
使用涂料	浅灰环氧底漆	空气喷枪类型	W-71，W-77
稀料	二甲苯、丁醇	喷涂距离	200～300mm
涂料过滤网	120～180目	施工黏度	15～25s(涂-4杯黏度计，25℃)
空气压力	0.4～0.7MPa		

涂层在140℃固化30min后，打磨（砂纸型号：粗打磨180#砂布，细打磨400～500#水砂纸）。

3. 喷涂面漆

油箱的面漆通常为2～3道，如湿碰湿两次实色面漆或一次铝粉一次透明红，再用UV或双组分聚氨酯清漆罩光。面漆应涂在确认涂层无缺陷且干透的底漆上，原则上施工两次，第一道面漆干透后再施工第二道，否则有可能产生咬底、渗色等涂层缺陷。油箱湿碰湿施工透明红时，虽然铝粉涂层未干透，但应与透明红区分使用稀料。前者使用快干稀料，以使涂透明红之前达到表干，这样透明红施工完后晾干流平进入固化室才不至于出现气泡、针眼等质量问题。

面漆一般采用空气喷涂或静电喷涂。既能适应小批量多品种的情况，又能满足大批量流水线作业的需要。

油箱喷涂面漆的工艺流程为：底涂层检查→除尘→手工、空气或静电喷涂铝粉涂料→补正→晾干→手工、空气或静电喷涂透明红涂料→补正→流平→涂膜固化→冷却→检验→贴花+罩光。

静电涂装时，一般采用Ω自动静电涂装线，喷涂工艺参数：使用丙烯酸或聚酯铝粉涂料、透明红涂料等，电阻为5～50MΩ，施工黏度为15～25s（涂-4杯黏度计，25℃），工件转动次数为3～4次，链速为1.5～2.5m/min，圆盘转速不低于3000r/min，工作电压为－90～－80kV，升降速度为5～25m/min，工作电流为80～120μA，喷涂次数6次，室内温度为25℃，相对湿度为70%，工件与圆盘间距为200～300mm，烘干固化条件为140～150℃×30min。

4. 贴花

贴花是在油箱涂完面漆后，以 800 ~ 1000 水砂纸对其表面进行细打磨，打磨后应平整、光滑，不允许有砂纸纹和露底等疵病。经打磨合格的油箱用专用划线板，在油箱两侧指定位置划线，注意线条清晰、准确，不允许划伤涂层。将彩条一端的硬纸揭开，以涂有胶黏剂的一面对准油箱划线位置，边揭边贴，直到平整贴完为止。彩条位置必须粘贴准确，不允许有皱纹、气泡等，否则应重新贴或用钢针修正。

为保护色漆层（或贴花），提高面涂层光泽及装饰性，面涂层的最后一道是涂清漆，这一工序称为罩光。油箱的罩光通常使用双组分聚氨酯清漆或紫外线光固化 UV 清漆罩光。UV 涂料的施工工艺流程为：油箱底面涂→烘干→打磨→除尘→喷 UV 清漆→(红外)流平→UV 固化→检验。

12.12.2 摩托车车架的涂装

摩托车车架的涂装基本工艺流程为：抛丸除锈→脱脂→热水洗→冷水洗→表调 + 磷化处理 + 热水洗→冷水洗→纯水洗电泳→超声波水洗→热水洗→冷水洗→纯水洗→烘干固化。

抛丸时，选用丸粒直径为 0.3 ~ 0.5mm，抛丸速度为 80m/min，清洁度为 Sa_2 ~ $Sa_{2.5}$，即能够满足涂装的要求。经抛丸的车架可涂防锈底漆与面漆，或经磷化处理后实施底面合一的电泳涂装。

12.12.3 摩托车发动机的涂装

1. 发动机预处理工艺

(1) 毛坯件检查　毛坯件上的明显压铸裂纹、气孔、冷格纹和磕碰等都能影响涂装质量，存在缺陷的毛坯一律挑出。毛坯件上有大量的油污或脱模剂，应进行相应的脱脂处理。凡外观尺寸、装配面有严重缺陷的毛坯件，应进行分选隔离。

(2) 抛光打磨　采用黏砂抛光布轮，砂料使用不小于 180# 的金刚砂。抛光时应防止大轮抛窄面，小轮抛宽面，以免造成抛光痕。抛光打磨不到的部位应使用专用气动工具，如刮刀、锉刀、砂纸等人工打磨，使零部件表面达到涂装要求。操作过程中应轻拿轻放，避免磕碰机加工面。

(3) 液体喷丸　对发动机装配有影响的螺孔应以 100% 保护，保护之后将工件放在抛丸机的转盘上，进行喷丸处理。喷丸气压为 0.4 ~ 0.5MPa，玻璃丸粒度为 40 目，喷丸时间为 3 ~ 5min，可将工件旋转进行多次喷丸，直到喷好为止。喷丸角度以最大有效喷丸面积的角度为准，喷丸时压力不易过高，否则会损伤基体表面。喷丸完毕后，取下护具，人工洗尽产品上的玻璃丸，以及特殊工件不通孔中的铝屑和玻璃丸。

(4) 上挂具 工件在预处理后上挂具时，应本着易于清洗、不损伤装配面、不形成空气袋为原则，同时应使用专用挂具，轻拿轻放。

(5) 脱脂 对铝合金件而言，通常采用低碱度脱脂。其工艺参数为：脱脂剂5%~8%（质量分数），游离碱度10点以下，pH值为8~10，温度为50~60℃，处理时间为3~5min。生产过程中定期分析槽液浓度，适当补加药剂，保持液面清洁，定期更换、排放槽液。

(6) 活化 铝合金属于两性金属，既可以用酸也可以用碱进行腐蚀。工艺参数为：活化剂5%~8%（质量分数），pH值为1.5~3.5，常温处理1~2min。活化后的工件应多次水洗。铝合金活化工艺见表12-24。

表12-24 铝合金活化工艺

序号	溶液组成	处理温度/℃	处理时间/min	备注
1	铬酐 80g 磷酸(密度1.17g/mL)200mL 水 1L	室温	1~10	对基体金属腐蚀较小，不能除掉重锈
2	硝酸 5%(质量分数) 水 95%(质量分数)	室温	1~10	加入1%(质量分数)的$K_2Cr_2O_7$，可减少对基体金属的腐蚀
3	NaOH 40~60g	50~60	12s	对金属基体腐蚀强烈，除锈后需进行钝化

(7) 磷酸-铬酸盐处理 处理液的主要成分为磷酸、铬酸，还含有作为腐蚀剂的氟化物或其复合盐，镀液的pH值为1.5~3.0。通过该处理，在基体表面生成$Al_2O_3 \cdot 2CrPO_4 \cdot 8H_2O$的非晶膜，薄的处理膜适用于涂膜底层，厚的处理膜则具有良好的耐蚀性。在处理过程中，随着槽液中铝离子的增加，其色泽会逐渐变淡，因此生产时应控制槽液中铝离子的含量，填加氟离子进行配合。铝合金磷酸-铬酸盐处理工艺见表12-25。

表12-25 铝合金磷酸-铬酸盐处理工艺

工艺号		1	2
组分浓度/(g/L)	铬酐	12	7
	磷酸	67	58
	NaF	4~5	3~5
工艺条件	温度/℃	50	25
	处理时间/min	2(浸渍法)	10(浸渍法)
		0.5(喷淋法)	3~5(喷淋法)

（8）封闭　经磷酸-铬酸盐处理后的工件进行水洗后，在不低于 80℃ 的热水中清洗，处理时间 1 ~ 2min，在湿度一定时尽量使用流动水，维持槽液 pH 值在 6 ~ 7。

（9）烘干　烘干前应尽量用不含油的压缩空气清理工件表面的积水和部分不通孔中残余的玻璃丸。在 100 ~ 120℃ 下烘干 15 ~ 20min。烘干后的产品使其自然或强制冷却，严禁裸手或脏手触摸产品待涂面，以免影响涂层附着力。

2. 发动机喷涂工艺

（1）检查、保护及除尘　对经表面预处理的工件进行检查，若发现表面仍存在伤痕等缺陷应分选隔离；对所有不需要进行涂装的内表面、机加面、螺纹、丝孔进行 100% 保护。若工件在检查及保护时出现二次污染，应用醇类溶剂擦拭，以免影响涂层附着力。

（2）配漆　核对使用涂料的类别、名称、型号及品种，然后将涂料桶倒置进行一定时间的摇晃，再用专用工具开桶，用干净的搅拌棒将原涂料彻底搅拌均匀。根据生产量将搅拌均匀的原涂料转入不同的洁净的配漆桶中，加入专用稀释剂反复搅拌，并且调整到适合的施工强度，然后以 160 ~ 200 目的钢丝网进行过滤。

（3）喷涂　喷涂工艺条件为：①黏度（涂-4 杯黏度计，25℃）为 18 ~ 20s ；②喷枪压力 0.3 ~ 0.4MPa；③喷涂距离为 200 ~ 300mm；③喷涂角度为 90°；喷枪口径为 1.0 ~ 1.2mm。

（4）晾干流平　不论是单一涂层进烘炉前，或湿碰湿多层涂层喷涂之间都应进行 5 ~ 15min 晾干，一是使涂膜展平，二是使溶剂释放。该过程中应避免空气灰尘的污染，保持通道清洁，同时不能用手触摸。

（5）烘干　烘干工艺条件为：温度 140 ~ 160℃，时间 30min。

（6）检验包装　涂膜外观注视面应光泽良好，丰满度高，无漏喷、流挂、针孔、起泡、缩孔、粗糙、变黄和色泽不均等现象。性能检查时，现场抽取一定数量的产品做常规性能检查，应达到附着力不大于 1 级，硬度不小于 2H，耐 90 #汽油 24h。包装前应对机加工装配面进行校平，使用专用盛具箱包装。同时产品之间应以专用隔板隔开，视不同要求，产品应用泡沫袋先装好后放入带隔板的专用盛具箱中。

12.13　塑料涂装

塑料制品除了日常用品和电器外壳外，在汽车上的塑料件有外装板面、保险杠、通用隔板、轮圈盖、外镜座、扰流板、尾灯等，且汽车塑料件对涂层质量要求很高。这些塑件一般都采取反应注射成型、模压成型及注塑成型来加工，由于加工方式的不同，各类制品的材质和表面特性有很大差别，涂装工艺也大不一样。

12.13.1 ABS塑料涂装

ABS塑料涂装工艺流程为：60℃退火处理2h（或丙酮1体积份、水3体积份，室温浸15～20min）→汽油或醇擦洗→清洗脱脂→水洗→去离子水洗→干燥→静电除尘→空气喷涂→闪干3min→空气喷涂→闪干5min→60℃强制干燥30min→冷却→检查。选用各色热塑性丙烯酸、金属底色漆、清漆等，施工黏度为12s。

12.13.2 PVC塑料门窗涂装

PVC塑料门窗涂装工艺流程为：PVC塑料门窗→清洗脱脂→水洗→去离子水洗→干燥→擦附着力促进剂→空气喷涂→闪干3min→空气喷涂→闪干5min→60℃强制干燥30min→冷却→贴膜→包装。

PVC塑料的热变形温度为55～75℃，烘干温度不宜超过80℃。擦附着力促进剂是为了提高涂料对底材的润湿性，改善涂层结合力。

12.13.3 手机塑料外壳涂装

手机塑料外壳都采用ABS和PC/ABS，少量使用PPO塑料。手机塑料外壳表面要求有优美的外观装饰性，并要有良好的耐磨抗划伤性。因此手机塑料外壳涂层由底漆和面漆构成，底漆给予其特殊的装饰效果，如闪光或珠光效果，面漆赋予其高光泽、高硬度及耐磨性。

对于双包装聚氨酯面漆的耐磨性只有200次，有机硅改性丙烯酸约800次，而光固化涂料可达2500～3600次。因此，手机塑料适宜采用光固化清漆。

其涂装工艺流程如下：脱脂清洗→干燥→喷涂金属底色漆→干燥→喷涂UV清漆→光固化。

第13章　热　喷　涂

热喷涂是利用某种热源将涂层材料加热到熔融或半熔融状态，并用热源自身的动力或外加高速气流，使其雾化、喷射、沉积到经过预处理的工件表面而形成附着牢固的表面涂层的方法。热喷涂技术广泛应用于宇航、机械、化工、冶金、地质、交通、建筑以及生物医学工程等领域。

热喷涂技术按加热热源可分为火焰喷涂、电弧喷涂、等离子喷涂、激光喷涂和电热热源喷涂等；按喷涂材料的种类和形状，则分为线材喷涂、粉末喷涂和棒材喷涂等。

热喷涂的工艺过程包括：

(1) 喷涂前工件的表面预处理　包括表面脱脂、除锈、去污等净化处理，喷砂、机械加工、化学腐蚀和电拉毛等粗化处理，基体表面的预热处理和非喷涂表面的保护等。

(2) 喷涂　喷涂工艺参数的选择很重要，影响涂层质量的参数涉及热源、喷涂材料特性、雾化的参数、操作参数、工件的温度及喷涂的环境等多方面因素。

(3) 工件喷涂后的处理　包括要求高精度的涂层表面机加工（手工打磨、车床切削、磨加工等），喷涂层的封孔处理、扩散处理和重熔等。

13.1　火焰喷涂

火焰喷涂是利用气体燃烧放出的热进行的热喷涂。凡是在2760℃以下的温度区内不升华、能熔化的各种金属、非金属陶瓷及塑料、尼龙等材料都可用火焰喷涂形成涂层，应用非常广泛。火焰喷涂设备由喷枪、气瓶、送粉器及控制台所组成，故设备轻便简单，可移动，价格也低于其他喷涂设备，经济性好。通常火焰中心最高温度为3000℃，多为氧化性气氛，故一些高熔点材料以及高温下易氧化的物质不宜作为喷涂材料。

13.1.1　线（棒）材气体火焰喷涂

线（棒）材气体火焰喷涂的原理如图13-1所示。通过喷枪内驱动机构送线滚轮将线（棒）材从喷枪中心孔送出，由燃料气体（氧乙炔）的火焰将其熔化，用压缩空气将涂料雾化成微料，并将其喷射到基体表面沉积成为涂层。

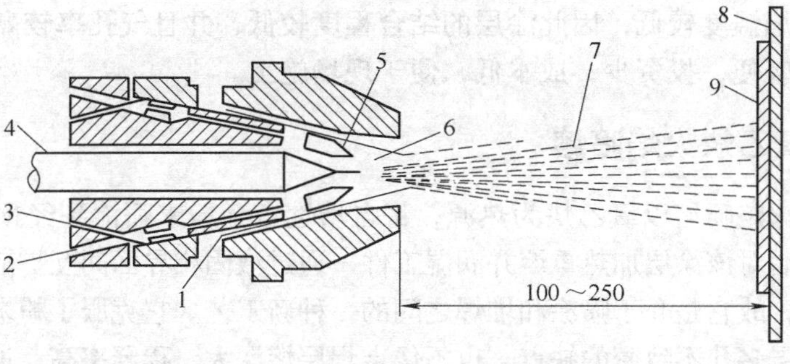

图 13-1　线（棒）材气体火焰喷涂的原理
1—压缩空气　2—燃料气体　3—氧气　4—线材或棒材　5—火焰
6—熔融材料　7—喷涂流束　8—基材　9—涂层

火焰喷涂中使用燃料气体除乙炔和氧组合外，还可采用甲基乙炔—丙二烯、丙烷、氢气或天然气。影响涂层质量的因素有火焰的大小和种类、喷枪的结构、空气的纯净度、流速、压力、线材种类和直径的大小、进给速度等。

线（棒）材气体火焰喷涂的特点是手工操作灵活方便，设备简单，成本低，广泛应用于曲轴、柱塞、轴颈、机床导轨、桥梁、铁塔、钢结构防护架等零部件。缺点是喷出的熔滴大小不一，导致涂层不均匀和孔隙大等缺陷。

13.1.2　粉末气体火焰喷涂

粉末气体火焰喷涂的原理如图 13-2 所示。粉末气体火焰喷涂与线材气体火焰喷涂不同之处是喷涂材料不是线材而是粉末，且一般不用压缩空气。粉末装在料斗内，料斗可以与喷枪构成一体，也可以单设一个送粉器与枪连接。工作时利用送粉气流产生的负压，将粉末吸到喷嘴中心喷出进入燃料气体中，火焰使粉末熔化并喷射到基体表面形成涂层。粉末材料可以是纯金属粉、合金粉、复合粉、碳化物粉、陶瓷粉或者它们的组合粉。通常粉末气体火焰喷涂由于喷出的颗粒速

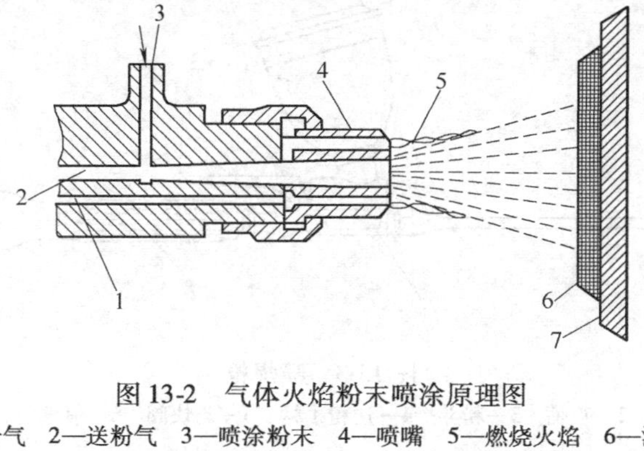

图 13-2　气体火焰粉末喷涂原理图
1—氧乙炔混合气　2—送粉气　3—喷涂粉末　4—喷嘴　5—燃烧火焰　6—涂层　7—基体

度较小，火焰温度较低，因此涂层的结合程度较低，并且气孔率较高。但该方法设备简单，轻便，投资少，成本低，便于现场施工。

13.1.3 氧乙炔火焰喷熔

氧乙炔火焰喷熔以氧乙炔为热源，将自熔性合金粉末喷涂到经预处理的工件表面上，然后对该涂层加热重熔并润湿工件，通过液固相界面间互扩散，形成牢固的冶金结合，故它是介于喷涂和堆焊之间的一种新工艺。它克服了粉末喷涂层结合强度低、涂层多孔不致密的缺点，也不像堆焊层熔深大、稀释率高、加工余量大。

喷熔工艺包括工件表面预处理、工件预热、喷涂合金粉末、重熔处理、冷却和涂层后处理。根据喷涂粉末重熔处理的先后次序，氧乙炔火焰喷熔可分为一步法喷熔和二步法喷熔。一步法喷熔时，喷粉和重熔几乎同时进行；二步法喷熔时，先在工件表面均匀喷粉，达到一定厚度后再重熔。

无论是一步法或二步法，重熔过程都是火焰对涂层加热，使之再次熔融，在金属基材表面重结晶的冶金过程。在重熔过程中，自熔性合金在熔融状态具有强烈的还原脱氧作用和良好的造渣、除气性能。与各种氧化物夹渣反应，生成低熔点的硼硅酸盐熔渣，漂浮在液态金属表面，并排除液态金属中的气体。在液态金属表面覆盖的这一薄层熔渣，能够隔绝空气的影响，避免液态金属的氧化。因此，喷焊层消除了喷涂层中的气孔和氧化物夹渣，经过重结晶过程，使喷涂层非均质的层状结构变成均质的合金组织结构。

在重熔过程中，当合金充分熔化并完全湿润金属基材表面时，就开始了合金与基材之间的扩散互溶过程。在合金与基材界面上形成一条带状互溶区，该互溶区的熔点和化学成分介于喷焊合金与基材之间，是喷焊层与基材之间的过渡层。这一过渡层的存在使得合金喷焊层与基材之间形成了牢固的冶金结合，大幅度提高了结合强度。

喷焊枪是氧乙炔火焰重熔的主要工具，如图 13-3 所示。

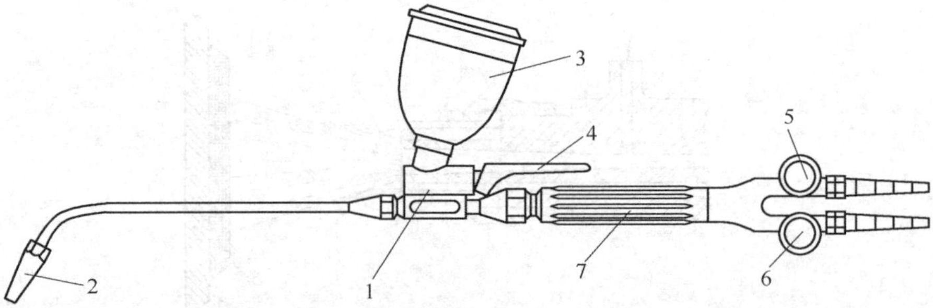

图 13-3　喷焊枪

1—主体　2—喷嘴　3—粉斗　4—送粉手柄　5—乙炔阀　6—氧气阀　7—手柄

13.1.4 高速火焰喷涂

高速火焰喷涂（HVOF）又称超声速火焰喷涂。它与一般火焰喷涂相比，在工艺上要求提供足够高的气体压力，以产生高达5倍于声速的焰流（1830m/s）；气体的消耗量也很大，就氧气而言，相当于一般火焰喷涂的10倍，故需要庞大的供气系统。高速火焰喷涂的燃气可以采用乙炔、丙烷、丙烯或氢气，也可采用液体煤气或工业酒精。高速火焰喷涂当初开发的目的是替代爆炸喷涂，它的工作效率、工作条件的可变范围比爆炸喷涂更优越，在涂层厚度和质量方面也超过了爆炸喷涂。它可获得非常致密、结合强度更高、热应力小的涂层。但它的不足之处是成本较高。高速火焰喷涂原理图如图13-4所示。高速火焰喷涂最适宜喷涂碳化物基的粉末，如WC-Co、NiCr-Cr3C2、WC-Co-Cr等，也可用于沉积耐蚀、耐磨合金涂层。

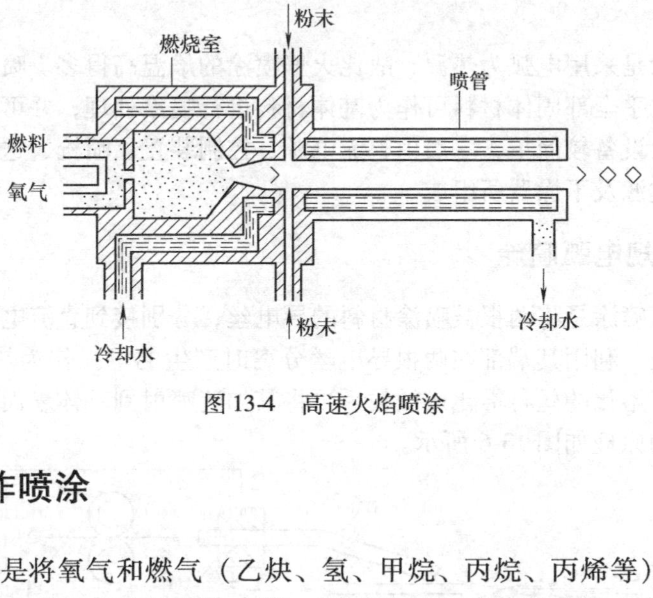

图13-4 高速火焰喷涂

13.2 爆炸喷涂

爆炸喷涂是将氧气和燃气（乙炔、氢、甲烷、丙烷、丙烯等）按一定比例混合，由供气口送入水冷的喷枪内腔，同时从另一口将粉末送入与上述气体混合，通过火花塞点火，使气体爆炸产生高压及热能，将粉末加热到熔融或半熔融状态，并被加速到2倍声速以上，可达800m/s，以4～8次/s的频率撞击基体并沉积形成高结合强度、高致密度和孔隙率低的涂层。每爆炸喷射一次，随即有一股脉冲氮气流清洗枪管。每次爆炸可形成ϕ20mm、厚度为5～10μm的涂层。

爆炸喷涂设备包括爆炸喷枪（见图13-5）、氧气和乙炔供给装置等。由于操作时噪声大（约150dB），应在隔音室内遥控操作。爆炸喷涂主要用于金属、陶瓷、氧化物及特种金属合金，被喷涂的基体材料为金属和陶瓷材料。爆炸喷涂在航空产品零件上已得到广泛应用。

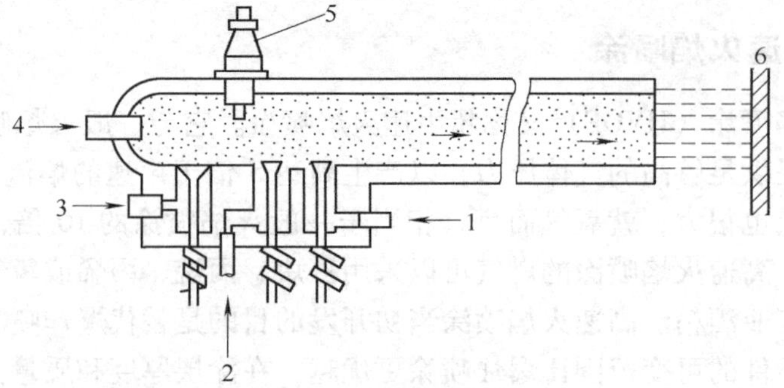

图 13-5　爆炸喷枪

1—O_2　2—C_2H_2　3—N_2　4—粉末　5—火花塞　6—工件

13.3　电弧喷涂

电弧喷涂是采用电弧为热源，故比火焰喷涂的焰温高得多。喷涂材料为金属或合金丝，几乎全部固体材料可作为基体材料进行喷涂处理，并可获得较厚的涂层。电弧喷涂设备较简单，一般由整流电源、控制装置、喷枪、送丝装置、压缩空气、空气过滤及干燥器所组成。

13.3.1　常规电弧喷涂

常规电弧喷涂是将两根被喷涂材料的导电丝，分别接到直流电源的正、负极作为自耗电极，利用其端部在两根导电丝分离时产生的电弧作为热源熔化丝材，用压缩空气将熔化的丝材雾化成微粒后再将其加速喷射到基体表面形成涂层。电弧线材喷涂的原理如图 13-6 所示。

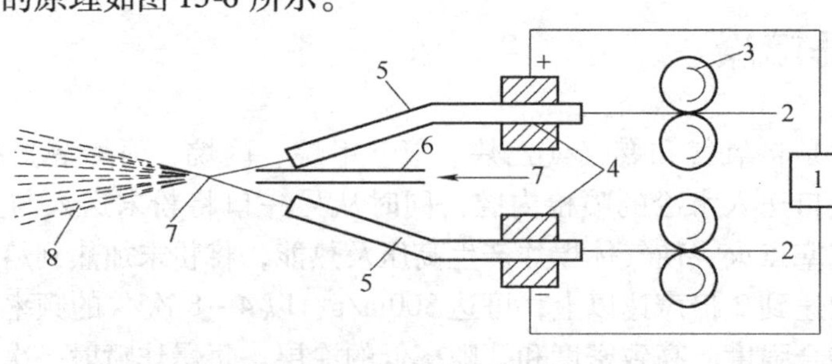

图 13-6　电弧线材喷涂的原理

1—直流电源　2—金属丝　3—送丝辊轮　4—导电块　5—导电带
6—空气喷嘴　7—电弧　8—喷涂射流

影响电弧喷涂质量和涂层表面粗糙度的关键因素是熔滴雾化后微粒的粒度。由于电弧喷涂的熔粒温度比线材火焰喷涂高，故涂层与基体的结合强度也高，但易氧化的元素烧损量也比较高。

13.3.2 超声速电弧喷涂

超声速电弧喷涂在常规电弧喷涂的基础上，通过对喷涂枪进行改进，提高了熔化粒子的雾化程度和飞行速度，从而提高了涂层与基体结合强度，并降低了涂层的孔隙率。超声速电弧喷涂的气流速度可达600m/s以上，比常规电弧方法高出1倍，这样就可把粒子的飞行度大幅度地提高到350m/s；同时改善了金属液滴的雾化效果，其粒径一般为普通电弧方法的1/8～1/3，并使粒子束更加集中，故提高了沉积效率和质量。燃烧器式超声速电弧喷涂枪如图13-7所示。

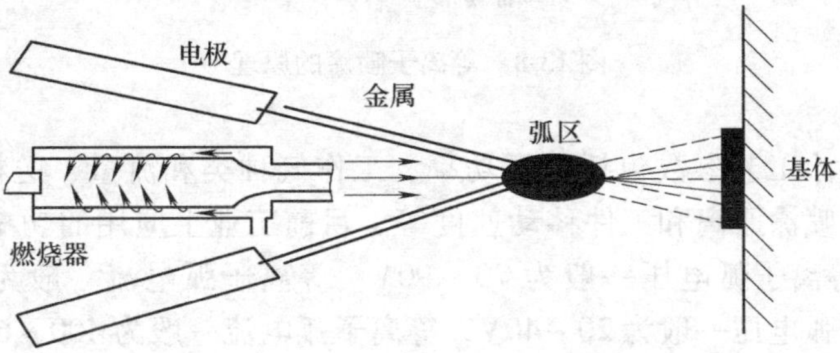

图13-7 燃烧器式超声速电弧喷涂枪

13.4 等离子喷涂

等离子喷涂是利用等离子焰流，即非转移的等离子弧为热源，将粉末状的喷涂材料加热到熔融态，在高速等离子焰流引导下高速撞向工件，并沉积在经过预处理的工件表面形成涂层的一种喷涂方法。等离子弧温度可高达10000℃以上，流速又快（1000m/s以上），所制得的涂层孔隙率和结合强度均优于常规的火焰喷涂。几乎所有的固态粉末材料都可进行等离子喷涂，尤其对制备高熔点的金属涂层及陶瓷涂层，等离子喷涂具有更大的优越性。

13.4.1 常规等离子喷涂

常规等离子喷涂装置一般由喷枪、直流电源、高频发生器、控制装置、送粉器等组成。等离子喷涂的原理如图13-8所示。工作时，将直流电源的负极和正极分别接到喷枪的阴极和喷嘴（阳极）上，并用高频电源使极间工作气体（氢气、氮气或它们的混合气体）电离产生电弧，所产生的电弧被工作气体吹出枪口，产生高温高速的等离子射流。送粉气流将粉末送入射流之中使之熔化、加速，并喷射到基体材料上形成涂层。在喷涂过程中，送粉方式可分内送粉和外送粉两种。内送粉材料熔化所需功率比外送粉的小，但粉末在喷嘴端部易附着和堆积，外送粉则因等离子弧流的湍流作用而不易控制。

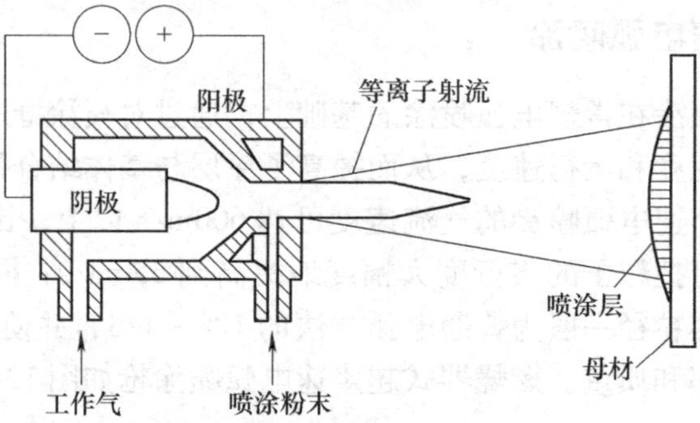

图 13-8　等离子喷涂的原理

等离子喷涂工艺参数包括电弧功率、工作气种类和流量、送粉气种类和流量、送粉量、喷涂距离和工件移动速度等。目前工业上应用的功率范围为 25～40kW。氮气等离子弧电压一般为 70～90V，等离子弧电流一般为 250～400A；而氨气等离子弧电压一般为 20～40V，等离子弧电流一般为 400～600A。对金属粉末而言，喷涂距离为 100～150mm，对陶瓷粉末为 50～100mm，喷嘴与工件的夹角以 10°～45°为宜。喷枪移动速度以一次喷涂厚度不超过 0.25mm 为宜。

13.4.2　低压等离子喷涂

低压等离子喷涂是在低压保护气氛中进行操作，从而获得成分不受污染、结合强度高、致密涂层的一种工艺方法，适用于活性金属材料和对成分要求严格的涂层，特别可用于导电、绝缘、生物、电磁等功能涂层。低压等离子喷涂装置（见图 13-9）由真空系统、冷却和除尘系统、喷涂工作室、持枪机器人系统及其

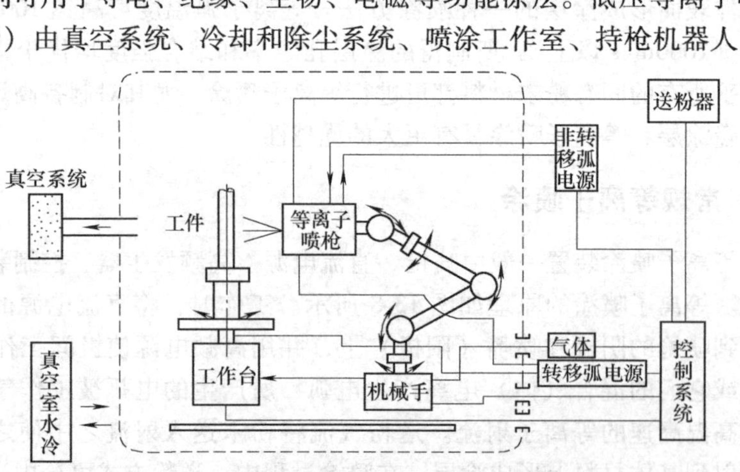

图 13-9　低压等离子喷涂装置示意图

联动工件夹持系统、等离子喷涂系统、转移弧电源系统、控制系统等组成。

低压等离子喷涂的工艺过程：抽真空至2.6Pa→充氩气至1.3×10^3Pa→预热(采用正向转移弧)→电清理(采用反向转移弧)→继续充气至$3.9\times10^3\sim2.0\times10^4$Pa→涂层制备→冷却。

低压等离子喷涂具有以下特点：①在低压保护性气氛中工作，不受污染；②焰流速度可达2000m/s，涂层的致密度可达99%，比常压等离子喷涂工艺的高；③增添了电清理工序，基体表面活性提高，涂层结合强度高；④在低压下，等离子焰流变粗变长，粉末受热更均匀，喷距的变化对涂层的质量影响小；⑤低压喷涂在罐内进行，粉尘和噪声的污染小。

13.4.3 微等离子喷涂

微等离子喷涂是由乌克兰巴顿焊接所于20世纪90年代开发的。微等离子喷涂的特点是具有层流等离子射流，发射角只有2°~6°，功率低（1~3kW），基体受热低，噪声小，故可在极薄的基体上进行喷涂，特别适宜小零件及薄壁件的精密涂层，且该设备质量轻，适合于现场的维修工作。

13.4.4 三阴极等离子喷涂

三阴极等离子喷涂是一种新的等离子喷涂技术。该技术的核心是等离子喷枪由三个平等的、相互绝缘的阴极和几个被绝缘杯串联的阳极喷嘴组成，只有离阴极最近的一个绝缘环上的喷嘴作为阳极工作，且三个阴极采用分别供电。

三阴极等离子喷涂的优点是：①由单电弧分为三电弧，降低了喷嘴及阴极过热倾向，延长了喷嘴和阴极的寿命；②三阴极各自离阳极都处于偏位置，对每个阴极尖端只有一个与对应阳极的弧根，从而解决了阳极弧根的周向运动及轴向运动，保持了电弧的稳定性；③采用喷枪中心送粉方法，从而使沉积效率大大提高，与常规等离子喷涂相比，可缩短一半时间，在大批量生产或对大型工件的喷涂时其优越性更突出。

13.4.5 水稳等离子喷涂

水稳等离子喷涂的原理如图13-10所示。它是根据液流旋涡形成空腔的原理设计的。当一定压力的水进入喷枪后，经轴向分布且彼此绝缘的金属导流环的切向小孔进入电弧腔，形成旋涡后流出腔室，水流旋涡依附在壁上，在电弧腔中形成空腔。喷枪的前端有水冷喷嘴，并在喷嘴部装有水冷的旋转阳极。喷枪的后端中心处装有密封且前后可转动的碳棒阴极，借助于金属丝在阴极与阳极间短路使水流电离，产生电弧。液流旋涡将弧柱和弧腔金属壁绝缘并冷却压缩电弧，即产生了电弧等离子体。当它离开喷嘴后体积迅速膨胀而产生高速等离子射流，并将喷嘴出口处送入的粉末熔化、加速、喷射到基材表面形成涂层。

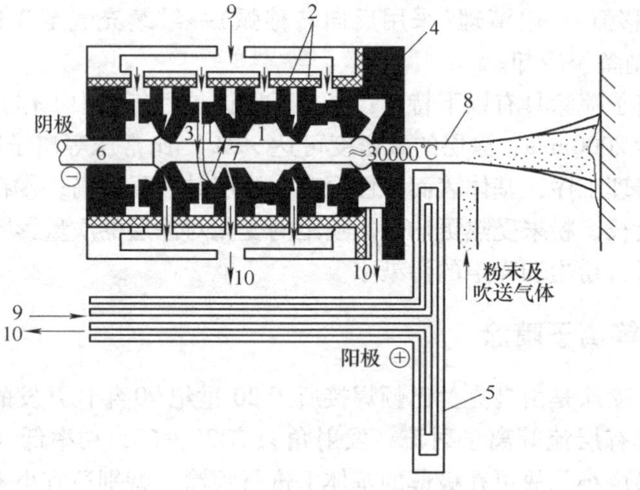

图 13-10　水稳等离子喷涂的原理

1—电弧腔　2—导流环　3—水流旋涡　4—喷嘴　5—旋转阳极

6—碳棒（阴极）　7—电弧　8—等离子射流　9—进水口　10—出水口

水稳等离子喷涂功率大（约 160kW），焰流长，能量集中，故喷涂的效率高，可喷涂大颗粒的粉末（60～80μm），成本比前面介绍的气稳等离子喷涂低得多。但由于水稳等离子焰中含有体积分数在 30% 以上的氧，呈氧化气氛，故不宜喷涂金属或碳化粉末涂料，适用于大面积氧化物陶瓷材料的喷涂。

13.4.6　溶液等离子喷涂

溶液等离子喷涂是采用包含纳米粒子的溶液或料浆（取代传统的粉末材料）作为等离子喷涂涂层材料，制备具有纳米结构涂层的一种工艺方法。区别于粉末等离子喷涂技术（粉末作为涂层材料），为等离子喷涂技术提供了崭新的工艺方法。技术原理为：将具有一定黏度的纳米溶液（料浆）作为等离子喷涂涂层材料，经载气流或输送泵送入等离子弧焰中，经雾化后被等离子弧焰高温加热蒸发、反应沉积、烧结，最后在基体上形成具有纳米结构的纳米涂层。溶液等离子喷涂的技术原理和工艺过程如图 13-11 所示。

13.4.7　高速等离子喷涂

20 世纪 90 年代初美国的 TAFA 公司将“超声速原理”引入等离子喷枪的设计制造中，研制成功高能等离子喷涂系统 Plaz Jet。与常规大气等离子喷涂相比，Plaz Jet 的电流输出并无太大变化，而是成倍地提高了输出电压，输出功率提高

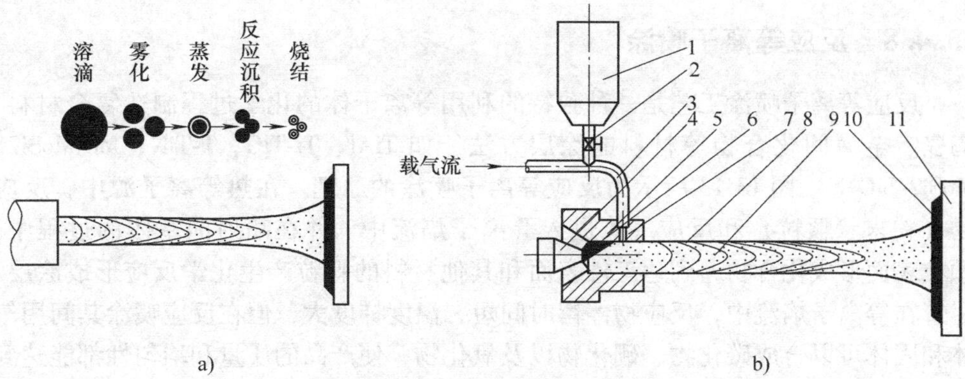

图 13-11 溶液等离子喷涂的技术原理和工艺过程

a）技术原理 b）工艺过程

1—料浆（溶液）储存罐 2—调节阀 3—输送管 4—电极 5—喷嘴 6—等离子电弧 7—液滴 8—等离子弧焰 9—喷涂粒子流 10—涂层 11—基体

了 3 ~4 倍；Plaz Jet 等离子焰流速度高达 2000m/s，粒子速度提高了 2 ~3 倍；送粉速率最高可达 15kg/h，喷涂效率为普通等离子喷涂效率的 3 ~6 倍，同时喷涂沉积率也大大提高，涂层质量明显改善，氧化物陶瓷涂层性能接近烧结状态。

Plaz Jet 喷枪结构如图 13-12 所示。大流量的等离子气体在电极头周围沿径向送入，在细长管形喷嘴通道内产生旋流。喷嘴和电极间加以很高的空载电压，通过高频引弧装置引燃电弧。电弧在强烈的旋涡气流的作用下，向中心压缩，被引出喷嘴外部，电弧的阳极区落在喷嘴出口面上。在此种条件下，弧柱被拉长到 130mm 以上，弧电压高达 400V，在弧电流为 500A 的情况下，电弧功率高达 200kW。如此长的弧柱和功率，能够对等离子气体充分加热，当极高温度的等离子气体离开喷嘴后就可产生超声速等离子射流。

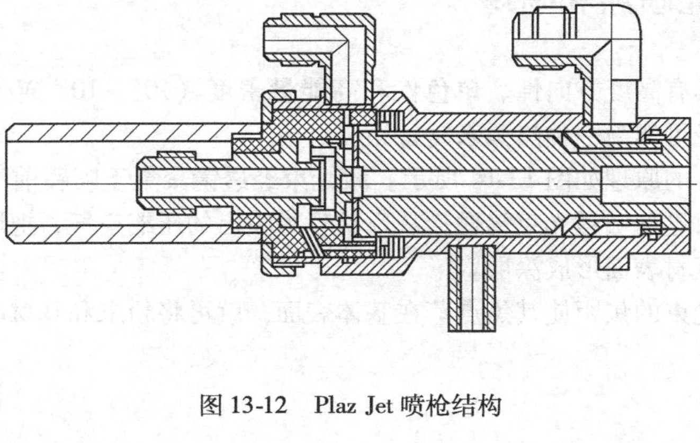

图 13-12 Plaz Jet 喷枪结构

13.4.8　反应等离子喷涂

反应等离子喷涂工艺是一种独特的利用等离子体的化学过程制造复合材料、陶瓷、金属间化合物等材料的涂层方法，如 TiAl、Ti-TiC、T-TiN、Mo-MoSi2、MoSi2-SiC 等。图 13-13 所示为反应等离子喷涂的原理。在热等离子源中，反应物（粉末状颗粒）和反应气体进入等离子焰流中，并在喷射向基体的过程中，颗粒表面形成化合物，到达工件表面和其他材料的颗粒产生化学反应形成涂层。尽管在等离子焰流中，反应物停留时间短，温度梯度大，但在反应喷涂其间用气体和固体可以合成碳化物、硼化物以及氧化物，使产品的质量和均匀性都能达到冶金方法的水平。用该种方法能合成难熔金属碳化物、硼化物和氧化物，尺寸为 0.005 ~0.5μm 的微小颗粒的固体薄膜。反应等离子喷涂工艺采用的气体有甲烷、丙烯、氮气、氧气、硅烷或硼烷。

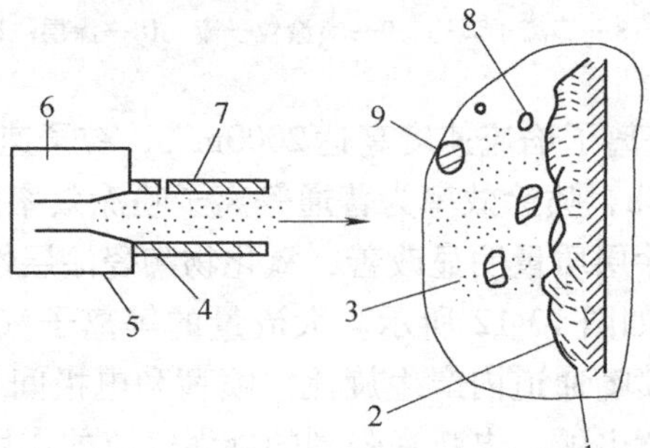

图 13-13　反应等离子喷涂的原理

1—反应生成的化合物涂层　2—混合物　3—离子化的颗粒
4—反应气体入口　5—粉末颗粒入口　6—等离子加热器
7—等离子反应器　8—混合物　9—金属及金属材料

13.5　激光喷涂和喷焊

激光是具有高度方向性、单色性和高能量密度（10^7 ~ 10^{12} W/cm^2）的一种光波，故激光可作为一种热源来制备涂层。

激光喷枪的原理如图 13-14 所示。激光束经透镜聚集于喷嘴前沿，进入焦点的粉末或丝材迅速被激光束熔融，从环状喷嘴喷出的压缩空气，把熔融的材料雾化并喷射到基材表面形成涂层。

调节激光束的焦距使其焦点落在基体表面，就可将粉末和基材同时熔融，形成喷焊层。

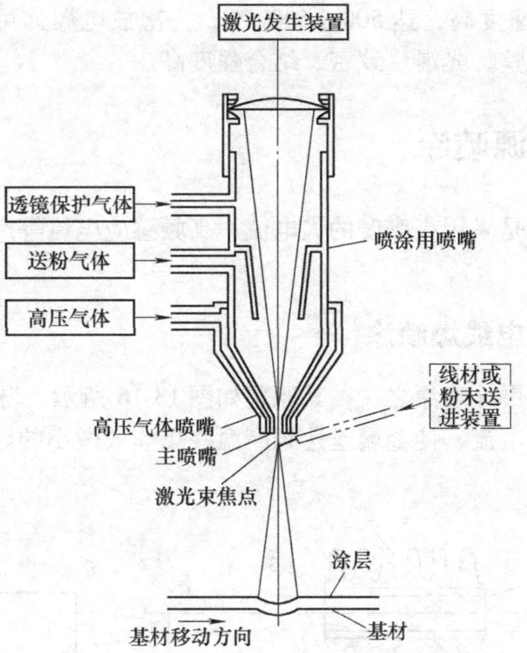

图 13-14 激光喷涂用喷嘴结构示意图

13.6 线爆喷涂

线爆喷涂是热喷涂方法中一种比较特殊的方法。图 13-15 所示为线爆喷涂放电回路的基本原理。当贮存在电容器的电能以高能密度的大电流通过做喷涂材料的导线放电时，一部分丝材汽化爆炸，其熔融的金属液滴被喷射到工件表面上。此方法的特点如下：

1）所有金属丝包括难熔的 W、Mo、Ti 等均能进行喷涂。

2）爆炸喷射的颗粒很细，粒度均匀，温度很高，接近沸点。

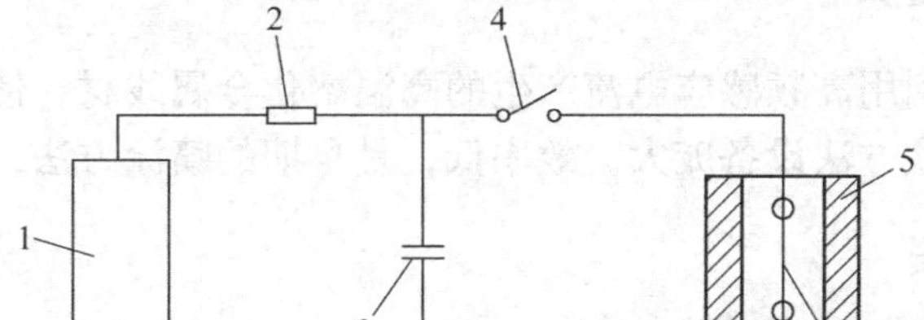

图 13-15 线爆喷涂放电回路的基本原理

1—充电器 2—电阻 3—电容 4—开关 5—工件 6—喷涂丝材

3）熔滴喷射速度高，达 500 ~ 600m/s，一次放电爆炸可获得 4 ~ 7μm 厚的涂层，而且涂层平整、光滑、致密、结合强度高。

13.7　电热热源喷涂

电热热源喷涂是采用高密度的大电流、高频感应电流等产生的电能作为热源来进行喷涂的。

13.7.1　脉冲放电线爆喷涂

线爆喷涂也属爆炸喷涂之一，其原理如图 13-16 所示。脉冲线爆喷涂的瞬间放电产生数万安的电流，使金属丝达到高温并爆炸成微小的熔粒，喷射到圆筒的内壁形成涂层。

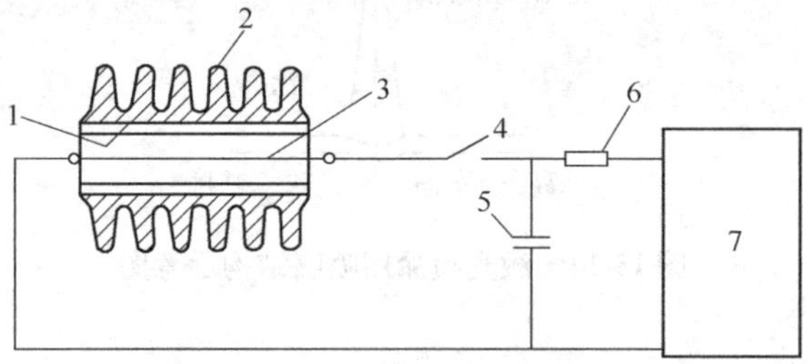

图 13-16　脉冲放电线爆喷涂的原理

1—涂层　2—工件（气缸）　3—金属丝　4—开关　5—电容
6—电阻　7—充电装置

一次放电爆炸可形成 4 ~ 7μm 厚度的涂层。由于该方法射流速度可高达 500m/s，故孔隙率低，且对基体的热影响较小，特别适用于小口径（<100mm）内壁喷涂难熔金属。

13.7.2　高频喷涂

高频喷涂是利用高频感应电流产生的高温熔化金属线材，使用压缩空气雾化的热喷涂方法。该方法设备庞大，效率低，是早期的喷涂方法，目前使用很少。

13.7.3　冷喷涂

冷喷涂的原理如图 13-17 所示。它是利用电能把高压气体加热到一定的温度（100 ~ 160℃），经拉瓦尔管加速产生超声速的束流，去加速粉末粒子，使其以超声速撞击到基体的表面，尽管它未被熔化，但可通过固体的塑性变形形成涂层。由于先沉积的粒子又受到后沉积粒子的撞击，故涂层会更加致密，与基体结

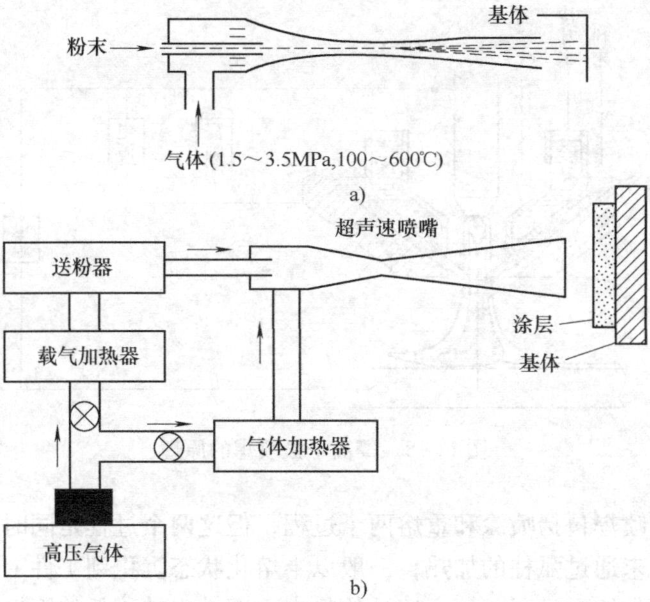

图 13-17 冷喷涂的原理
a）喷枪 b）系统结构

合更加牢固。

采用该工艺形成良好涂层的条件：①粒子撞击速度要达到临界速度；②基体和被喷涂粉末粒子均有一定塑性变形能力。几乎所有的金属和合金均可进行冷喷涂，而且由于是冷喷涂，基体温度低，热影响小，设备和运行成本低，适用于防腐、导热、电子器件和无挥发性塑料涂层的制备。

13.8 等离子弧喷焊

等离子弧喷焊是采用转移型等离子弧为主要热源，在金属表面喷焊合金粉末的方法。等离子弧喷焊的原理如图 13-18 所示。一般采用两台整流电源，将负极并联在一起，通过电缆接至喷枪的电极。其中一台电源的正极接喷枪的喷嘴，用于产生非转移弧；另一台电源的正极接工件，用于产生转移弧。喷枪的喷嘴和电极通水冷却，采用氩气作为等离子气，首先用高频火花点燃非转移弧，然后利用非转移弧在电极和工件之间造成的导电通道引燃转移弧。在建立转移弧的同时，由送粉器向喷枪输送粉末，粉末通过电弧后喷射到工件上。因此，转移弧一建立，就在工件上形成了熔池，使合金粉末在工件上熔融。随着喷枪和工件的相对移动，液态合金逐渐凝固，便形成了合金喷焊层。

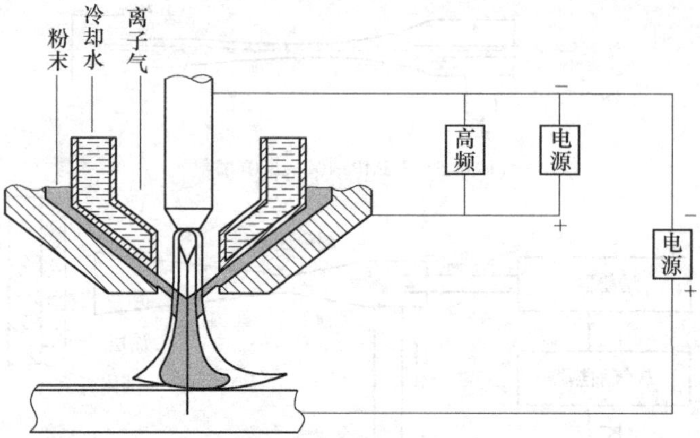

图 13-18　等离子弧喷焊的原理

等离子弧喷焊包括喷涂和重熔两个过程，但这两个过程是同时进行的。在喷涂过程中，粉末通过弧柱的加热，一般以半熔化状态沉积到工件上。重熔过程是粉末在工件上的熔融过程，落入熔池的粉末立即进入转移弧的阳极区，受到高温加热而迅速熔化，并将热量传递给基材。等离子弧喷焊熔深较浅，使得基材对合金的冲淡率低。同氧乙炔火焰喷焊相比较，电弧对熔池的搅拌作用较强，熔池的冶金过程进行得比较充分，喷焊层气孔和夹渣少。

13.9　冷气动力喷涂

冷气动力喷涂是一项既经济又实用的喷涂技术，可用于材料的表面涂层制备，以改善和提高材料的表面性能，如耐磨性、耐蚀性、导电性、力学性能等，最终达到提高产品质量的目的。

冷气动力喷涂是在低温状态下实现涂层沉积的，涂层中形成的残余应力低（主要是压应力），涂层厚度可达到数毫米；对基体热影响区小，对喷涂粉末无任何热影响，无氧化，无污染；可最大限度地保持喷涂粉末材料的原始性能，制备的涂层性质基本保持原始材料的性能；为制备纳米结构涂层以及金属材料表面纳米化提供了一种重要的工艺方法。与现有涂层技术相比较，喷涂效率高，粉末利用率高（喷涂粉末可以回收），制备的涂层致密，孔隙率低，残余应力低，对基体材料热影响区小，可以制备高热传导率、高电导率的涂层以及其他功能涂层，喷涂噪声低。目前研究表明：冷气动力喷涂技术可实现 Al、Zn、Cu、Ni、Ti、Ag、Co、Fe、Nb、Cr 等金属和合金的涂层制备，同时可制备高熔点 Mo、Ta 以及高硬度的金属陶瓷 Cr_3C_2-NiCr、WC-Co 等涂层。可沉积的涂层材料包括大部分金属涂层材料、金属陶瓷涂层材料、有机涂层材料。特别适合纳米涂层材料的制备，是表面工程领域重要的工艺技术之一，是热喷涂技术的最好补充和扩展。

冷气动力喷涂是利用空气动力学原理的一项喷涂技术。利用事先预热的高压气体（He、Ar、N_2 或它们的混合气体和空气等）通过喷枪拉瓦尔喷管产生高达 300～1200m/s 高速气流，同时被喷涂的粉末材料同样由高压气体从轴向进入喷枪，与高速气体混合形成高速粒子流，在完全固态的条件下撞击基体表面，产生较大的塑性变形而沉积于基体表面形成涂层。其原理如图 13-19 所示。

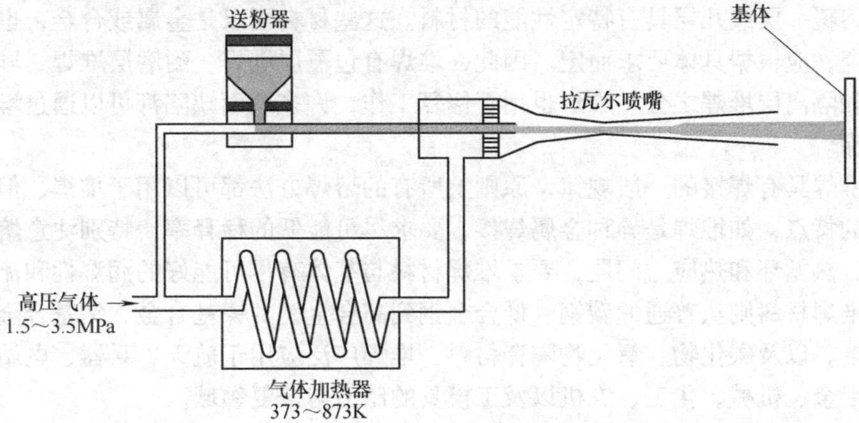

图 13-19　冷气动力喷涂的原理

第14章　堆　　焊

堆焊是一种熔焊工艺，它是借助焊接手段对金属材料进行表面改性，即在其表面熔覆一层或几层具有特定性能的材料。这些材料可以是金属或合金，也可以是陶瓷，应根据具体要求而定。因此，堆焊有包覆层堆焊、耐磨层堆焊、堆积层堆焊和隔离层堆焊之分。堆焊也用于修复工作，许多表面缺陷都可以通过堆焊进行消除。

堆焊具有焊接的一般规律，原则上所有的熔焊方法都可以用于堆焊，但它有自身的特点，如堆焊是异种金属焊接，要求尽可能低的稀释率，特别注意熔合区污染、热循环和热应力问题，要求堆焊材料与基体有尽可能好的润湿性和流平性等；堆焊材料则从普通的碳钢、低合金钢到高合金钢、镍基合金、钴基合金、铜基合金，以及碳化物、氧化物陶瓷材料。堆焊广泛应用于航天、兵器、电站、矿山、冶金、机械、化工、农机以及工模具的制造与修复领域。

14.1　火焰堆焊

火焰堆焊是用气体火焰作为热源，使堆焊材料熔覆在基体表面的一种堆焊方法。常用的气体火焰是氧乙炔焰。氧乙炔焰堆焊设备由氧气瓶、氧气减压器、乙炔发生器、回火保险器、焊炬和橡胶管等组成。

火焰堆焊设备简单，成本低，移动方便，适合现场施工。但由于系手工操作，劳动强度大。若堆焊零件数量大，且形状简单，可制造一个预热、堆焊和后热工序的半自动化堆焊设备。其火焰温度较低（约3000℃），稀释率低（1%～10%），单层堆焊厚度可小于1.0mm，堆焊表面光滑。

14.1.1　丝（棒）材氧乙炔焰堆焊

丝（棒）材氧乙炔焰堆焊一般使用碳化焰（氧与乙炔混合体积比小于1.1）。镍基合金堆焊用中性焰，铁基合金用2倍的乙炔过剩焰，高铬合金铸铁或钴基合金采用3倍的乙炔过剩焰，碳化钨则视基材成分而定。

绝大多数钢制工件不用熔剂即可堆焊，但堆焊铸铁时必须用熔剂。堆焊时，采用前倾焊能降低稀释率，熔深越浅越好，并尽量用小号焊炬和焊嘴。预热和缓冷能大大减少开裂。每堆焊一层的最大厚度以1.6mm为宜，需要厚焊层时可多层堆焊。

14.1.2 粉末氧乙炔焰堆焊

粉末氧乙炔焰堆焊采用装有能控制送粉速度的特别焊炬。由于许多不能制成丝（棒）状的堆焊材料可以制成粉末状，这就扩大了氧乙炔焰堆焊的使用范围。

采用中性焰或轻微碳化焰有利于降低气孔率。堆焊时，焊炬要垂直对着工件，并保持约13mm的距离。熔覆速度和喷嘴直径有关，通常为0.45~6.8kg/h。每一层厚度一般不超过1.6mm，最多允许堆焊三层。

14.2 电弧堆焊

电弧堆焊是目前一种主要的堆焊方法。它是利用焊条或电极熔覆在基材表面的一种堆焊方法。采用的是量大面广的焊条电弧焊机，设备简单，移动灵活，成本低，几乎所有的实芯和药芯焊条均能用，应用广泛。

14.2.1 常规焊条电弧堆焊

焊条电弧堆焊用的设备和焊条电弧焊一样。对堆焊层性能要求不高，且采用酸性堆焊焊条时，选用弧焊变压器；当要求较高，且采用碱性低氢型焊条时，必须选用弧焊整流器或直流弧焊发电机。堆焊时熔焊区应尽可能小，为此应采用小电流、低电压、慢速焊，尽可能使稀释率与合金元素的烧损率降到最小限度；采用前倾焊，并防止开裂和剥离。

焊条电弧堆焊温度高，热量集中，一般堆焊前可不预热或稍加预热，故生产率比氧乙炔焰堆焊高，工件变形小，但熔深大，稀释率达15%~25%，且劳动条件差，对焊工操作技术要求较高。

焊条电弧焊常用于小型或复杂形状零件及可达性差的部位的堆焊，也广泛用于现场修复工作。

14.2.2 熔化极气体保护电弧堆焊

熔化极气体保护电弧堆焊是利用送进的可熔化堆焊材料与基体之间产生的电弧热，使堆焊金属熔覆在基材表面的一种堆焊方法。所使用设备的组成如图14-1所示。焊机一般采用平特性的直流电源，并直流反接，保护气体是从焊枪中连续喷出的，以屏蔽大气对熔化金属的侵蚀。

常用氩气、二氧化碳或它们的混合气体作为保护气。用氩气保护时，堆焊过程中合金元素不会烧损，且电弧燃烧稳定，熔滴过渡平衡，堆焊层质量高；二氧化碳气体保护电弧堆焊成本较低，但有合金元素烧损问题，电弧燃烧不稳，飞溅大，堆焊层质量不如氩气保护的好。

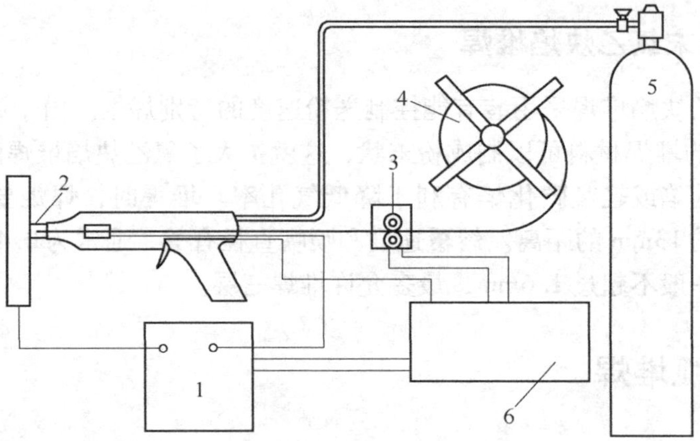

图14-1　熔化极气体保护电弧焊设备的组成
1—焊机　2—保护气体　3—送丝轮　4—送丝机构　5—气源　6—控制装置

熔化极气体保护电弧堆焊易实现机械化和自动化，生产率高，对焊工操作技术要求较低，熔覆速度可与单丝埋弧堆焊相当；但设备价格较高，并消耗保护气，使堆焊成本升高。该工艺方法适用于堆焊区域小、形状不规则的工件或小零件的堆焊。

14.2.3　自保护电弧堆焊

自保护电弧堆焊是熔化极气体保护电弧堆焊的一个变型。它采用管状焊丝，管内装的焊剂有造气剂、造渣剂和脱氧剂。由于不需要外部保护，焊丝伸出长度较长，焊丝直径也较粗（ϕ2.4mm），故熔覆速度比气体保护的快，且一般不用预热即可堆焊。自保护电弧堆焊一般用直流反接，可根据需要采取手工、半自动或自动化堆焊方式。该工艺方法主要堆焊铁基合金、碳化钨和钴基合金，并限于水平堆焊，不适合小零件的堆焊。

14.2.4　钨极氩弧堆焊

钨极氩弧堆焊是在氩气保护下，利用钨电极与基材间产生的电弧作为热源，使填充金属熔覆在基材表面的一种堆焊工艺。所用设备由焊接电源、控制箱、焊枪、供气系统和水冷系统等组成（见图14-2）。为了减少钨极对堆焊层的沾污，推荐用直流正接。堆焊材料有丝状、管状和铸造条状的，其进给和电极的控制是分别进行的，故堆焊层形状容易控制，几乎可在任何位置堆焊，而且表面光洁、美观、堆焊层质量高。与氧乙炔焰堆焊相比，钨极氩弧堆焊电弧能量较集中，一般不要求预热，且熔覆速度较快，工件吸热小、变形小，对基材性能影响小，但稀释率较大。

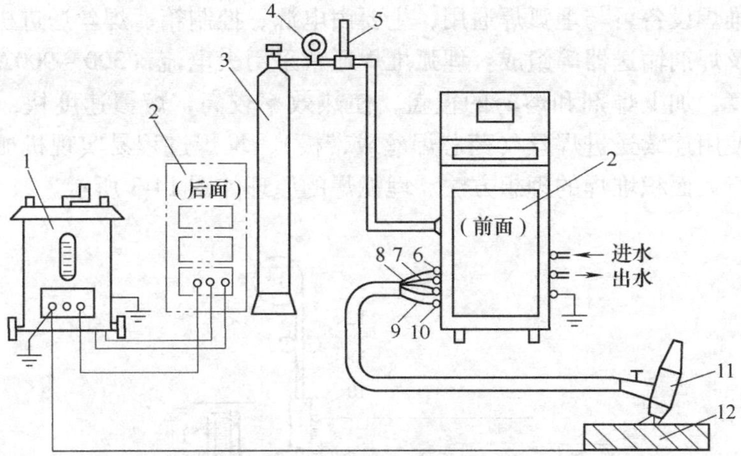

图14-2 手工钨极氩弧焊设备的组成

1—焊接电源 2—控制箱 3—氩气瓶 4—减压阀 5—流量计 6—焊接电缆 7—控制线 8—气管争 9—进气管 10—出水管 11—焊枪 12—工件

该工艺方法适用于堆焊面积小、质量要求高、形状复杂的工件。

14.2.5 振动电弧堆焊

振动电弧堆焊的工作原理是焊丝在送进的同时按一定频率振动，造成焊丝与工件周期性的短路、放电，使焊丝在较低电压下熔化，并稳定地堆焊到工件表面。

振动电弧堆焊设备主要包括堆焊机床、堆焊机头、电源、电气控制柜和冷却液供给装置等。堆焊电源一般采用直流电源，而堆焊机头用以使焊丝按一定频率和振幅振动，并以一定速度送入堆焊处。按产生振动的方式不同可分为电磁式和机械式。为了防止焊丝和焊嘴熔化粘连或在焊嘴上结渣，需向焊嘴供给少量冷却液。振动电弧堆焊的特点是熔深小，堆焊层薄而均匀，工件变形小。该工艺方法适用于小批量生产或修补焊。

14.3 埋弧堆焊

埋弧堆焊是用焊剂层下连续送进的可熔化焊丝和基材之间产生的电弧作为热源，使填充材料熔覆在基材表面的一种堆焊方法。堆焊时焊剂部分熔化成熔渣，浮在熔池表面对堆焊层起保护作用，可以减少空气的影响；熔渣的保温作用使熔池内的冶金作用比较完全，因而堆焊层的化学成分和性能比较均匀，结合强度高，表面也光洁平直。

埋弧堆焊设备可与埋弧焊通用，主要由电源、控制箱、焊丝送进机构、焊机行走机构及焊剂输送器等组成。埋弧堆焊通常采用大电流（300～900A）和较高的电流密度，加上焊剂和熔渣的覆盖，使热效率较高，熔覆速度快，但稀释率高。由于使用连续送进焊丝（药芯焊丝或带极），堆焊过程易实现机械化、自动化，是进行大面积堆焊的理想方法。埋弧焊的原理如图 14-3 所示。

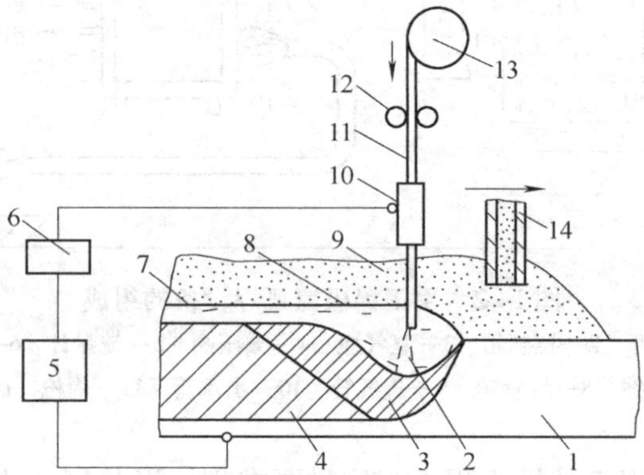

图 14-3　埋弧焊的原理

1—母材　2—电弧　3—金属熔池　4—焊缝金属　5—焊接电源　6—电控箱　7—凝固熔渣　8—熔融熔渣　9—焊剂　10—导电嘴　11—焊丝　12—焊丝送进轮　13—焊丝盘　14—焊剂输送管

14.3.1　单丝埋弧堆焊

单丝埋弧堆焊是目前最广泛使用的自动堆焊方法。其堆焊层平整，质量稳定，熔覆率高，劳动条件好；但稀释率高（20%～60%），生产率不够理想。为降低稀释率，可采用下坡焊、降低电流、增加电压、降低焊速、电弧向前吹、增大焊丝直径等措施，并且用堆焊 2～3 层来弥补。

14.3.2　多丝埋弧堆焊

为了降低稀释率和提高熔覆速度，在单丝埋弧堆焊基础上发展了多丝埋弧堆焊方法。多丝埋弧堆焊有多种形式。串列双丝双弧堆焊时，第一个电弧电流较小，后一电弧采用大电流，这样冷却较慢，可减少淬硬和开裂倾向；双丝、三丝以及多丝并列，接在电源的一个极上，同时向堆焊区送进，可加大焊接电流，提高生产率，而熔深可与单丝时一样；串联埋弧堆焊时，电弧发生在焊丝之间，因而熔深更浅。此时为了使两焊丝均匀熔化，宜采用交流电源。多丝埋弧堆焊的熔覆速度可达 11.3～37.7kg/h，稀释率下降 10%～15%。

14.3.3 带极埋弧堆焊

带极埋弧堆焊可进一步提高熔覆速度，其焊道宽而平整，熔深浅而均匀，稀释率低，最低可达10%。一般带极厚0.4~0.8mm，甚至可达1.5mm。如果借助外加磁场控制电极，则可用180mm宽的带极进行堆焊。带极埋弧堆焊设备可用一般自动埋弧焊机改装，也可用专用的设备。如果用添加冷带极的双带埋弧堆焊，可将生产率提高2.5倍，而稀释率降至5%。

14.4 等离子弧堆焊

等离子弧堆焊是利用等离子弧为热源，使填充金属熔覆在基材表面的堆焊方法。

等离子弧温度高，能量集中，传热率和热利用率高，所以熔覆速度较快，熔深浅，稀释率较低，工件变形也小。但由于热梯度较大，必须采取措施防止工件开裂，大工件堆焊时需预热。

等离子弧堆焊设备比较复杂，其价格比气体保护堆焊贵得多，工艺参数的调节匹配也较复杂；喷枪寿命较短，消耗的氩气量比钨极氩弧堆焊多，故成本高。等离子弧堆焊分为粉末等离子弧堆焊和填丝等离子弧堆焊两大类。粉末等离子弧堆焊主要用于耐磨层堆焊，而填丝等离子弧堆焊主要用于包覆层堆焊。

14.4.1 粉末等离子弧堆焊

粉末等离子弧堆焊的原理如图14-4所示。这里以转移弧作为主热源，其电流可以控制工件的加热、熔深和稀释率，直接影响堆焊层的质量；以非转移弧作为二次热源，它补充转移弧的能量，并作为转移弧的导弧，其电流可以控制粉末的熔融状态，对堆焊过程的稳定性和熔覆率有较大影响。调节送粉速度和堆焊速度，可以控制堆焊层的厚度。改变焊炬横向摆动幅度，则可获得不同宽度的堆焊层。堆焊层的厚度通常为0.25~6mm，且平滑整齐，不加工或稍加工即可使用。

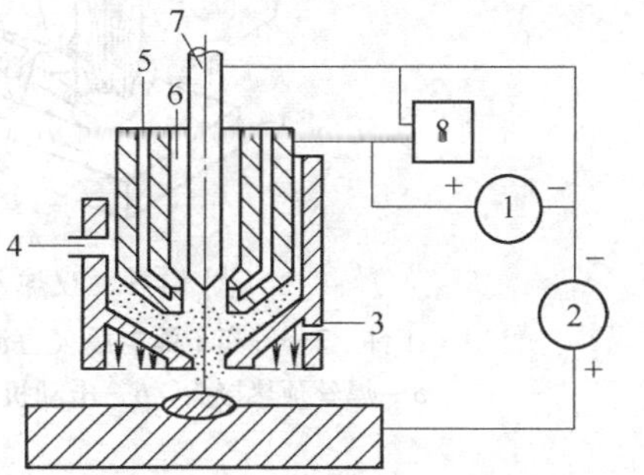

图14-4 粉末等离子弧堆焊示意图
1—非转移弧电源 2—转移弧电源 3—保护气 4—粉末和送粉气 5—冷却水 6—离子气 7—钨极 8—高频振荡器

粉末等离子弧堆焊可用于铁基、镍基、钴基合金以及难熔合金的堆焊，碳化钨颗粒也可以直接添加到熔池中进行堆焊。该工艺方法适合于低熔点基材的堆焊和要求稀释率低的薄堆焊层。焊接过程完全机械化，特别适合于大批量、高效率的堆焊。

14.4.2　填丝等离子弧堆焊

填丝等离子弧堆焊按操作方式分为手工堆焊和自动堆焊两类；根据填丝是否预热又可分为热丝堆焊和冷丝堆焊两种。

手工填丝等离子弧堆焊设备由焊接电源、焊枪、控制电路、气路及水路等组成。自动堆焊时，还需有送丝机构，焊接小车或转动夹具。冷丝堆焊时，凡是能拔成丝状的材料大多以自动方式送给。冷丝堆焊在工艺和堆焊层质量上都较稳定，但生产率较低，主要用于各种阀门堆焊和小面积堆焊耐磨、耐蚀层。利用附加电源预先加热焊丝的热丝等离子弧堆焊能提高焊丝的熔化速度，用双热丝则可进一步提高熔覆速度。双热丝等离子弧堆焊的原理如图 14-5 所示。预热焊丝的电源是独立于等离子弧电源的交流电源。堆焊时，调节电流值使两填丝在电阻热作用下加热到熔点，并被连续熔覆在等离子弧前面的基材上，随后等离子弧将它与基材熔焊在一起。热丝等离子弧堆焊的特点是稀释率低，且易控制，工件变形小，熔覆速度快。该工艺方法适用于大面积自动堆焊，如压力容器内壁句覆层堆焊。

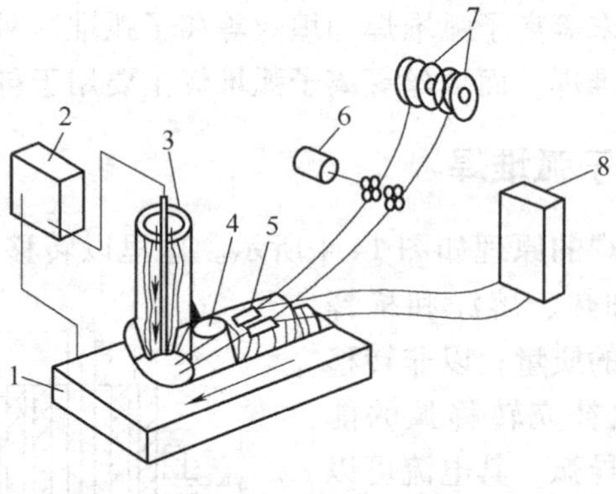

图 14-5　双热丝等离子弧堆焊的原理

1—工件　2—等离子弧电源（直流）　3—等离子弧焊枪　4—气体保护拖罩　5—焊丝预热接头　6—电动机　7—填充焊丝　8—预热电源（交流）

14.5　电渣堆焊

电渣堆焊是利用电流通过液体熔渣所产生的电阻热作为热源，使填充金属熔覆在基材表面的堆焊方法。

电渣堆焊一般用平外特性的交流电源。电渣堆焊的特点是熔覆速度快，一次可堆焊很厚的一层，可采用实芯焊丝、管状焊丝、板状或带板进行堆焊，适用于堆焊厚度较大（15～90mm）、表面形状简单的大、中型零件。

电渣堆焊设备包括电源、堆焊机头（包括送丝机构、摆动机构及上下行走机构）、电控系统以及水冷成形滑块。电渣堆焊的渣池除了有保护金属熔池不被空气污染的作用外，还对基材有较好的预热作用，故电渣堆焊时一般工件不需预热。电渣堆焊可使用多丝极或比带极埋弧堆焊更宽的板极（300mm），所得堆焊层更宽，表面平滑，熔深均匀，稀释率也较低。但电渣堆焊的缺点是熔合线附近成分变化过陡，高温使用时堆焊层易剥离。因此，为了防止剥离，常采用第一层用埋弧堆焊，第二层用电渣堆焊。这样不仅生产率较高，而且能得到结合牢固的光滑表面的堆焊层。此外，由于电渣堆焊时，基材热输入较大，故焊接后应进行热处理。

14.6　激光堆焊

将扩束的激光作为热源，在低于 $10^5 W/cm^2$ 的能量密度下可以实现自熔合金粉末的堆焊。激光的能量密度较高，堆焊速度可以很快，激光能量可以精确控制和导向，因此采用激光堆焊技术可以获得精密和高质量的堆焊层。

激光堆焊设备一般由激光器、光路、送粉装置、控制系统和工作台等部分组成。国内用于堆焊的激光器一般为 CO_2 激光器，功率为 3～5kW。激光堆焊工艺方法可以采用预置粉末激光重熔法，也可以采用自动送粉堆焊法，根据送粉喷嘴与激光束的相对位置，自动送粉堆焊又有侧向送粉和同轴送粉两种。

粉末预置激光重熔堆焊时，可以将合金粉末用有机黏结剂调合，然后涂覆到母材表面，预置涂层晾干后才可用激光进行重熔，以获得无气孔的堆焊层。有机黏结剂的种类很多，如异丙醇、纤维素与丙酮的混合液、松香与乙醇的混合液等。采用有机黏结剂预置合金粉末时，应当考虑到增碳对堆焊层的质量可能造成影响。用有机黏结剂预置粉末的方法一般是手工操作，工序比较复杂，生产率较低。为了提高效率，近年来广泛采用热喷涂方法预置粉末，这种方法提高了堆焊效率和质量，但堆焊成本也相应提高了。

近年来采用送粉装置实现自动送粉激光堆焊得到了快速发展，它不仅提高了堆焊效率，而且使堆焊过程实现了自动化，堆焊层质量显著提高。侧向送粉的喷嘴结构简单，成本低，但粉末利用率很低，同轴送粉可以显著提高粉末利用率，只是对喷嘴提出了较高的技术要求，堆焊过程金属蒸气和飞溅容易污染光学器件。

激光堆焊所针对的母材主要是钢铁材料，近年来对在铝合金、铜合金、镍基合金及钛合金上采用激光堆焊制备耐磨、耐腐蚀、抗高温涂层技术也开展了广泛研究。所堆焊的合金材料包括镍基、铁基、钴基自熔合金，以及这些自熔合金与陶瓷颗粒的复合粉末材料。

14.7 聚焦光束粉末堆焊

聚焦光束堆焊是以聚焦了的氙灯辐射光为热源，加热堆焊材料使其熔化并熔覆在母材上形成堆焊层的方法。聚焦光束堆焊主要采用各种自熔性合金粉末为堆焊材料。它又可分为预置粉末光束重熔堆焊法和自动送粉光束堆焊法，后者在堆焊时和氧乙炔焰堆焊和激光堆焊一样，在堆焊工艺上可以分别用一步法或二步法来获得堆焊层。

聚焦光束的能量密度较氧乙炔火焰高 1 个数量级，所以熔覆效率高一些，而且不会对熔池增碳污染堆焊金属。与等离子弧相比，聚焦光束的能量密度低一些，故熔覆效率较低，但聚焦光束属于平静热源，对堆焊熔池无机械力和电磁力的作用，故可以获得较低的稀释率，而且堆焊过程不受母材电、磁等性质的限制。由于聚焦光束的光斑较激光大一些，所以尽管聚焦光束堆焊速度不如激光堆焊快，但一次可以获得较宽的堆焊层，大面积堆焊时可以减少搭接次数。这对于减少缺陷、提高堆焊层质量是至关重要的。

一台聚焦光束堆焊设备一般由光源、聚焦系统、冷却系统、电源、控制系统及工作台组成。采用送粉装置可以实现自动堆焊过程。

衡量光束堆焊层质量的主要指标包括堆焊层成形、稀释率，以及堆焊层中是否存在冶金缺陷等。采用粉末预置光束重熔法堆焊时，影响光束堆焊质量的工艺因素包括光束的能量参数、堆焊速度、粉末预置层的厚度和宽度，以及黏结剂的加入量等，而自动送粉光束堆焊时，主要因素是光束能量参数、堆焊速度、送粉参数等。

14.7.1 预置粉末光束重熔堆焊

该方法是用黏结剂将合金粉末预置在工件表面，然后用光束重熔形成堆焊层的。此时光束的能量密度与光束扫描速度是影响堆焊层质量的重要因素，这两个参数的任意组合可以得到不同的堆焊热输入。采用过小的光束扫描速度时，堆焊金属的氧化烧损及母材的过度熔化将恶化堆焊层成形，且堆焊层被严重稀释，难以保证其设计性能。而光束扫描速过大，堆焊热输入的降低不仅会使堆焊材料熔化不充分，堆焊层表面及内部出现孔洞，同时也导致母材表面熔化不足，降低了堆焊层与母材的结合质量。为保证堆焊层的高质量，光束扫描速度存在最佳范围。

粉末预置层的宽度会影响到堆焊层与母材的结合情况。当粉末预置层宽度大于光斑直径时，焊道边缘由于光束能量密度较低，堆焊合金粉末熔化不充分，不能在母材表面良好润湿，堆焊层易出现边缘翘曲；当粉末预置层宽度过小时，由于母材金属的过度熔化会在焊趾处产生类似咬肉的缺陷。

在热输入一定的条件下，粉末预置层的厚度在很大程度上决定了堆焊层的稀释率，进而影响堆焊层的宏观硬度及其与母材的结合质量。粉末预置层较薄时，堆焊层的稀释率较大；而粉末预置层较厚时，稀释率降低，但预涂层厚度过大会因母材熔化不足导致堆焊层与母材结合不良或未结合。在热输入一定时，极限厚度与合金粉末的熔点有关，熔点越低，则允许的粉末预置层极限厚度越大。与常规堆焊方法相比，光束粉末堆焊即使在堆焊层很薄的情况下，仍可保证较小的稀释率。

光束堆焊层的硬度与粉末预置层厚度有着密切的联系。当预涂层厚度较小时，光束堆焊层的宏观硬度均低于同种材料的热喷涂层；随着预涂厚度的增加，堆焊层的硬度逐渐达到并超过同种材料的热喷涂层；当厚度超过某一定值时，堆焊层的硬度将趋于稳定。

14.7.2 自动送粉光束堆焊

自动送粉光束堆焊过程中可调节的工艺参数有光束能量参数、堆焊速度和送粉速率。光束的能量参数和堆焊速度影响堆焊热输入的大小，送粉速率与堆焊速度影响堆焊焊道单位长度的粉末质量，即线质量，而堆焊热输入和粉末线质量不仅决定了堆焊层的宽度和厚度，以及堆焊稀释率和粉末利用率，而且还直接影响到堆焊层与母材的冶金结合质量，因此它们是自动送粉光束堆焊时两个至关重要的工艺参数。其变化既可通过调节送粉速率实现，也可通过调节光束扫描速率实现。实践证明，存在一个热输入与线质量相匹配的区域，只有在这个区域内才有可能获得与母材冶金结合良好的堆焊层。同样可通过调节堆焊热输入和送粉线质量，以获得较低的稀释率、较高的粉末利用率和所需的堆焊层尺寸。

14.8 摩擦堆焊

摩擦堆焊是利用堆焊材料与母材之间的相对运动所产生的摩擦热为热源，将堆焊材料转移到母材表面形成堆焊层的工艺方法。堆焊环形焊缝时，堆焊材料和堆焊件均绕几何轴线做旋转运动；在平板上堆焊直焊缝时，工件不动，堆焊材料（棒状）做旋转和直线运动。平板上堆焊直焊缝的摩擦堆焊方法更具实用价值。

摩擦堆焊的原理如图14-6所示。棒状堆焊材料旋转并与母材表面接触，依靠接触面摩擦所产生的热使结合面两侧的材料达到热塑性状态，此时施加顶锻压力实现堆焊金属与母材的连接，与此同时堆焊件沿堆焊方向直线运动，以形成连续堆焊层，堆焊层厚度范围为 1.0 ~ 2.0mm。摩擦堆焊的加热过程经过初始摩擦、不稳定摩擦、稳定摩擦及热塑性层形成等阶段，持续时间取决于堆焊材料的直径、转速、摩擦正压力、堆焊材料及母材的热物理参数等。而堆焊层的质量主要取决于堆焊材料的转速、堆焊材料与母材间的横向运动速度，以及堆焊材料与母材间的压力。

摩擦堆焊过程不产生烟尘和飞溅，能量利用率较高，是一种高效清洁的先进堆焊方法。与常规堆焊技术相比，摩擦堆焊可以用于异种材料间的堆焊，堆焊层是由强烈的热锻造作用形成的固相组织，因而可以避免熔化堆焊时容易产生的冶金缺陷；堆焊层的成分几乎不被摩擦稀释，因而可以得到洁净、致密、晶粒细小，力学性能优良，表面平整的堆焊层，一般只需去除厚度 0.1mm 左右即可获得光洁的工作表面。

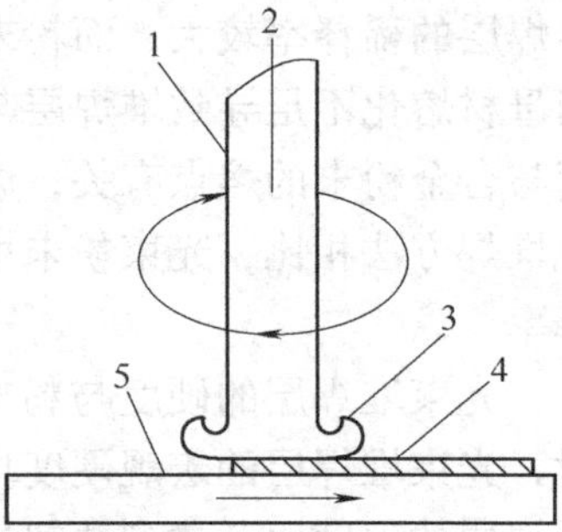

图 14-6　摩擦堆焊的原理
1—旋转的堆焊材料　2—轴向载荷
3—塑性层　4—堆焊层　5—母材

摩擦堆焊同样可以通过多道搭接工艺获得大面积堆焊层。在多道搭接堆焊时，相邻两焊道的搭接区易产生未焊透缺陷，选择合适的搭接量可以避免未焊透。焊道之间的良好连接不能弥补堆焊层与母材之间的未焊合，但可以改善整个堆焊层表面的连续性。当对堆焊层的耐蚀性要求高的情况下，需要将未焊透的焊道边缘部分机加工切除后才可以堆焊后续焊道。这样可以保证整个堆焊层与母材间实现均匀的冶金结合。另外，堆焊材料与母材间的相对横向运动会导致连续产生的堆焊层的高温区暴露在大气中，有可能将氧化物带入堆焊层，故根据堆焊材料的情况应当采取必要的气体保护措施。

摩擦堆焊是一种固相连接技术，特别适合于焊接性差的材料的堆焊，如将不锈钢材料堆焊到低碳钢表面、钴基合金堆焊到不锈钢表面、2011A 铝合金堆焊到 2014A 铝合金表面等。近年来，国外对采用摩擦堆焊技术制备金属基复合材料表面层进行了研究，堆焊材料为管状，金属基体材料作为外皮，内部填充增强体粉末材料，摩擦堆焊过程中，粉末材料转移到发生强烈塑性变形的母材中形成复合材料堆焊层。

复合材料堆焊层在阀体表面制备耐腐蚀层、复合管道法兰环形接触面修复制造等方面有较好的应用前景。目前，虽然摩擦堆焊技术在工程中的应用较少见，但在一些零件的维修再制造领域有良好的应用前景，如钢轨的原位修复，蜗轮叶片、冲模的修复等。

第 15 章　化学热处理

化学热处理是将工件置于一定的活性介质中加热并保温，使预定的非金属或金属元素渗入工件的表层中，改变表面的化学成分、组织和性能的热处理工艺方法。与表面淬火、喷丸滚压等其他表面处理手段相比，化学热处理的最大特点是通过改变工件的表面化学成分来改变其组织结构，从而提高其硬度、耐磨性、抗咬合能力、疲劳强度、抗高温氧化性能、耐蚀性及其他性能。

化学热处理的基本过程通常由渗剂分解、活性原子的形成，活性原子被金属表面吸收，活性原子向金属内部扩散的三个过程所组成。这三个过程进行的快慢，除了与所使用的渗剂有关外，还与化学热处理的加热温度和时间密切相关。而加速化学热处理进程的方法则分为化学催渗法和物理催渗法两大类。

根据渗入元素的不同，化学热处理分为渗碳、渗氮、碳氮共渗、渗硼、渗硫、渗硅、渗铝、铬、钛金属等。

15.1　渗碳

渗碳是指为了增加工件表层的碳含量并获得一定的碳浓度梯度，而将工件放在渗碳介质中加热并保温，使碳原子渗入表层的化学热处理工艺。渗碳赋予工件表层具有高碳钢淬火后的硬度和耐磨性，心部则具有低碳马氏体或临界区淬火组织的强韧性，有利于提高零件的承载能力和使用寿命。渗碳是典型的化学热处理工艺。因此，渗碳工艺广泛应用于机械制造业。目前，渗碳方法有气体渗碳、液体渗碳、固体渗碳和特殊渗碳法。

常用渗碳钢中碳的质量分数为 0.1% ~0.25%，渗碳温度为 900 ~950℃，渗碳层深（δ，单位为 mm）与渗碳温度（T，单位为 K）和渗碳时间（t，单位为 h）的关系通常可采用 Harris 公式进行近似计算：

$$\delta = 660\exp(-8287/T)\sqrt{t}$$

而渗碳工艺中碳势的测定、控制和调节，对保证渗碳质量和提高渗碳速度有着非常重要的影响。目前，碳势的测定和控制可采用露点仪、CO_2 红外仪、氧探头及电阻法等。

部分渗碳钢渗碳处理前要先进行正火或调质处理，渗碳后工件则均须进行淬火和低温回火（150 ~200℃）处理。至于零件非渗碳表面可采用防渗镀铜层、涂料防渗法，或采用增大加工余量法进行防渗处理。

15.1.1 滴注式气体渗碳

气体渗碳是最常用的渗碳方法，它是向密封的炉罐中通入能够分解出碳原子的介质，形成渗碳气氛，对工件进行渗碳的工艺。气体渗碳炉内要求保持一定的正压，并装有风扇使炉内气氛均匀，以便准确地控制碳势。

气体渗碳介质及工艺方法很多，其中滴注式气体渗碳是把含碳有机液体滴入或注入气体渗碳炉炉膛内，使之受热裂解，析出活性碳原子渗入工件进行渗碳的。滴注式气体渗碳主要应用于井式炉小批量生产。

作为渗碳剂要求具有产气量大，碳当量较小，碳氧摩尔比大于1，气氛中CO和 H_2 的含量稳定，价格低廉，货源丰富，安全性好的特点。常用有机液体渗碳剂的性能见表15-1。

表15-1　常用有机液体渗碳剂的性能

名称	分子式	相对分子质量	密度20℃，/(g/mL)	沸点/℃	闪点/℃	着火温度/℃	渗碳反应式	碳当量/g	碳氧摩尔比	产气量/(m³/kg)
甲醇	CH_3OH	32	0.7924	64.5	11	463.9	$CH_3OH \rightarrow CO + 2H_2$		1	
乙醇	C_2H_5OH	46	0.7854	78.4	13	422.7	$C_2H_5OH \rightarrow [C] + CO + 3H_2$	46	2	1.95
丙酮	CH_3COCH_3	58	0.7920	56.5	-19	539	$CH_3COCH_3 \rightarrow 2[C] + CO + 3H_2$	29	3	1.54
异丙醇	$(CH_3)_2CHOH$	60	0.7863	82.4	12	399	$C_3H_7OH \rightarrow 2[C] + CO + 4H_2$	30	3	1.87
乙酸甲酯	CH_3COOCH_3	74	0.9248	54.5	-11	454	$CH_3COOCH_3 \rightarrow [C] + 2CO + 3H_2$	74	1.5	1.56
乙酸乙酯	$CH_3COOC_2H_5$	88	0.901	77.1	-5	524	$CH_3COOC_2H_5 \rightarrow 2[C] + 2CO + 4H_2$	44	2	1.53
甲酸	CHOOH	46	1.2178	110.8	69	601.2			0.5	
煤油	$C_{11} \sim C_{17}$		0.81 ~ 0.84	155 ~ 330	28	435		14.2		
苯	C_6H_6	78					$C_6H_6 \rightarrow 6[C] + 3H_2$	12		0.933
甲苯	C_7H_8	92					$C_7H_8 \rightarrow 7[C] + 4H_2$	13.1		0.974

为了控制工件表面碳含量，有时可向炉内同时滴入两种有机液体：一种（如甲醇、乙醇）分解后产生渗碳能力较差还原能力较强的稀释气，在渗碳初期排除炉内空气，并保持炉内正压；一种（如煤油、丙酮、醋酸乙酯）则形成渗碳能力较强的富化气。调整两种流体的比例，可使工件表面碳含量控制在预定范围内。各种介质的具体滴入数值，应根据炉子大小、钢材成分、所需渗层深度等

因素，由试验加以确定。

滴注式气体渗碳时，炉气的碳势决定于有机液滴的组成、分解温度及滴入炉内的量。

以煤油-甲醇滴注式通用气体渗碳为例，其工艺如图 15-1 所示。图中 q 为按渗碳炉功率计算的渗剂滴速。

$$q = f_1 P$$

式中　f_1——单位功率所需滴速[mL/(min · kW)]，可取 f_1 = 0.13mL/(min · kW)；

P——渗碳炉功率（kW）。

图中 Q 为按工件有效吸碳表面积计算的渗碳剂滴速。

$$Q = f_2 NS$$

式中　f_2——单位吸碳表面所需滴速[mL/(min · kW)]，取 f_2 = 1mL/(min · m^2)；

N——装炉工件数；

S——每个工件的有效吸碳表面积（m^2）。

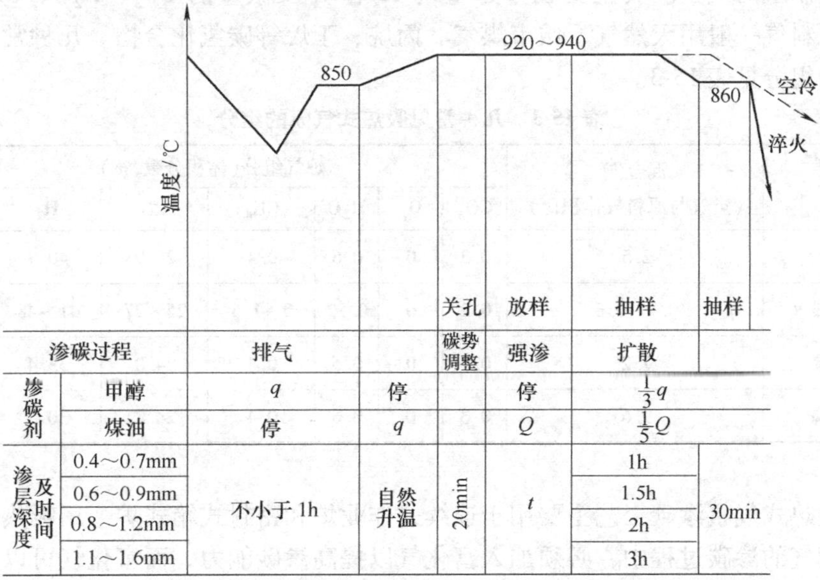

渗碳过程		排气		碳势调整	强渗	扩散	
渗碳剂	甲醇	q	停		停	$\frac{1}{3}q$	
	煤油	停	q		Q	$\frac{1}{5}Q$	
渗层深度及时间	0.4～0.7mm	不小于 1h	自然升温	20min	t	1h	30min
	0.6～0.9mm					1.5h	
	0.8～1.2mm					2h	
	1.1～1.6mm					3h	

图 15-1　煤油-甲醇滴注式通用气体渗碳工艺

操作时工件宜到温入炉。炉温在 880℃以下时，用甲醇排气，速排除氧化性气体；炉温高于 880℃后滴入煤油，迅速提高炉气碳势，既可防止炭黑出现，又加速了渗碳过程。不同渗碳温度下的强渗时间 t 可根据所要求的渗层深度确定，见表 15-2。

表 15-2　不同渗碳温度和渗层深度所需强渗时间

渗碳温度/℃	渗层深度/mm			
	0.4～0.7	0.6～0.9	0.8～1.2	1.1～1.6
	强渗时间/h			
920±10	40min	1.5	2.0	2.5
930±10	30min	1.0	1.5	2.0
940±10	20min	30min	1.0	1.5

图 15-1 所给出的扩散时间是指渗碳时的高温扩散时间，如采用降温淬火，则扩散时间应在此基础上加上降温时间及 0.5h 保温时间。

15.1.2　吸热式气氛渗碳

吸热式气氛通常是在吸热型发生器内通过不完全燃烧反应形成的气体，即以一定比例的原料气和空气混合，通过内部装有催化剂、外部加热的反应罐，经吸热反应制备的气氛。其主要成分为 CO、H_2、N_2 及微量的 CO_2、H_2O、CH_4、O_2 等。原料气一般用天然气、城市煤气、丙烷、丁烷等碳氢化合物。几种常见吸热气氛的组分见表 15-3。

表 15-3　几种常见吸热式气氛的组分

原料气	混合气（空气与原料气体积比）	炉气组分（体积分数，%）						
		CO_2	O_2	H_2O	CH_4	CO	H_2	N_2
天然气	2.5	0.3	0	0.6	0.4	20.9	40.7	余量
城市煤气	0.4～0.6	0.2	0	0.12	0～1.5	25～27	41～48	余量
丙烷	7.2	0.3	0	0.6	0.4	24.0	33.4	余量
丁烷	9.6	0.3	0	0.6	0.4	24.2	30.3	余量

吸热式气氛渗碳工艺主要用于连续式作业炉和密封式箱式炉。用吸热式气氛作为载气的渗碳过程中，必须加入富化气以提高渗碳能力，而富化气可以是甲烷或丙烷。

当原料气成分稳定时，吸热式气氛中 CO 和 H_2 的含量基本恒定，这时只测定单一的 CO_2 含量与 O_2 含量便可确定炉气碳势，即可用 CO_2 红外仪、露点仪或氧探头来进行单参数测量与控制。当用连续式作业炉渗碳时，对应渗碳过程中的加热、渗碳、扩散和预冷淬火四个阶段，把炉膛分成四个区域，不同区域的碳势不同，应分区进行碳势控制。

15.1.3 氮基气氛渗碳

氮基气氛渗碳是一种以纯氮为载气，添加碳氢化合物进行气体渗碳的节能、经济的工艺方法。氮基气氛渗碳较之吸热式气氛渗碳能使天然气消耗量降低约 85 %，热处理成本降低 50% 以上，且生产安全、无毒、无环境污染。

几种氮基渗碳气氛的组分见表 15-4。

表 15-4 几种氮基渗碳气氛的组分

序号	原料气	炉气组分(体积分数,%)					露点/℃	备注
		CO	H_2	CH_4	CO_2	N_2		
1	N_2 + 甲醇 + 富化气	15~20	35~45	0.3	0.4	余 37~47	0	Endomix 法(美) UCAR(美) ALNAT-C 法(法)
		18~23	27~45		0.1~0.3			
2	$N_2+C_3H_8$ (或 CH_4)	0.4		15	0.024	余	0	渗碳扩散 $\varphi(CH_4)=0$
		0.1			0.01			
3	$N_2+C_3H_8$ + 空气	4~6	8~10	0.8~1.5	0.04~0.1	~85	-40~-20	NCC 系统(英)
	$N_2+CH_4+CO_2$	2~4	10~12	3~5	0.02~0.6	~80		CAP 系统(美)
4	N_2 + 碳氢化合物 + H_2	15~20	40~50	2~5	0.12	35~40	-6.7	

氮基气氛渗碳时常通过调节富化气的加入量来控制炉气碳势的高低，其渗碳工艺与吸热式气氛渗碳大致相当。氮基气氛已成功地代替了吸热式气氛，省去了吸热式气体的发生装置，使滴注式气体渗碳方法可推广到连续式作业炉的大批量生产中。

15.1.4 高压气体渗碳

提高炉内正压，有利于渗碳过程的进行，故可在 980~3920kPa 气压下，于 950℃时向渗碳罐内通入渗碳气体，如木炭发生气等。由于高压对渗碳的促进作用，可在 5h 内得到 0.8~1.8mm 的渗碳层深度。

15.1.5 固体渗碳

固体渗碳是将工件置于填充固体渗碳剂的渗箱（由低碳钢、渗铝碳钢或耐热钢铸造或焊成）内，箱盖用耐火泥密封，然后置于炉中加热来进行渗碳热处理的方法。

固体渗碳剂应具备活性高、强度高、体积收缩小、导热性好、密度小、灰分和有害杂质低、使用寿命长、经济性好及资源丰富等特性。常用的固体渗碳剂为木炭、焦炭或碳化硅并加入一些催渗剂如 $BaCO_3$、Na_2CO_3、$CaCO_3$、CH_3COONa、$Ba(CH_3COO)_2$ 等组成。常用固体渗碳剂见表15-5。

表 15-5　常用固体渗碳剂

序号	渗碳剂	质量分数（%）	使用情况
1	$BaCO_3$	3～5	1）20CrMnTi，930℃渗碳7h，层深1.33mm，表面的 w(C)为1.07% 2）用于低合金钢时，新旧渗碳剂质量比为1/3，用于低碳钢，$w(BaCO_3)$应增加15%
	木炭	97～95	
2	$BaCO_3$	15	新旧渗碳剂的质量比为3/7，920℃渗碳层深1.0～1.5mm，平均渗碳速度为0.11mm/h，表面的 w(C)＝1.0%
	$CaCO_3$	5	
	木炭	余量	
3	$BaCO_3$	3～4	可用于18Cr2Ni4WA和20Cr2Ni4A 若用于12CrNi3钢时，$w(BaCO_3)$需增至5%～8%
	Na_2CO_3	0.3～1	
	木炭	余量	
4	$BaCO_3$	10	新旧渗碳剂的质量比为1/1
	Na_2CO_3	3	
	$CaCO_3$	1	
	木炭	余量	
5	$BaCO_3$	10～15	新旧渗碳剂的质量比为1/3～3/7，$w(BaCO_3)$＝5%～7%
	$CaCO_3$	3.5	
	煤的半焦炭	余量	
6	CH_3COONa	10	由于含醋酸钠(或醋酸钡)，渗碳活性较高，速度较快，但容易使表面碳含量过高；因含焦炭，渗剂热强度高及抗烧损性能好
	焦炭	30～35	
	木炭	55～60	
	重油	2～3	

工件装箱时，先在箱底铺一层25～30mm的渗碳剂，并捣实，工件之间和箱壁之间也要留出15～25mm的距离并轻轻地捣实。等最上面一批工件放好后应在其上面铺一层30～50mm厚的渗碳剂，捣实后盖上箱盖，沿盖缝和边上都用耐火泥密封。渗碳剂可以多次使用，但同一渗碳剂连续使用三次之后，会减弱其渗碳能力，故常需在旧渗碳剂中加入20%～30%新的渗碳剂。

渗碳时炉温升到800～850℃时应保温一段时间，以使渗箱透烧，然后再继续加热到渗碳温度 900 ~ 950℃。渗碳保温时间则根据需要的渗碳层深度而定，通常取平均速度为 0. 1 ~ 0. 15mm/h。固体渗碳优点是简单、实用，成本低；缺点是劳动强度大，渗剂粉尘污染环境，渗碳速度慢，生产率低，质量难以控制。因此，固体渗碳适用于单件、小批量生产。

15. 1. 6 分段固体渗碳

为了简化固体渗碳后的热处理工艺，可采用图 15-2 所示分段固体渗碳工艺曲线进行渗碳处理。该工艺方法的特点是在正常渗碳温度 930℃ ± 10℃保温，以取得所需渗层的下限深度，将炉温降至 850℃，保温一段时间，通过扩散以适当降低表面碳含量。对于本质细晶粒钢，只要在分段降温阶段无网状渗碳体析出，就可免去正火工序，或可实现分段渗碳后直接淬火。

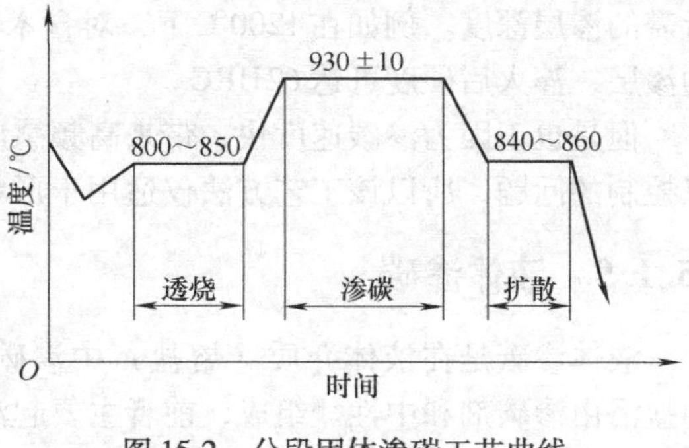

图 15-2 分段固体渗碳工艺曲线

15. 1. 7 膏剂渗碳

膏剂渗碳是工件涂以膏剂渗碳剂进行渗碳的工艺。它是将碳粉、碳酸盐和黄血盐等用水玻璃、全损耗系统用油或桃胶水溶液等调匀成膏状，涂于工件表面，所涂膏剂的厚度同所需要渗碳层的深度以及工件的形状、大小有关。一般渗层厚度为 0. 6 ~ 1. 5mm 时，膏剂的厚度为 3 ~ 4mm；而渗层厚度为 1. 5 ~ 2. 0mm 时，膏剂厚度 > 4. 5mm。涂上膏剂的工件，应在 100 ~ 120℃中烘干 10 ~ 20min，然后放到渗碳箱内，并进行密封。随后冷炉加热到渗碳温度后保温一定时间，即可得到一定厚度的渗碳层。

常用渗碳膏剂成分有以下三种：

1) $w(\mathrm{C}) = 64\%$，$w(\mathrm{Na_2CO_3}) = 6\%$，$w(\mathrm{CH_3COONa}) = 6\%$，$w[\mathrm{K_4Fe(CN)_6}] = 12\%$，$w$(面粉) = 12%。利用这种膏剂渗碳，在 920℃保温 15min，可获得 0. 25 ~ 0. 30mm 的渗层，淬火后表面硬度为 56 ~ 62HRC。

2) $w(\mathrm{C}) = 30\%$，$w(\mathrm{Na_2CO_3}) = 3\%$，$w(\mathrm{CH_3COONa}) = 2\%$，$w$(全损耗系统用油) = 25%，$w$(柴油) = 40%。用此膏剂于 920 ~ 940℃保温 1h 渗碳，可获得 1. 0 ~ 1. 2mm 渗层。

3) $w(\mathrm{C}) = 55\%$，$w(\mathrm{Na_2CO_3}) = 30\%$，$w$(草酸钠) = 15%。经 950℃，1. 5h 渗碳后，渗层深度为 0. 6mm，2h 为 0. 8mm，3h 为 1. 0mm。表面 $w(\mathrm{C})$ 为 1. 0% ~ 1. 2%，淬火后硬度为 60HRC。

膏剂渗碳时间短，不致使晶粒长大，可直接淬火，比较经济，并容易实现局部渗碳；但表面碳含量及层深稳定性较差。膏剂渗碳适用于单件和小批量生产。

15.1.8 高频感应加热膏剂渗碳

高频感应加热膏剂渗碳是将渗碳膏剂涂于工件表面，然后用高频感应加热进行渗碳热处理的方法。由于高频感应加热速度快且温度高，故可在几分钟内获得所需的渗层深度。例如在1200℃下，对含木炭膏剂加热1min，便可获得0.46mm的渗层，淬火后硬度可达62HRC。

但是也正因为渗碳速度快，带来高频感应加热膏剂渗碳层深度和碳含量均难以控制的问题，所以该工艺方法仅适用于形状简单的杆状零件的渗碳处理。

15.1.9 液体渗碳

液体渗碳是在液体介质（熔盐）中渗碳的工艺，也称盐浴渗碳。液体渗碳的盐浴由渗碳剂和中性盐组成，前者主要起渗碳作用，后者起调整盐浴密度、熔点和流动性的作用。液体渗碳按使用液体介质不同，分为 SiC 液体渗碳、氰化盐液体碳、“603” 盐浴渗碳和无毒盐浴渗碳等。

液体渗碳的特点：①加热和渗入速度快，周期短，如在900℃进行渗碳，当渗碳层深为0.9～1.0mm 时，固体渗碳需 8～9h，且还需大量的辅助时间，而液体渗碳仅需 3～4h；②工件在盐浴中渗碳，渗层均匀，变形较小；③渗碳过程中易于控制温度和时间，易保证渗碳质量；④工件渗碳后，可以直接淬火，可减少工序，节约能源。液体渗碳的缺点是仅适用于小批量或单件生产，对于尺寸过大、过小及细长的工件难以采用液体渗碳工艺。

液体渗碳盐浴组成和使用效果见表15-6。

15.1.10 氰化盐浴渗碳

氰化盐浴渗碳是以氰化钠或氰化钾为渗碳剂的渗碳工艺。由于其产品质量好，生产率高，故早期氰化盐浴渗碳应用较广泛。常用盐浴配方为：$w(NaCN)$ 10%～23% + $w(BaCl_2)$ 0～40% + $w(KCl)$ 0～25% + $w(NaCl)$ 20%～40% + $w(Na_2CO_3)$ 30%。

氰化盐在高温下的化学反应如下：

$$2NaCN + BaCl_2 \rightarrow 2NaCl + Ba(CN)_2$$

$$Ba(CN)_2 \rightarrow BaCN_2 + [C]$$

$$BaCN_2 + Na_2CO_3 \rightarrow BaO + 2NaCNO$$

表 15-6 液体渗碳盐浴组分和使用效果

<table>
<tr><th rowspan="2">序号</th><th colspan="3">盐浴组分(质量分数,%)</th><th rowspan="2">主要化学反应</th><th rowspan="2">使 用 效 果</th></tr>
<tr><th>组成物</th><th>新盐成分</th><th>盐浴控制成分</th></tr>
<tr><td rowspan="3">1</td><td>NaCN</td><td>4 ~ 6</td><td>0.9 ~ 1.5</td><td rowspan="3">$2NaCN + BaCl_2 \rightarrow 2NaCl + Ba(CN)_2$；$Ba(CN)_2 \rightarrow BaCN_2 + [C]$</td><td rowspan="3">与其他盐浴相比，该盐浴较易控制，渗碳工件表面碳含量稳定，例如：20CrMnTi、20Cr 钢，920℃ 渗碳 3.5 ~4.5h，表面最高碳的质量分数为 0.83% ~0.87%</td></tr>
<tr><td>$BaCl_2$</td><td>80</td><td>68 ~ 74</td></tr>
<tr><td>NaCl</td><td>14 ~ 16</td><td>—</td></tr>
<tr><td rowspan="4">2</td><td>603 渗碳剂①</td><td>10</td><td>2 ~ 8(碳)</td><td rowspan="4">1) $Na_2CO_3 + C \rightarrow Na_2O + 2CO$
$2CO \rightleftharpoons CO_2 + [C]$
2) $3(NH_2)_2CO + Na_2CO_3 \rightarrow 2NaCNO + 4NH_3 + 2CO_2$
$4NaCNO \rightarrow 2NaCN + Na_2CO_3 + CO + 2[N]$
(盐浴中 NaCN 的质量分数为 0.5 ~0.9%)</td><td rowspan="4">该盐浴原料无毒，在 920 ~ 940℃ 时，装炉量为盐浴总重的 50% ~70%，20 钢渗碳试样的渗碳深度如下<table><tr><th>保温时间/h</th><th>渗层深度/mm</th></tr><tr><td>1</td><td>>0.5</td></tr><tr><td>2</td><td>>0.7</td></tr><tr><td>3</td><td>>0.9</td></tr></table></td></tr>
<tr><td>KCl</td><td>40 ~ 45</td><td>40 ~ 45</td></tr>
<tr><td>NaCl</td><td>35 ~ 40</td><td>35 ~ 40</td></tr>
<tr><td>Na_2CO_3</td><td>10</td><td>2 ~ 8</td></tr>
<tr><td rowspan="4">3</td><td>渗碳剂②</td><td>10</td><td>5 ~ 8(碳)</td><td rowspan="4">$Na_2CO_3 + C \rightarrow Na_2O + 2CO$
$2CO \rightarrow CO_2 + [C]$</td><td rowspan="4">920 ~ 940℃ 时渗碳速度如下<table><tr><th rowspan="2">渗碳时间/h</th><th colspan="3">渗碳层深度/mm</th></tr><tr><th>20</th><th>20Cr</th><th>20CrMnTi</th></tr><tr><td>1</td><td>0.3 ~ 0.4</td><td>0.55 ~ 0.65</td><td>0.55 ~ 0.65</td></tr><tr><td>2</td><td>0.7 ~ 0.75</td><td>0.9 ~ 1.0</td><td>1.0 ~ 1.10</td></tr><tr><td>3</td><td>1.0 ~ 1.10</td><td>1.4 ~ 1.5</td><td>1.42 ~ 1.52</td></tr><tr><td>4</td><td>1.28 ~ 1.34</td><td>1.56 ~ 1.62</td><td>1.56 ~ 1.64</td></tr><tr><td>5</td><td>1.40 ~ 1.50</td><td>1.80 ~ 1.90</td><td>1.80 ~ 1.90</td></tr></table>表面碳的质量分数为 0.9% ~1.0%</td></tr>
<tr><td>NaCl</td><td>40</td><td>40 ~ 50</td></tr>
<tr><td>KCl</td><td>40</td><td>33 ~ 43</td></tr>
<tr><td>Na_2CO_3</td><td>10</td><td>5 ~ 10</td></tr>
<tr><td rowspan="3">4</td><td>Na_2CO_3</td><td colspan="2">78 ~ 85</td><td rowspan="3">$2Na_2CO_3 + SiC \rightarrow Na_2SiO_3 + Na_2O + 2CO + [C]$</td><td rowspan="3">880 ~ 900℃ 渗碳 30min，总渗层深为 0.15 ~ 0.20mm，共析层为 0.07 ~ 0.10mm，硬度为 72 ~ 78HRA</td></tr>
<tr><td>NaCl</td><td colspan="2">10 ~ 15</td></tr>
<tr><td>SiC
(粒度 26 ~ 50μm)</td><td colspan="2">6 ~ 8</td></tr>
</table>

① 603 渗碳剂组分(质量分数)为：NaCl5% KCl10%，$Na_2CO_3$15%，$(NH_2)_2CO$20%，木炭粉 0.154mm(100 目)5%。

② 渗碳剂组分(质量分数)为：木炭粉 0.280 ~ 0.154mm(60 ~ 100 目)70%，NaCl30%。

渗碳时应严格控制温度。对于渗层薄而变形要求较严格的工件采用 850 ~ 900℃，而对于渗层较厚的工件采用 900 ~ 950℃ 的渗碳温度。为了使盐浴温度均匀、减少热量散失和盐浴蒸发烧损，最好在盐浴的表面撒一层石墨粉。其次应保证盐浴的活性，故必须定期翻新盐浴。操作时还应防止氰盐爆炸、挥发和熔盐外溢。

由于氰盐有剧毒，对操作者的健康影响大，废盐、污气的处理也很复杂，近年来已逐渐为低氰或无氰盐浴渗碳所代替。

15.1.11　低氰盐浴渗碳

低氰盐浴渗碳是将氰盐的质量分数控制在 10% 以内的渗碳工艺。其盐浴配方为：$w(NaCN)4\% \sim 6\% + w(BaCl_2)80\% + w(NaCl)14\% \sim 16\%$。

低氰盐浴控制较容易，渗碳速度快，工件表面碳含量稳定。例如，20CrMnTi、20Cr 钢等齿轮 920℃ 渗碳 3.5 ~ 4.5h，渗层深度 > 1.0mm，表面最高碳的质量分数为 0.83% ~ 0.87%。

15.1.12　“603”盐浴渗碳

“603” 渗碳剂是上海热处理厂于 1960 年 3 月研制成功的，故命名为“603”盐浴渗碳。其配方为：$w[(NH_2)_2CO]20\% + w(Na_2CO_3)15\% + w(KCl)10\% + w(NaCl)5\% + w(C)50\%$。

“603” 渗碳剂在高温下的化学反应如下：

$$Na_2CO_3 + C \rightarrow Na_2O + 2CO$$

$$3(NH_2)_2CO + Na_2CO_3 \rightarrow 2NaCNO + 4NH_3 + 2CO_2$$

$$4NaCNO \rightarrow 2NaCN + Na_2CO_3 + CO + 2[N]$$

$$2CO \rightarrow CO_2 + [C]$$

“603” 盐浴成分本身无毒，但在分解后含有少量氰根（CN），$w(NaCN)$ 可达 0.5%，故操作时仍应注意。

“603” 盐浴渗碳的使用温度为 920 ~ 940℃，在该温度下，渗碳 2 ~ 3h 可获得 0.9 ~ 1.2mm 的渗层。此外，渗碳层分布较理想，自表及里深度是逐渐下降的，因此工件渗碳后的疲劳强度较用氰化盐时的高。

15.1.13　碳化硅盐浴渗碳

碳化硅盐浴渗碳是以碳化硅为活性物质的渗碳工艺。其配方为：$w(Na_2CO_3)75\% + w(NaCl)15\% + w(SiC)10\%$。

在高温下盐浴中化学反应如下：

$$2Na_2CO_3 + SiC \rightarrow Na_2SiO_3 + Na_2O + 2CO + [C]$$

$$2CO \rightarrow CO_2 + [C]$$

反应生成的活性碳原子渗入钢表面，而生成的 Na_2SiO_3 和 Na_2O 作为渣子浮在熔盐表面，应不断进行清除，故碳酸钠与碳化硅应经常补充以保证盐浴活性和化学成分的平衡。但纯碳化硅价格昂贵，常用 w（SiC）在 55% 以上的金刚砂来替代，粗细应适中，粒度通常为 355 ~ 700mm。

渗碳时，为保证质量，渗碳温度应严格控制监测，一般控制在 840 ~ 900℃。例如，在 880 ~ 900℃，渗碳 30min，总渗层深为 0.15 ~ 0.2mm，共析层为 0.07 ~ 0.10mm，硬度为 72 ~ 78HRA。为得到较深的渗层可添加 NH_4Cl。工件取出淬火时，最好淬入油中。

15.1.14　无毒盐浴渗碳

无毒盐浴渗碳首先是国外开发研制的，无论在原料或在反应产物中均无氰盐或氰根，没有毒性，对人的健康及环境危害小，操作、使用较方便。前面介绍的碳化硅盐浴渗碳也属于无毒盐浴渗碳的一种。

这种盐浴大都用木炭粉、石墨粉、碳化硅、碳化钙等作为渗碳剂，用 NaCl、KCl、Na_2CO_3、K_2CO_3 等中性盐作为基本盐浴。几种典型无毒液体渗碳盐浴的配方见表 15-7。

表 15-7　几种液体渗碳盐浴的配方

序号	组分（质量分数，%）						备　注
	SiC	NaCl	KCl	Na_2CO_3	K_2CO_3	NH_4Cl	
1		24	37	39			外加总量 10%（质量分数）的石墨
2		13	19	38 ($BaCl_2$)	30 ($BaCO_3$)		外加总量 10%（质量分数）的石墨
3	15（木炭）	25	25	35			
4		40	40	10			w（渗碳剂）为 10%［成分为 w（木炭粉）70% + w(NaCl) 30%］
5	15	25	25		35		
6	11 ~ 15	5 ~ 8			72 ~ 74	7 ~ 8	工件表面有腐蚀，工作时盐浴表面易结壳

盐浴在高温下的化学反应如下：

$$MeCO_3 \rightarrow MeO + CO_2$$

$$SiC + CO_2 \rightarrow Si + 2CO$$

$$C + CO_2 \rightarrow 2CO$$
$$2CO \rightarrow CO_2 + [C]$$

无毒盐浴渗碳温度若为 920 ~ 940℃，经 2 ~ 3h 可得渗碳深度：20 钢，0.7 ~ 1.1mm；20Cr 和 20CrMnTi 钢，0.9 ~ 1.5mm。

15.1.15 通气盐浴渗碳

向无毒渗碳盐浴中吹入空气、一氧化碳或丙烷，可使盐浴成分和温度更加均匀，并提高盐浴活性，加速渗碳过程。例如，在 w(NaCl)24% + w(KCl)37% + w(Na_2CO_3)39% 的混合盐浴中加入总量 10%（质量分数）的石墨，使用渗碳温度为 800 ~ 900℃，且通入流量为 2L/min 丙烷气，渗碳速度可达 0.15 ~ 0.2mm/h。该工艺方法适合于薄层渗碳。

15.1.16 超声波盐浴渗碳

向渗碳盐浴中施加 15kHz 超声波，可促使含碳组分热分解和离子化，增大碳原子扩散系数，并能有效去除氧化膜而使工件表面净化，加入碳原子的吸附和渗入。施加 15kHz 的超声波相当于提高渗碳温度 100℃，从而使渗碳层深度 ≥ 2mm 成为可能，而又能避免因提高温度使熔盐剧烈蒸发的弊病。当渗碳层深度一定时，施加超声波可将渗碳温度降低至淬火温度，使渗碳与淬火工序得以同时进行，而且渗碳时间也可缩短一半以上。

若将 15kHz 和 45kHz 超声波并用，效果更佳。渗碳初期施加 15kHz 超声波，可增加盐浴的活性，提高表面碳含量。然后改用 45kHz 超声波，可使扩散速度显著加快，从而缩短工艺周期，并能获得较深的渗层。

15.1.17 高温盐浴渗碳

盐浴渗碳的一般规律是渗碳温度越高，所需时间越短，而渗碳层越深；但盐浴烧损越剧烈，炉衬及发热体寿命越短，钢的晶粒越粗大。

如果对 20CrMn、15CrMn 等细晶粒钢，在电极式盐浴炉中进行 1100℃高温渗碳 4h，渗碳层深为 4mm（而 930℃普通盐浴渗碳 4h，层深仅 1mm）。如果渗碳层深一定，提高渗碳温度，渗碳时间缩短一半，设备能力可提高一倍。为了减少工件变形，渗碳后空冷，然后重新加热淬火。

15.1.18 真空渗碳

真空渗碳是在真空炉中进行的一种高温气体渗碳工艺。由于渗碳温度可提高到 1030 ~ 1050℃或更高，真空对表面又有净化作用，从而使渗碳时间缩短到一般气体渗碳的 1/3 ~ 1/2，而且使不锈钢等难渗碳零件成功地实现渗碳。另外，真空渗碳深层均匀性好，表面质量高，劳动条件好，但真空渗碳也存在设备复杂，投资大等问题。

一段式真空渗碳工艺曲线如图 15-3 所示。当炉温达到渗碳温度后，应保温一段时间（工件有效厚度每 25mm 保温 1h 的均热时间），以使工件各部位以及炉内各工件达到同一温度。均热结束后仍保持炉温不变，并连续向炉内通入甲烷或丙烷等渗碳介质进行渗碳。使用甲烷时炉内压力为（26 ~ 47）× 10^3Pa。渗碳层深达到要求时，停止渗碳介质的供给，在真空条件下进行扩散，以平缓渗层的含量。扩散处理后即可降温淬火，或经正火后再加热淬火 + 低温回火。一段式真空渗碳常用于形状较简单工件的外表面渗碳。

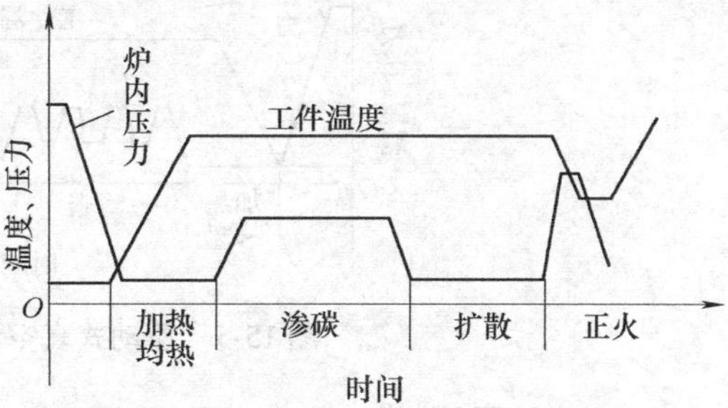

图 15-3　一段式真空渗碳工艺曲线

15.1.19　脉冲式真空渗碳

将渗碳介质以脉冲形式送入真空炉内，即在均热结束后向炉内通入渗碳介质达到一定压力后停止渗碳介质供应，停止抽真空，保持炉内压力不变维持一定时间进行渗碳；然后抽真空使炉内废气排出和得到较高真空度（60Pa）。在这段时间内碳自工件表层向内层扩散。如此，送气、抽气交替进行，工件的渗碳、扩散不断进行，直至渗碳过程结束。脉冲式真空渗碳工艺曲线如图 15-4 所示。

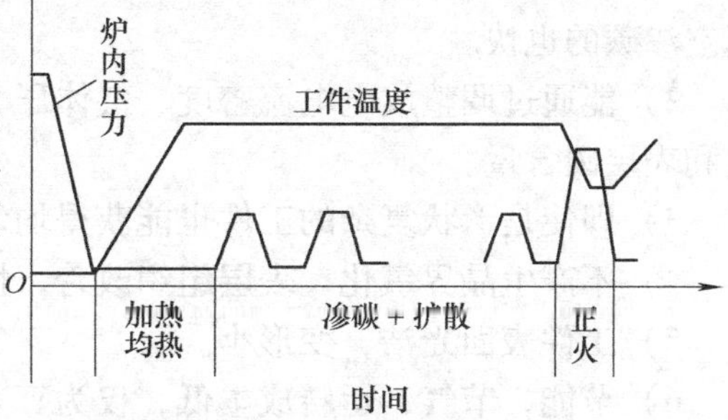

图 15-4　脉冲式真空渗碳工艺曲线

脉冲式真空渗碳适用于复杂的工件，特别可使工件的深凹处和小直径的不通孔内表面得到均匀的渗碳层。

15.1.20　摆动式真空渗碳

摆动式与脉冲式真空渗碳不同之处是在每个周期的低压抽气段，并不把炉内渗碳气体全部抽出（压力维持在 600Pa），在此阶段工件仍在渗碳。因此，摆动式真空渗碳渗碳后须进行扩散处理，然后再进行淬火 + 低温回火。摆动式真空渗碳工艺曲线如图 15-5 所示。

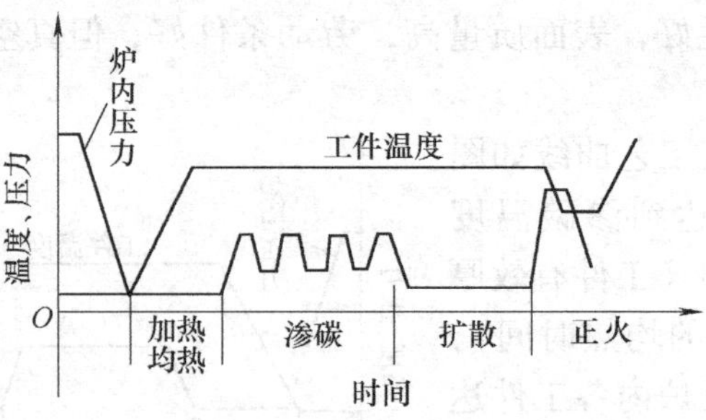

图 15-5　摆动式真空渗碳工艺曲线

15.1.21　离子渗碳

离子渗碳也称等离子体渗碳。它是在真空状态下，工件在含有碳氢化合物的气氛中加热，并在工件（阴极）和阳极之间加直流电压，产生辉光放电，形成等离子体，等离子体中的碳离子被加速轰向工件表面而进行的渗碳工艺。

离子渗碳通常不使用吸热型气体，而是直接通入由氩气或氮气稀释的甲烷或丙烷渗碳气体，而渗碳温度为 900～950℃，并在 0.13～2.6Pa 压力下进行渗碳。离子渗碳周期中包括抽真空→加热→渗碳→扩散→预冷到淬火温度，或冷却至临界点以下再重新加热到淬火温度，保温后高压气淬或淬油等阶段。

离子渗碳特点如下：

1）比普通气体渗碳的渗碳速度快，渗碳时间约为常规气体渗碳的 1/2，比真空渗碳的也快。

2）能通过调整放电电流密度、气体压力等工艺参数，精确地控制渗碳层深度和表层碳含量。

3）即使是形状复杂的工件也能获得均匀的渗层。

4）不产生晶界氧化，表层组织改善，性能提高。

5）工件表面光洁，变形小。

6）节能，节气，运转成本低，仅为真空渗碳的 63%，气体渗碳的 50%。

但是，离子渗碳需专用设备，设备复杂，造价高；炉膛空间利用率低。

15.1.22　高温离子渗碳

将离子渗碳温度提高至 1050℃，可进一步提高渗碳速度，易获得较深的渗碳层，缩短工艺时间，节约能源。表 15-8 为不同钢材高温离子渗碳的渗层厚度。

提高渗碳温度不可避免将使钢的晶粒长大。因此，可在高温离子渗碳过程中或之后进行循环热处理，即将工件从 1050℃ 气冷至临界点之下，再加热至临界点之上，如此往复循环 2 或 3 次以控制晶粒的长大。

表 15-8　不同钢材高温离子渗碳的渗层厚度　（单位：mm）

牌号 \ 工艺	1050℃ ×1h	1050℃ ×2h	1050℃ ×4h	1050℃ ×8h	1050℃ ×16h
20Cr2Ni4A	0.80	1.47	2.02	3.11	5.20
20CrNi2Mo	0.73	1.50	2.08	3.23	5.28
20CrMnTi	0.74	1.62	2.08	3.32	5.32
20CrMnMo	0.76	1.48	2.05	3.22	5.20
15CrNi3Mo	0.75	1.43	2.04	3.12	5.15
17CrNiMo6	0.82	1.52	2.13	3.18	

15.1.23　流态炉渗碳

流态炉渗碳是利用流态床对工件进行加热，通过通入空气和碳氢化合物气体或利用可供碳的固体微粒如碳粉、石墨粉进行渗碳的。

流态炉渗碳速度比普通气体渗碳快。950℃渗碳 1h，可获得 0.8～0.9mm 的渗层。这是因为流态床传热速度快，刚玉砂等对渗碳工件表面不断冲刷不仅防止炭黑形成，使碳能更有效地传输给工件表面，且工件表面被刚玉砂撞击得以活化，从而使渗碳速度得以成倍地提高。

流态炉渗碳的缺点是流态床中碳势不均匀，顶部碳势较低。

流态渗碳炉如图 15-6 所示。

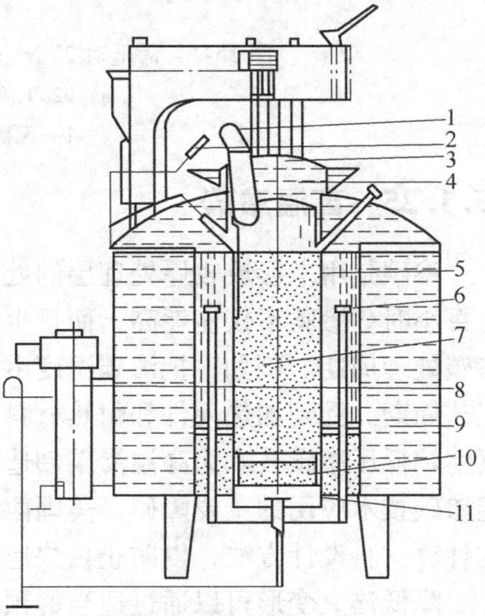

图 15-6　流态床渗碳炉

1—通风口　2—点火孔　3—盖　4—砂封　5—炉罐　6—加热器　7—流化床　8—汽化器　9—绝热体　10—耐火陶粒　11—扩散板

15.1.24　稀土催化渗碳

将稀土元素加入到渗碳介质中能显著提高渗碳速度，缩短工艺周期。稀土催渗还可显著改善渗碳层的组织结构，易在渗碳层表面获得细小弥散分布的颗粒状碳化物，基体的奥氏体晶粒度可达 11～13 级，马氏体为细小板条状，从而提高渗碳零件的耐磨性和疲劳强度，延长其使用寿命。稀土元素的选用和添加量应根据渗碳钢种和渗碳工艺条件而定。

由于稀土元素的催渗作用除可使渗速加快、缩短渗碳时间、节约电能外，还可将渗碳温度从常规的930℃降至860℃左右，这对获得细晶组织、减小变形是有利的。

稀土对20CrMnTi钢气体渗碳渗层深度的影响如图15-7所示。

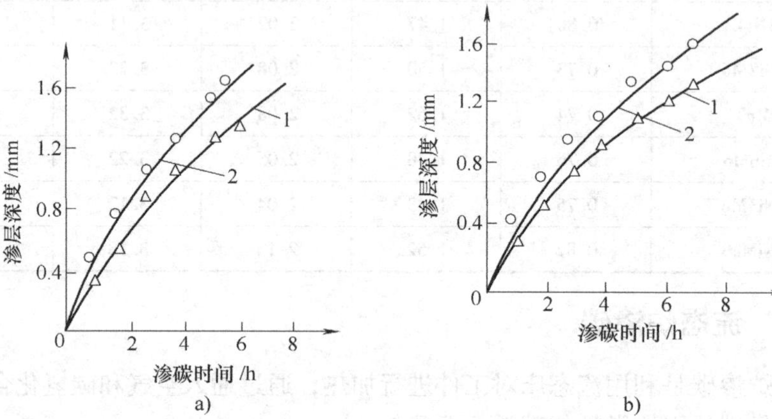

图15-7　稀土对20CrMnTi钢气体渗碳渗层深度的影响

a）920℃渗碳　b）880℃渗碳

1—无稀土　2—加稀土

15.1.25　高温渗碳

渗碳是用来形成较厚处理层的处理方法，因此工艺周期较长，从几十小时到上百小时。渗碳不仅能耗高，而且生产率较低。提高渗碳温度，可以有效地缩短渗碳处理周期。例如，把渗碳温度由930℃提高到1150℃可以减少40%～50%的工艺周期。受到加热元件和耐热材料的限制，高温渗碳很难在电阻炉中实现，但真空炉低压渗碳技术为高温渗碳创造了条件。晶粒长大和淬火变形是目前制约高温渗碳技术应用的主要障碍。美国西北大学正在发展一种将工艺与材料优化组合的计算材料设计方法，以防止在快速高温渗碳（>700℃）时晶粒的快速长大。

降低淬火变形可以通过适当的预热、加热技术，以及尽可能降低淬火冷却介质的冷却速度来达到。高压气淬是一种非常有效的减少淬火变形的技术。

15.1.26　乙炔低压渗碳

低压渗碳或真空渗碳一般用丙烷作为渗碳介质。但是，丙烷在600℃以上时会极快地分解成碳、氢和甲烷而不需要任何催化介质。因此，丙烷气体也会在工件四周的空间分解而在热的炉腔内形成炭黑。同时，在炉内装料较多时或工件带有深盲孔时，碳很难均匀地进入到工件表面。上述问题可以用脉冲丙烷气及增加丙烷气的速度来得到一定程度的缓解，但问题并未解决。

从20世纪90年代开始，科技工作者研究用乙炔替代丙烷以从根本上解决上述问题。这是因为乙炔具有高的供碳能力，但其分解只有在金属表面的催化下进行。因此，即使在 10MPa 以上压力时，也可以实现在装炉量很大或零件具有深盲孔时的均匀渗碳而不产生炉内炭黑。

低压渗碳具有技术、经济和环境优势，其优点见表 15-9。

表 15-9　低压渗碳的优点

技　术	经　济	环境能源
1）宽的处理温度范围	1）短的处理周期	1）没有热辐射
2）无氧化，表面光亮	2）高的生产率	2）没有有害气体
3）处理层均匀，重复性好	3）不需要表面清洁	3）低能源消耗
4）淬火变形小	4）处理后磨削量小	4）低材料损耗

15.1.27　电解渗碳

在工件（阴极）和熔盐中的石墨（阳极）之间通以电流进行渗碳的工艺称为电解渗碳。电解渗碳是利用电化学反应使碳原子渗入工件表层的。电解渗碳装置如图 15-8 所示。

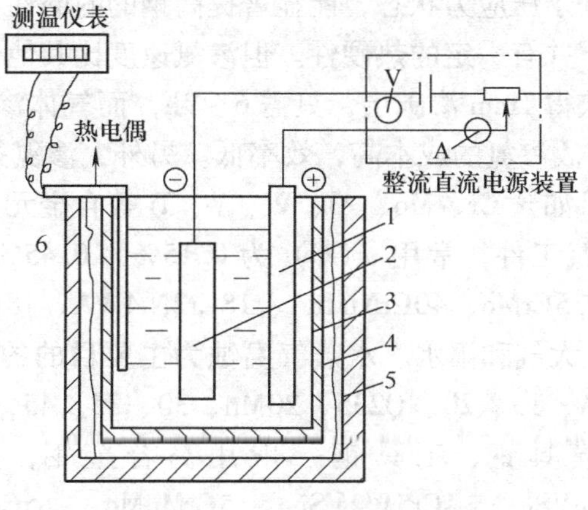

图 15-8　电解渗碳装置
1—石墨　2—工件　3—坩埚　4—加热元件
5—炉体　6—盐浴

电解渗碳与常规渗碳比较具有如下优点：无公害，设备简单，不需要废液处理装置，加热温度均匀，操作简便，适用于多品种小批量生产等。电解渗碳的缺点是工件的数量、尺寸受到盐浴炉容量大小限制，对形状复杂的工件还会由于电流密度不均而造成渗层深度和浓度不均。电解渗碳盐浴主要是碱土金属碳酸盐，加上调整熔点和稳定盐浴的溶剂。

机床摩擦片电解渗碳工艺如图 15-9 所示。

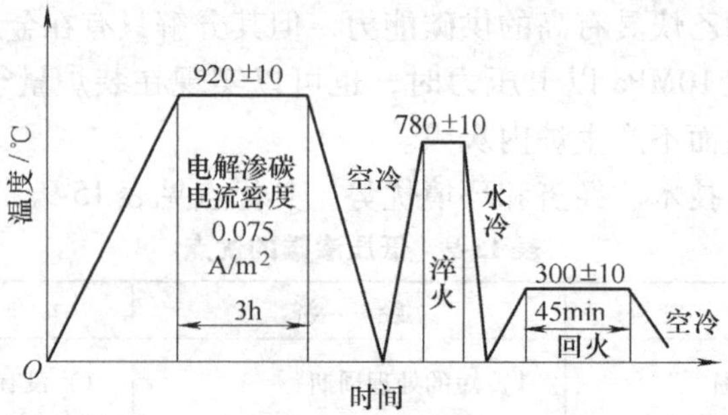

图 15-9　机床摩擦片电解渗碳工艺

15.2　渗氮

渗氮是指在低于 Ac_1 温度下，利用氨分解的活性氮原子向工件表面扩散而形成铁氮合金，从而改变钢表面性能的化学热处理工艺。

钢的渗氮通常在 480～580℃进行，零件心部无组织转变，变形小；而渗氮层表面硬度高，且处于压应力状态，能显著提高钢的耐磨性与疲劳强度，改善耐蚀性和抗擦伤性能，并有一定的热硬性。但渗氮速度比其他化学热处理的慢，生产周期长，如渗碳获得 1mm 渗碳层，只需 6～9h，而气体渗氮欲获得 1mm 渗氮层则需要 40～50h，故渗氮的成本高，效率低。另外，渗氮处理一般只适用于某些特定成分的钢种，如含 Cr、Mo、Al、W、V、Ti 等合金元素的钢种。以耐磨与抗疲劳为目的的渗氮工件，常用 w(C) 为 0.15%～0.45% 的合金结构钢，如 40Cr、38CrMoAlA、35CrMo、40CrNiMoA、18Cr2Ni4WA、18CrNiWA、20CrMnTi、30CrMnSiA 等；以抗大气和雨水、水蒸气腐蚀为主要目的的工件多用于低碳钢、中碳钢，如 08、08A、15、20、Q235、20Mn、30、35、45，有时也用高碳钢和低合金钢；渗碳模具钢、工具钢一般用高合金钢，如 Cr12、Cr12MoV、3Cr2W8V、4Cr5MoVSi、4Cr5W2VSi、5CrMnMo、5CrNiMo、W18Cr4V、W6Mo5Cr4V2 等；为了提高零件在腐蚀性较高的介质中工作的耐磨性，可采用各种类型的不锈钢，如 40Cr13、20Cr13、12Cr18Ni9 等。

根据 Fe-N 相图，渗氮存在着 α、γ、γ′、ε 和 ξ 五种相。其中 α 相为 N 在 α-Fe 中的固溶体，在 590℃时，N 的最大溶解度约为 0.1%；γ 相为 N 在 γ－Fe 中的固溶体，共析点的 N 含量为 2.35%（质量分数），在 650℃时，N 的最大溶解度为 2.8%；γ′相是以 Fe_4N 为基的固溶体，面心立方点阵，N 含量为 5.7%～6.1%（质量分数），在 680℃以上转变为 ε 相；ε 相是以 Fe_3N 为基的固溶体，密排六方点阵；ξ 相是以 Fe_2N 为基的固溶体，斜方点阵，N 含量为 11.1%～11.35%（质量分数），在 500℃以上已转变为 ε 相。

渗氮层通常较薄（0.2～0.7mm），一般外层为 ε 相与（ε+γ′）相，不易腐蚀，呈白亮层；内层为 α+γ′相和高度弥散合金氮化物。

15.2.1　气体等温渗氮

气体渗氮是在氨或氨的混合气体介质中进行渗氮的热处理工艺。根据工艺参数不同，气体渗氮又分为等温渗氮、二段渗氮和三段渗氮。

等温渗氮又称为单程渗氮，它是在温度（480～510℃）和氨分解率（20%～40%）均不变的情况下进行的渗氮。图 15-10 所示为 38CrMoAlA 等温渗氮工艺曲线。

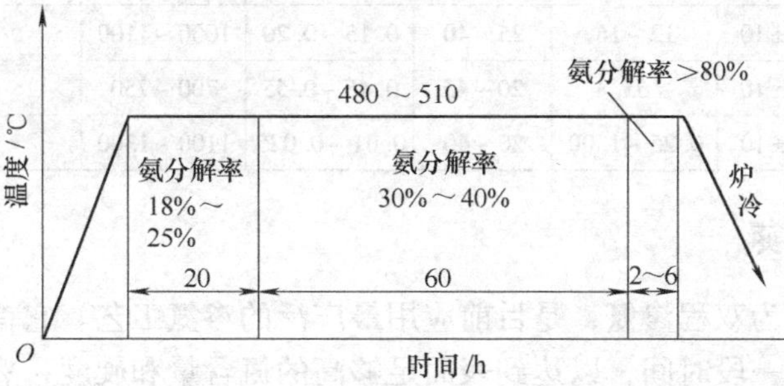

图 15-10　38CrMoAlA 等温渗氮工艺曲线

等温渗氮的优点是渗氮温度低，硬度高而变形小；缺点是生产周期太长，退氮不当时，脆性较大。它适用于表面硬度要求高、变形极小的工件。

结构钢和工具钢气体等温渗氮工艺见表 15-10。

表 15-10　结构钢和工具钢气体等温渗氮工艺

牌号	渗氮工艺			渗氮层深度/mm	表面层硬度 HV10	典型工件
	温度/℃	时间/h	氨分解率（%）			
38CrMoAlA	510±10	50	15～30	0.45～0.50	550～650	曲轴
	510±10	35	20～40	0.30～0.45	1000～1100	镗杆、活塞杆
	510±10	35～55	20～40	0.30～0.55	850～950	曲轴
	510±10	80	30～50	0.50～0.60	≥1000	镗杆、活塞杆
	535±10	35	30～50	0.45～0.55		
40CrNiMoA	520±10	25	25～35	0.35～0.55	≥68HR30N	曲轴
30Cr2Ni2WVA	500±10	35	15～30	0.25～0.30	650～750	受冲击或重载零件
30Cr2Ni2WA	500±10	55	15～30	0.45～0.50	650～750	受冲击或重载零件
30CrMnSiA	500±10	25～30	20～30	0.20～0.30	≥58HRC	

（续）

牌号	渗氮工艺			渗氮层深度 /mm	表面层硬度 HV10	典型工件
	温度 /℃	时间 /h	氨分解率 （%）			
50CrVA	460 ± 10	15 ~ 20	10 ~ 20	0.15 ~ 0.25	—	弹簧
	480 ± 10	7 ~ 9	15 ~ 35	0.15 ~ 0.25	—	
40Cr	490 ± 10	24	15 ~ 35	0.20 ~ 0.30	≥550	齿轮
18CrNiWA	490 ± 10	30	25 ~ 30	0.20 ~ 0.30	≥600	轴
18Cr2Ni4A	500 ± 10	35	15 ~ 30	0.25 ~ 0.30	650 ~ 750	轴
3Cr2W8V	535 ± 10	12 ~ 16	25 ~ 40	0.15 ~ 0.20	1000 ~ 1100	模具
4Cr5W2VSi	560 ± 10	55	20 ~ 45	0.45 ~ 0.55	700 ~ 750	
W18Cr4V	515 ± 10	0.25 ~ 1.00	20 ~ 40	0.01 ~ 0.025	1100 ~ 1300	刀具

15.2.2 二段渗氮

二段渗氮又称为双程渗氮，是目前应用最广泛的渗氮工艺。它首先将工件在较低的温度下渗氮一段时间，以达到表面足够高的氮含量和硬度，然后再升高渗氮温度，以达到足够深的渗氮层。采用该工艺可比等温渗氮缩短 1/4 ~ 1/3 的时间，有效地提高了生产率。图 15-11 所示为 38CrMoAlA 钢制精密磨床主轴的二段渗氮工艺曲线。

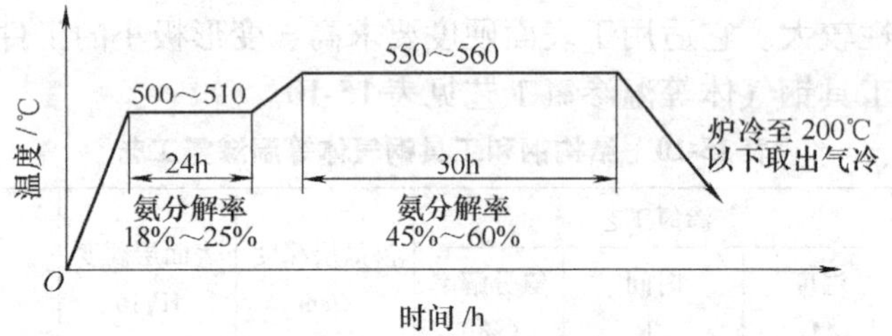

图 15-11 38CrMoAlA 钢制精密磨床主轴的二段渗氮工艺曲线

结构钢和工具钢二段渗氮工艺见表 15-11。

表 15-11 结构钢和工具钢二段渗氮工艺

牌号	渗氮工艺				渗氮层深度 /mm	表面硬度 HV10	典型工件
	阶段	温度 /℃	时间 /h	氨分解率 （%）			
38CrMoAlA	1	515 ± 10	25	18 ~ 25	0.40 ~ 0.60	850 ~ 1000	十字销卡块
	2	550 ± 10	45	50 ~ 60			

（续）

牌号	渗氮工艺				渗氮层深度/mm	表面硬度HV10	典型工件
	阶段	温度/℃	时间/h	氨分解率（%）			
38CrMoAlA	1	510±10	10~12	15~30	0.50~0.80	≥80HR30N	大齿圈螺杆
	2	550±10	48~58	35~65			
40CrNiMoA	1	520±10	20	25~35	0.40~0.70	≥83HR15N	曲轴
	2	545±10	10~15	35~50			
30Cr3WA	1	500±10	40	15~25	0.40~0.60	60~70HRC	曲轴等
	2	520±10	40	25~40			
35CrNi3WA	1	505±10	40	15~35	≥0.7	>45HRC	
	2	525±10	50	40~60			
35CrMo	1	505±10	25	18~30	0.5~0.60	650~700	
	2	520±10	25	30~50			
40Cr	1	520±10	10~15	25~35	0.50~0.70	≥50HRC	齿轮
	2	540±10	52	35~50			
15Cr11MoV 15Cr12WMoV	1	530±10	10	30~35	0.30~0.40	900~950	要求耐磨、抗疲劳、耐蚀的零件
	2	580±10	20	50~65			
Cr12、Cr12Mo Cr12MoV	1	480±10	18	14~27	≤0.20	700~800	模具
	2	530±10	22	30~60			

15.2.3　循环二段渗氮

用微机控制二段渗氮各阶段温度、时间和氨流量，并进行2~4周期的二段渗氮循环。生产表明，此生产工艺周期比二段渗氮缩短30%以上。

15.2.4　三段渗氮

三段渗氮是在二段渗氮的基础上发展起来的，它是将第二段渗氮温度升到最高（600~620℃）或者与二段渗氮相同，并在第二段结束后将温度重新降低到第一段稍高或者相同的温度进行渗氮。图15-12所示为三段渗氮工艺曲线。三段渗氮能显著缩短生产周期，约为等温渗氮的50%，从而降低了生产成本。但操作繁杂，而且三段渗氮后硬度梯度较二段渗氮的差。

常用结构钢三段渗氮工艺见表15-12。

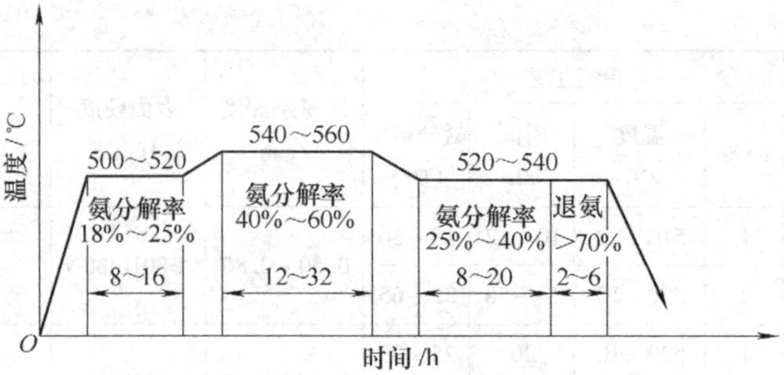

图 15-12　三段渗氮工艺曲线

表 15-12　常用结构钢三段渗氮工艺

牌号	渗氮工艺				渗氮层厚度 /mm	表面层硬度 HV10	典型工件
	阶段	温度 /℃	时间 /h	氨分解率 (%)			
38CrMoAl	1	510 ± 10	8 ~ 10	15 ~ 35	0. 30 ~ 0. 40	>700	齿轮
	2	550 ± 10	12 ~ 14	35 ~ 65			
	3	550 ± 10	3	>90			
25CrNi4WA	1	520 ± 10	10	25 ~ 35	0. 25 ~ 0. 40	73HRA	受冲击或重载零件
	2	550 ± 10	10	45 ~ 65			
	3	520 ± 10	12	50 ~ 70			

15. 2. 5　氨氮混合气体渗氮

将氨的体积分数为 10% ~30% 的氨氮混合气体通入渗氮炉内，由于氮的稀释作用，氨分解后的活性氮含量降低，渗氮工件表面脆性显著降低，而硬度和渗氮层深还有所提高。该工艺适用于渗氮后不需精磨的工件，如齿轮、弹簧、仪表零件等。

15. 2. 6　短时渗氮

用高于传统渗氮温度进行短时渗氮，可缩短渗氮工艺的生产周期。图 15-13 所示为短时渗氮工艺曲线。

各种合金钢、碳钢和铸铁零件都可用短时渗氮工艺，表面化合物层厚度为 0. 006 ~ 0. 015mm。由于化合物层很薄，故脆性不太大，可以带着化合物层服役，使耐磨性大幅度提高。

传统的渗氮工艺常采用合金钢，而短时渗氮可在普通碳钢表面形成致密的化合物层，耐磨性相当高。若在短时渗氮时采用低压脉冲供气的方法，对于提高照

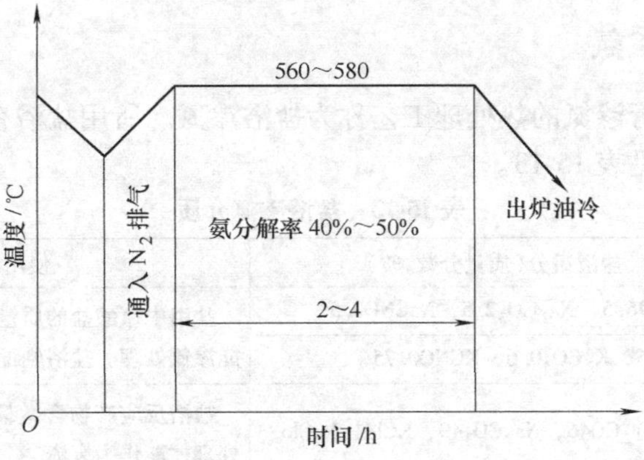

图 15-13　短时渗氮工艺曲线

相机快门零件渗氮层的均匀，或对于带有细孔、不通孔的零件的渗氮均有良好的作用。

15.2.7　可控渗氮

为了改善渗氮层的脆性，获得无白亮层或单相 γ′渗氮层，上海交大潘健生院士等成功地研制了计算机氮势动态可控渗氮工艺。该工艺将渗氮工艺过程分为两个不同阶段：在第一阶段，尽可能提高气相氮势，使渗层内建立起尽可能高的浓度梯度；一旦表面的氮浓度达到预先规定的设定值，立即转入第二阶段，使氮势按一定规律连续下降，使表面氮浓度不再升高也不下降。这样做既可达到控制表面氮浓度的目的，又能保持最大的浓度梯度，造成氮原子向内扩散的最有利条件。图 15-14 所示为 38CrMoAlA 钢计算机动态可控渗氮（510℃）的渗层浓度分布曲线。

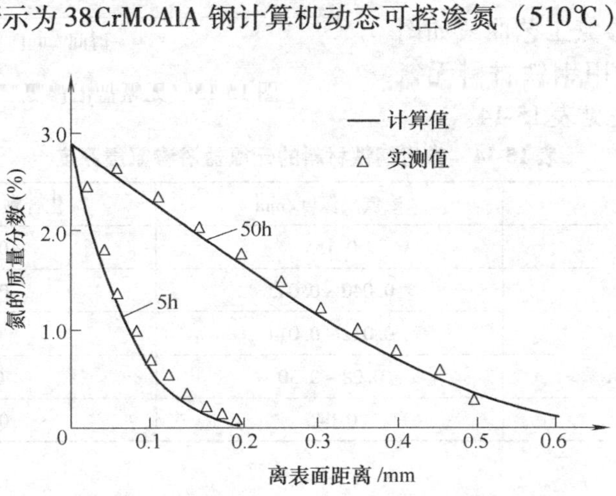

图 15-14　38CrMoAlA 钢计算机动态可控渗氮（510℃）的渗层浓度分布曲线

15.2.8　盐浴渗氮

在盐浴中进行渗氮的热处理工艺称为盐浴渗氮。所用盐浴有两类，即含氰盐浴和无氰盐浴，见表 15-13。

表 15-13　盐浴渗氮介质

盐浴类别	盐浴组分（质量分数，%）	使用说明
含氰盐浴	NaCN96.5，$Na_2CO_3$2.5，NaCNO0.5	盐浴中氰酸盐的质量分数为 15%～30% 才能渗氮处理。盐浴剧毒，应用限制
	KCN96，$K_2CO_3$0.6，KCNO0.75	
无氰盐浴	$(NH_2)_2CO$46，$Na_2CO_3$40，KCl8，NaCl6	盐浴反应产物含微量氰根，废盐必须中和处理才能作为废渣
	NaCl20，$BaCl_2$30，$CaCl_2$50，通入氨气	熔盐无毒，但出炉工件必须沸水清洗残盐

1. 含氰盐浴渗氮

新配含氰盐浴先应在 560～600℃ 进行 12h 的时效氧化，使部分氰盐转化为氰酸盐，并且当氰酸盐的质量分数为 15%～30% 时才可投入使用。盐浴渗氮温度为 500～570℃，在该区间，氰酸盐分解产生活性氮原子并向工件表面扩散，从而实现渗氮的目的。

含氰盐浴渗氮成本较高，且氰化盐浴毒性大，废盐、污气处理也很复杂，一般适用于小型、精密刀具、刃具和量具的处理。

2. 无氰盐浴渗氮

无氰盐浴渗氮工艺曲线如图 15-15 所示。常用钢铁材料无氰盐浴渗氮层深度见表 15-14。

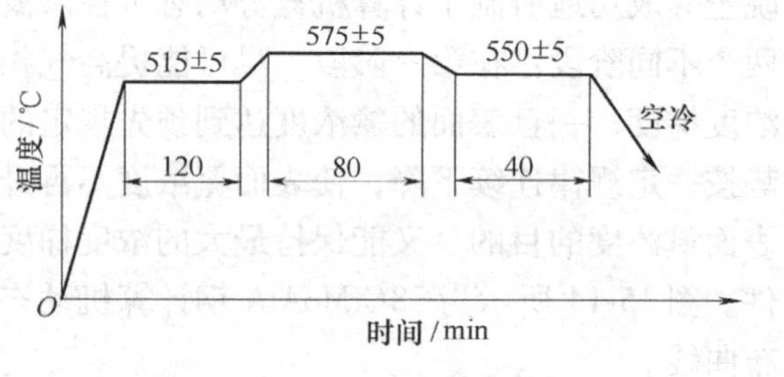

图 15-15　无氰盐浴渗氮工艺曲线

表 15-14　常用钢铁材料的无氰盐浴渗氮层深度

牌号	渗氮层深度/mm	化合物层深度/mm
40Cr	0.155	0.029
45	0.040～0.045	0.029
QT600-3	0.012～0.014	—
38CrMoAlA	0.28～0.30	0.03
20	0.045	0.034

无氰盐浴渗氮适用于汽车紧固件、支撑垫的防蚀渗氮。

15.2.9　固体渗氮

固体渗氮是将多孔陶瓷等块状物在尿素水溶液中浸泡后与工件按一定比例装箱，然后置于炉中加热进行渗氮的。渗氮温度一般为 520 ~ 570℃。固体渗氮与固体渗碳的工艺相似，关键在于供氮剂（尿素等含氮的化合物）在渗氮温度下能缓慢均匀地分解出活性氮原子。

15.2.10　流态炉渗氮

与流态炉渗碳工艺相似，即在刚玉砂、硅砂为粒子的流态炉中，同时通入一定比例的空气和氨气便可进行渗氮处理。例如，采用 220V、3 相、10kW 电源，对 400mm × 600mm 的电热流态炉进行加热，到 620℃的升温时间为 5min，送风量为 100 ~ 120L/min，送氨量为 20 ~ 35L/min，渗氮温度为 550 ~ 620℃，渗氮时间则要根据工件表面氮含量和渗氮层深而定。

15.2.11　脉冲真空渗氮

脉冲真空渗氮的工艺与脉冲真空渗碳的工艺相似。工件装入真空炉后抽真空至设定值后，通电升温；当炉温达渗氮温度时，保温一段时间，以便工件均热和净化其表面；然后向炉内通入渗氮气体，达到一定压力后停止供气，停止抽真空，保持一段时间向工件表面渗氮；之后再抽真空并保持一段时间，让氮向工件内部扩散，再通入渗氮气体；如此渗氮、扩散反复进行多次，直至渗氮层深达到要求为止。在此全过程中炉温保持不变。与真空渗碳工艺一样，真空渗氮层均匀性较好，表面质量高，并且可缩短渗氮工艺周期。

15.2.12　离子渗氮

先将离子渗氮炉抽真空后，充入纯氨或氮、氨二者的混合气体，并以工件为阴极，容器为阳极，通入 400 ~ 1100V 直流电压，让气体电离产生辉光放电。此时，氮离子在电场加速下轰击工件表面，将工件加热并在表面富集 FeN，分解后渗入。通过改变气氛的组分（N_2 与 H_2 体积比）和渗氮温度，可严格地控制白亮层的出现。

离子渗氮比普通渗氮渗速快得多。这是工件表面受氮离子轰击，表面晶格严重畸变，位错密度大大增加，促进了氮的扩散，而且工件表面被溅射而获得净化和活化，工件表面温度也因此升高，以及电离能提供较高氮势的缘故。另外，离子渗氮时加热仅在工件表面，故工件变形小，特别适合形状复杂和细长工件的渗氮处理。

常用材料的离子渗氮工艺见表 15-15。

表 15-15　常用材料的离子渗氮工艺

材料	工艺参数			表面硬度 HV0.1	化合物层深度 /μm	总渗层深度 /mm
	温度/℃	时间/h	压力/Pa			
38CrMoAlA	520 ~ 550	8 ~ 15	266 ~ 532	888 ~ 1164	3 ~ 8	0.30 ~ 0.45
40Cr	520 ~ 540	6 ~ 9	266 ~ 532	650 ~ 841	5 ~ 8	0.35 ~ 0.45
42CrMo	520 ~ 540	6 ~ 8	266 ~ 532	750 ~ 900	5 ~ 8	0.35 ~ 0.40
25CrMoV	520 ~ 560	6 ~ 10	266 ~ 532	710 ~ 840	5 ~ 10	0.30 ~ 0.40
35CrMo	510 ~ 540	6 ~ 8	266 ~ 532	700 ~ 800	5 ~ 10	0.30 ~ 0.45
30SiMnMoV	520 ~ 550	6 ~ 8	266 ~ 532	780 ~ 900	5 ~ 8	0.30 ~ 0.45
3Cr2W8V	540 ~ 550	6 ~ 8	133 ~ 400	900 ~ 1000	5 ~ 8	0.20 ~ 0.90
4Cr5MoV1Si	540 ~ 550	6 ~ 8	133 ~ 400	900 ~ 1000	5 ~ 8	0.20 ~ 0.30
Cr12MoV	530 ~ 550	6 ~ 8	133 ~ 400	841 ~ 1015	5 ~ 7	0.20 ~ 0.40
W12Cr4V	530 ~ 550	0.5 ~ 1.0	106 ~ 200	1000 ~ 1200	—	0.01 ~ 0.05
45Cr14Ni14W2Mo	570 ~ 600	5 ~ 8	133 ~ 266	800 ~ 1000	—	0.06 ~ 0.12
20Cr13	520 ~ 560	6 ~ 8	266 ~ 400	857 ~ 946	—	0.10 ~ 0.15
10Cr17	550 ~ 650	5	666 ~ 800	1000 ~ 1370	—	0.10 ~ 0.18
HT250 ~ HT450	520 ~ 550	5	266 ~ 400	500	—	0.05 ~ 0.10
QT600-3	570	8	266 ~ 400	750 ~ 900	—	0.30
合金铸铁	560	2	266 ~ 400	321 ~ 417	—	0.10
20CrMnTi	520 ~ 550	4 ~ 9	266 ~ 532	672 ~ 900	6 ~ 10	0.20 ~ 0.50
纯钛	850	4	532	1200	—	0.30 ~ 0.40
TC4	940	2	1200 ~ 1333	1385 ~ 1670	—	0.15 ~ 0.17
TA2	850	4	532	1230	—	0.35

15.2.13　氨气预处理离子渗氮

通入离子渗氮炉内的氨气，若先经硅胶脱水处理，或者是脱水的氨气再经氨热分解装置分解后使用，则可显著地加快渗氮过程，缩短工艺周期 1/3 ~ 2/3。表 15-16 为氨气预处理对 40Cr 钢调质齿轮离子渗氮的影响。

表 15-16　氨气预处理对 40Cr 钢调质齿轮离子渗氮的影响

氨气预处理方法	渗层深度/mm	渗氮时间/h	硬度 HV0.2
未处理	0.30	18.0	715
用硅胶过滤一次	0.30	14.0	691
用硅胶过滤两次	0.30	12.5	681
用硅胶过滤两次 + 加热分解	0.30	6.0	693

15.2.14　低温离子渗氮

根据离子渗氮温度对不同钢表面硬度影响的研究发现，对于低合金钢，从获得高的表面硬度出发，在 450 ~ 500℃进行低温离子渗氮更佳，而且由于降低了离子渗氮温度，工件变形较小，并有利于降低渗氮前工件高温回火温度，使工件心部保持较高的强度和硬度。

15.2.15　稀土催化渗氮

气体渗氮时向渗氮介质中加入稀土元素，可强化渗氮过程，缩短工艺周期，而且可降低渗层的脆性。

稀土催渗对 38CrMoAlA 钢渗氮的影响见表 15-17。

表 15-17　稀土催渗对 38CrMoAlA 钢渗氮速度的影响

渗氮工艺	渗层深度/mm	渗氮时间/h	渗层硬度 HV0.1
常规二段式气体渗氮	0.40 ~ 0.42	40	900 ~ 1030
稀土催渗	0.32 ~ 0.34	12	920 ~ 1040
稀土催渗	0.37 ~ 0.38	15	920 ~ 1040
稀土催渗	0.42 ~ 0.45	18	920 ~ 1040

15.2.16　抗蚀渗氮

抗蚀渗氮是为了使工件表层获得 15 ~ 60μm 比较致密的 ε 相层，以提高工件对自来水、盐水、潮湿空气、弱碱溶液等介质的耐蚀性。

抗蚀渗氮通常在 550 ~ 650℃于纯氨中（分解率为 20% ~ 70%）进行。

表 15-18 为纯铁和碳钢的抗蚀渗氮工艺。

表 15-18　抗蚀渗氮工艺

牌号	渗　氮　工　艺				ε 相厚度/μm
	温度/℃	时间/h	氨分解率(%)	冷却方法	
DT	540 ~ 560	6	30 ~ 50	随炉冷至 200℃以下空冷，以提高磁导率	20 ~ 40
	590 ~ 610	3 ~ 4	30 ~ 60		20 ~ 40
10	590 ~ 610	6	45 ~ 70	根据要求的性能、工件的精度，分别冷至 200℃出炉，直接出炉空冷、油冷或水冷	40 ~ 80
10	590 ~ 610	4	40 ~ 70		15 ~ 40
20	600 ~ 620	3	50 ~ 60		17 ~ 20
30	620 ~ 650	3	40 ~ 70		20 ~ 60
40、45、50	590 ~ 610	2 ~ 3	35 ~ 55	尽可能水冷或油冷，以抑制 γ' 相析出，减少渗层脆性	15 ~ 50
40Cr	690 ~ 710	20 ~ 30min	55 ~ 75		15 ~ 50

15.2.17　洁净渗氮

洁净渗氮是利用某些化学物质（如 NH_4Cl、CCl_4、NaCl 等）在渗氮炉中分解产生强烈活性气体，破坏工件表面的钝化膜，除去工件表面氧化膜和油污层，以获得洁净表面，从而加速渗氮过程的进行的。其中氯化铵应用最多，它按炉罐容积添加，加入量为 0.4 ~ 0.5kg/m^3，再加 80 倍硅砂、氧化铝或滑石粉，放入炉罐底部。若将渗氮温度提高至 600℃，一般可使渗氮周期缩短一半，单位时间内氨消耗量可减少 50%。

洁净渗氮是不锈钢、耐热钢常用的渗氮方法。

15.2.18　高频感应加热气体渗氮

用高频感应加热在渗氮气氛中的工件表面，可有效缩短气体渗氮的工艺周期。其原因为：①与普通加热方法相比，高频感应加热升至 500 ~ 550℃ 所需时间甚少；②高频电流的趋肤效应，致使工件周围温度较高，氨气分解主要在工件表面附近进行，使有效活性氮原子数量大为提高；③高频交流电产生的磁致伸缩所引起的应力，能促进氮在钢中扩散，加速渗氮过程的进程。

15.2.19　磁场渗氮

在磁场中进行气体渗氮的工艺叫作磁场渗氮。磁场强化渗氮过程，提高渗氮速度 2 ~ 3 倍，并可消除渗层中化合物区的脆性，提高渗氮层的耐磨性、抗擦伤性和疲劳强度。

40Cr、38CrMoAl 钢进行磁场渗氮，磁场强度为 2000 ~ 2400A/m，温度一般为 520 ~ 570℃，渗氮介质为氨（分解率为 40% ~ 50%），保温时间为 6h，磁场渗氮结果见表 15-19。

表 15-19　磁场渗氮结果

渗氮工艺	氮化物区深度 /μm	扩散层深度/mm		最大表面硬度 HV0.05
		至 HV0.05 500 处	至心部硬度处	
520℃ ×6h	$\frac{7\sim14}{7\sim14}$	$\frac{0.09}{0.13}$	$\frac{0.3}{0.3}$	$\frac{1100}{1150}$
550℃ ×6h	—	$\frac{0.13}{0.23}$	$\frac{0.35}{0.35}$	$\frac{980}{1250}$
570℃ ×6h	$\frac{35}{20}$	$\frac{0.08}{0.27}$	$\frac{0.45}{0.40}$	$\frac{980}{1200}$

（续）

渗氮工艺	氮化物区深度/μm	扩散层深度/mm		最大表面硬度HV0.05
		至HV0.05 500处	至心部硬度处	
620℃ ×6h	77/35	0.10/0.28	0.6/0.6	759/1050
550℃ ×36h	—	0.09/0.33	0.5/0.6	850/1100

注：分子系40Cr钢的值，分母系38CrMoAl钢的值。

15.2.20 压力渗氮

压力渗氮适用于钢管或套筒内表面处理。将一定量的液氨装入用焊料塞密封的小容器内，再将小容器放入要渗氮的钢管或套筒中，两端密封。加热时，小容器的焊料塞熔化，液氨挥发，产生2940～3920kPa压力，从而进行压力渗氮。例如对碳的质量分数为0.24%的镍铬钼铝钢进行压力渗氮，渗氮工艺为540℃ × 4h，渗氮层深为0.22mm，硬度达1040HV。

15.2.21 不锈钢与耐热钢的渗氮

由于不锈钢和耐热钢的铬含量较高，与空气作用会在表面形成一层致密的氧化物薄膜（钝化膜），这种薄膜会阻碍氮原子的渗入。不锈钢、耐热钢与结构钢渗氮最大的区别就是前者在进入渗氮罐之前，必须进行去钝化膜处理，常用的方法有机械法和化学法两大类。

（1）喷砂 工件在渗氮前用细砂在0.15～0.25MPa的压力下进行喷砂处理，直至表面呈暗灰色，清除表面灰尘后立即入炉。

（2）磷化 渗氮前对工件进行磷化处理，可有效破坏金属表面的氧化膜，形成多孔疏松的磷化层，有利于氮原子的渗入。

（3）镀铜 把工件浸入质量分数为10%的热硫酸中，取出后用水冲洗，并放入铜氰化物槽中镀铜，得到0.3μm厚的镀层。

（4）氯化物浸泡 将喷砂或精加工后的工件用氯化物浸泡或涂覆，能有效地去除氧化膜。

（5）渗剂中加入NH_4Cl NH_4Cl的加入不仅能去除钝化膜，而且还能形成氮化物，加速渗氮的过程。

不锈钢和耐热钢的气体渗氮工艺见表15-20。

表 15-20　不锈钢和耐热钢的气体渗氮工艺

材料	渗氮工艺参数				渗层深度 /mm	表面硬度 HV
	阶段	温度/℃	时间/h	氨分解率(%)		
40Cr10Si2Mo		590	35~37	30~70	0.20~0.30	84HR15N
12Cr13		500	48	18~25	0.15	1000
		560	48	30~50	0.30	900
20Cr13		500	48	20~25	0.12	1000
		560	48	35~45	0.26	900
12Cr13 20Cr13 14Cr11MoV	1	530	18~20	30~45	≥0.25	≥650
	2	580	15~18	50~60		
24Cr18Ni8W2		560	24	40~50	0.12~0.14	950~1000
		560	40	40~50	0.16~0.20	900~950
		600	24	40~70	0.14~0.16	900~950
		600	48	40~70	0.20~0.24	800~850
45Cr14Ni14W2Mo		550~560	35	45~55	0.080~0.085	≥850
		580~590	35	50~60	0.10~0.11	≥820
		630	40	50~80	0.08~0.14	≥80HR15N
		650	35	60~90	0.11~0.13	83~84HR15N

15.2.22　铸铁的渗氮

由于铸铁中碳、硅的含量较高，氮扩散的阻力较大，要达到与钢同样的渗氮层深度，渗氮时间需乘以 1.5~2 的系数。铸铁中添加 Mn、Si、Mg、Cr、W、Ni 和 Ce 等元素，可提高渗氮层硬度，但会降低渗氮速度；Al 既可提高渗氮层硬度，又不会降低渗层深度。

我国最常用的是球墨铸铁渗氮，处理前一般进行正火或调质处理，获得珠光体加碎状铁素体或球状石墨组织及回火索氏体加球状石墨组织，处理后铸件耐磨性、抗疲劳性及耐蚀性显著提高。渗氮处理温度为 510~560℃，保温时间为 40h，氨分解率为 30%~45%，渗氮层深度大于 0.25mm，表面硬度达 900HV。球墨铸铁进行抗蚀渗氮处理，使铸件表面获得一定深度、致密的、化学稳定性较高的化合物层，能显著提高材料抗大气、过热蒸汽和淡水腐蚀的能力。采用处理温度为 600~650℃、保温时间为 1~3h、氨分解率为 40%~70% 的渗碳工艺，可获得 0.015~0.06mm 的渗氮层，表面硬度约为 400HV。

15.3　碳氮共渗和氮碳共渗

在钢件的表面同时渗入碳和氮，且以渗碳为主的热处理工艺称为碳氮共渗。其目的是使工件在保持心部较高韧性的条件下，表面层获得高硬度，以提高其耐磨性和抗疲劳性等。碳氮共渗后的组织和性能，主要取决于共渗温度。按共渗温度不同，可分为 900 ~ 950℃加热的高温碳氮共渗和 800 ~ 880℃加热的中温的碳氮共渗。由于高温碳氮共渗，渗层中氮含量极低，其组织与渗碳层相近，因此生产中较少应用。

在钢件表面同时渗入氮和碳，且以氮为主的热处理工艺称为氮碳共渗，也称软氮化。氮碳共渗旨在提高机械零件和工模具的表面硬度、耐磨性和疲劳抗力，以及具有一定的耐蚀性能等，主要在承受小能量冲击载荷、磨损严重和需要高接触疲劳强度的情况下应用。其应用范围很广，一般碳素结构钢、合金结构钢、合金工具钢和铸铁等制作的工件均可进行氮碳共渗。氮碳共渗一般在 550 ~ 650℃的温度范围（通常在 570℃左右，当要求渗层较厚时可采用 600 ~ 650℃）进行。

15.3.1　通气式气体碳氮共渗

气体碳氮共渗是目前应用最广泛的工艺。常用的气体碳氮共渗介质可分为两大类：一类是渗碳介质中加氨，既可用于连续式作业炉，也可用于周期性作业炉；另一类是含有碳氮的有机化合物，主要用于滴注式气体碳氮共渗。通气式气体碳氮共渗是以吸热式气体为载气，添加少量渗碳气体和氨气进行碳氮共渗，介质的用量应根据其组分、炉子大小、炉温以及炉中碳势和氮势而定。共渗温度一般为 820 ~ 880℃。共渗温度对渗层表面碳、氮含量的影响见表 15-21。

表 15-21　共渗温度对渗层表面碳、氮含量的影响

共渗温度/℃	700	800	850	900	950	1000
w(N)(%)	1.9	0.96	0.7	0.4	0.29	0.11
w(C)(%)	0.67	0.7	0.91	0.97	0.87	0.68

共渗时间 τ（h）与渗层深度 x（mm）的关系式为：$x=k\sqrt{\tau}$。其中，k 为常数，当在 860℃共渗时，对 20 钢 k 取 0.28，20Cr 钢取 0.30，20CrMnTi 钢取 0.32，40Cr 钢则取 0.37。工件碳氮共渗后的热处理工艺方法如图 15-16 所示。

15.3.2　滴注通气式气体碳氮共渗

以煤油、甲苯、二甲苯等液体碳氢化合物为渗碳气源，通过滴量计直接滴入

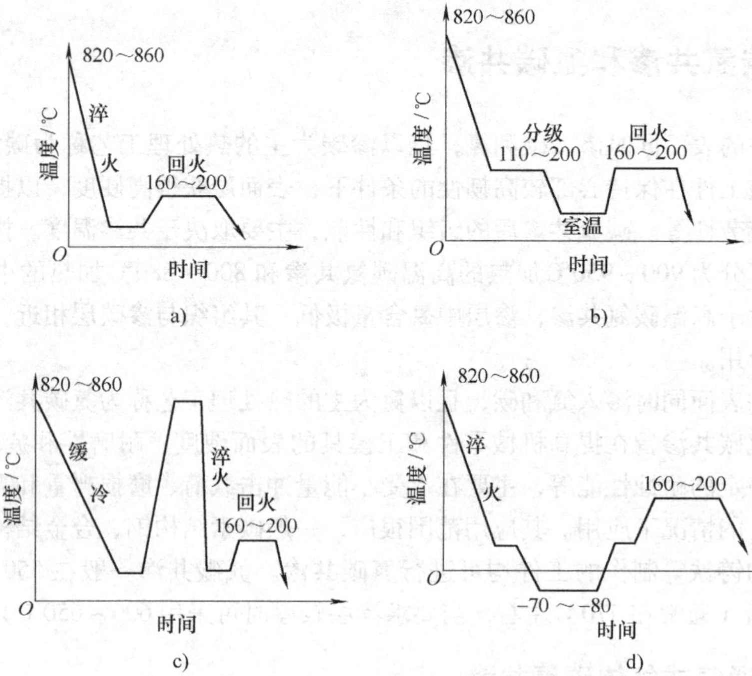

图 15-16　工件碳氮共渗后的热处理工艺方法

a）直接淬火　b）马氏体分级淬火　c）重新加热淬火　d）直接淬火 + 冷处理

炉；而氨则作为渗氮气源经由氨瓶、减压阀、干燥器和流量计进入炉中。介质的用量视炉子、炉温不同而定。

图 15-17 所示为 40Cr 钢制汽车齿轮的滴注通气式中温碳氮共渗工艺曲线。所用设备为 RQ3-60，获得渗层深度为 0.25 ~ 0.4mm，表面硬度 > 60HRC，表层（0.1 mm 处）$w(C) = 0.8\%$，$w(N) = 0.3\% \sim 0.4\%$。

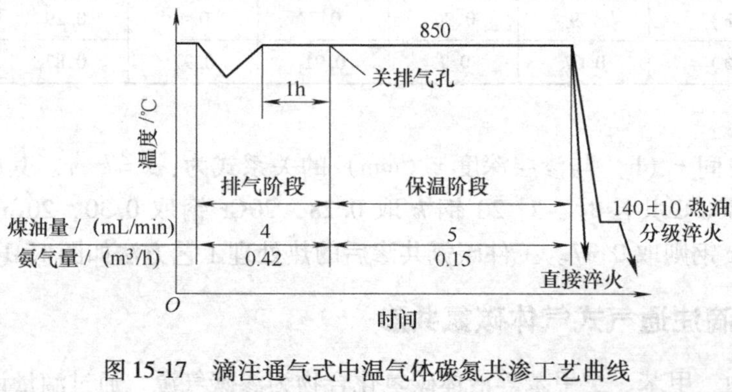

图 15-17　滴注通气式中温气体碳氮共渗工艺曲线

15.3.3 滴注式气体碳氮共渗

采用滴注法将某些同时含有碳和氮的有机液体（如三乙醇胺，三乙醇胺及尿素，三乙醇胺、尿素及甲醇，三乙醇胺及乙醇）送入炉中，或采用注射泵使液体成雾状喷入炉内进行碳氮共渗。对含尿素的渗剂，为促使其溶解并增加其流动性，应稍加热（70~100℃）才可滴入炉中。另外，为降低成本，在装炉后的升温阶段和共渗前期，可滴入甲醇或煤油进行排气。

图15-18所示为20CrMnTi钢轿车后桥从动齿轮的滴注式气体碳氮共渗工艺曲线。渗层深度为1.0~1.4mm，表面硬度为58~64HRC。

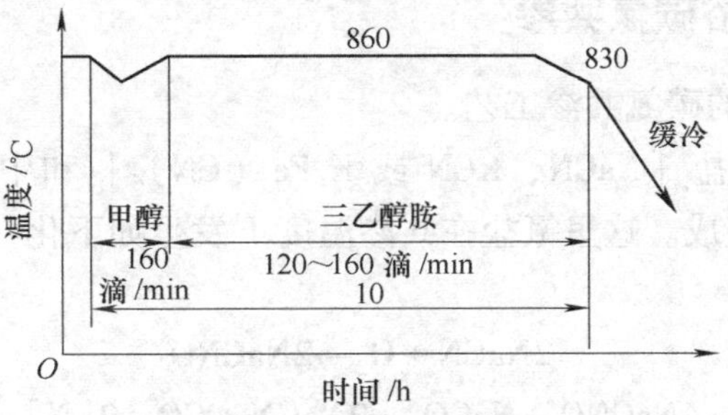

图15-18 滴注式气体碳氮共渗工艺曲线

15.3.4 分段式气体碳氮共渗

将气体碳氮共渗过程分为两个阶段：第一阶段介质用量较多，表面碳、氮含量高，扩散快；第二阶段介质用量较少，并适当降低温度，可降低表面含量并使碳、氮浓度差平缓下降。

图15-19所示为30CrMnTi钢拖拉机变速齿轮（$m=4.5$mm）的分段式气体碳氮共渗工艺曲线。所用设备为RQ3-35，获得的渗层深度为0.6~0.9mm，表面硬

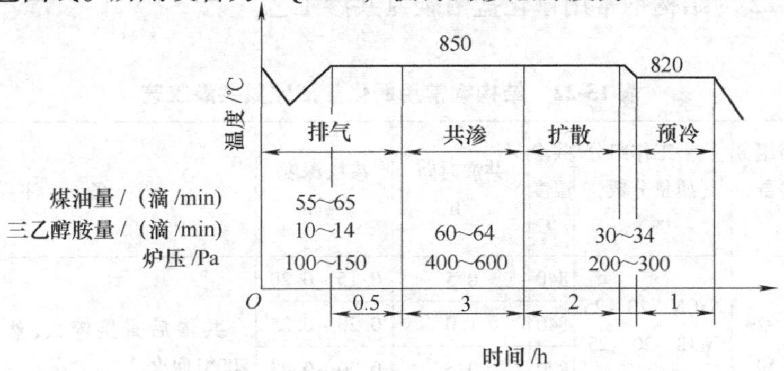

图15-19 分段式气体碳氮共渗工艺曲线

度 > 58HRC。

15.3.5 真空碳氮共渗

向真空炉内通入含有碳、氮原子的介质，可实现真空碳氮共渗。共渗温度为 780 ~ 860℃；共渗介质为 C_3H_8 和 NH_3 [C_3H_8 与 NH_3 体积比为（0.25 ~ 0.5）∶1] 或 CH_4 和 NH_3（CH_4 与 NH_3 体积比为 1∶1）混合气体，气体介质的压力为（13 ~ 33）$\times 10^3$Pa；共渗方式可为一段式、脉冲式、摆动式，与真空渗碳相似。

与普通气体碳氮共渗相比，由于真空的净化作用，活化了工件表面，其渗速快，共渗层的质量好。

15.3.6 氰化盐浴碳氮共渗

这是使用最早的碳氮共渗工艺。

所用盐浴由氰盐 [NaCN、KCN 或 $K_4Fe(CN)_6$] 和中性盐（NaCl、KCl、$BaCl_2$、Na_2CO_3）组成。这里氰盐在共渗温度下发生如下化学反应，可提供充足的活性碳、氮原子：

$$2NaCN + O_2 \rightarrow 2NaCNO$$

$$4NaCNO \rightarrow NaCO_3 + 2NaCN + CO + 2[N]$$

$$2NaCNO + O_2 \rightarrow Na_2CO_3 + CO + 2[N]$$

$$2CO \rightarrow CO_2 + [C]$$

中性盐则起调节熔点和流动性的作用。注意在操作过程中盐浴的活性下降，应周期性添加氰盐（NaCN），使盐浴活性再生。通常新添盐的组分为 NaCN 和 $BaCl_2$，两者质量比为 1∶4。另外，应严格控制共渗温度，以免温度过高造成盐浴剧烈蒸发和碳的损耗。此外，氰盐有剧毒，碳氮共渗操作及废盐、污气处理时均应格外小心。

表 15-22 为结构钢常用氰化盐浴碳氮共渗工艺。

表 15-22 结构钢常用氰化盐浴碳氮共渗工艺

序号	配比盐浴组分（质量分数，%）	盐浴工作组分（质量分数，%）	共渗温度 /℃	共渗时间 /h	渗层深度 /mm	备注
1	NaCN 50 NaCl 50	NaCN 20 ~ 25 NaCl 20 ~ 25 Na_2CO_3 20 ~ 25	840	0.5	0.15 ~ 0.20	共渗后直接淬火，然后在 180 ~ 200℃回火
			840	1.0	0.20 ~ 0.25	
			870	0.5	0.20 ~ 0.25	
			870	1.0	0.25 ~ 0.35	

（续）

序号	配比盐浴组分（质量分数，%）	盐浴工作组分（质量分数，%）	共渗温度/℃	共渗时间/h	渗层深度/mm	备 注
2	NaCN 10 NaCl 40 $BaCl_2$ 50	NaCN 8～12 NaCl 30～55 Na_2CO_3≤10 $BaCl_2$ ≤15	840	1.0～1.5	0.25～0.30	共渗后空冷，然后再加热淬火，并在180～200℃回火，渗层 w(N)为0.2%～3%，w(C)为0.8%～1.2%表面硬度为58～64HRC
			900	1.0	0.30～0.50	
			900	2.0	0.7～0.8	
			900	4.0	1.0～1.2	
3	NaCN 8 NaCl 10 $BaCl_2$ 82	NaCN 3～8 $BaCl_2$ ≤30 NaCl ≤30 $BaCO_3$ ≤40	900	0.5	0.20～0.25	同序号2备注。浴面用石墨覆盖，以免盐浴剧烈蒸发和碳的损耗
			900	1.5	0.50～0.80	
			950	2.0	0.80～1.10	
			950	3.0	1.00～1.20	
			950	5.5	1.40～1.60	

15.3.7 无毒盐浴碳氮共渗

所用盐浴由 Na_2CO_3、NaCl、NH_4Cl 和 SiC 组成。

共渗工艺：850℃共渗，保温时间为15～30min，渗层深度为0.10～0.25mm；保温时间为1～1.5h，渗层深度为0.70～0.85mm。工件表面的 w（N）为0.08%～0.15%。

15.3.8 高频感应加热盐浴碳氮共渗

采用高频电流对 $K_4Fe(CN)_6$ 和 NaCl 混合盐浴进行加热，可实现40Cr13钢环、40钢小齿轮的快速碳氮共渗。840℃高频感应加热25s，小齿轮可获得深度为0.023mm的共渗层；860℃高频感应加热70s，可获得深度为0.04～0.07mm的共渗层。直接淬火后小齿轮表面硬度为59～62HRC，心部硬度为50～52HRC。

15.3.9 高频感应加热液体碳氮共渗

采用高频电流对甲醇、乙醇、氨水混合液中的工件加热到800℃，保温20min，可获得深度为0.22mm的共渗层；加热到1050～1100℃，保温20min，可获得深度为0.6mm的共渗层。淬火后表面最高硬度为780HV。

15.3.10 固体碳氮共渗

典型的固体碳氮共渗的渗剂成分为 w（木炭）40%～60%＋w（骨炭或革炭）20%～40%＋w（黄血盐）20%～25%。固体碳氮共渗工艺过程与固体渗碳工艺相似，其生产率低，能耗大，且质量不易控制，目前已很少采用。

15.3.11　膏剂碳氮共渗

碳氮共渗的膏剂由共渗剂与保护剂组成，其中共渗剂的成分为 w（黄血盐）50% + w（木炭）50%，黏结剂为缩醛胶和工业酒精；保护剂为石英粉，黏结剂为密度 1.28 ~ 1.30g/cm^3 的水玻璃。

共渗前先将工件涂覆一层 2 ~ 3mm 的共渗剂，并晾干或在 100℃下烘干；然后再在外涂覆保护剂，同样晾干或 50℃下在烘干后，即可入炉进行碳氮共渗。对 40Cr，保温时间为 1h，800℃共渗，共渗层深度为 0.35mm 渗层；850℃共渗，共渗层深度为 0.45mm；900℃共渗，共渗层深度为 0.75mm；950℃共渗，共渗层深度为 0.90mm；1000℃共渗，共渗层深度为 1.10mm。

共渗后打碎涂料直接淬火，或再加热淬火。

15.3.12　高频感应加热膏剂碳氮共渗

在工件表面用 $K_4Fe(CN)_6$、木炭粉、$BaCO_3$ 混合物并以水玻璃搅拌的膏剂涂覆厚约 0.5mm，对其进行高频感应加热快速碳氮共渗。当工件表面温度达 1150℃后保温 15 ~ 20s，可得 0.08 ~ 0.16mm 的渗层，渗层显微硬度为 800 ~ 1000HV。

15.3.13　高频感应加热气体碳氮共渗

将丙烷或丁烷液化气与氨混合后导入高频感应器，于 900 ~ 1000℃下对工件进行碳氮共渗 1 ~ 5min，便可获得 0.3 ~ 0.5mm 的渗层，表面硬度可达 900 ~ 1000HV，从而大大缩短了工艺周期，并可获得极高的表面硬度。

15.3.14　高温分段气体碳氮共渗

为了获得厚的碳氮共渗层（>1.0mm），但又不至于处理时间太长，而使渗层中碳、氮含量过高，可采用分段共渗工艺。图 15-20 所示为变更共渗温度的高温分段气体碳氮共渗工艺曲线。工艺过程分两个阶段，两个阶段所用渗剂量基本相同。第一阶段共渗温度为 900 ~ 950℃，由于温度较高，表现为渗碳作用为主，且扩散速度较快，可缩短为获得一定层深所需的时间。第二阶段共渗

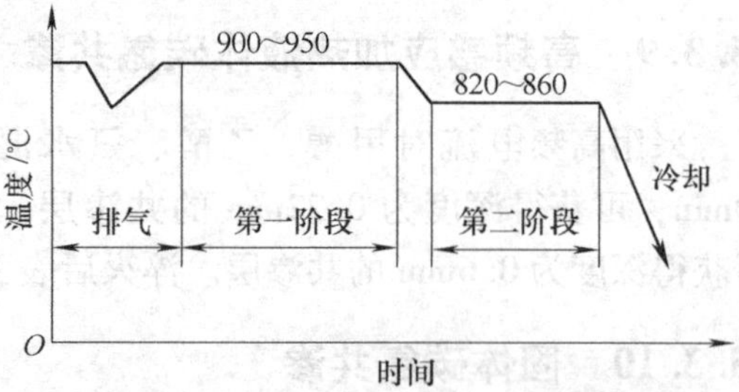

图 15-20　变更共渗温度的高温分段气体碳氮共渗工艺曲线

温度降为 820～860℃，由于温度低，表层氮含量增加并继续向内层扩散。

15.3.15 高温厚层气体碳氮共渗

常规的气体碳氮共渗的渗层为 0.5mm 左右，较浅，难以满足重负荷齿轮的要求。因此，工艺上将共渗时的渗碳、渗氮分段进行，其中渗碳过程又分为渗碳和扩散两阶段，以便获得厚的碳氮共渗层。

例如：可让齿轮在渗碳炉中置于露点 -13～ -11℃的吸热式气氛与丙烷的体积分数为 0.25% 的气氛下，于 930℃下渗碳 10～12h，扩散 5～8h。然后降至 850℃，在 -2℃露点有吸热式气中通以体积分数为 2% 的 NH_3，保温 0.5～1.5h 并油淬。最后在 180℃下低温回火 3h。采用此工艺可在齿轮节圆上获得 2.2mm 深的渗层，表面硬度为 810HV。

15.3.16 高温氰化盐浴碳氮共渗

高温氰化盐浴碳氮共渗是将工件放入 900～950℃的氰化盐浴进行的，可获得 1～2mm 碳氮共渗层，也属深层碳氮共渗工艺。

常用高温氰化盐浴配方有：$w[K_4Fe(CN)_6]$ 15% + $w(BaCO_3)$ 10% + $w(BaCl_2)$ 40% + $w(KCl)$ 35%、$w(NaCN)$ 8% ～15% + $w(BaCl_2)$ 45% ～55% + $w(KCl)$ 5% ～20% + $w(NaCl)$ 0～15% + $w(CaCl_2)$ 2% ～10%。

深层碳氮共渗盐浴中加入 $BaCl_2$，不但能防止盐浴的剧烈蒸发，而且 $BaCl_2$ 能参与其化学反应加速碳的渗入。

高温氰化盐浴碳氮共渗时应严格控制温度。为了保证温度均匀、减少热量损失和盐浴的烧损，最好在盐浴表面撒一层石墨粉；其次应保证盐浴的活性，必须注意翻新盐浴，保证盐浴的清洁。

15.3.17 石墨粒子流态炉高温碳氮共渗

向石墨粒子流态炉中通入空气、氨气以及少量催化剂，可以进行高温碳氮共渗。

碳氮共渗工艺：共渗温度为 900～920℃，石墨粒度为 0.100～0.150mm，空气流量为 10L/min，氨气流量为 20L/min，催化剂为 Na_2CO_3 和 NH_4Cl，并装于分解器中，共渗后工件出炉油淬。

由于沸腾的石墨粒子的冲刷作用，净化了工件表面，使共渗速度快于井式炉，而且工件的耐磨性、抗弯强度、塑性和接触疲劳极限均比渗碳的高。

15.3.18 低中温碳氮共渗

低中温碳氮共渗工艺曲线如图 15-21 所示。共渗过程分两段进行，先在 500

~600℃保温1~2h，然后升至840~880℃保温2~4h。渗剂为甲酰胺、甲醇和尿素混合液，并在中温阶段加滴煤油。为了进一步加速共渗速度，还加入了适量的固体氯化铵。如此，可充分发挥低温渗氮、中温渗碳的特点，使碳、氮原子的渗入与扩散相互促进，以加快工艺的进程，其工艺周期可缩短40%。此外，低中温碳氮共渗易在低碳钢、低碳合金钢得到0.5~1.0mm渗层，而且渗层中氮含量较多，渗层的硬度和耐磨性均较高。

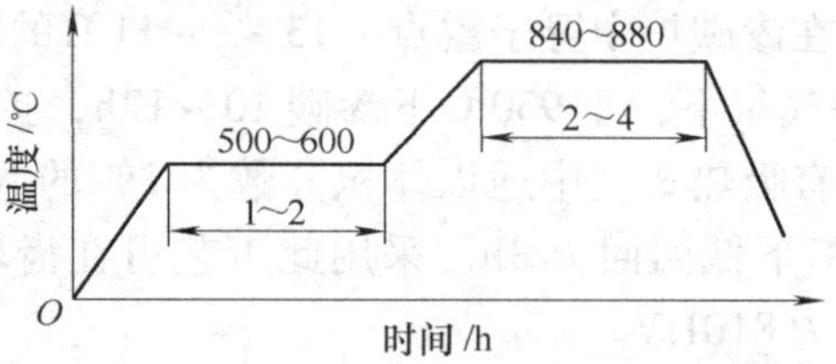

图 15-21　低中温碳氮共渗工艺曲线

15.3.19　气体氮碳共渗

气体氮碳共渗是在气体介质中进行的。常用的介质有吸热式气体与氨、放热式气体与氨、放热-吸热式气体与氨、氨与烷类气体、氨与醇、尿素、一氧化碳与氨、二氧化碳与氨等。从实用角度来看，二氧化碳与氨是一种比较经济、合理的渗剂，通氨滴醇也不失为一种值得推广的方法。

气体氮碳共渗的温度通常为570℃，共渗时间一般为0.5~5h。若要获得相同厚度的渗层，气体氮碳共渗工艺周期比渗氮短。

15.3.20　氮基气氛氮碳共渗

采用氮基气氛为介质进行气体氮碳共渗，以其工艺周期短、渗层质量优良、介质来源方便、操作安全等优点，得到了广泛的应用。

例如：当介质成分为$\varphi(NH_3)50\% + \varphi(N_2)45\% + \varphi(CO_2)5\%$，并以每小时4~5倍炉膛容积的供给量从各储气瓶—流量计—气体混合器流入炉中，其中氨气分解率为50%~80%。

经580℃×3h渗氮，35CrMoV、40CrNiMo钢的渗层深度为0.25mm左右；35CrMoV钢的表面硬度为700~800HV1，40CrNiMo钢为650~750HV1。

15.3.21　稀土氮碳共渗

气体氮碳共渗时向渗剂中加入稀土元素，可改善渗层性能。例如：对经淬火+回火的高速工具钢钻头进行0.5h稀土氮碳共渗处理，其使用寿命比未经共渗处理的平均提高36倍，显著提高了产品质量。

15.3.22　液体氮碳共渗

液体氮碳共渗是借助 NaCNO 或 KCNO 在共渗温度下分解所得活性碳、氮原子而进行的氮碳共渗。

所用盐浴的配方如下：

1）TF-1 基盐 + REG-1 再生盐。

2）J-2 国产基盐 + Z-1 国产再生盐。

3）$w[(NH_2)_2CO]40\% + w(Na_2CO_3)30\% + w(K_2CO_3)20\% + w(KOH)10\%$。

4）$w[(NH_2)_2CO]37.5\% + w(KCl)37.5\% + w(Na_2CO_3)25\%$。

5）$w[(NH_2)_2CO]34\% + w(NaCN)43\% + w(K_2CO_3)23\%$。

表 15-23 为几种钢材经 560℃ ×1.5 ~2h 低温液体碳氮共渗后的结果。

表 15-23　几种钢材经 560℃ ×1.5-2h 低温液体碳氮共渗后的结果

钢材	化合物层深度/mm	扩散层深度/mm	表面硬度 HV
低、中碳钢	0.01 ~0.02	0.3 ~0.5	450 ~550
低碳低合金钢	0.01 ~0.02	0.1 ~0.2	600 ~700
38CrMoAl	0.006 ~0.016	0.15 ~0.2	1000 ~1200
3Cr2W8	0.004 ~0.010	0.1 ~0.25	800 ~1050
W18Cr4V	0.002 ~0.04（共渗 0.5h）		1000 ~1300

15.3.23　固体氮碳共渗

常用的固体渗剂有两类：一类是木炭和黄血盐；另一类是木炭、骨灰、碳酸钡及黄血盐。其中木炭、骨灰供给活性碳原子，黄血盐及碳酸钡在加热时分解，供给活性碳、氮原子，并有催渗作用。

固体氮碳共渗时，将工件装入箱中并在其四周填充固体介质，然后在箱式炉或连续炉中加热至 550 ~600℃进行氮碳共渗。该工艺适用于单件、小批量生产。

15.3.24　无毒固体氮碳共渗

采用 w（木炭）64.5% + w（尿素）19.4% + w（碳酸钠）16.1% 为渗剂，在共渗温度下发生如下的化学反应：

$$2(NH_2)_2CO + Na_2CO_3 \rightarrow 2NaCNO + 2NH_3 + CO_2 + H_2O$$

$$2NaCNO + O_2 \rightarrow Na_2CO_3 + 2[N] + CO$$

$$2CO \rightarrow CO_2 + [C]$$

这种渗剂原材料无毒，但中间产物有微量氰根，故操作时应引起注意。

此工艺适用于中碳钢制造的模具。

15. 3. 25　快速固体氮碳共渗

以碘为催化剂加入固体渗剂中可缩短工艺周期，节约能源，并获得耐磨性更佳的渗层。例如：对经调质处理的 45、40Cr、T10、CrMn、3Cr2W8V 钢件，在 w（木炭）60% + w（尿素）40% + $I_2$4g 的渗剂中经（570 ± 10）℃ × 3. 5h 共渗，加碘催化的比未加碘的总渗层和化合物层均增厚（见表 15-24），渗层的硬度也明显提高。

表 15-24　不同钢材低温固体碳氮共渗后的渗层深度　（单位：μm）

牌号	未加 I_2 的渗层		加 I_2 的渗层	
	化合物层	总渗层	化合物层	总渗层
45	15	0. 20	26	0. 41
T10	9	0. 23	97	0. 46
40Cr	9	0. 19	93	0. 45
CrMn	13	0. 15	40	0. 36
3Cr2W8V	3	0. 13	13	0. 15

15. 3. 26　离子氮碳共渗

离子氮碳共渗是在离子渗氮炉上添加一套增碳的装置来实现共渗的。

具体操作工艺为：抽真空至 133Pa 时，以工件为阴极，容器为阳极，通入 500 ~ 700V 电压，即开始升温，并通入氨气。在 570℃下保温通入酒精（丙酮或乙炔）蒸气。氨和酒精蒸气总流量以每小时换气 10 次为佳，其中酒精蒸气与氨的体积比为（0. 1 ~ 0. 5）∶1，而电流密度为 5 ~ 10mA/cm^2。经 570℃ × 1. 5h 离子氮碳共渗后的渗层深度与表面硬度见表 15-25。

表 15-25　经 570℃ × 1. 5h 离子氮碳共渗后的渗层深度与表面硬度

材料	化合物层深度/mm	扩散层深度/mm	表面硬度 HV0. 2
45	0. 022	0. 45	633
Q235	0. 022	—	598
40Cr	0. 021	0. 40	666
38CrMoAl	0. 015	0. 25	854
灰铸铁	0. 012	—	598
20MnVB	0. 020	0. 30	666

15. 3. 27　稀土离子氮碳共渗

稀土元素对离子氮碳共渗有明显催渗作用。

例如：朱雅年等人采用热分解氨以及自制不同含量的稀土有机渗剂，对经 1050℃固溶 +650℃ ×2h 处理的不锈钢 53Cr21Mn9Ni4N 进行 540℃ ×4h 离子氮碳共渗，他们得到的稀土对离子氮碳共渗层深度的影响见表 15-26，并且发现稀土添加量有一最佳值，这里为 $w(\mathrm{RE}) = 6\%$。

表 15-26　稀土对离子氮碳共渗层深度的影响

离子氮碳共渗		稀土离子氮碳共渗	
化合物层深度/μm	扩散层深度/μm	化合物层深度/μm	扩散层深度/μm
2	18	2	30

15.3.28　奥氏体氮碳共渗

由于氮、碳元素能明显地降低铁的共析转变温度，因而在 600 ~700℃进行氮碳共渗时，含氮的表层已部分转变为奥氏体，而不含氮的部分则基本保持原组织不变，冷却后表面形成了化合物层及 0.01 ~0.10mm 的奥氏体转变层。为了区别于 590℃下的氮碳共渗工艺，该工艺命名为奥氏体氮碳共渗工艺。在气体渗氮炉中进行奥氏体氮碳共渗，氨气与甲醇摩尔比可控制在 92: 8 左右。工件共渗淬火后，可根据要求在 180 ~350℃回火（时效）。以抗蚀为主要目的的工件，共渗淬火后不宜回火。表 15-27 为推荐的奥氏体氮碳共渗工艺条件。

表 15-27　推荐的奥氏体氮碳共渗工艺条件

共渗层总深度/mm	共渗温度/℃	共渗时间/h	氮分解率(%)
0.012 ~0.025	600 ~620	2 ~4	<65
0.020 ~0.050	650	2 ~4	<75
0.050 ~0.100	670 ~680	1.5 ~3	<82
0.100 ~0.200	700	2 ~4	<88

15.4　渗金属

渗金属工艺是采用加热的方法，使一种或多种金属元素扩散渗入工件表面形成表面合金层的化学热处理工艺。所渗金属元素与基体金属常发生反应而形成化合物相，使渗层与基体结合牢固，其结合强度是电镀、化学镀等工艺难以比拟的。渗层具有不同于基体金属的成分和组织，从而使工件表面获得特殊的性能，如抗高温氧化性、耐蚀性、耐磨性等性能。

渗金属可分为直接扩散法和镀（涂）法两大类。直接扩散法又分固体法、液体法和气体法三种。镀（涂）法是将渗入的金属覆盖在工件表面，然后再加热使镀（涂）金属向钢件内扩散的方法。

15.4.1 固体渗铬

渗铬的目的主要有两个：一是为了提高钢和耐热合金的耐蚀性和抗氧化性，提高抗拉强度和疲劳强度；二是为了用普通钢代替昂贵的不锈钢、耐热钢和高铬合金钢。

固体渗铬方法有粉末装箱渗铬、膏剂渗铬等，其中常用固体粉末渗铬工艺见表15-28。

表15-28 常用固体粉末渗铬工艺

序号	渗铬剂配方(质量分数)	渗铬工艺		基材
		温度/℃	时间/h	
1	铬粉40% +氧化铝59.6% + NH_4I0.4%	1050	12	不锈钢
2	铬粉74.5% +氧化铝25% + NH_4Cl0.5%	1000~1100	10	镍基合金
3	铬铁合金50% +氧化铝48% + NH_4Cl2%	1050~1100	4~10	碳钢
4	铬粉51.5% +氧化铝46% + $AlF_3$2.5%	950	6	铸铁
5	铬粉32.5% +铝粉62.5% + NH_4Cl5%	950	1.5~4	45钢

15.4.2 液体渗铬

液体渗铬是在含有活性铬原子的盐浴中进行的，具有设备简单、加热均匀、生产周期短、可直接淬火等特点。液体渗铬主要有氯化物盐浴渗铬和硼砂盐浴渗铬两类，其工艺见表15-29。

表15-29 液体渗铬工艺

序号	渗铬盐浴配方(质量分数)	渗碳工艺		渗层深度/μm	备注
		温度/℃	时间/h		
1	$BaCl_2$70% + NaCl30%，中性盐浴中加Cr或Cr-Fe粉	1050	1~5		用还原气氛保护
2	$Cr_2O_3$10% +铝粉5% + $Na_2B_4O_7$85%(无水)	950~1050	4~6	10~20	盐浴流动性较好
3	碳素铬铁15%~30% + $Na_2B_4O_7$75%~85%(无水)	1000	6	12~18	盐浴流动性较差
4	铬粉5%~10% + $Na_2B_4O_7$90%~95%(无水)	1000	6	15~18	盐浴流动性好，但成分有密度偏析

15.4.3 气体渗铬

由氟化物（HF）、氯化物（NH_4Cl、HCl）与铬块或铬铁块反应制得铬的氟化物、氯化物，通入密封的炉子中，工件经 950 ~ 1100℃处理 4h，可获得 20 ~ 40μm 的渗层。

气体渗铬具有渗速快、渗层质量高且表面光洁等优点，但也存在气体有毒性及腐蚀性等缺点。

15.4.4　真空渗铬

采用0.400mm 铬铁粉和0.400 ~0.071mm 氧化铝粉（其质量比为1:3）或以 *w*（铬粉）50% + *w*（耐火土粉）50%为渗剂，再加总量2%的 NH_4Cl，与清洗干净的工件一同装入罐中，且工件之间保持 10mm 的距离，在通用型真空炉 0.133Pa 真空度下，于1100 ~1150℃进行真空渗铬，保温时间视渗层厚度而定。保温完成后随炉冷却至250℃，出炉空冷。

与一般渗铬工艺相比，真空渗铬具有渗入速度快、工件表面光洁以及渗剂利用率高的优点。

15.4.5　离子渗铬

利用离子渗氮炉可对钢件进行离子渗铬。

其工艺参数为：真空度 13.3Pa；最大电压 1000V，最大电流 35A；温度 900 ~1050℃；介质为渗铬气氛加适量的反应气及氢气。

15.4.6　静电喷涂热扩散渗铬

将钢带两面喷湿，再用静电喷涂铬的质量分数在 80% 以上的铬铁粉，经烘干，然后通过压实，随后进行热扩散处理，获得渗铬合金层。图 15-22 所示为该工艺生产流程。钢带经辊式涂刷机后，表面浸上一层卤化物，在加热至 400℃保温 6h 时，铬粉被卤化物活化，同时通入氢气（或氩气）作为清净剂。在 900 ~ 950℃保温 12 ~20h 进行热扩散，形成渗铬合金层。

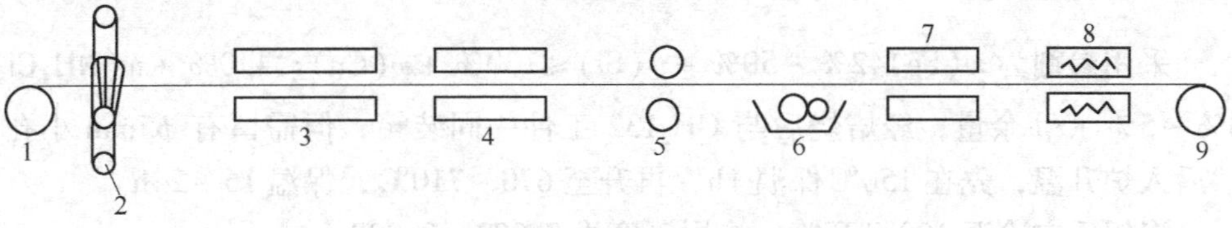

图 15-22　静电喷涂热扩散渗铬法生产流程

1—钢卷　2—喷水润湿　3—静电喷铬粉　4—辐射干燥　5—压结机
6—辊式涂刷机　7—干燥炉　8—高温炉　9—钢卷

15.4.7　铬稀土共渗

膏剂铬稀土共渗工艺与渗铬工艺见表 15-30。

表 15-30　膏剂铬稀土共渗工艺与渗铬工艺

膏剂配方（质量分数）	工艺参数	渗铬层深度/μm
Cr-Fe70% + NH_4Cl5% + 余量 Al_2O_3-RE	950℃ ×6h	13.0
Cr-Fe70% + NH_4Cl5% + 余量 Al_2O_3	950℃ ×6h	6.5

稀土元素的加入显著地提高了渗铬速度，而且由于渗层中出现 $CeFe_5$、$CeFe_7$ 等稀土化合物，渗层的耐磨性、耐蚀性、抗高温氧化性能都同时得到了提高。

15.4.8　粉末渗铝

工件渗铝后具有很高的抗高温氧化与抗燃气腐蚀的能力，在大气、硫化氢、碱和海水等介质中，渗铝层也都具有良好的耐蚀性。

粉末渗铝的原理是通过化学反应和热扩散作用形成渗铝层。所用的渗剂含有铝铁合金、铝、氧化铝和少量氯化铵，其中氯化铵有催渗作用，氧化铝则是一稀释填充剂，又兼有防止金属粉末黏结的作用。工件脱脂除锈后装箱（与固体渗碳装箱类似），加热至 850 ~ 1100℃，保温 3 ~ 12h。加热时铝与活化剂发生如下化学反应：

$$NH_4Cl \rightarrow NH_3 + HCl$$

$$6HCl + 2Al \rightarrow 2AlCl_3 + 3H_2$$

$$AlCl_3 + Fe \rightarrow FeCl_3 + [Al]$$

粉末渗铝后表面铝含量较多，可在通有氢或氩气的罐中扩散退火（1100℃ ×3min）降低铝含量。碳钢渗铝层的表面由 $FeAl_3$、Fe_2Al_5 等相组成，硬度可达 850HV0.1，其渗层深度取决渗铝工艺。

15.4.9　低温粉末渗铝

采用渗剂为 $w(Fe)42\% \sim 50\% + w(Si) \leq 1.0\% + w(Cu) \leq 4.0\% + w(NH_4Cl)$ $3\% \sim 5\%$ + Al 余量，经焙烧后与 GH_2132 工件一同装箱，但需留有 ϕ5mm 小孔。然后入炉升温，先在 150℃保温 1h，再升至 670 ~ 710℃，保温 16 ~ 24h。

渗铝后空冷至 100℃开箱，渗层深度为 0.002 ~ 0.008mm。

经此工艺处理的 GH_2132 工件，在 700 ~ 800℃ 的 w（Na_2SO_4）75% + w（NaCl）25%熔盐中的抗热腐蚀性能大大提高。

15.4.10　热浸渗铝

热浸渗铝的机理是借助于熔融的铝液与工件表面材料发生反应和扩散而形成

富铝的合金层。

热浸渗铝的工件通常要对其表面进行彻底清理，以去除工件表面附着的油污、铁锈和氧化物，然后快速镀铜或镀锌进行助镀处理，最后才能浸入熔化的铝浴[w(Al)92% ~94% +w(Fe) 6% ~8% +w(Si)0.5% ~2%]。这里 Si 的加入有利于增加铝浴的流动性，如加入少量的 Mo、Mn、Zn、Na 还可改善涂层的渗润性能。热浸的最佳温度为 760 ~ 800℃，保温时间视工件大小、厚薄以及钢种而定，一般为 10 ~ 20min。以耐蚀为目的的工件，热浸后可不必进行扩散退火；而以抗高温氧化为目的且为减少渗层的脆性，防止剥落时，热浸渗铝后须进行 950 ~ 1050℃ ×3 ~ 8h 的扩散退火，随炉冷至 500℃ 出炉空冷，以降低渗层中的铝浓度，增加渗层深度。

15.4.11　高频感应加热膏剂渗铝

将渗铝膏剂涂于工件表面，利用高频感应加热，可快速得到均匀、连续、致密、无表面脆性及较厚的渗铝层。

渗铝膏剂配方为 w(Al)50% ~80% +w(冰晶石)15% ~35% +w(SiO_2)5% ~ 15% +w (NH_4Cl)2% ~5%，其中铝粉为供铝剂，冰晶石为熔化剂和活化剂，二氧化硅为填充剂，氯化铵为活化剂。黏结剂为松香酒精溶液。膏剂涂层厚度 0.5 ~ 1.0mm，并应在 100℃ 下烘干 1 ~ 2h。膏剂涂层外面则再涂覆 1mm 的 SiO_2 防氧化涂层。

不同钢材经 1100℃ 高频感应加热 1min 所得渗铝层深度为 40 ~ 117μm，加热 2min 可获得 120μm 以上的渗铝层。

15.4.12　气体渗铝

采用渗剂为铝的卤化物（$AlCl_3$、$AlBr_3$）加氢或向炉中加入铝铁和氯化铵，在 850 ~ 1100℃ 下贯通式或井式炉中进行渗铝。该工艺质量不易控制，且劳动条件较差，故不常用。

15.4.13　喷涂扩散渗铝

先在工件表面静电喷上一层铝，再涂上水玻璃并撒一层硅砂，晾干后再涂一层，然后将工件送入 600℃ 左右的炉中，缓慢升温至 950 ~ 1050℃，保温 2 ~ 4h，进行扩散退火，以降低工件表面的铝含量。保温完成后炉冷至 600℃，出炉空冷，可获得 0.2mm 渗铝层。

15.4.14　铝稀土共渗

将粒度为 5μm 的铝粉、稀土金属和 NH_4Cl 粉末，按质量比为 10:0.5:0.5 均匀混合后，用有机黏结剂调配成糊状，涂覆于工件表面。在 780℃下保温 3h 进行共渗处理，可使组织细化，并显著提高渗层的抗氧化性能。

15.4.15 固体渗钛

将工件置于 w(Ti-Fe 粉)50% + w(NH_4Cl)5% + w(过氯化烯)5% + w(Al_2O_3)40%的粉末渗剂中，并装入箱中，加热至 1000℃保温 6h 进行固体渗钛。处理后工件可获得 10μm 的 TiC 化合物层，其硬度可高达 2500 ~ 3000HV，从而使其耐蚀性和耐磨性大大提高。

15.4.16 固体膏剂渗钛

采用 w(Ti)95% + w(NaF)5%或 w(Fe-Ti)40% + w(Ti)55% + w(NaF)5%的膏剂涂覆于工件表面，干燥后放入盛有惰性填料的炉罐内，并快速加热至 1000℃左右，可同样达到渗钛的目的。

15.4.17 盐浴渗钛

工件在 w(NaCl) 40% + w(Na_2CO_3) 10% + w(Ti-Fe)40% + w(Al_2O_3)10%中，加热至 1000℃保温 1 ~ 5h，可获得 2 ~ 13μm 的钛化合物层。此外，还可在 NaCl + KCl 中性盐浴中加入 Ti-Fe 进行盐浴渗钛。

15.4.18 气体渗钛

在 850 ~ 900℃渗钛温度下，让氢气通过含有 w(Ti-Fe 粉)64% + w(Al_2O_3) 34% + w(NH_4Cl)2%介质的容器，含钛物质被氢还原，产生活性钛原子并渗入工件，达到渗钛的目的。

此外，也可使用 $TiCl_4$、$TiCl_4$、$TiBr_4$ 在氢气保护下渗钛。在高温下 $TiCl_4$ 与铁发生化学反应：

$$TiCl_4 + 2Fe \rightarrow 2FeCl_2 + [Ti]$$

从而释放出活性钛原子，被工件表面吸附，并与钢中的碳结合，形成碳化物型渗层，得以大幅度提高工件表面的硬度和耐磨性。

具体渗钛工艺为：$\varphi(TiCl_4):\varphi(Ar) = 1:9$，电加热速度为 100 ~ 1000℃/s，渗钛温度为 950 ~ 1200℃，保温时间为 3 ~ 8min。经上述渗钛工艺，可获得渗层深度为 20 ~ 70μm 渗钛层。

15.4.19 真空钛铝共渗

钛铝共渗除保留渗钛的高耐磨性、耐蚀性外，还可克服其耐热性低的缺点，提高工件的高温性能。

真空钛铝共渗是将工件放入盛有海绵钛容器的反应罐中，并抽真空至 1.33～0.133Pa。然后将工件加热至 230～270℃，通入三异丁基铝 10～15min，工件表面沉积 30～50μm 的铝层。停止供给三异丁基铝，温度升至 1000～1100℃，同时向罐中供给 $TiCl_4$ 和 H_2（体积比为 1∶55）混合气体若干分钟，便可获得 0.05mm 厚、均匀而致密的钛铝共渗层。

15.4.20　热浸渗锌

热浸渗锌前工件必须先脱脂除锈，并且进行酸洗→中和→氯化铵和氯化锌混合熔剂处理，以便在已净化的工件表面形成一层熔剂层。然后浸入 430～460℃ 熔融锌浴中 2～5min。工件在浸入和从锌浴中取出时，要先刮净锌液表面的锌灰，以免锌灰黏附在工件表面，影响渗锌质量。工件从锌锅中取出后，要用振动法立即清除镀层上多余的锌，以免产生锌的结瘤。为提高渗锌质量，可在保护气氛（如 N_2）中扩散退火，以使锌在工件截面有合理的分布。

15.4.21　粉末渗锌

粉末渗锌原理是通过化学反应和热扩散作用形成渗锌层，其工艺见表 15-31。

表 15-31　粉末渗锌工艺

序号	渗剂配方	渗锌工艺		渗层深度/mm
		温度/℃	时间/h	
1	$w(Zn)=80\%$，$w(NH_4Cl)=20\%$	400	3.5	0.053
2	Zn、Al_2O_3 与 ZnO 的质量比为 5∶3∶2	440	3	0.01～0.02
3	Zn 与 NH_4Cl 的质量比为 20∶1	390	2	0.01～0.02

15.4.22　硼砂盐浴渗钒、铌（TD 法）

在硼砂浴中加入欲渗金属，在高温下通过盐浴本身的不断对流与工件表面接触、吸附并向内扩散，与此同时，钢中的碳则向表面扩散，在表面获得碳化物覆层，从而可有效地提高冷作模具的使用寿命，这就是硼砂盐浴法（TD 法）。该工艺方法设备简单，操作方便，盐浴又无公害，故应用前景广阔。硼砂盐浴渗钒、铌的工艺见表 15-32。

表 15-32　硼砂盐浴渗钒、铌的工艺

序号	渗剂配方(质量分数)	渗钒工艺		渗层厚度/mm
		温度/℃	时间/h	
1	无水硼砂 90% + 钒 10% 或钒铁合金[$w(V)=67\%$]10%	900～1000	6	22～25
2	无水硼砂 80% + $V_2O_5$10% + Al 粉 10%	950		

（续）

序号	渗剂配方(质量分数)	渗钒工艺		渗层厚度/mm
		温度/℃	时间/h	
3	无水硼砂90%～93%+Nb粉7%～10%	1000	5.5	17～20
4	无水硼砂81%+$Nb_2O_5$10%+Al粉9%	1000	4	12

注意：对于淬火温度高于渗钒或渗铌温度的钢件，仅需在渗金属后继续升温并淬火；而对于淬火温度低于渗钒或渗铌温度的钢，则应在渗金属后空冷，然后进行细化晶粒退火，然后再进行加热淬火。

15.4.23 中性盐浴渗钒

渗钒也可在中性盐浴中进行，所用盐浴成分为$w(BaCl_2)$85%+w(NaCl)5%+$w(V_2O_5)$5%～8%+$w(Na_2B_4O_7)$2%～3%+少量铝粉，或者为w(KCl)22.2%+w(NaCl)22.2%+w(V-Fe粉)44.4%+$w(Al_2O_3)$11.2%。渗钒温度为920～1000℃，保温时间为3.5～10h。

15.4.24 固体粉末渗钒

常用固体粉末渗钒工艺见表15-33。

表15-33 常用固体粉末渗钒工艺

序号	固体粉末渗钒剂配方(质量分数)	渗钒温度/℃	保温时间/h
1	铁钒合金[w(V)=30%]60%+$Al_2O_3$23%+NH_4Cl17%	1100	10
2	铁钒合金[w(V)30%]88%+NH_4Cl12%	1150	3
3	V88%+NH_4Cl12%	900～1150	3～9
4	V50%+$Al_2O_3$38%+NH_4Cl12%	900～1150	3～9
5	V49%+$TiO_2$39%+NH_4Cl12%	900～1150	3～9

15.4.25 渗锡

渗锡可显著提高钢件的耐蚀性。渗锡通常采用w(Sn)50%+w(硅砂粉末)50%混合物在1000～1100℃真空中进行，也可在$SnCl_2$及H_2气氛中于500～550℃下进行。

15.4.26 渗锰

模具钢渗锰可有效地提高硬度、耐磨性、抗热疲劳性能，因而能提高其使用寿命。

渗锰时，先将粒度为 0.15mm 锰铁[w(Mn) = 84.90%、w(C) = 1.47%，w(Si) = 2%]、KBF_4、NH_4Cl 活化剂及经充分焙烧的 X243 填充剂与工件一同装箱，经 900 ~ 950℃ × 6 ~ 8h 处理后，可获得 10 ~ 20μm 渗层，其组织为$(Mn, Fe)_3C$ 化合物，但无脆性。

15.5　渗硼、渗硅和渗硫

15.5.1　气体渗硼

气体渗硼速度快，渗层均匀，表面质量好，操作比较方便，但存在安全和环保问题，应引起重视。

渗硼气体为乙硼烷（B_2H_6）或三氯化硼（BCl_3），载气为 H_2，在渗硼温度下通入密封炉内，发生如下反应：

$$B_2H_6 \rightarrow 2[B] + 3H_2$$

$$2BCl_3 \rightarrow 2[B] + 3Cl_2$$

$$2BCl_3 + 3H_2 \rightarrow 2[B] + 6HCl$$

$$BCl_3 + Fe \rightarrow FeCl_3 + [B]$$

气体渗硼工艺：①B_2H_6 与 H_2 的体积比为 1/25 ~ 1/75，850℃保温 2 ~ 4h，停气继续扩散 2 ~ 3h；②渗剂：BCl_3 与 H_2 的体积比为 1/20；850℃保温 3 ~ 6h。

15.5.2　粉末渗硼

渗硼是将工件置于含硼介质中加热，通过化学或电化学反应，使硼原子渗入工件表面形成硼化物的工艺方法。渗硼层通常由 $FeB + Fe_2B$ 双相组织或 Fe_2B 单相组织组成。Fe_2B 比 FeB 的韧性好，但 FeB 的显微硬度可高达 1800 ~ 2000HV，Fe_2B 为 1200 ~ 1800HV。渗硼能提高材料的硬度、热硬性、耐磨性、耐蚀性与抗高温氧化性能，在工业生产中应用较广泛。常用的渗硼工艺有固体渗硼、气体渗硼、盐浴渗硼等。

粉末渗硼是固体渗硼的一种。粉末渗硼剂一般由供硼剂、活化剂和填充剂组成。供硼剂用硼铁和碳化硼；活化剂多采用氟硼酸钾、碳酸氢铵、氟化钾、氟化钠等；填充剂可采用碳化硅、氧化铝、活性炭等。粉末渗硼操作简单，工艺过程与固体渗碳相似，工件装入渗箱中，充以渗硼剂，箱上加盖，即可升温渗硼。几种粉末渗硼工艺见表 15-34。

表 15-34　几种粉末渗硼工艺

序号	渗剂配方（质量分数）	渗硼工艺		渗层深度 /μm	基材
		温度/℃	时间/h		
1	硼铁 72% + KBF_4 6% + NH_4HCO_3 2% + 木炭 20%	850	4	140	45 钢
2	硼铁 20% + KBF_4 5% + NH_4HCO_3 5% + Al_2O_3 70%	850	4	85	45 钢
3	硼铁 5% + KBF_4 7% + 活性炭 2% + 木炭 8% + SiC78%	900	5	95	45 钢
4	B_4C 5% + KBF_4 5% + 活性炭 2% + SiC88%	900	4	104	45 钢、T10 钢
5	B_4C 5% + KBF_4 5% + 锰铁 10% + SiC80%	850	4	165	45 钢

15.5.3　膏剂渗硼

膏剂渗硼是将膏剂涂覆于工件表面，干燥后放入盛有惰性填料的罐内进行加热渗硼的工艺。所用的膏剂由供硼剂和活性剂组成。黏结剂可采用松香酒精溶液、文具胶水、聚乙烯醇水溶液等。膏剂涂层厚度一般为 1 ~ 3mm，经干燥后装箱或感应加热渗硼。常用膏剂渗硼工艺见表 15-35。

表 15-35　常用膏剂渗硼工艺

序号	膏剂配方（质量分数，%）				渗硼工艺		渗层深度 /μm	基材
	B_4C	Na_3AlF6	CaF_2	Na_2SiF_6	温度/℃	时间/h		
1	70	30			950	4	140	20 钢
2	60	40			950	4	120	20 钢
3	50	50			950	4	100	T10
4	10	10	80		930	4	110	45 钢
5	50		35	15	950	4	≥100	45 钢
6	50		25	25	950	4	≥100	45 钢

膏剂渗硼具有成本低、渗速快的特点，对局部渗硼、深层渗硼更具独特的优点。

15.5.4　盐浴渗硼

盐浴渗硼具有设备简单、操作方便、渗速快和渗层组织及深度易于控制等优点，而且液体渗硼后可直接淬火。

渗硼盐浴基本分为两类：一类是以硼砂为基，分别加入 SiC、Si-Fe、Al 等为还原剂，使盐浴产生活性硼原子；另一类以中性盐为基，如 NaCl、NaCl + KCl，再加入氟化物催渗剂和供硼剂 B_4C。常用盐浴渗硼工艺见表 15-36。

表 15-36 常用盐浴渗硼工艺

序号	盐浴配方(质量分数)	渗硼工艺		渗层深度/μm	备注
		温度/℃	时间/h		
1	$Na_2B_4O_7$70% ~80% + SiC20% ~30%	900 ~950	5	70 ~100	45 钢，单相 Fe_2B，工件较难清洗
2	$Na_2B_4O_7$80% + SiC13% + $Na_2CO_3$3.5% + KCl3.5%	950	3	120	20 钢，Fe_2B
3	$Na_2B_4O_7$80% + 铝粉 10% + NaF10%	950	6	200	20 钢，FeB + Fe_2B
4	$Na_2B_4O_7$60% + NaCl15% + $Na_2CO_3$15% + Si-Fe10%	900 ~950	3	120 ~140	45 钢，Fe_2B，工件易清洗
5	NaCl80% + $NaBF_4$15% + B_4C5%	950	5	200	中性盐为基
6	NaCl65% + KCl15% + $NaBF_4$10% + B_4C10%	920 ~940	4	120	10，45，35CrMo

15.5.5 气体渗硅

在 950 ~1050℃密封箱式炉中通入含硅的活性气体如 $SiCl_4$，在高温下 $SiCl_4$ 分解还原与铁发生置换反应，渗入工件表面。但是使用此方法所得渗层多孔、疏松。用铝粉还原 SiO_2 进行渗硅能克服上述缺点，得到无孔隙、致密的渗层，其具体工艺条件如下：

渗剂配方（质量分数）：$SiO_2$57% + Al30% + NH_4Cl 13%；在氩气保护下于 1150℃（加热速度 0.1℃/s）保温 2h，然后炉冷至室温，可获得渗层深度为 250μm 渗层。

15.5.6 固体粉末渗硅

渗硅可提高钢件在硫酸、硝酸、海水及大多数盐、稀碱液中的耐蚀性。渗层组织由有序固溶体 α′和无序固溶体 α 相组成，其内层为增碳区。渗硅层较脆，会降低钢的塑性，并难以切削加工。

渗硅工艺有固体粉末法、盐浴法、气体法等。

固体粉末渗硅工艺见表 15-37。

表 15-37 固体粉末渗硅工艺

序号	渗硅剂配方(质量分数)	渗硅工艺	用途
1	Si-Fe75% ~80% + $Al_2O_3$15% ~20% + NH_4Cl5%	1100 ~1200℃ ×10h；渗层深度为 0.5 ~1.0mm	普通渗硅
2	Si-Fe80% + $Al_2O_3$8% + NH_4Cl12%		减摩多孔渗硅
3	Si19.5% ~20.3% + FeO61.0% ~61.7% + NH_4Cl3.4% ~4.2% + Al_2O_3 余量		消除孔隙渗硅

15.5.7　盐浴渗硅

盐浴渗硅工艺见表 15-38。

表 15-38　盐浴渗硅工艺

序号	盐浴配方(质量分数)	渗硅工艺		渗层深度/mm	备　注
		温度/℃	时间/h		
1	$0.5BaCl_2+0.5NaCl$75%～80%＋Si-Fe15%～20%	1000	2	0.35(10 钢)	硅铁粒度 0.1～1.4mm
2	$(2/3Na_2SiO_3+1/3NaCl)$65%＋SiC35%	950～1050	2～6	0.05～0.44(工业纯铁)	
3	$(2/3Na_2SiO_3+1/3NaCl)$80%～85%＋Si-Fe15%～20%	950～1050	2～6	0.044～0.31(工业纯铁)	硅铁粒度 0.1～1.4mm
4	$(2/3Na_2SiO_3+1/3NaCl)$90%＋Si-Fe10%	950～1050	2～6	0.04～0.2(工业纯铁)	硅铁粒度 0.32～0.63mm

15.5.8　低温液体电解渗硫

钢铁工件经渗硫后在表面形成 FeS（或 Fe_2S 和 FeS）薄膜，可达到降低摩擦因数、提高抗咬合性能的目的。工业上应用较多的是在 150～250℃进行低温电解渗硫，其处理时间短，渗层质量较稳定，FeS 膜厚为 5～15μm，其工艺见表 15-39。

表 15-39　低温液体电解渗硫工艺

序号	渗剂配方(质量分数)	渗硫工艺		电流密度/(A/dm²)	备注
		温度/℃	时间/min		
1	KCN75%＋NaCNS25%	180～200	10～20	1.5～3.5	工件为阳极，盐槽为阴极，到温后计时，因 FeS 转化膜形成速度快，且保温 10min 后增厚甚微，故无须超过 15min
2	KCN74%＋NaCNS25%＋$K_4Fe(CN_6)$0.1%＋$K_3Fe(CN)_6$0.9%	180～200	10～20	1.5～2.5	
3	KCNS73%＋NaCN24%＋$K_4Fe(CN)_6$2%＋KCN0.7%＋NaCN0.3%，通氨气搅拌，流量 59m^3/h	180～200	10～20	3～6	
4	NH_4CNS30%～70%＋KCNS70%～30%	100～200	10～20	2.5～4.5	
5	KCNS55%＋NaCN40%＋KCN1.2%＋NaCN0.8%＋Na_2S0.04%＋$K_4Fe(CN)_6$2%	250	7	3	

15.6 多元共渗和复合渗

多元共渗是将工件置于含至少两种欲渗元素的渗剂中，经过一次加热扩散过程，使多种元素同时渗入工件表面的化学热处理工艺。复合渗则是把工件先后置于相应渗剂中，经数次加热扩散过程，使多种元素先后渗入工件表面的化学热处理工艺。多元共渗和复合渗的目的是吸收各种单元渗的优点，弥补其不足之处，使工件表面达到更高的综合性能指标。实际上前面所述的碳氮（氮碳）共渗、真空钛铝共渗、稀土催渗均属于多元共渗。

15.6.1 碳硼稀土复合渗

由于渗硼层具有极高的硬度，但渗硼层很薄。若在渗硼前先渗碳，使渗硼层下有坚硬的基体支撑，渗碳层外又有更硬的渗硼层覆盖，可显著提高工件的抗磨粒磨损性能。此外，先渗碳后渗硼可提高渗硼的速度。相同的钢种和渗硼工艺，经预渗碳的硼化物层厚度增加，硼化物齿形特性减弱，渗层致密度程度增加。例如，焊条生产线机头上的 45 钢制粉碗采用 930℃ ×7h 固体渗碳后，再经 950℃ ×5 ~6h 硼稀土共渗 +800℃ ×20min 淬火 +170℃ ×2h 回火复合处理后，粉碗抗磨粒磨损能力进一步提高，约为单一渗硼的 8 倍；又如 20CrMnTi 钢试样经 930℃ ×3h 气体渗碳获得 1.6 ~1.8mm 的渗碳层，然后经 850 ~950℃ ×4 ~6h 进行液体渗硼，获得 80 ~160μm 的渗硼层，其耐磨性较渗碳处理的提高 3.6 ~5.3 倍。

15.6.2 硼碳氮共渗

硼碳氮共渗是将工件置于同时含有硼、碳、氮三种元素的介质中的化学热处理工艺。硼碳氮共渗可在盐浴 $w(Na_2B_4O_7)$ 20% + $w[(NH_2)_2CO]$ 40% + $w(Na_2CO_3)$ 20% + $w(KCl)$ 20% 中，于 730℃ ±10℃ 保温 4 ~6h，对于 45 钢工件，可获得 0.36 ~0.46mm 的共渗层。

硼碳氮共渗也可以在 B_4C、KBF_4、$KCFe(CN)_6$、SiC 和碳粉等粉末固体介质中进行。共渗温度为 900 ~950℃ 保温，时间为 4 ~5h，共渗后硼化物层深度可达 150 ~200μm，过渡层深度也可达 500 ~800μm。共渗后渗层硬度尽管比渗硼的低，但硬度梯度平缓，水淬后硼化物不崩落，能大大提高工件的使用寿命。

15.6.3 硫氮碳共渗

硫氮碳共渗是将工件置于同时含有硫、氮、碳三种元素的渗剂介质中的化学热处理工艺。它可改善工件的减摩性能，并提高工件表面的硬度和耐磨性。共渗层可达数十微米，其组织与渗剂的组成有关。以渗硫为主时，表层有 FeS 或 FeS 与 α-Fe；以渗氮为主时，有 Fe_2（N，C）与 Fe_4（N，C）；以渗碳为主时，则形成 Fe_3（C，N）。硫氮碳共渗工艺见表 15-40。

表 15-40 硫氮碳共渗工艺

工艺方法	渗剂配方(质量分数)	共渗工艺	
		温度/℃	时间/h
粉末法	$FeS40\% + K_4Fe(CN)_6 10\% +$ 石墨 50%	550 ~ 930	4 ~ 12
	$FeS90\% + K_4Fe(CN)_6 5\% + (NH_2)_2CS5\%$		
膏剂法	$ZnSO_4 37\% + Na_2SO_4 18.5\% + K_2SO_4 18.5\% + KCNS2.25\% + Na_2S_3O_3 3.75\% +$ 高岭土 6% $+ H_2O14\%$	500 ~ 580	3 ~ 4
盐浴法	$(NH_2)_2CS54\% + K_2CO_3 44\% + Na_2S2\%$	350 ~ 380	10 ~ 60min
	$NaCN65\% + KCN22.1\% + Na_2S4.3\% + KCNS4.3\% + Na_2SO_4 4.3\%$	540 ~ 560	

15.6.4 氧硫碳氮硼共渗

高速工具钢刀具经常规淬火、回火后进行氧硫碳氮硼共渗，可使刀具寿命提高 1 ~ 2 倍，而且设备简单，操作方便。渗剂采用 8g 硫脲和 8g 硼酸溶解于 500mL 甲酰胺和 500mL 无水乙醇的混合溶液中制成，以一定的滴速滴入炉内。高速工具钢刀具氧硫碳氮硼共渗的工艺曲线如图 15-23 所示。

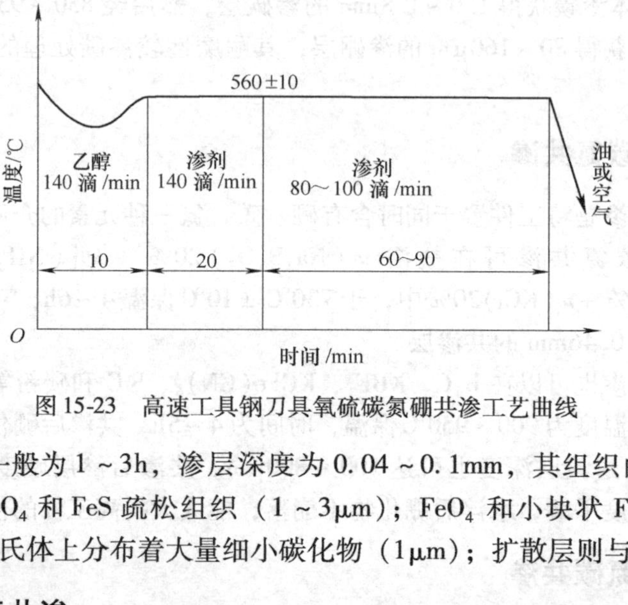

图 15-23 高速工具钢刀具氧硫碳氮硼共渗工艺曲线

共渗时间一般为 1 ~ 3h，渗层深度为 0.04 ~ 0.1mm，其组织由表及里依次是：$FeBO_5$、FeO_4 和 FeS 疏松组织（1 ~ 3μm）；FeO_4 和小块状 Fe_3N 致密组织（1 ~ 3μm）；马氏体上分布着大量细小碳化物（1μm）；扩散层则与基体相连。

15.6.5 氧氮共渗

在渗氮的同时通入含氧介质，即可实现钢铁工件的氧氮共渗，处理后的工件兼有蒸汽处理和渗氮处理的共同优点。

氧氮共渗时，采用最多的渗剂是浓度不同的氨水。氮原子向内扩散形成渗氮层，水分解形成的氧原子向内扩散形成氧化层，并在工件表面形成黑色氧化膜。

目前，氧氮共渗主要用于高速工具钢刀具的表面处理。共渗的主要工艺参数为：氧氮共渗温度一般为 540 ~ 590℃，共渗时间一般为 60 ~ 120min，氨水的质量分数以 25% ~30% 为宜。排气升温期氨水的滴入量应加大，以便迅速排除炉内空气。共渗期氨水的滴量应适中，降温扩散期应减小氨水滴量，使渗层浓度梯度趋于平缓。炉罐应具有良好的密封性，炉内保持 300 ~ 1000Pa 的正压。图 15-24 所示为以氨水为共渗剂的高速钢刀具氧氮共渗工艺曲线。

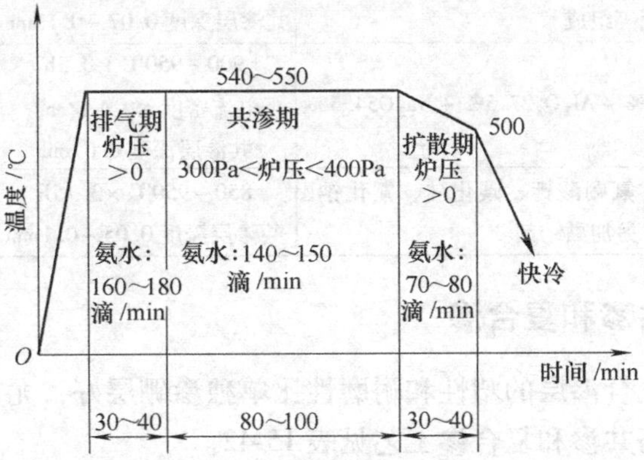

图 15-24　高速工具钢刀具氧氮共渗工艺曲线

15.6.6　气体硫氮共渗

以氨气和硫化氢作为渗剂，NH_3 与 H_2S 的体积比为（9 ~ 12）∶1，氨分解率约为 15%。炉膛较大时，硫化氢的通入量应减少。

高速工具钢经 530 ~ 560℃处理 1 ~ 1.5h，可获得 0.02 ~ 0.04mm 的共渗层，表面硬度为 950 ~ 1050HV。

15.6.7　盐浴硫氮共渗

在配方（质量分数）为 $CaCl_2$50% + $BaCl_2$30% + NaCl20% 的熔盐中添加 FeS8% ~10%，并以 1 ~ 3L/min 的流量导入氨气（盐浴容量较多时取上限）进行盐浴硫氮共渗，共渗温度为 520 ~ 600℃，保温时间为 0.25 ~ 2.0h。

15.6.8　硼铝共渗

硼铝共渗的目的是提高耐磨性和耐热性，其共渗工艺见表 15-41。

另外，也可以采用先渗硼后渗铝的复合渗工艺，来获得硬度高、耐磨性好、抗氧化性好的表面改性层。

表 15-41 硼铝共渗工艺

工艺方法	渗剂配方(质量分数)	共渗工艺	渗层组织
粉末法	90% 供硼剂(B_4C84% + $Na_2B_4O_7$16%)加 10% 供铝剂(铝铁粉 97% + NH_4Cl3%)	1100℃ ×6h 共渗层深度 0.36mm	45 钢渗层由 FeB、Fe_2B、Fe_3Al 组成
	50% 供硼剂(B_4C84% + $Na_2B_4O_7$16%)加 50% 供铝剂(铝铁粉 97% + NH_4Cl3%)	1100℃ ×6h 共渗层深度 0.23mm	45 钢渗层由 FeAl、Fe_2B 组成
液体法	由硼砂、中性盐、氧化铝、铝、铁粉、氟化铝、碳化硼等组成	840 ~870℃ ×3 ~4h 共渗层深度 0.07 ~0.13mm	
熔盐电解法	$Na_2B_4O_7$18% + $Al_2O_3$27.5% + Na_2O54.5%	900 ~950℃ ×0.5h 电流密度≤0.4A/cm² 共渗层深度 0.07mm	
膏剂法	由碳化硼、氟硼酸钾、碳化硅、氟化钠、氧化铁组成，另加黏结剂	850 ~950℃ ×3 ~5h 共渗层深度 0.05 ~0.1mm	

15.6.9 硼铬共渗和复合渗

硼铬共渗和复合渗层的塑性和耐磨性比单独渗硼层好，尤其是在动载荷下更显其优越性。硼铬共渗和复合渗工艺见表 15-42。

表 15-42 硼铬共渗和复合渗工艺

工艺方法		渗剂配方(质量分数)	工 艺
共渗	粉末法	无定形硼 5% + 铬粉 63.5% + $Al_2O_3$30% + NH_4I 1.5%	1000℃ ×8h
	盐浴电解法	$Na_2B_4O_7$50% ~52% + $Cr_2O_3$5% ~3% + SiC10% + B_4C5% + $Na_3AlF_6$20% + KCl 10%	(850 ~900℃) ×2h 电流密度 (0.1 ~0.2) ×10^{-4}A/m²
复合渗	膏剂法渗硼 + 粉末法渗铬	渗硼膏剂:B_4C10% + $Na_3AlF_6$10% + $CaF_2$80% 渗铬剂:铬铁 50% + $Al_2O_3$43% + NH_4Cl7%	900℃ ×(1 ~2h) 1050℃ ×3h
	粉末渗铬 + 电解渗硼	渗铬剂:铬铁 50% + $Al_2O_3$43% + NH_4Cl7% 渗硼盐浴:硼砂 50% + B_4C50%	1050℃ ×6h 900℃ ×2h 电流密度 0.24 ×10^{-4}A/m²

15.6.10 硼锆共渗

硼锆共渗的目的是改善渗硼层的脆性，提高其抗冲击载荷的能力。典型的硼锆共渗粉末配方（质量分数）有：

1）B_4C45% ~60% + B_2Zr5% ~10% + NaF5% ~10% + 铁屑余量。

2）B_4C50% ~55% + 硼酐 4% ~7% + Cu3% ~4% + Zr2% ~4% + NaF3% ~6% + SiO_2 余量。

共渗温度为 850 ~950℃，保温时间为 3 ~6h，然后直接淬火或空冷。

15.6.11 硼硅共渗

硼硅共渗后可提高工件的抗氧化和耐蚀性，表面硬度也有所提高。粉末硼硅共渗工艺见表 15-43。

表 15-43 粉末硼硅共渗工艺

序号	渗剂配方（质量分数）		处理工艺	渗层深度/μm		备 注
	$Na_2B_4O_7$16% + B_4C84%	Si（硅结晶）95% + NH_4Cl5%		45 钢	T8	
1	93	7	1050℃ ×3h	245	225	序号 1 和 2 渗剂获得的渗层较致密，当渗剂中 Si 的质量分数大于25%时，渗层孔隙增多
2	85	15	1050℃ ×3h	240	200	
3	75	25	1050℃ ×3h	210	180	

15.6.12 硼氮复合渗

粉末硼氮复合渗剂由 B-Fe（或 B_4C）、$(NH_2)_2CO$、Al_2O_3（或 SiC）、KBF_4、NaF 等组成。采用两段工艺法，先于 570 ~630℃保温 3h 渗氮，然后升温于 850 ~900℃保温 5 ~6h 渗硼，渗层深度达 0.15mm，由 FeB、Fe_2B、Fe_3（CB）、Fe_3N 等相组成。

15.6.13 碳硼复合渗

碳硼复合渗（先渗碳，后渗硼）用于既要有高的接触疲劳强度又要有高的耐磨性的牙轮钻头（轴颈部分）等零件。碳硼复合渗工艺见表 15-44。

表 15-44 碳硼复合渗工艺

材料	渗碳				渗硼			
	渗碳剂配方（质量分数）	处理工艺		渗层深度/mm	渗硼剂配方（质量分数）	处理工艺		渗层深度/mm
		温度/℃	时间/h			温度/℃	时间/h	
20CrMnTi	木炭 94% + $Na_2CO_3$6%	930	6	1.5 ~1.8	B_4C4% + $KBF_4$2% + $Na_2CO_3$0.2% + SiC93.8%	950	4 ~6	0.08 ~0.14
20CrMnTi	氮气 + 甲醇 + 丙烷渗碳	930	17	2.5	颗粒状渗硼剂	930	12	0.1 ~0.14

15.6.14　铬铝共渗

铬铝共渗的目的是在提高工件表面耐磨性、耐蚀性的同时提高其抗高温氧化能力，也可采用先渗铬后渗铝或先渗铝后渗铬的复合渗。固体粉末铬铝共渗工艺见表 15-45。

表 15-45　固体粉末铬铝共渗工艺

序号	共渗剂配方（质量分数）	共渗工艺
1	铬铁 50% + 铝铁 50%，外加 NH_4Cl1.5%	(950 ~ 1050℃) × (5 ~ 10h)
2	铬铁 50% + 铝铁 40% + $Al_2O_3$10%，外加 NH_4Cl1%	1050℃ × (8 ~ 10h)
3	铬-铝合金 50% + $Al_2O_3$50%	1040℃ × (5 ~ 10h)

15.6.15　铬硅共渗

铬硅共渗的目的是提高耐磨性、耐蚀性，共渗层还具有高的热稳定性和耐急冷急热性。

共渗剂配方（质量分数）为铬粉 53% + 硅粉 3% + $Al_2O_3$42% + NH_4Cl2%，共渗温度为 1000℃，保温时间为 10h，可获得 150μm 的共渗层。共渗层中铬的质量分数为 20%，硅的质量分数为 5%。铬硅共渗层的抗高温氧化性、耐蚀性优于渗铬层，韧性优于渗硅层。

15.6.16　铬铝硅共渗

铬、铝、硅三元共渗的目的提高热稳定性和耐蚀性、耐冲蚀磨损能力。

粉末法铬铝硅共渗工艺如下：

共渗剂配方（质量分数）为粒径为 0.075mm（200 目）的 Cr15% + 粒径为 0.075mm（200 目）的 Al5% + 粒径为 0.053mm（240 目）的 SiC79.4% + NH_4I0.4% +，粒径为 0.154mm（100 目）的 $Al_2O_3$0.2%；共渗温度为 1093℃，保温 7h，冷至 93℃取出工件。采用该工艺的共渗层深度：钴基合金为 25 ~ 75μm，镍基合金为 50 ~ 100μm，铁基合金为 25 ~ 250μm。

15.7　镀渗复合

某些金属材料表面电镀几种金属或合金层，然后通过热扩散处理，可形成减摩与耐磨型镀渗层。改善某些金属材料摩擦学性能的镀渗技术见表 15-46。

表 15-46　改善某些金属材料摩擦学性能的镀渗技术

内容	镀锡锑热扩散（Stanal）	镀铜锡热扩散（Forez）	镀锡镉（或锑）热扩散（Delsun）	镀铜热扩散（Zinal）
工件材质	碳素钢、合金结构钢、模具钢、不锈钢、铸铁、粉末冶金件	碳素钢、工具钢、模具钢	铜、青铜与黄铜	铝合金与铝
镀覆材料	以 Sn 为主，Sb 的质量分数为 7% ~ 10%；可添加少量 Cd 以提高耐蚀性	以 Cu 为主，Sn 的质量分数可达 30%	一般镀 7 ~ 10μm，Sn、Cd 或 Sb，铝青铜基体加厚至 10 ~ 12μm	In、Cu；可加少量 Zn 以提高结合力
热扩散工艺	在充氮炉膛中于 580 ~ 600℃ 保温 10 ~ 15h，高精度工件在精磨前于 600℃ 去应力再加工至成品并电镀	在氮气中加热到 550 ~ 600℃，持续 4 ~ 6h	无须在保护气氛中加热，于空气炉中热至 410 ~ 430℃，保温 8 ~ 14h	在一般加热炉中于 150 ~ 165℃ 保温 4 ~ 8h
镀渗层组织、结构与硬度	表面为 1 ~ 2μm 富锡的减摩层，其下为以 FeSn 和 $FeSn_2$、Fe_3SnC 为主，硬度为 600 ~ 800HV 的扩散层。渗层深度为 10 ~ 30μm	表面为 1 ~ 2μm 富锡减摩层，其下是 $FeSn_2$、FeSn、Fe_3SnC、硬度约 450HV，通常渗层深度为 10 ~ 20μm，必要时可达 100μm	表面是抗咬死性能良好的 Cu-Sn-Cd 合金薄层；其下是 Cu_2Sn、Cu_4Sn 等化合物，硬度为 480 ~ 600HV，镀渗层深度约为 30μm	表面为 1μm 左右的富铟抗咬死层，其下为 In-Cu 化合物，硬度约为 200 ~ 250HV，镀渗层深度为 10 ~ 50μm
耐蚀性	在大气、海水、矿物油中耐蚀性良好。对碱性介质、硝酸钾溶液等有一定的耐蚀性	在大气、工业大气中有一定的耐蚀性，抗盐雾腐蚀性能明显提高	在大气、海水及矿物油中耐蚀	耐蚀性有所改善
摩擦学性能（在 Falex 摩擦磨损试验机上进行试验）	销子试样和 V 形块均为 35 钢，未经表面处理时，在 1500N 载荷下瞬时咬死；经过 Stanal 处理则 7h 才咬死（试样置于水中） 试样置于油中连续加载，未经表面处理件在 2600N 时咬死；经 stanal 处理直至 25000N 仍运行正常	转速为 300r/min，试样上涂凡士林，未经表面处理时，6000N 咬死；经 Forez 处理件直到 24000N 运行正常	销子为铜合金，V 形块是渗碳、淬火与回火的 15CrNi3A 钢 摩擦速度为 0.1m/s，经过 Delsun 处理的 QSn12 和 HPb59-2 的摩擦学性能显著提高，同时提高接触疲劳强度	销子是含铜及少量镁、锰的铝合金，V 形块为调质的 35 钢，以 0.1m/s 速度在水中试验，未经处理件在 500N 载荷下瞬时烧伤 经过 Zinal 处理则历时 1h 才开始擦伤
适用范围	承载不重的轴、齿轮、滑动轴承、挺杆、部分蜗杆和蜗轮（某些情况下可用钢或铸铁代青铜）	减速器、轻工机械中的轻载齿轮、轴瓦、水泵零件、蜗轮；钢件处理可代替黄铜、青铜	青铜与黄铜齿轮、蜗轮、液压泵壳体、轴承、铜质模具、过滤板	铝合金武器器件，水龙头、活塞、滑轮等

第 16 章　表面热处理

表面热处理是指对工件表面进行加热、冷却，从而改变工件表层的组织结构和性能，但不改变其化学成分的一种工艺方法。对具有固态相变，可以热处理强化的材料，经过表面热处理后，不仅可提高工件表层的硬度和耐磨性，而且与经过适当热处理的心部组织相配合，可以使工件获得高的疲劳强度和强韧性。

表面热处理具有工艺简单、强化效果显著、变形小、生产过程易于实现机械化和自动化、生产率高、节能、污染少等特点，因此是应用相当广泛的材料表面改性技术之一。

表面热处理工艺包括：感应淬火、火焰淬火、电解液淬火、接触电阻加热淬火、浴炉加热表面淬火等。

16.1　感应淬火

感应淬火是利用电磁感应原理和趋肤效应使位于通以交变电流的感应器中的工件产生感应电势，并在工件中产生极大涡流和磁滞效应，从而将工件表层加热到相变点以上，实现表面淬火的目的。这里感应器决定着感应加热的质量和效率，故要获得满意的感应淬火质量的关键在于设计选择合适的感应器和正确的工艺条件。感应淬火获得的表层组织为细小隐针马氏体，碳化物呈弥散分布，且存在压应力，故表层的硬度和耐磨性比普通淬火均高。此外，由于感应加热速度极快，几乎无氧化脱碳现象，工件变形很小，质量稳定，且生产率高，还易于实现局部加热及自动化生产，因此应用极为广泛。

16.1.1　高频感应淬火

高频感应淬火是利用高频电磁感应的现象，使工件表面加热而后急冷的热处理工艺。它适用于普通中碳钢和合金中碳钢，也可应用于碳素工具钢或合金工具钢，但以 $w(C)=0.35\%\sim0.5\%$ 的钢在淬火后的效果最好。高频感应淬火常用频率为 60 ~ 70kHz 和 200 ~ 300kHz、功率为 30 ~ 100kW 的高频发生器。由于交流电的频率越高，感应电流的趋肤效应越显著，而且很多情况下，工件的直径越大，它所要求的硬化层越厚，因此，应根据工件的尺寸及硬化层厚度选择合适的电流频率。频率确定后则应根据硬化层厚度以及工件单位面积上输送的功率(比功率)，选择设备的功率。硬化层深度和轴类工件直径与频率之间的关系见

表 16-1 和表 16-2。高频感应加热的温度则应根据钢种、原始组织及相应区的加热速度来确定，见表 16-3。

表 16-1　硬化层深度与电流频率的关系

频率/kHz		250	70	35	8	2.5	1.0	0.5
硬化层深度/mm	最大	0.3	0.5	0.7	1.3	2.4	3.6	5.5
	最小	1.0	1.9	2.6	5.5	10	15	22
	最佳	0.5	1.0	2.3	2.7	5	8	11

表 16-2　轴类工件直径与电流频率的关系

工件直径/mm	10～20	20～40	40～100
选用频率/kHz	200～300	8	2.5

表 16-3　常用钢种高频感应淬火的加热温度

牌号	原始组织	预备热处理	炉中加热	Ac_1 以上的加热速度/(°C/s) Ac_1 以上的加热时间/s 30～60 / 2～4	100～200 / 1.0～1.5	400～500 / 0.5～0.8
			加热温度/°C			
40	细片状 P + 细粒状 F	正火	820～850	860～910	890～940	950～1020
	片状 P + F	退火或未处理	820～850	890～940	910～960	960～1040
	S	调质	820～850	840～890	870～920	920～1000
45、50	细片状 P + 细粒状 F	正火	810～830	850～890	880～920	930～1000
	片状 P + F	退火或未处理	810～830	880～920	900～940	950～1020
40Mn2 50Mn	细片状 P + 细粒状 F	正火	790～810	830～870	860～900	920～980
	片状 P + F	退火或未处理	790～810	860～900	880～920	930～1000
	S	调质	790～810	810～850	840～880	900～960
65Mn	细片状 P + 细粒状 F	正火	760～780	810～850	840～880	900～960
	片状 P + F	退火或未处理	770～790	840～880	860～900	920～980
	S	调质	770～790	790～830	820～860	860～920
35Cr	S	调质	850～870	880～920	900～940	950～1020
	P + F	退火	850～870	940～980	860～1000	1000～1060
40Cr 45Cr	S	调质	830～850	860～900	880～920	940～1000
40CrNiMo	P + F	退火	830～850	920～960	940～980	980～1050

（续）

牌号	原始组织	预备热处理	Ac_1 以上的加热速度/(°C/s) / Ac_1 以上的加热时间/s			
			炉中加热	30 ~ 60 / 2 ~ 4	100 ~ 200 / 1.0 ~ 1.5	400 ~ 500 / 0.5 ~ 0.8
			加热温度/°C			
40CrNi	S	调质	810 ~ 830	840 ~ 880	860 ~ 900	920 ~ 980
	P + F	退火	810 ~ 830	900 ~ 940	920 ~ 960	960 ~ 1020
T8A	粒状 P	退火	760 ~ 780	820 ~ 860	840 ~ 880	900 ~ 960
T10A	片状 P 或 S(+ C)	正火或调质	760 ~ 780	780 ~ 820	800 ~ 860	820 ~ 900
CrWMn	粒状 P 或粗片状 P	退火	800 ~ 830	840 ~ 880	860 ~ 900	900 ~ 950
	片状 P 或 S	正火或调质	800 ~ 830	820 ~ 860	840 ~ 880	870 ~ 920

注：P—珠光体，F—铁素体，S—索氏体，C—碳化物。

淬火冷却介质应根据工件材料、形状和大小，采用的加热方式以及淬硬层深度等因素加以确定。高频感应淬火的冷却介质有水、油、聚乙烯醇水溶液以及乳化液等。由于高频感应加热速度很快，淬火后可在表层获得细小隐针状马氏体，比普通淬火硬度高出 2 ~ 5HRC，而且淬火后表面存在压应力，故其耐磨性、疲劳强度显著提高，缺口敏感性较小。因此，高频感应淬火广泛应用于齿轮、轴、套筒、机床导轨、螺杆、量具、工具等工件。

注意：①为了保证淬火时表面获得均匀马氏体组织和心部有足够韧性，常在高频感应淬火前采用调质或正火作为预备热处理，调质者心部综合力学性能较高，而正火者机械加工性能好；②高频感应淬火后应进行回火处理或进行自回火。高频感应淬火件的回火工艺见表 16-4。

表 16-4　高频感应淬火件的回火工艺

牌　号	要求硬度 HRC	淬火后硬度 HRC	回火温度 /°C	回火时间 /min
45	40 ~ 50	≥50	280 ~ 300	45 ~ 60
		≥55	300 ~ 320	
	45 ~ 50	≥50	200 ~ 220	45 ~ 60
		≥55	200 ~ 250	
	50 ~ 55	>55	180 ~ 200	45 ~ 60
50	53 ~ 60	54 ~ 60	160 ~ 180	60
42SiMn	45 ~ 50	—	220 ~ 250	45 ~ 60
	50 ~ 55	—	180 ~ 220	60 ~ 90

（续）

牌　　号		要求硬度 HRC	淬火后硬度 HRC	回火温度 /°C	回火时间 /min
15 20Cr 20CrMnTi 20CrMnMoV	渗碳后	56 ~ 62	56 ~ 62	180 ~ 200	60 ~ 120

16.1.2　渗碳后高频感应淬火

为了进一步提高工件的表面硬度、耐磨性和疲劳强度，改善硬化层分布，并减少工件淬火变形和开裂，对采用 20Cr、20CrMnTi、20CrMnMoVB 等制作的齿轮，在渗碳后采用比功率较小、加热速度较慢的、齿部透热的高频感应淬火处理，这是一种复合的热处理工艺。

对渗碳件进行感应淬火，还能免除局部渗碳时的镀铜保护，因为高频感应淬火只在要求高硬度的表面进行。对在渗碳后普通淬火时残留奥氏体量较多的 18CrNiW、20Cr2Ni4 等钢种，采用感应淬火时，由于加热速度快，溶入奥氏体的碳化物量相对不多，还可以起到减少残留奥氏体的作用。

16.1.3　渗氮后高频感应淬火

与渗碳后感应淬火一样，渗氮后感应淬火是一种复合热处理工艺。它是在工件渗氮后进行感应淬火的，故比单纯渗氮或单纯感应淬火处理能获得更高的表面硬度及更大的硬化层深度。

几种钢经不同热处理的硬化层深度和表面硬度见表 16-5。

表 16-5　几种钢经不同热处理后的硬化层深度和表面硬度

牌号	硬化层深度/mm		表面硬度 HRC		
	渗氮	感应淬火	渗氮	感应淬火	渗氮及感应淬火
20	1.14	3.81	24	44	57
30	1.12	3.43	25	53	65
40	1.14	3.43	33	63	66
T8	1.09	3.56	35	64	69
40CrNiMo	0.89	2.79	49	65	68

16.1.4　超高频脉冲淬火

超高频脉冲淬火又称超高频冲击淬火，是使用 20 ~ 30MHz 的高频脉冲电流通过感应器，使 0.05～0.5mm 的工件表层在 1～500ms 时间内迅速加热到淬火温度，然后自冷淬火，其表面加热功率可达到 10～30kW/cm^2，加热速度为 104～106℃/s。由于脉冲淬火是在高能量密度下异常迅速地加热并激冷，故得到的是极其微细的组织，显微硬度可达 900～1200HV，并且生产率高，变形极小，不必回火，淬火表层与基体间无过渡带。超高频脉冲淬火、普通高频感应淬火和大功率高频脉冲淬火的技术特性比较见表 16-6。

表 16-6　超高频脉冲淬火、普通高频感应淬火和大功率高频脉冲淬火的技术特性比较

技术参数	超高频脉冲淬火	普通高频感应淬火	大功率高频脉冲淬火
频率/kHz	27.12MHz	200～300	200～1000
功率密度/(kW/cm^2)	10～30	0.2	1.0～10
最短加热时间/ms	1～500	100～5000	1～1000
硬化层深度/mm	0.05～0.5	0.5～2.5	0.1～1
淬火面积/mm^2	10～100(最宽 3mm)	取决于连续步进距离	100～1000(最宽 10mm)
感应器电感	10～100nH	2～3μH	
感应器冷却介质	单脉冲加热无须冷却	通水	通水或埋水冷却
工件冷却	自激冷	喷水	埋水或自激冷
淬火层组织	极细 M	M	极细 M
畸变	极小	不可避免	极小

超高频脉冲淬火主要用于小、薄的工件，如录音机器材、钟表、照相机械、纺织钩针、安全刀等。

16.1.5　大功率高频脉冲淬火

大功率高频脉冲淬火所用频率为 200～1000kHz，振荡功率在 100kW 以上，工艺特点介于普通高频感应淬火与超高频脉冲淬火之间。该工艺适用于形状复杂、要求精度高的工件表面淬火，以及汽车行业、仪表耐磨件、中小型模具的局部硬化。

16.1.6　超音频感应淬火

对低淬透性钢，高、中频淬火很难使中小模数（m=3～6mm）齿轮、链轮、凸轮轴、花键轴等凹凸工件获得均匀的硬化层。若采用 20～65kHz 的超音频发生器进行处理，就可实现中小模数齿轮表面的均匀硬化层，同样在 45 钢制花键轴、凸轮、手扶拖拉机拨叉等工件上获得了良好的淬硬层分布。对机床导轨的淬火结果还表明，在与高频感应淬火工艺参数相近的情况下，超音频感应淬火生产率高，淬硬层深，并且淬火变形也较小。

16.1.7　中频感应淬火

中频感应淬火常用频率为1000~10000Hz、功率为100~500kW的中频发电机或晶闸管变频装置。中频感应淬火有利于提高工件表面的硬度、耐磨性及疲劳强度，适用于大、中型工件，也可用于小件的穿透淬火。而对于低淬透性钢制齿轮，经中频感应淬火，可在其表面形成沿齿廓分布的硬化层，而心部仍保持较高的强韧性。这种齿轮可部分取代汽车、拖拉机中承受较重载荷的合金渗碳钢齿轮。

同样，中频感应淬火前应进行调质或正火处理，淬火后则根据硬度要求进行相应的回火处理。

16.1.8　双频感应淬火

对齿轮这种凹凸不平的工件进行感应加热时，要使低凹处达到一定深度的硬化层，难免使凸出部过热，而低凹处得不到硬化层，很难获得均匀的硬化层。

双频感应淬火就是用中频—高频依次加热方法，即先用中频感应加热齿沟和接近齿根的齿侧，再用250kHz高频感应加热齿顶和接近齿顶的齿侧，使凹凸处各点的加热温度趋于一致，然后淬火，这样可获得沿齿廓分布合理的硬化层。

16.1.9　工频感应淬火

取自三相动力变压器或单相、三相电炉变压器的50Hz工频电流，通过感应器来加热工件，称为工频感应加热，其功率可在数百瓦至2kW。工频感应淬火与高、中频感应淬火相比具有下列特点：①电流穿透层比较深，当用于大截面工件的表面淬火时，可获得15mm以上的淬硬层；②可直接应用于工业电源，设备简单，电热转换效率比变频器要高；③加热速度较低（每秒几摄氏度），不易过热，整个加热过程容易控制。但负载回路是感性电路，功率因数低，仅为0.2~0.4，常需大容量电容器进行补偿。

工频感应淬火常用于冷轧辊、钢轨及起重机车轮等的表面热处理。工频感应加热还常用于有色金属熔炼，钢件锻造加热，棒材及管材的正火、调质等处理。

16.2　火焰淬火

应用氧乙炔火焰或其他可燃气体火焰对工件表面进行加热，随之淬火冷却的热处理工艺，称为火焰淬火。火焰淬火可使工件表面获得高的硬度和耐磨性，从而延长其使用寿命。

火焰淬火与感应淬火方法相比，火焰淬火具有设备简单，操作灵活，工件畸变小，表面清洁，一般无氧化、脱碳现象等优点；但加热温度不易控制，噪声大，劳动条件差。火焰淬火适用于批量小、品种多的工件，或需户外作业，以及运输拆卸不便的大尺寸和质量大且淬火面积大的大型工件。

火焰淬火的热源是燃烧的火焰，而燃烧的火焰又分焰心、还原区和全燃区三层。火焰淬火时选择氧化焰（体积混合比为1.5）是最有效的。火焰淬火是通过控制燃烧火焰还原区与工件的相对位置及相对运动来控制工件的表面温度、加热层深度及加热速度的。通常火焰淬火温度比炉中加热的普通淬火温度高20～30℃。一般认为火焰还原区顶端距工件表面2～3mm为好。喷嘴的移动速度的选择范围为50～150mm/min。

为了获得良好的淬火质量，使工件的淬火表面硬度均匀，须在淬火前进行调质或正火处理。火焰淬火方法可分为同时加热法和连续加热法。淬火冷却介质最常用的是水，也可用聚乙烯醇水溶液、肥皂水、乳化液和油等；冷却方式有直接喷射冷却、投入水中或油中冷却，对于合金钢，为避免淬火开裂，减少变形，可用喷雾或压缩空气冷却。

工件经火焰淬火后一般在炉中进行180～200℃的低温回火。

16.3 电解液淬火

电解液淬火的原理如图16-1所示。操作时，将工件欲淬火部分置于电解液中，并接直流电源阴极，电解槽接阳极。电路接通后，电解液产生电离，阳极放出氧，阴极工件放出氢。氢围绕工件形成气膜，产生很大的电阻，电流通过时产生大量的热将工件表面迅速加热到临界点以上温度，到温后断电，工件表面则被电解液冷却硬化。此方法设备简单，淬火变形小，适用于棒状、轮缘或板状等形状简单工件的批量生产。

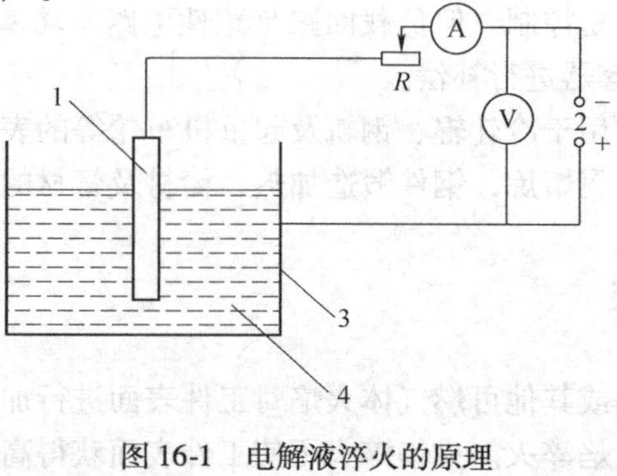

图16-1　电解液淬火的原理

1—工件（－）　2—直流电源　3—电解槽（＋）　4—电解液

电解液淬火的质量与电解液的成分、电源电压、电流、浸入面积和时间有关。电解液可用酸、碱或盐类的水溶液，常用 w（Na_2CO_3）为 5% ~18% 的水溶液。一般情况下，电解液温度不超过 60℃，常用电压为 160 ~260V，电流密度为 3 ~10A/cm^2，加热时间为 5 ~10s。操作时，工件浸入电解液的深度应比淬火区深 2 ~3mm，生产中多采用机械化，以保证淬火质量。电解液淬火后的表面组织为较细小的马氏体组织，心部仍保持原来韧性较好的索氏体或铁素体 + 珠光体组织。

电解液淬火的缺点是工件棱角部分易出现过热，工艺条件不易控制，形状复杂的工件加热不易均匀。

16.4　接触电阻加热淬火

接触电阻加热淬火的原理如图 16-2 所示。它是借助与工件接触的电极（高导电材料的滚轮）通电后，因接触电阻而加热工件表面，随之快速冷却的淬火工艺。这种方法设备简单，操作灵活，工件变形小，淬火后无须回火。接触电阻加热淬火能提高工件表面的耐磨性和抗擦伤能力，但淬硬层较薄（0.15 ~0.3mm）。目前多用于机床铸铁导轨的表面淬火，也用于气缸套、曲轴、工模具等的热处理。

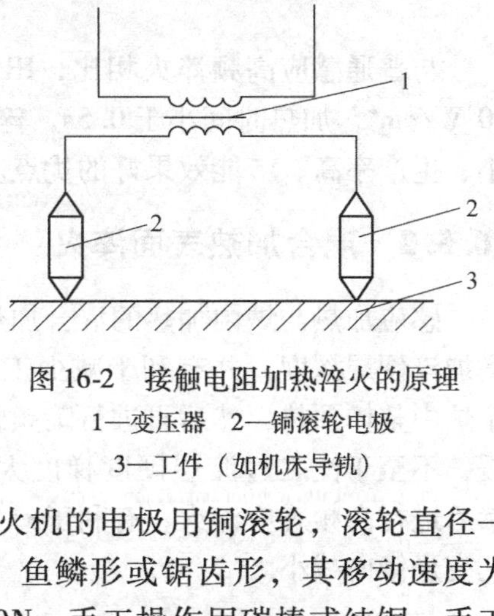

图 16-2　接触电阻加热淬火的原理
1—变压器　2—铜滚轮电极
3—工件（如机床导轨）

接触电阻加热淬火大都在精加工后进行，通过调节电流、电压、铜滚轮直径与宽度、铜滚轮移动速度和接触压力，就可控制淬火质量。通常采用低电压（2 ~5V）、大电流（80 ~800A）电源。接触电阻加热淬火机的电极用铜滚轮，滚轮直径一般为 ϕ50 ~ϕ80mm，轮缘花纹有直线、S 形、鱼鳞形或锯齿形，其移动速度为 1.5 ~3.0m/min，加在滚轮上的压力为 40 ~60N。手工操作用碳棒或纯铜。手工操作时，淬硬层深度为 0.07 ~0.13mm，机动操作时则为 0.2 ~0.3mm，表面硬度为 50 ~62HRC。

16.5　其他方法

16.5.1　IR 淬火

IR 淬火是在高频感应加热的同时通以低电压、大电流进行直接加热，然后切断电源自冷淬火，即是高频感应加热与电阻加热相结合的表面淬火工艺。

IR淬火的原理如图16-3所示。紧挨被加热表面放置一水冷邻近感应器，它通过一对电触头以其外侧与工件相连，并接到频率为300～400kHz的电源上。当通以高频电流时，工件表层除受直接通电加热外，邻近感应器又使之产生感应加热，从而迅速升温，达到加热温度后切断电源自冷淬火。

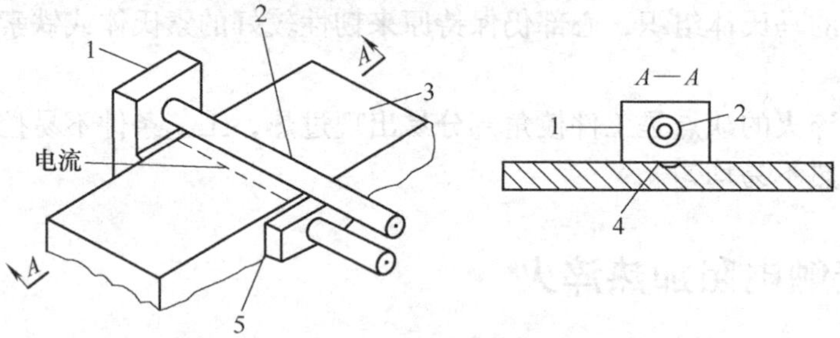

图16-3 IR淬火的原理

1、5—电触头 2—邻近感应器 3—工件 4—加热部分

与普通感应高频淬火相比，IR淬火工艺的能量密度可高达$8\times10^{3}\sim2.3\times10^{5}W/cm^{2}$，加热时间小于0.5s，淬硬层深度为0.35～1.0mm，且具有淬火变形小、生产率高、节能效果好的优点。

16.5.2 混合加热表面淬火

感应加热与炉内加热的混合加热方法可改善表面淬火工件淬硬层硬度分布，增加淬硬层深度，并有利于减少工件变形。例如，先将冷轧辊在500～700℃台车炉中整体预热，然后再进行工频感应淬火，可使冷轧辊表面淬硬层分布趋于平缓，不至于使之过渡层硬度梯度太大；又如先将齿轮整体预热至260～320℃，然后进行高频感应淬火，有利于减少齿部与心部的温差，降低热应力，从而使内孔变形倾向减小。

16.5.3 浴炉加热表面淬火

浴炉加热表面淬火是将工件浸入高温盐浴或金属浴中经短时间加热，当表层达到淬火温度，而心部仍处在临界点以下时取出急冷淬火的方法。

与感应淬火和火焰淬火相比，其加热速度较小。为获得较大加热速度，通常将浴炉温度比正常淬火温度提高100～300℃，而淬硬层深度则通过调整浴炉温度及加热时间来控制。浴炉加热表面淬火不需要特殊设备，操作方便，适用于工件厚度变化不大，小批量多品种的中小规模生产。

第 17 章　物理气相沉积

气相沉积是利用气相中发生的物理、化学过程，在工件表面成膜的工艺方法。它是一种发展迅速、应用广泛的表面工程技术，它不仅可用于材料表面改性，而且可用来制备各种特殊性能薄膜和装饰膜层。

气相沉积的基本过程包括气相物质的产生、气相物质的输运和气相物质在工件表面沉积形成固态薄膜三个基本环节。按膜层形成原理可分为物理气相沉积（PVD）和化学气相沉积（CVD）两大类。其中，物理气相沉积是用蒸发或溅射等物理方法，使需镀材料汽化成原子、分子或使其电离成离子，通过气相过程在工件表面沉积形成膜层的工艺技术。

物理气相沉积通常又分真空蒸镀、溅射和离子镀三类。

17.1　真空蒸镀

真空蒸镀是在真空条件下，用相应的方法加热膜料，使其蒸发汽化成原子或分子，在基体表面沉积形成一定厚度膜层的物理气相沉积技术。真空蒸镀具有工艺简单、操作容易、成膜速度快、生产率高等优点。但也存在膜层结合力较差，工艺重复性欠佳的缺点。为了保证镀膜的质量，特别是为了改善膜基之间的结合力，真空室和工件镀前的清洗，并去除附在工件表面的一切污物、氧化皮、钝化膜等至关重要。必要时，入炉蒸镀之前，基片还要进行离子轰击，以使工件表面完全洁净外，还可使基片表面有微观的凹凸不平，以利于膜基间结合；有时基片在真空室内还需进行加热，以彻底地去除基片表面吸附的气体和水分，并可使某些污染物分解排除。

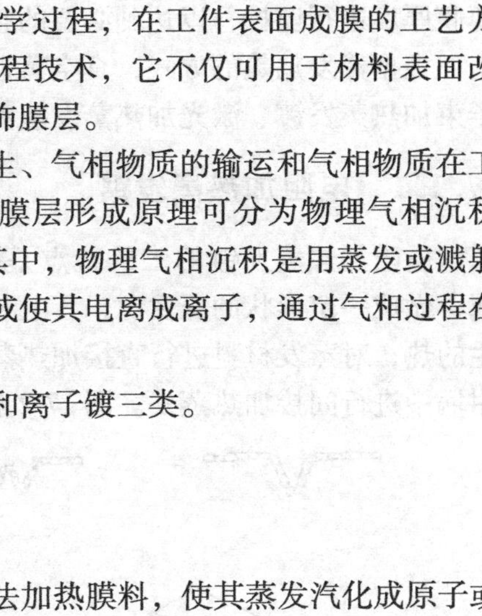

图 17-1　真空蒸镀装置

1—机械泵　2—机械泵放气阀　3—低真空阀　4—预抽阀　5—热偶真空规　6—高真空阀　7—扩散泵　8—电离真空规　9—真空室放气阀　10—真空室　11—蒸发源　12—基片架

真空蒸镀装置由真空室和真空系统、蒸发源或蒸发加热装置、基片架及其加热装置、膜厚监控装置等组成，如图 17-1 所示。真空室常由装在金属底盘上的钟罩构成，并有机械或液压操纵的提升机构；真空系统用来获得必要的真空度，它由（超）高真空泵、低真空泵、排气管道和阀门等组成，此外还附有冷阱和真空测量计等；蒸发源是用来加热膜料使之汽化蒸发的部件；基片架的作用是夹持基片，为保证镀膜的均匀性，基片架有圆顶静止型、平板旋转型和有自、公转的行星式转动型等几种；膜厚监控装置用来对薄膜厚度进行监控，以达到必要的膜厚。

根据蒸发加热的方式，真空蒸镀分为电阻加热蒸发镀、感应加热蒸发镀、电子束加热蒸发镀、激光加热蒸发镀和电弧加热蒸发镀等方法。

17.1.1　电阻加热蒸发镀

电阻加热蒸发镀的工艺特点是采用片状或丝状的 W、Mo、Ta 等高熔点金属，做成一定形状的蒸发源，其上装入待蒸发材料，利用大电流通过蒸发源所产生的热，对蒸发材料进行直接加热蒸发，或者把待蒸发材料放入 Al_2O_3、BeO 等坩埚中进行间接加热蒸发。图 17-2 所示为各种形状的电阻蒸发源。

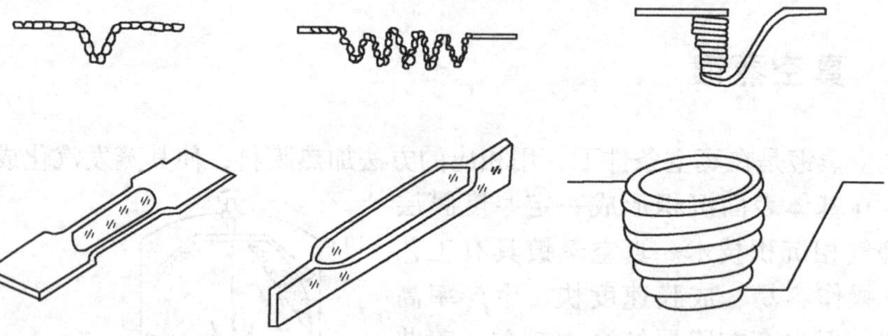

图 17-2　各种形状的电阻蒸发源

电阻加热蒸发结构较简单，成本低，操作简便，应用普遍。但是要求电阻加热蒸发源材料具有高熔点、低的平衡蒸气压，以及在蒸发温度下不与膜料发生化学反应或互溶的特点。

电阻加热蒸发镀可用来制备 Al、Ag、Cd、Co、Ni 膜和多种光电膜。

17.1.2　高频感应加热蒸镀

高频感应加热蒸发是将装有镀膜材料的氧化铝或石墨坩埚置于高频感应线圈的中央，利用高频电流的涡流和磁滞效应，致使镀膜材料升温直至汽化蒸发的工艺方法。图 17-3 所示为高频感应加热蒸发的工作原理。高频电流的频率根据不同的材料可在 10～100kHz 变化，输入功率为几千瓦至几百千瓦。

高频感应加热蒸发的特点是加热源的装置较简单，但需配备价格昂贵的大功率高频电源；若采用较大的坩埚，能得到较高的蒸发速度，生产率高，适用于某些连续蒸发镀膜设备上；另外，蒸发材料的温度易控制，操作也较简单，且由于涡流直接作用在蒸发材料上，坩埚温度较低，坩埚材料对膜层污染较少。但须对高频电磁场进行屏蔽，以防对外界的干扰。而且如果蒸发材料是非导电介质，则须采用导电的材料制作坩埚来进行间接加热。

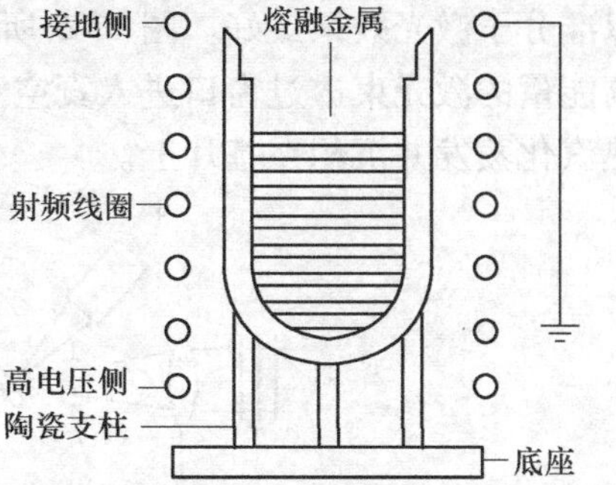

图 17-3　高频感应加热蒸发的工作原理

高频感应加热蒸镀可用来制备 Al、Be、Ti 等膜，用于钢带连续真空镀 Al 等。

17.1.3　电子束蒸镀

电子束蒸镀是利用加速电子轰击镀膜材料，电子的动能转换成热能使镀膜材料加热蒸发并成膜的物理气相沉积技术。电子枪有直射式、环型和 e 型电子枪之分。目前用得最广泛的是 e 型电子枪，它是由电子轨迹磁偏转 270°成 e 字形而得名。图 17-4 所示为 e 型电子枪结构图。这里位于坩埚下面的热阴极发射电子，电子经阴极与阳极间的高压电场加速并聚焦，由磁场使之偏转打到坩埚内镀膜材料上。

电子束加热蒸镀的特点是能获得极高的能量密度，最高可达 $10^9 W/cm^2$，加热温度可达 3000～6000℃，可以蒸发难熔金属或化合物；被蒸发材料置于水冷的坩埚中，可避免坩埚材料的污染，制备高纯薄膜；另外，由于蒸发物加热面积小，因而热辐射损失减少，热效率高。但结构较复杂，且对于多数化合物，由于电子的轰击有可能分解，故不适合多数化合物的蒸镀。

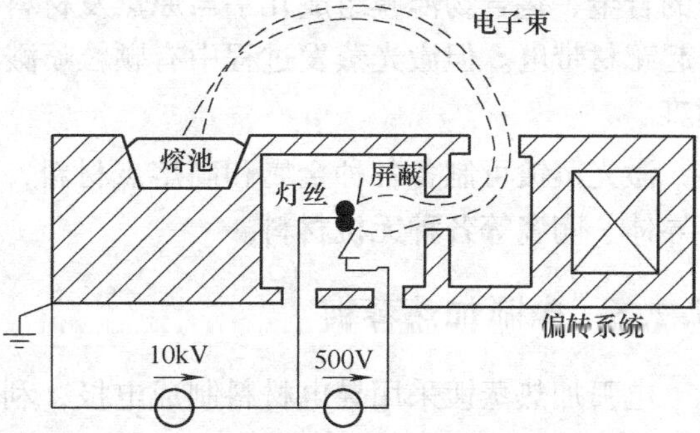

图 17-4　e 型电子枪结构图

电子束蒸镀常用来制备 Al、Co、Ni、Fe 的合金或氧化物膜，SiO_2、ZrO_2 膜，耐腐蚀和耐高温氧化膜。

17.1.4　激光蒸镀

激光蒸镀是利用激光束作为热源加热蒸镀的一种较新薄膜制备方法。用于激光蒸发的光源可为 CO_2 激光、Ar 激光、钕玻璃激光、红宝石激光、YAG 激光以及准分子激光等。目前通常采用的是在空间和时间上能量高度集中的脉冲激光，以准分子激光效果最好。图17-5所示为激光蒸镀装置。激光器置于真空室之外，高能量的激光束透过窗口进入真空室中，经透镜聚焦之后照射到靶材上，使之加热汽化蒸发并沉积在基片上。

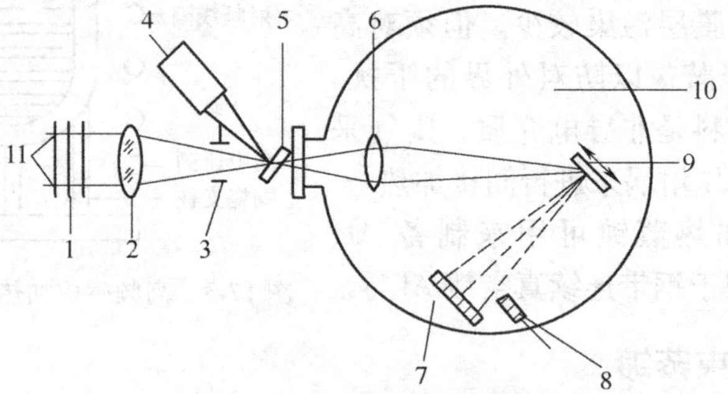

图17-5 激光蒸发装置

1—玻璃衰减器 2—透镜 3—光圈 4—光电池 5—分光器 6—透镜 7—基片 8—探头 9—靶 10—真空室 11—激光器

激光加热法的特点是非接触式加热，避免了坩埚污染，宜制作高纯膜层；能量密度高，可蒸发任何能吸收激光光能的高熔点材料，且由于蒸发速度极高，制得的合金、化合物薄膜组成几乎与原蒸发材料相同；易于控制，生产率高，不会引起靶材带电。但激光蒸发过程中有颗粒喷溅，设备成本较高，大面积沉积尚有困难。

激光蒸镀可制备各种金属和高熔点材料，以及半导体、陶瓷等各种无机材料。

17.1.5 电弧加热蒸镀

电弧加热蒸镀采用导电材料制成电极，利用真空中两电极间的电弧放电，产生足够高的温度使电极材料蒸发。图17-6所示为电弧加热蒸镀装置。

电弧加热蒸发可分为交流电弧放电法、直流电弧放电法和电子轰击电弧放电法。

电弧加热蒸发的特点：可避免电阻加热法中存在的加热丝、坩埚与蒸发物质发生反应和污染问题，而且还可以制备如Ti、Hf、Zr、Ta、Nb、W等高熔点金属在内的几乎各种导电性材料的薄膜。

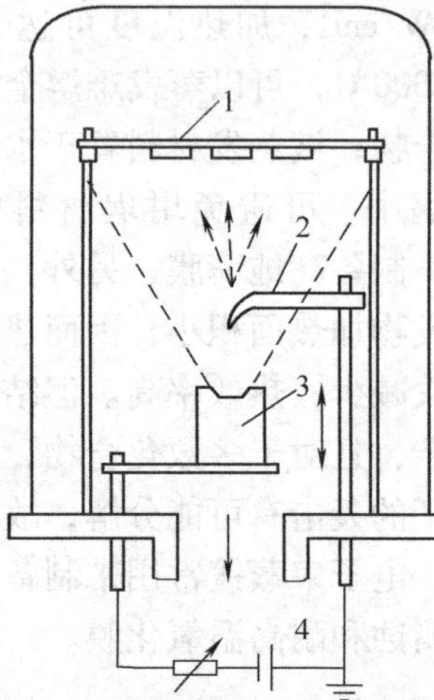

图17-6 电弧加热蒸镀装置

1—基片 2—可移动的阳极 3—阴极（坩埚） 4—直流电源

17.1.6　反应蒸镀

反应蒸镀是将活性气体导入真空室，使活性气体的原子、分子和蒸发的金属原子、低价化合物分子在基体表面沉积过程中发生反应，形成化合物或高价化合物薄膜的物理气相沉积技术。反应蒸镀与蒸发温度、蒸发速度、反应气体的分压强和基片的温度等因素有关。

反应蒸镀主要用于制备化合物薄膜。例如在蒸发 Ti 时，加入 C_2H_2 气体，可获得硬质膜 TiC；在蒸发 Al 时，加入 NH_3 气，可制备 AlN 薄膜；在蒸发 SnO-In_2O_3 混合物制备 ITO 透明导电膜时，通常需要导入一定量的 O_2。

17.1.7　多源蒸镀

合金或化合物蒸镀时，由于组元的固有蒸发速度不同，得到的膜成分往往与蒸镀材料不同，而且随着蒸镀时间的延长，在厚度方向膜层的成分也将发生变化，得不到成分均匀的膜层。多源蒸镀就是在制备由两种以上元素构成的合金或化合物膜时，将组成元素分别装入各自的蒸发源中，独立控制各蒸发源的蒸发速度，使到达基片的原子与所需合金或化合物膜的组成相对应，则能制得满足成分要求的薄膜。图 17-7 所示为双源蒸镀的装置。装置的关键是每个蒸发源的蒸发速度都必须进行独立的控制和指示，而且各蒸发源之间要用挡板隔开，避免相互污染，并使蒸发源到基片间的距离足够大，以保证被镀表面各处组分相同。

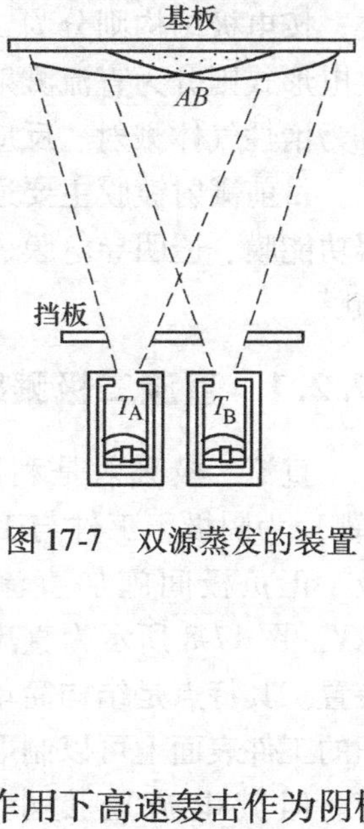

图 17-7　双源蒸发的装置

17.2　溅射镀

溅射镀膜通常是利用气体放电产生的正离子在电场作用下高速轰击作为阴极的靶材，使靶材中的原子（或分子）逸出，沉积到被镀基材的表面，形成所需要的薄膜。

溅射镀膜工艺中靶的选择和预处理、靶的冷却十分重要。至于基片的清洗及在真空中加热除气同真空蒸镀时相仿，且镀膜前有时也要对基片进行反溅射，即在基片上加上相对等离子体为负的偏压以吸引正离子入射；或镀膜前对基片进行离子轰击，除可使表面洁净外，还可使基片表面有微观的凹凸不平以利于膜基之间的结合，而对于塑料基片的反溅射，还可使其表面活化。表征溅射特征的主要参数有溅射阈值、溅射率、溅射粒子的速度和能量等，而溅射过程中影响薄膜性能的主要工艺参数有基片温度、气体压力和靶电压与电流。此外，还有基片上的负偏压、源与基片间距、气体成分和流量、溅射粒子的入射角、靶的温度和磁感应强度及其分布等。相对于真空蒸镀，溅射镀膜具有以下特点：溅射出来的粒子能量为几十电子伏特，比蒸镀粒子能量大，故膜基结合力较好，致密性好；可实现大面积靶材的溅射沉积，而且溅射粒子在飞行过程中会不断发生碰撞，故可在大面积基片上获得厚度均匀的薄膜；只要能做成靶材的材料均可溅射，且镀膜时靶材无相变，化合物成分稳定，合金不易分馏，故材料适用范围广，既可用于高熔点金属、合金，也可用于化合物材料镀膜。但是，由于溅射时要使用高电压和气体，所以装置比较复杂，且沉积速度较低（磁控溅射除外），基片会受到等离子体辐照作用而产生温升。

溅射镀膜的工艺方法多种多样，而且随着镀膜设备和仪器的改进还会不断衍生出新的工艺方法。按溅射离子的来源分为辉光放电阴极溅射和离子束溅射两大类；按电极结构则分为二极溅射、三极溅射、四极溅射、磁控溅射等；按电源与放电形式则分为直流溅射、中频溅射、射频溅射、偏压溅射等；而按工作气氛则分为惰性气体溅射、反应溅射、吸附溅射等。

目前溅射镀膜主要适用于制备金属或合金薄膜，各种光电膜、磁学膜、传感器功能膜、透明导电膜、太阳能吸收膜，以及工模具上的硬质膜和形形色色的装饰膜。

17.2.1　直流二极溅射

直流二极溅射是利用气体辉光放电来产生轰击靶的正离子的，镀膜材料（靶）为阴极，工件与工件架为阳极，正负极间施加直流高压 1～7kV。图 17-8 所示为直流二极溅射装置。其特点是结构简单，在大面积的工件表面上可以制取均匀的薄膜。但其电流密度小（0.15～1.5mA/cm^2），溅射速度低，沉积速度慢，放电电流随 Ar 气压力和电压变化而变化，且工件温升较高，只适用于金属和半导体材料，而不能用于绝缘材料的溅射。

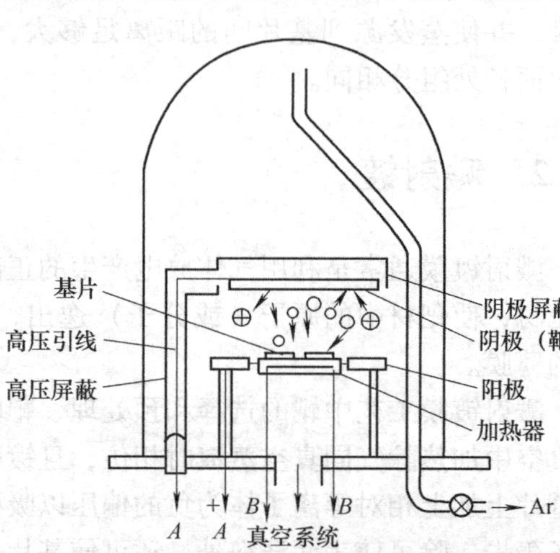

图 17-8　直流二极溅射装置

A—溅射电源　B—基板加热电源

17.2.2　直流三极或四极溅射

在二极溅射的基础上，增加热

阴极，发射热电子，这就成了三极溅射。图 17-9 所示为三极溅射装置。热阴极接负偏压，热电子在电场的吸引下穿过靶与基片间的等离子体区，增加了电子碰撞概率，使电流密度得到提高（1 ~ 3mA/cm^2），并可实现低气压（0.1 ~ 1Pa）、低电压（1 ~ 2kV）溅射，放电电流和轰击靶的离子能量可独立调节控制。它提高了溅射速度，改善了膜层质量。

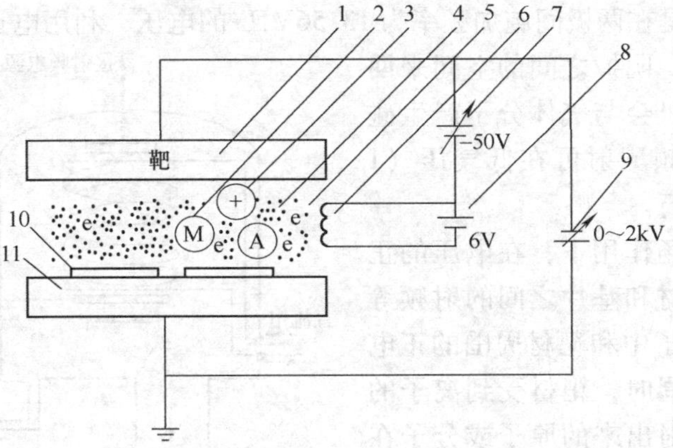

图 17-9　三极溅射装置

1—靶阴极　2—溅射原子　3—氩离子　4—热电子引起的附加离子　5—热电子　6—灯丝　7—热电子加速电源　8—灯丝加热源　9—靶电源　10—基板　11—阳极

若再另设一电子收集极，并在镀膜室外增设聚束线圈，使电子汇聚在靶和基片之间做螺旋运动，就更增加了电离分子的概率，使电流密度提高到 2 ~ 5mA/cm^2，此时可看到较强的等离子体辉光区存在，这就变为四极溅射。图 17-10 所

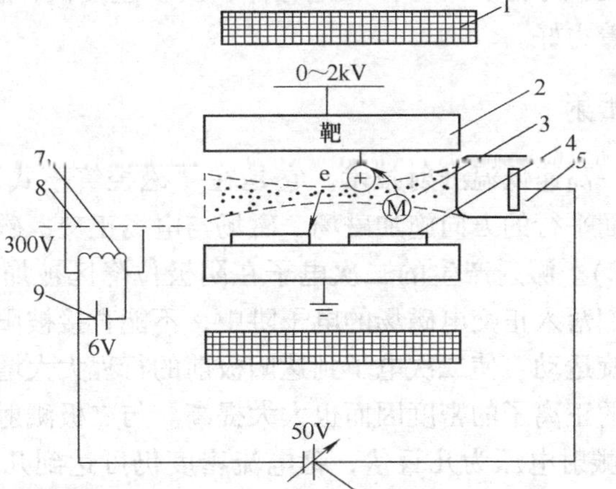

图 17-10　四极溅射装置

1—聚束线圈　2—靶阴极　3—等离子体　4—基板　5—电子收集极　6—收集极电源　7—灯丝（热阴极）　8—稳定电极　9—灯丝电源

示为四极溅射装置。

17.2.3　射频溅射

对绝缘材料若采用直流二极溅射，正离子轰击靶电荷不能带走，造成正电荷积累，靶面正电位不断上升，最后导致正离子不能到达靶面进行溅射。

射频溅射是在两极间施加频率为13.56MHz的电压，利用电子在被阳极收集之前能在阳极、阴极之间的空间来回振荡，有更多机会与气体分子产生碰撞电离，使射频溅射可在低气压（1～10Pa）下进行。

在射频电场作用下，在电压的正半周时，在靶材和基片之间的射频等离子体中的电子中和靶材周围的正电荷；而在负半周时，靶材受到离子的加速轰击，溅射出来的原子或分子在工件上沉积成膜。另一方面，当靶电极通过电容耦合加上射频电压后，靶上便形成负偏压，使溅射速度提高，并能沉积绝缘体薄膜。图17-11所示为射频溅射装置。

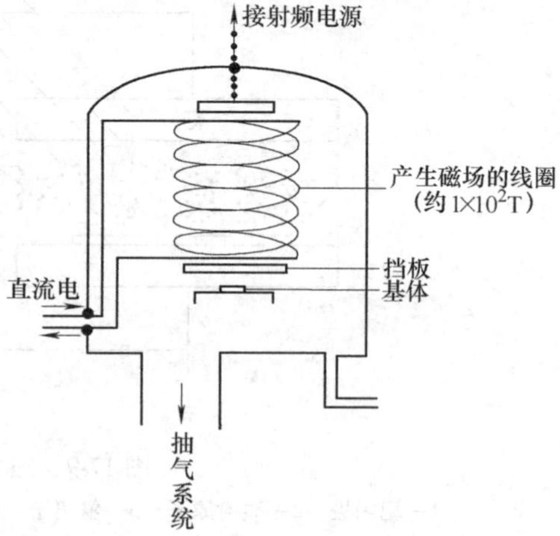

图17-11　射频溅射装置

射频溅射可沉积导体、半导体和绝缘体，沉积速度快，膜层致密，空隙少，纯度高，膜的附着力好。

17.2.4　磁控溅射

磁控溅射是一高速低温溅射技术。它是在“磁控管模式”运行下的二极溅射，即在与靶表面平行的方向施加磁场，磁场与电场正交，磁场方向与阴极表面平行（见图17-12）。溅射产生的二次电子在阴极位降区被加速，获得能量成为高能电子，但它们落入正交电磁场的电子阱中，不能直接被阳极接收，而是在正交电磁场中做回旋运动，使二次电子到达阳极前的行程大大增长，增加了碰撞电离概率，轰击靶的正离子的密度因而也大大提高。与二极溅射相比，即使工作气压降至10^{-1}Pa，溅射电压为几百伏，靶电流密度仍可达到几十毫安，沉积速度为几百到2000nm/min，从而获得非常高的溅射速率和沉积速度。同时，在正交电磁场中做回旋运动的二次电子不断与气体原子发生碰撞，经多次碰撞后，电子自身不断失去能量成为低能电子。这些低能电子最终沿磁力线漂移到阴极附近的辅助阳极被吸收，从而避免了高能电子对基片的强烈轰击，消除了二极溅射中基片被轰击加热和被电子辐照引起损伤的根源，体现了磁控溅射中基片“低温”的特点。

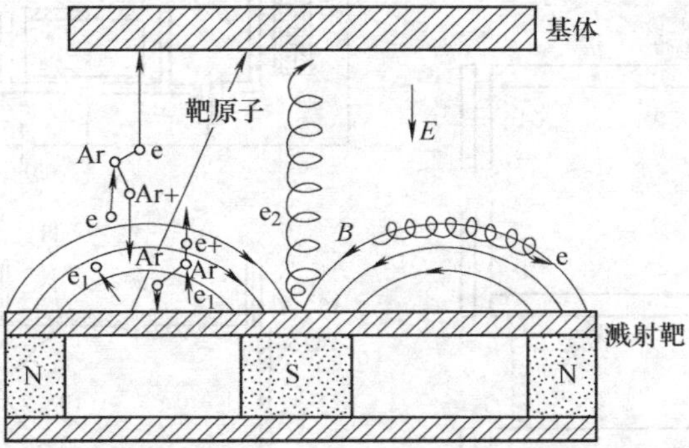

图 17-12　磁控溅射装置

磁控溅射源按磁场形成的方式分永磁型和电磁型两大类。永磁型的结构简单，造价便宜，场强分布可以调整，故工业生产型设备大部分采用永磁结构。只有靶材是铁磁性材料时，溅射过程中磁场须经常调整或一些特殊场合才采用电磁型的结构。磁控溅射按溅射源的类型则分为平面磁控溅射、圆柱面磁控溅射和 S 枪溅射等。

磁控溅射常用的工作参数为：溅射电压 300 ~ 600V，工作压力 1 ~ 10Pa，平行于靶面的磁感应强度分量为 0.04 ~ 0.07T。

磁控溅射镀膜法由于其高速、低温的特点，且镀膜装置性能稳定，便于操作，工艺容易控制，生产重复性好，适用于大面积沉积，又便于连续和半连续生产，因此在生产和科研部门中得到广泛应用。

17.2.5　对向靶溅射

图 17-13 所示为对向靶溅射装置。两个靶对向放置，在垂直于靶表面方向加上电磁场，且磁场强度可以调节。磁场会使高能电子局限在对靶的空间中，电子的局域化使气体离化加强，导致较高的溅射沉积率；而基片和靶所处的位置几乎使电子轰击基片的可能性很小，基片的温度也不会过分升高。这就解决了一般磁控溅射系统由于磁场平行靶面，在沉积磁性材料时，易形成磁力线在靶体内短路，失去磁控作用，无法获得高速低温溅射的问题。

对向靶溅射具有溅射速度高、基片温度低的特点，特别适用于磁性薄膜，如坡莫合金膜、Co-Cr 膜、YBCO 薄膜等的沉积。

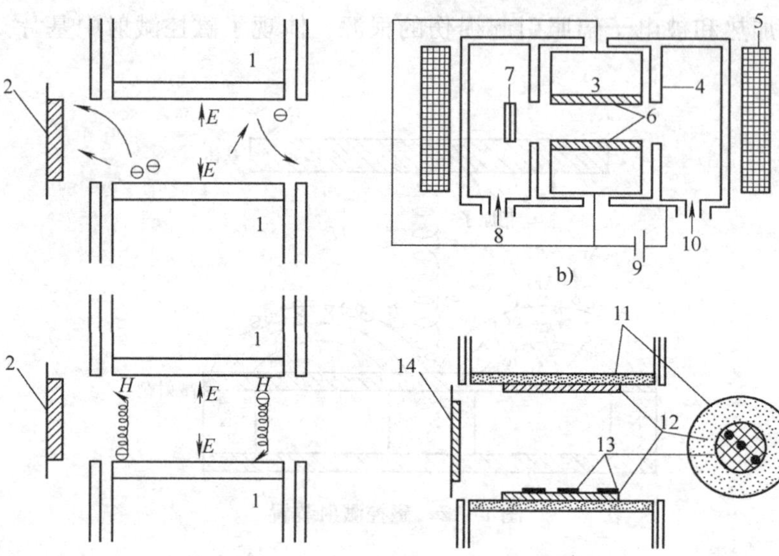

图 17-13　对向靶溅射装置

a）对向靶位形　b）溅射系统　c）复合靶

1、6—靶　2、7、14—基片　3—铁柱　4—接地　5—励磁线圈　8—接真空

9—直流高压源　10—入气口　11—Ni 盘　12—Fe 盘　13—Mo 片

17. 2. 6　中频交流磁控溅射

磁控溅射除了可采用直流和射频电源外，还可以使用中频交流电源。现在一般推荐中频交流磁控溅射电源为 40kHz、正弦波形、对称供电，并带有自匹配网络的交流电源。图 17-14 所示为德国莱定公司 Twin Way 溅射系统。

中频交流磁控溅射常用两个靶，并且两个尺寸大小和外形相同的靶并排配置，故称孪生靶。溅射时两个靶同时供电，两个靶轮流做阳极和阴极，在同半周期互为阳-阴极，这样既抑制了靶面打火，又消除了“阳极消失”的现象。

中频交流磁控溅射尤其适用于制备绝缘膜、化合物膜等。

17. 2. 7　非平衡磁控溅射

非平衡磁控溅射是 1985 年 Window 首先提出的，其特征是在磁控溅射阴极的磁场不仅仅局限在靶面附近，还有向靶外发散的杂散磁场，从而把磁场所控制的等离子体范围扩展到基片附近，形成大量离子轰击，直接干预基片表面溅射成膜过程，改善膜的质量。

图 17-15 所示为非平衡磁控溅射阴极的磁场分布。图 17-15a 所示为磁控溅射阴极的心部永磁体有磁力线向外发散，从而致使基片附近为弱等离子体区；图

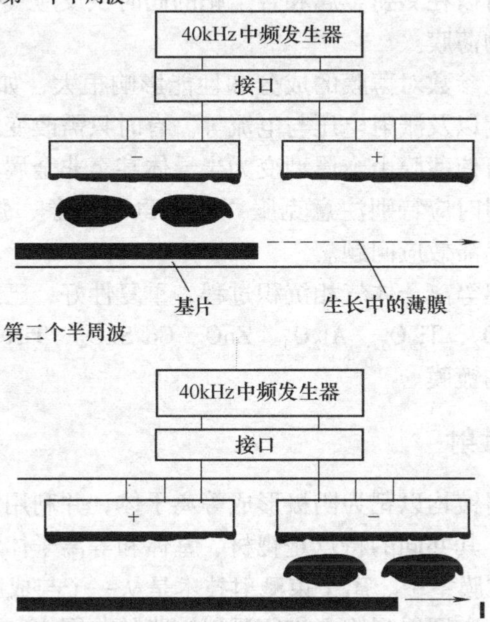

图 17-14　德国莱定公司 Twin May 溅射系统

17-15b 所示为外沿永磁体有大量向外发散磁力线，从而使基片浸没在等离子体中。

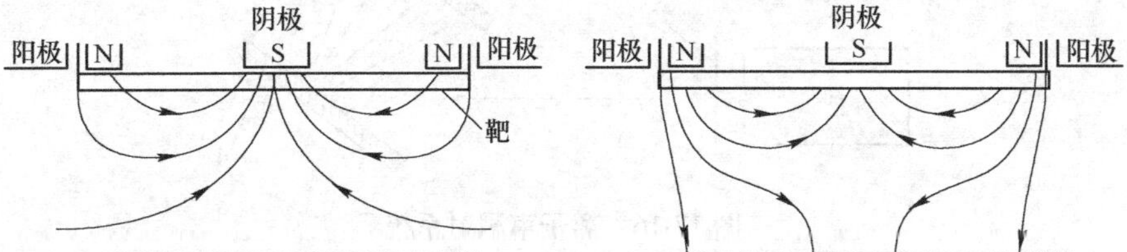

图 17-15　非平衡磁控溅射阴极的磁场分布

采用非平衡磁控溅射不仅可以大大扩展靶与基片间的距离，提高膜的沉积速度，生产率得以显著提高，而且膜的质量也得到进一步提高。

17.2.8　反应溅射

反应溅射是在溅射过程中向腔体内通入反应气体，使其与溅射粒子进行反应，生成化合物薄膜的物理气相沉积技术。它可以在溅射化合物靶的同时供反应气体与之反应，也可以在溅射金属和合金靶的同时供反应气体与之反应来制备既定化学配比的化合物薄膜。

反应溅射的工艺参数对薄膜的成分和性能影响很大，如反应气体的分压强、基片温度、气体温度以及溅射电压与电流等。有时只需改变溅射时反应气体与惰性气体的比例，就可使薄膜由金属型变为半导体甚至非金属型。

化合物反应溅射时应特别注意克服“靶中毒”现象、弧光放电和阳极消失现象，并注意解决迟滞效应问题。

反应溅射是低温等离子体气相沉积过程，重复性好，已用于制备大量的化合物薄膜如 Si_3N_4、SiO_2、Ti_2O_5、Al_2O_3、ZnO、Cd_2SnO_4、TiN、HfN 等，并适合工模具和微电子元件的镀膜。

17.2.9　离子束溅射

前面介绍的溅射镀均以靶为阴极形成等离子体，并利用等离子体中的正离子轰击靶材进行溅射，其共同的特点是靶材、基体和等离子体均同处于一个真空度为 0.1^{-1} ~ 10Pa 的成膜室中。离子束溅射技术是从一个与成膜室隔开的离子源中引出高能离子束，将它照射到靶上进行溅射镀膜的。图 17-16 所示为离子束溅射系统。目前常用于离子束溅射的离子源有双等离子体离子源和考夫曼离子源两种。

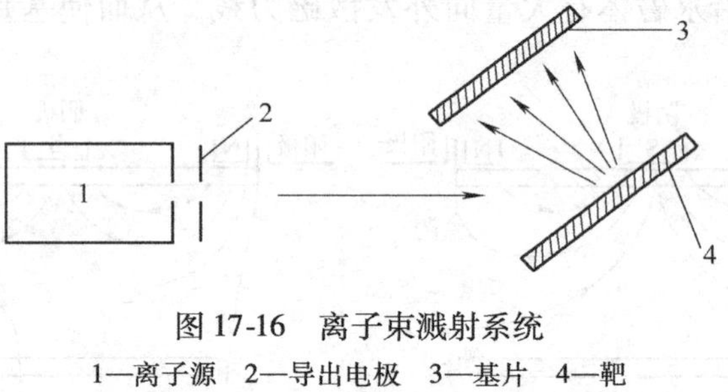

图 17-16　离子束溅射系统

1—离子源　2—导出电极　3—基片　4—靶

离子束溅射镀具有以下特点：①镀膜室中的真空度可高达 10^{-4}Pa 甚至更高，室内残留气体浓度极低，因而膜的纯度高，膜基结合力好；②靶和基片都不置于辉光放电之中，不必考虑成膜过程中等离子体的影响，而且，可使靶和基片保持等电位，靶上放出的电子或负离子也不会对基片产生轰击作用，因而膜层可处在较低温度且不受带电粒子轰击损伤，膜的质量好；③离子束的入射角、能量和密度可变化范围大，并可分别进行调节，因而能对薄膜的性能、组织进行广泛调节、控制；④束流密度小，成膜速度低，大面积薄膜的制造有困难，而且设备复杂昂贵，生产成本高。

17.3　离子镀

离子镀是在真空蒸镀和溅射技术基础上发展起来的一种物理气相沉积技术。在真空条件下，采用适当的方式使镀膜材料蒸发，利用气体放电使工作气体和被蒸发物质部分电离，在气体离子和被蒸发物质离子的轰击下，蒸发物质或其反应产物在基片上沉积成膜。

离子镀包括镀膜材料的蒸发、离子化、离子加速、离子轰击工作表面并沉积成膜的整个过程。因此，离子镀把真空蒸发技术与气体的辉光放电、等离子体技术结合在一起，不但兼具有真空蒸镀和溅射的特点，而且具有膜基结合力强、绕射性好、沉积速度快、可镀材料广泛等优点。因此，其应用愈来愈广泛。

离子镀设备由真空系统、真空室、蒸发源、高压电源、离化装置和放置工件的阴极等部分组成。不同的离子镀方法可采用不同的真空度、不同蒸发方式、不同的离化和激发方式。

17.3.1　直流二极型离子镀

直流二极型离子镀装置如图 17-17 所示。利用基片和蒸发源两电极之间的辉光放电产生离子，并在基片上施加 1 ~ 5kV 负偏压，使离子加速撞向基片表面沉积成膜。

由于辉光放电的气压较高（约 1.33Pa），对蒸镀熔点在 1400℃以下的金属，如 Au、Ag、Cu 等多采用电阻加热蒸发源。如用电子束蒸发源，须利用压差板将电子枪室与离子镀膜层分开，并采用两套真空系统，以保证电子枪工作所需的高真空条件。总之，直流二极型离子镀设备简单，可用普通真空镀膜机改装，镀膜工艺容易实现。

离子镀时，在工件表面沉积成膜的离子或原子的能量较高（10^2 ~ 10^3eV），同时氩离子不断地轰击工件和膜层表面，清除了结合不牢的原子和吸附于表面的残余气体分子，从而显著地提高膜层的致密度和膜基结合力。但是，也正因为轰击粒子能量高，对形成的膜层有溅射剥离作用，并引起基片的温度升高。另外，较低的真空度易造成膜层污染。

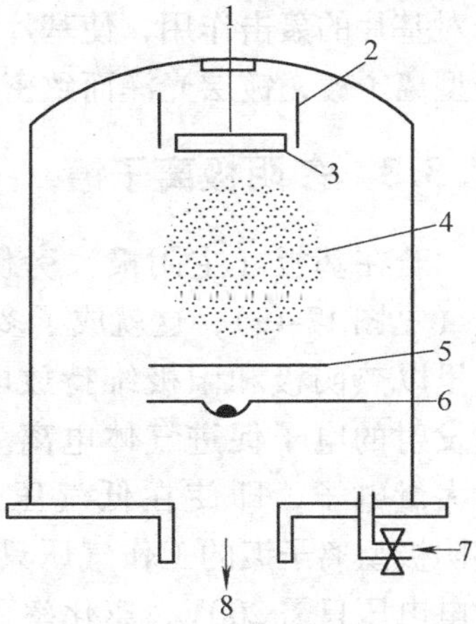

图 17-17　直流二极型离子镀装置

1—接负高压　2—接地屏蔽　3—基板　4—等离子体　5—挡板　6—蒸发源　7—氩气阀　8—真空系统

17.3.2　三极型离子镀

图17-18所示为三极型离子镀装置。针对二极型离子镀在低气压下难以激发和维持辉光放电的问题，在蒸发源与基体之间加入了热电子发射极（通常为钨丝）和收集电子的正极，使得热发射的电子横越时，与蒸发的粒子流发生碰撞产生电离，以此来提高离化率。直流二极型离子镀的离化率只有百分之零点几到约2%，而三极型离子镀的热电子发射可达10A，收集极电压为200V以下，与直流二极型相比，离化率显著提高，基体电流密度可提高10～20倍。

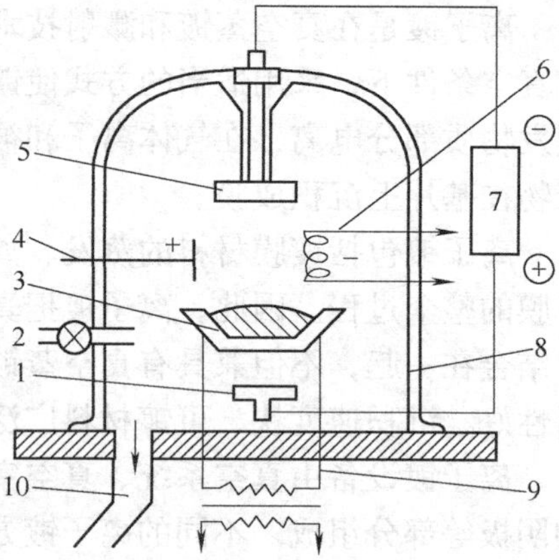

图17-18　三极型离子镀装置

1—阳极　2—进气口　3—蒸发源　4—电子吸收极　5—基板　6—电子发射极　7—直流电源　8—真空室　9—蒸发电源　10—真空系统

三极型离子镀也称为热电子增强型离子镀，实际上属于弧光放电产生等离子体。其特点是：①依靠热阴极灯丝电流和阳极电压的变化，可以独立控制放电条件，从而可有效地控制膜层的晶体结构、硬度等性能；②主阴极（基片）所加维持辉光放电的电压较低，减少了能量过高的离子对基片的轰击作用，使基片温升得到控制；③工作气压可在0.133Pa，低于二极型离子镀，镀层光泽而致密。

17.3.3　多阴极离子镀

若在基板（主阴极）旁侧设置多个热阴极（见图17-19），这就成了多阴极型离子镀。这里以热阴极和阳极维持放电，并利用热阴极发射的电子促进气体电离。由于热阴极发射大量电子，即使在低气压也能维持放电，多阴极型离子镀的工作气压只需0.1Pa，基片放电电压只需200V，离化率可达10%，可进行活性反应离子镀。

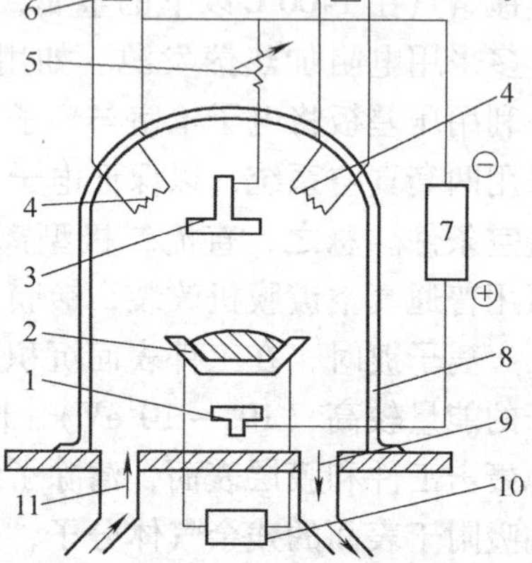

图17-19　多阴极型离子镀

1—阳极　2—蒸发源　3—基板　4—产生热电子阴极　5—可调电阻　6—灯丝电源　7—直流电源　8—真空室　9—真空系统　10—蒸发电源　11—进气口

多阴极型离子镀的放电电流大，而且放电电流变化范围也大；同时多阴极型基板主阴极维持不变的放电电压，使轰击基板的粒子能量不致太高而造成大量缺陷和过高温升。

此外，多个阴极配置在基体周围，扩大了阴极区，改善了绕射性。

17.3.4　热阴极离子镀

热阴极离子镀也叫热阴极电弧离子镀（或热丝弧离子镀）。图17-20所示为热阴极离子镀装置。在离子镀膜室的顶部安装热阴极等离子枪室。热阴极由钽丝制成，通过加热至发射热电子。与热空心阴极不同，这是一种外热式的热电子发射极。等离子枪室通入氩气，在枪室的下部有一气阻孔与沉积室相通，等离子枪室与沉积室形成压差。坩埚接电源正极，热阴极接负极。为引燃弧光，加设辅助阳极。接通电源后，等离子枪室的热电子与氩分子产生碰撞，容易产生弧光放电，等离子枪室内产生高密度的等离子体，电子在阳极（坩埚）吸引下由气阻孔引出，射向坩埚。在沉积室空间形成稳定的、高密度的电子束。这种电子束是高密度的低能电子束，起着蒸发源和离化源的作用。

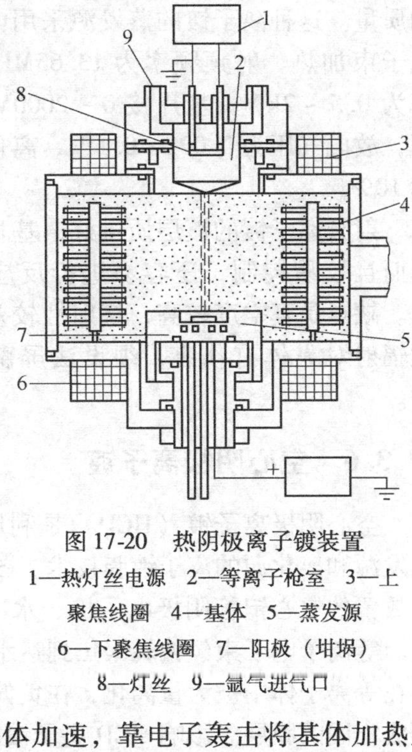

图17-20　热阴极离子镀装置
1—热灯丝电源　2—等离子枪室　3—上聚焦线圈　4—基体　5—蒸发源　6—下聚焦线圈　7—阳极（坩埚）　8—灯丝　9—氩气进气口

沉积室外设两个聚焦线圈，磁场强度约为0.2T。上聚焦线圈的作用是使引束孔处的电子聚束。下聚焦线圈的作用是对电子束聚焦，提高电子束的功率密度，从而提高蒸发速率。轴向磁场还有利于电子沿沉积室做圆周运动，提高带电粒子与蒸气粒子、反应气体分子间的碰撞概率。

沉积过程中，基体的净化和加热由电子束进行。先将沉积室抽至 1×10^{-2}Pa后，向等离子枪内充入。此时基体接电源正极，电压为50V。接通电源后，产生的电子束向基体加速，靠电子轰击将基体加热至350℃。再将基体电源切断加到辅助阳极上，基体接200V负偏压。放电在辅助阳极与热阳极之间进行。基体吸引离子，被溅射净化。然后将辅助阳极电源切断加到坩埚上，此时电子束将聚焦磁场会聚在坩埚上使金属蒸发。若通入反应气体，则与蒸气粒子一起被高密度的电子束碰撞电离或激发。此时，基体仍加100~200V负偏压，故金属离子被吸引到基体上，使基体温度继续升高，并形成TiN等化合物涂层。

这种技术的特点是一弧多用，热灯丝等离子枪即是蒸发源、轰击净化源和膜材原子的离化源。热阳极采用外热式灯丝发射热电子，等离子枪室起弧真空度约为1Pa，对离子镀沉积室污染少，涂层质量高。

17.3.5　射频离子镀

图 17-21 所示为射频离子镀装置。镀膜室内分成三个区域，即以蒸发源为中心的蒸发区、以感应线圈为中心的离化区，以及以基片为中心的离子加速区。通过分别调节蒸发功率、线圈的激励功率、基片偏压，可以对三个区域进行独立调控，从而有效地控制沉积过程，改善镀层的质量。这种离子镀的蒸发源采用电阻或电子束加热。射频频率为 13.65MHz，功率为 0.5 ~ 2kW，基片接 0 ~ 2000V 负偏压，放电气压为 0.001 ~0.1Pa，离化率可达 10%。

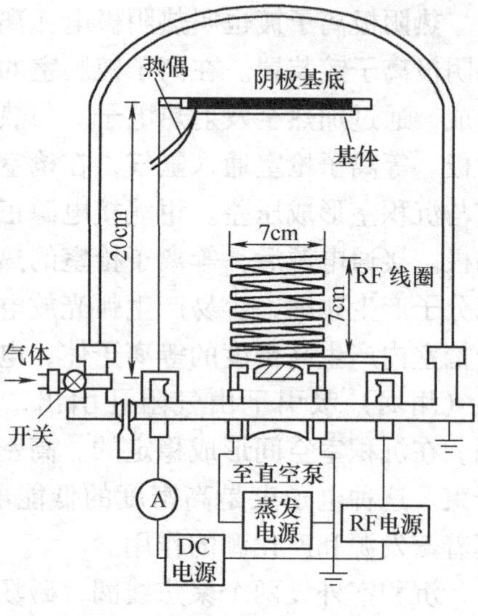

图 17-21　射频离子镀装置

射频离子镀的镀层质量好，基材温度低而且较易控制，还容易进行反应离子镀。缺点是真空度较高，绕射性较差；射频辐射对人体有伤害，须设法屏蔽和防护。

17.3.6　空心阴极离子镀

空心阴极离子镀（HCD）是利用空心热阴极放电产生的等离子电子束作为蒸发源和离化源的离子镀膜技术。图 17-22 所示为空心阴极离子镀装置。它由水平放置的空心钽管阴极电子枪、水冷铜坩埚、工件、电源和真空系统等部分组成。等离子电子束经偏转聚焦到达水冷铜坩埚后，将膜料迅速蒸发，这些蒸发物又在等离子体中被大量离化，在负偏压的作用下以较大的能量沉积在工件表面而形成牢固的膜层。影响 HCD 离子镀膜层性能的工艺参数包括充气气压、反应气体分压、蒸发速度、基片偏压和基体温度等。

空心阴极离子镀的特点是离化率高达 20% ~40%，且在沉积过程中还产生大量的高能中性粒子，由于大量离子和高能中性粒子的轰击，即使基片偏压比较低，也能起到良好的溅射清洗结果，故膜层致密均匀，结合力好；此外，绕射性好，基片温升小，且空心阴极离子镀电子枪采用低电压大电流作业，操作安全、简单，易推广。

17.3.7　多弧离子镀

多弧离子镀是一种在真空中将冷阴极自持弧光放电用于蒸发源的镀膜技术，

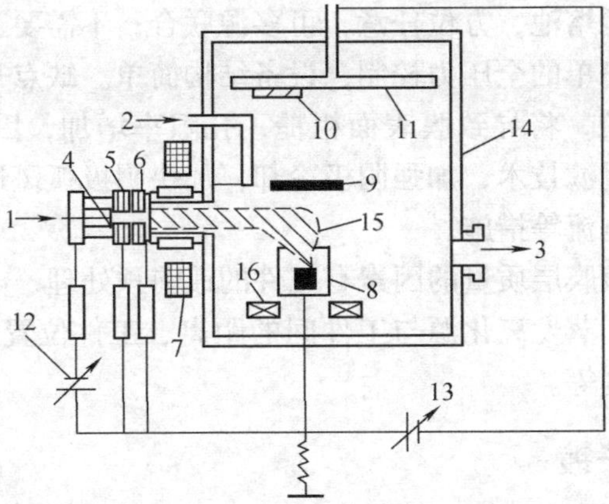

图 17-22　空心阴极离子镀装置

1—氩气入口　2—反应气体入口　3—真空系统　4—阴极系统　5—第一辅助阳极　6—第二辅助阳极　7—大磁场线圈　8—水冷铜坩埚　9—挡板　10—基板　11—基板架　12—放电电源　13—偏压电源　14—真空室　15—等离子体流　16—永磁铁

也是 20 世纪 80 年代以来工业化应用最好的镀膜技术之一。由于镀膜时阴极表面出现许多非常小的弧光辉点，把这技术实用化的美国 Multi-Arc 公司的译名为多弧，所以一般称为多弧法。但是，较科学的称谓以真空阴极电弧离子镀为好。

图 17-23 所示为多弧离子镀装置。它将镀膜材料做成阴极靶，接电源负极，镀膜室接地作为阳极，电源电压为 0 ~ 220V，电流为 20 ~ 100A，基板接 50 ~ 1000V 负偏压。用辅助阳极与阴极靶瞬间接触引发电弧放电，在阳极与阴极间形成自持弧光放电。在放电过程中，阴极材料直接从固态汽化并电离，最后在基板上沉积成膜。多弧离子镀往往可采用多个阴极电弧源同时联立工作，即多个蒸发源可同时安装在镀膜室的四周或顶部，以提高膜厚分布均匀度和生产率。

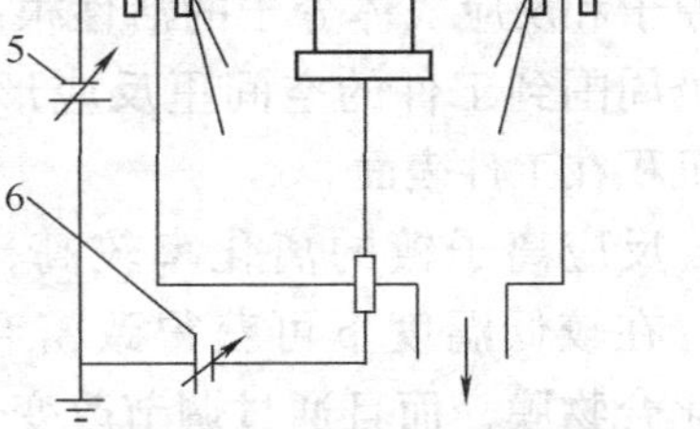

图 17-23　多弧离子镀装置

1—阴极蒸发器　2—反应气体进气系统　3—基体　4—氩气进气系统　5—主弧电源　6—基体负偏压电源

多弧离子镀采用的阴极电弧源是一个高效率的离子源，金属离化率高达 60% ~ 95%；阴极电弧源既是蒸发源和离化源，又是加热源和轰击源，实现了一弧多用；入射到基体上的粒子的能量高（10 ~ 100eV），因此膜层的致密度高，附着强度好；用水冷却的金属阴极蒸发源无熔池，方位任意，可多源联合；不需要工作气体，反应镀膜时气氛的控制也是简单的全压力控制，设备结构简单。缺点是由于阴极弧源产生的液滴流和微观颗粒，将导致膜表面粗糙，孔隙率增加，因此应设法减少或避免，如采用弯曲磁过滤技术，加强阴极冷却，加快阴极弧斑运动速度，增大反应气体分压和降低弧电流等措施。

影响多弧离子镀膜层质量的因素有工件的镀前预处理、电弧电流、反应气体压力、基板负偏压、蒸发离化源与工件间的距离、工件位置和夹具的运动形式，以及工件的温度控制等。

17.3.8　反应离子镀

在离子镀过程中，导入能与金属蒸气起反应的气体，如 O_2、N_2、C_2H_2、CH_4 等，通过不同的放电形式使金属蒸气和反应气体的分子、原子激活离化，促使其间发生化学反应，在基体表面获得所需要的化合物膜层，这种工艺称为反应离子镀。

图 17-24 所示为反应离子镀装置。真空室分镀膜室和 e 型电子枪工作室之间以压差板相隔。蒸发镀膜材料的坩埚在镀膜室内，在蒸发源与工件之间设置一个金属环状电极，称为探极，探极加 20～150V 的正偏压。电子束中的高能电子携带几千至上万电子伏特的能量，它不仅熔化镀料，而且在镀料表面激发出二次电子。二次电子受到探极电场的吸引并被加速，与镀膜材料蒸气以及反应气体分子碰撞，并使其激发、电离，在探极周围形成等离子体。被激发、电离的镀膜材料原子和反应气体分子的活性很高，它们在探极周围到工件的空间里反应形成化合物，并沉积在工件表面。

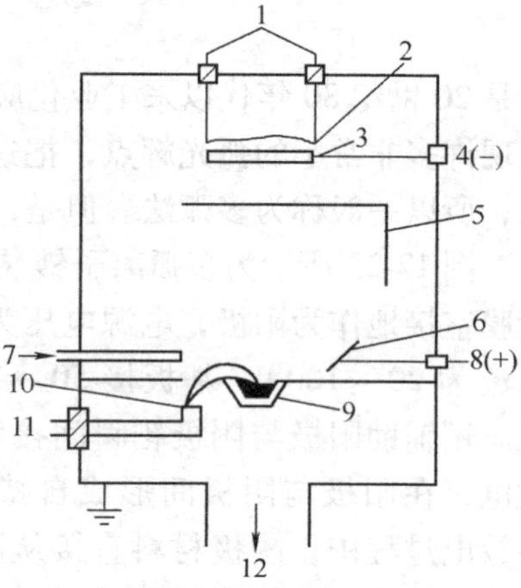

图 17-24　反应离子镀装置

1—交流电源　2—基片加热器　3—基片　4—基片偏压电源　5—挡板　6—探极　7—气体导入口　8—探极电源　9—水冷铜坩埚　10—电子枪　11—电子束电源　12—抽气系统

反应离子镀的离化率较高，沉积速度快，在较低温度下可获得致密和附着力好的化合物膜，而且通过调节改变蒸发速度及反应气体的压力，可以得到不同配比和不同性质的化合物膜层。此外，由于不需金属的化合物气体，而且工件加热温度低（<550℃），相对化学气相沉积而言，工件的变形和晶粒度均有很大改善。

17.3.9　磁控溅射离子镀

磁控溅射离子镀是把磁控溅射和离子镀结合起来的镀膜工艺，其装置如图17-25所示。镀膜时，真空室充入Ar气使气压维持在10^{-2} ~ 10^{-1}Pa，并在磁控溅射靶上施加400~1000V的负偏压，产生辉光放电。氩离子在电场作用下轰击靶面，靶材原子被溅射出来，并在向工件迁移过程中部分被电离，在基板负偏压作用加速运动，在工件上沉积成膜。

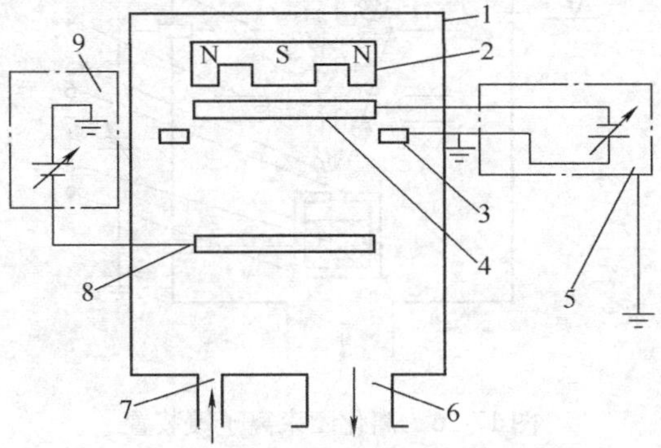

图17-25　磁控溅射离子镀装置

1—真空室　2—永久磁铁　3—磁控阳极　4—磁控靶　5—磁控电源
6—真空抽气系统　7—氩气入口　8—基板　9—基板偏压

磁控溅射离子镀兼具有磁控溅射和离子镀的优点，沉积速度高，膜层厚度均匀、致密，附着力好，因此，具有广阔的应用前景。

17.3.10　离子团束离子镀

离子团束离子镀是1972年日本高木俊宜提出的。离子团束离子镀膜装置如图17-26所示。将欲沉积的材料置于用石墨或钼等制成准密闭的特殊坩埚内，坩埚内的材料被加热汽化后，通过细小的坩埚喷口射向真空室时，由于绝热膨胀，急剧冷却而过饱和，从而形成原子（分子）团束。坩埚喷嘴上方有由热阴极和阳极构成的离化器。热阴极发射的电子在电场作用下轰击原子团束，使部分原子团离化，而其余数百个原子仍是中性原子，形成集团离子。集团离子在电场的作用下向基板做加速运动，当它们到达基板时，原子（分子）团即“粉碎”成为原子（分子）状态，并沉积成膜。

离子团束离子镀的特点是沉积速度快（0.01~10μm/min），且离化团经加速到达基板分散为单个原子所分的能量仅为5~15eV，故对基体损伤小，温升低；可调工艺参数多，便于控制膜层的性能。此外，荷质比小，能消除或减小在半导体、绝缘体表面的电荷积累。因此，可用该技术在半导体或绝缘体基板上生长出各种优质的薄膜，包括金属、化合物、半导体、热电材料、绝缘介质等多种光、电、磁材料，甚至可在较低温度下外延生长一些单晶薄膜。

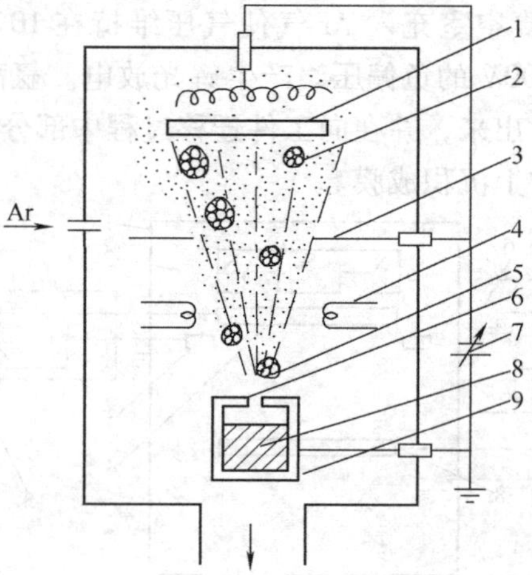

图 17-26　离化团束离子镀装置

1—基体　2—集团离子　3—加速电极　4—热阴极　5—集团原子
6—坩埚喷口　7—基体负偏压电源　8—膜材　9—封闭坩埚

第 18 章　化学气相沉积

化学气相沉积（CVD）是利用气相物质在固体表面上进行化学反应成膜的。化学气相沉积包括三个基本过程，即气相物质的产生、输运和沉积过程。化学气相沉积的源物质可以是气态、液态或固态；化学反应则有热分解反应、还原反应、氧化反应、化合反应、歧化反应等。

影响化学气相沉积质量的主要因素有反应体系组成与化学纯度、衬底材料以及沉积工艺参数（总压力、流量、分压、温度、时间）等。

化学气相沉积的设备简单，操作维护方便，灵活性强，成本低廉，而且可在较大范围内准确控制薄膜的化学成分和膜结构，因而化学气相沉积是一种应用广泛的工艺方法，可用于提纯材料、制备薄膜材料以及进行材料表面改性，特别在半导体微电子工业和硬质刀具、模具表面改性上获得了很好的应用。

18.1　常压化学气相沉积

常压化学气相沉积为应用最早的化学气相沉积工艺，由于在常压（约 10^5Pa）下进行，沉积工艺参数容易控制，重复性好，宜于批量生产。沉积反应采用热激活，沉积温度高（800 ~ 1000℃），膜层与基体结合力好且绕镀性好，可镀带有孔、槽，甚至有不通孔的工件。但是载体气体用量大，加热装置须额外维护。

图 18-1 所示为典型的化学气相沉积装置。这是一大型反应炉，并备有 $TiCl_4$ 发生器和 $AlCl_3$ 发生器，在常压下加热至 1000℃，利用气态物质在欲镀膜的合金刀片上进行化学激活反应，生成固态的 TiN、TiC 或 Al_2O_3 硬质膜：

$$TiCl_4 + 1/2N_2 + 2H_2 \rightarrow TiN + 4HCl$$

$$2TiCl_4 + 1/2N_2 + CH_4 \rightarrow TiC + TiN + 8HCl$$

$$2AlCl_3 + 3CO_2 + 3H_2 \rightarrow Al_2O_3 + 6HCl + 3CO$$

反应气体通过水封泵排气。

18.2　低压化学气相沉积

低压化学气相沉积是在常压化学气相沉积的基础上发展起来的，沉积过程中使用的反应气体、装置结构和常压化学气相沉积相似，只是反应温度低，工作气

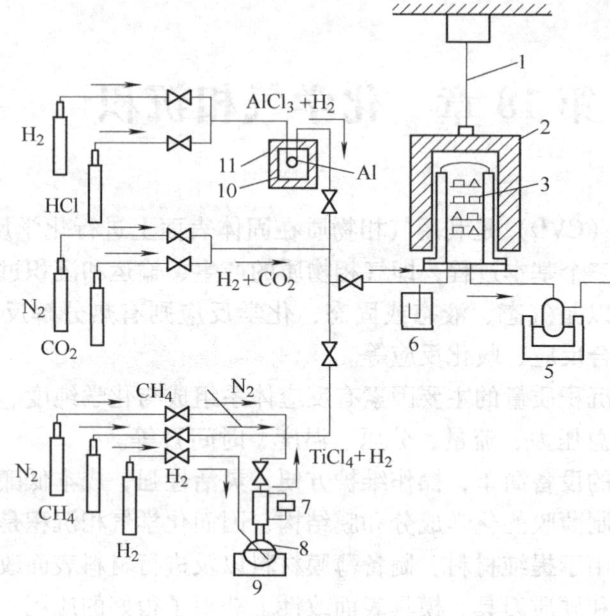

图 18-1　典型的常压化学气相沉积装置

1—升降装置　2—加热炉　3—超硬合金刀片　4—真空泵　5—冷却水阀或水封泵　6—压力计　7—温水器　8—$TiCl_4$ 发生器　9、11—加热器　10—$AlCl_3$ 发生器

压低于常压，通常为 1 ~ 40000Pa。这一方面载气量大大减少，另一方面由于低气压下分子平均自由程增加，因而扩散系数大增，加快了气体分子的运输过程和沉积速度，且大大改善膜厚的均匀性。对于表面扩散动力学控制的外延生长，可增大外延层的均匀性，这在大面积大规模外延生长中是必要的。

图 18-2 所示为广泛用于集成电路生产中的低压化学气相沉积装置，它由三温区控制的反应室、机械真空泵和气体控制系统组成，工作温度为 600 ~ 700℃，硅片垂直密集插在反应室内，每炉装片量大，可沉积 SiO_2，Si_3N_4、硅化物、多晶硅等薄膜。与常压化学气相沉积相比，低压化学气相沉积的薄膜均匀性好，成本低，产量高。

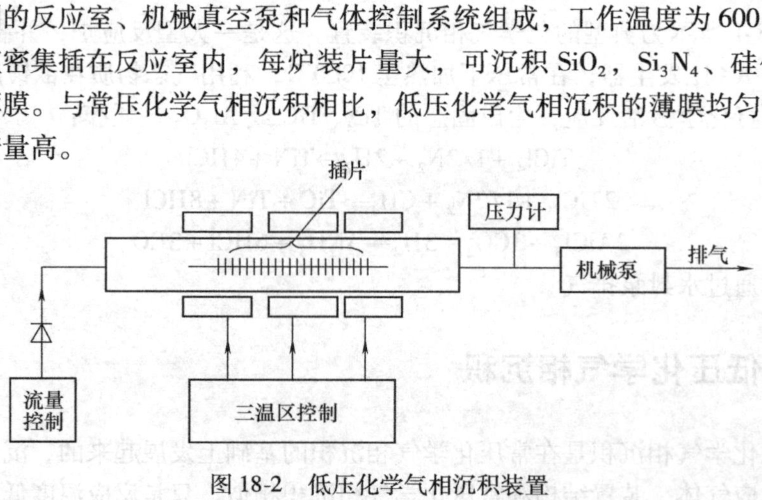

图 18-2　低压化学气相沉积装置

18.3 等离子体化学气相沉积

在常规化学气相沉积中，促使其化学反应的能量来自热能，而等离子体化学气相沉积（PCVD）除热能外，还通过辉光放电产生等离子体，等离子体中的高能电子和反应气体产生非弹性碰撞，使反应气体分子电离或激发，从而降低化合物分解或化合所需的能量，显著地降低了反应温度，可在500～600℃以下沉积成膜。此外，等离子体对基体及膜层表面有溅射清洗作用，清洗掉结合不牢的粒子，提高膜基结合力，还能加速反应物在基体表面的扩散作用，提高成膜速度。

等离子体化学气相沉积按等离子体的激发方式可分直流等离子体化学气相沉积、脉冲等离子体化学气相沉积、射频等离子体化学气相沉积和微波等离子体化学气相沉积等。

18.3.1 直流等离子体化学气相沉积

图18-3所示为直流等离子体化学气相沉积（DCPCVD）装置。它包括反应室（炉体）、直流电源与电控系统、真空系统、气源与供气系统、净化排气系统。沉积时工件施加负高压（0～3000V），反应室接阳极，利用直流等离子体的激活化学反应进行气相沉积，从而使沉积温度得以大幅度降低，仅为500～600℃，且膜层厚度均匀，与基体附着力良好。直流等离子体化学气相沉积的炉压通常为10^2～10^3Pa，沉积速度为1～3μm/h。由于采用直流，所以该工艺不能沉积非金属基体材料。

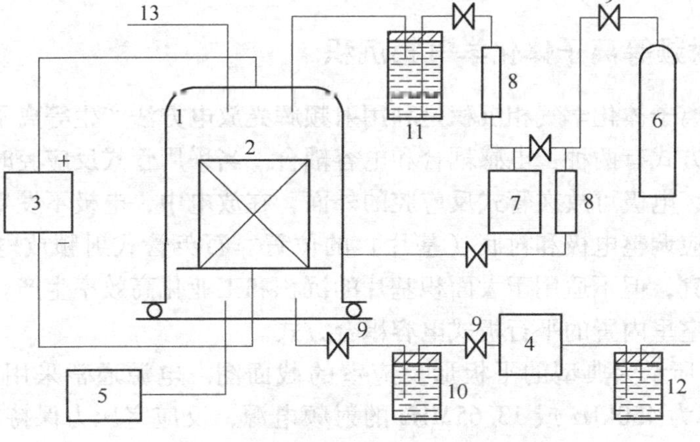

图18-3 直流等离子体化学气相沉积装置

1—炉体 2—工件 3—电源 4—真空泵 5—真空计 6—气源 7—稳压罐 8—流量计 9—阀 10—冷阱 11—氯化物 12—净化器 13—测量仪

18.3.2　脉冲直流等离子体化学气相沉积

图 18-4 所示为脉冲直流等离子体化学气相沉积装置。这里加在工件与反应室之间的电压是比直流等离子体化学气相沉积低的脉冲直流电压（0～1200V），而且电压、脉冲频率（1～25kHz）以及占空比均可控。这样配合其他工艺参数的调整，可以在低温（500～600℃）下获得残余应力更低、性能更好的单质和化合物膜层。

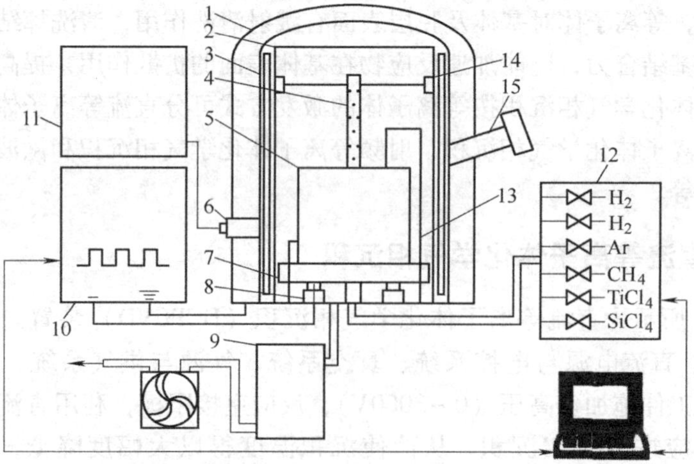

图 18-4　脉冲直流等离子体化学气相沉积装置

1—钟罩式炉体　2—屏蔽罩　3—带状加热器　4—通气管　5—工件　6—过桥引入电极　7—阴极盘　8—双屏蔽阴极　9—真空系统及冷阱　10—脉冲直流　11—加热及控制系统　12—气体供给控制系统　13—热电偶　14—辅助阳极　15—观察窗

18.3.3　射频等离子体化学气相沉积

射频等离子体化学气相沉积是利用射频辉光放电方法产生等离子体的。射频放电的耦合方式有两种：电感耦合和电容耦合。当采用管式反应腔时，两种耦合方式均可用，电极可放在管式反应腔的外面，在放电中，电极不发生腐蚀，无杂质污染，但应调整电极和衬底（基片）的位置。石英管式射频放电装置结构简单，价格便宜，但不适用于大面积基片的沉积和工业化高效率生产。应用更普遍的是在反应室里内置的平行板式电容耦合方式。

图 18-5 所示为典型的平板形反应室的截面图。电源通常采用功率为 50～500W、频率为 450kHz 或 13.65MHz 的射频电源，反应室压力保持在 0.13Pa 左右。为了提高薄膜的性能，还可以对等离子体施加直流偏压或外部磁场，诱导在基片表面沉积。沉积温度为 200～500℃，沉积速度为 1～3μm/h。射频等离子化学气相沉积可用于沉积无机膜、绝缘膜，如 SiO_2、Si_3N_4 等。

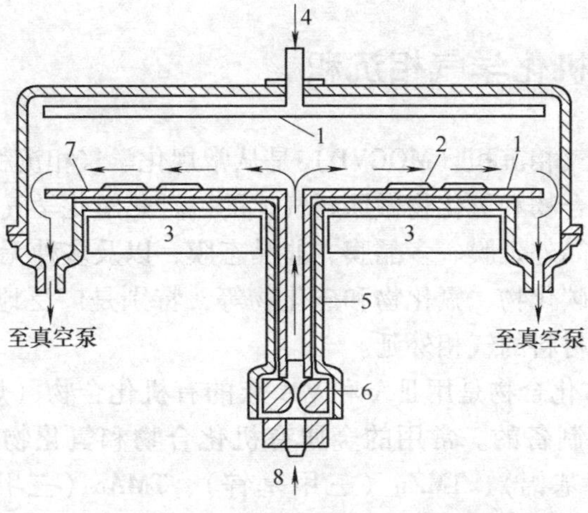

图 18-5　平板形反应室的截面图

1—电极　2—基片　3—加热器　4—射频等离子体输入

5—转轴　6—磁转动装置　7—旋转基座　8—气体口

18.3.4　微波等离子体化学气相沉积

微波等离子体化学气相沉积是利用微波放电产生等离子体，从而激活化学反应进行化学气相沉积的工艺技术。在微波等离子体中，不仅含有高密度的电子和离子，还含有各种活性基团，可以实现气相沉积、聚合和刻蚀等各种功能。图 18-6 所示为电子回旋共振微波等离子体化学气相沉积装置。微波源产生频率为 2.45GHz 的微波，发射功率从几百瓦至 75kW。电子回旋共振放电产生的等离子体是一种无电极放电，能量转换率高（95%），能在 $10^{-3}\sim10^{5}$Pa 的大范围内放电产生高密度等离子体，而且离化率高（10% ~50%）。该装置具有两大优点：①可大大减轻因高强度离子轰击造成衬底损伤；②可比射频辉光放电产生的等离子体在更低的温度下沉积，更适合于低熔点和高温下不稳定化合物薄膜的制备。有报道称微波等离子体化学气相沉积可在 140℃ 沉积出多晶金刚石薄膜。

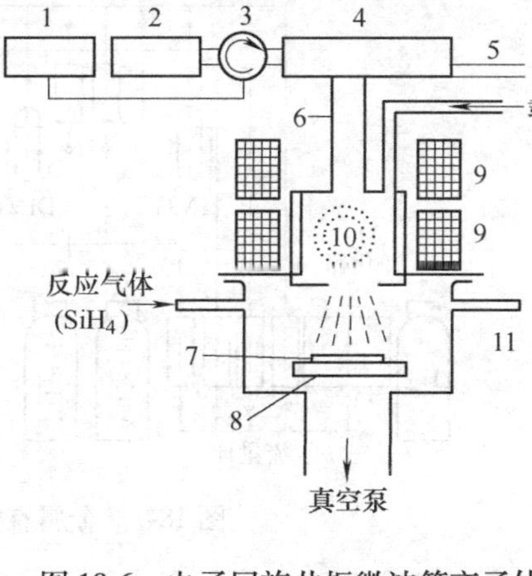

图 18-6　电子回旋共振微波等离子体化学气相沉积装置

1—微波电源　2—微波源　3—环形器

4—微波天线　5—短路滑板　6—波导

7—基片　8—试样台　9—磁场线圈

10—等离子体　11—等离子体引出窗口

18.4 金属有机化学气相沉积

金属有机化学气相沉积（MOCVD）是从常规化学气相沉积技术发展起来的，是利用金属有机化合物和氢化物做原料气体的一种热解化学气相沉积法。它能在较低温度下沉积单晶外延膜、多晶膜、非晶态膜，以及多种无机物材料，如金属氧化物、氢化物、碳化物、氟化物和硅化物等，特别是广泛地应用于Ⅲ-Ⅴ、Ⅱ-Ⅵ族半导体化合物材料的气相外延。

Ⅲ-Ⅴ族半导体化合物是用ⅢA 和ⅤA 族的有机化合物（烷基化合物）和氢化物的热分解反应制备的。常用的金属有机化合物和氢化物为 TMGa（三甲基镓）、TMAl（三甲基铝）、TMZn（三甲基锌）、TMAs（三甲基砷）、PH_3（磷烷）、AsH_3（砷烷）等。

Ⅱ-Ⅵ族半导体化合物则用ⅡB 和ⅥA 族的有机化合物和氢化物热分解反应制备。常用的ⅡB 和ⅥA 族的金属有机化合物和氢化物为 DMCd（二甲基镉）、DMTe（二甲基碲）、DMZn（二甲基锌）、H_2S、H_2Se 等。

图 18-7 所示为金属有机化学气相沉积装置。它由真空系统、反应室、反应供给气体、尾气处理系统和电气控制系统等组成。反应室又分卧式和竖式。大多数反应在 600 ~ 1000℃、133 ~ 10^5Pa 进行。

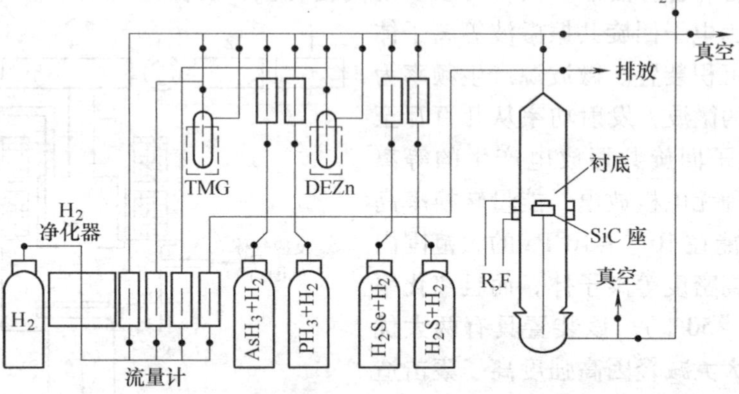

图 18-7 金属有机化学气相沉积装置

与常规化学气相沉积相比，金属有机化学气相沉积的优点是：①沉积温度低；②能沉积单晶、多晶、非晶的多层和超薄层、原子层薄膜；③可以在不同基材表面沉积；④可以大规模、低成本制备复杂组分的化合物薄膜和半导体材料。其缺点是：①沉积速度较慢；②原料的毒性较大，要求设备的密封性、可靠性要好，且多数金属有机化合物易自燃，遇水会爆炸，故应谨慎管理和操作。

18.5　激光化学气相沉积

激光化学气相沉积（LCVD）是利用激光束的光子能量激发和促进化学反应的化学气相沉积技术。所用设备是在常规化学气相沉积设备的基础上添加激光器、光路系统及激光功率测量装置。按激光作用机制，可分为激光热解化学气相沉积和激光光解化学气相沉积。

18.5.1　激光热解化学气相沉积

在光热解机制的情况下，选择激光波长使反应物质对激光是透明的，而基体是吸收体。通常采用长波长的激光如 CO_2、YAG、Ar^+ 激光等。光子加热了基片，使在基体上方的反应气体裂解，从而产生所要求的化学气相沉积反应。从本质上讲，光热解机制涉及的沉积机理和化学反应与热化学气相沉积无多大区别，但可利用激光束快速加热和脉冲特性在热敏感基片上进行沉积。

图 18-8 所示为激光化学气相沉积装置。它由激光器、导光聚焦系统、真空系统、送气系统和沉积反应室等部件组成。

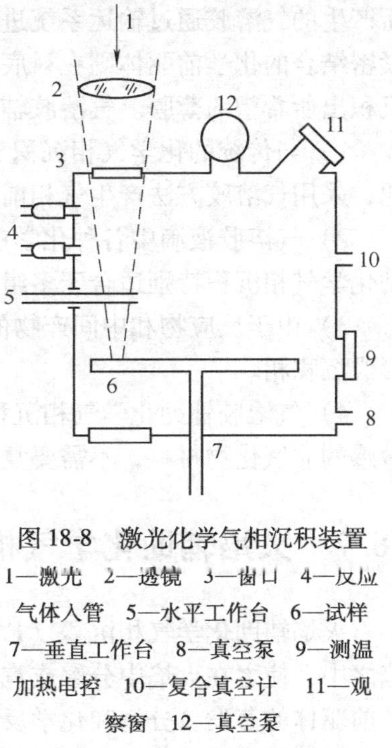

图 18-8　激光化学气相沉积装置
1—激光　2—透镜　3—窗口　4—反应气体入管　5—水平工作台　6—试样　7—垂直工作台　8—真空泵　9—测温加热电控　10—复合真空计　11—观察窗　12—真空泵

激光化学气相沉积与常规化学气相沉积相比，可以大大降低基片的温度。例如，用热化学气相沉积（TCVD）制备 SiO_2、Si_3N_4、AlN 薄膜时基材须加热到 800 ~ 1200℃，而用激光化学气相沉积则只需 380 ~ 450℃。激光化学气相沉积与等离子体化学气相沉积相比，可以避免高能粒子辐射在薄膜中造成的损伤。

激光化学气相沉积技术在集成电路制作、金属互连、三维结构器件、电路和掩膜版的修补、功能薄膜材料制备等获得应用。

18.5.2　激光光解化学气相沉积

激光光解沉积是依靠光子的能量直接使气体发生分解。因此要求光子有足够大的能量，去打断反应气体分子的化学键，故常选用短波长激光，如紫外、超紫外、准分子 Xecl、ArF 等激光。

激光光解化学气相沉积与光热解化学气相沉积的不同之处在于光致直接解

离，化学反应是光子激发的，因此不需要加热，沉积有可能在室温下进行，而且，光解机制对基片的类型没有限制，透明、不透明或吸收性基片都没有关系。但光解化学气相沉积一个致命缺点是沉积速度太慢，这大大限制了它的应用。

18.6　气溶胶辅助化学气相沉积

气溶胶辅助化学气相沉积（AACVD）是使用气溶胶作为前驱体，通过加热分解沉积出薄膜的方法。通常采用超声波气溶胶发生器、静电气溶胶发生器或电喷的方法将液滴均匀分散到气体介质之中，形成气溶胶。化学前驱体则可采用将固体或液体化学原料在溶剂（通常采用高沸点的有机溶剂），或在混合溶剂中溶解的方法制备，以利于化学前驱体的蒸发，并为其分解或裂解提供额外的热能。所产生的气溶胶通过输运系统进入加热区，溶剂受热迅速蒸发或燃烧，而与液滴紧密结合的化学前驱体则在衬底表面，或接近表面的地方发生分解或化学反应，沉积出所希望的薄膜。气溶胶辅助化学气相沉积的主要优点如下：

1）与传统的化学气相沉积工艺采用发泡器或蒸发的方法产生气相前驱体相比，采用气溶胶方法产生气相前驱体相对较简单，且成本也较低。

2）气溶胶液滴中各种化学前驱体是在分子水平均匀混合的，因此气溶胶辅助化学气相沉积特别适合于多组元材料的合成和化学计量比控制。

3）由于反应物和中间产物的扩散距离短，因此可在相对较低的温度下迅速形成沉积相。

4）气溶胶辅助化学气相沉积可在开放大气环境中沉积氧化物和某些对氧不敏感的非氧化物材料，不需要复杂的反应器或真空系统，因此沉积成本较低。

18.7　火焰辅助化学气相沉积

火焰辅助化学气相沉积（FACVD）是把液态或气态前驱体注入高温燃烧火焰之中，使之在火焰中分解或汽化，进而发生化学反应或燃烧的。燃烧过程提供了前驱体的蒸发、分解和化学反应所需的热环境，也有助于对衬底的加热和促进吸附原子的扩散和迁移。火焰辅助化学气相沉积与普通化学气相沉积不同之处首先在于液体前驱体蒸发的方式不同，同时蒸发、分解和发生化学反应的时间也短得多。火焰辅助化学气相沉积与热喷涂（火焰喷涂和等离子体喷涂）的区别则在于，热喷涂采用固体粉末作为起始材料，热喷涂所用的高能热源使固体粉末在到达衬底表面之前被熔化或部分熔化，它们堆积在衬底表面成为具有扁平晶粒特征，包含微孔和裂纹的涂层，一般不涉及化学反应。

火焰辅助化学气相沉积可用氢或碳氢化合物作为燃料。碳氢化合物在燃烧时容易产生烟灰，氢的燃烧速度比碳氢化合物快得多，并且不产生凝聚态物质。火焰温度通常都很高，典型值在1727～2727℃，常常会引发气相均匀形核反应，导致粉末物质的沉积。因此，火焰辅助化学气相沉积广泛应用于粉末材料的商业化生产。对于薄膜材料的沉积，则应通过改变前驱体与燃料配比使火焰温度显著降低。

沉积产物的晶体结构、形貌和粒子尺寸可以通过对沉积工艺参数的优化加以控制。主要的沉积工艺参数包括：火焰温度及其空间分布、前驱体选择及前驱体在火焰中的停留时间、前驱体与燃料的比例。也可通过向火焰中引入添加剂的手段来改变沉积产物的尺寸、相组成和形貌。

由于火焰温度很高，所以火焰辅助化学气相沉积具有以下优点：

1）对前驱体物质的挥发性没有太大的要求，挥发性高或挥发性不那么高的前驱体在高温火焰中一般都会完全汽化。因此，火焰辅助化学气相沉积是一种“货真价实”的化学气相沉积，具有非视线性沉积能力，可用于非平面衬底的沉积。

2）反应产物的形成是在单一步骤中完成的，不需要采用诸如煅烧一类的后处理工艺。

3）反应物质在分子水平上迅速混合，与传统化学气相沉积和物理气相沉积工艺相比可大大缩短工艺周期，并更加有利于多组元薄膜化学计量比的控制。

4）蒸发、分解和化学反应进行得很快，沉积速度很高。

5）由于在沉积氧化物涂层时可在开放大气环境中进行，不需要复杂的反应器或真空系统，所以与传统的化学气相沉积和物理气相沉积相比，成本相对较低。

火焰辅助化学气相沉积最主要的缺点是在沉积过程中火焰热源的温度变动太大（由于火焰中的温度梯度太大所致）。因此，火焰辅助化学气相沉积在均匀薄膜沉积或高附着性厚膜沉积中没有得到广泛应用。然而，火焰辅助化学气相沉积在微米或亚微米尺寸粉末的工业化生产中应用却日益广泛。

18.8 化学气相渗透

化学气相渗透（CVI）是一种特殊工艺。其特点是让气态反应物穿透（或渗透）一个多孔结构，在其上沉积并使之致密化形成复合材料。作为衬底的多孔结构可以是无机的通孔泡沫材料，或者是纤维垫或编织体。沉积在纤维（或泡沫材料）上发生，而多孔结构则逐渐致密化，最终形成一种复合材料。化学气相渗透的化学反应与热力学与通常的化学气相沉积是一样的，但动力学有所不同，因为反应气体必须穿过多孔结构向内扩散，而副产品气体则必须向外扩散出来。因此，化学气相渗透应在动力学控制的低温区域进行，以获得最大穿透深度和产品致密度。

化学气相渗透主要用于金属基和陶瓷基复合材料的制备。传统的陶瓷和冶金工艺，如热压和热等静压等，在很高的压力和温度下进行，可能会对衬底材料及与基体的界面造成损伤。而化学气相渗透则在比陶瓷的烧结或金属的熔炼较低温度和压力下进行，因此可在相当程度上使损伤减小。

化学气相渗透的一个缺点是反应气体和副产品都必须穿过相对较长而狭窄、有时还是弯曲的通道，通过互扩散输运。为避免沉积过快堵塞扩散通道入口，应保证在动力学限制区域进行沉积。这是一种十分缓慢的过程，有时需经过几个星期才能达到致密化。实际上，由于封闭孔隙的形成，完全致密化是几乎不可能的。

第 19 章　高能束表面改性技术

采用电子束、激光束、离子束这三类高能束流对材料进行表面改性是 20 世纪 70 年代发展起来的高新技术。高能束的能量密度高，且电子束、离子束的脉冲宽度可短至 10^{-9}s，激光的脉冲宽度可短至 10^{-12}s，它们的能量沉积功率密度可以相当大，在被照物体上，由表面向里能够产生 10^6 ~ 10^8℃/cm 的温度梯度，使表层薄层迅速熔化，甚至部分发生汽化。正因为达到了这样高的温度梯度，冷的基体又会使熔化部分以 10^4 ~ 10^{11}℃/s 的速度冷却，致使固液界面以每秒几米的速度向表面推进，使凝固迅速完成，从而制得非晶、纳米晶及其他一些奇特的、热平衡相图上不存在的亚稳组织结构，从而赋予材料表面以特殊的性能。

高能束对材料表面改性是通过改变材料表面的成分或组织结构而实现的。成分的改变包括表面合金化、熔覆和离子注入；组织结构的改变包括组织和相的改变。

高能束表面改性技术不仅可用于提高工件表面的耐蚀性和耐磨性，还可用于半导体和催化技术。

19.1　电子束表面改性技术

电子束属于一种高能密度的热源，它可在毫秒级时间内把金属由室温加热至奥氏体化温度或熔化温度，并借助冷基体的自身热传导，其冷速也可达到 10^3 ~ 10^8/s。如此快的加热和冷却就给材料表面改性提供了很好的条件。电子束是由电子枪阴极灯丝加热发射的电子形成的高能电子流，经聚焦线圈和偏转线圈照射到金属表面，并深入金属表面一定深度，与基体金属的原子核及电子发生相互作用。由于电子与核的质量差别很大，电子与原子核的碰撞基本上属于弹性碰撞，因此能量传递主要是通过电子束的电子以热能的形式传给金属表层的电子，从而使被处理金属的表层温度迅速升高，由于金属对激光的光谱吸收比很低，而对电子束吸收可达 99%，电子束功率可比激光大一个数量级，能量深入深度比激光的高两个数量级以上，所以激光为表面型热源，而电子束为次表面型热源。电子束对焦和束流偏转方便，易于控制和调节，其运行成本比激光低一半左右。目前，电子束加速电压达 125kV，输出功率达 150kW，能量密度达 10^3MW/m^2，能量利用率高达 95%。

电子束表面改性技术分类如图 19-1 所示。

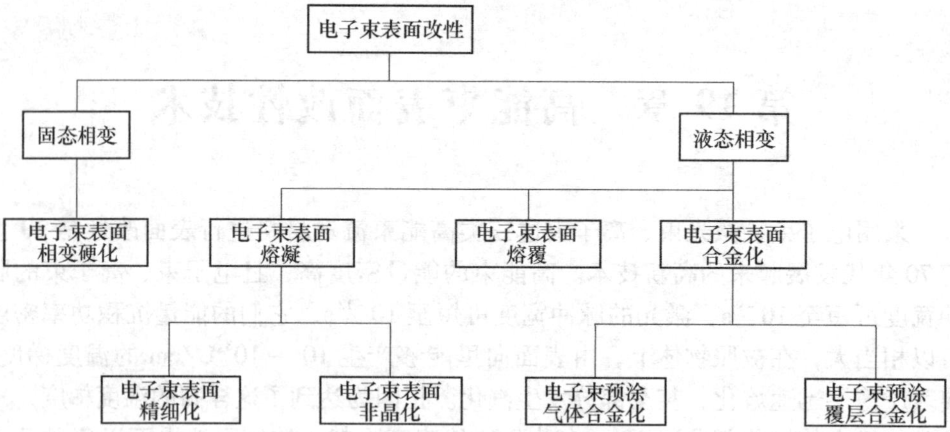

图 19-1　电子束表面改性技术分类

电子束表面改性处理的设备主要由电子枪系统、真空系统、控制系统、电源系统和传动系统所组成，如图 19-2 所示。

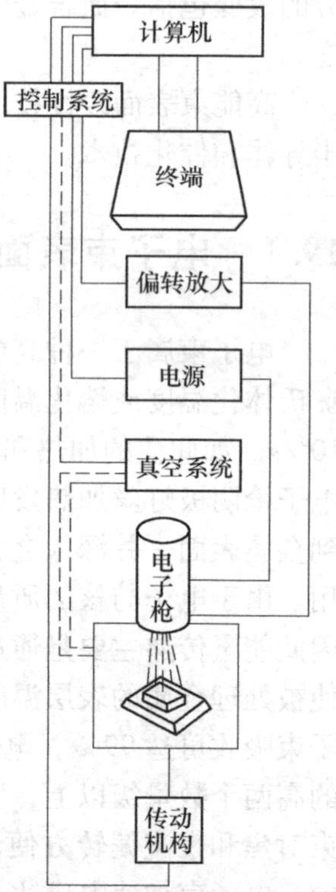

图 19-2　电子束表面改性装置

19.1.1　电子束表面相变硬化

电子束表面相变硬化是用散焦方式利用电子束照射金属工件表面，使其以 $10^3 \sim 10^5$℃/s 的速度加热到相变点以上，但又不至于使其表面熔化，而且一旦电子束停止照射，通过冷基体的自身热传导随即快速冷却产生相变强化，达到表面改性的目的的工艺方法。由于电子束加热能量利用率高，加热速度快，温度梯度大，冷却速度又快，奥氏体晶粒来不及长大，可获超细晶组织，而使材料表层具有相当高的强度和硬度。该工艺方法比较适用于碳钢、中碳低合金钢、铸铁等材料的表面强化。如 45 和 T7 钢，经 2 ~ 3.2kW、束斑为 ϕ3mm 的电子束照射，以 $(3 \sim 5) \times 10^3$℃/s 的加热速度，在钢的表面形成隐针或细针马氏体，表面硬度分别达到 62HRC 和 66HRC，而心部仍保持较好的塑性和韧性。

19.1.2　电子束表面熔凝

电子束表面熔凝是用比电子束相变硬化能量密度更高的电子束照射金属表面，使其表面熔化的工艺方法。一旦停止电子束照射，在冷基体的作用下快速凝固，从而使组织细化，实现硬度和韧性的最佳结合，大大降低原始组织的显微偏析。电子束熔凝最适用于铸铁、高碳高合金钢。因为经电子束表面熔凝后，铸铁表面能获得高硬度的极细莱氏体组织；工模具经电子束表面熔凝处理后，则在提高工模具表面强度、耐磨性和热稳定性的同时，仍保持工模具心部的强韧性。

由于电子束表面熔凝是在真空条件下进行的，表面熔凝时有利于去除工件表层的气体，因此可有效地提高铝合金和钛合金表面处理质量。

电子束表面熔凝硬化可以使用不同的电子束能量参数来实现。

19.1.3　电子束表面非晶化

电子束表面非晶化的工艺过程是：利用聚焦的电子束所具有的高功率密度以及作用时间短等特点，使工件表面在极短的时间内迅速熔化，并在基体与熔化的表层之间产生很大的温度梯度，使表层的冷却速度高达 $10^6 \sim 10^8$℃/s，致使表层几乎保留了熔化时液态金属的均匀性，经高速冷却，在材料的表面形成良好的非晶态层。

19.1.4　电子束表面合金化

电子束表面合金化的工艺过程是：先将具有特殊性能的合金粉末涂覆在金属工件表面，再用电子束照射加热熔化，或在电子束作用的同时加入所需合金粉末使其熔融在工件表面上，在工件表面上形成一层新的具有耐磨、耐蚀、耐热等性能的合金化表层。电子束表面合金化是用高电子束功率密度（约为相变硬化的3倍以上），或增加电子束辐照时间，促使基体表层的一定深度内发生熔化，以达到表面合金化的目的。

通过电子束表面合金化，可在廉价的碳钢基体上获得高合金钢所具有的高耐磨性、耐热性及耐蚀性。合金钢电子束表面合金化，也能提高金属零件的某些特定性能，并细化表层的组织结构，从而提高零件的使用寿命。

电子束表面合金化可分为两种，即重熔和熔合。

（1）重熔　合金化的第一种方法是将金属表层和涂层重熔至一定深度（见图 19-3a）。涂层厚度与重熔表层的厚度大致相同。涂层可通过很多方法（例如电解法或热喷镀法），覆盖于基体材料上。涂层可以是密封型（例如箔或电镀），也可以是多孔型（例如粉末）。随着涂层和表层的重熔，两种材料发生了混合，生成的合金化的材料部分或完全溶于基体材料。混合物凝固后，就得到了不同于基体材料的结构和化学特性层。该混合物就是两种材料的合金。利用该方法，铝合金与镍、铁、铜、钛、硅等元素合金化的深度可达几毫米；碳钢与铜、铬、钒、钨、钛等合金元素也可实现合金化。在铝和铁合金化的情况下，得到的硬度高出原始材料2~4倍；而铝与镍合金化后，硬度也会有两倍的提高。除以上涉及的，其他物质也可用于材料的合金化，如不锈钢，铜合金，金属的氧化物、氮化物、硼化物及金属间化合物。

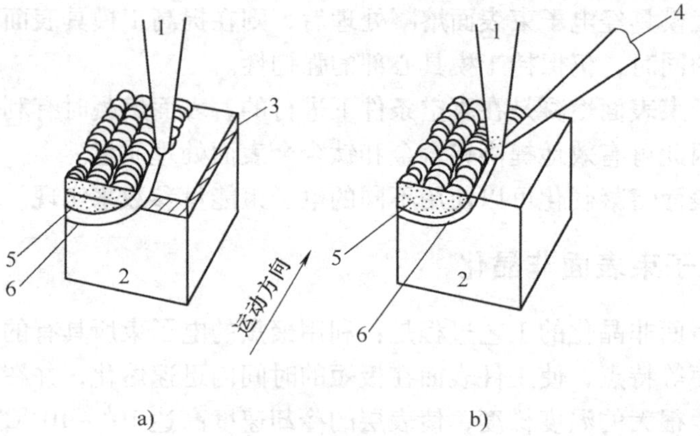

图19-3　电子束表面合金化

a）重熔　b）熔合

1—电子束　2—基材　3—合金材料涂层　4—固体粒子或合金气体　5—合金区　6—热影响区

（2）熔合　合金化的第二种方法是将合金物质的固态颗粒注入或气状微粒吹入基体材料的熔池（见图19-3b）。与重熔类似，合金物质全部或部分溶于基体材料，同时两种材料发生混合。其中的固态颗粒可以是碳化物或其他化合物，而气态微粒可以是氮（氮的气体合金化）、一氧化碳或乙炔（可与碳合金化）。

19.1.5　电子束表面熔覆

电子束表面熔覆的工艺过程是：将所需要的特殊性能的合金粉末预置在金属工件的表面，并用电子束加热将其熔化，在基体表面形成具有某些特性的覆层，或在电子束作用的同时将配好的合金粉末以一定的速度送到电子束照射处，使其熔融在工件表面上，形成所需要的熔覆层。该合金熔覆层与基体材料是冶金结合，但不产生层间元素的混合与对流，而且熔覆是在真空状态下进行，熔覆层的针孔、气孔相对要少，表面质量也高。另外，电子束熔覆层组织细密，硬度高，耐蚀性好。

电子束表面熔覆工艺方法有粉末预置法和同步送粉法。选择熔覆粉末材料时，一般要使其熔点低于基体材料的熔点为好，如铁基、镍基、钴基等合金粉末。若以耐磨为主要目的，还可在合金粉末中添加高硬度碳化物粉末，如WC、TiC等，以提高熔覆层的硬度。

19.1.6　电子束蒸发技术

电子束蒸发技术可用于物理气相沉积以及爆炸（冲击）硬化工艺中，从而产生硬化层。

1）电子束材料蒸发工艺过程中材料被加热成蒸气态，后通过物理气相沉积将这些蒸气沉积于底层材料上。

2）爆炸（冲击）硬化工艺过程中，运用高能量密度的电子束将被加工材料迅速加热，使加工材料以极快的速度蒸发。快速蒸发形成了冲击波，被加工材料在冲击波的作用下得到硬化。由此获得了复杂的结构，产生了不同的密度分布及变形分布。与原始材料相比，显微硬度得到了 5 倍的提高。但在某些情况下，也有可能降低。获得的微观组织会保留硬化、再结晶及其他作用的痕迹。至今为止，该项技术还没有在工业上得到应用。

19.2　激光束表面改性技术

激光束表面改性是利用激光的高辐射亮度、高方向性、高单色性特点，作用于材料表面，从而显著地改善其表面性能的技术。

激光表面改性技术分类如图 19-4 所示。

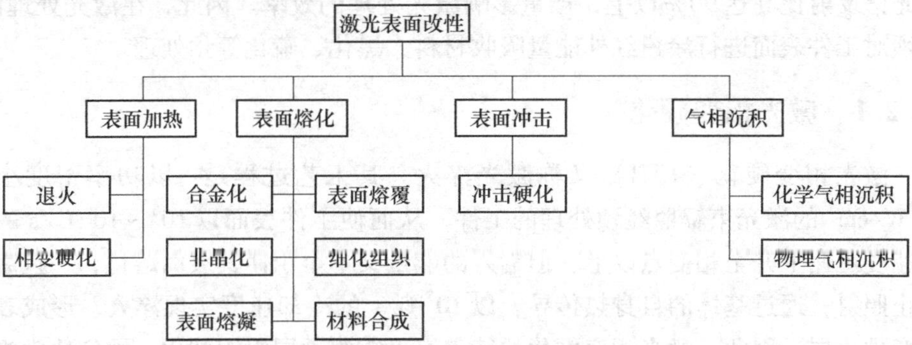

图 19-4　激光表面改性技术分类

激光束表面改性的特点是能量密度大，加热速度快，生产周期短，效率高，氧化少，变形小；非接触加工；可实现局部加工和处理；通用性强，操作方便，可实现自动化。激光表面改性设备主要包括激光器、外围光学装置和机械系统等，如图 19-5 所示。激光器由激活物质（工作物质）、激活能源和谐振器三部分构成。工业上常用的激光器主要有 CO_2 气体激光器和 YAG 固体激光器两种。连续横向 CO_2 激光器多用于钢铁材料或大面积零件的表面改性；YAG 激光器多用于有色金属或小面积零件的表面改性。此外，还有准分子激光器，它可使材料表面化学键发生变化，主要用于激光化学和物理气相沉积。

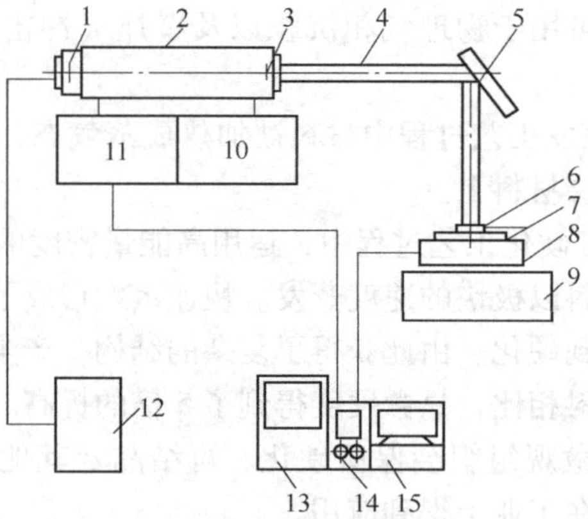

图 19-5　激光表面改性装置

1—全反射镜　2—谐振腔　3—部分反射镜　4—导光系统　5—弯曲反射镜　6—聚光系统及保护气通入　7—处理工件　8—x-y 移动工作台　9—机座　10—气体交换装置　11—配电盘　12—冷却装置　13—操纵台　14—数控装置　15—记录及打印系统

应该指出的是激光，特别是对波长为 10.6μm 的 CO_2 激光，大多数金属材料的光谱反射比高达 90% 以上，严重影响激光处理的效率。因此，在激光处理前，必须对工件表面进行涂覆红外能量吸收材料、黑化、磷化等预处理。

19.2.1　激光相变硬化

激光相变硬化（LTH）又称激光淬火。其工艺过程是：以功率密度小于 10^4W/cm^2 的激光束辐照经预处理的工件，从而使工件表面以 10^5 ~ 10^6℃/s 的加热速度迅速上升至相变点以上，但输入的能量又不至于使其表面熔化，一旦激光停止照射，通过基体的自身热传导，以 10^5℃/s 的冷却速度实现淬火，形成表面相变硬化层。因此，激光相变硬化的特点有：①淬硬层组织细化，硬度比常规淬火高 15% ~20%，耐磨性能提高 1 ~ 10 倍；②加热速度快，变形小，成本低，周期短，自动化程度和生产率高；③对工件中的内壁、沉孔、不通孔等特殊部位，只要激光能照射到的，都可实现表面硬化；④能精确控制硬化层深度；⑤不需要油、水等淬火冷却介质，可实现自冷淬火。

激光相变硬化通常采用矩形模、凹顶模或多模激光束，并且选用长焦距透镜和聚焦反射镜。操作时，主要控制激光输出功率、功率密度、光斑尺寸和扫描速度，因为激光扫描速度与要求的硬化层深度和宽度密切相关，通常硬化层深在 1mm 以下。

19.2.2　激光表面熔凝

激光表面熔凝（LSM）过程是典型的快速加热和快速凝固过程。这里激光束输入工件的能量要比激光相变硬化的高，才能使工件表面产生熔化，然后依靠基体自身热传导快速冷却凝固，故选用激光能量密度约为10^5W/cm^2，而且要采用近于聚焦的光束或者匀强光斑。另外，与激光相变硬化工艺不同的，激光表面熔凝处理一般不需预涂覆激光吸收层，以免涂层进入熔池中影响熔凝层成分，而且光谱反射的问题由于出现熔化，不如激光相变硬化中那么重要。

激光表面熔凝处理时一般应采用惰性气体保护，这样才能得到良好的重现性和表面质量。

在适当控制激光功率密度、扫描速度和冷却条件下，材料表面经激光表面熔凝处理，可以细化铸造组织，减少偏析，形成高度过饱和固溶体等亚稳相乃至非晶态，因而可提高工件表面的耐磨性、抗氧化性和耐蚀性。

19.2.3　激光表面非晶化

激光表面非晶化（LSG）又称激光上釉。其工艺过程是：在激光表面熔凝的基础上进一步提高激光的功率密度至10^7W/cm^2，并将辐照时间降为10^{-6}s级或更低，工件表面能获得更高的冷却速度（10^6～10^{12}℃/s），以大于临界冷却速度激冷，防止晶体形核和生长，从而获得非晶态结构。激光表面非晶化常用YAG脉冲激光器，为了获得10^{-6}s、10^{-9}s、10^{-12}s，甚至10^{-15}s级的脉宽，必须采用锁相和调Q技术；半导体材料的激光表面非晶化则采用倍频技术。此外，为了实现非晶化，对被处理的材料成分有具体要求，因为每种金属和合金都对应一临界冷速。临界冷速越小，越容易实现非晶化。激光表面非晶化处理可减少表层成分偏析，消除表层的缺陷和可能存在的裂纹。非晶态金属具有很高的力学性能，在保持良好韧性的情况下具有高的屈服强度和非常好的耐磨性、耐蚀性，以及特别优异的磁性和电学性能。

19.2.4　激光表面合金化

激光表面合金化（LSA）的工艺过程是：利用激光束通过改变工件表面的化学组成来提高其表面的耐磨性、耐蚀性等性能，即把合金元素、陶瓷等粉末颗粒以一定方式添加到工件表面上，通过激光加热使其与基体表面共熔而混合，在0.1～0.3s内形成厚0.01～2mm的表面合金层。快速熔化非平衡过程可使合金元素在凝固后的组织达到很高的过饱和度，从而形成普通合金化方法不易得到的化合物、介稳相和新相，在合金元素消耗量很低的情况下获得具有特殊性能的表面合金层。

向表面加入合金元素的方法有预涂式和送粉式两种（见图19-6）。预涂式即采用电沉积、气相沉积、离子注入、刷涂、等离子喷涂、黏结剂、涂覆等方法，将所要求的合金粉末预先涂覆在工件表面的相应部位，然后用激光加热熔化，与基体表面形成新的合金层；送粉式（同步输入法）是激光辐照的同时送入合金粉末，需要精度较高的送粉装置。影响激光合金化层的工艺参数有：粉末的选配、合金粉末预涂方法与厚度、激光输出功率、功率密度、稳定性、光斑尺寸、束斑能量分布均匀性、激光束扫描速度以及基材性质等。采用激光表面合金化方法可使廉价的普通材料表面获得优异的耐磨性、耐蚀性、耐热性等性能，以取代昂贵的整体合金；可改善不锈钢、铝合金和钛合金的耐磨性；也可制备传统方法无法得到的某些特种材料，如超导合金等。

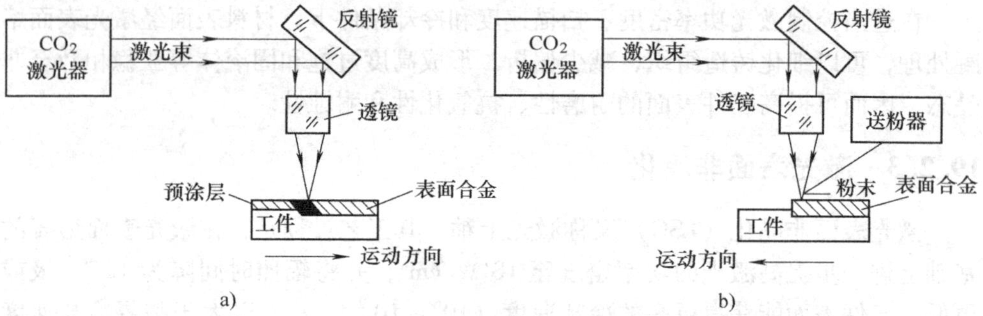

图19-6　激光表面合金化装置

a）预涂式激光合金化　b）送粉式激光合金化

19.2.5　激光表面熔覆

激光表面熔覆（LSC）是采用激光将按需要配制的合金或陶瓷粉末熔化或将熔覆丝或板材熔化，并使基体表层微熔，从而得到一外加具有特殊物理、化学或力学性能的熔覆层的工艺方法。与激光表面合金化不同的是母材微熔而添加物全熔，并要求基体对表层合金的稀释度为最小。激光表面熔覆与工业上用的其他制备表面熔覆层的堆焊、热喷涂和等离子喷焊等方法相比具有以下优点：①合金层和基体可以形成冶金结合，极大地提高了熔覆层与基材的结合强度；②由于加热速度很快，熔覆层的稀释率低（仅为5%～8%）；③熔覆层晶粒细小，结构致密，因而硬度一般较高，耐磨性、耐蚀性等性能也更为优异；④激光熔覆热影响区小，工件变形小，熔覆成品率高；⑤激光熔覆过程易实现自动化生产，覆层质量稳定。

熔覆材料可以是金属或合金，也可以是陶瓷、非金属，还可以是化合物；可以采用粉末形式，也可制成丝或板材。对熔覆材料的要求是具有所希望的性能；热胀系数尽可能接近基体；熔体对基体要有良好的润湿性；熔点不宜过高，且有良好脱氧、除气、除渣能力。激光熔覆工艺可以分为两种（见图 19-7）：一步法（同步法，见图 19-7a），即在激光束辐照工件的同时向激光作用区同步送粉状或丝状熔覆材料；二步法（预置法，见图 19-7b），即在熔覆处理前，先将熔覆材料预置于工件表面，然后采用激光将其熔化，冷凝后形成熔覆层。

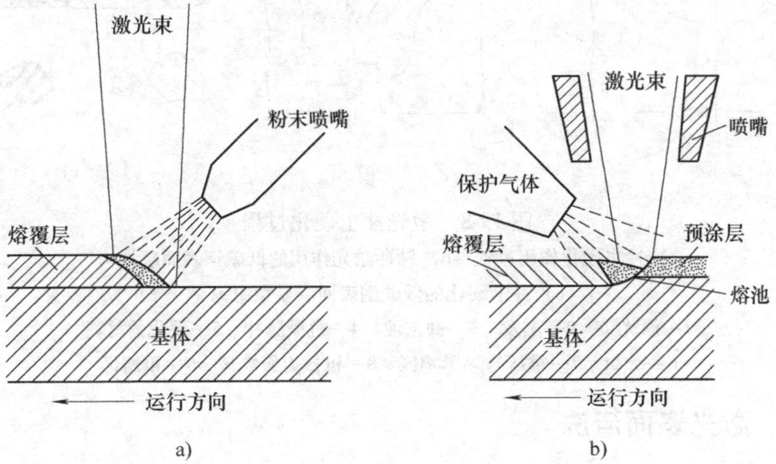

图 19-7　激光表面熔覆示意图
a）一步法　b）二步法

激光表面熔覆的主要工艺参数有激光功率密度、束斑尺寸、扫描速度、熔覆材料（包括化学成分、粉末粒度、供给方式、供给量及热物理性质等）、基材性质以及光束处理方式等。激光表面熔覆技术的关键问题是如何消除或减少熔覆层的裂纹和气孔，这在有色金属的激光表面熔覆处理时应特别加以重视。

19.2.6　激光冲击硬化

激光冲击硬化的工艺过程是：用功率密度很高（$10^8 \sim 10^{11}$ W/cm^2）的激光束，在极短的脉冲持续时间（$10^{-3} \sim 10^{-9}$s）内照射金属表面，使其很快汽化，在表面原子逸出期间产生动量脉冲而形成冲击波或应力波作用于金属表面，冲击波的力量可达 10^4MPa，从而使表面产生强烈的塑性变形，形成类似于受到爆炸冲击或高能快速平面冲击后产生的亚结构，从而提高材料表面的强度、硬度和疲劳极限。激光冲击硬化效果与基材种类和原始状态有关。

激光冲击硬化过程如图 19-8 所示。

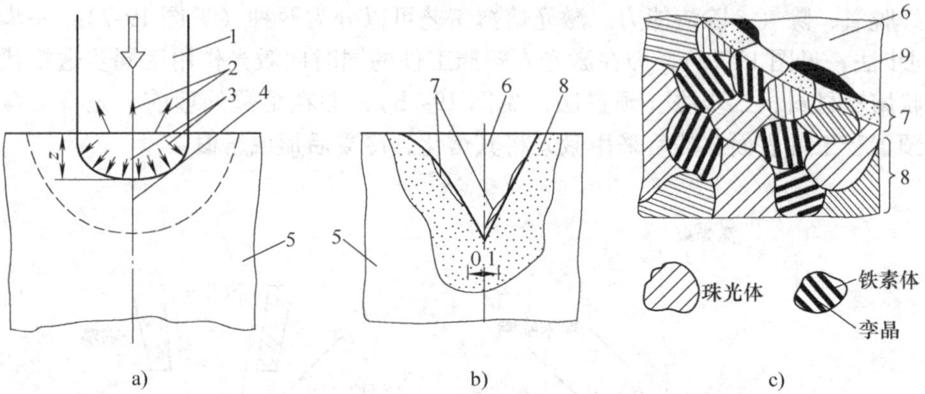

图 19-8　激光冲击硬化过程

a）冲击硬化作用过程　b）脉冲激光作用的低碳钢表面层结构

c）冲击硬化的低碳钢表面层显微组织

1—激光束　2—蒸发　3—冲击波　4—机械脉冲　5—硬化的材料

6—火口　7—重熔与热影响区　8—机械力影响区　9—重熔区

19.2.7　激光表面清洗

在现代科技领域，高分辨率、小线程（低于 1/4μm）、微型化和趋近于零的机械误差是高科技仪器设备正常运行的客观要求。而工业制造或应用中产生的污染物质会大幅度降低材料的理想性能，并导致部件失效。有关污染表面的物理和化学性质的研究也要求制作原子级清洁表面。因此，开发清除临界表面的微粒或污染薄膜的先进技术是不断增长的需求。

激光表面清洗是 20 世纪 90 年代初兴起的一种清洗技术。激光表面清洗指的是用激光清除固体表面的微小粒子或薄污染层。研究表明，一个亚微米粒子吸附于表面的力很强，超过其所受重力的一百万倍。亚微米粒子的清洗技术应能有效地清除粒子而不会引起表面损坏或添加灰尘至表面。用非接触性的光子束在工业环境中进行临界表面的清洗已成为现实。

高方向性的激光可在短脉冲内提供高强度的光子脉冲。浅熔深的脉冲激光辐照对固体加热时会解吸其表面吸附的蒸汽、气体和污染物质，从而产生表面清洁作用。根据激光强度、脉冲持续时间和表面的性能差异，激光束与固体表面交互作用会产生不同的效应。按固体表面达到的峰值温度，可分为光热感应、清洗、熔化和烧蚀。例如：对大约 10℃或以下的峰值温度，表面无变化，只会发生可逆热弹性效应，对表面的材料性能的光热感应有用。在 100～1000℃的峰值温度范围内，配合适当的激光脉冲（一般为 1～100 ns）可产生清洗效应。脉宽太短会导致表面破坏，而脉宽太长清洗效应又小或消失。当峰值温度继续升高时，材料会发生熔化和烧蚀。

当激光脉冲非常短时，气态杂质和外来夹杂的原子不具备足够的时间扩散至表面。温度和真空的综合作用对表面清洁更快、更有效。清洁效果会因采用真空的保护气氛和脉冲激光加热而得到加强。例如：真空激光清洗在电子工业的应用是去除硅、镍等晶体中的夹杂和吸附的氧、氮、氢等原子。用此方法得到原子级纯度表面所用的时间远远小于传统清洗方法。

应用短脉冲（脉宽为几十纳秒数量级）激光的清洗技术有两种类型，即干式激光清洗和蒸汽激光清洗。干式激光清洗是基于脉冲激光加热固体表面和微粒的激光清洗。当微粒的清除依赖于薄液膜的过热和蒸发时，该技术称为蒸汽激光清洗。

19.2.8　激光表面烧蚀

激光表面烧蚀是固体在大功率密度激光束辐照下发生的蒸发或升华。

激光表面烧蚀的应用可以说是非常广泛，这些应用包括诸如激光焊接或钻孔等工业加工过程、制造薄膜或显微组织的材料加工、激光表面清洗、固态试样的元素分析、激光手术或生物分子结构研究的生物医学应用、激光武器系统等。

20 世纪 80 年代激光烧蚀技术应用的快速发展是与材料科学的需求密切相关的。对于表面工程的应用领域，激光烧蚀用来沉积薄膜，也称为激光烧蚀沉积。在各种薄膜沉积中，通常应用的是脉冲激光烧蚀沉积。通过脉冲激光沉积而生长薄膜已发展到制造特殊薄膜。实际上所有材料（金属、半导体和绝缘体）都可沉积。激光表面烧蚀是利用激光烧蚀蒸发靶材，而于真空或大气环境中在某基体上实现薄膜沉积的技术。这一技术在 20 世纪 80 年代已用于烧蚀大量不同种类的固态靶材，是制作大量不同薄膜覆层的非常灵活的方法。在应用中，多个靶材可以同时接受激光辐照而生成复合的薄膜层。激光表面烧蚀是一种非常清洁和快速的过程，需要强烈的吸收和加热（附加蒸发），因而有大范围的固相源材料可供选择。

激光表面烧蚀蒸发基本上是一种高真空的技术，适当原子成分靶材蒸发的能量由一外部激光源提供，如图 19-9 所示。强 CO_2 激光脉冲的能量足以在非常短的时间内蒸发复合物靶材，而靶材内部的扩散不明显，个体组元的分解几乎可以忽略。这个过程基本上与常规的由其他能源引发的瞬时蒸发相同。蒸发原子凝结的基材置于靶材附近，其在物理性质上几乎没有限制。

激光表面烧蚀蒸发可用于制作多种氧化物、氟化物和半导电薄膜。这主要是因为脉冲激光允许复合物或混合物的等同蒸发，这使得大多数情况下原材料的化学成分在沉积薄膜中可靠地得以再现。

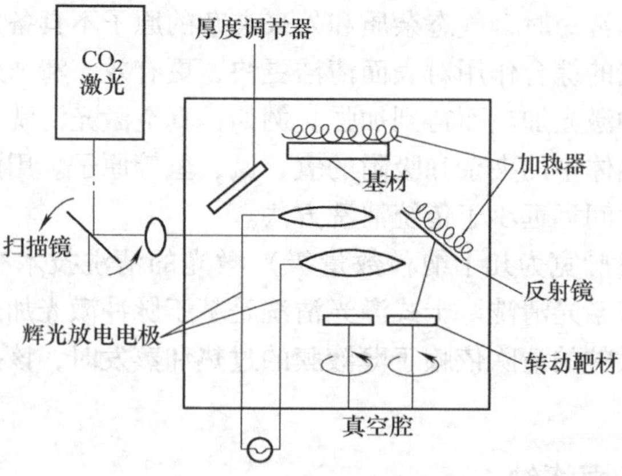

图 19-9　激光表面烧蚀薄膜沉积示意图

19.3　离子注入

离子注入是将气体或金属元素的蒸气进行电离，并经高压电场加速成具有几万甚至几百万电子伏特能量的载能束，射入工件表面，与表层晶体中原子不断发生核碰撞、电子碰撞和电荷交换后，其能量不断减少，最终停留在工件表层晶体内。离子注入后引起材料表面的元素种类、成分比例乃至组织结构改变，进而使得物理、化学、力学以及生物医学等方面性能发生变化，从而达到材料表面改性的目的。

离子注入技术最早应用于半导体材料的掺杂，从20世纪70年代开始在非半导体材料表面改性方面应用。与其他表面改性方法相比，离子注入技术具有以下特点：

1）离子注入是一个非平衡过程，注入元素不受扩散系数、固溶度和平衡相图的限制，理论上可将任何元素注入任何基体材料中去。

2）注入层与基体之间没有界面，系冶金结合，改性层和基体之间结合强度高，附着性好。

3）高能离子的强行射入工件表面，导致大量间隙原子、空位和位错产生，故使表面强化，疲劳寿命提高。

4）离子注入是在高真空和较低的工艺温度下进行的，工件不产生氧化脱碳现象，也没有明显的尺寸变化，故适宜工件的最终表面处理。

但是离子注入是一个“视线加工”过程，只有暴露在离子束下的工件表面才能被离子注入。另外，离子注入层深仅0.1~0.2μm，太浅，常需与其他沉积技术配合。

离子注入装置包括离子发生器、质量分析器、离子束聚焦与加速系统、离子束扫描系统、靶室、真空与排气系统等（见图19-10）。用于材料表面改性常需要大的离子注入剂量，但对注入成分的纯度却不必像半导体工业中要求的那样严格，故往往可取消磁分析器，借以提高束流密度，缩短注入所需工时。另外，它常需要包括各种气体和金属元素多样化的离子。

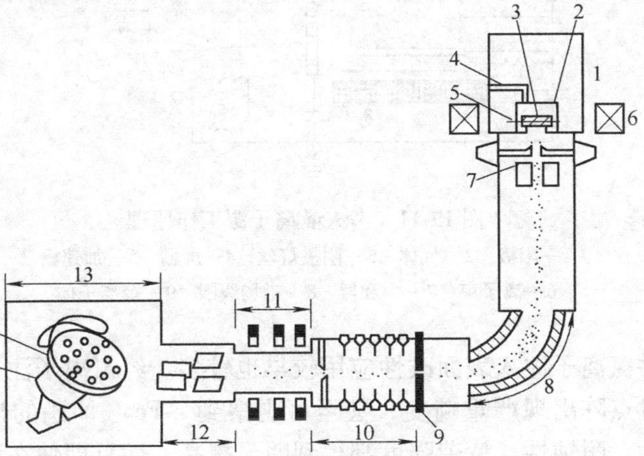

图19-10　离子注入设备原理图

1—离子源　2—放电室(阳极)　3—等离子体　4—工作物质　5—灯丝(阴极)　6—磁铁　7—引出离子预加速　8—质量分析检测磁铁　9—质量分析缝　10—离子加速管　11—磁四极聚焦透镜　12—静电扫描　13—靶室　14—密封转动电动机　15—滚珠夹具

离子注入工艺除用于半导体材料的掺杂外，还有气体离子注入和金属离子注入、传统的直射式注入和等离子体基离子注入（PBII）、离子辅助沉积（IAC）和离子束增强沉积（IBED）等。经过离子注入，可获得高度过饱和固溶体、亚稳定相、非晶态和非平衡合金等不同组织结构形式，从而大大改善了工件的使用性能。

离子注入工艺影响因素主要包括离子的能量、剂量、离子束流强度和离子束流均匀性、束斑大小、基体材料和基体温度等。

19.3.1　氮离子注入

用于材料表面改性的离子注入剂量常要达到$10^{17}/cm^2$以上，因此，应采用强束流的离子源。强氮离子注入时通常采用考夫曼离子源（见图19-11）。

从阴极灯丝发射出来的电子经过阴极鞘层被加速而获得相应于等离子体与阴极之间电位差的能量。等离子体电位接近于阳极电位，只比其高几伏。这类高速电子与从进气口进入的氢原子碰撞而在放电室中形成等离子体。在屏极和加速电压作用下，正离子从等离子体中拉出而形成离子束。

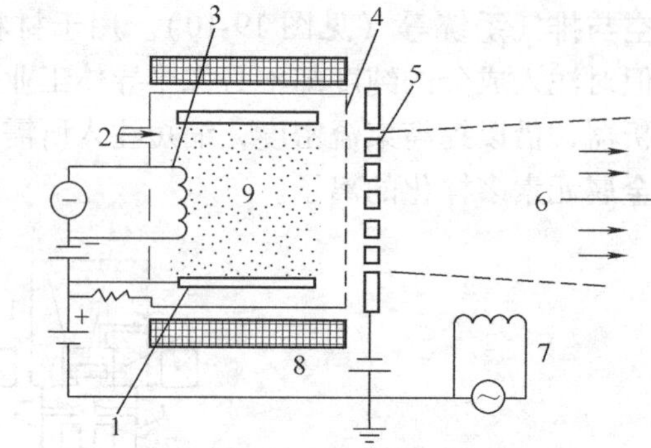

图 19-11 考夫曼离子源工作原理

1—阳极 2—气体 3—阴极灯丝 4—屏栅 5—加速栅 6—离子束 7—中和器 8—磁场线圈 9—等离子体

钢制工件氮离子注入表面改性应用较早也较多。经氮离子注入后，钢的表层晶粒细化，且点阵出现严重畸变，甚至可观察到 ε-$Fe_{2\sim3}N$ 相的出现。钢的表层硬度、耐磨性、耐蚀性、疲劳强度都得到明显提高，而且即使在磨去的表层厚度超过注入厚度之后仍保持着高的耐磨性，并且可在基体中找到氮的存在。

19.3.2 金属离子注入

金属离子注入可采用金属蒸气真空弧放电（MEVVA）离子源，MEVVA 离子源属冷阴极弧放电强束流离子源，其工作原理如图 19-12 所示。它将所需注入的金属制成阴极，放电室内通入 1Pa 氢气，多孔的阴极上加负电位。当通以几十安电流触发电极瞬间接触阴极时，引起电弧放电，导致阴极物质蒸发和放电室气体电离。起弧后在阴极表面形成高温弧斑，并在阴极上移动，以维持持续放电，电离后的金属正离子被负电位多孔引出极引出，从而形成宽束金属离子源。采用各种金属离子注入钢，选择合适的注入条件，可提高注入钢件表面的硬度，降低表面摩擦因数，提高表面抗磨损特性。据报道，采用 MEVVA 离子源注入 Ti、C 离子，使高速工具钢板牙的寿命提高了 4 倍，不锈钢钻头的寿命提高了 5 倍以上，不锈钢铣刀的寿命提高了 16 倍。

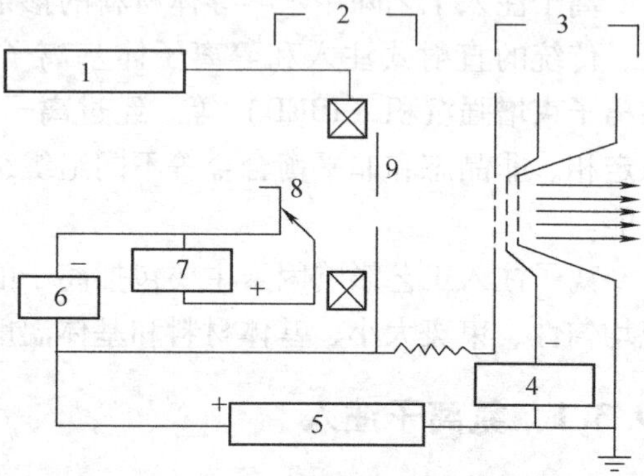

图 19-12 MEVVA 离子源工作原理

1—磁铁 2、6—弧 3、5—引出电极 4—抑制栅极 7—触发器 8—阴极 9—阳极

19.3.3　传统的直射式离子注入

通常所采用的离子注入绝大多数均为直射式离子注入工艺。离子注入沿直线行进，不能绕行，决定了它是一个“视线加工”过程，即只有暴露在离子束下的工件表面才能被离子注入，而对于其他表面，不得不采用带有自转加公转的复杂转动靶台来解决，甚至存在工件即使运动也无法完成凹面或内腔处理的情况，这就促进了全方位离子注入技术的发展。

19.3.4　等离子体基离子注入

为了克服传统离子注入的直射性缺陷，1987 年美国 Wisconsin 大学 J. R. Comrad 教授提出了等离子体基离子注入（PBII）技术，它可在较简单的装置中实现对异形工件和多个工件批量地进行全方位的离子注入。

图 19-13 所示为等离子体基离子注入装置。

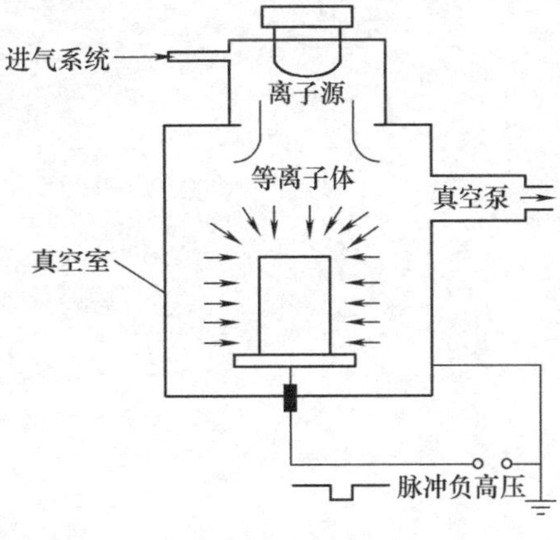

图 19-13　等离子体基离子注入装置

在进行等离子体基离子注入时，先将工件置于真空室内，采用热阴极、射频（RF）、电子回旋共振（ECR）、金属蒸气真空弧放电（MEVVA）等多种方法，产生弥漫在整个真空室内等离子体基离子注入所需的等离子体，这样工件就直接湮没在等离子体中。若以工件为阴极，真空室壁为阳极，施加一高压脉冲，正离子在电场作用下被加速，射向工件表面并注入工件表面。对表面导电的工件，由于电场总垂直于工件表面，只要近表面处的等离子体荷电分布比较均匀，对形状复杂的工件都可得到相当均匀的注入表层。

19.3.5　离子注入 SOI 技术

采用（1.8 ~ 2.4）$\times 10^{18}/cm^2$ 大剂量氧离子注入处于 600 ~ 650℃ 的硅片中时，在硅表面形成高浓度氧的埋层，经过 1200 ~ 1300℃ ×6h 退火后，即可形成 100nm 的 SiO_2 层，称为 SOI，如图 19-14 所示。在 SOI 结构上制备 CMOS、MOS-FET 结构，由于其优良的抗辐射性能而在航空航天、微电子器件中有着广阔的应用前景。制备 SOI 的关键在于三点：①采用强束流氧离子注入剂量达到（1.8 ~ 2.4）$\times 10^{18}/cm^2$ 时，才能达到形成 SiO_2 配比的要求；②注入时需要高靶温（600 ~ 650℃），以防止非晶硅的形成；③超高退火温度，加速扩散过程，以便

使 SiO_2 两侧的 $Si+SiO_2$ 完全变成 SiO_2 层。

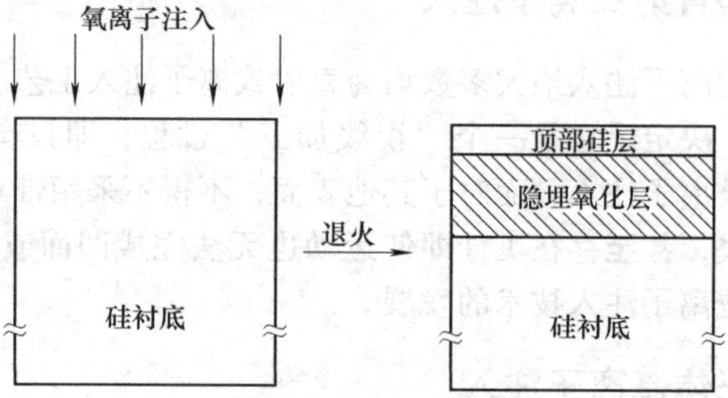

图 19-14　SOI 的制备

第20章 防锈封存

防锈封存包装是防护金属制品在储存、运输等流通过程中不致发生锈蚀的方法。

金属腐蚀不仅给国民经济造成巨大的经济损失，甚至带来灾难性事故，浪费宝贵的资源与能源，而且污染环境。因此，研究金属防腐蚀技术，搞好金属制品的防锈封存具有非常重要的意义。

20.1 气相防锈封存

气相防锈封存材料是指以气相防锈剂为基础，利用不同载体和其他辅助剂制成的各种不同类型的防锈材料，如气相防锈纸、气相防锈液、气相防锈油、气相防锈塑料薄膜等。气相防锈材料的防锈作用原理主要来源于气相防锈剂的缓蚀性。

气相防锈剂具有两个基本特性：①其组成中至少有一个或一个以上对金属有缓蚀性的基团；②气相防锈剂在常温下还需有一定的蒸汽压力和对金属表面的吸附性及一定的水溶解性。

当金属处于气相防锈剂蒸气压产生的气体的气氛中时，气相防锈剂分子吸附在金属表面达到一定浓度后，与金属反应生成不溶于水的络合物，或生成致密而又稳定的氧化膜（钝化膜），把金属覆盖起来，从而保护金属免遭腐蚀。

20.1.1 气相防锈剂防锈封存

气相防锈剂是一种不需与金属接触，在常温常压下具有一定蒸气压，能自动挥发充满包装内部空间，并在金属表面形成一层连续的缓蚀薄膜，抑制大气的腐蚀，从而起保护作用的防锈材料。这种防锈剂对于金属制品的封存包装、运输、贮存和保管都具有重大意义。

气相防锈剂通过挥发成为气体，经扩散而到达金属表面，其历程可能有两种不同的方式：一是先吸附后分解，即气相防锈剂以其分子状态挥发，扩散并吸附于金属表面后与表面的凝露水发生水解或离解，分解出保护性基团而起到保护作用。另一种是先分解后吸附，即气相防锈剂分子在空气中潮气的作用下先发生离解或水解，分解出有保护作用又能挥发的基团，这些基团经过挥发、扩散到达金属表面，从而抑制金属的腐蚀。它具有以下特点：

1）适用性强，特别适用于那些形状复杂的产品。这是由于气相防锈剂以气体形式充满整个包装空间。

2）封存能力强。既可用于工序间的短期防锈，也可用于产品的长期封存。在密封较好的条件下使用，防锈期可达8～10年。

3）操作使用方便，不需特殊的工艺设备，还能减少生产面积和工序间的运输量，降低劳动强度，并提高生产率。包装前不需要涂油，启封后也不需要清洗，并在很短时间内可拆封使用。

4）成本一般比较低廉。

5）能挥发，操作现场应保持良好通风。

6）可以使包装外观清洁美观，表面无油脂。

20.1.2 气相防锈纸防锈封存

将气相缓蚀剂溶于蒸馏水或有机溶剂中，配成溶液，然后浸涂、刷涂或滚涂在防锈纸的表面，干燥或稍干后即成为气相防锈纸。纸上含气相防锈剂一般为15～30g/m^2。气相防锈纸的原料以前大都使用牛皮纸，因它具有一定的强度，对金属的腐蚀性较低，但为了提高防水、耐油等其他特性，最近已采用石蜡牛皮纸、聚乙烯复合纸、铝箔黏合纸、沥青夹层防水纸等。

在防锈包装方面使用气相防锈材料时，气相防锈纸是应用最广泛的。目前市场上供应的气相防锈纸按使用对象大体可分为钢用气相防锈纸、铸铁用气相防锈纸、铜与铜合金用气相防锈纸、铝与铝合金用气相防锈纸，以及铜铁合用气相防锈纸和其他多效气相防锈纸等。

20.1.3 气相防锈塑料薄膜防锈封存

气相防锈塑料薄膜是以热塑性塑料（如高压聚乙烯）薄膜作为气相防锈剂的载体，采用涂覆法将气相防锈剂与未成型的塑料混合，在挤压机上吹塑制成的透明塑料膜。它除具有一般气相防锈材料的性能外，还有焊接性、透明性等特点。

通常可直接用此薄膜包扎或做成塑料袋装金属制品，采用热焊封袋口。这种防锈方法具有简化包装、美化装潢、提高工效、除低成本等优点。对钢、铝及铝合金的防锈期为两年，并对黄铜、镀锌钝化件、镀镉钝化件有适用性。

目前，新发展的技术有压敏自封性气相防锈塑料薄膜、收缩性气相防锈塑料薄膜、多孔多层结构的弹性气相防锈塑料薄膜。

20.1.4 气相防锈黏胶带防锈封存

气相防锈黏胶带是一种具有气相防锈性能的压敏黏胶带。当粘贴到金属表面时，对金属表面起防锈作用，去除时拉开即可，非常方便。

气相防锈黏胶带以聚乙烯薄膜为基体，耐水、耐油，涂上气相防锈剂与压敏胶黏剂即成黏胶带。压敏黏胶剂通常是由溶剂活化的弹性主体材料，配合增黏剂、胶黏剂、增塑剂、防老化剂、防锈剂等辅助成分组成。使用的防锈剂包括气相防锈剂和油溶性防锈剂，使胶黏剂既具有气相防锈性，又具有接触防锈性。气相防锈黏胶带有一定的机械强度及柔软性，应用于汽车零件、刃具、机床导轨、低表面粗糙度的金属薄层上，可以保护它们不受机械碰撞及防尘埃污染；也可用于大型构件组装焊接前的防锈和金属管道的长期防锈。

20.1.5 气相防锈水剂（溶液）防锈封存

将气相防锈剂溶于蒸馏水或有机溶剂中，配成溶液（质量分数为8%～10%），浸涂或喷洒在产品表面，外层用石蜡或塑料薄膜包装。有时也可使制品浸泡在盛有溶液的瓶子中，并加盖储存，或把这种溶液浸渍在包装箱的内衬板上，使包装内物品受到防锈保护。在金属的机械加工过程中，还可在一定的密封条件的房间内，对工件进行定期喷淋气相防锈水剂（溶液）防锈。

20.1.6 气相防锈粉末防锈封存

把气相防锈剂粉末或结晶直接散（或用喷粉瓶喷）在制品表面上，或用小器皿盛装后，放在包装物内，或以透气的纱布、纸袋装好后，悬挂于产品四周，或将气相防锈剂粉末用黏结剂和填充剂一起压制成片剂或丸剂分开摆在制品表面周围适当部位。精密制品以及不允许粉末污染者，用片剂较恰当。金属表面与气相防锈剂的距离不能太远，一般不超过30cm，每立方米空间的用量不少于35g。

20.1.7 气相防锈油防锈封存

将油溶性气相防锈剂溶解于润滑油中制得的防锈油称为气相防锈油或挥发性防锈油，是一种既有良好接触防锈性能，又有良好的不接触防锈性能，兼具有一定润滑性能的防锈油。根据使用对象不同，利用不同的基础油和油溶性防锈剂，可配制成具有不同特性的油品，具有基础油相当的润滑性、酸中和性、水置换性。该工艺方法主要用于发动机、传动装置、齿轮箱、空压机以及各种容器、桶等密闭系统内腔金属表面的暂时性封存防锈。

一般可将气相防锈油注入或喷入到设备的内腔，在试车时即以此油做试车用润滑油，试车完毕，此油留在设备中做封存用。除浸油的部分受到保护外，未浸到油的部分也因油中含有可挥发的防锈剂而受到保护。密闭系统内腔金属表面在储存和运输中产生的锈蚀，不像裸露的金属表面那样容易被人们及时发现，而往往只有在使用前打开检查或损坏维修时才被发现，这时锈蚀已相当严重。因此，气相防锈油的使用日益受到人们的重视。气相防锈油的使用量一般为 6 ~ 8g/m³。

20.2　水溶性防锈封存

20.2.1　置换型防锈油防锈封存

置换型防锈油一般以具有强烈吸附性的磺酸盐为主要防锈剂，能置换掉金属表面上已黏附的水分和汗液，防止人汗的锈蚀，同时本身却吸附于金属表面生成牢固的保护膜，防止外来腐蚀介质的侵入。因此，置换型防锈油大量用于工序间短期防锈和长期封存前的表面预处理，即封存防锈前的清洗用。这类防锈油的黏度很小，油膜也很薄，在工序间使用时允许带油操作和检验，一般不会影响零件尺寸的测量。也有很多置换型防锈油可直接用于封存防锈，使用时常用石油溶剂，如煤油或汽油稀释，故有时这类防锈油中的某些油品也属于溶剂型防锈油范围，在使用时由于溶剂挥发，应注意防火通风等问题。

国内外置换型防锈油的配方、性能和用途见表 20-1。

表 20-1　国内外置换型防锈油的配方、性能及用途

序号	名称	配方(质量分数,%)		性能及用途
1	901 浓缩防锈油	石油磺酸钡	25	稀释使用，作工序间防锈及短期封存；适用于各种金属件
		羊毛脂镁皂	15	
		全损耗系统用油 L-AN46	59.7	
		苯并三唑	0.1	
		司本-80	0.2	
2	FY-3 置换型防锈油	石油磺酸钡	15	适用于钢铁件的工序间防锈
		油酸	1.93	
		二环已胺	1.07	
		全损耗系统用油 L-AN46	25	
		煤油	57	
3	902 置换型防锈油	石油磺酸钡	5 ~ 7	适用于各种金属件，用于工序间及短期油封防锈
		羊毛脂镁皂	2 ~ 4	
		全损耗系统用油 L-AN15	12 ~ 15	
		苯并三唑	0.02 ~ 0.05	
		司本-80	0.2	
		煤油度	余量	

（续）

序号	名称	配方(质量分数,%)		性能及用途
4	661置换型防锈油	石油磺酸钡	8	适用于各种金属件的工序间防锈
		石油磺酸钠	2	
		羊毛脂	1	
		苯并三唑	0.1	
		苯二甲酸二辛酯	2	
		OP-4	0.1	
		5#高速机油	余量	
5	2号工序防锈油	石油磺酸钠	2	工序间防锈，适用于各种金属件，不含挥发物
		司本-80	1	
		羊毛脂	2	
		苯并三唑	0.2	
		25#变压器机油	余量	
6	572号置换型防锈油	石油磺酸钡	8	有良好的汗液置换及洗净性，缓蚀性好，在恶劣的气候条件下，对钢、铸铁等金属件防锈期大于1个月
		石油磺酸钠	5	
		氧化菜籽	5	
		OP-4	2	
		异丙醇	3	
		水	2	
		2，6二叔丁基对甲酚	0.1	
		苯并三唑	0.1	
		全损耗系统用油L-AN32	13	
		工业煤油	61.8	
7	F-3防锈油	石油磺酸钡	3	有良好的手汗置换性和水膜置换性，适用于各种金属件的工序间防锈
		油酸	1	
		二乙醇胺	0.5	
		苯并三唑	0.01	
		正丁醇	0.6	
		汽轮机油	15	
		煤油	余量	
8	HD-1置换型防锈油	石油磺酸钡	4	适用于各种金属件的工序间和库房短期防锈。油层薄防锈效果好
		羊毛脂	2.5	
		环烷酸锌	1.5	
		苯并三唑	0.1	
		正丁醇	1.5	
		10#变压器油	8	
		煤油	余量	

（续）

序号	名称	配方（质量分数，%）		性能及用途
9	洗净油（1）	石油磺酸钡	6	适用于钢、铜、铝等多种金属件的工序间防锈，手汗洗净性好
		石油磺酸钠	3	
		苯并三唑	0.2	
		邻苯二甲酸二丁酯	2	
		十二烯基丁二酸	1	
		全损耗系统用油 L-AN7	30	
		2#灯用煤油	54	
		水	2	
		吐温 80（环氧乙烷占 70%）	1.8	
10	洗净油（2）	石油磺酸钡	2	适用于钢、铜、铝多种金属件的浸泡封存
		石油磺酸钠	1	
		水	2	
		664 或 105 净洗剂	2	
		苯并三唑	0.1	
		全损耗系统用油 L-AN7	余量	

20.2.2　溶剂稀释型防锈油防锈封存

溶剂稀释型防锈油含有挥发性溶剂，或在常温使用时以溶剂稀释。大多数的防锈油与石油（或有机）溶剂都有良好的适应性，涂覆于金属表面后，溶剂便自然挥发掉，形成一层均匀保护薄膜。

使用溶剂大都为石油溶剂，如汽油、煤油等。

溶剂稀释型防锈油可分为溶剂稀释型软膜防锈油、溶剂稀释型硬膜防锈油、溶剂稀释型置换性防锈油等。

成膜材料选用沥青、油溶性合成树脂时，溶剂挥发后形成硬膜，一般不粘手、不粘尘土杂质，是抹、擦不掉的透明或不透明薄膜，但又不同于热固性涂料，在石油溶剂如汽油中很容易清洗掉。这类油品缓蚀性好，一般用在大型机械设备表面的防锈，有的甚至可用于露天条件下存放的原材料、设备的封存。当采用硬膜防锈封存机械设备时，要注意不能将其沾到封存设备的某些活动部位，否则会因难于清除干净而影响设备的使用，并且在未彻底干燥前，不能重叠堆放，以防互相黏着。

成膜材料选用油脂（如羊毛脂、蜡、凡士林、氧化石油脂及其钡皂）时，溶剂挥发后形成的膜为软膜，即油膜比较软，能擦抹掉。这类油品做长期封存用油时，要求有一定的油膜厚度，且多选用氧化石油脂及其钡皂、石蜡、地蜡等成膜剂，溶剂挥发后干涸在金属制品上的油膜可长时期保存，缓蚀性好，封存防锈期都在两年以上。但油膜附着较牢，解封比较困难。

溶剂稀释型防锈油的配方、性能及用途见表20-2。

表20-2 溶剂稀释型防锈油的配方、性能及用途

序号		产品型号	配方(质量分数,%)		性能及用途
1	硬油膜	1号溶剂稀释型防锈油	玉门5#氧化沥青 工业蓖麻油 环烷酸锌 200#溶剂汽油	31 2 2 65	大件室内长期防锈，涂装过程防锈
2	硬油膜	硬-2(99#)	叔丁基酚醛树脂 醇酸树脂 三聚氰胺甲醛树脂 环烷酸铅 十二烯基丁二酸咪唑啉 石油磺酸钡 苯并三唑 邻苯二甲酸二丁酯 200#溶剂汽油	70 质量份 24 质量份 6 质量份 8 质量份 3 质量份 3 质量份 0.3 质量份 2 质量份 200 质量份	适用于机炮2~4年防锈封存，代替原来厚脂封存
3	硬油膜	74-2	叔丁基酚醛树脂 羊毛脂 二壬基苯磺酸钡 苯并三唑 120#汽油	20 20 10 0.3 余量	用于钢铁件和铜合金件的防锈封存
4	硬油膜	石47-1	石油树脂 精制743钡皂 二壬萘基磺酸钡 苯并三唑 环烷酸锌 120#汽油	10 20 7 0.4 2 余量	适用于钢铁件和铜合金制品长期防锈。特点是：材料来源广，价廉
5	硬油膜	1号透明硬膜防锈油	101聚丙烯酸树脂 失水苹果酸酐树脂 萜三唑 油酸三环已胺 2，6二叔丁基对甲酚 香蕉水	5.65 0.60 0.18 4.24 0.18 74.49	适用于工具、小五金类单件包装防锈。干燥快(1h)，油膜透明

（续）

序号	产品型号		配方（质量分数，%）		性能及用途
6	软膜油	204-1（苏州）	磺化羊毛脂钙 磺化蓖麻油 苯并三氮唑 乙醇 高速机油	30 5 0.2 2 余量	用于轴承、机械工具等工件的长期封存，对钢铁件的防锈效果特别显著，用时以溶剂稀释
7	软膜油	112-5 薄层油	石油磺酸钡 石油脂钡皂 硬脂酸铝 司本-80 十六烯基丁二酸 2，6 二叔丁基对甲酚 苯并三氮唑 全损耗系统用油 L-AN15 或 L-AN46 工业煤油	15 7 5 2 2 ~ 3 0.1 0.2 12 余量	适用于汽车零部件的长期封存
8	软膜油	F-31	石油磺酸钡 羊毛脂镁钡 工业凡士林 全损耗系统用油 L-AN15 二苯胺 2#灯用煤油	15 10 30 10 0.2 余量	适用于钢铁件长期封存，一般封存期可达 2 年以上
9	软膜油	2#防锈油	743 钡皂 二壬基萘磺酸钡 全损耗系统用油 L-AN68 200#溶剂汽油 石油磺酸钠 苯并三氮唑 2，6 二叔丁基对甲酚	100 质量份 52.8 质量份 100 质量份 450 质量份 30 质量份 1 质量份 0.5 质量份	适用于机床导轨、工具、轴承、枪支等钢铁件的长期封存
10	软膜油	33#	全损耗系统用油 L-AN46 聚甲基丙烯酸酯 743 钡皂 石油磺酸钡 N-油洗肌氨酸十八胺 苯并三氮唑 2，6 二叔丁基对甲酚 200#溶剂汽油	15 质量份 6.5 质量份 45.7 质量份 32 质量份 2 质量份 0.5 质量份 0.1 质量份 150 质量份	适用于多种金属件的长期封存，目前多用于军械

20.2.3 防锈脂防锈封存

防锈脂在常温为凡士林膏状体，一般以矿物脂（凡士林）或全损耗系统用油（机械油）为基体，以皂类或蜡类稠化，并加入油溶性防锈剂、助剂配制而成。

防锈脂涂覆成膜后，其膜层为蜡状或膏状厚膜。按材料针入度大小，防锈脂可分为几个等级。针入度为30~80者最硬，90~150为中等，200~325为最软。使用时加热熔融成流体状时，浸、刷、喷均可。最软的防锈脂或冷涂脂不加热熔融也可刷涂或抹涂。

我国防锈脂品种较多，大多属于加热浸涂或刷涂一类。其特点是油膜厚，防锈期比较长，适用于大型设备的封存，流失少，油膜强度好。缺点是油封、启封都需要加热，并要求有较好的热稳定性、抗氧化稳定性。冷涂脂则可克服以上缺点，可常温涂覆，使用方便。防锈脂的配方、性能及用途见表20-3。

表20-3 防锈脂的配方、性能及用途

序号	产品型号		配方(质量分数,%)		性能及用途
1	热涂型	1号石油脂型防锈脂	精制南充蜡膏 二壬基萘磺酸钡	97 3	机器、设备、零件封存5年以上
2	热涂型	2号石油脂型防锈脂	精制南充蜡膏 二壬基萘磺酸 全损耗系统用油 L-AN68	72 3 25	机器、设备、零件封存5年以上
3	热涂型	1号防锈脂	蜡膏 11#气缸油 石油磺酸钡 司本-80 80#地蜡	65 14 7 2 12	机器、设备、零件长期封存，可用于室外
4	热涂型	2号防锈脂	蜡膏 二壬基萘磺酸钡 80#地蜡 全损耗系统用油 L-AN46	88 3 6.5 2.5	机器、设备、零件长期封存，可用于室外
5	热涂型	903防锈脂	石油磺酸钡 司本-80 工业凡士林	10 0.3 余量	适用于轴承、工具、军械、机械等长期封存，抗海水性效果显著，可用煤油稀释后工序间防锈用
6	热涂型	905防锈脂	石油磺酸钡 苯并三唑 司本-80 工业凡士林	5 0.1 0.2 余量	与903防锈脂的性能及用途相同，但对铜件效果较好

（续）

序号		产品型号	配方（质量分数，%）		性能及用途
7	热涂型	201 防锈脂	地蜡 硬脂酸 石油磺酸钡 工业凡士林 全损耗系统用油 L-AN46	6 0.3 8 ~ 9 65 ~ 70 余量	用于机床、工具、设备的长期封存，也可冷涂
8	热涂型	301 防锈脂	精制磺酸钙 工业凡士林	5 95	用于医疗食品器械封存
9	冷涂型	907 冷涂防锈脂	石油磺酸钡 羊毛脂镁皂 苯并三唑 二元乙丙胶 邻苯二甲酸二丁酯 地蜡 2，6 二叔丁基对甲酚 油溶性金红 医用凡士林	6 6 0.3 0.2 0.6 4 0.25 0.1 余量	用于金属件长期封存，特别适用于各种机床的大型铸件冷涂刷，防锈期 3 年，具有高温不流失，低温不开裂
10	冷涂型	薄层防锈脂	十二烯基丁二酸 石油磺酸钡 苯并三唑 聚异丁烯母液 75#地蜡 医用凡士林	3 7 0.3 27 3 ~ 6 余量	用于各种金属件的长期封存防锈，防锈期为 3 ~ 5 年
11	冷涂型	663 防锈脂	石油磺酸钡 羊毛脂 苯并三唑 邻苯二甲酸二丁酯 2，6 二叔丁基对甲酚 工业用凡士林	10 5 0.1 3 0.1 余量	适用于金属精密机械零件长期封存，防锈稀锈后也可用于工序间库存防锈
12	冷涂型	防锈脂	石油磺酸钡 羊毛脂镁皂 苯并三唑 司本-80 2，6 二叔丁基对甲酚 二苯胺 工业用凡士林	5 3 0.1 3 0.3 0.3 余量	适用于各种金属件的封存

20.2.4 封存防锈油防锈封存

封存防锈油是以全损耗系统用油为基础油，加入油溶性防锈剂和其他辅助添加剂配成的。它有以下优点：

1）常温涂覆，工艺简单，油膜薄，节约油料。

2）防锈期长，可用于室内长期封存，用全损耗系统用油稀释后又可用于工序间防锈。

3）启封不必清洗，防锈油与润滑油有良好的混溶性，可直接用于封存。

4）不用溶剂，卫生、安全。

封存防锈油使用时，通常可采取浸泡和涂覆两种形式。

浸泡型封存防锈油常用于小型工件，工件全浸入装在塑料瓶内的防锈油中密封。这种油品防锈剂质量分数不需要太高，2%或更低即可。一般要加抗氧化剂，使油料在与金属接触中不变质。这类油品也可用于密封制品的内部灌油封存。

涂覆型封存防锈油防锈期较长，同时由于油膜薄而透明，故具有用量省和启封方便的特点。这种油品常以数种防锈剂复合使用，并有较高的浓度，其防锈剂总的质量分数一般在10%左右。这类油品的缺点是油膜容易流失，防锈效果没有溶剂稀释型软膜防锈油好。加入添加剂或选用合适的塑料薄膜等外包装，都能防止油膜流失，延长防锈封存期而获得较好的防锈效果。这类油品适用于金属件的室内长期封存。封存防锈油的配方、性能及用途见表20-4。

表20-4 封存防锈油的配方、性能及用途

序号	产品型号		配方（质量分数,%）		性能及用途
1	浸泡型	沪F-101	石油磺酸钡 环烷酸锌 羊毛脂 苯并三氮唑 10#变压器油	0.5 0.5 0.3 0.2 余量	通常用于微型轴承，用塑料管装油，全浸式保存
2	浸泡型	662	石油磺酸钡 羊毛脂 苯甲酸丁酯 变压器油	2 2 1 余量	适用于精密仪表轴承防锈
3	浸泡型	F-41	石油磺酸钡 司本-80 苯并三氮唑 2，6二叔丁基对甲酚 变压器油	0.3~0.4 0.2~0.3 0.02~0.04 0.3~0.5 余量	适用于航空附件内部灌油封存或其他制品全浸状态下长期封存

（续）

序号	产品型号		配方（质量分数,%）		性能及用途
4	涂覆型	F20-1	二壬基萘磺酸钡 石油磺酸钡 十二烯基丁二酸 羊毛脂镁皂 苯并三氮唑 邻苯二甲酸二丁酯 25#变压器油	5 10 1 9 0.3 1.5 余量	适用各种金属件及材料的长期封存。遇水易乳化，是目前比较好的液体防锈油
5	涂覆型	72-1	石油磺酸钡 羊毛脂镁皂 苯并三氮唑 邻苯二甲酸二丁酯 30#航空机油	25 15 0.3 2 57.5	用于钢等有色金属件防锈封存
6	涂覆型	501 特种防锈油	石油磺酸钡 环烷酸锌 石油磺酸钠 15#车用机油	4 2 1 93	用于各种金属件的长期封存，有一定的水膜置换性能。对铜及铜合金封存效果较差
7	涂覆型	BM-7	全损耗系统用油 L-AL32 合成馏分（300℃前） 氧化蜡膏钡皂 二壬基萘磺酸钡 聚异丁烯（$M=2180$） 2，6 二叔丁基对甲酚	90 质量份 10 质量份 30 质量份 20 质量份 2 质量份 0.3 质量份	适用于各种金属件表面处理层的长期封存防锈
8	涂覆型	53#	二壬基萘磺酸钡 743 钡皂 烷基磷酸咪唑啉 十二烯基丁二酸 苯并三氮唑 聚异丁烯 HH-8 润滑油	7 1 2 1 0.2 7.8 余量	发动机外部油封油，适用于铜、钢、镁等多种金属件和镀层。油基稳定性好，对铅腐蚀性甚小
9	涂覆型	3#浓缩液	二壬基萘磺酸钡 703 防锈剂 苯并三氮唑 25#变压器油	39 35 3 余量	用变压器油冲稀 3～4 倍后，用于长期封存；适用于钢铁、铜、铝等多种金属件和镀层

（续）

序号	产品型号		配方（质量分数,%）		性能及用途
10	涂覆型	1#防护油	二壬基萘磺酸钡 司本-80 743钡皂 羊毛脂镁皂 2，6二叔丁基对甲酚 18#冷冻机油	4 2 2 4 0.2 余量	适用于轻重武器的擦拭及在南方地区的短期防锈
11	涂覆型	5#防锈油	羊毛脂镁皂 变压器油	5 95	航空发动机外部，汽车、枪支的油封防锈，适用于各种金属件
12	涂覆型	705防锈油	兰州蜡膏锌皂 二壬基萘磺酸钡 变压器油	2 2 96	适用于各种金属薄板、电镀板材、管材、线材和其他异形材料
13	涂覆型	65-1	石油磺酸钡 环烷酸锌 油酸二环已胺 全损耗系统用油L-AN32	5 1 2 余量	适用于军械防锈
14	涂覆型	镀铜油	苯并三氮唑 苯二甲酸二丁酯 羊毛脂 YH-10红油	0.2 2 4 余量	用于镀铜件的封存

20.2.5 乳化型防锈油防锈封存

乳化型防锈油含矿物油、防锈剂及乳化剂，使用时以水稀释成水包油型乳化液。用水剂清洗后的工件不必干燥即可涂油，待水蒸发后便在工件表面形成一层保护性的薄油膜。它具有以下特点：

1）成本低，以水代替大量的石油溶剂可节约石油资源，节约费用。

2）施工方便，使用安全，对环境无污染。

目前多用于工序间防锈，也可用于长期封存。乳化型防锈油的配方、性能及用途见表20-5。

表20-5 乳化型防锈油的配方、性能及用途

序号	产品型号	配方(质量分数,%)		性能及用途
1	1#乳化型防锈油	氧化石油脂钠钡皂 石油磺酸钡 石油磺酸钠 烷基酸性磷酸酯 三乙醇胺	80 8 4 5.3 2.7	适用于钢铁件工序间防锈(油与水的质量比为1:7.3)，也可用于成品防锈，但包装前必须烘干

（续）

序号	产品型号	配方（质量分数,%）		性能及用途
2	22#乳化型防锈油	皂用酸十八胺（摩尔比1:1） 石油磺酸钡 磺化羊毛脂钠皂 十二烯基丁二酸钠皂 皂用酸二乙醇胺酰胺 全损耗系统用油 L-AN46	8 2~4 2~3 1.5 11~12 余量	主要适用于钢铁件及铝合金件，溶液质量分数为5%时用于工序间，可达7~15天不锈，质量分数为25%~33%时，可封存1个月

20.2.6 防锈润滑两用油脂防锈封存

防锈润滑两用油脂具有防锈和润滑双重性能，可用于机器工作时的润滑，又可用于封存防锈。通常启封后，因与润滑油能很好混溶，故可不必清除而直接安装使用，或试车后，不必另换油料。这类油品一般用于需要润滑或密封的系统。

两用油的品种很多，根据用途可分为防锈润滑油、防锈润滑脂、防锈液压油和防锈内燃机油。每种油脂各有其配方、性能及用途，见表20-6。

表20-6　防锈润滑两用油脂

序号	产品型号		配方（质量分数,%）		性能及用途
1	防锈液压油	液压设备封存防锈油（液大-2）	烷基硫代磷酸锌 石油磺酸钡 烯基丁二酸 聚甲基丙烯酸酯 2，6二叔丁基对甲酚 全损耗系统用油 L-AN32	1.9 2.8 0.28 0.19 0.46 余量	用于机床液压系统及液压封存防锈
2	防锈液压油	防-1	二壬基萘磺酸钡 环烷酸锌 硫磷化高级醇锌盐 聚甲基丙烯十四酯 2，6二叔丁基对甲酚 全损耗系统用油 L-AN32	12 2 2 0.2 0.5 余量	适用于机床液压系统及液压筒封存
3	防锈液压油	防-2	石油磺酸钡 烯基丁二酸 二烷基二硫代磷酸锌 聚甲基丙烯十四酯 2，6二叔丁基对甲酚 全损耗系统用油 L-AN32	3 0.3 0.2 0.2 0.5 余量	适用于机床液压系统及液压筒封存

（续）

序号	产品型号		配方（质量分数，%）		性能及用途
4	防锈内燃机油	80#发动机防锈润滑油	二壬基萘磺酸钡 石油磺酸钙 二烷基二硫代磷酸锌 抗凝剂 甲基硅油 10#车用机油	3 1.2 0.3 0.18 10×10^{-6} 余量	适用于内燃机的防锈封存及润滑
5	防锈内燃机油	72#发动机防锈润滑油	二壬基萘磺酸钡 司本-80 甲基硅油 抗凝剂 二烷基二硫代磷酸锌 10#车用机油	4.8 0.27 10×10^{-6} 0.27 0.48 余量	适用于内燃机的防锈封存及润滑
6	防锈内燃机油	活塞式航空发动机润滑防锈油	石油磺酸钡 司本-80 二烷基二硫代磷酸锌 硅油 HH-20航空润滑油	5 0.5 1 10×10^{-6} 93.5	适用活塞式航空发动机内部油封润滑；其缓蚀性优于217，润滑性能不低于HH-20，使用中较清洁，油中没有明显的积炭颗粒
7	防锈润滑脂	4#防锈脂	氧化石油脂锂皂 天然橡胶 烷基酚钡 变压器油 航空清油HH-20	1.5 1 2.5 20 余量	用于航空内燃机封存，也用于钢、铜等零件、工具材料的长期封存
8	防锈润滑脂	1#防锈脂	硬脂酸铝 油酸 三乙醇胺 正丁醇 冬用枪油	10 6 6 8 余量	用途同4#防锈脂，对铸铁非常有效
9	防锈润滑油	防锈试车油	全损耗系统用油L-AN32 氧化石油脂 石油磺酸钡	90 7 3	用于一般机床床头箱、齿轮箱、变速传动部位试车及防锈封存
10	防锈润滑油	仪-81	石油磺酸钡 苯并三氮唑 磷酸三丁酯 羊毛脂 聚氧乙烯壬基酚醚 8#航空润滑油	4 0.5 1 2 0.5 余量	适用于精密仪表轴承的防锈封存（也可用于航空内燃机发动机封存）

（续）

序号	产品型号		配方（质量分数,%）		性能及用途
11	防锈润滑油	仪表-82	石油磺酸钡 苯并三氮唑 磷酸三丁酯 次磷酰基硬脂酸 十七烯基咪唑啉 8#航空润滑油	2 0.5 1 0.3 0.5 余量	适用于精密仪表轴承的防锈封存（也可用于航空内燃机发动机封存）
12		仪-105	十七烯基咪唑啉 环烷酸锌 苯并三氮唑 五氯联苯 8#航空润滑油	1.0 1.5 0.2 0.3 余量	

20.3 高分子防锈封存材料的应用

高分子防锈封存材料是指以有机高分子材料为基体材料，优化选配适宜的固化剂、引发剂，根据应用条件试验确定添加适量的助剂与防锈填料，经科学合理的工艺路线形成的具有一定防锈封存功能的材料。

在金属制品表面涂覆高分子防锈封存材料，发生物理或化学反应，形成致密的防护膜层，隔离水、氧、介质等环境因素对金属材料的影响，避免或减少发生化学腐蚀或电化学腐蚀的概率，从而起到防锈封存的目的。

高分子防锈封存材料的作用如下：

（1）缓蚀作用　在高分子防锈封存材料中添加的防锈剂可使一个或两个电极极化，有效地减缓腐蚀速度，抑制腐蚀进行，起到缓蚀作用。缓蚀作用可以弥补屏蔽作用的不足，同时屏蔽作用又能防止防锈剂的流失，使缓蚀效果稳定持久。

（2）屏蔽作用　有机树脂与固化剂发生交联反应，或在引发剂作用下进行聚合，形成结构均匀规整、排列紧密的三维网状物质，如环氧树脂与胺类固化剂的反应。细微不透水的颜料、填料粒子，填充管孔，延长水分渗透到基体金属的路程；片状颜料、填料可使涂层的结构十分致密，减少孔隙率，在涂层中起到挡板的作用；细微鳞片状防锈颜料、填料在涂膜中与底材呈平行状态排列，彼此搭接和重叠，能有效阻挡腐蚀介质和底材的接触，并可延缓腐蚀介质向金属基体的渗透，达到缓蚀的目的。与金属材料结合力较强的高分子膜层结构以及防锈颜料、填料形成的致密结构都在一定程度上提高了膜层的抗渗透性，可有效阻止水、氧气等小分子的透过，有效阻挡水、氧及离子透过膜层到达金属材料表面，避免或减少发生腐蚀。由于任何涂层均具有一定的渗透性，因此屏蔽作用不能绝对保证金属材料不被锈蚀。

(3) 阴极保护作用　封存涂膜中加入的对基体金属能成为牺牲阳极的金属粉，而且当其用量足以使金属粉之间和金属粉与金属基体之间达到电接触程度时，就能使金属基体避免发生腐蚀。

20.3.1　热熔型可剥性涂膜防锈封存

热熔型可剥性涂膜防锈封存材料的配方及配制方法见表20-7。

表20-7　热熔型可剥性涂膜防锈封存材料的配方及配制方法

序号	配方		配制方法
1	乙基纤维素 邻苯二甲酸二丁酯 蓖麻油 羊毛脂 二苯胺 苯并三唑 石蜡 硫柳汞 13号锭子油	35g 20~25g 6.5g 1g 0.5g 0.1g 0.1g 0.05g 48g	1）先将乙基纤维素在(105±5)℃的烘箱中烘2~3h，以除去水分 2）将蓖麻油、羊毛脂、二苯胺一起加到锭子油中，加热至140~150℃搅拌混溶后，再加入石蜡、硫柳汞，升温到160~170℃后，加入乙基纤维素，迅速搅拌至完全溶解 3）将苯并三唑溶于邻苯二甲酸二丁酯后，加入到已配的塑料液中，搅拌均匀。最后升温到175℃（不超过180℃），再搅拌10min，然后在160~170℃下静置2~3h，当无气泡时即可使用
2	醋酸丁酸纤维素 苯二甲酸二辛酯 苯二甲酸二丁酯 蓖麻油 双硬脂酸铝 无水羊毛脂 羊毛脂钠 石油磺酸钡 全损耗系统用油L-AN15 玫瑰香精	28g 24g 8g 6g 2.5g 0.5g 0.45g 0.45g 30g 0.1g	1）先将全损耗系统用油L-AN15、双硬脂酸铝加入反应釜中混匀，用油浴或沙浴加热至110~140℃，不断搅拌，使溶解 2）加入苯二甲酸二辛酯，蓖麻油，混合缓蚀剂及预先烘干了的醋酸丁酸纤维素[此纤维素须预先在(105±2)℃的烘箱中烘1~2h]，升温至150~170℃，搅拌待完全熔融后，加入苯二甲酸二丁酯及香料再搅拌均匀 3）保温静置至无气泡，即可使用

20.3.2　溶剂型可剥性涂膜防锈封存

溶剂型可剥性涂膜防锈封存材料的配方及配制方法见表20-8。

表 20-8　溶剂型可剥性涂膜防锈封存材料的配方及配制方法

序号	配　方	配　制　方　法
1	过氯乙烯树脂　100g 邻苯二甲酸二丁酯　30g 蓖麻油　10g 硬脂酸钙　0.5g 无水羊毛脂　7g 环氧树脂　10g 变压器油　2g 二甲苯　250～350g 丙酮　250～350g 聚苯乙烯树脂　100g 邻苯二甲酸二丁酯　40g 过氯乙烯稀料　235mL （用于溶解过氯乙烯）	1）先将邻苯二甲酸二丁酯、硬脂酸钙、蓖麻油和变压器油混合于容器中，在 100℃加热溶解 2）用部分二甲苯将羊毛脂和环氧树脂溶解，然后加入过氯乙烯树脂和其余的溶剂 3）将上述两部分混合，于 55℃的水浴中加热，搅拌直至全溶，最后在室温静置冷却，待气泡消失后使用 4）先将聚苯乙烯树脂浸泡于过氯乙烯稀料中，不时搅拌，待一段时间后树脂即可溶解，然后加入邻苯二甲酸二丁酯搅均匀，静止待气泡消失，即可使用
2	三元共聚物（氯乙烯，醋酸乙烯和顺丁烯二酸的共聚物）　100g 邻苯二甲酸二辛酯　35mL 蓖麻油　35mL 变压器油　1.2mL 环氧树脂　5g 无水羊毛脂　5g 硬脂酸镉　0.4g 甲苯　225mL 醋酸丁酯　200mL 丙酮　100mL	1）称取已干燥的三元共聚物 100g 放入三角瓶内，倒入甲苯 200mL，在搅拌下再倒入醋酸丁酯 200mL 及丙酮 80mL，搅拌均匀后再加入蓖麻油 35mL 及变压器油 1.2mL 2）将环氧树脂溶于 20mL 丙酮，羊毛脂溶于 25mL 甲苯，先后倒入三角瓶内与树脂液混合 3）将硬脂酸镉与邻苯二甲酸二辛酯共同加热至 180℃，并搅拌全溶后，冷却至 50℃左右，倒入三角瓶内，与树脂混合 4）上述混合物用水浴加热回流约 2h，至全部溶解后，冷至室温，用 300 孔/cm^2 筛或多层纱布过滤，除去杂质即可使用
3	过氯乙烯树脂　100g 邻苯二甲酸二丁酯　25g 石蜡　4.5g 石油磺酸钡　5～10g 蓖麻油　5g 变压器油　5g 201 防锈脂　10g 过氯乙烯稀料与苯　600～700g （质量比 2:4）	将环氧树脂、过氯乙烯树脂溶入过氯乙烯稀料中，又另将邻苯二甲酸二丁酯、石油磺酸钡、石蜡及油脂一起加热熔融，冷却后把二者混合并渗入所需量的苯

（续）

序号	配方		配制方法
4	聚苯乙烯树脂 邻苯二甲酸二丁酯 P-4溶剂 环氧树脂6101号 石油磺酸钡 变压器油 二苯胺 磷酸三苯酯 油溶性颜料	100质量份 40质量份 235质量份 5～10质量份 5～10质量份 2质量份 0.5质量份 2质量份 适量	1）将聚苯乙烯树脂100质量份，P-4溶剂质量150份，邻苯二甲酸二丁酯20质量份混合搅拌至聚苯乙烯全部溶解。若急用可将之放于80℃水浴锅中加热，以帮助聚苯乙烯溶解 2）将剩余的邻苯二甲酸二丁酯和环氧树脂，石油磺酸钡和变压器油混合，加热至100℃左右使溶解 3）将二苯胺、磷酸三苯酯溶于50质量份P-4溶剂中 4）将颜料溶于35质量份P-4溶剂中 5）将2）、3）、4）所配的溶液分别加入1）所配溶液中，搅匀备用

20.4 环境防锈封存

环境防锈封存主要是指在被封存产品的周围，创造一个低湿度或无氧的防锈环境条件，如控制相对湿度在35%（或40%）以下的干燥空气或氮气的环境，使金属制品不致引起锈蚀和非金属产品可减缓老化变质而采用的防锈方法。常用的有除氧封存、充氮（或其他惰性气体）封存、干燥空气封存等。视其结构材料又可分为金属罐封存、非金属罐封存、封套包装和茧式包装。

20.4.1 除氧封存

除氧封存也称吸氧封存，即在密封包装空间采用除氧剂，使氧气浓度减少从而达到产品封存的目的。除氧剂的原理是利用还原物质，在密封空间发生快速氧化反应，使容器内氧的体积分数迅速下降到0.1%以下，从而使产品不生锈、不发霉，延长封存期。

以前利用亚硫酸钠或亚硫酸氢钠还原剂除氧或用葡萄糖氧化酶除氧。近年来，在国际市场上使用的除氧剂越来越多，它们与复合材料配合，有很大的使用价值。我国有801和4H两种除氧剂。在密封空间内，当氧的体积分数小于0.1%为红色，大于0.5%为蓝色，中间呈紫红色，从颜色可辨别除氧剂是否有效。

20.4.2 充氮封存

充氮封存是将产品贮存在密闭的金属刚性容器或非金属容器（如透湿透气性小、无腐蚀的柔韧性膜做成的封套塑料袋）内，并充入干燥氮气，使制品得到保护。一般要求氮气纯度不低于 99.5%，至少也要达 95%，露点在 -40℃ 以下，密封容器内应放有干燥剂、湿度指示剂等。其原理是金属制品在没有氧和水分的惰性气氛条件下不易发生锈蚀，而对于一些非金属材料（如橡胶、塑料和润滑油脂等）在此条件下，因氧化而引起的老化变质过程也大大减慢。

充氮封存工艺如下：

1）将金属产品清洗并干燥后，用无腐蚀的牛皮纸或羊皮纸包好，作为内包装，然后放入预先清洁干燥的容器内，借衬垫及缓冲材料使之固定。再放入干燥剂及必要的文件（合格证、装箱单等），在 0.5 ~ 1h 内加盖或用封罐机将容器封口。

2）抽气和充氮。反复进行 2 或 3 次，每次抽至剩余压力为 20 ~ 40kPa，充氮压力为 30.4 ~ 50.7kPa，最终压力为 20.3 ~ 30.4kPa，即容器内氮的压力较外面大气的压力高 20.3 ~ 30.4kPa。

3）焊封抽气孔。可用松香作为焊药，焊封时一定不可出现气孔。

4）成品气密性检查。将充氮、焊封抽气孔后的容器浸入盛水的干燥器内，干燥器抽气至压差为 66.7kPa，检查不漏气，则为合格。经气密性检查合格的包装品，立即用布擦干或用压缩空气吹干，并在 40 ~ 50℃ 烘干 0.5h，以免容器生锈。

5）涂防护层及做标记。在容器外表面喷涂保护漆膜，最后写上标记，包括物品名称、型号、数量、出厂号、出厂日期及保管期限等。

20.4.3 干燥空气封套式包装

按产品的外形用封套材料做成封套，将整个产品套封起来，用拉链或焊接法封口，在封套内使用干燥剂控制相对湿度低于 35%，以达到防止产品锈蚀的目的，这种方法称为封套式包装。

常用的封套材料是由塑料膜、铝箔和棉布、帆布、亚麻布或合成纤维布黏合而成。通常封套可做成各种大小不同的规格，按需要尺寸下料，焊接成袋，只留封口处不焊。焊缝要达到一定宽度（15 ~ 20mm）才能保证焊缝上的气密性。封套式包装多用于大型部件、组合件及成套设备的长期封存。它的优点是包装方法简便，易于启封及检查，适合于各种金属、各种类型的产品，能经受恶劣气候环境条件，可露天存放，比茧式包装的施工工艺简单，价格便宜等。

封套式包装工艺如下：

1）经清洁干燥处理的制品，必要时有的部分涂覆防锈油保护，并用耐油性包装材料，如石蜡纸、塑料薄膜遮蔽或包好。

2）制品的尖角或突出部分用无腐蚀的缓冲材料（如清洁的海绵、橡胶等）包扎或衬垫垫好，以免刺破封套。

3）装入必要的文件（如说明书、合格证等），并在封套内观察窗附近装上湿度指示剂。

4）迅速将准备好的制品及干燥剂放入封套，立即拉上拉链或焊接法封口，此过程尽量快，不要超过20min，并在封口布条和拉链两侧涂上88号胶液，将拉链口封严。

5）制品装入封套后，应在24h内将套内多余的空气挤出或进行抽真空和充入干燥空气。

6）在封套抽真空处，用胶黏剂封严。包装内相对湿度可通过湿度指示剂显示。

20.4.4 干燥空气茧式包装

这种包装是将制品密封在一个塑料包装罩子里，罩子是由塑料喷丝作为网，然后喷涂塑料膜形成的，故称为茧式包装。在包装罩内放置干燥剂（硅胶），使其相对湿度保持在40%以下以保护制品。它的优点是可用来包装大型的结构复杂、外形不规则的产品，既可整机包装，也可分散包装。塑料膜坚韧不易破损，耐候性强，能在露天条件下存放。所涂塑料膜层厚度为1mm时，可保护设备2年不锈蚀。如果在塑料膜上再涂沥青涂层、铝粉漆等，膜层总厚达5mm时，防锈期可达5~10年甚至更长的时间。这种茧式包装曾用于整台飞机、车辆、大炮、发动机、枪支等的长期封存。

资料表明，按过去方法使用防锈油料封存飞机的启封，要经过1200h的处理才能起飞。而用茧式包装从剥除膜到起飞，只需用4h。

茧式包装工艺如下：

1）产品清洗干净后，固定在翻边的金属底板上。产品的突出部位及锋利棱边垫上减振缓冲材料，以防刺穿塑料膜。然后用布带、纸带或尼龙织品包缠产品（交织呈网状）。

2）将配好的塑料溶液用喷枪喷成连续的网丝包缠在设备上的网状物外面，形成蛛网层。可先喷长丝形成网架，再喷短丝，形成密实平整的网层。

3）网层全干燥后，喷涂成膜材料，每层不宜过厚，总厚度以0.6~1.5mm为宜，并在整个覆层上切出两个通风孔以排除溶剂。

4）膜层全干后，在通风孔处，按计算量放入干燥剂，并将湿度指示剂放在观察窗下，然后再用涂层材料和胶带密封孔口，再喷成膜材料。

5）最后，其外层还要再喷涂体积分数分别为50%的石油和50%矿性沥青混合组分的涂层，厚度约为3.18mm。晾干后再喷铝粉漆，厚度约为0.025mm，以形成可靠的外部防护层。

结网材料可用氯乙烯树脂配制，成膜材料可用氯乙烯醋酸乙烯聚合物配制。

20.4.5 刚性容器干燥空气封存

刚性容器干燥空气封存是指在铁皮、钢板、铝板或热固性塑料等制成的金属或非金属刚性容器进行的干燥空气封存。该方法使用起来也较方便。容器在包装前应检查内外表面不得有水分、灰尘、污物等，不允许有变形或破损，制品包装于容器内以后，如封套包装一样，放入经计算所需数量的干燥剂、必要的文件，然后封口。封口可采用完全密封式，即用专用的封口装备进行卷边压封或焊封；或用法兰盘封口式，即容器的封口用法兰盘结合，衬以密封性良好的材料，并用螺栓坚固；也可简便地用密封胶带封口，此法开启检查及更换干燥剂均较方便。

20.5 典型机械零部件的防锈封存

20.5.1 通用设备的防锈封存

通用设备要求暂时防锈的部位较少，在加工过程中及中间库存中的防锈方法均与大型机械相类似。通用设备的防锈封存工艺见表20-9。

表 20-9　通用设备的防锈封存工艺

序号	设备名称	工 艺 要 求
1	水泵防锈	1）水泵的主轴承应注入防锈润滑脂，并将油杯盖紧 2）联轴器如未套在轴上，应在内孔和轴端涂防锈脂，并用石蜡纸包好 3）裸露面、底脚螺钉、螺栓等外露螺纹表面均应涂覆防锈脂
2	风机防锈	1）叶轮的轴孔、风机主轴与叶轮、联轴器或带轮配合的轴颈部分均需涂防锈脂，并用石蜡纸包好。主轴外露部分表面也要防锈。主轴承内注入防锈润滑脂，并将油杯盖紧，防止雨水浸入生锈 2）联轴器如未套在轴上，则应在内孔涂防锈脂再用石蜡纸包扎 3）凡外露螺纹表面及精加工面，应涂防锈脂并用油纸包好，对于摩擦部分涂防锈油后，再用油纸包好 4）带有齿轮箱的风机，齿轮箱内应注入24号气缸油或气相防锈油使齿轮浸没，每隔3个月，将其转动20～30转，使油附于表面防锈
3	空气压缩机与冷冻机防锈	1）气缸、活塞、活塞杆、连杆及精密加工表面一律涂覆防锈脂，以防锈损；每隔3个月应推动活塞做上下往复运动数十次 2）在轴上及拆下的飞轮及带轮的轴孔内均涂防锈脂防锈；轴端上的键销，要用石蜡纸包扎好 3）联轴器外表面涂覆防锈脂，并用石蜡纸包裹

（续）

序号	设备名称	工艺要求
4	阀门防锈	1）阀门已加工的外露表面，如阀杆升降螺钉、连接螺栓的外露螺纹、法兰阀的法兰面、传动齿轮的齿廓表面等，均应涂防锈脂；升降螺钉还要用石蜡纸包好 2）用水力传动的阀门，应将水放净并擦干，然后在水缸、活塞、连杆等处涂防锈油防锈 3）阀门密封面须涂工业凡士林防锈

20.5.2　大型机械的防锈封存

大型机械（如汽轮机、锅炉等）的特点是零部件品种繁多，多是小批量甚至单件生产，加工周期长；常常是个别部件单件包装而非整机出厂，出厂后储运、安装的过程也很长；有的体积大，常在露天存放。以上特点就给防锈带来很多麻烦和要求。

大型机械生产中与防锈有关的工序为：原材料防锈→加工工序间防锈→划线+试水压→涂装前后→中间库、配件库→装配→试车→清洗→油封→包装。

大型机械的防锈封存工艺见表20-10。

表20-10　大型机械的防锈封存工艺

序号	工序		工艺要求
1	原材料及铸件毛坯		1）露天存放的钢材可喷涂6511防锈油，钢管可人工刷涂。防锈期露天可存放半年，室内可保持1年不锈 2）铸铁件或锻压件非加工面可刷防锈底漆防锈 6511防锈油的配方(质量分数)：合成残渣24%，酚醛树脂15%，黄丹粉0.7%，棉籽油脂肪酸残渣10%，萘酸锰0.2%，萘酸钴0.1%，合成轻油50%
2	工序间防锈	1）切削加工	采用D-15乳化液或全损耗系统用油中加入质量分数为2%～3%的石油磺酸钡或采用专用防锈切削油
		2）机台防锈	防锈期在1个月以内的，采用煤油稀释的201防锈油[质量比为(1～4):1] 防锈期在1个月以上的，可用201防锈油或以汽轮机油代替663防锈脂中凡士林的防锈油
		3）划线工序	机械加工的光洁面上如需划线，需先涂上划线防锈剂[配方(质量分数)为虫胶5%～10%，乙醇90%～95%，立德粉适量]，然后再划线
		4）试水压工序	试水压工序的防锈液可采用质量分数为5%～8%重铬酸钾水溶液或用一般的亚硝酸钠防锈水。在试水压前，大件局部加工面可涂663防锈脂，或1号溶剂稀释型防锈油；一般管子试压后应用塑料盖或木塞封堵
		5）涂添工序	不需涂漆的加工面，要涂1号溶剂稀释型防锈油或可剥性塑料

（续）

序号	工序	工 艺 要 求
3	中间库存防锈	1）清洗：制件于室温下用煤油或汽油清洗，或用加有质量分数为5%置换型防锈油的汽油清洗 2）中间库存放：贮存3个月内的制件用201防锈油；贮存3个月以上的制件，用201、903防锈脂防锈，并用包装纸遮盖；也可用可剥性塑料封存。大型部件一般都没有专门的中间库，通常放在车间内，但在此情况下，应尽量放在清洁干净处
4	装配、检查及试车过程防锈	在此工序过程中，应防止操作人员手汗引起锈蚀，制件要清洗干净，方法与工序间清洗相同 1）装配及试车：在选用的试车润滑油中加入质量分数为2%～5%的石油磺酸钡，带油装配；轴承等部位可涂防锈锂基脂 2）检查：带油检查，使用的油与装配油相同 3）试车后的防锈：试车后将零件拆洗干净，进行防锈，如不拆洗，可按成品防锈进行
5	成品封存防锈	1）大型圆柱形零部件，可采用气相防锈纸带绕缠封存、外用聚乙烯薄膜封存，胶带封口 2）密封件，如变速箱、立轴箱的内部防锈，可采用气相防锈剂粉末，按每立方米50～70g用量，对透气部位用封口胶密封，或用气相防锈油封存 3）大平面制件，可用903、201或663防锈脂封存，如有色金属则用663脂或903脂中加入质量分数为0.1%的苯并三氮唑封存 4）结构形状复杂的部件，则需采用防锈油、气相防锈剂和可剥性塑料进行联合封存
6	装箱	1）木箱，内部衬油毛毡 2）制品的突出部分用苯甲酸钠纸或聚乙烯薄膜包缠遮盖 3）精加工面用防锈纸遮或包，再用缓冲材料衬垫 4）要求高的精密件用干燥剂作干燥空气封存，用塑料封套密封包装 5）特大特长零部件不便装箱时，用塑料布罩封，用黏胶带封口，外用油毛毡包扎，并采取适当措施防止吊装时包装被破坏

20.5.3 机械配件的防锈封存

机械配件的防锈封存工艺见表20-11。

表20-11　机械配件的防锈封存工艺

序号	配 件 名 称	防锈封存工艺
1	螺纹连接件：螺栓、螺母、螺钉及垫圈	经表面处理后，于室温下浸防锈油（如201防锈油等）、沥干、装盒、最后装箱
2	键类紧固件：如平销等	（同上）

（续）

序号	配件名称	防锈封存工艺
3	铆钉类：平头铆钉、半圆头铆钉、沉头铆钉等	经表面处理后，直接装入内衬气相防锈纸（如2号气相防锈纸）的盒内，最后装箱
4	铆钉类：开口销、圆柱销、圆锥销、弹性圆柱销、内螺纹圆柱销及销轴等	

20.5.4 汽车的防锈封存

汽车的零部件大部分用油漆或电镀层保护，而其中未进行永久性保护的表面大多在内部，如齿轮变速系统、燃烧系统等，这些地方在汽车出厂时多使用了防锈润滑两用油。所以汽车行业中的防锈，主要集中在工序间以及部分配件、备件的包装防锈。

汽车生产中与防锈有关的工序为：工序间防锈→冷加工清洗→备品清洗→封存防锈→装配→包装。

汽车的防锈封存工艺见表20-12。

表20-12 汽车的防锈封存工艺

序号	工序	配方（质量分数,%）		工艺条件	使用说明
1	工序间防锈		1）冷加工磨削液三乙醇胺 0.5~1.0 苏打水 余量	室温	用于汽车的导管体磨端面
			2）研磨抛光液901防锈油 2 煤油 余量	室温	用于缸体手绞阀座工序前后储存和凸轮轴研磨抛光后储存
2	中间库存防锈	防锈水	亚硝酸钠 10~25 碳酸钠 0.5~0.6 水 余量	室温浸1min或80℃下热浸	室温浸防锈期为0.5~1个月，热浸可达1~3个月
		防锈油	1）901防锈油 30 煤油 70	室温浸1min以上或喷、刷等方式	防锈期为0.5~1个月
			2）901防锈油 70 煤油 30		防锈期为1~6个月
		防锈脂	903防锈脂 30~40 3号锭子油 70~30	100℃热浸	防锈期为3~6个月

（续）

序号	工序	配方（质量分数,%）		工艺条件	使用说明
3	备件防锈	气相防锈纸	1）清洗 磷酸二钠 0.4～0.5 碳酸钠 1.5～2.0 硅酸钠 0.3～0.4 OP-10 0.1～0.2 水 余量	70～80℃ 浸洗3～5min 上下窜动清洗	洗净为止
			2）钝化 亚硝酸钠 5～6 碳酸钠 0.5～0.6 水 余量	80～90℃ 清洗机上喷洗	适用于钢铁属件
			3）气相纸包 2号气相纸包 19号气相纸包		适用于铜铝组合件
		防锈油	1）清洗 煤油 100	室温浸洗3～5min，同法再进行一次即二道清洗	
			2）涂油 901防锈油 100	60～70℃浸泡1～2min	
			3）包装 塑料复合牛皮纸包	室温	
		防锈脂	1）清理 清洁棉纱	擦拭干净	涂层要求均匀完整厚度1mm左右 适于大型总成及大型粗糙件
			2）涂油 903防锈脂 100	110～120℃浸或刷	
			3）包装 贴附石蜡纸		

20.5.5 农业机械的防锈封存

农业机械大部分是间歇使用的，如播种机、收割机等，每年大多时间处于储存状态，其次农业机械不可能全部都放在工棚或室内。因此，农业机械的防锈主要是在储存保管方面。

农业机械的防锈封存工艺见表20-13。

表20-13 农业机械的防锈封存工艺

序号	工序	工艺要求
1	工序间防锈	参见汽车的防锈封存工艺
2	中间库存防锈	
3	备件防锈	
4	成品封存防锈	1）把机械停放在预先准备好的干燥的场地上，设置必要的排水设施、垫木和架子等 2）在涂油封存前，必须设法除去设备上的脏物、泥土和植物残渣，并使表面干燥 3）在裸露表面涂覆含有质量分数为2%的氧化石油脂的农机防锈脂。为此，把防锈脂加热到100～120℃后，涂于耕犁、联合收割机、拖拉机和播种机的未涂漆表面上。冬季使用时，可用适量矿物油、柴油或全损耗系统用油稀释，也可用液态农机防锈脂，直接用刷子或棉花涂抹 4）对于外形比较复杂的外表面、内表面及传动装置或涂装层局部脱落又不能及时补漆时，也必须用液态防锈脂涂覆 液态防锈脂成分（质量分数）为氧化石油脂15%、铝化物5%、石蜡5%和硝化油75%

20.5.6 机床的防锈封存

机床生产的特点是零部件品种多，批量小，精度要求高，并有大量的大型铸铁件。此外，生产工序繁杂，有车、钻、刨、铣、磨等，周转工艺路线曲折，各工序间停放期长短不一，故须使用多种防锈方法。

机床生产中与防锈有关的工序为：热处理→清洗→零部件切削加工→防锈→其他工序加工→涂油防锈→检查进库→清洗→涂防锈油→入库→出库部装→清洗涂油→总装→涂油试车→修补涂装→检查→清洗→油封→包装→装箱。

机床的防锈封存工艺见表20-14。

表20-14 机床的防锈封存工艺

序号	工序	配方(质量分数,%)	工艺条件		使用说明
			温度/℃	操作方法	
1	热处理后工序防锈	(1) 除油、除盐 664洗净剂 1.5kg 105洗净剂 1.5kg 6503洗净剂 2.0kg 水 100kg	80～90	浸洗30～40min，洗净为止	清除油和残盐时，应先用水冲洗，再在合成洗涤剂中热清洗，然后再用热水洗涤，一般防锈水防锈

（续）

序号	工序	配方（质量分数，%）	工艺条件		使用说明
			温度/℃	操作方法	
1	热处理后工序防锈	（2）酸洗除氧化皮 1）清洗自来水　100 2）中和碳酸钠　2～3 水　余量 3）冲洗 4）防锈　一般防锈水	 室温 室温 70～80	 流水冲洗 浸1～2min 自来水冲 浸1～2min	酸洗是去除热处理所产生的氧化皮，然后中和残酸，并用水冲洗后进行防锈
2	零部件加工工序间防锈	（1）加工用切削液 1）防锈透明切削液 2）防锈乳化液 3）极压乳化液 4）极压切削油或102防锈油	室温		1）用于切削量小，精度高的磨床 2）用于防锈性要求高的磨床 3）用于润滑要求高的磨、钻、车、铣等机床 4）用于精密铣齿、滚齿、插齿机床
		（2）加工后零件的防锈 1）水剂冷却液加工的零件用防锈水防锈 ①亚硝酸钠　5～10 碳酸钠　0.3～0.5 水　余量 ②亚硝酸钠　5～10 三乙醇胺　0.5～1.0 水　余量 ③苯甲酸钠　2～3 三乙醇胺　3～5 水　余量	室温	使用时，大件可刷涂，中小件可浸渍1～2min取出，并码放整齐	1）防锈可任选一种 2）防锈水防锈期：夏季为1～2天，冬季为3～5天
		2）油剂切削液加工的零件用防锈油防锈 置换型防锈油　1～2质量份 汽油　8～9质量份	室温	加工好的零件，擦干净，浸渍防锈油槽中1～2min取出沥干后，即可转入下道工序	置换型防锈油可采用201、902、501、901、204-1等 汽油可用120号、180号或200号汽油

（续）

序号	工序	配方(质量分数,%)	工艺条件		使用说明
			温度/℃	操作方法	
3	涂装过程中的防锈	可任选以下一种进行防锈： (1) 防锈脂 (2) 硬膜防锈油 (3) 过氯乙烯溶剂型可剥性塑料	室温	刷涂	用于床身、立柱、工作台等非漆面的暂时封存，涂漆后再除去防锈层
4	车间库存防锈(包括半成品、工具、备件库防锈)	(1) 清洗 煤油 100 或(置换型防锈油以7～9倍的煤油稀释)	室温	大件擦洗小件浸入串动清洗，精密件煤油清洗后用置换型防锈油作第二次清洗	
		(2) 防锈 1) 201防锈油或901防锈油1质量份 煤油(或汽油)1～4质量份 2) 防锈脂201或903 3) 薄层防锈脂 4) 溶剂稀释型防锈油 5) 气相防锈纸 6) 102防锈油或一般防锈水	室温 100 室温	浸涂 热浸或热涂 冷涂 冷涂 包封或外加塑料袋 浸泡	配方1) 适用于库存期不超过半年的零件 配方2)～5)可任选一种适用于库存期半年以上的零件 配方6)适用于小钢铁件
5	装配过程防锈	总装防锈 1) 102防锈油或其他试车油试车 2) 机床内部涂防锈润滑脂	室温	将机床内部铁屑，污物清除后注入试车油 冷涂	主要是试车防锈和内部防锈
6	补偿过程防锈	漆雾专用盖纸张 工业凡士林或防锈脂	室温	采用凡士林(或防蚀脂)涂封，或溶剂型可剥性塑料气相防锈压敏胶带封，亦可用漆雾专用盖和纸张遮盖，补漆完后，除去遮盖	1) 防止补漆过程水雾或漆雾使裸露面生锈 2) 主要对外露面已作表面保护(电镀、发蓝)的部位进行保护

（续）

序号	工序	配方(质量分数,%)	工艺条件		使用说明
			温度/℃	操作方法	
7	成品防锈	(1) 清洗、注油 102 试车油汽油或煤油 (2) 外表面涂封 1) 201 防锈脂或 903 防锈脂 2) 7274 防锈油 3) 溶剂稀释型防锈油 上述材料可任选一种 (3) 贴封 苯甲酸钠防锈纸	室温 100 或 室温 室温	用棉纱头、蘸煤油或汽油擦净产品的表面，然后注油试车 刷涂或浸涂 冷涂 刷涂或喷涂 涂油后在油封面贴封一层	1) 出国机床及其附件，防锈期要求 2 年以上国内使用的产品，防锈期不能低于 1 年半 2) 封存前，要对产品内外表面进行清理，不允许有脏污存在，此外，还要检查有无损伤或生锈，否则，须进行处理或调换

20.5.7 轴承的防锈封存

轴承的防锈封存工艺见表 20-15。

表 20-15 轴承的防锈封存工艺

序号	工序	配方(质量分数,%)	工艺条件			使用说明
			温度	方法	时间	
1	车加工工序间防锈	亚硝酸钠 6 ~ 10 碳酸钠 0.3 ~ 0.5 水 余量	室温	浸渍或喷淋	每天 12 次，每次喷 3min 以上	车完黑皮后开始防锈。除冷却水中有足够的防锈剂，车加工后即转入下工序的在制品时，都需要用防锈水进行防锈
2	热处理工序的防锈	1) 清洗自来水 100	沸腾	上下窜动 1 ~ 2 天换一次	2 ~ 5min	1) 套圈经盐浴淬火后，往往带有大量的残盐及矿物油，故须将淬火后的零件在自来水下冲洗，再按配方 1) ~ 4) 进行清洗，除去残盐，然后进行回火 2) 回火后的工件按配方 5) ~ 7) 进行清洗，除去回火后的脏油
		2) 清洗 664 1.0 105 1.0 6503 1.5 水 余量	80 ~ 90℃	上下窜动二周换一次	2 ~ 5min	
		3) 清洗 水 100	室温	高压急冲	一次 1 ~ 2min	
		4) 清洗 水 100	沸腾		2 ~ 5min	

（续）

序号	工序	配方（质量分数,%）	工艺条件			使用说明
			温度	方法	时间	
2	热处理工序的防锈	5）清洗664　1.5 105　1.5 6503　2.0 水　余量	80～90℃	上下窜动一周换一次	2～5min	1）套圈经盐浴淬火后，往往带有大量的残盐及矿物油，故须将淬火后的零件在自来水下冲洗，再按配方1）～4）进行清洗，除去残盐，然后进行回火 2）回火后的工件按配方5）～7）进行清洗，除去回火后的脏油
		6）清洗 水　100	室温	高压急水冲	一次1～2min	
		7）清洗 水　100	沸腾	1～2天换一次	3～4min	
		8）防锈亚硝酸钠　5～15 碳酸钠　0.3～0.5 水　余量	65～80℃	浸渍	1～2min	
3	磨加工工序的防锈	1）冷却液69-1 乳化油　2～3 水　余量	室温	控制pH8～9		此工序防锈主要包括磨床冷却液的选用，机台防锈，半成品中间仓库防锈，套圈抛光或超精研磨后的防锈
		2）机台防锈 亚硝酸钠　3～5 碳酸钠　0.3～0.5 水　余量	室温	每隔二班需更换一次	2～3min	如切削液有一定的缓蚀性，则可取消这机台中防锈槽的防锈，但工件在工序间停留4h以上时，必须送半成品中间库防锈
		3）中间库防锈 亚硝酸钠　5～10 碳酸钠　0.3～0.5 水　余量	室温	喷淋	每天喷2～3次，每次3min以上	1）中间库存防锈，包括半成品、零件和备件的防锈常用方法分喷淋、浸涂、全浸等几种。但进库前要进行清洗，用稀防锈水浸渍1～2min即可 2）喷淋液每周检验一次，控制亚硝酸钠浓度下降，并使pH值在8～9 3）工件经浸涂后，置中间库防锈期冬天为20～30天，雨季为15天左右 4）全浸法适用于小型零件如微型轴承、滚动体
			室温或75～85℃	浸涂	1～2min	
			室温	全浸		

（续）

序号	工序	配方（质量分数，%）	工艺条件			使用说明
			温度	方法	时间	
3	磨加工工序的防锈	4）抛光研磨后防锈 a）清洗664　2～4 水　余量 b）清洗 水　100 c）防锈 亚硝酸钠　3～5 碳酸钠　0.3～0.5 水　余量	80～90℃ 室温	上下窜动 冲洗 上下窜动	5～10min 3～5min	轴承内外套圈经抛光研磨后，带有抛光膏，应先清洗后进行防锈
4	装配工序的防锈	1）装前零件清洗煤油或汽油（加入少量204-1或HD-1油） 2）防锈HD-1防锈油或HD-2防锈油（上油中加入苯三唑0.2） 适用于铜保持架	室温	上下窜动 浸涂	0.5～1min 2min	装配工序包括套圈退磁、分挡、装珠、装夹板和成铆等。因此，时间长，接触手汗的机会多，所以这工序的防锈主要是解决零件清洗和防止手汗引起锈蚀 要求操作人员戴手套或液体手套
5	成品封存防锈	1）清洗 120号汽油　100	室温	上下窜动	2～3min	置轴承于铁框内或清洗机上进行清洗
		2）清洗 F-201　5 汽油　余量	室温	上下窜动	1～2min	
		3）脱脂 F201　100	室温	浸涂	1min	
6	包装	苯甲酸钠纸聚乙烯薄膜牛皮纸	室温	根据轴承级别、型号，按以下方法进行包装 普通品 1）外径小于150mm的轴承，单个用聚乙烯塑料薄膜包，再外用牛皮纸几个一起卷包，或内用苯甲酸钠纸单个包，外用牛皮纸5～10个卷包 2）外径150～350mm的轴承，内用塑料薄膜单个包装，外用牛皮纸单个包装 3）外径大于350mm的轴承，内衬垫塑料薄膜，外用牛皮纸，再缠塑料薄膜 精密品、出口品 1）外径250mm以下的轴承，单个用塑料薄膜包后，装纸盒 2）外径大于250mm的轴承，内衬塑料薄膜，外用牛皮纸，再缠塑料薄膜		

（续）

序号	工序	配方(质量分数,%)	工艺条件			使用说明
			温度	方法	时间	
7	装箱	内部底衬油毡的干燥木箱 沥青防潮纸或石蜡纸	室温			1）木箱内先衬沥青防潮纸一层，按顺序紧密装入轴承，放入包装单，搭边盖严，钉盖用钢带扣锁 2）装有轴承的纸盒在木箱中有空隙时，应以油毡纸或防锈纸填满，如空隙过大时，可用防锈纸包有不超过18%湿度的木花填满

20.5.8 量具与刃具的防锈封存

量具与刃具生产的特点是品种规格多，批量大，周转快。产品防锈要求严格，工艺要求简单，刃具主要材料是钢铁材料，一般都要经过热处理，盐浴淬火后的残盐一定要除净。量具的材料以钢和钢铜组合件为主，大部分还要经过电镀和发蓝等处理。量具精密度要求特别高，一般都装盒包装。刃具则要保持刃口的锋利，又不使其破坏包装。

量具与刃具生产中与防锈有关工序为：热处理→清洗→磨加工→精加工→工序间防锈→精研→其他工序加工→检查→清洗→防锈→包装。

量具与刃具的防锈封存工艺见表20-16。

表20-16 量具与刃具的防锈封存工艺

工序	配方(质量分数,%)	工艺条件	使用说明
工序间防锈	(1) 清洗 1) 亚硝酸钠 1~3 碳酸钠 0.3~1.5 水 余量 2) 无水碳酸钠或磷酸三钠 5~10 氢氧化钠 2~3 水玻璃 0.3~1.0 水 余量	70~90℃ 60~80℃上下浸洗几次直至清洁	1）一般钢制件在加工过程中停留4h以上者，要用此清洗液洗去残留的乳化液 2）用于钢铁件在使用硫化油、锭子油等作切削油后的脱脂清洗
	(2) 防锈 亚硝酸钠 15~20 碳酸钠 0.2~0.8 水 余量	80℃浸涂	一般钢铁件在1)清洗后，可用此液防锈。若经2)脱脂清洗后，还应经1)清洗后再在此液中防锈

（续）

工序	配方（质量分数,%）	工艺条件	使用说明
工序间防锈	（3）热处理后除盐清洗防锈 1）沸水槽 2）清洗槽32-1清洗剂（5%）水溶液 3）沸水槽 4）防锈槽成分与上述相同	90～100℃，浸洗30min 75～85℃，浸洗30min 90～100℃，浸洗30min 80℃浸涂	也可用喷砂法和酸洗法除残盐和氧化皮
中间库存防锈	（1）半成品、零件 1）清洗（与工序间清洗相同） 2）防锈 ①水剂防锈液（短期防锈） ②7424软膜油或74-2硬膜油（长期防锈） （2）电镀件和发蓝处理件 1）清洗 进库清洗与上述相同 2）防锈 7424防锈油　5～10 120号汽油余量或902防锈油　5 120号汽油　余量	室温，浸涂 室温，浸涂 室温，浸涂	短期防锈指防锈期 夏季约7天 冬季约15天
成品防锈包装　（1）刃具防锈与包装	（1）清洗 亚硝酸钠　5～10 碳酸钠　0.2～0.8 水　余量	80～90℃，浸洗	
	（2）防锈 亚硝酸钠　20 苯甲酸铵　10 碳酸氢钠　3 甘油　5 水　余量 或亚硝酸钠　20～30 水　余量 （适于3mm以下的小刃具）	浸3s 浸泡1min	
	（3）包装 用石蜡纸和中性牛皮纸包两层，再装纸盒，或用预先处理的干净的玻璃瓶内封盖（适用于小刃具）	依次严密卷包然后装盒	操作者应戴手套

（续）

工序		配方(质量分数,%)	工艺条件	使用说明
成品防锈包装	（2）量规防锈与包装	（1）清洗 1）溶剂汽油 100 2）901 5 汽油 余量 （2）包装 第一层气相纸包 第二层聚乙烯薄膜外衬包	检查合格后的产品在室温下进行二道清洗即先1）清洗再用2）清洗	适用于钢铁件，包装时戴手套
	（3）千分尺防锈	201防锈脂聚乙烯袋	产品先用二道汽油清洗，在80~90℃下热浸涂油，冷至室温，装入塑料袋	产品有电镀层的不需涂防锈脂
	（4）万能测齿仪防锈	201防锈脂苯甲酸钠纸	先用二道汽油清洗，然后刷涂201防锈脂，再用苯甲酸钠纸包装，装箱	
	（5）卡尺防锈	201防锈脂中性石蜡纸	先用二道汽油清洗，在80~90℃下热浸涂油，冷至室温，再用石蜡纸包一层，装盒	
	（6）万能角度尺防锈	901防锈油 5 汽油 95 苯甲酸钠纸塑料薄膜	先用二道汽油清洗，然后室温涂901防锈油再用苯甲酸钠纸包，外衬塑料薄膜，装木盒	
	（7）块规防锈	（1）清洗 溶剂汽油 100 （2）涂油 201防锈脂 50 溶剂汽油 50 （3）包装 苯甲酸钠纸包好，装入木箱	汽油清洗后白绸布擦干 镊子夹取产品单件室温涂油 恒温室包装	操作者戴手套
	（8）表类防锈	清洗 溶剂汽油 100	1）用脱脂棉蘸汽油擦洗，白绸布擦干 2）硅胶用脱脂纱布包好，每袋装6~8g	操作者戴手套

20.5.9　光学仪器的防锈封存

光学仪器属于精密度高、结构复杂并附有光学系统的仪器设备。材料包括多种金属及非金属，特别是有光学玻璃零件。除了高精度产品要求严密防锈，微调系统及轴套要求有特殊润滑防锈外，还要注意光学系统的防雾、防霉，以及防止手汗对装配过程的影响。光学仪器的防锈封存工艺见表 20-17。

表 20-17　光学仪器的防锈封存工艺

工序		工 序 要 求
工序间防锈	（1）零件加工过程	使用有缓蚀性的切削液
	（2）热处理后零件防锈	喷砂法，喷砂后用防锈水或防锈油防锈 清洗法，用水冲洗后，用非离子型金属清洗剂清洗，再用水冲洗，最后用防锈水或防锈油防锈
	（3）一般制件的工序间防锈	碳氢系溶剂二道清洗，然后用防锈水、防锈油、气相防锈纸或气相盒防锈
	（4）涂装过程非涂装面防锈	溶剂汽油清洗后，用硬膜稀释型防锈油防锈；完成涂装后，进行除油膜清洗，再用防锈水或防锈油防锈
中间库存防锈	（1）半成品库	半成品先进行二道汽油清洗，然后按防锈期要求用两种方式防锈：3 个月以内的，室温涂刷防锈油脂；3 个月以上的，防锈油脂防锈，并以苯甲酸钠纸遮盖或包装；或干燥封存或浸于防锈油中
	（2）备件库	先进行二道汽油清洗，然后根据防锈期要求，选用不同类型的防锈油、气相纸或置入气相柜中
装配过程防锈		先进行二道汽油清洗，然后用柔软中性纸抹干，最后在室温下涂刷润滑油、阻尼润滑油
成品封存包装		二道溶剂汽油清洗后，用柔软中性纸抹干，在裸露金属面涂防锈油，然后用苯甲酸钠纸或塑料复合纸包装
产品装箱		支承：紧固部分如遇精加工面，先涂刷防锈油脂，再覆盖防锈纸，用油毛毡衬里，泡沫塑料衬垫 充氮封存：产品装入塑料或铝塑衬套，然后抽气充氮，并用粘胶带封口或热焊封口(套内放干燥剂 500g/m^3) 光学玻璃组件：封套内加以防雾、防霉措施 装箱：装入木箱(木材水的质量分数不超过 15%)内衬油毛毡、沥青纸

20.5.10　手工工具的防锈封存

手工工具的防锈封存工艺见表 20-18。

表20-18 手工工具的防锈封存工艺

序号	手工工具名称	工艺条件
1	台虎钳、管子台虎钳	对必须采取防锈的表面，先清理干净，然后涂刷201防锈油脂，再在油层上贴合苯甲酸钠防锈纸，最后装箱
2	手钳类：钢丝钳、鲤鱼钳、尖嘴钳、弯嘴钳、扁嘴钳、鸭嘴钳、圆嘴钳、斜口钳、核桃钳、断线钳等	可于清洗并干燥后，将钳头浸涂201防锈油（出口品可浸涂7424薄层防锈油），然后装入塑料袋，并按一定数量装盒与入箱包装
3	锉刀类：齐头平锉、尖头平锉、方锉、三角锉、圆锉、菱形锉和刀锉等 钢锯条、钢锯架等	按上述类似方法进行防锈
4	扳手类：呆扳手、梅花扳手、活扳手、套筒扳手、管子扳手、链条管子扳手等 旋具：木柄旋具、塑料柄旋具	可在清洗后，涂溶剂稀释型防锈油或用气相防锈纸包装防锈
5	斧、刨、凿等	可在涂覆201防锈油后，外包石蜡纸或苯甲酸钠纸

20.5.11 建筑五金件的防锈封存

建筑五金件的防锈封存工艺见表20-19。

表20-19 建筑五金件的防锈封存工艺

序号	五金件名称	工艺条件
1	钢丝类：镀锌钢丝、低碳钢丝刺钢丝、扁钢丝等	可浸一层稀油，外用苯甲酸钠纸或石蜡纸包扎
2	钉类：圆钉、两头尖钉、U形钉、瓦楞钉、瓦楞螺钉、木螺钉等	一般钉类可在浸涂防锈油后装箱小钉类可装入内衬气相防锈纸的盒内
3	门窗附件：折页、插销、拉手、窗钩和销类等	可在涂防锈油后，再用苯甲酸钠纸缠包，或直接置于衬有气相防锈纸的盒内
4	铁窗纱及金属板网	铁窗纱因一般都涂有油漆，只需用防锈纸包装；碳钢板网应涂防锈油，再用苯甲酸钠纸外包；铝板网可直接用苯甲酸钠纸包好；铜制板网则应借含苯骈三氮唑的防锈溶液处理后，再包防潮纸

第 21 章　其他表面工程技术

21.1　表面形变强化

表面形变强化是利用喷丸、滚压和冷挤等技术，在材料表面产生压缩变形，形成形变硬化层的工艺方法。此形变硬化层的深度可达0.5～1.5mm。在此形变硬化层中产生两种变化：一是在组织结构上，亚晶极大地细化，位错密度急剧增加，甚至产生非晶化（见图21-1）；二是形成高的宏观残余压应力，这对提高交变负荷下的疲劳强度极为有利。

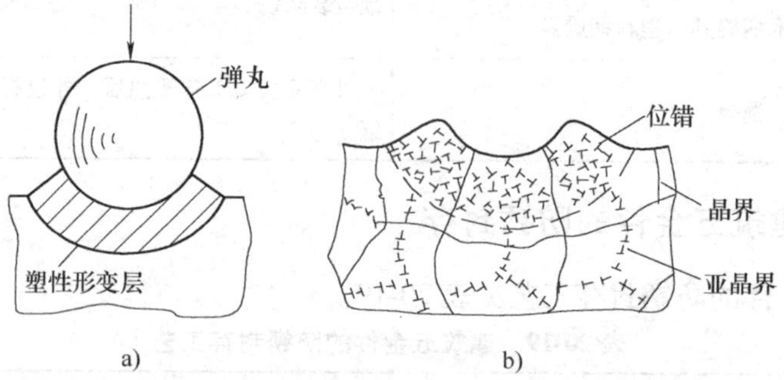

图 21-1　喷丸表面强化层结构示意图
a）宏观　b）微观

21.1.1　喷丸强化

在表面形变强化方法中，目前在生产中得到广泛应用的是喷丸强化技术。

喷丸强化技术是利用高速喷射的细小弹丸在室温下撞击受喷工件的表面，使表层材料在再结晶温度下产生强烈的塑性变形和加工硬化现象，并产生较大的残余压应力，从而提高工件表面强度、硬度、疲劳强度和抗应力腐蚀能力，降低材料的缺口敏感性。中科院沈阳金属研究所卢柯院士采用高速喷丸工艺还成功地实现了表面纳米化。

喷丸强化使用的弹丸有铸铁丸、铸钢丸、不锈钢丸、钢丝切割丸、玻璃丸和陶瓷丸等。喷丸的工艺参数包括：弹丸特性、弹丸流的速度和流量、喷丸时间、弹丸流对受喷面的相对位置等。合适的喷丸强化工艺参数要通过喷丸强度试验和表面覆盖率试验来确定。至于喷丸强化所采用设备按驱动弹丸的方式可分为机械离心式喷丸机和气动式喷丸机两大类。

喷丸强化已广泛用于弹簧、齿轮、链条、轴、叶片、火车轮等零部件的表面强化。

21.1.2　滚压强化

图 21-2 所示为表面滚压强化示意图。表面滚压后导致工件表面产生局部大塑性变形和加工硬化现象，使表层的强度、硬度大大提高，并产生较大的残余压应力。对于圆角、沟槽等可通过滚压获得表层形变强化，并能在表面产生约 5mm 深的残余压应力。经滚压后，工件表面产生的残余压应力的大小，不仅与强化方法、工艺参数有关，还与材料的晶体类型、强度高低以及加工硬化率密切相关。

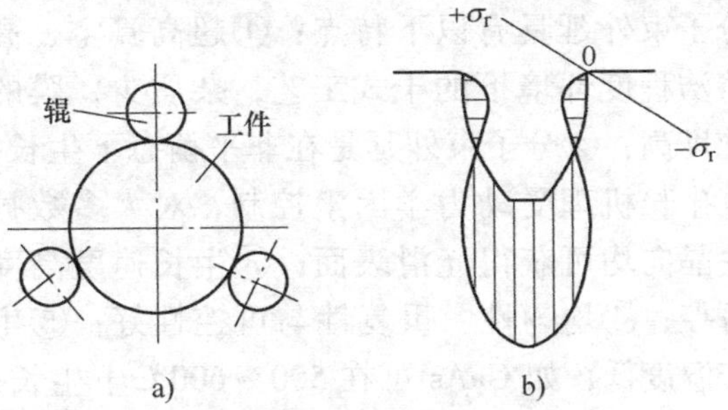

图 21-2　表面滚压强化示意图
a）工作图　b）受力情况

21.1.3　内挤压

与滚压强化相似，内挤压是使工件内表面获得形变强化的工艺方法。内挤压后在工件内表面产生大塑性变形和加工硬化现象，并形成表面的残余压应力，从而能有效地提高工件内表面的强度、疲劳强度和耐应力腐蚀性能。

21.2　外延技术

外延是指沉积膜与基片之间存在结晶学关系时，在基片上取向或单晶生长同一物质的方法。外延膜在同一种材料上生长时，称为同质外延；外延膜在不同材料上生长时，则称为异质外延。外延可较好地控制膜的纯度、膜的完整性以及掺杂级别，故适用于生长元素、半导体化合物和合金薄结晶层。

外延可分为分子束外延（MBE）、液相外延（LPE）、热壁外延（HWE）和金属有机物化学气相沉积（MOCVD），其中 MOCVD 已在第 18 章中介绍，在本节中不再赘述。

21.2.1　分子束外延

分子束外延（MBE）是在超高真空条件下精确控制原材料的中性分子束强度，并使其在加热的基片上进行外延生长的一种技术。从本质上讲，分子束外延也属于真空蒸发方法，只是分子束外延系统具有超高真空，并配有原位监测和分析系统，能严格按照原子层逐层生长，故又是一种全新的晶体生长方法。

分子束外延装置如图 21-3 所示。该装置由超高真空室（1.3×10^{-9}Pa）、基片加热快、分子束盒（蒸发源）、反应气体进入管、交换样品的过渡室以及在线原位分析仪器等组成。分子束外延具有以下特点：①超高真空、高清洁程度环境下的干式工艺，杂质少，膜的纯度高；②分子束外延是在非平衡态下生长，其生长机理受动力学因素控制，对大多数衬底晶向均可获得光滑表面；③生长速度高度可控；④均匀性、重复性与可控性好；⑤生产温度低，如 GaAs 可在 500 ~ 600℃下生长；⑥配置了多种在线原位分析仪器，用于原位监视和检测基片表面及膜。但是，分子束外延也存在着设备昂贵、维护费用高、生长时间过长、不易大规模生产等问题。

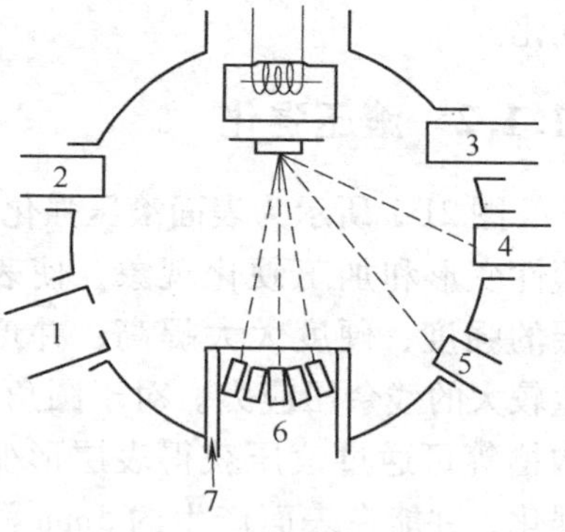

图 21-3　分子束外延装置

1—俄歇谱仪　2—反射电子衍射　3—四级质谱仪　4—电子枪　5—离子枪　6—蒸发源　7—液 N_2

目前分子束外延不仅用于生长Ⅲ-Ⅴ族，而且也用于生长 Si/Ge 和Ⅱ-Ⅵ族，不仅用于生产半导体材料，也用于生长金属超晶格、半绝缘材料、绝缘材料、超导材料。

21.2.2　液相外延

液相外延（LPE）为制备高纯半导体化合物和合金提供了快速而又简单的方法。液相外延原则上讲是从液相中生长膜，故溶有待镀材料的溶剂是液相外延所必需的。由液相外延所获得外延膜的质量优于由气相外延或分子束外延所得到的最好膜的质量。

图 21-4 所示为液相外延生长 GaAs 的倾动式系统。在液相外延生长系统中，镀液和基片保持分离。在适当的生长温度下，镀液因含有待镀材料而达到饱和状

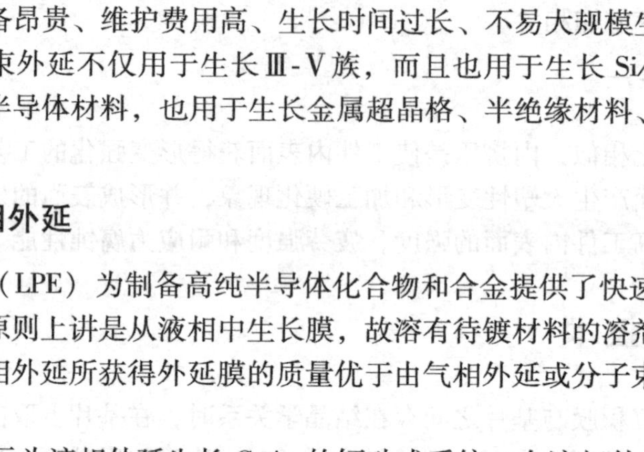

图 21-4　液相外延生长 GaAs 的倾动式系统

1—热电偶　2—石英管　3—H_2　4—镀液　5—石墨盘　6—基片　7—夹具

态。通过倾斜机构或浸透、滑动系统让镀液与基片的表面接触，并以适当速度冷却。这时待镀材料从镀液中析出并在基片上生长成膜，然后让镀液离开基片即可。液相外延是在近热平衡状态下生长成膜的。

注意：液相外延制膜时应严格控制合金组分、载流浓度和单一外延层厚度。

21.2.3 热壁外延

热壁外延（HWE）是一种真空沉积工艺，其外延膜是通过加热源材料与基片间的容器几乎在接近热平衡条件下生长的。

图21-5所示为简单热壁系统。整个系统保持在真空中，热壁作为蒸发源直接将分子蒸发到基片上。这里有三个电阻加热器，分别为源材料、管壁和基片加热器，且相互独立。

热壁外延可用来制备各种Ⅱ-Ⅵ、Ⅳ-Ⅵ和Ⅲ-Ⅴ族半导体和化合物。

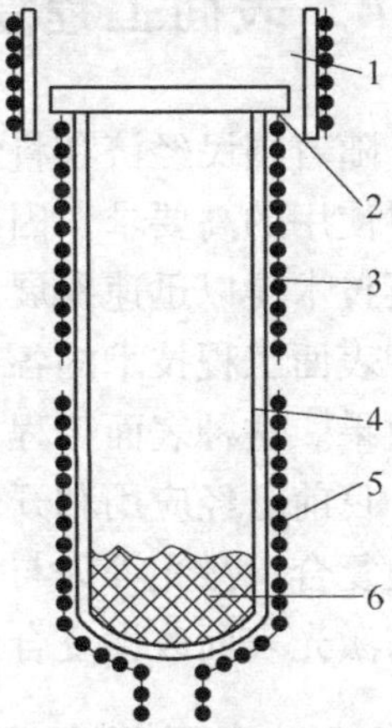

图21-5 简单热壁系统

1—基片炉 2—基片 3—壁炉

4—石英管 5—加热炉

6—源材料

21.3 溶胶-凝胶法

溶胶-凝胶法（Sol-gel）是以适当的金属盐或有机盐镀液为原料，经过适当的水解和聚合反应，制成含有金属氧化物或氢氧化物粒子的镀液胶，并凝胶化，再把凝胶加热，最后经干燥、煅烧和烧结获得所需的薄膜。

溶胶-凝胶工艺可按涂层组成分为单组元、双组元和多组元的；按涂覆方法分为浸涂、旋涂、喷涂和弯月涂覆；而按基材则分为金属、非金属、纤维和颗粒涂层。

下面以SiO_2低反射膜的制备为例来了解溶胶-凝胶法的工艺过程。

镀液以正硅酸乙酯为主原料，pH值为4~5，镀液的黏度为2.3~2.7cP（$1cP=10^{-3}Pa\cdot s$）；经过水解，聚合反应而形成镀液胶；采用浸涂法，基材为玻璃，提升速度为5~8cm/min；涂膜后，先经50~60℃干燥1h，然后在350~500℃处理25~90min；最后进行酸处理以得到高质量的多孔低反射膜。采用该工艺可制得宽频带上光谱反射比为零的多孔SiO_2低反射膜，玻璃的光谱透射比提高到98%。

21.4　表面工程复合处理技术

随着国民经济和科学技术的发展，单一的表面工程技术往往不能满足人们对材料使用的高要求。因此，近年来综合运用两种或两种以上的表面工程技术的复合新技术得以迅速发展。这样通过多种表面工程技术的优化组合，不仅可发挥每一种表面工程技术的各自特点，而且更能克服各自的局限性，显示组合使用的突出效果。这种表面工程复合处理技术目前已越来越受到国内外表面工程界的青睐。目前已经应用和开发的表面工程复合技术有表面形变热处理、化学热处理与电镀复合、激光淬火与化学热处理复合、化学热处理与气相沉积复合、等离子喷涂与激光表面改性复合、离子注入与气相沉积复合等，并且已取得良好的效果。

21.4.1　表面形变热处理

早在 20 世纪 60 年代，哈尔滨工业大学雷廷权院士等人就开展了形变热处理的研究和开发工作，即将压力加工与热处理工艺有效地结合起来，同时发挥形变强化与热处理强化的作用，从而获得单一强化方法所不能达到的综合力学性能。

形变热处理工艺方法可根据形变在热处理相变的前后或同时进行分为三大类。实际上，还有一类是由上述三种基本方法派生出来的表面形变热处理工艺。表面形变热处理工艺兼有优良的强韧化效果与巨大的经济效益。

表面形变热处理工艺就是将表面形变强化与热处理二者复合。例如：中科院沈阳金属研究所卢柯院士采用高速喷丸工艺使低碳钢表面纳米化后再进行渗氮处理，不仅渗氮温度可降至 300℃，渗氮时间也缩短为 9h，具有很高工程实用价值；齿轮、弹簧、曲轴等零件经淬火回火后再经喷丸表面形变强化，其疲劳强度、耐磨性和使用寿命都有明显提高。

21.4.2　电镀与热处理的复合处理工艺

电镀后的工件再经过适当的热处理，使镀覆层金属原子向基体扩散，不仅提高了镀层与基体间的结合强度，同时也能改变镀层成分和组织结构，防止电镀层剥落，并可提高工件表面耐磨性、耐蚀性以及抗咬合能力。例如：钢铁工件表面电镀 20μm 的 Sn-Cu 合金（Cu 的质量分数为 30%），然后在 N_2 保护下进行热扩散处理，即先在 200℃保温 4h，然后加热至 580～600℃保温 4～6h。经此热处理后工件最外层为 1～2μm 锡基含铜固溶体，硬度为 170HV，有很好的减摩和抗咬合作用；次外层则为 15～20μm 厚的 Cu_4Sn 金属间化合物，其硬度约为 550HV。这样，钢铁工件表面覆盖了一层结合牢固且具有高耐磨性和高抗咬合能力的青铜镀层。

21.4.3　离子束增加沉积

离子束增加沉积（IBED）是将离子注入与物理气相沉积结合在一起的复合表面离子处理技术，有时也称离子束辅助沉积（IBAD）。

离子束增加沉积是在物理气相沉积的同时用具有一定能量的离子束不断轰击膜，从而能充分发挥离子注入和物理气相沉积的特点。这样既保留了离子注入改性层与基体之间没有明显界面，系冶金结合，且可在较低温度下进行处理的优点，又可克服离子注入层浅的缺点，获得远超过离子注入厚度的改性层；而且可借助独立于沉积粒子流之外的离子束轰击，对膜的生长过程做选择性修饰，如可对膜层组分及其分布、组织结构、致密度和表面形貌产生影响。

21.5　表面粘涂技术

表面粘涂技术作为粘接技术的一个重要分支，广泛用于提高零件的耐磨性、耐蚀性，以及缺陷填补、堵漏等。作为粘涂技术的核心功能涂层材料，也称复合材料胶黏剂或修补剂，它除了具有胶黏剂的一般用途外，还赋予了涂层耐磨损、耐腐蚀等特殊功能。这种特殊功能的实现，除了优选胶黏剂基材外，主要靠特殊填料——骨材来获得，如金属骨材可赋予涂层良好的金属加工性，陶瓷骨料可赋予涂层良好的耐磨性和耐蚀性等。

粘涂层的形貌和成形机理如图 21-6 所示。

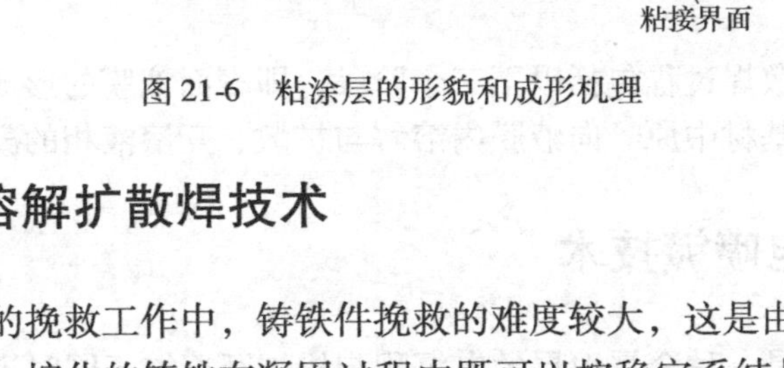

图 21-6　粘涂层的形貌和成形机理

21.6　液膜溶解扩散焊技术

在铸件缺陷的挽救工作中，铸铁件挽救的难度较大，这是由铸铁本身的金属学特性所决定的。熔化的铸铁在凝固过程中既可以按稳定系结晶生成灰口组织，又可以按介稳定系结晶生成白口组织，对冷却速度很敏感。而焊补过程一般又具有加热快、冷却快以及工件受热不均等特点，采用普通的熔化焊焊补铸铁时，极易产生白口和硬脆相组织。采用热焊法可以减少或消除白口组织，但热焊法存在处理时间长、劳动条件差、能源消耗大、工件易氧化、易变形及易产生裂纹等缺点。

液膜溶解扩散焊，是依靠液相焊材与固相基材之间的溶解扩散而形成牢固结合层的连接技术。与熔焊工艺相比，液膜溶解扩散焊热量输入较小，变形及裂纹倾向小。与喷涂、刷镀及粘接等工艺相比，其连接层为物理化学结合，具有强度高、耐蚀性好等优点。特别是在施焊过程中基材不熔化，对铸铁材质来说，可以避免形成共晶渗碳体，从而保证连接部位的加工性能，外观色泽也与基材基本一致。因此，此工艺特别适合于铸铁件加工面上缺陷的挽救。同时，对钢基、铜基材质工件的挽救也同样适用。

液膜溶解扩散焊以氧乙炔为热源，将特制的合金粉末通过专用焊炬喷射在经过清理的工件表面上，在工件基体金属不熔化的情况下，加热粉层，使之成为液膜润湿在工件缺陷表面上，同时与固态工件表面相互溶解和扩散，重复这一工艺过程，直至缺陷填满，最后获得一牢固结合的接头。液膜溶解扩散焊的工艺原理与工艺曲线如图 21-7 所示。由于基体金属并未熔化，故不会出现共晶渗碳体之类的硬化相。

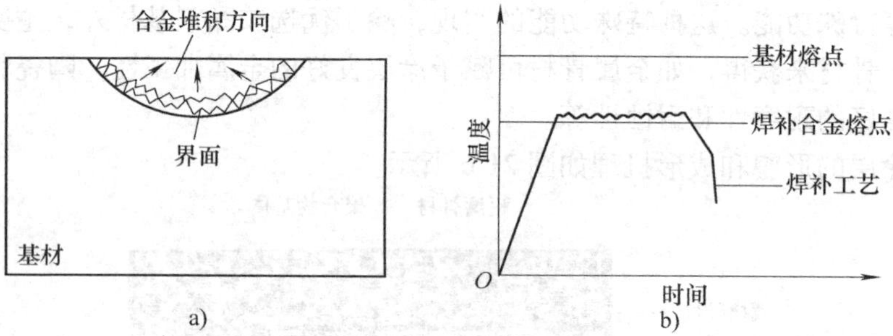

图 21-7　液膜溶解扩散焊的工艺原理与工艺曲线

a）工艺原理　b）工艺曲线

液膜溶解扩散焊过程包括以下三个阶段：即表面液膜的形成、焊材液膜中原子向基材扩散及基材中原子向液膜内溶解与扩散、互溶液相的凝固。

21.7　摩擦电喷镀技术

摩擦电喷镀是一种金属镀层的电沉积与机械摩擦加工同时进行的新技术。电镀时，电解液供送装置将电解液以一定的流量、一定的压力连续地喷射到阴极表面上，摩擦器以一定压力在阴极表面上滑动，起到机械摩擦镀层、提高镀层质量的作用。摩擦电喷镀装置如图 21-8 所示。

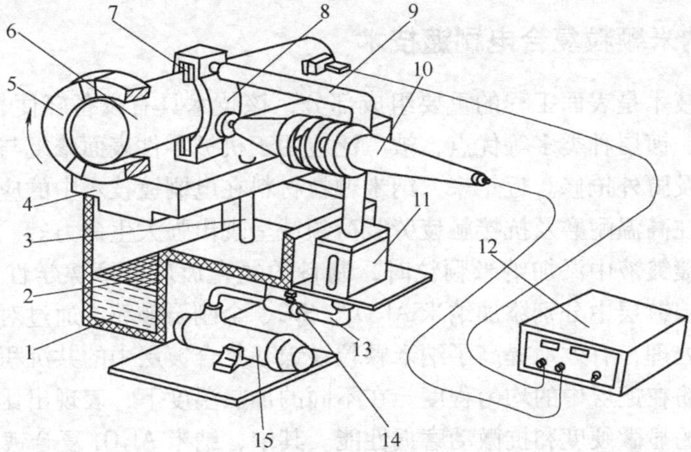

图 21-8　摩擦电喷镀装置

1—储液箱　2—过滤网　3—漏管　4—回液盘　5—夹具　6—工件　7—摩擦件　8—阳极　9—输液管　10—镀笔杆　11—流量计　12—电源　13—出液管　14—流量调节阀　15—磁力泵

摩擦电喷镀使用专门研制的脉冲电源、各种专用阳极，以及高浓度的电解液。工作时，工件接电源负极，阳极接电源正极，阴极与阳极之间以一定速度做相对运动，电解液供送装置将电解液喷射到阴极与阳极之间。固定在阳极上的摩擦器有三个作用：①调节阴阳极之间的距离；②由于阴极与阳极之间有一定的相对运动，摩擦件以一定压力压在镀层表面上，对镀层起机械摩擦作用；③防止阴极与阳极直接接触而产生短路。

21.8　纳米表面工程

纳米表面工程是指在基体材料表面获得纳米结构表层的表面工程技术。

21.8.1　金属表面纳米晶化

金属表面纳米晶化可以通过不同方法实现。例如，应用超声冲子冲击工艺，可在纯铁或不锈钢表面获得了晶粒平均尺寸为 10 ~ 20nm 的表面层。超声冲子冲击 450s 后，纯铁表面层的显微组织形成了结晶位向为任意取向的纳米晶相，晶粒平均尺寸为 10nm，而纯铁的原始晶粒尺寸约为 50μm。该技术的优点之一是可以在复杂形状零部件表面获得纳米晶表面层。该技术将为整体材料的纳米晶化处理提供一个基本途径，此项工作具有重大的创新意义。

21.8.2　纳米颗粒复合电刷镀技术

电刷镀技术是表面工程的重要组成部分，该技术具有设备轻便、工艺灵活、镀覆速度快、镀层种类多等优点，被广泛应用于机械零件表面修复与强化，尤其适用于现场及野外抢修。近年来，纳米颗粒材料在电刷镀技术中的应用，使复合电刷镀技术在高温耐磨及抗接触疲劳载荷领域呈现出强大生命力。

在电刷镀镀液中添加纳米颗粒时，制备的复合镀层的摩擦学性能有较大改善。在快速镍镀层中分别添加纳米 Al_2O_3、SiC、金刚石颗粒，通过对纳米颗粒表面进行改性处理，有效地提高了纳米颗粒在镍基复合镀层中的共沉积量，显著地改善了纳米粉在镀层中的均匀程度。在不同的加热温度下，表现出比传统快速镍刷镀层更好的显微硬度和抗微动磨损性能。其中，纳米 Al_2O_3 复合镀层的使用温度达 400℃，且在此温度下复合镀层的显微硬度为 600HV，抗接触疲劳寿命（抗应力循环次数）由传统镀层的 2×10^5 提高到 2×10^6，提高了一个数量级。纳米颗粒复合电刷镀技术可用于设备贵重零部件的修复与再制造。

21.8.3　纳米粘涂技术

表面粘涂技术是指以高分子聚合物与一些特殊功能填料（如石墨、二硫化钼、金属粉末、陶瓷粉末和纤维）组成的复合材料涂覆于零件表面，实现特定用途（如耐磨、耐蚀、绝缘、导电、保温、防辐射等）的一种表面工程技术。

纳米材料因其优异的特性，在表面粘涂技术领域显示出广阔的应用前景。例如，含金刚石的纳米胶黏剂具有优异的耐磨性和很高的粘接强度。实验表明，随着纳米级金刚石粉在胶黏剂中加入量的增加，涂层的耐磨性提高，当加入量为 8%（质量分数）时，耐磨性是未添加的 2.2 倍，拉伸强度可达 50MPa，比未添加的提高 27.5%。

21.8.4　纳米涂装技术

纳米复合涂料是指将纳米颗粒用于涂料中所得到的一类具有抗辐射、耐老化与剥离强度高或具有某些特殊功能的涂料。例如，50～120nm 球状 TiO_2 对衰减 300～400nm 的紫外线有明显效果，衰减长波、短波紫外线时，分别起散射和吸收起作用；纳米 SiO_2 具有极强的紫外反射能力，对波长 400nm 以内的紫外线反射率达 70% 以上，是一种极好的抗老化添加剂；60nm 的 ZnO 吸收 300～400nm 紫外线能力强。纳米隐身涂料在军事上有重要的应用价值。

21.8.5　纳米热喷涂技术

热喷涂技术是表面工程领域中应用十分广泛的技术，在各种新型热喷涂技术

（如超音速火焰喷涂、高速电弧喷涂、气体爆燃式喷涂、电熔爆炸喷涂、超音速等离子喷涂、真空等离子喷涂等）不断涌现的同时，纳米热喷涂技术已成为热喷涂技术新的发展方向。

热喷涂纳米涂层组成可分为三类：单一纳米材料涂层体系；两种（或多种）纳米材料构成的复合涂层体系；添加纳米颗粒材料的复合体系，特别是陶瓷或金属陶瓷颗粒的复合体系具有重要的作用和意义。目前，完全的纳米材料涂层离普及应用还有相当距离。大部分的研究开发工作集中在第三种，即在传统涂覆层技术基础上添加复合纳米材料，可在较低成本情况下，使涂覆层功能得到显著提高。例如，美国纳米材料公司通过特殊黏结处理制成专用热喷涂纳米粉，用等离子喷涂方法获得了纳米结构的 Al_2O_3/ TiO 层，该涂层致密度达 95% ~98%，结合强度比传统喷涂粉末涂层提高 2 ~3 倍，耐磨性提高 3 倍，表明纳米结构涂层具有良好的性能。研究结果表明，采用热喷涂技术制备的纳米结构涂层性能优异，在一些贵重、关键零件的应用具有良好前景。

21.8.6　纳米减摩自修复添加剂技术

机械部件的磨损，主要发生在边界润滑和混合润滑状态下，而润滑油添加剂，特别是摩擦改进剂是降低其摩擦磨损最有效的途径之一，也是国外表面工程中的重要发展方向。在一定温度、压力、摩擦力作用下，表面产生剧烈摩擦和塑性变形，纳米颗粒在摩擦表面沉积，并与摩擦表面作用，填补表面微观沟谷，从而形成一层具有抗磨减摩作用的修复膜。发动机台架试验表明，该技术可使整车的动力性、经济性以及尾气排放都得到改善，燃油消耗率也降低 5% ~10%。

21.8.7　纳米固体润滑干膜技术

固体润滑技术是将固态物质涂（镀）于摩擦界面，以降低摩擦、减少磨损的技术。与常用的液体润滑相比，固体润滑技术不需要相应的润滑设备和装置，不存在泄漏问题。固体润滑技术不仅扩充了润滑油、脂的应用范围，而且弥补了润滑油、脂的缺陷。例如，加入纳米 Al_2O_3 颗粒，使固体润滑干膜的摩擦因数增大，耐磨性提高。某重载车辆平面弹子滚道部位，采用纳米固体润滑干膜对其进行处理后，涂层能有效地隔绝腐蚀介质，同时涂层起到较好的减摩润滑作用。该技术可用于特殊情况下贵重零部件的减摩、耐磨。

21.8.8　纳米薄膜制备技术

薄膜技术是通过某些特定工艺过程（常用溅射法），在物体表面沉积、附着一层或者多层与基体材料材质不同的薄膜，使物体表面具有与基体材料不同性能的技术。按薄膜的用途，可以将其分为功能性薄膜和保护性薄膜两大类。两大类中又有纳米多层膜和纳米复合膜之分。纳米多层膜一般是由两种厚度在纳米尺度上的不同材料层交替排列而成的涂层体系。由于膜层在纳米量级上排列的周期性，即两种材料具有一个基本固定的超点阵周期，双层厚度为5～10nm，一些涂层在X射线衍射图上产生了附加的超点阵峰，这些涂层又称为纳米超点阵涂层。纳米复合膜是由两相或两相以上的固态物质组成的薄膜材料，其中至少有一相是纳米晶，其他相可以是纳米晶，也可以是非晶态。

21.9 金属表面拉丝

金属表面拉丝是反复用砂纸将铝板表面刮出线条的工艺方法。其工艺主要流程分为脱脂、砂磨及水洗3个部分。在拉丝过程中，阳极处理之后的特殊皮膜技术，可以使金属表面生成一种含有该金属成分的皮膜层，清晰显现每一根细微丝痕，从而使金属哑光中泛出细密的发丝光泽。

金属表面拉丝工艺可根据装饰需要，制成直纹、乱纹、螺纹、波纹和旋纹等几种。近年来，越来越多的产品的金属外壳都使用了金属拉丝工艺，以起到美观、抗侵蚀的作用，使产品兼备时尚和科技的元素。

21.9.1 直纹拉丝

直纹拉丝是指在铝板表面用机械摩擦的方法加工出直线纹路。它具有刷除铝板表面划痕和装饰铝板表面的双重作用。直纹拉丝有连续丝纹和断续丝纹两种。连续丝纹可用百洁布或不锈钢刷通过对铝板表面进行连续水平直线摩擦获取。改变不锈钢刷的钢丝直径，可获得不同粗细的纹路。断续丝纹一般在刷光机或擦纹机上加工制得。制取原理：采用两组同向旋转的差动轮，上组为快速旋转的磨辊，下组为慢速转动的胶辊，铝或铝合金板从两组辊轮中经过，被刷出细腻的断续直纹。

21.9.2 乱纹拉丝

乱纹拉丝是指在高速运转的铜丝刷下，使铝板前后左右移动摩擦，从而获得一种无规则、无明显纹路的亚光丝纹。这种加工工艺对铝或铝合金板的表面要求较高。

21.9.3 旋纹拉丝

旋纹也称旋光，是采用圆柱状毛毡或研石尼龙轮装在钻床上，用煤油调合抛光油膏，对铝或铝合金板表面进行旋转抛磨所获取的一种丝纹。旋纹拉丝多用于圆形标牌和小型装饰性表盘的装饰性加工。

21.9.4 螺纹拉丝

螺纹拉丝采用一台在轴上装有圆形毛毡的小电动机，将其固定在桌面上，与桌子边沿成60°左右的角度，另外做一个装有固定铝板压茶的拖板，在拖板上贴一条边沿齐直的聚酯薄膜用来限制螺纹角度。利用毛毡的旋转与拖板的直线移动，在铝板表面旋擦出宽度一致的螺纹纹路。

21.10 咬花

咬花是通过化学渗透作用，在金属制品表面造成各种各样的图案，如条纹、图像、木纹、皮纹及绸缎等。咬花还包括喷砂工序，即直接将玻璃砂喷射到金属制品的表面。

咬花具有下列特点：

1）增进塑胶零件的外观质感。

2）防滑，防转，有良好的手感。

3）可以遮盖一些缩水、合胶线，以及分型面、滑块造成的断差痕迹。

4）喷砂工序后增加了零件的表面强度。

5）克服了印字、喷漆易磨掉的缺点。

6）使产品呈现多变化或全新的设计。

21.11 搪塑

搪塑又称为涂凝成型，它是用糊塑料制造空心软质制品（如玩具）的一种重要方法。其方法是将糊塑料（塑性溶胶）倒入预先加热至一定温度的模具（凹模或阴模）中，接近模腔内壁的糊塑料即会因受热而胶凝，然后将没有胶凝的糊塑料倒出，并将附在模腔内壁上的糊塑料进行热处理（烘熔），再经冷却即可从模具中取得空心制品。

21.12 烫印

烫印俗称烫金，烫印的实质是转印，是把烫金纸上面的图案通过热和压力的作用转移到承印物上面的工艺过程。模的压力产生凹陷，印刷的字或者图案不易模糊，图案、标识、文本或者图片可以牢牢地粘在产品表面。

21.13　UV 转印工艺

UV 转印工艺又称 UV 灌注工艺或 UV 披覆工艺，它利用 UV 转印胶水与金属不粘的特性，将各类手机超薄按键效果通过 UV 转印工艺转移到 PET 或 PC 片材上（手机按键也有转印到铜片或铝片上的），从而做出包括 CD 纹、竖拉丝、雾面、亮面纹路等效果超薄按键以及 key 型（如数字键、红绿电话、盲点等）效果的手机超薄按键、镜片、导航键和产品标志。此工艺也广泛应用在 PET、PMMA、PC 等板材上，可做出正面的竖拉丝等效果。

21.14　模内转印工艺

模内转印（IMR）工艺是指将图案印刷在薄膜上，通过送膜机将膜片与塑模型腔贴合进行挤出，挤出后有图案的油墨层与薄膜分离，油墨层留在塑件上而得到表面有装饰图案的塑件。在最终的产品表面是没有一层透明的保护膜的，膜片只是生产过程中的一个载体。模内转印的产品不易变形，产品边沿包覆完全，边沿附着力强，工序简单，图案对位完美，生产时的自动化程度高和大批量生产的成本较低。模内转印的应用较广泛，其属塑胶件表面处理工艺，如笔记本式计算机外壳、家电产品外壳、手机外壳、ABS 等，印刷图案层在产品表面上的厚度只有几个微米，产品使用一段时间后很容易将印刷图案层磨损掉，也易退色，造成表面很不美观。

参考文献

[1] 徐滨士，刘世参．表面工程技术手册：上、下册[M]．北京：化学工业出版社，2009.

[2] 李国英．表面工程手册[M]．北京：机械工业出版社，2004.

[3] 郦振声，杨明安．现代表面工程技术[M]．北京：机械工业出版社，2010.

[4] 胡传炘．表面处理手册[M]．北京：北京工业大学出版社，2005.

[5] 梁志杰．现代表面镀覆技术[M]．北京：国防工业出版社，2005.

[6] 李金桂．防腐蚀表面工程技术[M]．北京：化学工业出版社，2003.

[7] 樊新民．表面处理工实用技术手册[M]．南京：江苏科学技术出版社，2003.

[8] 杜安，李士杰，何生龙．金属表面着色技术 [M]．北京：化学工业出版社，2012.

[9] 李鑫庆，陈迪勤，余静琴．化学转化膜技术与应用[M]．北京：机械工业出版社，2005.

[10] 吴子健．热喷涂技术与应用[M]．北京：机械工业出版社，2006.

[11] 张通和，吴瑜光．离子束表面工程技术与应用[M]．北京：机械工业出版社，2005.

[12] 潘邻．表面改性热处理技术与应用[M]．北京：机械工业出版社，2006.

[13] 李异．金属表面转化膜技术[M]．北京：化学工业出版社，2009.

[14] 蔡珣．表面工程技术工艺方法400种[M]．北京：机械工业出版社，2006.

[15] 王学武．金属表面处理技术[M]．北京：机械工业出版社，2014.

[16] 陈天玉．不锈钢表面处理技术[M]．2版．北京：化学工业出版社，2016.

[17] 刘爱国．低温等离子体表面强化技术[M]．哈尔滨：哈尔滨工业大学出版社，2015.

[18] 徐滨士，董丽虹．材料表面工程技术[M]．北京：国防工业出版社，2015.

[19] 徐滨士，朱绍华，刘世参．材料表面工程技术[M]．哈尔滨：哈尔滨工业大学出版社，2014.